AF217828

Andreas Edel

Zwischen Pest und Feuer

Andreas Edel

Zwischen Pest und Feuer

John Graunt (1620–1674)
Der Mensch hinter den Zahlen

Gedruckt mit freundlicher Unterstützung der Geschwister Boehringer Ingelheim Stiftung für Geisteswissenschaften in Ingelheim am Rhein.

Gedruckt mit finanzieller Unterstützung der Oestreich-Stiftung in Rostock.

Das Werk entstand mit freundlicher Unterstützung durch die Max-Planck-Förderstiftung in München.

wbg Academic ist ein Imprint der Verlag Herder GmbH
© Verlag Herder GmbH, Freiburg im Breisgau 2024
Alle Rechte vorbehalten
www.herder.de

Satz und E-Book: Arnold & Domnick GbR, Leipzig
Umschlaggestaltung: Arnold & Domnick GbR, Leipzig
Umschlagmotiv: © mauritius images / Science Source

Printed in Germany

ISBN Print: 978-3-534-64009-6
ISBN E-Book (PDF): 978-3-534-64079-9

Dieses Werk ist mit Ausnahme der Abbildungen (Buchinhalt und Umschlag) als Open-Access-Publikation im Sinne der Creative-Commons-Lizenz CC BY International 4.0 (»Attribution 4.0 International«) veröffentlicht. Um eine Kopie dieser Lizenz zu sehen, besuchen Sie https://creativecommons.org/licenses/by/4.0/. Jede Verwertung in anderen als den durch diese Lizenz zugelassenen Fällen bedarf der vorherigen schriftlichen Einwilligung des Verlages.

Für die, die wirklich zählen

Dem Gedenken an James W. Vaupel (1945–2022)

Inhaltsverzeichnis

1	**Zur Einführung**	11
1.1	Vorwort	11
1.2	Einleitung	14
1.3	Zeitachsen	22

2	**Netzwerke und soziales Umfeld**	37
2.1	Familienverband	37
2.2	Bildungswege	54
2.3	Stadtgesellschaft	57
2.4	Öffentliche Ämter	67
2.5	Statusbewusstsein	74
2.6	Gelehrtengemeinschaft	85

3	**Unternehmungen**	105
3.1	Textilhandel	105
3.2	Geldanlagen	109
3.3	Immobilienmarkt	120
3.4	Vermögensverwaltung	124
3.5	Exkurs: Fernwege	130

4	**Natural and Political Observations**	143
4.1	Entstehungsgeschichte	143
4.2	Forschungsimpulse	156
4.3	Gesundheitsvorsorge in Zeiten der Pest	171
4.4	Bills of Mortality	180
4.5	Sterblichkeit und Langlebigkeit	192
4.6	Fertilitätsentscheidungen	198
4.7	Polygamie, Promiskuität und Prostitution	202
4.8	Bevölkerungsentwicklung und räumliche Disparität	208
4.9	Darstellungsformen	214
4.10	Exkurs: Vom Umgang mit Tod und Langlebigkeit im 17. Jahrhundert	217

5 Lebenseinschnitte 231
5.1 Glaubensfragen 231
5.2 Schicksalsschläge 245
5.3 Niedergang und Ende 256

6 Nachwirkungen 265
6.1 Sozialpolitik und amtliche Statistik 265
6.2 Wissenschaftsdiskurse 270
6.3 Öffentlichkeitswirksamkeit 272
6.4 Praktische Anwendungen 276
6.5 Bevölkerungswissenschaft 277

7 Zusammenfassung und Schlussbetrachtungen 283

8 Textausgabe 301
8.1 Vorbemerkung 301
8.2 Titelblatt 304
8.3 Impressum der Ausgabe von 1665 305
8.4 Widmungsbriefe 305
8.5 Index 308
8.6 The Preface 313
8.7 Chapter I: Of the Bills of Mortality, their beginning and progress 315
8.8 Chapter II: General observations upon the casualties 325
8.9 Chapter III: Of particular casualties 329
8.10 Chapter IV: Of the plague 337
8.11 Chapter V: Other observations upon the plague, and casualties 339
8.12 Chapter VI: Of the sickliness, healthfulness and fruitfulness of seasons 341
8.13 Chapter VII: Of the difference between burials and christenings 342
8.14 Chapter VIII: Of the difference between the numbers
of males and females 345
8.15 Chapter IX: Of the growth of the city 348
8.16 Chapter X: Of the inequality of parishes 350
8.17 Chapter XI: Of the number of inhabitants 351
8.18 Chapter XII: Of the country bills 355
8.19 The Conclusion [mit zusätzlichen Tabellen] 359
8.20 Advertisements for the better understanding of the several tables 378

8.21 Erweiterungen in der 3. Auflage (1665): An Appendix 379

8.22 Erweiterungen in der 5. Auflage (1676):
Some further observations of Major John Graunt 402

9 Anhang 405

9.1 Abkürzungsverzeichnis 405

9.2 Abbildungsverzeichnis 405

9.3 Verzeichnis der ungedruckten Quellen 406

9.4 Verzeichnis der gedruckten Quellen 408

9.5 Literaturverzeichnis 416

9.6 Personenregister 450

1 Zur Einführung

1.1 Vorwort

Dieses Buch verdankt seine Entstehung dem Umstand einer missglückten Geburtstags-feier.

Die Demografie zählt mit zu den ältesten sozialwissenschaftlichen Disziplinen. Der Beginn der wissenschaftlichen Analyse demografischer Fragen hat sogar ein genau be-stimmbares Datum: den Tag des Jahres 1662, an dem der englische Kurzwarenhändler John Graunt (1620–1674) seine bahnbrechende Arbeit „Natural and political observati-ons, mentioned in a following index and made upon the Bills of Mortality" in London zum Abschluss brachte – und bald darauf als Fellow in die eben erst gegründete Royal Society aufgenommen wurde.

Die Demografie in Deutschland, die meist auf den Berliner Theologen Johann Peter Süßmilch (1707–1767) zurückgeführt wird, aber eigentlich mit der Arbeit des von Graunts Werk maßgeblich beeinflussten Breslauers Pfarrers Caspar Neumann (1648–1715) über die Entwicklung der Sterblichkeit in seiner Heimatstadt von 1689 ihren Anfang nahm, hat sich nach dem Zweiten Weltkrieg nur langsam aus dem Schatten der Bevölkerungs-ideologien des 19. und 20. Jahrhunderts herausgearbeitet. Unter dem Eindruck der öf-fentlichen Diskussion über den demografischen Wandel konnte sich die Disziplin vor allem seit den 1990er Jahren wieder stärker in der universitären und außeruniversitären Forschung etablieren – als ein relativ kleines, aber methodisch hochentwickeltes und in-ternational stark vernetztes Fach.

Jede akademische Gemeinschaft lebt dabei nicht nur von ihrer wissenschaftlichen Produktivität, ihrer gesellschaftlichen Reputation und ihrem institutionellen Rückgrat, sondern auch aus einer jeweils disziplinspezifischen Wissensgeschichte. Um letzteres zu befördern, hatte es sich das Max-Planck-Institut für demografische Forschung un-ter anderem zur Gepflogenheit gemacht, jedes Jahr den Geburtstag der Demografie zu feiern, just an jenem Tag und zu jener Uhrzeit, zu der John Graunt vermeintlich seine Schrift in der Royal Society vorgestellt hatte. Bei einer Diskussion über die tat-sächlichen Umstände dieser „Geburtsstunde" kam im Frühjahr 2015 eine gewisse Un-sicherheit auf, und bei einer genaueren Recherche im Archiv der Royal Society stellte sich heraus, dass das Ereignis so nicht stattgefunden haben konnte. Dafür drängten sich andere Fragen auf: Warum war gerade Graunt, dem eine wissenschaftliche Studie zur Demografie nicht in die Wiege gelegt worden war, genau in jener Zeit auf die Idee gekommen, das Material der „Bills of Mortality" systematisch auszuwerten – und damit einen wichtigen Grundstein nicht nur für die Demografie, sondern auch für andere Disziplinen wie die Statistik, die Empirische Sozialforschung oder die Epidemiologie zu legen? Aus welchen Quellen schöpfte er, wie sahen die beruflichen und familiären Netzwerke aus, auf die er sich stützte, in welchen Kommunikationsforen war er unterwegs und aus welchen eigenen Erfahrungen speiste sich sein Ansatz? Wie nachhaltig war schließlich der Einfluss seiner Schrift, die innerhalb von nur wenigen Jahren mehrere Auflagen erfuhr, nicht nur in der intellektuellen Gemeinschaft, sondern auch in Politik, Wirtschaft und Gesellschaft? Schnell stellte sich heraus, dass es zu diesen Fragen bislang nur wenige Antworten gibt, nicht nur auf Grund der dürftigen Quellenlage, sondern auch, da die umfangreiche, aber eher aus sozialwissenschaftlicher und epidemiologischer Perspektive geschriebene Literatur sich bisher sehr viel stärker der Methodik als der Person des Autors selbst zugewandt hatte. Diese Lücken zu füllen, erschien von daher hoch an der Zeit.

Eine der Herausforderungen des Biografen ist es, die Lebenswirklichkeit seines Forschungsobjekts zu rekonstruieren, es in seiner Zeit zu verstehen, seine Leistungen und Fehlleistungen kritisch zu bewerten – und doch immer in einem größtmöglichen Abstand zur eigenen Person zu halten. Heroenkult verträgt sich mit Wissenschaft ebenso wenig wie die Inanspruchnahme der Vergangenheit für die eigene Gegenwart. Andererseits dürfen wir die Augen nicht davor verschließen, dass die Geschichte immer wieder ähnliche Konstellationen hervorbringt, auf welche Menschen in ihrer Zeit eine den jeweiligen Umständen entsprechende Antwort finden müssen. Dabei war das 17. Jahrhundert, in dem Graunt lebte, eine Epoche, die von großen gesellschaftlichen Umbrüchen und wachsender wirtschaftlicher Dynamik in einem immer globaler agierenden Europa geprägt war, aber eben auch von der Abkehr von alten Gewissheiten und damit zugleich einem Verlust an Orientierung und Sicherheit in einer zunehmend komplexer erscheinenden Welt. Dieser Aufbruch wies einerseits in die Zukunft, führte andererseits aber auch zu Spannungen auf gesellschaftlicher und individueller Ebene, zur Diskriminierung Andersdenkender, zu eruptiver Gewalt und einer nicht enden wollenden Serie von militärischen Konflikten. Wir können von den Zeitgenossen lernen, wie sie sich durch die Herausforderungen ihrer Zeit einen Weg gebahnt haben – und dadurch vielleicht auch ein Kapitel des institutionellen Gedächtnisses der Menschheit aufrufen, dessen Lesart uns auf unserem eigenen Weg in einer ähnlichen Umbruchzeit hilfreich sein könnte.

Schließlich geht es auch um die Gestaltungsräume, die eine Persönlichkeit, auch eine solche wie Graunt, die bislang vielleicht nur einem Fachpublikum bekannt ist, in einer sich rasch verändernden Welt einnehmen kann. Sie bringt, manchmal durch einen Geniestreich, manchmal aus Intuition, nicht selten auf Grund eines glücklichen Umstands, den sie mehr oder weniger geschickt zu nutzen versteht, etwas Neues in ein bestimmtes Umfeld ein – ohne dessen Einflüsse sie jedoch selbst nicht denkbar wäre. Inwieweit dies auch bei Graunt und seinen *Observations* der Fall war, wird am Ende dieses Buches zu beantworten sein.

Diesem Buch sei eine dreifache Widmung vorangestellt.

Zum einen soll die Studie aus besagten Gründen an John Graunt erinnern, dessen Geburtstag sich 2020 zum 400. Male gejährt hat und dessen Leben und Wirken es verdienen, einer größeren Öffentlichkeit bekannt zu werden.

Zum Zweiten: Dieses Buch wäre nicht denkbar gewesen ohne die Hilfe von vielen Kolleginnen und Kollegen, die Anregungen gegeben oder Passagen kritisch kommentiert haben. Der Autor dankt – abgesehen von den vielen helfenden Händen in den besuchten Archiven und Bibliotheken, die in den einzelnen Kapiteln Erwähnung finden – insbesondere Amparo Necker (Cornell University, Ithaka), Maria Scherbov (Brüssel) und Christina Püttmann geb. Strack (München) für ihre tatkräftige Unterstützung in der frühen Phase des Buchprojekts. Ganz besonderer Dank gebührt Prof. Dr. Michaela Kreyenfeld (Hertie School, Berlin) und PD Dr. Michael Schaich (Deutsches Historisches Institut, London), die trotz ihrer hohen zeitlichen Belastung das fertige Manuskript aufmerksam gegengelesen und wertvolle Hinweise auf Fehler und Fehlendes gegeben haben. An ersten Vorüberlegungen zu diesem Buch waren Dr. André Schmandke und Lisa Liewert (beide vormals Max-Planck-Institut für demografische Forschung) beteiligt, ihnen sei an dieser Stelle herzlich gedankt. Des Weiteren danke ich der Max-Planck-Förderstiftung für die Gewährung eines Förderstipendiums, die es mir ermöglichte, den letzten Feinschliff am Manuskript vorzunehmen, und insbesondere Michaela Bauer für die exzellente Betreuung der Fellows. Dieser Dank gilt auch Prof. Dr. Jürgen Renn (Max-Planck-Institut für Wissenschaftsgeschichte) für seine Unterstützung im Bewerbungsprozess und die vielen wertvollen Anregungen, die ich während meiner Beschäftigung am Institut im Sommer 2007 erfuhr. Am Ende der Arbeiten an diesem Buch, die sich über acht Jahre hinzogen, standen mir bei der Publikation die Wissenschaftliche Buchgesellschaft beziehungsweise der Verlag Herder und dabei besonders Dr. Jan-Pieter Forßmann kompetent und verlässlich beratend zur Seite. Dieser Dank gilt auch der auf Brigitta und Prof. Dr. Gerhard Oestreich zurückgehenden Oestreich-Stiftung sowie der Geschwister Boehringer Ingelheim Stiftung für Geisteswissenschaften für die großzügige Gewährung von Druckkostenzuschüssen, die mir die Drucklegung ermöglichten.

Stellvertretend für viele, die zu diesem Buch mit Rat und Tat beigetragen haben, sei dieses Buch deshalb neben Graunt an zweiter Stelle der Person gewidmet, die dem Autor überhaupt erst die Anregung zur Beschäftigung mit der Demografie und ihrer Wissensgeschichte gab und mit der ihn viele Jahre eines engen und vertrauensvollen Zusammenarbeitens verbunden haben: James W. Vaupel als Gründungsdirektor des Max-Planck-Instituts für demografische Forschung, der nicht nur für die Entwicklung der Disziplin in Deutschland, sondern auch in Europa Bahnbrechendes geleistet hat. Seinem Angedenken ist dieser Band gewidmet.

Last, not least und zum Dritten: Dieses Buch teilt eine Gemeinsamkeit mit den *Observations* – soweit wir wissen, hat Graunt seine Studie über mehrere Jahre hinweg in der wenigen freien Zeit, die ihm neben seinem Textilhandel blieb, in seinem Wohn- und Geschäftshaus in der Birchin Lane in London verfasst. Dass mir neben meiner beruflichen Tätigkeit die für dieses Buch erforderlichen Archiv- und Bibliotheksstudien und eine lange Schreibphase möglich waren, verdanke ich am Allermeisten der liebevollen Nachsicht, dem steten Zuspruch und der allezeit verlässlichen Unterstützung meiner Frau Coraly. Ihr ist deshalb dieses Buch zu guter Letzt und in tiefer Dankbarkeit gewidmet.

1.2   Einleitung

Über John Graunt wissen wir alles – und fast nichts.

Schon seine Zeitgenossen hatten die Bedeutung seiner Schrift „Natural and Political Observations […] Made upon the Bills of Mortality" von 1662 erkannt und diese bereits zu seinen Lebzeiten mehrfach neu aufgelegt, überarbeitet und erweitert[1]. Graunts Namen wurde bald in einem Atemzug mit dem seines engen Freundes und späteren Förderers William Petty (1623–1687) genannt. Dieser begründete in den 1670er Jahren die „Political Arithmetic" als ein Fachgebiet, das im weiteren Verlauf des 17. und des 18. Jahrhunderts zwar nur für vergleichsweise kurze Zeit aufblühte, jedoch zu den Vorläufern der Nationalökonomie des 19. Jahrhunderts und der modernen Wirtschafts- und Sozial-

---

1   Der vollständige Titel lautet: Natural and political observations, mentioned in a following index and made upon the Bills of Mortality, by John Graunt, citizen of London, with reference to the government, religion, trade, growth, air, diseases, and the several changes of the said city (im Folgenden: *Observations*).

statistik zählt[2]. Die *Observations* wurden mal als Vorbote, mal als integraler Bestandteil dieser neuen Denkschule verstanden[3].

Es verwundert insofern nicht, dass Graunts Studie nicht nur in den Sammlungen der Bibliotheken des 18. Jahrhunderts zu ökonomisch relevanter Literatur häufig vertreten war – was keineswegs für alle Autoren im Umkreis der „Political Arithmetic" galt[4]; Originalausgaben der *Observations* fanden sich auch in den Privatbibliotheken wegweisender Wirtschaftstheoretiker, wie etwa Thomas Robert Malthus oder John Maynard Keynes[5].

John Graunt selbst wird in der neueren wissenschaftlichen Literatur für eine große Bandbreite an Disziplinen als Gründervater in Anspruch genommen – von der Statistik im Allgemeinen bis hin zur Sozialstatistik im Besonderen[6], von der (historischen)

---

2 Vgl. dazu insbesondere MᶜCORMICK (2009: William Petty and the Ambitions of Political Arithmetic); MᶜCORMICK (2007: Transmutation, inclusion, and exclusion: Political arithmetic from Charles II to William III) sowie weitere Publikationen dieses Autors im Literaturverzeichnis; WAGNER (2015: Anfänge der amtlichen Statistik und der Sozialberichterstattung: die „politische Arithmetik"). Pettys Schrift „Political Arithmetic, Or, A Discourse Concerning the Extent and Value of Lands, People, Buildings; Husbandry, Manufacture, Commerce, Fishery, Artizans, Seamen, Soldiers; Publick Revenues, Interest, Taxes, Superlucration, Registries, Banks; Valuation of Men, Increasing of Seamen, of Militia's, Harbours, Situation, Shipping, Power at Sea, Etc. As the Same Relates to Every Country in General, But More Particularly to the Territories of His Majesty of Great Britain, and His Neighbours of Holland, Zealand, and France" erschien zwar erst 1690 in London, doch hatte er das Manuskript zum großen Teil schon zwischen 1671 und 1676 abgeschlossen (vgl. HULL (1899: The economic writings of Sir William Petty: together with the Observations upon the bills of mortality more probably by Captain John Graunt), Bd. 1, S. 235). Anfang der 1670er Jahre scheint Petty sein Konzept der „Political Arithmetic" bereits in Umlauf gebracht zu haben, denn 1672 beschwerte er sich in einem Schreiben an Graunt: „I never heard you say anything of the Political Arithmetic, nor whether the world knows or accepts it etc." (William Petty an John Graunt, Dublin, 24. Dezember 1672, British Library (im Folgenden: BL), Add MS 72858, fol. 77ᵛ).

3 Vgl. etwa CHALMERS (1812–1817: The General biographical dictionary: containing an historical and critical account of the lives and writings of the most eminent persons in every nation; particulary the British and Irish; from the earliest accounts to the present time); COOPER (1890: Graunt, John (1620–1674)). SLACK (2014: The Invention of Improvement: Information and Material Progress in Seventeenth-Century England) bezeichnet die *Observations* als „the first published exercise in political arithmetic, though not given that name" (S. 118), WYNDER (1975: A corner of history: John Graunt, 1620–1674, the father of demography) in ähnlicher Weise als „the foundation of modern statistics and demography, then called the science of ‚political arithmetick'" (S. 85). Graunt erscheint bei MITCHELL (2021: Infectious Liberty. Biopolitics between Romanticism and Liberalism) dagegen lediglich als einer der „subsequent advocates of political arithmetic" (S. 27).

4 Vgl. HOPPIT (2006: The Contexts and Contours of British Economic Literature, 1660–1760), S. 101.

5 Vgl. GRAUNT (1662, ed. 1983: Natural and political observations: mentioned in a following index, and made upon the bills of mortality); KEYNES (1971: A Bibliography of Sir William Petty, F. R. S. and of Observations on the Bills of Mortality by John Graunt, F. R. S.), hier S. 80.

6 Vgl. etwa SUTHERLAND (2005: Graunt, John). Schon Cassell hatte in Graunt den Begründer der Statistik angesprochen, vgl. o. V. (1867–1869: Cassell's biographical dictionary; containing origi-

Demografie[7] und Soziologie[8] zur Epidemiologie beziehungsweise sozialen Epidemiologie[9] und zum Bereich „Public Health"[10] bis hin zur Finanzökonomik und Ökonometrie als Teilgebieten der Wirtschaftswissenschaften[11]. Sein Werk wird in der Fachliteratur auch immer wieder zu einflussreichen wissenschaftlichen Denkschulen in Bezug gesetzt – vom zeitgenössischen britischen Empirismus in der Nachfolge Francis Bacons[12] bis hin zu heutigen Konzepten wie etwa Michel Foucaults „biopouvoir"[13]. Für alle diese

nal memoirs of the most eminent men and women of all ages and countries). Dagegen weist EVES (2002: A Very Brief History of Statistics) darauf hin, dass es zwar bereits seit der Antike statistische Erhebungen gab, die Statistik als eigenständige Disziplin jedoch erst im 18. Jahrhundert begründet wurde. In der Tat geht der Begriff „Statistik" selbst im Wesentlichen auf Gottfried Achenwall (1719–1772) zurück, vgl. VAN DER ZANDE (2010: Statistik and History in the German Enlightenment). Karl Pearson (1891, zit. bei KLEIN (1997: Statistical visions in time. A history of time series analysis, 1662–1938)) differenzierte Graunts Stellenwert für die Geschichte der Statistik und unterschied zwischen einer deutschen, englischen und französischen Traditionslinie (S. 198). KREAGER (2018: The Emergence of Population) kritisiert die anachronistische Verwendung des Begriffs Statistik für die Arbeitsweise Graunts (S. 261 f.). Ähnlich hatte schon HUNT (2014: Convenient Characters: Numerical Tables in William Godbid's Printed Books) Graunt als „proto-statistician" bezeichnet (Nr. 7). ELLIOTT (2021: What are the chances of that? How to think about uncertainty) sieht Graunt sogar als „data scientist" und als „pioneer in data analysis" (S. 149).

7   Nach DUPÂQUIER (1984b: Pour la démographie historique) war Graunt „le vrai père de la démographie" (S. 10). S. auch GONZÁLEZ (2011: Observaciones políticas y naturales hechas a partir de los boletines de mortalidad); ROHRBASSER (2009: John Graunt et les bulletins de Londres: une statistique de la mortalité au XVIIe siècle), S. 353; LEE (2006: The development of population history (‚Historical demography') in Great Britain from the late nineteenth century to the early 1960s); MADDISON (2006: Prologue: The Pioneers of Macromeasurement), S. 397; STONE (1997: Some British empiricists in the social sciences 1650–1900). S. auch NEURATH (1991: Die Frühgeschichte der Demographie vor Malthus / The Early History of Demography Before Malthus) zu den unterschiedlichen Forschungsmeinungen, mit welchem Autor die Demografie als systematische wissenschaftliche Disziplin begann.

8   Vgl. GOLDTHORPE (2021: The Beginnings: Graunt and Halley).

9   Vgl. BERKMAN / KAWACHI (2000: A Historical Framework for Social Epidemiology: Social Determinants of Population Health), S. 3; ROTHMAN (1981: Sounding boards. The rise and fall of epidemiology, 1950–2000 A. D.), S. 600.

10 Vgl. MORABIA (2013b: Observations Made Upon the Bills of Mortality); MORABIA (2013a: Epidemiology's 350th Anniversary: 1662–2012); TEUGELS (2004: Graunt, John (1620–1674)). S. auch SEPÚLVEDA u. a. (1994: Aspectos básicos de la vigilancia en salud pública para los anos noventa).

11 Vgl. WAGNER (2015); WEIGL (2012: Kliometrie in der Erweiterung. Warum anthropometrische Wirtschafts- und Sozialgeschichte nicht nur für die Geschichtswissenschaften von Bedeutung ist); POITRAS (2000: The early history of financial economics, 1478–1776: from commercial arithmetic to life annuities and joint stocks). Anders SPIEGEL (1983: The growth of economic thought), nach dem Graunt zwar keine ökonomischen Themen behandelte, aber durch seine empirische Methode und die Auswertung von Massendaten auch für die Wirtschaftswissenschaften relevant wurde (S. 135).

12 REES (2000: Baconianism), S. 70 f. Vgl. hierzu auch S. 160, Fn. 62.

13 Vgl. etwa MITCHELL (2021), hier jedoch ganz auf William Petty fokussiert; RUSNOCK (2018: Biopolitics and the Invention of Population) mit Schwerpunkt auf dem Bevölkerungsdiskurs des 18. Jahrhunderts in Frankreich und England; GREGORY (2013: The tabulation of England: how the social

Denkrichtungen hat er, wenn schon nicht als Vordenker, mit seinem Werk zumindest doch wichtige epistemische Grundlagen geschaffen.

Am wissenschaftlichen Gehalt der *Observations* bestanden allerdings stets auch Zweifel: zunächst an der Akkuratesse der von Graunt hauptsächlich als Quelle genutzten Listen über Todesfälle in den Londoner Pfarrbezirken; dann an seiner Methodik, mit der er aus diesem Material, über dessen Unzulänglichkeit er sich durchaus bewusst war, Schlussfolgerungen auf die Bevölkerungsentwicklung Londons im Allgemeinen zog; schließlich an der Originalität seiner Publikation, an deren Entstehung William Petty einen je nach Betrachter mehr oder weniger starken Anteil gehabt zu haben schien. Diese Untiefen sind bei der Beschäftigung mit Graunts Werk stets auszuloten – ohne dabei jedoch zu unterschlagen, dass Pioniertaten selten auf sicherem Grund geleistet werden.

Von John Graunt selbst ist neben seinen knappen autobiografischen Hinweisen in den *Observations* wenig mehr überliefert als einige persönliche Briefe, die sich in William Pettys Nachlass fanden, eine von ihm und anderen Geschäftspartnern unterfertigte und gesiegelte Urkunde über ein Immobiliengeschäft in London sowie seine Aktivitätsspuren in den Archiven der Royal Society und anderer Körperschaften, in denen er aktiv war. Diese überaus spärliche Quellenlage ist unter anderem auch darauf zurückzuführen, dass Graunts gesamter Immobilienbesitz und damit wohl auch ein Großteil seiner privaten Unterlagen den Flammen des Großen Brandes von London 1666 zum Opfer gefallen sind. Es ist auch kein Familienarchiv überliefert, da seine Kinder starben, ohne Nachkommen zu hinterlassen. Ein Teil der Akten, die es zu seiner Rolle innerhalb der Gilde, der Munizipalität sowie zu seinem politischen Nachwirken möglicherweise noch zu sichten gegeben hätte, ist bei Brandkatastrophen im 17. und 18. Jahrhundert sowie bei Bombenangriffen im Zweiten Weltkrieg verbrannt.

So sind wir bei der Rekonstruktion von Graunts Lebensweg vielfach auf die sich puzzleartig zu einem Gesamtbild fügenden Hinweise aus dritter Hand angewiesen. Dazu gehören neben einzelnen Aussagen Pettys und seines Kreises vor allem die skizzenhaften Darlegungen in den „Brief Lives" des zeitgenössischen Biografen John Aubrey (1626–1697)[14]; die Aufzeichnungen des mit diesem eng zusammenarbeitenden Anti-

---

world was brought in rows and columns), der allerdings darauf hinweist, dass Foucault auf die *Observations* selbst nur am Rande einging (S. 318); u. a. FOUCAULT (2009: Security, Territory, Population. Lectures at the College De France, 1977–78), S. 74.

14 AUBREY (2015: Brief lives: with an apparatus for the lives of our English mathematical writer). Eine ältere Edition bei KEYNES (1971), S. 96 f. Zu Aubrey vgl. auch JACKSON WILLIAMS (2016: The Antiquary: John Aubrey's historical scholarship); SCURR (2015: John Aubrey: my own life).

quars in Oxford Anthony Wood (1632–1695)[15]; schließlich einige verstreute Erwähnungen im Tagebuch des Chronisten Samuel Pepys (1633–1703)[16], dessen eigentlich sehr privaten Aufzeichnungen von 1660 bis 1668 wir weitere Aufschlüsse zu Graunts persönlichem Umfeld verdanken. Trotz aller quellenkritischer Abstriche, die gerade bei Aubrey durchaus angebracht sind – er stützte sich bei seinen Darstellungen auf eigene Nachforschungen bei noch lebenden Verwandten und Bekannten, aber eben auch auf Hörensagen und ließ darin auch eigene Bewertungen einfließen –, lassen sich daraus doch relativ zuverlässige Aussagen zum Wirken Graunts und zu den Kommunikationsräumen treffen, in denen er sich als Kleinunternehmer, Inhaber städtischer und korporativer Ämter und schließlich als Forschender bewegte. Nicht zuletzt war er spätestens zum Zeitpunkt der Erstauflage der *Observations* endgültig im bürgerlichen Establishment Londons angekommen – auch wenn sein sozialer Aufstieg ihn nicht so weit führen sollte wie etwa William Petty oder Samuel Pepys, deren Eltern ebenfalls im textilen Kleingewerbe beziehungsweise Kleinhandel tätig gewesen waren und die in ihrem Leben politisch einflussreiche und überaus einträgliche Positionen erlangen sollten.

Schließlich liegt darin auch der geschichtswissenschaftliche Anteil der Forschungen zum Gründervater der Demografie: Während die Bedeutung Graunts für die Entwicklung der Sozial- und Wirtschaftsforschung und als Vertreter eines spekulativen Rationalismus Bacon'scher Prägung mit Verbindungen zur frühen Wahrscheinlichkeitstheorie bereits ausführlich erforscht und die *Observations*, soweit methodisch zulässig, als Quelle zur Entwicklung Londons im 17. Jahrhundert ausgewertet worden sind, wissen wir immer noch wenig über die intellektuellen „Inkubationswege": Wie kam es, dass ein kleiner Textilhändler sich in den frühen Morgenstunden vor Öffnung und am Abend nach Schließung seines Geschäfts an die Anfertigung einer Schrift machte, mit der er schließlich die Tür zu einer neuen wissenschaftlichen Disziplin aufstoßen sollte? In welchen Milieus bewegte er sich, in welchen Netzwerken kommunizierte er und woher bezog er seine Anregungen? In diesem Sinne ist die innovative Forschungsleistung eines einzelnen Autors wie Graunt nie auf sich selbst bezogen, sie entsteht nicht im sprich-

---

15   WOOD (1820: Athenae Oxonienses: An exact history of all the writers and bishops who have had their education in the University of Oxford. To which are added the Fasti, or annals of the said University (1668)), S. 711.

16   Die erste, allerdings stark gekürzte Edition der Tagebücher wurde im 19. Jahrhundert veröffentlicht: PEPYS (1893: The diary of Samuel Pepys). Im weiteren Text wird jeweils auf die Online-Ausgabe verwiesen: o. V. (2002–2022: The Diary of Samuel Pepys. Daily entries from the 17th century London diary), im Folgenden: PEPYS, Diary. Eine deutschsprachige Ausgabe nach der von Robert Latham und William Matthews herausgegebenen vollständigen Edition: HAFFMANN / ARNTZ (2011: Samuel Pepys: die Tagebücher. Vollständige Ausgabe in neun Bänden nebst einem „Compendium").

wörtlichen „stillen Kämmerlein" oder im luftleeren Raum, sondern stellt einen Vorgang dar, der neben den allgemeinen Zeitumständen und davon beeinflussten biografischen Ereignissen vornehmlich einem produktiven Umfeld einschließlich der eigenen Familie, Freundschaften, mehr oder minder zufälligen Begegnungen, einem tragfähigen kommunikativen Netzwerk und schließlich und vor allem der Inspiration des Forschenden zu verdanken ist.

Dass Graunt gerade mit Letzterer reichlich begabt war, hat seit der Veröffentlichung der Erstauflage der *Observations* eigentlich nie wirklich in Frage gestanden. Wie bereits erwähnt, waren Autor und Werk bereits von Aubrey und Anthony Wood in ihren biografischen Sammlungen gewürdigt worden. In der Mitte des 18. Jahrhunderts fand Graunt dann auch Eingang in Lexika, Wörterbücher und Enzyklopädien und erfuhr dadurch gewissermaßen eine Kanonisierung im institutionellen Gedächtnis des englischen Geisteslebens. Der erste vollständige lexikalische Eintrag stammte vermutlich aus der Hand des Antiquars William Oldys (1696–1761) in der von ihm seit 1754 herausgegebenen ersten Auflage der „Biographia Britannica"[17]. Bereits zwei Jahre zuvor hatte Samuel Johnson (1709–1784) in seinem „Dictionary of the English Language" die *Observations* als Referenz für sein Wörterbuch genutzt[18]. Auch in vielen Nachschlagewerken des 19. Jahrhunderts durften Einträge zu Graunt nicht fehlen[19]. Schließlich enthalten viele neuere enzyklopädische Handreichungen, etwa zur Demografie und zu den Sozialwissenschaften

---

17 O.V. (1757: Graunt, John), Bd. 4, S. 2262. Auf diesen Eintrag nimmt GRANGER (1779: A biographical history of England, from Egbert the Great to the Revolution [...] The Third Edition, With large Additions and Improvements [...]) Bezug (S. 15, Fußnote).

18 JOHNSON (1755: A dictionary of the English language: in which the words are deduced from their originals and illustrated in their different significations by examples from the best writers [...]).

19 S. etwa AIKIN u. a. (1799–1815: General biography; or, lives, critical and historical, of the most eminent persons of all ages, countries, conditions, and professions, arranged according to alphabetical order); CHALMERS (1812–1817); WATKINS (1821: The universal biographical dictionary, or, an historical account of the [...] most eminent persons in every age and nation; particularly the natives of Great Britain and Ireland); WATT (1824: Bibliotheca Britannica; or, a general index to British and foreign literature); BECKETT (1836: A Universal Biography: Including Scriptural, Classical and Mytological Memoirs, Together with Accounts of Many Eminent Living Characters: the Whole Newly Compiled and Composed from the Most Recent and Authentic Sources); GORTON (1841: A general biographical dictionary); ROSE u. a. (1853: A new general biographical dictionary); WALLER / EADIE (1857–1863: The Imperial dictionary of universal biography: a series of original memoirs of distinguished men, of all ages and all nations); ALLIBONE (1859–1871: A critical dictionary of English literature and British and American authors, living and deceased, from the earliest accounts to the latter half of the nineteenth century. Containing over forty-six thousand articles (authors) with forty indexes of subjects); GILLOW (1885–1902: A literary and biographical history, or bibliographical dictionary, of the English Catholics, from the breach with Rome, in 1534, to the present time); PALGRAVE (1894–1899: Dictionary of political economy); Cassell's biographical dictionary: O.V. (1867–1869). Zu weiteren biografischen Lexika und Enzyklopädien des 18. und frühen 19. Jahrhunderts mit Lemmata zu Graunt vgl. das Literaturverzeichnis (s. unten).

beziehungsweise zur Epidemiologie, zu Public Health und zur Biostatistik oder zu den Wirtschaftswissenschaften, Lemmata zum Autor der *Observations*[20].

Eine eigenständige wissenschaftliche Beschäftigung mit Leben und Werk Graunts setzte jedoch erst am Ende des 19. Jahrhunderts ein. Dies war zum einen dadurch bedingt, dass die Bedeutung einer Bevölkerungsstatistik für evidenzbasiertes politisches und wirtschaftliches Planungshandeln im Verlauf des 19. Jahrhunderts immer deutlicher erkannt wurde, zumal auch die „soziale Frage" in dieser Zeit in den Vordergrund des öffentlichen Interesses rückte. Dazu trug die Rezeption wichtiger bevölkerungswissenschaftlicher Studien bei, wie etwa von Johann Peter Süssmilch, Daniel Bernoulli, Thomas Robert Malthus oder Adolphe Quetelet. 1855 benannte Achille Guillard die Demografie dann erstmals auch als eigenständiges Fachgebiet.

Das späte Interesse an Graunt als Person erklärt sich aber vor allem daraus, dass er bis dahin von vielen Autoren wie ein Stiefkind seines ungleich berühmteren und einflussreicheren Freundes William Petty behandelt wurde, insbesondere von den direkten Nachfahren Pettys aus der Familie der Marquis von Lansdowne[21]. Auch die Studien von Charles Henry Hull[22] sowie von Major Greenwood[23] kamen nicht daran vorbei, den Schatten auszuleuchten, den Petty auf seinen Freund geworfen hatte. Die verschiedenen Editionen der *Observations*, die im Laufe des 19. und 20. Jahrhunderts erschienen, konnten eine eigenständige Biografie ebenfalls nicht ersetzen[24]. Die beiden Jubiläumsjahre 1962[25] und 2012, die von der Royal Society, von der Royal Statistical Society und vom Centre for Population Change der Universität Southampton mit wissenschaftlichen Kol-

---

20 Vgl. etwa SZRETER (2015: Demography, Early History of); SUTHERLAND (2005); WEST (1994: Graunt, John (1620–74)). Dagegen wird Graunt in der „Encyclopedia of the scientific revolution" lediglich in den Beiträgen zum Baconianismus, zu William Petty und zur Statistik erwähnt, jedoch nicht mit einem eigenen Lemma gewürdigt (vgl. TAYLOR (2000b: Petty, William (1623–1687)); REES (2000); TAYLOR (2000a: Statistics)).

21 Vgl. FITZMAURICE (1895: The life of Sir William Petty 1623–1687, one of the first fellows of the Royal Society, sometime secretary to Henry Cromwell, maker of the ,Down Survey' of Ireland, author of ,Political Arithmetic' etc.); PETTY (1927: The Petty papers. Some unpublished writings of Sir William Petty, edited from the Bowood Papers by the Marquis of Lansdowne).

22 Vgl. HULL (1899); HULL (1896a: Graunt or Petty? The Authorship of the Observations Upon the Bills of Mortality).

23 Vgl. GREENWOOD (1928: Graunt and Petty); GREENWOOD (1933: Graunt and Petty – A re-statement); GREENWOOD (1943: Medical Statistics from Graunt to Farr (concluded)); GREENWOOD (1942: Medical statistics from Graunt to Farr); GREENWOOD (1941: Medical Statistics from Graunt to Farr); GREENWOOD (1938: The First Life Table).

24 S. hierzu die bibliografischen Hinweise im Quellenverzeichnis.

25 Vgl. RENN (1962: John Graunt, Citizen of London); OURLANIS (1962: Le tricentaire de la démographie); MATSUKAWA (1962: The 300th anniversary of J. Graunt's ,Observations' (1662). An essay on its present-day significance); o. V. (1962b: The Birth of a Science). Zum wissenschaftlichen Kolloquium der Royal Society aus diesem Anlass BENJAMIN u. a. (1962: Tercentenary of John Graunt).

loquien begangen wurden, haben die Person ihres Autors und damit auch die Demografie als Fach wieder stärker in den Vordergrund des Interesses gerückt[26]. Ian Sutherland[27] und vor allem David Victor Glass[28] sowie Philipp Kreager[29] und jüngst Margaret Pelling[30] haben einschlägige Studien zu Leben und Werk Graunts vorgelegt. Die 400. Wiederkehr des Geburtstags im April 2020 hat die Erinnerung an Graunt erneut beflügelt, zumal kurz vorher mit dem Ausbruch der COVID-19-Pandemie die tödliche Dynamik einer Seuche wieder stärker ins öffentliche Bewusstsein gerückt war[31]. Eine historisch-kritische Ausgabe der *Observations* durch Philip Kreager und Kristin Heitman ist derzeit in Vorbereitung[32].

Eine geschichtswissenschaftliche beziehungsweise wissenschaftshistorische Darstellung, die John Graunts Leben und Wirken in seiner Zeit versteht, ist nach wie vor ein dringendes Forschungsdesiderat. Dagegen würde es den Rahmen jeder Einleitung sprengen, die fachwissenschaftliche Diskussion in der Demografie, Epidemiologie, Soziologie, Statistik und Volkswirtschaftslehre zur Methodik der *Observations*, die in beinahe allen Wissenschaftssprachen der Welt geführt wurde, in einem kurzem Literaturbericht vorstellen zu wollen. Auf einzelne Studien soll deshalb bei der Darstellung von Graunts Werk Bezug genommen werden. Hier sei nur auf die immer noch einschlägige Gesamtdarstellung „Naissance de la mortalité. L'origine politique de la statistique et de la démographie" von Hervé Le Bras verwiesen[33]. Er hat uns im Übrigen zurecht davor gewarnt, Graunt trotz der Bedeutung seiner Studie für die Entwicklung so vieler Wissenschaftsdisziplinen und bei aller vermeintlichen Genialität, die beispielsweise Peter Laslett hervorgehoben

---

26 Vgl. auch SHEYNIN (2014: A cluster of anniversaries).
27 SUTHERLAND (1963: John Graunt: A Tercentenary Tribute).
28 Vgl. v. a. GLASS (1963: John Graunt and his ‚Natural and political observations‘).
29 Vgl. v. a. KREAGER (1988: New light on Graunt).
30 Vgl. v. a. PELLING (2016a: Far too many women? John Graunt, the sex ratio, and the cultural determination of number in seventeenth-century England); PELLING (2016b: John Graunt, the Hartlib circle and child mortality in mid-seventeenth-century London).
31 Die um 2020 erschienen Artikel bauen im Wesentlichen auf dem bisherigen Forschungsstand auf, vgl. BERKE u. a. (2020: Celebration day: 400th birthday of John Graunt, citizen scientist of London); EDEL (2020: Die Geburt der Demographie – Lehren für die Lebenden. Der Händler John Graunt legte im 17. Jahrhundert mit Fleiß und Scharfsinn die Grundlagen der Demographie); HARKNESS (2020: John Graunt at 400: Fighting disease with numbers). S. auch CONNOR (2022: John Graunt F. R. S. (1620–74): The founding father of human demography, epidemiology and vital statistics). Bei ihren Analysen zur COVID-19-Pandemie in Indien berufen sich BANERJEE u. a. (2022: Data as Guide to Policy: Bills of Mortality of 17th Century and COVID-19 of 21st Century) sogar ausdrücklich auf Graunts *Observations*.
32 Ich danke Kristin Heitman, The Office of NIH History and Stetten Museum, Bethesda, MD, für diesen Hinweis.
33 LE BRAS (2000: Naissance de la mortalité. L'origine politique de la statistique et de la démographie).

hat[34], als Person zu überhöhen. Denn der Autor der *Observations* sei als Mensch ein eher unscheinbarer und wenig greifbarer Charakter gewesen – auch wenn ihn diese Eigenschaft möglicherweise geradezu dafür prädestiniert habe, das Schicksal von unzähligen, anonym gebliebenen Individuen, das sich im Datenmaterial vor ihm ausgebreitet habe, eingehender zu betrachten[35]. Diese Einschätzung von Le Bras unterschätzt zum einen den tatsächlichen Erfolg, den Graunt beispielsweise als Kleinunternehmer, in den korporativen Organisationen des Mittelstandes und der Stadtgesellschaft hatte, sowie seine Bekanntheit innerhalb seiner „Peergroup" – nicht zuletzt weil eine eingehende biografische Studie bislang fehlte; wie sie zum anderen die charakterlichen Eigenschaften unterschlägt, die eine Person, deren Leben von großen Entwicklungschancen, aber auch widrigen Umständen und eindeutigen Brüchen geprägt war, auszeichnen können. Es soll im Folgenden darum gehen, der Persönlichkeit, die hinter den *Observations* stand, in all ihren Facetten gerecht zu werden, sie in ihren Zeitläuften zu verstehen und vor diesem Hintergrund das Werk zu würdigen, das ohne Zweifel zum Kanon der bedeutendsten Schriften der Wissenschaftsgeschichte gehört[36].

1.3   Zeitachsen

Die Welt der frühen Demografen war von janusköpfiger Gestalt: auf der einen Seite geprägt von hoher Sterblichkeit in jungen Jahren, niedriger Lebenserwartung und einem zeitweise eruptiven Bevölkerungsrückgang durch Seuchen, Gewalteinwirkung und Katastrophen; auf der anderen Seite eine Zeit der höfischen Kultur, des Wachstums der städtischen Zentren und der frühkapitalistischen Wirtschaft sowie des Aufbruchs in ein neues Zeitalter der Rationalität. Vor diesem Hintergrund, den es im Folgenden auszuleuchten gilt, erlebte die Bevölkerungswissenschaft in der zweiten Hälfte des 17. Jahrhunderts ihre Geburtsstunde. Eine solche Einordnung der Gründungsgeschichte der Demografie in ihren zeitgenössischen Kontext kann allerdings nicht mehr als ein Schlaglicht

---

34   o. V. (1973: The earliest classics: John Graunt: Natural and political observations made upon the bills of mortality (1662) […]. Gregory King […]; with an introduction of Peter Laslett), Einleitung, o. S.

35   LE BRAS (2000): „Peut-être était-il utile que le premier statisticien soit aussi peu discernable et aussi anonyme que l'est un individu une fois inséré dans une statistique, devenu simple élément anonyme d'un total figurant dans une case d'un tableau de chiffres. Peut-être était-ce l'une des conditions à remplir pour devenir un héros éponyme: que le sujet qui inventait la statistique soit conçu à l'image des sujets dont traiterait la statistique" (S. 22 f., das Zitat S. 23).

36   U. a. wurde eine Ausgabe der *Observations* im Projekt „ECHO – Cultural Heritage Online" des Max-Planck-Instituts für Wissenschaftsgeschichte digital erfasst (https://echo.mpiwg-berlin.mpg. de/home).

auf die komplexen politischen, sozialen und wirtschaftlichen Entwicklungen Englands in dieser Zeit werfen, die von starken Wandlungsprozessen und Umbrüchen gekennzeichnet waren und zudem von den Vorgängen auf dem europäischen Kontinent und in einer immer globaler agierenden Handelswelt nicht zu trennen sind.

„Pax sit christiana, universalis, perpetua veraque amicitia"[37] – diese Eingangsformel des Westfälischen Friedens blieb auch nach 1648 eine Utopie. Denn trotz der Erfahrung eines über dreißig Jahre in Mitteleuropa wütenden Krieges, der ohne Rücksicht auf die Bevölkerung in den Kampfgebieten und bis zur völligen Erschöpfung weiter Teile Europas geführt worden war, blieb die internationale Lage auch nach den großen Friedenskongressen von Münster und Osnabrück weiterhin fragil und waren militärische Auseinandersetzungen an der Tagesordnung. Während der Krieg zwischen Frankreich und Spanien danach noch über ein Jahrzehnt bis zum Pyrenäenfrieden 1659 weitergeführt wurde, nahm nur wenige Jahre später mit dem Devolutionskrieg 1667/1668 die expansionistische Außenpolitik Ludwigs XIV. Konturen an. Dass regionale Konflikte immer noch einen europäischen Krieg auslösen konnten, zeigten drei parallel verlaufende und miteinander verschränkte Kriege zwischen 1672 und 1679, an denen in unterschiedlicher Zusammensetzung Brandenburg-Preußen, Dänemark, England, Frankreich, die Niederlande, das Haus Habsburg in Österreich und Spanien sowie Schweden, mithin also die wichtigen europäischen Großmächte dieser Zeit beteiligt waren. Zu Lebzeiten Graunts stand England drei Mal im Krieg mit den Niederlanden (1652–1654, 1665–1667 und 1672–1674), zwei Mal mit Frankreich (1627–1629 und 1667/68) und je einmal mit Spanien (1655–1659) und Portugal (1650). Daneben war es mehrfach in militärische Auseinandersetzungen um seine nordafrikanischen Außenposten in Tunesien (1655) und Algerien (1670–1672) sowie um die Handelsstützpunkte der East India Company in Asien verwickelt. Zu den offiziell erklärten Kriegen kamen eine Vielzahl von kleineren militärischen Übergriffen, Belagerungen und Seeblockaden sowie die von staatlicher Seite teilweise offen unterstützten Aktivitäten von Freibeutern gegen den Warenverkehr Spaniens und der Niederlande mit ihren jeweiligen Kolonien. In den ersten Jahrzehnten nach dem Westfälischen Frieden war England also fast ständig in militärische Konflikte mit europäischen Mächten involviert, wie auch Europa in dieser Zeit alles andere als ein ruhiger Kontinent war[38]. Im Instrumentenkasten der Politik war die Bereitschaft zum Einsatz militärischer Gewalt jedenfalls derart ausgeprägt, dass man generell von einem

---

37 „Es soll Friede sein, ein christlicher [und] universeller, [sowie] dauerhafte und aufrichtige Freundschaft" [Übersetzung des Autors].
38 PARKER (2008: Crisis and Catastrophe: The Global Crisis of the Seventeenth Century Reconsidered) konstatiert weltweit eine hohe Dichte militärischer Konflikte in der Mitte des 17. Jahrhunderts als Zeichen der globalen Krise (v. a. S. 1056).

„bellizistischen" Zeitalter sprechen kann. Und selbst dann, wenn kein Krieg ausbrach, gab es doch ein latentes Bedrohungsgefühl – neben der permanenten niederländischen Konkurrenz insbesondere durch die massive Hochrüstung der französischen Armee unter den bourbonischen Königen, die Spanien als katholische Vormacht auf dem Kontinent immer stärker ins Abseits drängten und dadurch zum neuen Feindbild der protestantischen Eliten in England wurden[39].

Zwar hatten die bewaffneten Auseinandersetzungen in der ersten Hälfte des 17. Jahrhunderts deutlich geringere militärische Verluste zur Folge als in der danach anbrechenden Zeit der Stehenden Heere. Die Aufstellung von modern ausgerüsteten, intensiv ausgebildeten und gut bezahlten Söldnerarmeen war viel zu kostspielig, um sie bei verlustreichen Entscheidungsschlachten leichtfertig aufs Spiel zu setzen. Kriege wurden deshalb bevorzugt im Ausmanövrieren des Gegners und der Zerstörung seiner logistischen Basis und Nachschubwege, in Belagerungen von Städten und Festungen, in einer Vielzahl kleinerer Scharmützel sowie in lokal begrenzten Feldschlachten ausgetragen. Doch gerade dann zahlte die Zivilbevölkerung einen ungleich höheren Preis: die ständigen Durchmärsche und Einquartierungen, die Verproviantierungen großer Truppenteile aus dem unmittelbaren Umland, das Plündern marodierender Söldner, kollektive Bestrafungsaktionen gegen die Unterstützer des Feindes sowie direkte Übergriffe einer entfesselten Soldateska nach Belagerungen hatten hohe zivile Opfer zur Folge. Neben diesen direkten Kriegseinwirkungen waren Kollateralschäden zu beklagen, wie etwa die Entvölkerung der von Kampfhandlungen unmittelbar betroffenen Landstriche durch Flucht und Emigration oder in Folge zwangsweiser Umsiedlung, der Rückgang der Agrarproduktion und schlechte Erntejahre, die massive Störung des Warenverkehrs und damit einhergehende Teuerungen sowie dadurch bedingt in einzelnen Jahren und Regionen auch der Ausbruch von Hungersnöten. Mit den durch ganz Europa ziehenden Söldnern und ihren Trossen, den Truppenversorgern, den Kurieren, Flüchtlingen und anderen mobilen Personen konnten sich auch die Erreger ansteckender Krankheiten unerkannt über große Distanzen hinweg verbreiten. Die Übersterblichkeit, die gerade in den von militärischen Aktivitäten betroffenen Gebieten hoch war, ist vermutlich also auch auf Epidemien zurückzuführen, die eine ohnehin schon durch Mangelernährung geschwächte Bevölkerung umso härter trafen[40].

Unter demografischen Gesichtspunkten kam ein langfristiger Effekt hinzu: In den von Übersterblichkeit beziehungsweise Fluchtmigration gerade in jüngeren Altersgrup-

---

39 Vgl. hierzu auch Lynn (1994: Recalculating French Army Growth during the Grand-Siecle, 1610–1715).

40 Vgl. hierzu Landers (2003: The Field and the Forge. Population, Production, and Power in the Pre-industrial West), S. 346–350.

pen und von Kleinkindsterblichkeit besonders hart betroffenen Gebieten war ein Rückgang der Geburtenzahlen zu erwarten, da durch den dadurch bedingten Bevölkerungsrückgang auf mittlere Sicht weniger potenzielle männliche und weibliche Partner für eine Familiengründung zur Verfügung standen. Mit einer geringeren Geburtenhäufigkeit war in der Regel auch in der nächsten Generation zu rechnen, da in einigen Geburtskohorten weniger potenzielle Mütter geboren worden waren. Zuwanderung aus dem Ausland und Binnenwanderung konnten solche Effekte nicht immer kompensieren. Das Stagnieren beziehungsweise der leichte Rückgang des Bevölkerungswachstums in England seit Mitte des 17. Jahrhunderts ist zu einem Teil auch dieser demografischen Eigendynamik zuzuschreiben[41].

Auch wenn in der Forschung über das tatsächliche Ausmaß von Kriegszerstörungen unterschiedliche Auffassungen bestehen und England weit weniger von Verheerungen wie auf dem Kontinent betroffen war[42] – dass die Menschen angesichts latenter Kriegsgefahr stets unter einem Bedrohungsszenario lebten, das jederzeit Realität werden konnte, ist kaum zu übersehen. In den Tagebüchern von Samuel Pepys ist diese angespannte Atmosphäre immer dann deutlich spürbar, wenn wegen einer außenpolitischen Krise die Wahrscheinlichkeit eines Kriegsausbruchs, etwa gegen die Niederlande, anstieg. 1667 befürchtete man sogar, dass es zu einer Invasion französischer Truppen auf den britischen Inseln kommen könnte, was angesichts der immer noch lebendigen Erinnerung an den spanischen Invasionsversuch von 1588 an ein kollektives Trauma rührte. Zwar blieb London zu Lebzeiten Graunts faktisch von direkten Angriffen verschont und selten kam der Krieg so nah wie 1667, als ein niederländisches Geschwader unter Admiral Michiel de Ruyter (1607–1676) in der Themsemündung operierte und dort der englischen Flotte und dem Küstenschutz schwere Schäden zufügte. Auch wurden die meisten militärischen Operationen Englands entweder zur See oder auf dem europäischen Festland beziehungsweise in den Überseegebieten ausgetragen und insofern stets in weiter Ferne vom Stadtgebiet. Die erlittenen Verluste an Schiffen, Matrosen und Soldaten wurden aber dennoch stets aufmerksam beobachtet, denn von der militärischen Stärke Englands hing auch die Sicherheit des Landes und die Verwundbarkeit des eigenen Lebens ab. Dies galt insbesondere für eine städtische Wirtschaftsstruktur, die vor allem im internationalen Handel Profite erwirtschaftete und wo sich Gewinnschwankungen in Folge von Kriegseinwirkungen in der Kaufkraft, im Lebensstandard und in der Nachfrage nach

---

41 Vgl. hierzu MILLER (2015: The long-term consequences of the English Revolution: economic and social development), S. 507 f. Vgl. auch SLACK (2018: William Petty, the Multiplication of Mankind, and Demographic Discourse in Seventeenth-Century England).

42 So etwa OUTRAM (2001: The socio-economic relations of warfare and the military mortality crises of the Thirty Years' War), S. 183.

Luxusgütern niederschlugen. Steigende Steuerlasten für die Ausrüstung von Flotte und Armee und der Abzug von Produktivkräften zum Dienst im Militär, in der Marine oder als Kolonisten in die überseeischen Gebiete konnten die lokale Wirtschaft stark belasten – sofern es nicht gelang, dieses Humankapital zeitnah zu ersetzen[43].

Auch die Innenpolitik war in vielen Ländern Europas von gewaltsamen Auseinandersetzungen überschattet. Frankreich und England wurden von blutigen Bürgerkriegen erschüttert, wobei die Bourbonen das sich über zehn Jahre hinziehende Aufbegehren der sogenannten „Fronde", einer in mehreren Phasen ablaufenden, von unterschiedlichen regionalen und gesellschaftlichen Akteuren bis in den Hochadel hinein getragenen Erhebung gegen den absolutistischen Umbau des Staates, erst 1653 beenden konnten. In England neigten sich nach dem Tod Cromwells 1658, der Restauration der Stuart-Dynastie und der 1661 erfolgten Krönung Karls II. beinahe zwanzig Jahre blutiger Wirren des Bürgerkriegs und des Protektorats dem Ende zu. Dennoch blieb die Situation in London überaus fragil: Die Konflikte zwischen Krone und Parlament, zwischen Anglikanischer Kirche, Puritanern, Minderheitenkirchen und Katholizismus bestanden auch nach der Restitution der Monarchie fort. Das vom aufkommenden absolutistischen Staatsmodell und dem barocken Lebensgefühl Kontinentaleuropas stark beeinflusste Selbstverständnis des Königs und seiner engeren Umgebung trug dazu bei, dass die Entfremdung von Teilen der Öffentlichkeit mit dem neuen Regime schnell wuchs. Günstlingswirtschaft, Intrigen von Hofschranzen, Korruptionsskandale und außereheliche Affären stellten die moralische Integrität der höfischen Elite in Frage. Es waren immer wieder Nachrichten über Aufstandsversuche und Gerüchte über Verschwörungen gegen den König im Umlauf. Hinzu kamen mit steter Regelmäßigkeit wiederkehrende soziale Unruhen und gewalttätige Auseinandersetzungen innerhalb der Stadtbevölkerung, etwa die Krawalle unter den Lehrlingen und Gesellen, die teilweise von der Stadtmiliz gewaltsam unterdrückt wurden.

Das 17. Jahrhundert war zudem von den Auswirkungen der sogenannten „Kleinen Eiszeit" betroffen, bei der gerade in der zweiten Hälfte des Jahrhunderts die Temperaturen nochmals weiter absanken, was lange Winter, regenreiche Sommer, Unwetter und Hochwasser zur Folge hatte und damit die Agrarproduktion weiter einbrechen ließ. Durch die vielfach unzureichende Ernährungslage, die katastrophalen hygienischen Verhältnisse in vielen Städten bei gleichzeitig geringer Qualität der medizinischen Versorgung und vor allem die bereits erwähnte Verbreitung von Krankheitserregern im Zuge hoher Mobilität wurde der regelmäßige Ausbruch von Epidemien begünstigt. Dies

---

43   Vgl. hierzu auch LANDERS (1993: Death and the metropolis. Studies in the demographic history of London 1670–1830), v. a. S. 77–80. S. hierzu auch *Observations*, Kap. VIII / 8, mit Blick auf den Ausbruch der militärischen Konfrontation im englischen Bürgerkrieg 1642.

hatte bis etwa 1670 erhebliche Bevölkerungsverluste zur Folge, erst danach ebbten die Seuchenausbrüche in Europa allmählich ab[44].

Hinzu kamen allfällige Schicksalsschläge durch Katastrophen. Graunts Heimatstadt London wurde in kurzer Abfolge von zwei gravierenden Ereignissen heimgesucht: Auf die im Juni 1665 ausgebrochene Pestepidemie mit geschätzten 70 000 Toten allein innerhalb des Stadtgebiets folgte nur ein Jahr später der Große Brand vom September 1666, der über 100 000 Menschen obdachlos machte[45]. Schon in den Jahrzehnten zuvor hatte es immer wieder Ausbrüche der Pest gegeben, nämlich in den Jahren 1592 und 1593, 1603, 1625 und 1636, die teilweise mehrere Jahre wüteten und mehrere Tausend Tote forderten[46]. Hinzu kamen Wellen anderer Epidemien, insbesondere Ausbrüche der Pocken, gegen die es bis zur Entdeckung des Aktivimpfstoffs im 18. Jahrhundert ebenfalls kein Heilmittel gab[47]. Auch war der Ausbruch von Bränden in der Stadt durchaus nicht ungewöhnlich. Doch waren die beiden Ereignisse von 1665 und 1666 derart katastrophal, dass sie in der Memorialkultur Londons bis heute fest verankert sind.

Auch die ersten Autoren, die sich mit mathematischen, statistischen und volkswirtschaftlichen Betrachtungen zur Bevölkerungsentwicklung beschäftigten oder Berechnungen zu Sterbetafeln vorlegten, entstammten Geburtsjahrgängen, deren Jugend und frühes Erwachsenenalter von Pestepidemien oder Kriegseinwirkungen geprägt gewesen waren: John Graunt wurde 1620 geboren, William Petty 1623, Christiaan Huygens 1629, Josiah Child 1630, Johann Joachim Becher 1635, Gottfried Wilhelm Leibniz 1646, Caspar Neumann und Gregory King 1648, Jakob Bernoulli 1655 und Edmond Halley 1656. Von den fast dreihundert Fellow-Kollegen Graunts, die zwischen 1660 und 1674 in die Royal Society berufen wurden, waren bei Ende des englischen Bürgerkrieges fast 60 Prozent im Alter von fünfzehn Jahren oder älter gewesen[48]. Sie teilten also die Erfahrung

---

44　Vgl. hierzu LANDERS (2005: The destructiveness of pre-industrial warfare: Political and technological determinants), der betont, dass, soweit aus den Daten ablesbar, die Ausbreitung von Seuchen, die Hungerkrisen und die Kindersterblichkeit mehr zur hohen Mortalität beitrugen als die direkten Gewalteinwirkungen. Die Auswirkungen der Kriegführung werden unterschiedlich akzentuiert, s. etwa TALLETT (1992: War and Society in Early Modern Europe, 1495–1715); dagegen OUTRAM (2001).

45　S. dazu unten, Kap. 5.2.

46　Schon zuvor gab es in London regelmäßig Ausbrüche der Pest, so 1513, 1515, 1525, 1528, 1532, 1535, 1543–1548, 1558 / 1559, 1563, 1578 und 1582, vgl. BYRNE (2012: Encyclopedia of the Black Death), S. 215.

47　Vgl. BRAY (1996: Armies of Pestilence: The effects of pandemics on history), S. 119.

48　Dies ergab eine Auswertung der Fellowlisten für den genannten Zeitraum, vgl. o. V. (2007: List of Fellows of the Royal Society 1660–2007). Die ersten 15 Lebensjahre gelten in Teilen der modernen Sozialisationsforschung als eine Lebensphase, in der ein gemeinsamer generativer Erfahrungshorizont entstehen kann, insbesondere wenn diese von starken Veränderungen oder Einschnitten in den politischen, sozialen, wirtschaftlichen oder anderen Rahmenbedingungen geprägt sind, vgl. hierzu insbesondere HURRELMANN / ALBRECHT (2020: Generation Greta – was sie denkt, wie sie

eines über sieben Jahre im eigenen Land geführten militärischen Konflikts bis hin zur Hinrichtung des Königs im Jahre 1649 als vorläufigem Schlusspunkt, dem dann noch die teilweise mit äußerster Brutalität geführte Unterdrückung des verbleibenden Widerstands in Irland und Schottland durch die Parlamentsarmee bis 1651 / 52 folgte. Viele Mitglieder des einflussreichen Kreises von Wissenschaftlern und politischen Intellektuellen um Samuel Hartlib (1600–1662), dessen informelles Netzwerk auch als „Invisible College" bezeichnet wurde und zu dem viele Mitglieder der Gründergeneration der Royal Society und auch William Petty gehörten, hatten zudem als Exilanten oder aus anderen Gründen längere Zeit auf dem Kontinent verbracht und dort den Zivilisationsbruch des großen europäischen Krieges miterlebt[49]. Dies galt auch für einen der prominentesten Gelehrten seiner Zeit, Thomas Hobbes (1588–1679). Die einprägsame Formel des „Homo homini lupus", die er in seiner 1642 erstmals veröffentlichten Schrift „Elementorum philosophiae sectio tertia de cive" aufstellte, fußte auf einer entsprechend pessimistischen Einschätzung der Friedensfähigkeit des Menschen, die der Autor aus der persönlichen Erfahrung der Gewalttätigkeit seiner Zeit zog, und führte ihn schließlich in seiner 1651 publizierten epochalen Schrift „Leviathan or the Matter, Forme and Power of a Commonwealth Ecclesiastical and Civil" zur Forderung nach einem starken Staat. Auch in den *Observations* klang dieses zeitkritische Lamento an: Obwohl es eigentliche Aufgabe der Politik sei, die Untertanen in Frieden und Wohlstand zu halten, seien die Menschen ständig darauf bedacht, sich im gegenseitigen Verdrängungswettbewerb durch Übervorteilung ihrer Konkurrenten und „by tripping up each other's heels" den Gewinn zu sichern[50].

Der Großteil der Intellektuellen im England des 17. Jahrhunderts dürfte also in Jugend und frühem Erwachsenenalter einschlägige Erfahrungen mit krisenhaften Situationen gesammelt haben. Und selbst wo sie nicht direkt von entsprechenden Ereignissen betroffen waren, waren diese doch im kollektiven Gedächtnis verhaftet. Der Autor des „Robinson Crusoe", Daniel Defoe ([1660]–1731), ist ein Beispiel, wie dieses Wissen in Familien von einer Generation zur nächsten weitergegeben wurde. 1722 veröffentlichte De-

---

fühlt und warum das Klima erst der Anfang ist) sowie HURRELMANN / ALBRECHT (2014: Die heimlichen Revolutionäre – wie die Generation Y unsere Welt verändert). Allerdings ist dieser Ansatz nicht unwidersprochen geblieben, vgl. etwa SCHRÖDER (2018: Der Generationenmythos). Auf historische Konstellationen ist diese Theorie nur begrenzt anwendbar, da Menschen heute andere Reifungsprozesse durchleben als etwa noch im 17. Jahrhundert. Insofern soll die Zeitspanne von 0–15 Jahren, in der mit einer sich stärker verfestigenden generativen Erfahrung zu rechnen ist, hier nur als Annäherungswert verstanden werden. Zur Nutzung des Generationenbegriffs in biografischen Arbeiten s. auch WILLER (2009: Biographie – Genealogie – Generation).

49 Vgl. MANDELBROTE (2005: William Petty and Anne Greene. Medical and political reform in Commonwealth Oxford), S. 146.
50 *Observations*, Conclusion.

foe eine Art fiktiven Zeugenbericht über den Ausbruch der Pest und den Großen Brand von London, obwohl er zum Zeitpunkt der Katastrophe erst fünf Jahre alt gewesen war und sich dabei vermutlich auf Aufzeichnungen seines Onkels Henry Foe stützte[51].

Hinzu kam, dass im Zuge der Verbreitung des Buchdrucks, des aufkommenden Zeitungswesens und der verbesserten Postwege seit dem 16. Jahrhundert „Eilmeldungen" über katastrophale Ereignisse in London und auf den britischen Inseln sowie in anderen Regionen Europas leichter zugänglich waren als zuvor. Die Entwicklung eines professionalisierten periodischen Zeitungswesens in England erhielt durch das große Interesse der Öffentlichkeit an den militärischen Konflikten in Europa und an der englischen Politik zum Schutz protestantischer Interessen einen wesentlichen Schub, der sich dann auch auf die Innenpolitik und den Konflikt zwischen Krone und Parlament übertrug[52].

Durch die Mobilität von Menschen funktionierte der informelle Wissenstransfer zudem auch über weite Distanzen hinweg: Schon in Zeiten der Renaissance war es üblich, dass Gelehrte an mehreren Universitäten im In- und Ausland studierten und eine intensive Korrespondenz unterhielten. Vom Krieg Entwurzelte zogen mit Reisenden, Kurieren, Händlern, Studierenden, Handwerksgesellen und fahrendem Volk über die gleichen Straßen und nächtigten in den gleichen Herbergen. Menschen kamen in Europa herum und erweiterten, freiwillig oder nicht, ihren Schatz an positiven wie negativen Erfahrungen, der ihr weiteres Leben prägen sollte.

Zwei Biografien aus dem unmittelbaren Umfeld Graunts können dies exemplarisch verdeutlichen: Der erste Präsident der Royal Society, der aus Schottland stammende Robert Moray (1609–1673), war nach dem Studium in St. Andrews und in Frankreich in den französischen Militärdienst eingetreten und hatte es dort bis zum Obristen und engen Vertrauten Richelieus gebracht. Nach dem Ausbruch des Bürgerkrieges in England diente er in der royalistischen Armee in Schottland, ließ sich aber dann wieder von Frankreich zum Einsatz auf den Kriegsschauplätzen in Deutschland anwerben. Während der Zeiten des Cromwell'schen Protektorats lebte er zeitweise in Brügge, Maastricht und Paris und kehrte dann mit Karl II. nach England zurück, wo sein Einfluss am Hof in den frühen Jahren der Royal Society für deren Entwicklung von entscheidendem Vorteil war. Er stand auch danach noch in regem Briefkontakt mit den Gelehrten in Frankreich, den Niederlanden und in Deutschland.

---

51 DEFOE (1722, ed. 1884: A journal of the plague year: being observations or memorials of the most remarkable occurrences as well publick as private, which happened in London during the last great visitation in 1665 / written by a citizen who continued all the while in London never made public before; with an introduction by Henry Morley). Vgl. hierzu auch THOMAS (1966: Daniel Defoe and the Great Plague of London).
52 Vgl. BOYS (2011: London's news press and the Thirty Years War).

Auch William Petty, die für Graunt wohl wichtigste Bezugsperson mit Blick auf die *Observations*, war weit herumgekommen: Als Jugendlichen hatte es ihn nach Frankreich verschlagen, wo er eine Ausbildung am Jesuitenkolleg in Caen erhielt. Danach kehrte er nach England zurück, von wo er 1643 angesichts zunehmender politischer Unruhen zum Studium nach Amsterdam auswich, dort persönlicher Sekretär von Thomas Hobbes wurde und unter anderem mit Descartes zusammentraf. Nach dem Ende des Bürgerkrieges studierte er in Oxford, wo er dann auch zum Professor für Anatomie berufen wurde. Seit 1652 wirkte er auf Seiten der Parlamentsarmee in Irland, wo er es als Parteigänger Cromwells zu erheblichem Grundbesitz brachte und diesen auch während der Restaurationszeit erhalten konnte.

Die Lebenswege dieser und anderer Zeitgenossen Graunts verweisen aber auch darauf, dass das 17. Jahrhundert trotz seiner geschilderten dunklen Seiten alles andere als ein „finsteres Jahrhundert" war. Das absolutistische Staatsmodell, bei dem die Dynastie mit dem Monarchen als Staatsoberhaupt das Gewaltmonopol, die Finanzhoheit, die Religionspolitik und die Kulturförderung immer mehr auf sich zu vereinen suchte, bereitete – so kritisch der Absolutismus auch gesehen werden muss – der Entstehung von modernen Zentralstaaten den Boden. Der Finanzbedarf für den wachsenden Verwaltungs- und Militärapparat, die merkantilistische Wirtschaftspolitik und die höfischen Repräsentationen des Staates verstärkte nicht nur die Konkurrenz zu den Protagonisten der Ständegesellschaft, sondern umgekehrt auch das Bestreben, sich durch direkte Steuereinnahmen von deren Bewilligungen unabhängiger zu machen. Neue Besteuerungsmodelle, insbesondere die pro Kopf und Haushalt erhobenen Abgaben, verstärkten das Interesse an gesicherten Grundlagen zur Zahl und Zusammensetzung der Bevölkerung[53].

Zugleich boten sich Investoren große Gewinnchancen im internationalen Handel, in der Versorgung und im Wiederaufbau der vom Krieg verwüsteten Regionen sowie im Dienst der barocken Höfe und Kirchenstaaten, an denen sich Kapital akkumulierte. Die bereits im 16. Jahrhundert in Europa errichteten Börsen und die zwischen 1600 und 1628 in England, den Niederlanden, Dänemark, Schweden und Portugal gegründeten und auf den florierenden Fernhandel spezialisierten Ostindienkompanien boten einen geeigneten institutionellen Rahmen für Privatinvestitionen und boomten in der zweiten Hälfte

---

53 Vgl. hierzu etwa SLACK (2004b: Measuring the National Wealth in Seventeenth-Century England), der für die Entstehung der „Political Arithmetic" drei wichtige Entwicklungsstränge konstatiert: die wissenschaftliche Zuarbeit (insbesondere durch die Studie Graunts), die Maßnahmen zur Landverteilung in Irland sowie die neuen Steuermodelle, etwa das „ship money", die „poll taxes", die „excises" und die „hearth tax" (S. 612).

des 17. Jahrhunderts, sodass Frankreich 1664 mit der Gründung einer eigenen Ostindien-Kompanie nachzog.

Diese Entwicklungen gaben einen weiteren Impuls für die Ausprägung von Instrumenten des modernen Kapitalmarktes: der langfristigen Kapitalanleihe eines Unternehmens durch die Ausgabe von Aktien, die etwa die niederländische Vereenigde Oostindische Compagnie seit 1607 praktizierte, der Einführung von Papiergeld in Amsterdam 1609 beziehungsweise Stockholm 1661 oder der Absicherung von Anleihen durch die Anwendung von Gold- und Rentenstandards, wie sie John Law (1671–1729) in seinem Traktat „Money and Trade Considered, with a Proposal for Supplying the Nation with Money" von 1705 vorschlug. Ein weiteres, die Entwicklung insbesondere der Bevölkerungswissenschaft stimulierendes Element war das Aufkommen von Lebensversicherungen und Kapitalanlagen auf Fonds-Basis – wie etwa die 1653 in Frankreich und Dänemark entwickelten Projekte sogenannter „Tontinen"[54] –, wobei die Rentabilität eines solchen Fonds für dessen Eigner in hohem Maße von der Lebenserwartung der Anteilsinhaber abhing. Eine zielgenaue Berechnung des Sterblichkeitsrisikos war für derartige Geschäftsmodelle von unschätzbarem Vorteil.

Dass die Beschäftigung mit Wirtschaftsmathematik und Bevölkerungsstatistik angesichts dessen größeres Gewicht erlangte, ist nicht überraschend. Viele der genannten Wissenschaftler in England entstammten dem kleinen und mittleren Wirtschaftsbürgertum, wie Josiah Child, John Graunt, William Petty oder Edmond Halley, und waren insofern mit den Spielregeln des Handels vertraut – während die Vorfahren deutscher Gelehrter wie Johann Joachim Becher, Herrmann Conring, Gottfried Wilhelm Leibniz oder Caspar Neumann als Pastoren, Professoren oder Beamte tätig gewesen waren[55]. Dementsprechend begründeten die englischen Bevölkerungstheoretiker ihre Schriften auch oft mit der Zielsetzung, zu effizienterem staatlichen Planen und Wirtschaften beitragen zu wollen, also mit einem ausgesprochen volkswirtschaftlichen Leitinteresse[56].

Auch Graunt betonte, dass seinen Untersuchungen die „mathematics of my shop-arithmetic" zugrunde liegen würden, also das in Wareneinkauf, Absatzplanung, Preiskalkulation und Buchführung praktizierte Erfahrungswissen im Bereich der Wirtschafts-

---

54 Mit dem ersten Projekt des aus Italien stammenden Bankiers Lorenzo Tonti (1630–1695) von 1653 war Mazarin noch am Widerstand des Parlaments gescheitert, weshalb dieses erst 1689 realisiert werden konnte. In Dänemark erwies sich die Tontine wegen des geringen Publikumsinteresses als Fehlschlag, vgl. HALD (1990: A History of Probability and Statistics and Their Applications before 1750), S. 120.

55 Vgl. hierzu auch MICHEL (2007: Biographisches Lexikon zur Geschichte der Demographie: Personen des bevölkerungswissenschaftlichen Denkens im deutschsprachigen Raum vom 16. bis zum 20. Jahrhundert).

56 Vgl. o. V. (1962a: John Graunt and the Bookkeeping of Life and Death).

mathematik[57]. Von den dabei angewandten Methoden zur Abschätzung finanzieller Risiken bei einem Geschäft und der Marktanalyse war es kein weiter Weg mehr zur Schätzung der längerfristigen Mortalitätsentwicklung – und schließlich auch zu einer „gedanklichen Übertragung der privaten Wirtschaftsführung auf den Staat" (Behrisch), auch wenn die Idee einer evidenzgesteuerten staatlichen Wirtschaftsplanung und einer dazu systematisch betriebenen öffentlichen Statistik erst im letzten Drittel des 18. Jahrhunderts zur Maxime staatlichen Handelns wurde[58].

In der Peergroup Graunts, die mit einer gewissen gesellschaftlichen Fortune, auskömmlichen wirtschaftlichen Ressourcen und hinreichend Freizeit ausgestattet war, um einen kultivierten Lebensstil zu pflegen und sich dabei insbesondere wissenschaftlichen Betätigungen hingeben zu können, nahm angesichts dieser positiven Entwicklungen seit dem Ende des Bürgerkriegs und der Restauration der Stuart-Monarchie die subjektive Wahrnehmung überhand, dass sich die wirtschaftlichen Verhältnisse der Menschen in England insgesamt zum Besseren gewandt hätten – selbst wenn die Kehrseiten dieser Prosperität, insbesondere die ungleiche Verteilung des Wohlstands, die Schere zwischen Arm und Reich und die moralischen Untiefen von Luxus und Müßiggang durchaus thematisiert wurden[59]. Eine optimistischere Zukunftserwartung als noch zu Zeiten des Bürgerkriegs und des Protektorats beförderte das Bestreben, an diesem wachsenden Wohlstand durch diversifizierte Geldanlagen, Investitionen in Grundbesitz sowie durch entsprechende Dienstleistungen für Dritte zu partizipieren. Wir werden Graunt auf diesem Teil seines Karrierewegs als Unternehmer ein Stück weit folgen können.

Die in der zweiten Hälfte des 17. Jahrhunderts vorherrschende Aufbruchstimmung betraf aber vor allem das Geistesleben und dabei besonders die wissenschaftliche Welt. Institutionell wurde mit der Gründung von Gelehrtengemeinschaften, die später staatlich legitimiert und privilegiert wurden, der Rahmen für eine Förderung der Wissenschaften sowie den intensiven Austausch der Gelehrten untereinander gelegt, etwa mit der staatlichen Übernahme der Académie française durch Richelieu 1635, der Gründung der Academia Naturae Curiosorum (der späteren Leopoldina) 1652 und der Royal Society 1660. Viele der frühen Bevölkerungswissenschaftler in Europa in der zweiten Hälfte des 17. und im frühen 18. Jahrhundert gehörten einer solchen Gelehrtengemeinschaft an, unterhielten enge Beziehungen oder fanden über ihre Freunde und Schüler dort Ein-

---

57 *Observations*, Widmungsbrief an Robert Moray.
58 Vgl. Behrisch (2016b: Die Berechnung der Glückseligkeit. Statistik und Politik in Deutschland und Frankreich im späten Ancien Régime), das Zitat: S. 17.
59 Vgl. hierzu Slack (2009: Material Progress and the Challenge of Affluence in Seventeenth-Century England); Slack (2007: The politics of consumption and England's happiness in the later seventeenth century).

gang. Die Gelehrten waren auch untereinander gut vernetzt. Dies belegen die intensive internationale Korrespondenz zwischen Wissenschaftlern sowie rege Forschungs- und Studienreisen ins Ausland, wobei England, das zuvor als Reiseziel dieser „peregrinatio academica" hinter Frankreich und Italien deutlich zurückgestanden hatte, sich ab der zweiten Hälfte des 17. Jahrhunderts zunehmender Beliebtheit erfreute[60].

Diese Vernetzung der europäischen Gelehrtengemeinschaft lässt sich auch an der Rezeption von Graunts *Observations* beobachten: Robert Moray als Präsident der Royal Society sandte sie bereits Anfang März 1662 an Christiaan Huygens, um ihn um eine Einschätzung zu bitten und zugleich nach ähnlichen Erhebungen in Holland zu fragen beziehungsweise diese anzuregen[61]. Seit dem 22. Juni 1663 war Huygens Fellow der Royal Society und damit auch institutionell mit Graunt verbunden. 1669 bildete der Entwurf einer Sterbetafel durch John Graunt die Grundlage für die methodische Diskussion zwischen Christiaan Huygens und seinem jüngeren Bruder Lodewijk[62].

Auch Caspar Neumanns Untersuchungen zur Sterblichkeitsentwicklung in Breslau 1689 waren eindeutig von den *Observations* inspiriert. Ihr „Übertragungsweg" zeigt die mannigfache Vernetzung der akademischen Welt: Neumann hatte seine Arbeiten ursprünglich an Gottfried Wilhelm Leibniz als damaligen Bibliothekar des Kurfürsten von Hannover übersandt. Dieser leitete sie an seinen Kollegen in der Bibliothek des englischen Königs Henri Justel (1619–1693) weiter, der sie dann der Royal Society zur Kenntnis brachte. Dort bildeten sie 1693 die Grundlage für die Berechnungen Edmond Halleys, der seinerseits in eine direkte Korrespondenz mit Neumann eingetreten war[63]; nicht zu vergessen, dass Henry Oldenburg, einer der ersten Sekretäre der Royal Society

---

60 Vgl. hierzu etwa SELLING (2016: „Die Engeländer haben eine dicke Luft und trüben Himmel / aber subtilen und heiteren Verstand" – Weigel-Schüler reisen nach England); MAURER (2014: Die Reise nach England. Voraussetzungen, Formen und Wandlungen deutscher Englandfahrten in der Frühen Neuzeit), hier v. a. S. 51 f.; SELLING (1990: Deutsche Gelehrten-Reisen nach England 1660–1714), zur Bedeutung der Royal Society als Kommunikationsort der europäischen Gelehrtengemeinschaft insbesondere S. 33–100.

61 Vgl. hierzu den Briefwechsel Morays mit Christiaan Huygens 1662 und Lodewijk Huygens mit seinem Bruder 1669 (HUYGENS (1891–1895: Oeuvres complètes), Bd. 6, Nr. 1755) sowie KARGON (1963: John Graunt, Francis Bacon, and the Royal Society: The Reception of Statistics). Eine Zusammenstellung relevanter Korrespondenz zum Thema findet sich in o. V. (1669: Correspondence of Huygens concerning the Bills of Mortality of John Graunt).

62 Vgl. hierzu COURGEAU (2012: Probability and social science: methodological relationships between the two approaches); CIECKA (2011: The First Probability Based Calculations of Life Expectancies, Joint Life Expectancies, and Median Additional Years of Life); PRESSAT (2001: Christian Huygens et la table de mortalité de Graunt); RIVADULLA RODRÍGUEZ (1991: Apriorismo y base empírica en los orígenes de la estadística matemática); WHITE / HARDY (1970: Huygens' Graph of Graunt's Data); KARGON (1963).

63 Vgl. BELLHOUSE (2011: A new look at Halley's life table), S. 825; GREENWOOD (1938), S. 70 f.

und Weggefährte William Pettys, aus Bremen stammte und über glänzende Verbindungen ins deutschsprachige Ausland verfügte, unter anderem zu Leibniz[64].

Auch das aufkommende wissenschaftliche Publikationswesen trug maßgeblich zur Vernetzung und zum Informationsaustausch bei. Im Januar 1665 wurden mit dem „Journal des sçavans" des Pariser Parlamentsrates Denis de Sallo und im März 1665 mit den „Philosophical Transactions" der Royal Society die ersten wissenschaftlichen Fachzeitschriften begründet. Auch hier findet sich eine Spur zu Graunt: Im ersten Jahrgangsheft des „Journal des sçavans" wurde eine kurze Rezension der Observations abgedruckt, die allem Anschein nach von William Petty eingereicht worden war[65]. Über eine 1666 in Nürnberg gedruckte deutsche Ausgabe des Journals wurde diese Rezension und damit die Studie Graunts auch in Deutschland einem größeren Kreis bekannt[66].

Der in London zu Zeiten Graunts florierende Buchmarkt, der auch während der wirtschaftlich schwierigen und von Repressionsversuchen geprägten Zeit von Bürgerkrieg und Protektorat seine Dynamik nicht einbüßt hatte[67], flankierte nicht nur die wissenschaftliche Kommunikation unternehmerisch in Form von gedruckten Büchern, Journalen und Pamphleten und ermöglichte damit auch ihren internationalen Austausch, sondern erschloss ihr zugleich auch ein breiteres Publikum. Die mehrfachen Auflagen von Graunts Observations und ihre Verbreitung über die wissenschaftlichen Kommunikationskanäle haben erheblich zu ihrer Bekanntheit beigetragen. Zugleich erreichten sie weitere Kreise: Samuel Pepys, der als königlicher Beamter im Marineamt mit den von Graunt behandelten Fragen beruflich eher am Rande zu tun hatte, erwarb die Schrift bei einem Spaziergang nach Whitehall in einer Buchhandlung in der Nähe von Westminster Hall in London, ein Ereignis, das er für wichtig genug einschätzte, um es in seinem Ta-

---

64 Zu Henry Oldenburg vgl. u. a. BOAS HALL (2002: Henry Oldenburg. Shaping the Royal Society).

65 O. V. (1666: Rezension zu Graunt, Observations, 1662) mit dem Autorenverweis „par le Sr. G. P.". Mit diesem Namenskürzel könnte, wie HACKING (1975: The emergence of probability. A philosophical study of early ideas about probability, induction and statistical inference) vermutet, William (Guillaume / Guilhelmus) Petty gemeint sein (S. 102). Vgl. dazu VITTU (2005: Du Journal des savants aux Mémoires pour l'histoire des sciences et des beaux-arts: l'esquisse d'un système européen des périodiques savants). VILQUIN (1978: Une édition critique en français de l'œuvre de John Graunt (1620–1674). Présentation d'un ouvrage hors collection) verweist dagegen auf zahlreiche Fehler in der Rezension, was gegen eine Autorenschaft von Petty sprechen könnte (S. 421).

66 O. V. (1666: Vierblätterichter Wunder-Klee, erwachsen in der Königlichen Englischen Gesellschafft, verpflanzet durch die sogenannte (Les Sçavans) Vielwissende in Franckreich: übersetzet von einem Liebhaber neuer Erfindungen und sambt einem Nebengewächse vorgestellet), S. 48–56. Dieses Werk findet sich in verschiedenen Buchhandelskatalogen und wird auch in wissenschaftlichen Veröffentlichungen zitiert, u. a. in FRANCKENSTEIN (1744: Erläuterung über des Freyherrn von Pufendorff Einleitung zu der Historie der vornehmsten Reiche und Staaten, so jetziger Zeit in Europa sich befinden), S. 1225.

67 Vgl. BARNARD (2001: London Publishing, 1640–1660: Crisis, Continuity, and Innovation).

gebuch festzuhalten[68]. Belesenheit gehörte zu den Tugenden der gebildeten Oberschicht Londons ebenso, wie Buchbesitz ein wichtiges Statussymbol war, um seine Zugehörigkeit zur geistigen Elite der Zeit manifest zu machen. Dem wissenschaftlichen Diskurs erschloss sich dadurch eine große Reichweite.

Schufen die Akademien und die Kommunikationsnetzwerke der Wissenschaftler einen Freiraum, in dem sich die Begeisterung für das Innovationspotenzial der Wissenschaft, ihren praktischen Nutzen sowie die Möglichkeiten des Wissenserwerbs durch Experiment und Beobachtung Bahn brach, gingen viele Wissenschaftler noch einen Schritt weiter und strebten die Überwindung von bestehenden Denkverboten und Dogmen und die Durchsetzung des Primats der Vernunft in der Wissensgesellschaft an. Diese als Frühaufklärung bezeichnete Strömung war mit Vorläufern wie Francis Bacon, Hermann Conring und Thomas Hobbes und Vertretern wie René Descartes, Baruch Spinoza, Gottfried Wilhelm Leibniz, Pierre Bayle und Christian Thomasius verbunden – die wiederum alle den gleichen, zwischen 1596 und 1650 geborenen und von ähnlichen Erfahrungen geprägten Generationen angehörten.

In einer Zeit, in der einerseits die Zivilisation an ihre Grenzen gekommen zu sein schien und Menschen alltäglich einem hohen Mortalitätsrisiko ausgesetzt waren, in der andererseits aber der Aufbruch in ein neues Zeitalter der Rationalität in der Luft lag und sich neue Zukunftsperspektiven zu eröffnen schienen, entschied sich John Graunt, der Entwicklung der Sterblichkeit in seiner Heimatstadt London stärker auf den Grund zu gehen und dazu eigenständig wissenschaftliche Analysen durchzuführen. Dabei war ihm ein Lebensweg als Wissenschaftler alles andere als vorgezeichnet.

---

68 Pepys, Diary, 24. März 1662.

2 Netzwerke und soziales Umfeld

2.1 Familienverband

John Graunt wurde am Morgen des 24. April 1620 im Haus seiner Eltern Henry Graunt (1592–1661) und Mary geb. Collis (gest. 1662) im Londoner Stadtteil Cornhill in der noch heute existierenden Birchin Lane, Ecke Lombard Street, geboren[1]. Die Taufe erfolgte wenige Tage später am 1. Mai 1620 in der nahegelegenen Kirche St. Michael in Cornhill[2].

Graunts Vater Henry stammte ursprünglich aus der südenglischen Grafschaft Hampshire. Der genaue Geburtsort und die Abstammung der Familie lassen sich heute nicht mehr feststellen, zumal angesichts der Häufigkeit des Namens in der Region und seiner verschiedenen Schreibweisen (Graunt, Grant, Graunte) Verwechselungen nicht ausgeschlossen werden können[3]. Selbst Aubrey als unmittelbarer Zeitgenosse kannte den genauen Herkunftsort der Familie nicht – das Originalmanuskript seiner „Brief Lives" enthielt an der fraglichen Stelle eine Auslassung[4]. Wie wir noch sehen werden, hatte der Autor der *Observations* jedoch immer wieder mit dem nordwestlich von Southampton gelegenen Ort Romsey zu tun, woher sein späterer Freund und Mentor William Petty stammte. Die Familie Graunt selbst scheint dagegen offensichtlich keine genealogischen Wurzeln in der Stadt gehabt zu haben[5], wohl aber im Umland: 1620 nahm Henry einen Robert Graunt, Sohn des Freibauern Philipp Graunt aus der Nähe des Farley Mount, der mehr als zwei Stunden Fußweg von Romsey entfernt lag, als Auszubildenden an[6]. Dies

---

1   Zu den folgenden biografischen Angaben vgl. AUBREY (2015). Vgl. auch GLASS (1963).
2   CHESTER (1882: The parish registers of St. Michael, Cornhill, London, containing the marriages, baptisms, and burials from 1546 to 1754), S. 114.
3   Der Name Graunt war in Hampshire stark verbreitet, vgl. entsprechende Einträge in FamilySearch. Die von O. V. (1757) behauptete Abstammung von einer schottischen Familie Grant ist nicht weiter belegt (S. 2254).
4   Bodleian Library, Oxford, MS Aubrey 6, fol. 97.
5   Im Hampshire Record Office in Winchester, das auch die Kirchenbücher aus Romsey verwaltet, finden sich keine entsprechenden Einträge zu Henry Graunt. Petty und Graunt haben sich vermutlich auch erst in London kennengelernt, vgl. GLASS (1963), S. 3.
6   Drapers' Company, Archives (im Folgenden: DCA), GR Boyd's Roll, s. v. Graunt, Robert, No. 7.

*Abb. 1: Ausschnitt aus einer Stadtansicht von London, hier des Stadtteils,
in dem Graunt lebte (Stich von Wenzeslaus Hollar, 1647).*

könnte dafür sprechen, dass zumindest Teile der Familie ursprünglich aus der Nähe von
Romsey stammten[7].

---

7   DCA, GR Boyd's Roll, s. v. Graunt, Henry.

Wann Henry Graunt mit seinen Eltern nach London zog, ist nicht bekannt. Dort ging er jedenfalls ab Mai 1604 zunächst bei einem William Withers in die Lehre als Textilhändler, erlangte 1614 die Freisprechung und baute sich erst in der benachbarten Abchurch Lane und dann in der Birchin Lane ein Fertigwarengeschäft für Textilien auf[8].

Das Geschäft von Henry Graunt, der sich offensichtlich auf Halsbänder spezialisiert hatte, scheint mit der Zeit floriert zu haben und sicherte seiner achtköpfigen Familie ein gutes Auskommen. Soweit wir wissen, nahm er während seiner aktiven Jahre insgesamt zwölf Lehrlinge in seinen Betrieb auf, darunter auch seinen Sohn. In den ersten Jahren bildete er nur einen oder zwei Berufsanfänger aus, Mitte der 1640er Jahre unterhielt er dann aber zeitweise bis zu vier Auszubildende gleichzeitig in seinem Betrieb. Dies könnte darauf hinweisen, dass sein Textilwarenladen zumindest in den 1640er Jahren gute Erträge abwarf[9].

Damit scheint auch ein gewisser sozialer Aufstieg verbunden gewesen zu sein. Noch im Mai 1640 tauchte der Name Graunt in einer Erhebung der Stadtverwaltung über die „principal inhabitants", also die Haushaltsvorstände, die in den Wards der Stadt über eine gewisse gesellschaftliche Reputation verfügten, nicht auf, obwohl darin unter anderem auch ein Haberdasher erwähnt wurde[10]. Auf der anderen Seite wissen wir, dass Henry Graunt ein Amt in der Stadtverwaltung seines Wohnbezirks Cornhill annahm[11], was die zunehmende Integration der aus der englischen Provinz stammenden Zuwandererfamilie in die Gesellschaft Londons beförderte. Dass die Graunts sich 1651 vermutlich gemeinsam mit einem prominenten Unterstützerkreis aus der Wissenschaft für die Berufung William Pettys auf eine Professur für Musik am Gresham College verwandten[12],

---

8   DCA, GR Boyd's Roll, s. v. Graunt, Henry.

9   Bei Henry Graunt traten in die Lehre ein: 1620 Robert Graunt („son of Philip of Mounton Tarley Wills [sic!]", vermutlich ein entfernter Verwandter), 1627 Joseph Sherborne (gest. 1630), 1630 Thomas Kelsey, 1636 John Graunt, 1639 Humphrey Hughes, 1646 Richard Lawrence, Richard Tyler und Edmund Dobson, 1652 Henry White und 1661 Hugh Giston (vgl. DCA, GR Boyd's Roll, s. v. Graunt, Henry; Johnson (1922: The history of the Worshipful Company of the Drapers of London, preceded by an introduction on London and her Gilds up to the close of the XVth century), S. 162). Des Weiteren wird im Pfarrverzeichnis 1661 noch ein Thomas Taylor als „servant" von Henry Graunt genannt (Chester (1882), S. 231).

10 Vgl. Harvey (1886: List of the principal inhabitants of the City of London, 1640, from returns made by the Aldermen of the several Wards), zum Cornhill Ward S. 13.

11 Vgl. Dupâquier (1996: L'invention de la table de mortalité. De Graunt à Wagentin 1662–1766), S. 13.

12 Nach Benjamin (1964: John Graunt's ‚Observations') könnte auch Henry Graunt die treibende Kraft gewesen sein (S. 1). Dagegen sieht Glass (1963) John Graunt hinter der Berufung Pettys (S. 3). Allerdings ist fraglich, ob dessen Einfluss zu diesem Zeitpunkt bereits so weit reichte. Vgl. hierzu auch McCormick (2009), S. 56, nach dem die Berufung Pettys wohl auch auf die Verbindungen Samuel Hartlibs zurückging. Ähnlich Le Bras (2000), dass Petty nicht von Graunt, sondern von Hartlib und von einflussreichen Freunden aus der akademischen Welt für die Professur empfohlen

könnte ein weiterer Hinweis darauf sein, dass es die Familie in den 1640er Jahren zu einem gewissen sozialen Prestige gebracht hatte. Die bereits unter dem Vater bestehenden engen Beziehungen zu Petty, der unter anderem auch mit Graunts Schwager Thomas Kelsey freundschaftlich verbunden und seit 1649 Hausarzt der Familie Graunt war[13], sollten sich für dessen Sohn dann geradezu zu einer Schicksalsgemeinschaft entwickeln.

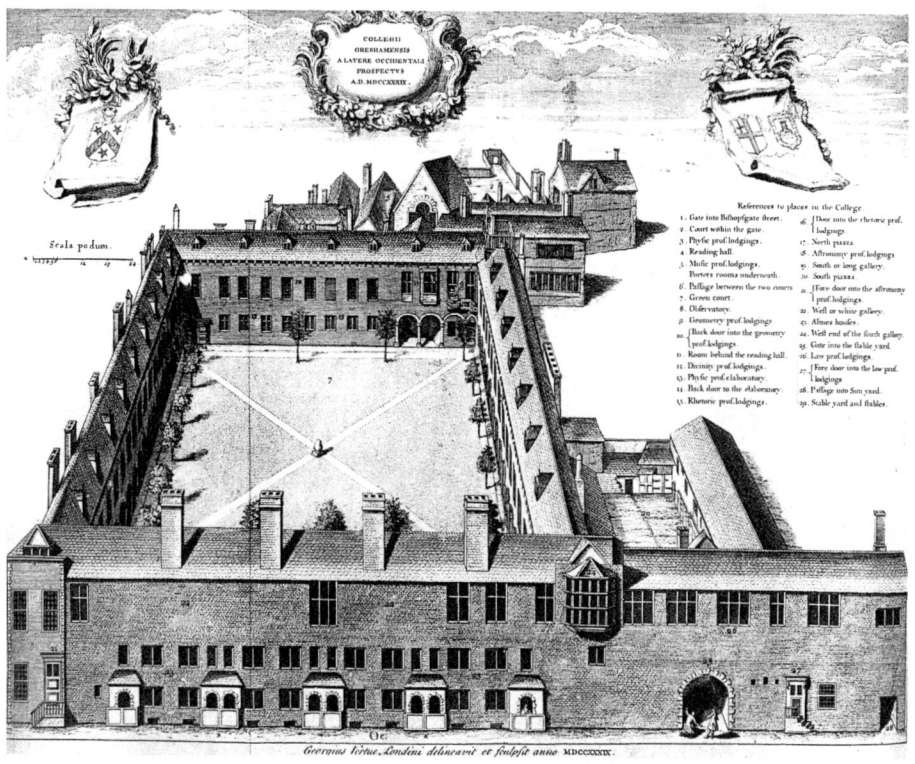

Abb. 2: Gresham College (Stich von George Vertue (1684–1765), 1739).

Welcher Art die Verbindungen der Graunts zum Gresham College waren, das nur fünf Minuten Fußweg vom Wohnhaus der Familie entfernt lag, ob sie sich in diesen Kreisen regelmäßig bewegten oder lediglich auf Initiative Dritter oder Bitten Pettys

---

worden sein könnte (S. 38 f.). Nach AUBREY (2015) soll Graunt gemeinsam mit einem Mitglied des Parlaments die Berufung Pettys als Surveyor nach Irland unterstützt haben (S. 45). Doch war dieser als Generalarzt mit der Expeditionsarmee Cromwells nach Irland gelangt und wurde auf seinen eigenen Vorschlag hin von der Regierung beauftragt. Dies schließt nicht aus, dass Graunt eine Bestätigung durch das Parlament unterstützt haben könnte.

13 Vgl. FEINGOLD (2006: Graunt, John (1620–74)). Zur Rolle Kelseys für den Aufstieg Pettys vgl. FITZ-MAURICE (1895), S. 18.

für dessen Berufung tätig wurden, ist nicht überliefert. Diese aus einer testamentarischen Verfügung des Handelsmagnaten und königlichen Finanzagenten Thomas Gresham (1519–1579) hervorgegangene Einrichtung bezweckte die Berufung einer Gruppe von Stiftungsprofessoren in ursprünglich sieben akademischen Disziplinen, die in den Räumen des von Gresham dafür zur Verfügung gestellten Gebäudes als Stipendiaten arbeiten und vor allem öffentlich zugängliche Vorlesungen halten sollten. Anders als die beiden Universitäten in Oxford und Cambridge, zu denen es allerdings enge personelle Verflechtung gab, sollte das Gresham College keine weitere Universität klassischen Zuschnitts darstellen, sondern die Verbindung von Wissenschaft und Praxis stärken, indem dort insbesondere Menschen, die in Handel und Gewerbe oder anderen wirtschaftlich wichtigen Feldern der Stadt tätig waren und deshalb nicht zwangsläufig auch über die nötige Qualifikation für ein Universitätsstudium verfügten, Zugang zu wissenschaftlicher Bildung und Gelegenheit zum intellektuellen Austausch mit den Professoren erhielten. Allerdings hatte in der ersten Hälfte des 17. Jahrhunderts die Kritik an den organisatorischen Mängeln des Gresham College zugenommen, bei dem der Stifterwille, das Eigeninteresse der Professoren sowie die Einflussnahme der Kuratoren von Anfang an in einem Spannungsverhältnis zueinander gestanden hatten, weshalb es die Aufmerksamkeit von Wissenschaftsreformern wie Samuel Hartlib oder William Petty auf sich zog. Damit kam es zugleich in den Einflussbereich der Gründergeneration der Royal Society, die die Räume des Gresham College zunächst als Treffpunkt nutzte und nach der Institutionalisierung der Gelehrtengemeinschaft dann vollends für ihre Zwecke vereinnahmte[14]. Das Gresham College war im Übrigen organisatorisch mit der ebenfalls von Gresham gegründeten, im gleichen Viertel gelegenen Royal Exchange vernetzt, die ein wichtiger Kommunikationsort für die Händler Londons war und wo unter anderem die Vorlesungen angekündigt wurden, um gerade dieses Zielpublikum zu erreichen. Die engen organisatorischen Verflechtungen des Gresham College insbesondere mit der Tuchhandelsbranche, seine bereits im Gründungskonzept angelegte „Praxisnähe" und

---

14 Zur Geschichte des Gresham College vgl. Debois / De la Croi (2021: Scholars and Literati at Gresham College (1597–1800)); Guy (2019: Gresham's Law. The Life and World of Queen Elizabeth I's Banker), v. a. S. 216–226; Groh (2010: Göttliche Weltökonomie. Perspektiven der Wissenschaftlichen Revolution vom 15. bis zum 17. Jahrhundert), v. a. S. 603–615; o. V. (2001: Gresham College); Ames-Lewis (1999: Sir Thomas Gresham and Gresham College. Studies in the intellectual history of London in the sixteenth and seventeenth centuries); Chartres / Vermont (1997: A Brief History of Gresham College 1597–1997); Adamson (1980: The Administration of Gresham College and its Fluctuating Fortunes as a Scientific Institution in the Seventeenth Century); Johnson (1940: Gresham College: Precursor of the Royal Society).

letztlich auch seine räumliche Nachbarschaft zur Birchin Lane könnten die frühen Verbindungen der Familie Graunt zu diesem wissenschaftspolitischen Umfeld erklären[15].

Über den Bildungshintergrund von Henry Graunt können wir mangels Quellenaussagen nur Mutmaßungen anstellen. Da er bereits mit zwölf Jahren in die Lehre kam, dürfte er vermutlich nur eine Grundschule besucht haben. Hinweise, dass er ein strenger Puritaner gewesen sei, der auch seinen Sohn in diesem Glauben erzogen habe[16], sind in den Quellen nicht belegt. Auch über seine außerberuflichen Bildungsaktivitäten wissen wir wenig. Zumindest könnte er, wie viele seiner Zeitgenossen, ein gewisses Interesse an Horoskopen gehabt haben. Denn in seinen Unterlagen sollte sich ein Hinweis auf die genaue Uhrzeit der Geburt seines Sohnes finden (7:30 Uhr), was es Aubrey später erlaubte, die astrologischen Verhältnisse zum Zeitpunkt der Geburt von John Graunt „the signe being in the 9 degree of [gemini] that day at 12 a clock" zu bestimmen[17].

John Graunt war der Erstgeborene der Familie. Zwei Jahre später kam Mary und Henry Graunts älteste Tochter Rebecca zur Welt[18]. Sie heiratete Thomas Kelsey (gest. ca. 1676), der als Sohn von Bauern aus Surrey nach dem Tod seiner Eltern seit 1630 bei Henry Graunt in die Lehre gegangen war. Nach der Freisprechung durch die Drapers' Company 1639 betrieb Kelsey zunächst ein Geschäft als Knopfmacher, das allerdings nicht sehr gut zu laufen schien. Vermutlich entschied er sich auch deshalb für eine militärische Karriere und stand bereits zu Beginn des Bürgerkriegs 1642 als Offizier auf der Seite des Parlaments. Von 1646 bis nach 1650 war er stellvertretender Gouverneur in Oxford, wo er mit akademischen Kreisen in engen Kontakt kam und 1648 den Magistertitel ehrenhalber verliehen bekam. Im weiteren Verlauf des Bürgerkriegs und des Commonwealth brachte es Kelsey zum Posten des Garnisonskommandeurs in Dover und dann zum Rang eines der Major Generals mit Zuständigkeit für Kent und Surrey. 1654, 1656 und 1659 war er Mitglied des Parlaments. In den Wirren der letzten Jahre des Protektorats geriet er zwischen die politischen Fronten, weshalb er 1660 in die Niederlande floh. Erst 1672 wurde er vom König begnadigt und konnte nach London zurückkehren, wo er sich mit seiner Familie in der Pfarrei St. Giles' Cripplegate niederließ. Kelsey brachte es in der Folge aber nicht mehr zu einer mit seiner früheren gesellschaftlichen Stellung ver-

---

15 Ähnlich stellt SIBBETT (1999: Early insurance in and around the Royal Exchange) einen Zusammenhang von wichtigen Orten der frühen Versicherungswirtschaft mit der näheren Umgebung der Royal Exchange her und erwähnt in diesem Kontext auch John Graunt und die Birchin Lane (S. 63–66).

16 Vgl. CHALMERS (1812–1817).

17 AUBREY (2015), S. 310.

18 Eintrag im Taufregister vom 2. Juni 1622: LMA, Church of England Parish Registers, 1538–1812, P69 / MIC2 / A / 002 / MS04062 (verfilmt: Ancestry.com, Provo 2010); CHESTER (1882), S. 116.

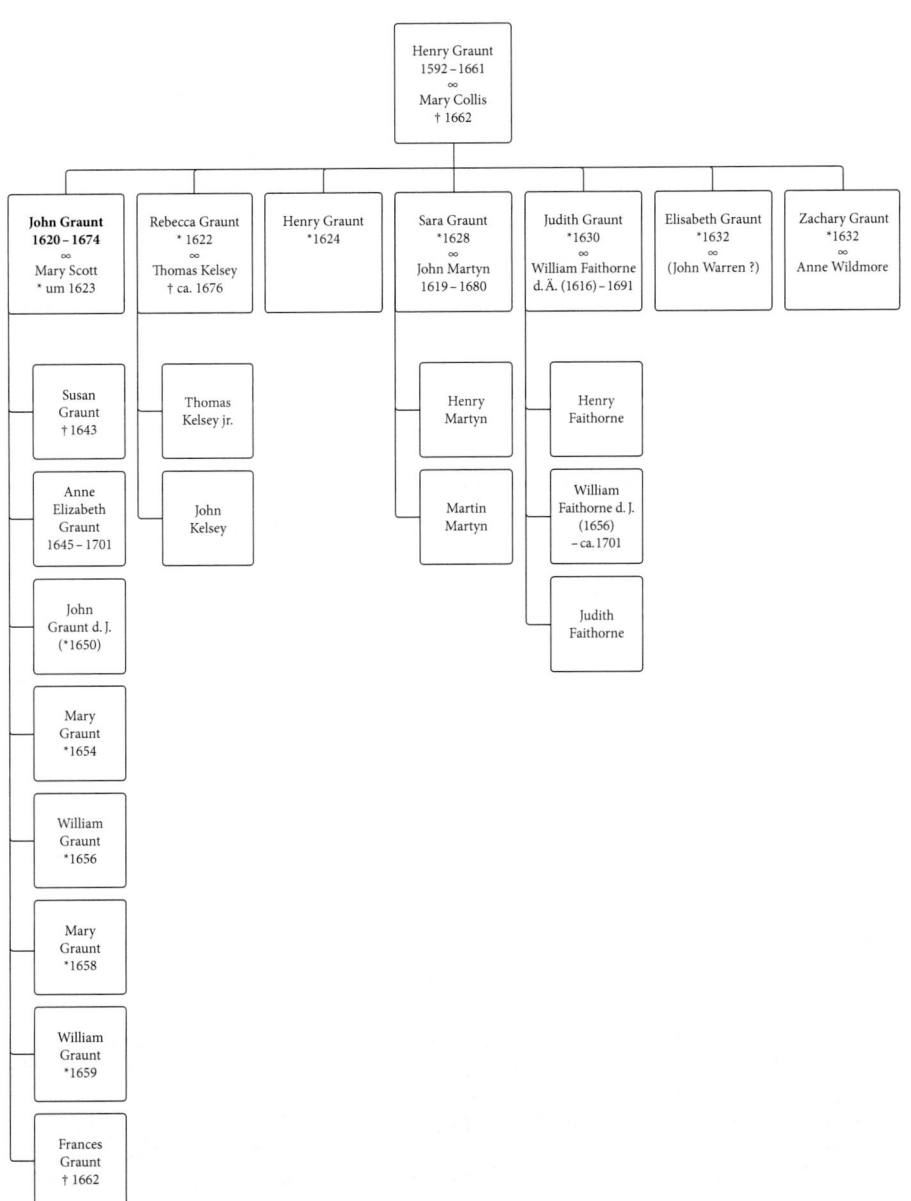

Abb. 3: Stammbaum der Familie John Graunts
(Auszug von Andreas Edel (Entwurf) und Karen Olze (Ausführung)).

gleichbaren sozialen Position. Offensichtlich fand er in seinen letzten Lebensjahren sein Auskommen vor allem als Inhaber einer Brauerei[19].

John Graunts Neffe Thomas Kelsey d. J. war Goldschmied in London und gehörte damit einer Gruppe von Gewerbetreibenden an, die sich im London des 17. Jahrhunderts oftmals zugleich auch im Finanzierungs- und Anleihegeschäft betätigten. Der zweite Neffe John Kelsey ging nach der Rückkehr der Familie nach England seit 1673 bei Rebeccas Schwager, dem bekannten Buchhändler und Verleger John Martyn (1619–1680), der John Graunts im März 1628 geborene zweite Schwester Sara geheiratet hatte, bis zu dessen Tod in die Lehre[20]. Martyn stammte ebenfalls aus einer im Textilgewerbe beziehungsweise -handel tätigen Familie, hatte sich nach seiner Schulzeit aber zu einer Buchhandelslehre entschieden. Seit 1651 betrieb er seinen eigenen Buchladen und Verlag „At the Bell" im Kirchhof von St. Paul, einem Zentrum des Londoner Buchgewerbes, zu dem im folgenden Jahr James Allestry (gest. 1670) und 1657 Thomas Dicas (gest. 1668) als Partner stießen[21]. Mit Sara hatte John Martyn zwei Kinder, Henry und Martin[22].

Im Juli 1624 wurde John Graunts Bruder Henry geboren, von dem jedoch nichts weiter bekannt ist[23]. Die zehn Jahre jüngere Schwester Graunts, Judith, die im Juni 1630 zur Welt kam[24], heiratete am 9. Mai 1654 den Graveur William Faithorne d. Ä. ([1616]–1691), der aus dem Pfarrbezirk St. Dunstan-in-the-West in der Fleet Street stammte[25]. Wäh-

---

19 Zu Thomas Kelsey d. Ä. vgl. SENCICLE (2014: Thomas Kelsey – Governor of Kent and Sussex and the Battle of Dover); GREAVES (2002: Glimpses of Glory: John Bunyan and English Dissent), S. 345; PEACEY (2004: Kelsey, Thomas (d. in or after 1676)). Nach Sencicle war er Sohn eines Knopfmachers in der Birchin Lane.

20 Vgl. ROSTENBERG (1956: The Will of John Martyn, „Printer to the Royal Society"). Zu Sara Graunt vgl. den Eintrag im Taufregister vom 23. März 1628: LMA, Church of England Parish Registers, 1538–1812, P69/MIC2/A/002/MS04062 (verfilmt: Ancestry.com, Provo 2010); CHESTER (1882), S. 119. Das genaue Datum der Eheschließung ist unbekannt, dürfte aber nach 1642 gelegen haben, als Martyn freigesprochen wurde.

21 Zur Biografie Martyns vgl. ROSTENBERG (1952: John Martyn, „Printer to the Royal Society").

22 S. hierzu das Epitaph John Martyns in der Krypta von St. Paul (GREEN (1901: A short history of the English people), S. 113).

23 Taufeintrag vom 25. Juli 1624, s. CHESTER (1882), S. 117.

24 Die Taufe fand am 20. Juni 1630 statt, s. CHESTER (1882), S. 121. Judith starb im Alter von 60 Jahren – die Beisetzung fand am 26. Dezember 1690 statt. Vgl. EDMOND (1978–1980: Limners and Picturemakers. New light on the lives of miniaturists and large-scale portrait-painters working in London in the sixteenth and seventeenth centuries), S. 132.

25 Das Aufgebot erfolgte am 26. April und nochmals am 8. Mai 1654 auf dem Leadenhall Market, die Hochzeit am 9. Mai 1654, vgl. LMA, Church of England Parish Registers, 1538–1812, P69/MIC2/A/003/MS04063/001 (verfilmt: Ancestry.com, Provo 2010); CHESTER (1882), S. 33. Zu Faithorne: JEFFARES (2017: Dictionary of pastellists before 1800, s. v. Faithorne, William); GRIFFITHS (2004/2008: Faithorne, William [known as William Faithorne the elder] (c. 1620–1691)); GRIFFITHS / GERARD (1998: The print in Stuart Britain: 1603–1689), S. 125 f.; BELL u. a. (1925: English Seventeenth-Century Portrait Drawings in Oxford Collections, Part II), S. 49–53; COLVIN (1905:

rend des Bürgerkriegs wurde er als Royalist ins Gefängnis in Aldersgate geworfen und dann ins Exil auf dem Kontinent gezwungen. Spätestens im November 1652 kehrte er aus Frankreich, wo er weitere künstlerische Erfahrungen gesammelt hatte, zurück und eröffnete am Rand der Londoner City ein Geschäft für Drucke und Stiche, das sich bald wachsender Beliebtheit erfreute und in das später der berühmte Zeichner und Kupferstecher Wenzeslaus Hollar (1607–1677) als Geschäftspartner eintrat. Als Illustrator arbeitete Faithorne eng mit seinem Schwager John Martyn zusammen[26], versuchte aber auch auf eigenen verlegerischen Beinen zu stehen, etwa als er 1662 eine Schrift zur Kunst des Gravierens im Eigenverlag publizierte[27].

Judiths und Williams älterer Sohn Henry Faithorne ging von 1672 bis 1679 gemeinsam mit seinem Cousin John bei Martyn in die Lehre und eröffnete dann 1681 mit Kelsey einen Buchladen und Verlag „At the Rose" im Kirchhof von St. Paul[28]. Sein Bruder William Faithorne d. J. ([1656]–ca. 1701) arbeitete wie der Vater als Graveur, spezialisierte sich aber auf das nach 1642 in Mode kommende Mezzotinto-Verfahren[29]. Über den Lebensweg einer weiteren Tochter Judith Faithorne ist nichts bekannt.

Im November 1632 wurden schließlich die beiden letzten Geschwister Graunts, die Zwillinge Elisabeth und Zachary, geboren[30]. Elisabeth könnte mit jener Frau identisch sein, die 1649 einen John Warren heiratete[31] – ein Nicholas Warren war später gemeinsam mit John Graunt Warden der „Drapers' Company", insofern könnte auch John Warren aus dem Textilhandel gekommen sein. Doch lässt sich eine familiäre Beziehung nicht nachweisen. Auch über Zachary Graunt gibt es nur wenige Hinweise. 1680 wurde er von seinem Schwager John Martyn in dessen Testament bedacht. Zu diesem Zeit-

---

Early engraving & engravers in England (1545–1695): a critical and historical essay), S. 130–133; WALPOLE (1798: The works of Horatio Walpole, Earl of Orford. In five volumes [...]), S. 49 f.

26 Vgl. ROSTENBERG (1956); BIGMORE / WYMAN (1884: A Bibliography of Printing), S. 210.

27 FAITHORNE (1662: The art of graveing and etching wherein is exprest the true way of graueing in copper: allso [sic!] the manner & method of that famous Callot & Mr. Bosse in their seuerall ways of etching).

28 Vgl. ROSTENBERG (1956).

29 Vgl. GRIFFITHS (2004: Faithorne, William [known as William Faithorne the younger] (c. 1670–1703)). Das genaue Geburtsdatum von William Faithorne d. J. ist unklar. Ein Eintrag im Taufregister weist die Taufe eines William Faithorne am 19. September 1667 aus, doch könnte es sich dabei auch um einen weiteren Bruder gehandelt haben, vgl. City of Westminster Archives Centre, Westminster Church of England Parish Registers, HTK / PR / 4 / 3 (verfilmt: Ancestry.com, Lehi 2020).

30 Eintrag im Taufregister vom 18. November 1632, LMA, Church of England Parish Registers, 1538–1812, P69 / MIC2 / A / 001 / MS04061 (verfilmt: Ancestry.com, Provo 2010); CHESTER (1882), S. 122.

31 Vgl. Boyds Marriage Index, Society of Genealogists, s. v. Elisabeth Graunt; HOVENDEN (1887: A true register of all christeninges, mariages, and burialles in the parishe of St. James, Clarkenwell, from the yeare of Our Lorde God 1551), Eintrag vom 16. Januar 1649 (S. 84).

punkt wohnte Zachary in Brockley in Deptford, das damals noch außerhalb des Londoner Stadtgebiets lag und wo der todkranke Martyn die letzten Stunden seines Lebens verbrachte[32]. Wie sein Bruder John Graunt war auch Zachary Offizier in der Londoner Stadtmiliz[33]. 1666 hat er eine Anne Wildmore geheiratet, aber wir wissen nicht, ob aus dieser Familie auch Kinder hervorgegangen sind[34].

Vermutlich war einer der beiden Brüder Graunts – Henry oder Zachary – mit jenem „Mr. Graunt" identisch, der im August 1679 den Gelehrten Robert Hooke (1635–1703) in einer nicht genauer genannten Angelegenheit aufsuchte, in die John Cutler (1607/08–1693) und der Londoner Anwalt Robert Blaney verwickelt waren[35]. Dass Letzterer hier involviert war, kam nicht ganz von ungefähr: Blaney übte von 1654 bis 1662 das Amt eines Clerks der Textilhändlergilde aus, der auch die Graunts angehörten. Darüber hinaus stand er in engem Kontakt zu Thomas Kelsey – als „Dissenter" gehörten beide derselben freikirchlichen Religionsgemeinschaft an. Blaney war also auf vielfache Weise mit der Familie Graunts verbunden[36].

Während uns von den Geschwistern Graunts keine Sterbedaten überliefert sind, wissen wir zumindest von seinem Vater Henry Graunt, dass dieser am 24. März 1661 und die Mutter nur ein Jahr später am 12. Mai 1662 in der Pfarrkirche St. Michael Cornhill beigesetzt wurden. Der Eintrag im Kirchenbuch enthielt dabei den Vermerk „aged", beide Eltern hatten also die bisherigen Epidemien und die Wirren des Bürgerkrieges überlebt und waren schließlich an Altersschwäche gestorben[37]. Mit 69 Jahren hat der Vater ein für seine Zeit hohes Alter erreicht.

John Graunt gründete im Alter von 20 Jahren seine eigene Familie, als er unmittelbar vor seiner Freisprechung am 14. Februar 1641 heiratete[38]. Seine Frau Mary Scott war um 1623 in London geboren, bislang unverheiratet und lebte mit ihrer verwitweten Mutter in dem nördlich an Graunts Wohnbezirk Cornhill angrenzenden Stadtviertel. Die Anga-

---

32 Vgl. ROSTENBERG (1952).

33 Protokoll der Sitzung der Commissioners for the Militia of London, 27. März 1660, fol. 62 (Red Regiment), MA, CLC/511/MS00186/001.

34 Vgl. DCA, GR: Boyd's Roll.

35 Hooke, Diary, 25. August 1679, ROBINSON/ADAMS (1935: The diary of Robert Hooke, M. A., M. D., F. R. S., 1672–1680. Transcribed from the original in the possession of the Corporation of the City of London (Guildhall Library)), S. 422.

36 Zu Blaney vgl. GREAVES (2002), S. 345.

37 Vgl. CHESTER (1882), S. 251.

38 Der offizielle Antrag für die Eheschließung in Gegenwart des Brautpaares und der Brautmutter vom November 1640 findet sich in LMA, Marriage Bonds and Allegations (verfilmt: Ancestry.com, Provo 2011); die darauffolgende Eheschließung in LMA, Church of England Parish Registers, 1538–1812, P69/MTN1/A/002/MS10213 (verfilmt: Ancestry.com, Provo 2010). S. hierzu und zum Folgenden GLASS (1963), S. 3 und 24/14. Die Unterschrift Graunts unter dem Eheschließungsantrag ist vermutlich die erste eigenhändige Überlieferung.

be in den Quellen, dass die Familie aus der Grafschaft Essex stamme, widerspricht dem nicht, da deren Jurisdiktionsgebiet bis an die nordöstlichen Grenzen Londons reichte und die Stadtmauer durch das Viertel verlief, in dem Mary Scott lebte.

Möglicherweise bestanden verwandtschaftliche Verbindungen zu Robert Scott, einem renommierten Buchhändler, der 1680 von Graunts Schwester Sara den Auftrag erhielt, die Bücher aus dem Nachlass ihres verstorbenen Mannes John Martyn zu verkaufen[39]. Dass John Graunt in der etwa 15 Minuten von seinem Wohnort entfernten Kirche St. Martin Ludgate und nicht in der nahegelegenen „Familienkirche" St. Michael Cornhill heiratete, könnte in die gleiche Richtung weisen. Denn in diesem Stadtviertel rund um die Kathedrale St. Paul gab es viele Buchläden und Druckerwerkstätten, und in der Tat ist Robert Scott 1661 dort auch als Partner des Buchhändlers William Wells in Little Britain „at the sign of the Princes Arms" nachweisbar[40]. Eine engere Verwandtschaft erscheint jedoch nicht sehr wahrscheinlich, da Scott ursprünglich aus dem nordenglischen York stammte und erst 1648 nach London gekommen war. Außerdem war der Name Scott so weit verbreitet, dass die Verbindung zu Graunts Schwester Sara auch nur dadurch zustande gekommen sein könnte, dass Scott als Kollege ihres Mannes besonders befähigt erschien, die Auflösung des Nachlasses zu übernehmen.

Im Vergleich zu seinen Altersgenossen heiratete Graunt jung. Bei fast der Hälfte einer Auswahl von 275 gut dokumentierten Ehen von Brautleuten aus der Mittelschicht, der auch die Graunts angehörten, stand der Bräutigam zum Zeitpunkt der Heirat im Alter von 25–29 Jahren, gut 29 Prozent der Ehemänner waren älter als 30 Jahre[41]. Das Heiratsalter der Männer lag bei den als solche separat erfassten „Haberdashern" im Median bei 27 Jahren. Ein Altersunterschied zwischen den Ehepartnern von drei Jahren und das Alter der Braut von etwa 17 Jahren, wie im Falle der Graunts, waren dagegen in dieser Zeit nicht ungewöhnlich.

Ob Mary als Tochter einer Witwe größeres Vermögen in die Ehe mitbrachte – was nicht selten ein Anreiz für eine Eheschließung war –, lässt sich nicht mehr feststellen; wohl aber, dass die Vermögensverhältnisse des Gatten bei der Eheentscheidung beider Partner meist eine wichtige Rolle spielten. Offensichtlich sah sich Graunt ökonomisch so gut situiert, dass er kurz vor der Freisprechung bereits an eine Heirat und die Gründung einer eigenen Familie denken konnte. Diese positive Zukunftserwartung spricht

---

39 Vgl. ROSTENBERG (1954).
40 Vgl. Society of Genealogists, Boyds Marriage Index, s. v. Graunt, John. PLOMER (1907: A Dictionary of the Booksellers and Printers who were at work in England, Scotland and Ireland from 1641 to 1667), s. v. Scott, Robert.
41 Vgl. hierzu und zum Folgenden EARLE (1989: The making of the English middle class: business, society and family life in London, 1660–1730), S. 181 f.

dafür, dass er im Familienbetrieb mit seinem Vater, auf den noch genauer einzugehen sein wird, bereits mit auskömmlichen Einnahmen rechnete. Die zu erwartende Vermögensentwicklung würde ihn in die Lage versetzen, bald auch ein eigenes Geschäft zu eröffnen, bei dem ihm seine Frau dann zur Seite stehen könnte.

John und Mary Graunt hatten drei Söhne und fünf Töchter. Zwei Töchter starben nachweislich bereits im Kindesalter: Susan im September 1643 und Frances im September 1662, letztere an der Schwindsucht[42]. Von zwei weiteren Töchtern, die 1654 und 1658 geboren und auf den Namen Mary getauft wurden, sowie zwei Söhnen, die 1656 und 1659 geboren wurden und die beide den Namen William trugen, sind lediglich die Geburtsdaten bekannt[43]. Die Vermutung liegt nahe, dass auch diese vier Kinder angesichts der hohen Säuglings- und Kleinkindsterblichkeit in dieser Zeit schon bald nach der Geburt verstorben sind. Dem könnte auch entsprechen, dass Aubrey bei seinem Eintrag zu Graunt in den „Brief Lives", bei dem er sich unter anderem auf Angaben der Witwe stützte, nur die zwei Kinder erwähnte, die das Erwachsenenalter erreicht hatten[44].

Die im April 1645 in London geborene Tochter Anne Elizabeth wird erstmals greifbar, als sie am 16. Oktober 1666 in der heute belgischen Stadt Liège ankam, die damals noch zum gleichnamigen Fürstbistum des Heiligen Römischen Reiches Deutscher Nation und damit zu einem katholischen Territorium gehörte[45]. Dort trat sie in den Konvent des von der Priorin Susan Hawley (1622–1706) geleiteten katholischen Ordens der Englischen Chorfrauen vom Heiligen Grab ein, legte am 2. Februar 1667 den Habit an, wurde am 30. Mai 1667 eingekleidet und leistete schließlich am 3. Juni 1668 die Profess. Sie blieb für über weitere dreißig Jahre in Lüttich unter ihrem Ordensnamen Maria Elisabeth als Konventualin tätig[46]. Der Alltag bestand dabei neben der Mitarbeit im Klosterbetrieb, den liturgischen Tagespflichten, den durch die Augustinerregel bestimmten Auflagen (unter anderem Gehorsam gegenüber der Priorin, Enthaltsamkeit, Besitzlosigkeit und regelmäßiges Gebet) und eigener Fortbildung durch Lektüre vornehmlich im

---

42 S. Chester (1882), S. 239, 252.

43 Laut Einträgen im Taufregister wurden die beiden Töchter mit dem Namen Mary am 8. November 1654 (getauft am 11. November 1654) beziehungsweise am 8. Januar 1658 (getauft am 17. Januar 1658) geboren. Die beiden Söhne William wurden am 29. Februar 1656 (getauft 2. März 1656) beziehungsweise am 2. August 1659 (getauft 13. August 1659) geboren, vgl. LMA, Church of England Parish Registers, 1538–1812, P69/TRI3/A/002/MS09156 (verfilmt: Ancestry.com, Provo 2010).

44 Vgl. Aubrey (2015), S. 311: „He had one son, a man, who dyed in Persia, one daughter, I thinke a Nunne at … Gaunt [sic!]. His widowe yet alive" [Auslassung im Originaltext].

45 Die Taufe fand am 13. April 1645 unter ihrem Rufnamen Elizabeth statt: LMA, Church of England Parish Registers, 1538–1812, P69/DUN1/A/001/MS07857/001 (verfilmt: Ancestry.com, Provo 2010).

46 Zu den Hintergründen des Ordenseintritts s. auch unten, Kap. 5.1.

Unterricht an der zum Konvent gehörenden katholischen Mädchenschule[47]. Anne Elizabeth Graunt überlebte ihre Eltern und Geschwister um mehrere Jahrzehnte und starb mit Anfang Fünfzig in Lüttich am 13. März 1701[48].

Von Graunts Sohn waren uns bislang weder der Vornamen noch das Geburts- und Todesjahr bekannt. Der einzige Hinweis auf seine Existenz stammte von John Aubrey, der John Graunt und seine Frau persönlich kannte und in seinen „Brief Lives" zu berichten wusste, dass deren Sohn in Persien gestorben sei[49]. Diese Information wurde zwar in der Literatur häufig zitiert, doch wurde ihr bislang wenig Beachtung geschenkt – obwohl es doch keineswegs naturgegeben war, dass der Sohn eines englischen „Haberdashers", der in seinem Leben selbst kaum über das Stadtgebiet von London hinausgekommen war, über 6000 Kilometer von seiner Heimatstadt entfernt im Mittleren Osten ums Leben kam. Tatsächlich lassen sich die Spuren von Graunts Sohn bis zu den Handelsposten der East India Company in Indonesien zurückverfolgen.

John Graunt d. J. trug den Vornamen seines Vaters. Zwar findet sich im Pfarrregister der Kirche St. Michael Cornhill, in der fast alle Kinder der Familie Graunt getauft wurden, kein Täufling mit diesem Vornamen[50]. Doch handelt es sich bei einem entsprechenden Eintrag im Taufregister der Kirche Holy Trinity the Less vom 27. Januar 1650, in dem die Eltern als John und Mary Graunt angegeben wurden, zweifelsfrei um den Gesuchten[51]. Dass die Graunts für die Taufe ihres erstgeborenen Sohnes ausnahmsweise eine Kirche in der Nähe von St. Paul bevorzugten, könnte mit dem benachbarten Wohnort der Familie mütterlicherseits zu tun gehabt haben.

Das Todesdatum des Sohnes wird in genealogischen Quellen irreführend als 10. März 1663 angegeben – damit hätte er das Schicksal vieler seiner Geschwister geteilt und wäre

---

47 S. hierzu KELLY (2020: Liturgical Life: Relics and Martyrdom), S. 131 f.; BOWDEN (2015: Building libraries in exile: The English convents and their book collections in the seventeenth century); BOWDEN (2012a: „A distribution of tyme": Reading and Writing Practices in the English Convents in Exile).

48 Vgl. hierzu: KEATS-ROHAN (2017: English Catholic Nuns In Exile 1600–1800. A Biographical Register), S. 235 (der Ordenseintritt wird hier auf den 16. Dezember 1666 datiert); o. V. (1915: Records of the English canonesses of the Holy Sepulchre of Liege, now at New Hall, 1652–1793), S. 9, 36 f., 91. Ich danke Frau Pauline McAloone, English Community, Canonesses of the Holy Sepulchre, Archives, Colchester, für Hinweise zu Anne Elizabeth Graunt aus den Unterlagen des Archivs.

49 AUBREY (2015), S. 311.

50 Vgl. CHESTER (1882). In den genealogischen Datenbanken der britischen Society of Genealogists beziehungsweise der Genealogical Society of Utah (FamilySearch) lässt sich ebenfalls kein passender Eintrag zuordnen.

51 Der entsprechende Eintrag im Taufregister: LMA, Church of England Parish Registers, 1538–1812, P69 / TRI3 / A / 001 / MS09155 (verfilmt: Ancestry.com, Provo 2010).

bereits vor Erreichen des Erwachsenenalters verstorben[52]. Doch handelt es sich dabei um eine offensichtliche Namensverwechselung mit einer Familie Grant[53]. Tatsächlich finden sich, wie wir noch sehen werden, bis in die späten 1660er Jahre eindeutige Quellenbelege zu John Graunts Sohn in den Akten der East India Company. Mit großer Wahrscheinlichkeit ist er in deren Diensten Anfang der 1670er Jahre auf dem Rückweg von London nach Indonesien verstorben. Seine kurze Karriere bei der East India Company, die in einem Zusammenhang mit den gesellschaftlichen Verbindungen des Vaters stand und in der die persönlichen und geschäftlichen Entwicklungsmöglichkeiten aufscheinen, die sich einem Londoner in der Mitte des 17. Jahrhunderts im Aufbruch in eine globalisierte Welt boten, soll deshalb später noch in einem eigenen Exkurs dargestellt werden[54].

Da John Graunt d. J. auf Grund seiner beruflichen Tätigkeit, die von hoher Mobilität geprägt war, und seiner vermutlich nicht allzu vielversprechenden Vermögenssituation als relativ junger und nachgeordneter Angestellter der East India Company bis dahin offensichtlich unverheiratet und kinderlos geblieben war und seine Schwester als Chorfrau ebenfalls keine Kinder bekommen konnte, starb mit deren Ableben der Familienzweig endgültig aus – weshalb sich auch kein Familienarchiv bildete, auf das wir uns bei unseren Fragen zur Biografie Graunts stützen könnten.

Dennoch: Die Geschichte der Graunts zeigt, wie eng der Familienverband über Generationen hinweg verwoben war und sich dessen Mitglieder wechselseitig stützten. John Graunt, der sich immer wieder für die Karriere anderer einsetzte, hat ganz offensichtlich auch seine eigenen Angehörigen aktiv befördert. Am ehesten bot sich ihm eine Gelegenheit dazu über seine geschäftlichen Aktivitäten, wobei hier sein Vater Henry ebenfalls stark engagiert war. Viel stärker aber konnte er sein Freundesnetzwerk und sei-

---

52 So etwa bei Anchestry.com. In dem diesbezüglichen Eintrag bei FamilySearch (https://www.familysearch.org/, s. v. Graunt, John, letzter Zugriff am 09. 12. 2019) bezieht sich das angegebene Datum der Beerdigung am 10. März 1663 auf einen John Grant [sic!] und nennt nicht den Vornamen der Mutter.

53 Ein Eintrag im Bestattungsregister für eine Mary Grant, Tochter von John und Mary Grant [sic!], vom 27. März 1668 enthält hinter deren Namen die Angabe „bridghouse rents". Im Register wurden zu den Eltern der Täuflinge meist mehr oder weniger genaue Angaben über Viertel und Straßen hinzugefügt (z. B. Tower Hill, Smithfield, Red Lion Alley, Rosemary Lane, Cock Yard usw.). Dabei dürfte es sich bei „bridghouse rents" um deren Wohnort gehandelt haben, vermutlich eine der Mietimmobilien, aus deren Einkommen der Unterhalt und die Reparaturen der London Bridge teilweise finanziert wurden, möglicherweise auch um eine der Wohnungen in den auf der Brücke gelegenen Häusern. Dies lässt sich aber in keinem Fall mit John und Mary Graunt in Verbindung bringen, die 1668 noch in der Birchin Lane wohnten. Es gab also in der Tat eine Familie, die sehr ähnliche Vornamen hatte. Vermutlich war auch der 1663 verstorbene John ein Sohn aus dieser Familie. Vgl. hierzu LMA, Church of England Parish Registers, 1538–1812, P69 / BOT2 / A / 004 / MS09224 (verfilmt: Ancestry.com, Provo 2010).

54 S. unten, Kap. 3.5.

ne wissenschaftlichen Kontakte fruchtbar machen. Graunt hatte seine *Observations* wohl nicht von ungefähr bei seinem Schwager verlegt. Bei einer Versammlung am 26. Oktober 1663 entschied sich die Mehrheit der Mitglieder der Royal Society – darunter eine Reihe von Graunts engsten Freunden, während er selbst der Sitzung fernblieb –, John Martyn und seinem Geschäftspartner James Allestry nunmehr auch offiziell die Kommission als Druckerei der Royal Society zu erteilen[55]. Ob dies wesentlich auf Graunts Werbung zurückzuführen war, ist nicht mehr festzustellen. Die Wahl der beiden Verleger wurde sicherlich dadurch begünstigt, dass auch andere Fellows bereits bei Martyn und Allestry publizierten oder dort ihre Bücher kauften[56]. In jedem Falle erhielt der Schwager Graunts dadurch Zugang zu einem sehr einträglichen Geschäft, denn die Kommission verschaffte „At the Bell" ein Monopol auf bestimmte Druckerzeugnisse der Royal Society, insbesondere deren monatlich erscheinendes Organ „Philosophical Transactions". Die Spezialisierung auf wissenschaftliche Veröffentlichungen, welche die beiden Verleger in den Jahren nach der Publikation der *Observations* noch intensivierten, scheint ihnen in der intellektuell stimulierenden Atmosphäre der 1660er Jahre überhaupt erst den Durchbruch ermöglicht zu haben[57]. Dass Graunts Neffen, die bei Martyn in die Lehre gegangen waren, diese Tradition zunächst aufrechterhalten konnten und 1681 ebenfalls die Kommission der Royal Society erhielten, beweist wiederum die Stärke des familiären Netzwerks.

Im Übrigen ließen sich diese familiären Bande auch umgekehrt in der Not aktivieren. Als Graunt sein Haus in der Birchin Lane aus finanziellen Gründen aufgeben musste, zogen er und Mary in den Bolt Court, nur zwei Gehminuten von William Faithornes Laden entfernt, von wo es wiederum nur wenige Gehminuten bis zur Kirche St. Dunstan-in-the-West waren, in der Graunt schließlich seine letzte Ruhestätte finden sollte. Die Wahl dieses Wohnortes, in dem die Familie lebte und wo es ein unterstützendes Netzwerk gab, hatte er vermutlich nicht zufällig getroffen, und in der Tat sollten seine Schwester und sein Schwager in seinem letzten Lebensjahr eine Kaution für ihn leisten, die er zu diesem Zeitpunkt aus eigenen Mitteln wohl nicht mehr hätte aufbringen können. Das Stadtviertel Bolt Court war Graunt vermutlich aber auch aus einem anderen Grund vertraut: Rund um die Kirche St. Dustan-in-the-West lag eines der bevorzugten Wohnquartiere der vom Land und aus anderen englischen Städten stammenden katholi-

---

55 Ein Entwurf des Textes der Kommissionierung: Protokoll der Sitzung des Council der Royal Society vom 2. November 1663, Royal Society Archive (im Folgenden: RSA), CMO / 1, fol. 36–38.

56 Allerdings hegte der Sekretär der Royal Society, Henry Oldenburg, erhebliche Animositäten gegen die beiden Drucker, s. WIGELSWORTH (2010: Selling science in the age of Newton: advertising and the commoditization of knowledge), S. 27.

57 Vgl. ROSTENBERG (1952).

schen Gentry, die in ihren Residenzen und Wohnungen häufig auch katholische Gottesdienste abhielt[58]. Auf diese beiden Umstände – den sozialen Abstieg Graunts und seinen katholischen Glauben, der dabei eine gewisse Rolle spielte – wird nochmals zurückzukommen sein.

Des Weiteren zeigt sich an der Familiengeschichte, wie stark in Graunts unmittelbarem Umfeld die Nachwirkungen des Bürgerkriegs und der Restaurationszeit spürbar wurden. Zwei seiner Schwager wurden wegen ihrer politischen Ansichten zum Exil im Ausland gezwungen. Dies mag dazu beigetragen haben, dass sich Graunt selbst in der Zeit der inneren Unruhen in England vor und während des Protektorats politisch nicht engagiert hat und so die Wirren des Bürgerkriegs weitgehend unbeschadet überstand[59]. Auch seine eigenen Kinder gingen ins Ausland, im Falle seiner Tochter Anne Elizabeth vermutlich auch wegen der Diskriminierung, derer sich Altgläubige in England ausgesetzt sahen und die selbst die persönlichen Verbindungen Graunts nicht aufwiegen konnten. Schließlich wird an der Familiengeschichte auch deutlich, dass der auf den Textilhändler Henry Graunt aus Hampshire und Mary Collins zurückgehende Familienverband nur eine Generation später seinen Aktionsradius bereits weit über die südenglische Provinz hinaus erweitert hatte.

Demografische Ereignisse in der eigenen Familie könnten auch auf Graunts Arbeit an den *Observations* einen starken Einfluss gehabt haben. Von den zwischen 1654 und 1659, also in der vermutlichen Entstehungszeit der Studie, geborenen vier Kindern überlebte offensichtlich keines das Kleinkindalter, und es ist angesichts der hohen Schwangerschaftsrisiken in dieser Zeit nicht auszuschließen, dass es auch vorzeitige Abgänge gegeben haben könnte[60]. Auch wenn Fehl- und Totgeburten sowie die Säuglings- und Kleinkindsterblichkeit im 17. Jahrhundert zum Alltag der Familien gehörten – und von Graunt entsprechend nüchtern aus den „Bills of Mortality" referiert wurden –, blieben die einzelnen Fälle doch tragisch und konnten mit Gefühlen von Trauer, Schuld und Scham insbesondere bei den Schwangeren und Wöchnerinnen geradezu traumatische

---

58 Vgl. DUPÂQUIER (1996), S. 14; GLASS (1963), S. 6; BOWLER (1934: London Sessions Records, 1605–1685), S. 44.

59 Nach Mulligan war Graunt angeblich von 1642–1644 Mitglied des Parlaments. Jedoch ist von einem derartigen politischen Engagement nichts bekannt. Vgl. MULLIGAN (1973: Civil War Politics, Religion and the Royal Society), S. 114. Möglicherweise handelt es sich hier um eine der häufigen Namensverwechselungen.

60 Jordan verweist auf das zeitliche Zusammenfallen von familiären Ereignissen mit der Abfassung der *Observations*, ohne dies jedoch weiter zu vertiefen (JORDAN (2017: Quality of Life and Mortality in Seventeenth Century London and Dublin), S. 10. Dagegen verweist HARKNESS (2020) darauf, dass Graunt in der Entstehungszeit der Schrift 1661 und 1662 sowohl beide Eltern als auch eine Tochter verlor.

Formen annehmen[61]. Erschwerend kam hinzu, dass dieses Schicksal nicht jedermann in gleicher Weise traf, wie die hohe Überlebensrate der Kinder seiner Eltern Henry und Mary Graunt bezeugte. Die eigenen leidvollen Erfahrungen könnten insofern dazu beigetragen haben, dass Graunt möglicherweise schon für das allgegenwärtige Thema von Geburt und Tod sensibilisiert war, als der Entschluss zur Beschäftigung mit den „Bills of Mortality" in ihm reifte[62]. Dass in den *Observations* Themen, die mit Fehlgeburten, Kindbett-, Säuglings- und Kleinkindsterblichkeit sowie typischen Erkrankungen von Gebärenden, Müttern und Kleinkindern in Verbindung stehen, einen großen Raum einnehmen, könnte von daher auch biografische Bezüge haben.

Hinzu kam eine weitere Familienerfahrung: Die Pestepidemie in London von 1625/26, die als einer der bislang schwersten Ausbrüche der Seuche wahrgenommen wurde, hat Graunt als fünfjähriges Kleinkind vermutlich nicht in ihrem vollen Ausmaß erfasst, auch wenn er die Unruhe, die eine Familie in Zeiten einer unsichtbaren tödlichen Bedrohung ergreift, gespürt haben muss. Zudem grub sich dieses Ereignis tief in das kollektive Gedächtnis der Londoner ein und zog eine Welle publizistischer Aktivitäten nach sich, in denen sich Fragen der sozial- und gesundheitspolitischen Hygiene, Aspekte von individueller Verantwortung für die Pest als „Sündenstrafe" Gottes und apokalyptische Visionen sowie Elitenkritik und antiroyalistische Ressentiments miteinander vermischten[63]. Die von den Behörden ergriffene, überaus drastische Maßnahme, die Häuser pestinfizierter Familien mit einem roten Kreuz zu kennzeichnen und damit das Ausmaß der Katastrophe und ihrer Folgen für die betroffenen Familien quasi wie ein „Menetekel an der Wand" überall im Stadtbild sichtbar zu machen, führte 1625 zu einer Publikation unter dem Namen „The Red-Crosse: or Englands [sic!] Lord have mercy upon us", mit der ein eigenes Flugblattgenre, die „Lord Have Mercies", begründet wurde[64]. Von da an sollte die Pest zu einer ständigen Begleiterin im Alltagsleben Graunts werden, denn die Infektionen blieben bis 1665 latent, wenn meist auch auf niedrigem Niveau. Den nächsten großen Ausbruch von 1636 hat Graunt dann bereits als junger Erwachsener im Alter von 16 Jahren bewusst miterlebt. Auch wenn seine Familie selbst wohl nicht von Todesfällen betroffen war, dürfte die ständige Sorge vor Krankheit und Tod doch das Bewusstsein des Heranwachsenden geprägt haben.

---

61 Vgl. etwa ANSELMENT (1997: „A heart terrifying sorrow": An occasional piece on poetry of miscarriage).

62 Vgl. etwa MONTEYNE (2007: The printed image in early modern London. Urban space, visual representation, and social exchange), S. 79 f.

63 Vgl. etwa HACKENBRACHT (2011: The Plague of 1625–26, Apocalyptic Anticipation, and Milton's Elegy III).

64 Vgl. JENNER (2012: Plague on a Page: Lord Have Mercy Upon Us in Early Modern London).

Schließlich dürfte die Tatsache, dass Graunt aus einer erst in der Elterngeneration von Hampshire nach London zugezogenen Familie stammte, die offensichtlich auch weiterhin Kontakte in ihre Herkunftsregion unterhielt, wohl auch für sein großes Interesse an den Unterschieden zwischen Stadt und Land eine gewisse Rolle gespielt haben. Dass sein enger Freund William Petty ihm während seiner Arbeit an den *Observations* Zugang zu kirchlichen Registerdaten aus Romsey verschaffte, könnte insofern auch auf eine Bitte Graunts zurückgegangen sein, der sich dabei seiner familiären Ursprünge besann.

2.2 Bildungswege

Über die schulische und berufliche Vorbildung von John Graunt wissen wir wenig mehr, als dass er am 16. Dezember 1636 bei seinem Vater die Lehre als Tuchhändler begann[65]. Außerdem berichtete Aubrey, dass Graunt Latein und Französisch verstanden habe[66]. Diese Information jedoch ist nirgendwo sonst verbürgt, und Graunt nutzte, abgesehen von einer kurzen lateinischen Widmung auf dem Titelblatt der *Observations* und einigen wenigen in den Textteil eingestreuten Worten weder in seinen Schriften noch in seiner Korrespondenz fremdsprachige Literatur oder Zitate. Wenn er also beide Sprachen verstand, dann vermutlich eher passiv.

Die späte Aufnahme einer Lehre im Alter von 16 Jahren und das Vorhandensein von basalen Lateinkenntnissen könnten zumindest auf den vorherigen Besuch einer Grammar School und damit einer höheren Schule hinweisen[67]. In der Tat war es unter den im Textilhandel und -gewerbe tätigen Familien nicht unüblich, den eigenen Kindern eine solche Bildung angedeihen zu lassen und ihnen damit Zugangswege zu einem gesellschaftlichen Aufstieg zu eröffnen, der dann als soziales Kapital wieder auf die Familie zurückfiel. So besuchte etwa Samuel Pepys, dessen Vater im Schneiderhandwerk tätig war, die renommierte Schule im Kirchhof von St. Paul, die kaum eine Viertelstunde zu Fuß von der Birchin Lane entfernt lag, ging danach an die Universität und machte später Karriere in der Marineverwaltung[68]. Auch die Gilden betätigten sich traditionell als Trä-

---

65 DCA, GR „Boyd's Roll", s. v. „John Graunt", Nr. 8.
66 AUBREY (2015), S. 310.
67 Anders WALLER / EADIE (1857–1863): Graunt erhielt demnach „a very meagre education"; dagegen nach GILLOW (1885–1902) „a fair education". Nach WOOD (1820) wurde Graunt „educated while a boy in English learning", was ihn umso mehr zur „most ingenious person (considering his education and employment)" gemacht habe (S. 711). Dies könnte gegen den Besuch einer Grammar School sprechen.
68 Vgl. KNIGHTON (2004 / 2015: Pepys, Samuel).

ger von Schulen und Colleges, sodass Graunt zumindest der Möglichkeit nach Zugang zu einer entsprechenden Schulbildung gehabt haben könnte.

Des Weiteren liegt die Vermutung nahe, dass er sich neben seiner Berufsausbildung und späteren Arbeitstätigkeit in seiner freien Zeit noch selbstständig weitergebildet haben könnte[69], zumal er später in Kreisen verkehrte, die einen niveauvollen kulturellen Lebensstil und intellektuelle Konversation pflegten. Wir wissen allerdings nicht, wie weit er es bei seinem Selbststudium brachte und mit welchen Gegenständen er sich dabei beschäftigte. Auch hier spricht die Tatsache, dass er in den *Observations* kaum auf vorhandene Literatur Bezug nahm und es auch nicht zu weiteren Veröffentlichungen brachte, für ein eher enggeführtes denn breites Bildungsinteresse.

Sicher ist dagegen, dass es Graunt nicht beschieden war, eine Universität zu besuchen. Ob aus eigenem Antrieb oder auf Wunsch des Vaters: Unmittelbar nach seiner Schulzeit ergriff er die berufliche Laufbahn eines „Haberdasher". Die etwas mehr als fünfjährige Lehrzeit absolvierte er im Betrieb seines Vaters, eine in dieser Zeit durchaus übliche Praxis, dass Lehrherren Auszubildende aus dem weiteren Kreis der Familie und Bekannten aufnahmen.

Zu dieser Sparte des Textilhandels gehörten Geschäfte, deren Sortiment die heute als Kurzwaren bezeichneten Produkte umfasste, im engeren Sinne also einen Fachhandel für textilverarbeitende Betriebe und Einzelabnehmer, der im Vergleich zu anderen Textilbranchen allerdings keine allzu großen Gewinnmargen zuließ[70]. Haberdasher boten deshalb in ihren Geschäften auch andere Textilwaren an, wie Handschuhe, Strumpfwaren, Stickereien oder Accessoires[71], mit denen sie breitere Käuferschichten ansprechen sowie Laufkundschaft anziehen konnten. Diese „Haberdashers of Small Wares" unterschieden sich dabei von den „Haberdashers of Hats", die in ihren Läden hauptsächlich Kopfbedeckungen verkauften. Da es in London eine Vielzahl solcher Läden gab, die sich gegenseitig das Wasser abgraben konnten, war eine weitere Spezialisierung des Warensortiments sinnvoll[72]. Die Graunts scheinen sich, nach allem, was wir wissen, für be-

---

69 So etwa GOLDTHORPE (2021), S. 10. Schon WESTERGAARD (1932: Contributions to the history of statistics), S. 18, hatte vermutet, dass Graunt Französisch und Latein autodidaktisch und neben seiner geschäftlichen Tätigkeit erlernte.

70 So noch CAMPBELL (1747: The London Tradesman. Being a Compendious View of All the Trades, Professions, Arts, both Liberal and Mechanic, now practised in the Cities of London and Westminster. Calculated for the Information of Parents, and Instruction of Youth in their Choice of Business), S. 199.

71 Vgl. DAVIS (1966: A History of Shopping), S. 111.

72 Vgl. EARLE (1989), S. 46.

stimmte Produkte einen Namen gemacht zu haben, nämlich der Vater für Halskrausen und der Sohn für Miederwaren[73].

Am 5. Mai 1641 erfolgte die Freisprechung John Graunts durch die „Drapers' Company"[74]. Die Gründe dafür, warum er seine Berufsqualifikation und Gildenzugehörigkeit durch die Tuchhändlergilde bestätigt erhielt, obwohl es seit der Mitte des 15. Jahrhunderts auch eine eigene Gilde der „Haberdashers" gab, erschließen sich nicht auf den ersten Blick[75]. Die Wahl der „Drapers' Company" könnte aus ganz naheliegenden Gründen erfolgt sein: Deren Gildenhaus in der Throgmorton Street lag nur wenige Minuten vom Laden der Familie Graunt entfernt, während die Haberdasher Company ihren Sitz im Westen der City in der heutigen Gresham Street hatte. Außerdem war die von der Gilde genutzte Stammkirche St. Michael Cornhill zugleich die „Familienkirche" der Graunts. Das soziale Netzwerk und die Geschäftskontakte der Graunts, die im lokalen Umfeld ihres Geschäfts seit über zwei Jahrzehnten gewachsen waren, sprachen insofern dafür, sich an die Tuchhändlergilde anzuschließen. Vermutlich werden aber andere Opportunitätserwägungen zum Tragen gekommen sein angesichts der Tatsache, dass sich im Zuge der dynamischen Entwicklung des Londoner Wirtschaftslebens die Bindungen an die Gilden im 17. Jahrhundert mehr und mehr abgeschwächt hatten und selbst dann deren Mitglieder häufig ihre ökonomischen Aktivitäten diversifizierten – etwa parallel auch in anderen Handelszweigen und Branchen aktiv waren oder sich als Investoren am wirtschaftlichen Erfolg anderer beteiligten[76]. Die Zugehörigkeit zur Gilde der Textil- und Tuchhändler könnte den Graunts größere Flexibilität beim Warensortiment verschafft haben, um so auf sich verändernde Nachfragen besser reagieren zu können. Zudem sie sich in der Tuchhändlergilde, die deutlich einflussreicher als die Gilde der Haberdasher war, auch deren gesellschaftliche Verbindungen zunutze machen konnten[77]. In jedem Falle sollte sich die berufliche Zuordnung Graunts auch dann nicht auf den Kurzwaren-

---

73 S. oben. John Evelyn bezeichnete Graunt in seinen Notizen zu Thomas Sprats 1667 erschienener Geschichte der Royal Society als „bodice-maker" (HUNTER (1989: Establishing the New Science: The Experience of the Early Royal Society), S. 70).

74 DCA, GR „Boyd's Roll", s. v. „John Graunt", Nr. 8.

75 Zur Geschichte der Haberdasher Company vgl. ARCHER (1991: The history of the Haberdashers' Company); HERBERT (1834: The history of the twelve great livery companies of London: principally collected from their grants and records: with notes and illustrations, an historical introduction, and copious accounts of each company, and of their estates and charities: with attested copies and translations of all the companies' charters, from their foundation to the present time), Bd. 2, S. 530–553. Zur Drapers' Company vgl. JOHNSON (1922); HERBERT (1834), Bd. 1, S. 389–498.

76 Vgl. FIELD (2018: London, Londoners and the Great Fire of 1666: disaster and recovery), S. 103 f. sowie 113; EARLE (1989), S. 250–253.

77 In der Präzedenzfolge standen die „Drapers" an dritter, die „Haberdashers" an achter Stelle von insgesamt 12 Gilden, vgl. FAHRMEIR (2003: Ehrbare Spekulanten: Stadtverfassung, Wirtschaft und Politik in der City of London, 1688–1900), S. 55.

oder Textilhandel beschränken – wie wir noch sehen werden, würde er im Laufe seines Arbeitslebens noch ganz unterschiedliche berufliche Profile ausfüllen.

2.3 Stadtgesellschaft

Die Entscheidung Henry Graunts, nach London zu ziehen, kam nicht von ungefähr, denn im späten 16. und frühen 17. Jahrhundert hatte geradezu eine Landflucht von Textilhandwerkern eingesetzt, die sich angesichts des Booms des Textilgewerbes in London als frühneuzeitlicher Großstadt und Zentrum des internationalen Handels dort bessere Verdienstmöglichkeiten versprachen. Auch die Wahl des Wohnortes in der Birchin Lane war nicht zufällig, hatten sich doch in diesem Viertel im heutigen City District seit dem Mittelalter viele Tuch- und Fertigwarenhändler angesiedelt[78]. In „The London Prodigal“, einem William Shakespeare zugeschriebenen Stück, das 1605, also nur ein Jahr nach dem Zuzug der Familie Graunt, im Druck erschien, fand die Birchin Lane als ein bevorzugter Einkaufsort von Bekleidung sogar literarische Erwähnung[79].

John Graunt verlebte im Wohnhaus seiner Eltern, das in Ermangelung von Hausnummern im London dieser Zeit die Bezeichnung „At the Seven Stars“ trug, gemeinsam mit seinen Geschwistern seine Schulzeit und die Lehrjahre. Nach seiner Freisprechung durch die Tuchhändlergilde im Jahre 1641 eröffnete er in der gleichen Straße in einem anderen Haus, das den Namen „At the Five Stars“ trug, ein eigenes Ladenlokal. Das Haus existiert heute nicht mehr, denn die Birchin Lane lag in dem vom Großen Brand von London 1666 verwüsteten Stadtgebiet[80]. Auch wenn die Straße in vielen alten Stadtansichten und Karten verzeichnet ist, gibt es keine Ansicht des Graunt'schen Anwesens mehr, da die Kartografen bei dreidimensionalen Darstellungen meist entweder sehr grob oder idealtypisch zeichneten[81].

Spezialisten für Spieledesign konnten in Zusammenarbeit mit der British Library jedoch in einer Computeranimation eine sehr anschauliche Vorstellung von der verwin-

---

78   Zum Wohnviertel rund um die Birchin Lane vgl. WHEATLEY (1891: London past and present. Its history, associations, and traditions), Bd. 1, S. 185 f., sowie Bd. 3, S. 383.

79   SHAKESPEARE (1605, ed. 1910: The London prodigall: As it was plaide by the Kings Maiesties seruants): „Why ile tell thee what thou shalt doe, thou saith thou hast twentie pound, goe into Burchin Lane, put thy selfe into cloathes, thou shalt ride with me to Croyden fayre“.

80   S. LEAKE u. a. (1666: An exact surveigh of the streets, lanes and churches contained within the ruines of the City of London, first described in six plats).

81   So etwa in der Karte von 1653: NORDEN (1653: London. A guide for cuntrey men in the famous cittey of London by the helpe of wich plot they shall be able to know how far it is to any street. As allso to go unto the same without forder troble. Anno 1653). S. auch o. V. (2009b: Four very detailed maps: medieval to twentieth century London (1520, 1666, 1843, 1902)).

kelten Enge und Verbauung des frühneuzeitlichen London vermitteln, wie es zu Graunts Zeiten unmittelbar vor dem Großen Brand ausgesehen haben könnte[82]. Auch aus anderen Quellen ist belegt, dass die City von London in der Mitte des 17. Jahrhunderts eine sehr hohe Bevölkerungsdichte hatte. Dies machte sich einerseits in einer weiteren Ausdehnung des Stadtgebiets bemerkbar, was schon von den Zeitgenossen durchaus kritisch gesehen und auch von Graunt in den *Observations* thematisiert wurde[83]. Denn dadurch wurde nicht nur die Versorgung der Stadtbevölkerung mit dem täglichen Bedarf und mit der notwendigen Infrastruktur an Märkten, Krankenhospizen, Schulen und Pfarreinrichtungen vor neue Herausforderungen gestellt. Auch die Aufrechterhaltung der öffentlichen Ordnung wurde schwieriger, wenn sich kaum noch kontrollierbare Räume eröffneten, in denen soziale und politische Resistenz keimte. In einer von häufig gewalttätigen Tumulten, sozialen Unruhen und politischen Aufstandsversuchen verunsicherten Zeit war dieses scheinbar planlose Auswuchern der Stadt eine durchaus problematische Entwicklung.

Andererseits ergab sich aus dem Bevölkerungswachstum eine zunehmende Verdichtung der innerhalb der Stadtmauern gelegenen Wohnviertel. Dem konnte man durch den Bau von Mietshäusern, die Bebauung von brach liegenden Grünflächen und die Umwidmung von Ein- in Mehrfamilienhäuser zwar Abhilfe schaffen, aber dennoch die Überbelegung vieler Viertel nicht verhindern. Bereits im späten Mittelalter hatte man sich deshalb damit beholfen, bestehende Gebäude durch Vorbauten und Erker insbesondere in den oberen Stockwerken zu erweitern. Dadurch wurden jedoch die Straßen nicht nur verdunkelt, sondern auch die Gebäudesicherheit gefährdet, da diese hölzernen Anbauten meist direkt aneinander angrenzten und so im Falle eines Brandes eine Brücke für die Ausbreitung der Flammen bildeten.

Die hohe Bevölkerungsdichte tat ein Übriges, dass im London der Zeit Graunts teilweise katastrophale hygienische Bedingungen herrschten. Der oft beschriebene Gestank von Fäkalien, die nicht immer in Sickergruben, sondern auf offener Straße landeten, vermischte sich mit dem Smog, der bei entsprechenden Wetterlagen durch den mit der wachsenden Bevölkerung steigenden Hausbrand von Holz und Kohle entstand. Die dadurch zunehmende Umweltbelastung und ihre Auswirkungen auf die Gesundheit werden in den *Observations* explizit angesprochen[84]. Viele Straßen waren unbefestigt, so-

---

82 Dempsey u. a. (2014: Pudding Lane: Recreating Seventeenth-Century London). Dabei wird zwar nur das Gebiet rund um die Pudding Lane, in der 1666 das Feuer ausbrach, animiert, die Gebäudesituation in der Gegend der Birchin Lane dürfte aber ähnlich ausgesehen haben.

83 Vgl. etwa *Observations*, Widmungsbrief an John Robartes sowie Kap. X / 6. Zu Robartes s. Duffin (2004: Robartes, John, first earl of Radnorlocked (1606–1685)).

84 Vgl. unten, S. 195 f.

dass sich bei Regen ein unansehnlicher Matsch bildete. Wer es sich leisten konnte, nahm die Kutsche oder ein Boot auf der Themse, doch führte dies mitunter zu einem bedrohlichen Verkehrsaufkommen und nicht selten auch zu chaotischen Verhältnissen auf den Straßen und tödlichen Unfällen[85]. Auch wenn die Familie Graunt in einem ‚besseren‘ Wohnviertel lebte, so waren die dortigen Einwohner von diesen gesundheitsbelasteten Umweltbedingungen doch ebenso betroffen wie die Menschen in den ärmeren Stadtquartieren.

Die Birchin Lane lag aber nicht nur in einem der ‚angesagten‘ Tuchmacher- und Textilhändlerviertel der Stadt. Vielmehr wohnten in der direkt angrenzenden Lombard Street mehrere Goldschmiede, die zugleich als Bankiers für das hauptstädtische Gewerbe und die Regierung tätig waren, wie etwa die Familien Backwell, Colvill, Meynell oder Viner. In unmittelbarer Nähe befand sich auch die „Royal Exchange", wo Händler, Spekulanten und ihre Kunden mit Menschen zusammentrafen, die nach neuen Geschäftsideen oder Anlagemöglichkeiten Ausschau hielten oder ganz allgemein auf der Suche nach Neuigkeiten waren, von denen man meist am schnellsten über die gut ausgebauten Nachrichtenkanäle des Fernhandels erfuhr. Deshalb wurden die Straßenzüge rund um die Birchin Lane auch als „the heart of commercial London" bezeichnet[86].

Nicht von ungefähr befanden sich in dem Viertel auch viele Gasthäuser und Schenken. Bekannte Wirtshäuser wie das „Pope's Head" in der Pope's Head Alley beziehungsweise das „Royal Oak" und das „White Horse" in der Lombard Street lagen von Graunts Wohnhaus aus gesehen quasi um die Ecke[87]. Zwei weitere sehr populäre Gastwirtschaften, das „Mitre" und die „Mermaid Tavern" in der Bread Street, befanden sich in nur zehn Minuten Laufweite[88]. 1652 eröffnete in der St. Michael's Alley, einer Querstraße der Birchin Lane, das erste Kaffeehaus Londons. „Tom's Coffee-House", in dem Anfang der 1660er Jahre auch der bereits erwähnte Chronist Samuel Pepys verkehrte, lag fast Tür an Tür oder zumindest doch vis-à-vis dem Wohnhaus der Graunts[89]. In der Birchin Lane selbst befand sich auch das „John's", eine stadtbekannte Lokalität, die sich wohl schon zu Graunts Lebzeiten unter Londonern, die im Seehandel ihr Geld verdienten, einer

---

85 Die beschriebenen Zustände in London um 1662 sind in den Tagebüchern von Samuel Pepys und bei anderen Zeitgenossen vielfach bezeugt. S. auch COWIE (1972: Plague and fire: London 1665–66), S. 11–13.

86 EARLE (1989), S. 305.

87 Die genaue Lage der Wirtshäuser ergibt sich aus den Angaben bei o. V. (2002–2022) und o. V. (2009b). Bei dem ebenfalls in der Lombard Street gelegenen „George's Inn" könnte es sich auch nur um eine Herberge ohne Schankbetrieb gehalten haben.

88 Vgl. O'CALLAGHAN (2004: Tavern Societies, the Inns of Court, and the Culture of Conviviality in Early Seventeenth-Century London), S. 38.

89 Vgl. LILLYWHITE (1963: London coffee houses. A reference book of coffee houses of the seventeenth, eighteenth and nineteenth centuries), S. 580.

Abb. 4: Stadtansicht von Cornhill (um 1630), im Hintergrund der Glockenturm der Royal Exchange (Stich von Bartholomew Howlett (1767–1827), gedruckt 1818).

gewissen Beliebtheit erfreute[90]. Einige Jahrzehnte später sollte Cornhill sogar die größte Dichte an Kaffeehäusern in London aufweisen[91]. Die Familie Graunt wohnte also in einem pulsierenden Viertel der Stadt, das wirtschaftlich prosperierte, in dem mit dem Textilwesen und dem Anlagehandel wichtige Wirtschaftszweige der Stadt konzentriert

---

90 Vgl. hierzu auch ROBINSON (1893: The early history of coffee houses in England; with some account of the first use of coffee and a bibliography of the subject), S. 124. Eine Passage in o. V. (1665b: The character of a coffee-house wherein is contained a description of the persons usually frequenting it, with their discourse and humors, as also the admirable vertues of coffee; by an eye and ear witness) scheint auf das Schild des „John's" anzuspielen (hier S. 2).

91 Vgl. LILLYWHITE (1963), S. 774. Er gibt noch weitere Kaffeehäuser an, deren Existenz zu Graunts Zeiten verbürgt ist, namentlich das „Golden Fleece", das „Halton's" und das „Union".

waren und sich zudem mit der Börse, den Gastwirtschaften und Kaffeehäusern zentrale Kommunikationsorte Londons befanden[92].

Die Tagebücher von Samuel Pepys, die mit dem Zeitraum 1660 bis 1669 genau die Jahre abdeckten, in denen Graunt gesellschaftlich besonders aktiv war, vermitteln einen lebhaften Eindruck, wie stark die Kommunikationsräume der Stadt London von Menschen genutzt wurden, für deren geschäftlichen Erfolg oder politische Arbeit der Zugang zu aktuellen Informationen und der regelmäßige Kontakt mit ihrer Klientel entscheidend waren. Pepys ging teilweise mehrfach am Tag vom Marineamt, in dessen Gebäudekomplex sich auch seine privaten Wohnräume befanden, in die Börsen, Gasthäuser, Kaffeehäuser, Tavernen und Spelunken der Stadt, um dort Menschen zu treffen, Informationen zu sammeln oder einfach auch nur, um Neuigkeiten und Klatsch zu erfahren[93]. Hinzu kamen häufige Einladungen in sein Privathaus, bei denen gegessen, getrunken, Karten gespielt oder musiziert wurde. Auch Robert Hooke, der mit Graunt befreundet war[94], suchte mehrmals täglich verschiedene Gaststuben und Kaffeehäuser der Stadt auf, wobei er offensichtlich eine Vorliebe für das „Garraways" und das „Jonathan's" in der damaligen Exchange Alley (heute Change Alley), einer Parallelstraße der Birchin Lane, entwickelte[95].

Da von Graunt kaum eigenhändige Dokumente erhalten sind, können wir uns bei der Beantwortung der Frage, wie stark er an der überaus populären Kaffeehaus- und Kneipenkultur seiner Zeit selbst Anteil nahm, nur auf einige wenige Indizien stützen. Im Zeitraum eines Jahres zwischen Januar 1663 und Januar 1664 trafen sich Samuel Pepys und Graunt, die vorher eher sporadisch Kontakt hatten, nachweislich allein sechs Mal in einem Kaffeehaus und ein weiteres Mal in der „Royal Oak Tavern", die in der Lombard Street in direkter Nähe von Graunts Wohnhaus lag[96]. Außerdem fanden noch zwei weitere Zusammenkünfte in Graunts Privathaus statt[97]. Dieser intensive Kontakt brach dann im Januar 1664 abrupt ab, seit diesem Zeitpunkt sind keine weiteren Treffen zwischen Graunt und Pepys mehr überliefert mit Ausnahme eines eher unbeabsichtigten Aufeinandertreffens einige Jahre später, als Pepys im April 1668 das Atelier des Porträtmalers John Hayls (1600–1679) im Temple District aufsuchte. In der benachbarten

---

92 Vgl. hierzu auch COWAN (2005: The social life of coffee: the emergence of the British coffeehouse).
93 Das Navy Office lag in der Seething Lane in der Nähe des Towers. Von dort waren es etwa 10 Min. zur Birchin Lane.
94 Vgl. INWOOD (2002: The man who knew too much: the strange and inventive life of Robert Hooke, 1635–1703), hier S. 31.
95 Vgl. ELLIS (2006: Eighteenth-century coffee-house culture), S. XI; ROBINSON / ADAMS (1935).
96 Vgl. PEPYS, Diary, 23. Januar 1663, 2. März 1663, 10. April 1663, 31. Juli 1663, 14. Oktober 1663, 30. Dezember 1663 und 11. Januar 1664. Es ist unklar, ob Graunt auch am 5. August 1663 zugegen war.
97 PEPYS, Diary, 23. Januar 1663 und 20. April 1663.

„Crown", die fußläufig zu Graunts letztem Wohnsitz am Bolt Court lag, stieß er dabei zufällig auf denselben, ohne mit diesem jedoch wirklich ins Gespräch zu kommen[98].

Auch wenn wir uns bei Pepys, der minutiös Tagebuch führte, weitgehend darauf verlassen können, dass er darin wohl kein Zusammentreffen mit Graunt ausgelassen haben dürfte, ist der Aussagewert dieser Quelle für Graunts soziales Leben doch begrenzt. Denn wir wissen, dass Graunt sich auch noch mit anderen Freunden und Geschäftspartnern in Kaffeehäusern oder Gastwirtschaften traf. In einem der Kaffeehäuser scheint er sogar eine Art „Stammgast" gewesen zu sein, sodass Pepys dieses mit „Mr. Grant's coffee-house" ansprach – was in der Literatur als Hinweis darauf missverstanden wurde, dass der Autor der *Observations* selbst Gastwirt gewesen sei[99]. Pepys und Graunt lernten sich überdies erst spät kennen, als dieser jenen am 20. Mai 1661 wegen einer Finanzangelegenheit seines Freundes William Petty aufsuchte, der zu diesem Zeitpunkt in Dublin weilte[100]. Graunt gehörte in den 1660er Jahren auch nicht zum engeren Freundeskreis Pepys', sondern eher zu dessen weitläufiger Bekanntschaft.

Interessant ist in diesem Zusammenhang vor allem ein Gesprächspartner, der bei den Zusammenkünften in dem besagten Zeitraum von Januar 1663 bis Januar 1664 auffallend häufig zugegen war: John Cutler, der zu den vermögendsten und einflussreichsten Finanziers Londons im 17. Jahrhundert zählte[101]. Die Zusammentreffen von Graunt und Pepys waren dabei zwar meist zufällig, mitunter hatte man sich vorher in der Börse getroffen und war dann gemeinsam zum Kaffeehaus gegangen, wo dann Cutler hinzustieß. Doch bot sich hier für Graunt eine ausgezeichnete Möglichkeit, um seine Kontakte für ein Projekt zu nutzen, das ihm offensichtlich wichtig war: Sein Freund William Petty arbeitete zu dieser Zeit in Dublin an einem Prototyp eines neuartigen zweirumpfigen Katamaran-Schiffstyps, den er im Frühsommer 1663 bei einem Rennen gegen ein Postschiff bereits einem ersten Stresstest zu Wasser ausgesetzt hatte. Ein Kontakt zu Samuel Pepys konnte hier insofern nützlich sein, da dieser als Beamter im Marineamt unter anderem für den Bau, die Ausrüstung und den Unterhalt der Schiffe der Royal Navy zuständig war und damit an einer Stelle in der öffentlichen Verwaltung arbeitete, die für den Erfolg des Projekts möglicherweise von ausschlaggebender Bedeutung sein konnte. Mit Graunts Freund John Cutler kam ein Geldgeber ins Spiel, der nicht nur über erhebliche finanzielle Mittel, sondern zudem auch über glänzende Kontakte bis in die höchsten Ebenen der Politik verfügte. Beides würde er für Pettys Projekt, das noch nicht

---

98 Pepys, Diary, 26. April 1668.
99 Pepys, Diary, 2. März 1663; Lillywhite (1963).
100 Pepys, Diary, 20. Mai 1661: Pepys spricht hier von „one Mr Grant", der ihn aufgesucht habe, dürfte ihn also vorher nicht gekannt haben.
101 Zu John Cutler vgl. Hayton (2008: Cutler, Sir John (1607 / 8–1693), merchant and financier).

durchfinanziert und außerdem in der königlichen Verwaltung und unter Schiffsbauern nicht unumstritten war, vielleicht noch in die Waagschale werfen können[102]. Dementsprechend drehten sich die Gespräche im Kaffeehaus in Gegenwart Cutlers immer wieder um Pettys Schiffsprojekt.

Warum der Kontakt Graunts zu Pepys dann im Januar 1664 jäh abbrach, ist auf den ersten Blick nicht ersichtlich. Möglicherweise hatte dies damit zu tun, dass William Petty zwischen Oktober und Dezember 1663 nach London zurückgekehrt war und seine Angelegenheiten nun selbst betreiben konnte. Graunt, Petty und Pepys trafen sich noch zweimal im Kaffeehaus[103], seitdem gab es keine weiteren gemeinsamen Zusammenkünfte mehr. Ganz offensichtlich sah Graunt seinen Auftrag als erfüllt an und zog sich aus dem Vorhaben seines Freundes zurück, das dann im Dezember 1664 mit dem Stapellauf der „Twilight" in den Docks von Rotherhithe im Süden Londons in Gegenwart des Königs und seines Bruders einen Abschluss fand[104]. Vermutlich war er auch bei dem Festmahl dabei, das William Petty und die Schiffseigentümer im Februar 1665 für wichtige Funktionsträger der Royal Society ausrichteten – und zu dem sie bezeichnenderweise auch Samuel Pepys einluden[105].

Es gab aber auch noch andere Projekte, für die Cutler und Graunt, die sich regelmäßig im Kaffeehaus trafen, eine Allianz schmieden konnten. Als sich im Mai 1664 Robert Hooke und Graunt in einem „public house" in der Nähe von dessen Wohnhaus in der Birchin Lane trafen, ergab sich, wie durch Zufall, eine Diskussion über Hookes gescheiterte Berufung an das Gresham College, an welcher der ebenfalls anwesende Cutler teilnahm[106]. Nur einen Monat später spendete dieser eine Vorlesung für „The History of Trades" auf Lebenszeit, die mit 50 Pfund pro Jahr dotiert und ad personam an Robert Hooke vergeben werden sollte, und unterstellte sie der Royal Society in einer Art Patronat. Die Gelehrtengesellschaft zeigte sich erkenntlich, indem sie John Cutler noch im November desselben Jahres zum „Honorary Fellow" wählte, der an den Sitzungen teilnehmen konnte, aber keinerlei Verpflichtungen übernehmen musste und auch keine Mitgliedsgebühren zu entrichten hatte[107]. Cutler betonte später, dass ihm dabei wirklich an einer „particular kindness" für Hooke gelegen war, es ihm also weniger um eine

---

102 Pepys, Diary, 22., 27. und 29. Januar 1664 sowie 1. Februar 1664.

103 Pepys, Diary, 30. Dezember 1663 und 11. Januar 1664.

104 Pepys, Diary, 22. Dezember 1664 und 13. Februar 1665. Der Prototyp erhielt zunächst den Namen „The Experiment". Das Schiff ging später dann als „The Archangel St. Michael" in den Praxiseinsatz. S. hierzu BL, Add 72894.

105 Pepys, Diary, 18. Februar 1665.

106 Vgl. Inwood (2002), S. 31.

107 Protokoll der Sitzung der Royal Society vom 9. November 1664, RSA, JBO / 2, fol. 145–149, hier 145.

Unterstützung der Royal Society als vielmehr um die Protektion eines Freundes gegangen sei[108].

Graunt konnte bei seinen Treffen mit Pepys auch seine Verbindungen zu einzelnen Literaten, Künstlern und Musikern, zu denen er vermutlich auch über seine Schwager John Martyn und William Faithorne Kontakt hatte, für seine Interessen fruchtbar machen. Ein Anfang Januar 1662 geplantes Treffen, bei dem der Miniaturmaler Samuel Cooper ([1607 / 8]–1672) dem kunstinteressierten Pepys vorgestellt werden sollte, kam nicht zustande[109]. Bei einem weiteren Treffen zwischen Graunt und Pepys war, jedoch wohl eher zufällig, Alexander Brome (1620–1666) zugegen, der als Jurist, Buchhändler und vor allem Poet bekannt war[110]. Über Graunt und Petty lernte Pepys schließlich auch den jungen Händler Thomas Hill kennen, der dessen musikalische Neigungen teilte und ein Freund des Diaristen wurde[111]. Dass Hills älterer Bruder Abraham unter den ersten Fellows der Royal Society war, könnte erklären, wie die Verbindung in diesem Falle zustande gekommen war.

Auch wenn nicht mehr zu klären ist, ob diese Treffen wirklich immer so zufällig waren, wie dies für Pepys den Anschein haben musste – es zeigt sich in jedem Falle, dass Graunt ein begnadeter „Netzwerker" war, der dieses Talent nicht nur im eigenen Interesse, sondern auch zum Nutzen seiner Freunde, Verwandten und Bekannten einsetzte. Dieses Kommunikationstalent ist auch durch John Aubrey überliefert, der Graunt persönlich kannte und ihn als „pleasant facetious companion and very hospitable" beziehungsweise als „very factious and fluent in his conversation" bezeichnete[112].

Bevorzugter Wirkungsort Graunts war dabei offensichtlich mehr das Kaffeehaus als die Taverne, und auch dies nicht von ungefähr[113]: Bereits in den 1650er Jahren hatte sich in Oxford ein Kreis von Gelehrten, aus dem später die Royal Society hervorgehen sollte, nicht in einem der repräsentativen Säle der Colleges, sondern in den ersten Kaffeehäusern und bevorzugt im Kaffeeraum des Apothekers Arthur Tillyard in dessen Privathaus direkt beim All-Soul's College getroffen. Insofern überrascht es nicht, dass nach der Übersiedelung ins Gresham College die Kaffeehäuser zu einem wichtigen sozialen Treff-

---

108 Protokoll der Sitzung des Council der Royal Society vom 14. Dezember 1664, RSA, CMO / 1, fol. 84 f.
109 Pepys, Diary, 2. Januar 1662; zu Samuel Cooper Murdoch (2004: Cooper, Samuel (1607 / 8–1672)).
110 Pepys, Diary, 10. April 1663; zu Alexander Brome vgl. Dubinski (2004: Brome, Alexander (1620–1666), poet and lawyer).
111 Pepys, Diary, 11. Januar 1664.
112 Aubrey (2015), S. 310 und 1182.
113 Vgl. zum Folgenden: Ellis (2006); Cowan (2005); Klein (1996: Coffeehouse Civility, 1660–1714: An Aspect of Post-Courtly Culture in England); Pincus (1995: ‚Coffee politicians does create': Coffeehouses and restoration political culture); Shelley (1909: Inns and taverns of old London, setting forth the historical and literary associations of those ancient hostelries, together with an account of the most notable coffee-houses, clubs, and pleasure gardens of the British metropolis), S. 167 u. ö.

punkt für die Mitglieder der Gelehrtengesellschaft wurden. Hier konnte man die akademische Welt mit ihren hierarchischen Strukturen und ritualisierten Verhaltenskodizes hinter sich lassen, in der entspannten Atmosphäre des Kaffeehauses eine „interessierte Öffentlichkeit" mit Experimentalvorführungen auf das eigene wissenschaftliche Programm aufmerksam machen und neue Erkenntnisse und technische Errungenschaften zur Diskussion stellen. In den Kaffeehäusern verkehrten trotz ihres häufig exklusiven und clubartigen Charakters breite Gesellschaftskreise – Kaufleute aus verschiedenen Branchen und Funktionsträger der Gilden, königliche Beamte und städtische Amtmänner, Wissenschaftler aus verschiedenen Disziplinen, praktizierende Ärzte und Chirurgen sowie Musiker, bildende Künstler und Intellektuelle[114].

Abb. 5: Szene aus einem Londoner Kaffeehaus
(unbekannter Künstler, [1668, möglicherweise aber auch erst nach 1685]).

Gerade in konservativen Kreisen, im Klerus und bei Hofe gab es deshalb auch kritische Stimmen, die an der vermeintlichen Fraternisierung von Menschen aus der Ober- und der Mittelschicht in der nur scheinbar schrankenlosen Geselligkeit der Kaffeehäuser Anstoß nahmen[115]. Dass in der unkontrollierten Kommunikationsatmosphäre der Kaffee-

---

114 Vgl. ELLIS (2006), S. Xf.
115 S. etwa das 1665 anonym erschienene Pamphlet o. V. (1665b).

häuser auch Gerüchte, Indiskretionen und Falschinformationen kursierten, war nahelie-
gend. Es blieb der Regierung auch nicht verborgen, dass kritische Stimmen gegen den als
leichtlebig verrufenen König und seinen katholischen Bruder, gegen korrupte und un-
fähige Beamte am Hof und gegen den Unterdrückungskurs der uniformistischen Staatskirche hier einen Nährboden fanden, nachdem man die Zeitungen bereits frühzeitig
unter Kuratel gestellt hatte.

Deshalb wollte die Regierung, dem gleichen Muster wie bei den Druckmedien folgend, im Licensing Act von 1662 zunächst die Kontrolle über die sich in London geradezu epidemisch ausbreitenden Kaffeehäuser wiedererlangen. Als diese Maßnahmen nicht
fruchteten, wurde 1675 kurzerhand die Schließung der Kaffeehäuser verfügt. Mit diesem
radikalen Schritt konnte sich die Regierung jedoch nicht durchsetzen, denn in der populären Kultur Londons waren die Kaffeehäuser bereits so fest verankert, dass man sich alsbald mit einem in diesem Ausmaß offensichtlich unerwarteten Widerstand konfrontiert
sah. Außerdem waren gerade die wirtschaftlich erfolgreichen Betreiber von Kaffeehäusern mittlerweile so einflussreich, dass sie sich gegen das Dekret wirkungsvoll zu wehren
wussten. Nach nicht einmal einer Woche wurde es deshalb von der Regierung wider-
rufen[116]. Die hochentwickelte politische Öffentlichkeit in London war nicht mehr unter
Kontrolle zu bringen. Nur wenige Jahre darauf gab man dann auch die Bestimmungen
des Licensing Act von 1662 zur Beschränkung des Zeitungsmarktes auf, sodass in der
Hauptstadt spätestens seit 1679 eine zunächst zeitlich begrenzte und ab 1695 dauerhafte
Pressefreiheit herrschte und innerhalb weniger Jahre die Zahl entsprechender Publikationen in die Höhe schnellte[117].

Auch die „Bills of Mortality" waren als gedruckte Periodika ein Teil der Kommunikationskultur des frühneuzeitlichen London und zeigen zugleich, wie verschränkt die
unterschiedlichen Kommunikationskanäle waren. Diese Listen mit den Daten zur Sterblichkeit in den einzelnen Pfarrbezirken der Stadt wurden, worauf noch genauer einzugehen sein wird, wöchentlich gedruckt und auf der Straße verkauft, teilweise in Zeitungen wiedergegeben, lagen in Kaffeehäusern aus oder wurden auf der Straße vorgelesen.
Der enorme Erfolg, den Graunt mit seinen *Observations* erzielte, war insofern zu einem
Teil auch dem Umstand geschuldet, dass er eine äußerst publikumswirksame Veröffentlichung zum Ausgangspunkt seiner Analysen gemacht hatte. Zugleich lebte er in einem
der lebendigsten Stadtviertel Londons, das ein zentraler Ort war und wo unterschiedliche Kommunikationskanäle zusammenliefen. Offensichtlich wusste er sich auch geschickt in den unterschiedlichen Zirkeln und Orten der Öffentlichkeit zu bewegen und

---

116 Vgl. ELLIS (2006), S. 89–97.
117 Vgl. HARRIS (1996: Politics and the rise of the press. Britain and France, 1620–1800), S. 6–8;
SUTHERLAND (1986: The Restoration Newspaper and its Development), S. 5–12.

diese in seinem Sinne zu nutzen, ob nun im privaten Raum, im Kaffeehaus oder in der Gaststätte.

Dies umso mehr, als er im Laufe der Jahre wichtige Ämter in der Londoner Stadtgesellschaft übernahm, die ihn als Gesprächspartner umso interessanter werden ließen.

2.4 Öffentliche Ämter

In der Literatur wird die militärische Laufbahn John Graunts in den sogenannten „Trained Bands" in London meist nur beiläufig erwähnt. Dies überrascht umso mehr, als die Bürgermiliz durchaus eine wichtige Rolle im sozialen Leben der Stadt spielte und Graunt in seinen späteren Jahren fast ausschließlich mit seinem militärischen Rang als „Captain" oder dann „Major" angesprochen wurde und diesen meist auch selbst benutzte. Insofern ist die Bedeutung seiner Offizierslaufbahn in der Stadtmiliz für seinen Status innerhalb der Stadtelite und auch für sein eigenes Selbstverständnis nicht zu unterschätzen.

Die Trained Bands waren eine vom Lord Mayor und den Aldermen kontrollierte Bürgermiliz, die selbst in Friedenszeiten mehrere tausend Angehörige umfassen und im Kriegsfall durch Reservisten und Hilfskontingente teilweise auf über 20 000 Bewaffnete aufgestockt werden konnte[118]. Die Rekrutierung erfolgte über die einzelnen Bezirke der Stadt, in denen von den Aldermen zum Dienst besonders befähigte Hausbesitzer und Freie für die Regimenter ausgewählt wurden. Ein Offiziersamt verpflichtete vor allem dazu, sich in Infanterieschulen wie der „Honorary Artillery Company" ausbilden zu lassen, um dann selbst die Einsatzfähigkeit der unterstellten Truppen bei den regelmäßig stattfindenden Musterungen zu überprüfen und diese auszubilden.

Die Trained Bands fanden in erster Linie Einsatz innerhalb der Stadt: Sie übernahmen Bewachungs- und Sicherungsaufgaben und wurden insbesondere bei den immer wieder in der Stadt ausbrechenden Tumulten und gewalttätigen Ausschreitungen, die häufig von unzufriedenen Lehrlingen, randalierenden Matrosen und anderen gewaltbereiten Unruhestiftern ausgingen, zur Wiederherstellung der öffentlichen Ordnung eingesetzt[119]. Im Falle eines Angriffs von außen sollten sie die Verteidigung der Stadt mit ihren wichtigen zentralörtlichen Funktionen einschließlich des Hafens sicherstellen. Da-

---

118 Vgl. zum Folgenden: SCOTT (2016: The Maligned Militia: The West Country Militia of the Monmouth Rebellion, 1685); NAGEL (1982: The militia of London, 1641–1649); ALLEN (1972: The Role of the London Trained Bands in the Exclusion Crisis, 1678–1681). Zu den „Trained Bands" in den englischen Counties LANGELÜDDECKE (2003: ‚The chiefest strength and glory of this kingdom': Arming and training the ‚perfect militia' in the 1630s).

119 Vgl. hierzu etwa LINDLEY (1983: Riot Prevention and Control in Early Stuart London).

rüber hinaus standen die Trained Bands als einzige in England permanent unter Waffen stehende Truppe demjenigen, der über sie verfügen konnte, potenziell auch als schnelle Eingreifreserve bei bewaffneten Konflikten zur Verfügung. In den Schlachten, Belagerungen und Scharmützeln des Bürgerkriegs wurden immer wieder Einheiten der Trained Bands eingesetzt.

Häufig wurden die Milizen auch zur Wahrnehmung von repräsentativen Aufgaben aktiviert: Bei zeremoniellen Ereignissen, etwa wenn Mitglieder der königlichen Familie, ausländischer Häuser oder deren Botschafter in die Stadt kamen, sowie bei städtischen Feierlichkeiten und Festumzügen marschierten die farblich unterschiedlich markierten Regimenter auf oder übernahmen Sicherungsaufgaben. Durch ihre Teilnahme an diesen ritualisierten Formen der Demonstration politischer Machtverteilung im politischen London verliehen die Stadtmilizen dem Geltungsanspruch der City und ihrer wirtschaftlichen Stärke sichtbaren Ausdruck.

Abgesehen davon scheinen die regelmäßigen Trainings, die mitunter gern auch in alkoholseligen Festivitäten endeten, den Milizionären und ihren Offizieren als willkommene Abwechslung im Alltag und als Treffpunkt gedient zu haben, wo man sich miteinander austauschen und sozialen Zusammenhalt festigen konnte[120]. Wenn Samuel Pepys, als 1660 kurzzeitig die vollständige Auflösung der Milizen diskutiert wurde, aufseufzte, dass er dadurch „the benefit of a muster" verlieren würde, war dies wohl kaum dem Wunsch nach militärischer Ausbildung geschuldet[121].

Es ist unklar, zu welchem Zeitpunkt Graunt selbst den Trained Bands beitrat. Nach seiner Freisprechung durch die Tuchhändlergilde und der Gründung eines eigenen Hausstandes wäre dies bereits während des Bürgerkriegs möglich gewesen, wobei es allerdings vorkam, dass sich Gemusterte bei der Wahrnehmung ihrer Dienstpflichten von einem anderen Mitglied des Haushalts vertreten ließen oder freikauften[122]. In den bekannten Listen der Offiziere taucht sein Name bis 1660 nicht auf[123], und noch in der Erst-

---

120 Vgl. Nagel (1982), S. 7.
121 Pepys, Diary, 9. September 1660.
122 „An asseasment by vertue of an Act of Parliament basing dato the 12th day of March 1659 for the settling of the Malitia [sic!] [...]" enthält eine Liste solcher Ausgleichszahlungen von Hausbesitzern und Witwen (LMA, P71 / TMS / 0519).
123 Vgl. etwa „The names, dignities and places of all the collonels, lieutenant collonels, serjants, maiors and capt. quarter masters, lieutenants and ensignes of the Citty of London, attending to the first sittling of the militia a. D. 1642", LMA, CLC / 270 / MS03342; Protokoll der Commissioners for the Militia of London, 27. März 1660, ebd., CLC / 511 / MS00186 / 001, fol. 28 f.; Ausgabenverzeichnis der Miliz von 1640 sowie 1637–1667, ebd., COL / CHD / MN / 03 / 002; Zahlungsanweisungen der Commission for the Militia, ebd., COL / CHD / MN / 03 / 006; Nagel (1982), Annex. Auch in der Liste royalistischer Truppenführer von 1663 ist Graunt nicht aufgeführt. Allerdings sind die Listen nicht vollständig. S. auch Newman (1987: The 1663 list of indigent royalist officers considered as a pri-

ausgabe der *Observations* von 1662 bezeichnete er sich lediglich als „Citizen of London", während er in der 1665 erschienenen Auflage dann bereits als „Captain Graunt" auftrat. Samuel Pepys, der selbst in der Offiziersschule der „Honorable Artillery Company" diente und insofern die Offiziersanwärter kannte, sprach in seinem Tagebuch stets von „Mr. Graunt", ging jedoch Anfang 1664 dazu über, Graunt mit dem Hauptmannsrang zu bezeichnen[124]. Auch andere Zeitgenossen benutzten fortan diese Ansprache. Dies könnte darauf hinweisen, dass Graunt um 1663/64 Offizier der Trained Bands wurde.

Für diese späte ‚Berufung' spielte vielleicht eine Rolle, dass er sich in den Zeiten des Bürgerkriegs und des Commonwealth eher unauffällig zu verhalten versuchte und deshalb möglicherweise auch den Militärdienst umging[125]. Es gab bei dieser Entscheidung aber auch eine finanzielle Seite, denn mit dem „City of London Militia Act" des Parlaments von 1662 erhielten Offiziere der Trained Bands die Befugnis, zur Finanzierung des Truppenbedarfs nun auch das Steueraufkommen in den Wards heranzuziehen[126]. Eine Offiziersstelle könnte vorher mit Kosten verbunden gewesen sein, die ein kühl kalkulierender Geschäftsmann wie Graunt eher zu vermeiden versuchte.

Es ist dabei nicht zu eruieren, ob Graunt seinen militärischen Rang durch Verdienst erlangte. Einerseits gab es nach dem Ende des Bürgerkriegs kaum Gelegenheit, sich bei einem Gefecht zu profilieren, sodass eigentlich nur die ständige Ausbildungsarbeit Profilierungsmöglichkeiten bot; andererseits ist nicht auszuschließen, dass er seine militärischen Titel ehrenhalber erhielt oder diese schlichtweg kaufte – Ämterhandel war, wie wir aus Pepys' Tagebuch wissen, üblich, zumal wenn mit dem Amt auch Einnahmen verbunden waren[127].

In jedem Falle war die Miliz für Graunt alles andere als eine lästige Pflicht – 1671 erwarb er sogar den Offiziersrang eines Majors, stieg also in der Hierarchie weiter auf. Sicherlich reizten ihn, ähnlich wie Pepys, der Vorteil für die eigene soziale Stellung und die Möglichkeit, Kontakte zu festigen, die sich ihm dadurch erschlossen. Von einem tatsächlichen Kampfeinsatz Graunts ist hingegen nichts bekannt, zumal zu seiner aktiven Zeit die meisten Kriegshandlungen der britischen Regierung fast ausschließlich von der

---

mary source for the study of the royalist army); o. V. (1663: A list of officers claiming to the sixty thousand pounds [etc.] granted by His Sacred Majesty for the relief of his truly-loyal and indigent part).

124 Erstmals beim Eintrag vom 11. Januar 1664.

125 Anders FITZMAURICE (1895), S. 18, nach dem Graunt im Bürgerkrieg „with distinction" gedient hatte. Allerdings gibt FitzMaurice keine Belege hierfür an – möglicherweise sah er den späteren Rang Graunts als „Captain" als Indiz für eine aktive Rolle als Soldat während des Bürgerkriegs.

126 O. V. (1662: City of London Militia Act).

127 S. etwa PEPYS, Diary, 6. August 1660: „This night Mr. Man offered me 1000 l. for my office of Clerk of the Acts, which made my mouth water; but yet I dare not take it till I speak with my Lord to have his consent".

Royal Navy und in Seegefechten ausgetragen wurden, weshalb man die Trained Bands für einen Einsatz außerhalb der Stadtmauern nicht benötigte.

Neben seiner Tätigkeit als Offizier der Stadtmiliz wurde Graunt in seinen späteren Jahren auch in verschiedene öffentliche und korporative Ämter gewählt[128]. Dies betraf zunächst Ämter im Zusammenhang mit der Selbstverwaltung des Stadtbezirks (Ward), in dem er geboren und aufgewachsen war. Cornhill, obschon ein vergleichsweise kleiner Verwaltungssprengel, gehörte zu den eher prosperierenden Stadtteilen Londons[129]. Die Bevölkerung, die in den dicht bebauten Straßenzügen des Viertels lebte, war zwar sozial durchaus heterogen zusammengesetzt – allein schon die Bediensteten der vielen Haushalte, Geschäfts- und Gewerbebetriebe stellten eine zahlenstarke Bevölkerungsgruppe dar[130]. Doch gehörten die meisten Familien eher der Mittelschicht an und hatten es über mehrere Generationen hinweg in Handel und Gewerbe zu wenigstens bescheidenem Wohlstand gebracht. Die unterschiedlichen kommunalpolitischen Gremien des Wards beziehungsweise der Parishes bildeten noch bis in die 1660er Jahre den Ort, an dem gesellschaftliche Teilhabe von den Bürgern am unmittelbarsten erlebt werden konnte, wo wirtschaftlicher Interessensausgleich, Ordnungspolizei und rechtliche Konfliktsteuerung häufig erstinstanzlich stattfanden und wo sich nicht zuletzt auch Bürgerstolz in Zeremonialität manifestierte.

Graunt trat kommunalpolitisch erstmals mit 38 Jahren in Erscheinung, als er im Cornhill Ward von 1658 bis 1661 in die Liste der zum Geschworenenamt in Gerichtsprozessen qualifizierten Mitbürger aufgenommen wurde. Von 1669 bis 1670 wurde er zum Obmann des Wardmote Inquest gewählt, einer Art Nachbarschaftsausschuss, der nicht nur die Einhaltung zivilrechtlicher und sittenpolizeilicher Normen, sondern auch der für das Wirtschaftsleben geltenden Vorschriften und Verhaltensnormen im Ward überwachte und neben seiner Bedeutung für die politische Partizipation der Londoner Bürger auf lokaler Ebene auch eine Möglichkeit bot, kommunalpolitische Karrieren zu befördern[131]. Von 1669 bis 1671 wurde Graunt außerdem auch zum Repräsentanten seines Wards im Common Council bestimmt, einer Versammlung von Vertretern der Stadtbezirke, die gemeinsam mit dem Bürgermeister und den Aldermen die Geschicke der Stadt wesentlich mitbestimmten.

---

128 Vgl. zum Folgenden GLASS (1963), S. 2 f.
129 Vgl. hierzu und zum Folgenden: PEARL (1979: Change and Stability in Seventeenth-century London), S. 18 f.
130 Vgl. EARLE (1989), S. 205 f.
131 O. V. (1689: The articles of the charge of the Wardmote inquest). Zu den Wardmote Inquests s. BERRY (2017: ,To Avoide All Envye, Malys, Grudge and Displeasure': Sociability and Social Networking at the London Wardmote Inquest, c. 1470–1540).

Auch in der Londoner Tuchhändlergilde, der „Worshipful Company of Drapers", übernahm Graunt verschiedene Ämter und Aufgaben. Im November 1657, als die Gilde ihre Organisationsstruktur straffte und die seit 1615 / 16 bestehende Doppelstruktur auf der Ebene der sogenannten „Yeomanry" (oft auch als „Bachelors' Company" bezeichnet) auflöste, in der sich noch nicht zur Livery zählende Mitglieder, Gesellen und abhängig Beschäftigte innerhalb der Gilde selbstorganisiert hatten[132], gehörte er einer Kommission an, die einen Prüfvermerk über die Abrechnungen der letzten „Bachelor Wardens" sowie ein Inventar über Lagerbestände an Stoffen erstellte, die der Gilde zur weiteren Verwendung übergeben wurden[133]. 1658 / 59 erschien er dann erstmals in den Listen der „Livery", also der privilegierten Mitglieder der Company, die zum Tragen der gilden-typischen Bekleidung bei öffentlichen Anlässen berechtigt waren und zugleich das me-ritokratische Selbstverständnis der Company als einer von Verdienst, ökonomischem Erfolg und gesellschaftlicher Verantwortung getragenen mittelständischen Korporation verkörperten.

Diese zu Zeiten Graunts zwischen 80 und 100 Personen umfassende Liste wurde jedes Jahr um die Neuaufgenommenen erweitert, während zugleich die aus der Live-ry ausscheidenden Mitglieder von der Liste genommen wurden. Dies führte dazu, dass Graunt von den letzten Listenplätzen, die den neuen Mitgliedern üblicherweise zunächst zukamen, in den zehn Jahren bis 1669 / 1670 allmählich bis auf die vierte Stelle in der Lis-te aufrückte. Damit korrespondierte jeweils auch ein Platz in der Sitzordnung bei den feierlichen Dinners der Company, die von der Livery viermal pro Jahr von den viertel-jährlichen Gebühren ihrer Mitglieder auszurichten waren und bei der sich die Neuaufge-nommenen im Laufe der Jahre immer weiter auf einen der ,höherrangigen' Plätze an der Tafel verbesserten[134]. Dadurch versinnbildlichte sich eine Peergroup innerhalb die-ses frühneuzeitlichen Wirtschaftsverbands, auch wenn aus allem, was wir wissen, nicht erkennbar ist, dass Graunt zu seiner „Kohorte" auch außerhalb der Livery eine engere Verbindung unterhalten hätte[135].

Nachdem er auf diese Weise in der Hierarchie der Company buchstäblich Platz für Platz nach vorne gerutscht war, wurde Graunt am 7. August 1671 für eine einjähri-

---

132 Vgl. hierzu etwa WALLIS (2018: Guilds and Mutual Protection in England), S. 13 f.; SLEIGH-JOHN-SON (2007: The Merchant Taylors' Company of London under Elizabeth I: Tailors' Guild or Com-pany of Merchants?); UNWIN (1908: The gilds and companies of London), hier v. a. S. 223–231. Die Bezeichnung „Yeomanry" geht vermutlich auf „young men" zurück. Sie ist nicht mit den „Yeomen" als Kavallerieeinheit beziehungsweise den „Yeomen of the Guard" als königlicher Leibgarde zu ver-wechseln.
133 Vgl. JOHNSON (1922), S. 255 f. Die beiden Prüfdokumente datieren vom 18. November 1657.
134 DCA, L. L. 1.
135 Ich danke der Archivarin der Company, Penny Fussell, für diesen wertvollen Hinweis.

ge Amtsperiode in das vierköpfige Kollegium der „Wardens" gewählt, das gemeinsam mit dem „Master" als Leitungsgremium der Company fungierte[136]. Als „Renter Warden" – eine Funktion, in die man meist Mitglieder der Livery wählte, die noch kein Amt innegehabt hatten und deshalb noch als unbefangen galten – war er für die Finanzen der Company verantwortlich, insbesondere deren Einnahmen aus dem umfangreichen vermieteten und verpachteten Immobilienbesitz der Company und aus den Gebühren ihrer Mitglieder, sowie für deren Verwendung für soziale Zwecke, etwa in der Armenfürsorge, der Krankenpflege oder beim Unterhalt von Bildungseinrichtungen[137]. Gleichzeitig mit seiner Wahl zum Renter Warden nahm er nun auch ex officio an den Sitzungen des „Court of Assistants" teil, eines etwa 32 Gildenmitglieder umfassenden Gremiums, das die Leitung der Company unterstützte und die Führungsebene der Master und der Wardens wählte.

Am 22. März 1672 präsidierte Graunt schließlich bei einem der feierlichen Dinners der Livery[138]. Mit dieser zeremoniellen Erhöhung wurde symbolisch deutlich gemacht, dass Graunt nunmehr zur Spitze der Gilde gehörte, wenn auch nur für den kurzen Zeitraum seiner Amtsperiode. Wenige Monate später, am 5. August 1672 schied Graunt wieder aus seinen Ämtern aus, als sein Nachfolger als Renter Warden gewählt wurde[139].

Ob John Graunt hier tatsächlich als ein Bürger auftrat, der sich in der kommunalen und korporativen Selbstverwaltung engagierte, oder sich diesen Aufgaben lediglich nicht entziehen konnte – die Annahme eines Amtes in der Drapers' Company konnte nur gegen eine hohe Geldzahlung ausgeschlagen werden[140] –, bleibt unklar. Zumindest war dies nicht selbstverständlich oder für den Inhaber eines Gewerbebetriebs von der Größe der beiden Geschäfte der Familie Graunt so vorgesehen, denn sein Vater Henry hatte offensichtlich keine vergleichbare Position inne. Viele Händler und Handwerker drängten sich auch nicht nach einem Platz in der Livery beziehungsweise um eine der Funktionen in der Gilde, zumal diese ehrenamtlich und damit auf Kosten ihrer produk-

---

136 Die anderen gewählten Wardens waren William Throckmorton, Nicholas Warren und Thomas Whittle, s. DCA, MB 15, fol. 38.
137 DCA, W. M. 1, fol. 27–29; JOHNSON (1922), S. 256, 423, 448, 458. Zum Immobilienbesitz vgl. v. a. MILNE (2016: Merchants of the City: Situating the London Estate of the Drapers' Company, c. 1540–1640).
138 Die Dinner Books geben einen Eindruck vom teilweise ausufernden Rahmen der feierlichen Empfänge der Company, wobei für die Amtszeit Graunts als Warden keine Einträge vorhanden sind (vgl. DCA, D. B. 2).
139 DCA, M. B. 15, Protokolle der Sitzungen vom 7. August 1671, 13. Oktober 1671, 13. Dezember 1671, 13. Februar 1672, 22. März 1672, 14. Juni 1672 und 5. August 1672, fol. 38–44. Nach Johnson gehörte Graunt noch bis 1673 dem „Court of Assistants" an, doch wird er nach dem 5. August 1672 nicht mehr in den Listen geführt, vgl. JOHNSON (1922), S. 448.
140 Vgl. JOHNSON (1922), Bd. 3, 315.

tiven Arbeitszeit zu leisten waren und die Gilden insgesamt auch deutlich an Integrationskraft eingebüßt hatten[141].

Graunt verfügte dagegen offensichtlich über eine eher altruistische Persönlichkeitsstruktur und nahm insbesondere bei Interessenskonflikten häufig eine ausgleichende Haltung ein, was ihn für Ämter im Ward und in der Gilde geradezu prädestinierte. So charakterisierte ihn denn auch sein erster Biograf John Aubrey im Zusammenhang mit seinen Engagements in öffentlichen Ämtern: „a man generally beloved: a faythfull friend, often chosen for his prudence and justness and [to be] an arbitrator, and he was a great peacemaker"[142].

Auch seine weitestgehend geübte politische Neutralität dürfte für seine Karriere als Amtsträger hilfreich gewesen sein. Es fällt zumindest auf, dass er diese Ämter alle erst übernahm, als er bereits fast 40 beziehungsweise über 50 Jahre alt war, also für damalige Verhältnisse spät im Lebensverlauf. Möglicherweise lagen die Gründe dafür in einer gewissen Zurückhaltung Graunts bei der Wahrnehmung öffentlicher Ämter während der Zeiten des Bürgerkriegs und des Protektorats – ein nicht untypisches Verhalten der Resistenz, denn auch die Drapers' Company selbst verhielt sich während des Commonwealth teilnahmslos[143].

Mit der Wahl zum Warden 1671 und der im gleichen Jahr erfolgten Ernennung zum Major hatte Graunt jedenfalls eine wichtige Position in der gesellschaftlichen Elite der Stadt erklommen. Nicht zuletzt nahmen die Gilden bei den großen feierlichen Prozessionen aus Anlass wichtiger politischer Ereignisse, wie etwa dem Krönungsumzug Karls II. oder den „Triumphs of London" anlässlich der Amtseinführung des Lord Mayor, eine wichtige zeremonielle Funktion wahr. Ihnen kam auch politische Bedeutung in der kommunalen Stadtverwaltung zu, etwa bei der Wahl der wichtigen Amtsinhaber und insbesondere des Lord Mayor und des Sheriffs der City of London. Dass Graunt seit 1662 Mitglied der Royal Society und um 1663/64 Offizier der Trained Bands geworden war, dürfte diesen Aufstieg in Stadt und Company jedenfalls erheblich beflügelt haben.

Umso jäher erscheint der soziale Abstieg, der Graunt nach 1672 ereilte. Ob er von sich aus kein Amt mehr anstrebte, seine wirtschaftlichen Probleme ihn davon abhielten oder er möglicherweise zurücktreten musste, weil sein um diese Zeit öffentlich gewordener Übertritt zum Katholizismus, auf den noch genauer einzugehen sein wird, ihn für viele Zeitgenossen nicht mehr satisfaktionsfähig machte[144], ist aus den Quellen nicht

---

141 Vgl. EARLE (1989), S. 253 f.
142 AUBREY (2015), S. 1182.
143 Vgl. JOHNSON (1922), Bd. 3, 210.
144 Dies deutet AUBREY (2015) an (S. 1182). Vgl. auch VILQUIN (1978), S. 415.

mehr zu eruieren. Bis zu seinem Tod 1674 hat Graunt jedenfalls kein öffentliches Amt mehr bekleidet und nur noch seinen militärischen Titel geführt.

2.5 Statusbewusstsein

Schon in den frühen 1660er Jahren legte Graunt ein Verhalten an den Tag, das geeignet war, seinen gestiegenen sozialen Status vor aller Augen sichtbar zu machen. Damit entsprach er einem in der aufstrebenden Mittelschicht Londons in dieser Zeit häufig anzutreffenden Verhaltensmuster[145].

Seit wann seine Familie ein eigenes Wappen führte, ist nicht mehr genau festzustellen. Aus dem Manuskript von Aubreys biografischer Skizze zu Graunt ist eine genaue Handzeichnung des Wappens überliefert[146]. Ihre Authentizität lässt sich durch einen Siegelringabdruck, mit dem Graunt 1659 seine Unterschrift auf der Kaufurkunde über eine Immobilie in St. Margaret Lothbury beglaubigte, bestätigen[147]. Das Wappenschild enthielt demnach fünf „Bezants" (in der heraldischen Terminologie spricht man heute von „Roundels Or", meist golden eingefärbten Kreisen), deren Name auf die in der Zeit der Kreuzzüge nach England eingeführten byzantinischen Goldmünzen zurückgeht. Diese sind auf einem Winkel, dem „Chevron", über einer Tinktur aus „Ermines", dem Symbol für das Fell eines Hermelins, angebracht[148].

Wie Graunt zu diesem Wappen kam, ist unklar. Bei dem für heraldische Fragen zuständigen „College of Arms", einem bereits im 15. Jahrhundert gegründeten und bis heute der Krone unterstehenden Amt, das in Visitationen die im Gebrauch befindlichen Wappen und die Stammbäume der Gentry in England erfasste, ist ein solches Wappen für eine Familie Graunt aus Cornwall nachgewiesen, von der es aber ganz offensichtlich keine Verbindungen zum Autor der *Observations* gab[149]. Zudem war das Wappen durch Verheiratung an eine Familie Cecley aus Somerset, Devon und Cornwall gelangt, die es 1620 in einem Teil ihres Wappens führte[150]. In London wurden ähnliche Wappen, allerdings mit kleinen Abweichungen (beispielsweise mit drei statt fünf Bezants) registriert, ohne dass deren Träger irgendeinen familiären Zusammenhang mit Graunt erkennen lassen.

---

145 Vgl. hierzu EARLE (1989), S. 9 f.
146 AUBREY (2015), S. 310.
147 BL, Add Ch 76982c.
148 Zur Identifikation der einzelnen heraldischen Elemente des Wappens vgl. PIMBLEY (1908: Pimbley's dictionary of heraldry), S. 12, 18 und 31.
149 Ich danke Herrn Adam Tuck, College of Arms, für die folgenden Hinweise auf Wappen und Stammbäume, die in seiner Behörde seit dem 15. Jahrhundert erfasst sind.
150 College of Arms, MS C1 / 430.

Abb. 6: Unterschrift und Siegel von John Graunt auf einer Kaufurkunde, 1659.

Die Vermutung liegt nahe, dass sich Graunts Familie bei einem Wappenmaler ein privates Signet erstellen ließ und dass dieser sich dazu beim „College of Arms" über mögliche Vorbilder, die dort unter dem Namen Graunt registriert waren, informierte – ohne den Gebrauch des Wappens durch seinen Auftraggeber dann ebenfalls eintragen zu lassen, was eigentlich erforderlich gewesen wäre, wenn es sich um eine offizielle Registrierung gehandelt hätte. Offensichtlich war eine solche Praxis der Okkupation eines Wappens durchaus nicht ungewöhnlich. Darauf könnte auch die spätere Verwendung des Graunt'schen Wappens durch einen Höfling mit ähnlichem Nachnamen, der offensichtlich keine familiären Bezüge zum Autor der *Observations* hatte, hinweisen[151]. Überdies scheint das Wappenrecht im 17. Jahrhundert immer uneinheitlicher gehandhabt worden zu sein, wie der Schriftsteller Henry Peacham (1578–[1644]) in seinem „Compleat gentleman" von 1622 beklagte[152]. Dies öffnete dem inflationären Gebrauch von Wappen unter Verletzung von Urheberrechten Dritter Tür und Tor.

An gewerblichen Anbietern, die ein solches Vorhaben realisieren konnten, mangelte es in London nicht. Auf dem lukrativen Markt der Porträt- und Wappenmalerei konkurrierten im England des 17. Jahrhunderts namhafte Künstler aus dem In- und Ausland, deren Ateliers vor allem von den gesellschaftlichen Eliten und vom Hof frequentiert wurden, mit Kunstschaffenden, die sich eher mit kleineren Aufträgen über Wasser hielten, sich das dazu notwendige künstlerische und heraldische Wissen selbst angeeignet hatten und häufig anonym geblieben sind[153]. Kunstmaler waren entweder in der „Worshipful Company of Painter-Stainers" oder in einer anderen Gilde organisiert, was wiederum dazu führte, dass der Kunstmarkt nur teilweise reguliert war[154]. Sogenannte „Herald Painters", die sich auf die Herstellung von Wappenschilden spezialisiert hatten, waren eine eigene Gruppe in der Gilde der Painter-Stainers – der auch Graunts Schwager William Faithorne angehört haben könnte, sodass es möglicherweise sogar eine private Verbindung zu einem Vertreter dieser Berufsgruppe gab.

Die Wahl der heraldischen Darstellung auf dem Familienwappen war insofern vermutlich eher einer Namensverwandtschaft denn den besonderen Gestaltungswünschen ihres Auftraggebers Graunt geschuldet – obschon ihm als Erwerber des Wappens die Metaphorik sicherlich zugesagt haben dürfte, verwies sie mit dem Hermelin doch auf die Ehrbarkeit des Wappenträgers, die sich aus seinen Verdiensten für die Gesellschaft ableitete. Die aufgebrachten Bezants stellten einen Bezug zur wirtschaftlichen Tätigkeit der Familie her, und deren Anzahl passte sogar zum Ladengeschäft Graunts „At the Five Stars". Der Zufallsfund im „College of Arms" dürfte ihm also durchaus zupassgekommen sein.

Entscheidend war aber ohnehin weniger die Bildlichkeit der Darstellung als vielmehr die hinter einem Wappengebrauch stehende soziale Symbolik[155]. Mit der Nutzung eines

---

151 S. unten.

152 PEACHAM (1622: The Compleat Gentleman Fashioning him absolute in the most necessary Commendable Qualities concerning Minde or Bodie that may be required in a Noble Gentleman). Vgl. hierzu auch BROWNING (2004: Spectacle and the Public Sphere in Seventeenth-Century England), S. 55 f.

153 Vgl. hierzu und zum Folgenden v. a. TITTLER (2009: Regional portraiture and the heraldic connection in Tudor and early Stuart England).

154 Zur Geschichte der „Worshipful Company of Painters" vgl. BORG (2005: The history of the worshipful company of painters, otherwise painter-stainers).

155 Vgl. hierzu CHEESMAN (2008: Heraldry).

solchen Wappens konnte unterschiedlichen Ansprüchen des Wappenträgers Geltung verschafft werden. Im Falle des Siegelabdrucks auf der erwähnten Kaufurkunde beglaubigte das Wappen zusätzlich zur Unterschrift die Gültigkeit eines Rechtsakts und war insofern lediglich ein weiterer Nachweis für die Rechtsfähigkeit des Unterzeichnenden im Geschäftsleben und eine übliche Authentifizierungspraxis. Zugleich machte ein Wappen aber auch das gesellschaftliche Prestige des Wappenträgers und seiner Familie in einer Weise sichtbar, die ihn gegenüber denjenigen Mitbürgern, die nicht über ein solches Wappen verfügten, deutlich heraushob.

Dies galt insbesondere gegenüber Individuen und sozialen Gruppen, die in der gesellschaftlichen Hierarchie Londons einen niedrigeren Platz einnahmen. Umgekehrt artikulierte die Imitation von Verhaltensformen des Adels und der Gentry, für deren Selbstbehauptung der Wappengebrauch nahezu unverzichtbar war, den Anspruch auf gesellschaftliche Geltung auch gegenüber diesen höher gestellten sozialen Gruppen. Nicht zuletzt deshalb war das Wappentragen in der Peergroup Graunts, der aufsteigenden bürgerlichen Mittelschicht, ein weit verbreitetes soziales Accessoire. In den Prozessen gesellschaftlicher Mobilität im London des 17. Jahrhunderts konnte eine solche symbolische Manifestation der eigenen sozialen Stellung zumindest dazu dienen, die einmal erlangte Position zu behaupten.

Der Zeitpunkt der ersten nachgewiesenen Wappennutzung ist dabei von Bedeutung. Da Graunt das Wappen bereits 1659 führte, also noch vor seinem eigentlichen Aufstieg in städtischen und berufsständischen Funktionen beziehungsweise in der intellektuellen Elite der Stadt, waren die Wappenelemente offensichtlicher Ausfluss des Selbstbewusstseins eines Kleinunternehmers, der sich selbst an erster Stelle über seine ökonomische Tätigkeit und nicht etwa über Geburtsrechte, ererbte Privilegien oder erworbene Ämter in den sozialen Hierarchien der Stadt verortete. In diesem Sinne symbolisierte das Wappen die gesellschaftliche Respektabilität, die sich dessen Träger auf Grund seines Verdienstes innerhalb der ökonomischen Eliten der Stadt erworben hatte. Dass eine solche Heraushebung und Sichtbarmachung der eigenen Erfolge einer Karriere in den verschiedenen Körperschaften der Stadt und der Wirtschaft durchaus zuträglich sein konnten, verstand sich von selbst. Den nachfolgenden Generationen der Familie, die das Wappenrecht erben würden, stand es dann frei, auf dieser Basis weiteres soziales Kapital zu akkumulieren. Da Graunt jedoch ohne männlichen Erben verstarb und die ihn überlebende einzige Tochter kinderlos blieb, erloschen sämtliche diesbezüglichen Ansprüche seiner Familie bereits in der nächsten Generation.

Das Wappen ging einige Jahrzehnte später an Roger Grant über, der als kriegsversehrter ehemaliger Söldner in kaiserlichen Diensten, baptistischer Prediger und selbsterklärter Augenheiler eine eher zweifelhafte Existenz in London führte, bis es ihm schließlich gelang, unter Queen Anne, die mit erheblichen Gesundheitsproblemen kämpfte und deshalb den Rat eines großen ärztlichen Kollegiums schätzte, als eine Art externer ophthalmologischer Berater am Hof aufzusteigen[156]. Auf einem Porträt Roger Grants im Ashmolean Museum in Oxford ist das Wappen, das auch John Graunt führte, deutlich zu erkennen[157]. Eine familiäre Verbindung zum Autor der Observations ist allerdings nicht nachweisbar[158].

Im 19. Jahrhundert stellte die genealogische Forschung einen Bezug dieses Wappens zu einem Herrenhaus in der Nähe von Northbrook Spinney im südlichen Warwickshire her[159]. Es fällt auf, dass aus der Familie, der das Herrenhaus gehörte, ein Mitverschwörer des „Gunpowder Plot" von 1605, John Grant, hervorgegangen war. Da dieser dort auch konspirative Treffen organisiert hatte, scheint ein Teil der Gebäude des Anwesens kurz nach der Aufdeckung des Komplottes geschliffen worden zu sein[160]. Der Verdacht, dass möglicherweise John Grant auf Grund der Ähnlichkeit des Namens mit Graunt verwechselt wurde, liegt nahe. Es ist allerdings nicht auszuschließen, dass zumindest Roger Grant tatsächlich genealogische Verbindungen zu den dort noch Anfang des 17. Jahrhunderts residierenden Grants hatte.

Der Erwerb von Titeln stellte eine weitere Möglichkeit zur Darstellung des erworbenen sozialen Ranges dar. In einer Auflistung von Fellows der Royal Society vom Mai 1663 und nochmals bei der Aufnahme in die Verwaltung der New River Company 1666 wurde Graunt mit dem Höflichkeitstitel eines „Esquire" angesprochen[161]. Doch scheint es sich dabei eher um Ausnahmen gehandelt haben, zumal eine solche Ansprache „by courtesy", die normalerweise nur Mitgliedern der Gentry zukam, ihm eigentlich verwehrt war

---

156　Grants Geburtsort und -datum sind unbekannt, er verstarb 1724, vermutlich in London. Vgl. Bettany / McConnell (2011: Grant, Roger (d. 1724), oculist); anders Furdell (1986: The Medical Personnel at the Court of Queen Anne), hier S. 429, Fußnote 75, nach der Grant mit seinem Versuch, die Aufmerksamkeit von Anne und George I. auf sich zu ziehen, nicht erfolgreich war.

157　Vgl. Bettany / McConnell (2011).

158　Über die Familie von Roger Grant wissen wir wenig mehr, als dass er am 26. Dezember 1720 in der Kirche Saint Dunstan and All Saints im Stadtosten von London eine Hannah Trenchfield heiratete, mit der er offensichtlich auch Kinder hatte, vgl. LMA, Church of England Parish Registers, 1538–1812, P93 / DUN / 039 (verfilmt: Ancestry.com, Provo 2010); Boyds Marriage Index, Society of Genealogists, s. v. Hannah Trenchfield.

159　S. hierzu Berry (1828: Encyclopaedia Heraldica, Or Complete Dictionary of Heraldry), Annex, s. v. Grant; Papworth / Morant (1874: An alphabetical dictionary of coats of arms belonging to families in Great Britain and Ireland; forming an extensive ordinary of British armorials [...]), S. 490 und 589.

160　Vgl. https://www.ourwarwickshire.org.uk/content/catalogue_her/site-of-manor-house-to-sw-of-northbrook-fulbrook (letzter Zugriff am 03. 01. 2021).

161　Protokoll der Sitzung vom 20. Mai 1663, Birch (1756: The history of the Royal Society of London for improving of natural knowledge, from its first rise [...]), S. 240; Maitland (1775: The history of London from its foundation to the present time [...] Including the several parishes in Westminster, Middlesex, Southwark, [etc.], within the bills of mortality), S. 435.

und deren inflationärer Gebrauch erst nach Graunt in Übung kam[162]. Zudem war, wie sein Zeitgenosse Samuel Pepys, der den Titel dauerhaft führte, bald schmerzlich erfahren musste, damit die Eingruppierung in eine höhere Steuerklasse bei der „Poll Tax" verbunden, was den Titel auch aus finanziellen Gründen für Graunt weniger attraktiv machte[163].

Dies bedeutete jedoch nicht, dass Graunt sich der Wirkung eines Titels nicht bewusst gewesen wäre. Mit der Erstellung eines Familienwappens korrespondierten Anfang der 1660er Jahre seine Bemühungen um den Erwerb eines Offizierspatents bei der städtischen Miliz der Trained Bands. Dementsprechend hat sich Graunt später bevorzugt mit dem Titel Captain oder dann Major ansprechen lassen – unter anderem auch auf dem Titelblatt der *Observations* –, und auch Petty gab in seinen internen Briefprotokollbüchern bei Schreiben an Graunt meist den militärischen Rang seines Freundes an. Selbst bei Graunts Beerdigung wurde im Pfarrregister noch dessen Titel als Major vermerkt[164].

Ein weiteres Attribut der bürgerlichen Aufsteiger Londons war es, sich durch ein Porträt verewigen zu lassen – von vielen Zeitgenossen und Freunden Graunts sind mehrere solcher Porträts und Stiche überliefert. Dagegen ist von ihm selbst bislang kein zweifelsfrei authentisches Porträt bekannt. Das oftmals für den Gründervater der Demografie ausgegebene Bildnis zeigt, wenn überhaupt, einen Namensvetter aus deutlich späterer Zeit[165]. Weder Bekleidung noch Haartracht sind für das 17. Jahrhundert typisch, für bürgerliche Aufsteiger wie Graunt war es auch nicht üblich, Bart zu tragen. Sie bevorzugten Perücken als Attribut ihres sozialen Status oder trugen die Haare lang. Die zahlreichen Porträts seiner Peergroup in der Londoner National Portrait Gallery, zu der etwa Samuel Pepys, William Petty oder die frühen Mitglieder der Royal Society gehörten, belegen, dass es sich angesichts der genannten zeitgenössischen Moden bei der Darstellung kaum um Graunt handeln kann[166]. Zudem besteht eine auffallende Ähnlichkeit zu Aufnahmen von John Grant (1810–1879), der in der Regierungszeit Königin Victorias in Balmo-

---

162 Zur Ansprache als „Esquire" beziehungsweise „Gentleman" vgl. DOD (1843: A manual of dignities, privilege, and precedence: including lists of the great public functionaries, from the revolution to the present time), S. 247–253.

163 Vgl. „An Act for raising Moneys by a Poll, and otherwise towards the Maintenance of the present Warr" [sic!] (1666), in RAITHBY u. a. (1819: Statutes of the Realm), S. 584–597; British History Online http://www.british-history.ac.uk/statutes-realm/vol5/pp584–597 (letzter Zugriff am 03.01.2021); s. auch Pepys' Tagebucheinträge vom 20. März 1667 und 5. April 1667.

164 S. unten.

165 Beispielsweise bei O'DONNELL (1936: History of life insurance in its formative years, compiled from approved sources), S. 147.

166 Zu diesem Befund kommen auch MURRAY u. a. (2019: Is this a Portrait of John Graunt? An Art History Mystery).

ral Castle als Oberster Wildhüter arbeitete[167]. Mit einer gewissen Wahrscheinlichkeit
handelte es sich bei dem vermeintlichen Abbild des Demografen also in Wirklichkeit um
die Darstellung eines königlichen Bediensteten aus viktorianischer Zeit[168].

CAPTAIN JOHN GRAUNT

*Abb. 7: Bei dem häufig als John Graunt ausgegebenen Porträtierten handelt es sich
vermutlich um John Grant (1810–1879).*

Die Auffindung eines authentischen Porträts von John Graunt ist bis heute nicht gelungen – und wäre in der Tat ein spektakulärer Zufallsfund. Dabei ist nicht auszuschließen,
dass Graunt, der zumindest bis zum Brand von London entsprechend wohlhabend und,
wie wir noch sehen werden, als Besitzer einer veritablen Sammlung von Druckgrafiken
durchaus kunstsinnig war, ein solches Porträt anfertigen ließ[169]. Bis heute konnte Graunt

---

167 Fotografie von W. & D. Downey, Albuminpapier-Abzug, 1868, National Portrait Gallery, London,
„The Balmoral album: photographs by George Washington Wilson, W. & D. Downey and Henry
John Whitlock, 1854–68", Primary Collection, NPG P22(25).

168 Wann die Porträtzeichnung jenes für Graunt ausgegebenen John Grant genau entstand, ist unklar. Möglicherweise diente dazu auch eine der noch existierenden Fotografien des Wildhüters als
Vorlage. Die These, die Druckfassung der Zeichnung sei erst in den 1930er Jahren für eine wissenschaftliche Darstellung angefertigt worden (vgl. MURRAY u. a. (2019)), entbehrt nicht einer gewissen Plausibilität, lässt aber die Frage offen, auf welcher Basis dies geschah. Ganz offensichtlich ließ
sich der Buchillustrator hier nicht von einer Darstellung des 17. Jahrhunderts leiten, sondern von
einer anderen Vorlage, die in Wirklichkeit eine Person des 19. Jahrhunderts zeigte, vermutlich weil
er von der Ähnlichkeit des Namens verwirrt wurde. Die Publikation von 1930 könnte aber zumindest der Ausgangspunkt für die weitere Verbreitung dieser fehlerhaften Darstellung gewesen sein.

169 Hierfür kämen mehrere Künstler in Betracht, die zu Graunts Lebzeiten in London arbeiteten und
von Menschen in seinem unmittelbaren Lebensumfeld Porträts anfertigten, wie etwa von direkten
Angehörigen, von Freunden und Bekannten wie Pepys und Petty oder von anderen Wissenschaft-

jedoch kein Gemälde oder Stich auf Grund von Titelangaben oder anderer Indizien zugewiesen werden.

Dabei ist nicht auszuschließen, dass der Betrachter ihm unwissentlich schon begegnet sein könnte. Immer wieder stößt man in Katalogen auf anonyme Porträts, die auf Grund der Lebensdaten des Künstlers und seines Aufenthaltes in London, der Bekleidung und Haartracht oder anderer Merkmale der Zeit Graunts zugeordnet werden können[170]. Es könnte also sein, dass sich unter Bildern mit Katalogbezeichnungen wie „Gentleman", „Unknown Man" oder „Unidentified Man" auch der Autor der *Observations* befindet. Der jüngst unternommene Versuch, ein bestimmtes zeitgenössisches Gemälde eines jungen Mannes in der National Portrait Gallery Graunt zuzuschreiben, ohne dass es dafür einen stichhaltigen Beweis gäbe – und sei es nur, dass ein Mann in seinem Alter in dieser Zeit so ausgesehen haben könnte –[171], ist jedoch eine wissenschaftlich unzulässige Spekulation und führt in die Irre. Auch hier ist wiederum der Blick auf die Peergroup hilfreich. Zeitgenossen Graunts, die sich ein durchaus kostspieliges Porträt leisten konnten, nutzten dieses in der Regel auch dazu, um sich als soziale Aufsteiger in Szene zu setzen, weshalb diese Darstellungen mit entsprechenden Attributen besetzt waren und häufig auch eine gewisse Gravität atmeten. In vielen Fällen wurde, wie etwa bei Roger Grant, ein vorhandenes Wappen des Auftraggebers auf dem Porträt wiedergegeben, ebenfalls eine Imitation der in der Welt des Adels üblichen Demonstration von sozialem Status. Darüber hinaus ließen sich viele Auftraggeber von Bildern aus dem akademischen Milieu, zu denen Graunt in der Royal Society engen Kontakt hatte, mit Hinweisen auf ihre wissenschaftlichen Interessen abbilden, etwa einer aufgeschlagenen Publikation

---

lern und Mitgliedern der Royal Society. Unter diesen Künstlern waren: seine engen Verwandten William Faithorne d. Ä. und William Faithorne d. J. – von Faithorne ist zumindest ein Porträt von John Kelsey, also eines Familienangehörigen, bekannt, vgl. o. V. (1893: Catalogue of an exhibition of portraits engraved by William Faithorne); in der Tat erfreuten sich Porträts von Familienangehörigen in der Mittelschicht in dieser Zeit wachsender Beliebtheit (vgl. EARLE (1989), S. 295); Wenzeslaus Hollar, der mit Faithorne eng zusammenarbeitete und auch im gleichen Viertel wohnte (vgl. die von einem William Hill Charke erstellte biografische Skizze „The life of Mr William Faithorne" im Nachlass des Künstlers George Vertue (1684–1756) in BL, Add MS 19027); hier findet sich ein entsprechender Hinweis, dass die Ateliers von Faithorne und Hollar in der Nähe des Temple Bar und damit des Kirchhofs der St. Pauls Kathedrale lagen (fol. 47 v)); John Hayls (1600–1679), der nachweislich mit Graunt bekannt war (s. PEPYS, Diary, Eintrag vom 26. April 1668); des Weiteren die Porträtisten Isaac Fuller (ca. 1606–1672), Johann Kerseboom (gest. 1708), David Loggan (1634–1692), Peter Lely (1618–1680), Edwin Sandys (1635–circa 1692), Godfrey Kneller (1646–1723) oder John Smith (1652–ca. 1742).

170 Ausgewertet wurden hier die Kataloge des British Museum, der National Portrait Gallery, ArtUK, Bridgeman Images und Google. S. auch BELL u. a. (1925); BELL (1915: English Seventeenth-Century Portrait Drawings in Oxford Collections).

171 Vgl. MURRAY u. a. (2019).

oder einem anderen Gegenstand, der ihr Forschungsfeld symbolisierte. Solange wir also keine eindeutigen Belege erhalten, etwa aus einem entsprechenden Katalogeintrag, einer namentlichen Zuweisung, einem symbolischen Hinweis in einem Porträt, beispielsweise auf die „Bills of Mortality", oder der Verwendung von Graunts Wappen, sollten wir uns mit Zuschreibungen von Porträts zurückhalten.

Viel wahrscheinlicher ist die Annahme, dass mit Graunts privatem Besitz 1666 auch ein mögliches Porträt verbrannt ist und dass er danach kein weiteres Bildnis mehr anfertigen ließ, da er dazu weder die finanziellen Ressourcen hatte noch einen repräsentativen Hausstand unterhielt, wie etwa William Petty oder andere Freunde. Hinzu kommt, dass Graunts eigene Familie bereits in der nächsten Generation kinderlos ausstarb, sodass ein möglicherweise existierendes Porträt nicht in der Familie weitergegeben wurde. Auch in den noch überlieferten Nachlässen enger Freunde und Bekannter fanden sich keine Hinweise auf ein Porträt oder die Erwähnung eines Bildnisses in einem entsprechenden Besitzinventar, weder bei William Petty[172] noch John Evelyn[173] oder Samuel Pepys[174]. Insofern bleibt Graunts Äußeres auch weiterhin unserem Auge entzogen – das Deckblatt der *Observations* muss uns für den Gründervater der Demografie ikonisch genug sein[175].

Ob Graunt einen ausschweifenden Lebensstil wie Pepys pflegte, dem die Kosten dafür ständig über den Kopf zu wachsen drohten, mit häufigen Theaterbesuchen, steigenden Ansprüchen an die eigene Garderobe, privaten Einladungen und vor allem ständigen Besuchen in Wirtshäusern[176], können wir nicht mehr feststellen.

Vielleicht sind die wenigen Hinweise auf regelmäßige Besuche Graunts im Kaffeehaus ein Indiz dafür, dass er die Orte bürgerlicher Geselligkeit keineswegs mied. Bei dem bereits erwähnten Zusammentreffen mit William Petty, Samuel Pepys und Thomas Hill im Januar 1664 drehte sich die Konversation um so unterschiedliche Themen wie Musik, die Theorie einer universellen Kunstsprache, Mnemotechnik, einen vor Gericht verhan-

---

172 Weder im Familiensitz Bowood House von William Pettys Nachfahren Marquis of Lansdowne noch in dem 1993 an die British Library abgegebenen Archivmaterial gibt es entsprechende Indizien (ich danke Frau Cathryn Spence, Archivarin in Bowood House & Gardens, für diesen Hinweis).

173 John Evelyn fertigte sogar selbst Porträts an, doch wurde die Sammlung 1977 von dessen Nachfahren einzeln versteigert und gilt seitdem als verschollen. In einem noch erhaltenen Inventar von Bildern und Büchern Evelyns finden sich keine Hinweise auf ein entsprechendes Porträt (vgl. BL, Add MS 78402).

174 Dies ergab eine Katalogrecherche in der noch erhaltenen Bibliothek von Samuel Pepys im Magdalene College in Oxford (ich danke Frau Catherine Sutherland, Pepys Library & Special Collections, Magdalene College, Cambridge, für diesen Hinweis).

175 Vgl. Sutherland (1963), hier S. 539.

176 Vgl. die vielen diesbezüglichen Erwähnungen in Pepys, Diary; Trease (1972: Samuel Pepys and his world), S. 52 f.

delten Fälschungsskandal sowie, wie Pepys feststellte, „other most excellent discourses to my great content, having not been in so good company a great while"[177]. Auch wenn private Beziehungspflege nicht immer von geschäftlichen Interessen zu trennen war und aus dem Tagebucheintrag von Pepys auch nicht hervorgeht, ob Graunt hier mehr Wortführer oder Zuhörer war, so war die Teilnahme an einer derartigen „conversation agréable" doch dazu angetan, seine umfassende Bildung zur Schau zu tragen[178].

Über Graunts Hausstand wissen wir wenig, zumal dieser im Großen Brand von 1666 fast vollständig zerstört wurde. Doch berichtet Pepys, der selbst überaus bibliophil und kunstsinnig war, 1663 von einem Besuch in Graunts Privathaus in der Birchin Lane, wo ihm dieser seine eindrucksvolle Sammlung von Stichen und Holzschnitten vorführte. Pepys musste dabei anerkennen, dass Graunt „the best collection of any things almost that ever I saw, there being the prints of most of the greatest houses, churches, and antiquities in Italy and France and brave cuts", besaß.

Über die private Bibliothek Graunts gibt es unterschiedliche Aussagen: Während manche Autoren von einem umfangreichen Buchbesitz ausgehen, können wir aus dem Vermerk im Tagebuch Samuel Pepys' nur herauslesen, dass er Kunstdrucke besaß, und hier hatte er durch die Künstler und Buchhändler in seiner engeren Verwandtschaft vermutlich leichteren Zugang als andere[179]. Sein Schwager William Faithorne d. Ä. verkaufte in seinem Laden im Stadtwesten ein großes Sortiment an italienischen, französischen,

---

177 PEPYS, Diary, 11. Januar 1664. Vgl. auch HUGHES (2020: Micrography, Medleys, and marks: the visual discernment of text in the calligraphy collection of Samuel Pepys), hier S. 399, nach dem diese Unterhaltung jedoch auf kalligrafische Interessen Pepys' fokussiert war.

178 In der Literatur werden häufig die vermeintlichen Beziehungen Graunts zu dem Dichter und Politiker Benjamin Rudyerd (1572–1658) erwähnt, um den weiten intellektuellen Horizont des Autors der *Observations* aufzuzeigen. GLASS (1963) vermutete dies auf Grund eines Hinweises von Graunts Zeitgenossen und Mitfellow der Royal Society Elias Ashmole (1617–1692) (S. 65); s. neuerdings auch CONNOR (2022), S. 2. Tatsächlich gibt es in den „Antiquities of Berkshire" von Ashmole lediglich einen Hinweis auf eine Inschrift über dem Grab von Rudyerd. Darauf ist von einem John Graunt die Rede, der den Verstorbenen darin als seinen „Master" bezeichnet (ASHMOLE (1719: The Antiquities of Berkshire), S. 252). Dabei könnte es sich auf Grund der Häufigkeit des Namens jedoch auch um eine andere Person handeln, zumal Ashmole selbst ebenfalls keinen Bezug zum Autor der *Observations* herstellte. Es gibt auch keine weiteren Hinweise auf eine Bekanntschaft der beiden Angesprochenen. Rudyerd hatte sich 1649 in dem für damalige Verhältnisse hochbetagten Alter von 77 Jahren auf sein Anwesen in Berkshire ins Privatleben zurückgezogen. Graunt war zu diesem Zeitpunkt erst 29 Jahre alt, unterhielt weder nachweisbare Kontakte in die Politik noch hatte er literarische Ambitionen und hätte insofern die Bezeichnung „Master" wohl kaum verwandt. Zu Rudyerd vgl. MOSELEY / HEALY (2010: Rudyard (Rudyerd), Sir Benjamin (1572–1658), of Whitehall; later of West Woodhay, Berks.); SMITH (2009: Rudyerd, Sir Benjamin (1572–1658), politician and poet).

179 PEPYS, Diary, 20. April 1663.

flämischen und niederländischen Drucken und war auch der Graveur der Karte Richard Newcourts von 1658, die Graunt für die *Observations* als Informationsquelle nutzte[180].

Inwieweit dessen Bibliothek dagegen auch Bücher umfasste, ist unklar. Zwar gehörte schon im Mittelalter der Besitz von Büchern zur Lebenswelt der Kaufleute, Handwerker und Kleinunternehmer in London, wenn auch manchmal nur zu bestimmten Zwecken und dabei insbesondere zur religiösen Erbauung[181]. Überdies wurde seit der Gründung von Druckereien die Londoner Öffentlichkeit mit einer Vielzahl unterschiedlicher Publikationsgenres überflutet. Von Graunt sind jedoch weder ein Nachlassverzeichnis oder ein Besitzinventar noch Bücher mit Bearbeitungsspuren überliefert, aus denen sich auf seinen Buchbesitz schließen ließe. Darüber hinaus ließ Graunt auch keine besondere Belesenheit erkennen – weder in den *Observations* noch in seiner Korrespondenz scheinen eine überbordende Literaturkenntnis beziehungsweise bibliophile Züge auf. Möglicherweise war seine Sammlung also nur ein weiteres Beispiel für jenes „collecting fever"[182], von dem die Londoner Mittelschicht in dieser Zeit erfasst worden war und bei dem die Grenzen zwischen Sammlerleidenschaft und Neugier, Imitation und Statusbehauptung fließend sein konnten. Ob Graunt seine Wohnräume auch mit anderen Gebrauchs- und Schauobjekten, etwa teuren Importwaren aus exotischen Ländern, ausgestattet hatte, entzieht sich angesichts des Mangels an Quellenaussagen unserer Kenntnis. Ganz unwahrscheinlich ist dies nicht, denn er unterhielt, wie wir noch sehen werden, enge Beziehungen zur East India Company als einem wichtigen Importeur solcher Waren und bewegte sich in einem Milieu, in dem es eine hohe Nachfrage nach solchen Luxusgütern gab[183].

In jedem Falle sind die Umstände der geschilderten Szenerie bezeichnend: Graunt lud Pepys, den er zu diesem Zeitpunkt noch für das Schiffsprojekt seines Freundes Petty gewinnen wollte, in sein Privathaus ein, wo sich dieser dann immerhin für mehrere Stunden aufhielt. Das Zeigen einer exquisiten Kunstsammlung war nicht zuletzt ein Akt der Selbstdarstellung, mit dem sich Graunt als kultivierter bürgerlicher Aufsteiger aus vergleichsweise einfachen Verhältnissen präsentieren konnte, der mit dem Verweis auf die erhabenen Stätten der Renaissancekultur das Imaginarium seiner Zeit wirksam zu bedienen verstand[184]. Dass er als Autor der *Observations* und Mitglied der Royal Society sich nun auch zur geistigen Elite seiner Zeit zählen konnte, hat die Wirkung auf Pepys sicherlich noch verstärkt.

---

180 Vgl. BELL u. a. (1925), S. 51.
181 Vgl. hierzu und zum Folgenden BARRON (2016: What did medieval London merchants read?).
182 Das Zitat: EARLE (1989), S. 296.
183 Vgl. hierzu v. a. PECK (2005: Consuming Splendor. Society and Culture in Seventeenth-Century England).
184 Ähnlich spricht PELLING (2016a) bei Graunt von einer Inszenierung seiner Person, „which he himself helped to construct, as an upper tradesman of plain views and modest ambition" (das Zitat S. 3).

2.6 Gelehrtengemeinschaft

Die persönliche Freundschaft zu William Petty dürfte eine ausschlaggebende Rolle dabei gespielt haben, dass Graunts Arbeiten zur Sterblichkeitsentwicklung Londons 1662 der Royal Society zur Kenntnis gebracht wurden. Diese war am 28. November 1660 als privatrechtliche Gelehrtengemeinschaft in den Gebäuden des Gresham College gegründet worden und blieb dort bis 1710 inkorporiert – an jener Einrichtung also, an die Petty zehn Jahre zuvor unter anderem auf eine Empfehlung aus der Familie Graunt hin berufen worden war.

Vermutlich auf Grund dieser engen Freundschaft war es jedoch nicht William Petty selbst, sondern Daniel Whistler, Professor für Geometrie am Gresham College in London und Reader in Oxford, der das Verfahren eröffnete und bei der Sitzung am 5. Februar 1662 fünfzig Exemplare eines gedruckten „Booke [sic!] of Observations on the bills of mortality", die ihm John Graunt zur Verteilung unter den Mitgliedern der Royal Society übergeben hatte, vorlegte und den Widmungsbrief des Autors an den Präsidenten der Royal Society Robert Moray verlas[185].

Noch in der gleichen Sitzung wurde Graunt als Kandidat für die Aufnahme in die Gelehrtengemeinschaft förmlich vorgeschlagen. In der darauffolgenden Sitzung vom 12. Februar 1662 wurde dazu eine Kommission eingesetzt, welche die von Graunt eingereichte Publikation eingehend prüfen sollte. Ihr gehörten neben Petty und Whistler der Anatom George Ent, die Mediziner Jonathan Goddard und Caspar Needham sowie der Theologe und Kopernikaner John Wilkins, zugleich einer der ersten Sekretäre der Royal Society, an[186]. Ganz offensichtlich sah man in der Schrift in erster Linie einen epidemiologischen Beitrag, zumal unter den frühen Mitgliedern der Royal Society viele Mediziner waren und gerade Whistler ein genuines Interesse an Graunts Studien gehabt haben dürfte, hatte er doch selbst über die in den *Observations* beschriebene Krankheit Rachitis wissenschaftlich gearbeitet[187].

Nach zweiwöchiger Prüfung seiner Publikation wurde John Graunt auf Empfehlung der Kommission am 26. Februar 1662 schließlich in die Royal Society aufgenommen[188]. Er besiegelte die Aufnahme durch seine Unterschrift in der Sitzung am 5. März 1662[189].

---

185 Protokoll der Sitzung der Royal Society vom 5. Februar 1662, RSA, JBO / 1, fol. 47–49, hier 47[v].
186 Protokoll der Sitzung der Royal Society vom 11. Februar 1662, RSA, JBO / 1, fol. 49.
187 Vgl. Kargon (1963), S. 345.
188 Protokoll der Sitzung der Royal Society vom 26. Februar 1662, RSA, JBO / 1, fol. 50 f.
189 Protokoll der Sitzung der Royal Society vom 5. März 1662, RSA, JBO / 1, fol. 51. Der Hinweis von Chatterjee (2003: Statistical Thought: A Perspective and History), ein positives Gutachten Huygens habe den Ausschlag für die Aufnahme Graunts in die Royal Society gegeben (S. 163), ignoriert, dass Moray die *Observations* erst danach an Huygens übersandte (s. oben).

Abb. 8: William Petty (1623–1687).

Nach dem bis heute gültigen Selbstverständnis der Gelehrtengemeinschaft war er damit noch Angehöriger jener Gründergeneration der annähernd hundert „Original Fellows", die bis Juni 1663 berufen worden waren und die frühen Jahre der Royal Society maßgeblich prägten[190]. Im Übrigen gehörten, soweit sich dies aus einer Stichprobe feststellen lässt, fast ein Drittel der Mitglieder zur gleichen Altersgruppe wie Graunt[191].

Man darf sich allerdings nicht dazu verleiten lassen, die Situation der Royal Society im Frühjahr 1662 von der herausragenden Bedeutung her verstehen zu wollen, die jene im weiteren Verlauf ihrer Geschichte noch entwickeln sollte[192]. Als Graunt beitrat,

---

190 S. hierzu De Beer (1950: The earliest Fellows of the Royal Society).

191 Eine Stichprobe anhand von verifizierbaren Daten aus den Listen der Royal Society für das Jahr 1666 ergibt einen Anteil der 20–29-Jährigen von 19,65 %, der 30–39-Jährigen von 25,33 %, der 40–49-Jährigen von 27,07 %, der 50–59-Jährigen von 18,34 % und der 60–69-Jährigen von 9,61 % (vgl. o. V. (2007)). Allerdings kann diese grobe Auswertung eine auf modernen Methoden basierende, eingehendere Analyse des Altersprofils nicht ersetzen, vgl. etwa Feichtinger u. a. (2007: On the age dynamics of learned societies – taking the example of the Austrian Academy of Sciences).

192 Vgl. zum Folgenden insbesondere Shapin (2018: The scientific revolution); Geriguis (2017: Fellows among the Bookshelves. The Royal Society's Book-Gifting Network of the 1660s); Purrington (2009: The first professional scientist: Robert Hooke and the Royal Society of London); Fein-

schickten sich die Gründungsmitglieder gerade an, für ihre Vereinigung, die erst seit etwas mehr als einem Jahr existierte, mit der königlichen Privilegierung durch eine „Royal Charter" die vollständige Rechtsfähigkeit zu erlangen und sie zugleich institutionell zu verankern[193]. Im Gegensatz zu der bereits seit fast dreißig Jahren bestehenden Académie française sowie den weiteren bis dahin in Frankreich gegründeten Nationalakademien konnte sich die Royal Society keiner dauerhaften finanziellen Unterstützung durch die Regierung erfreuen, und auch zwei Zustiftungen des Königs erwiesen sich zunächst eher als Danaer-Geschenk denn eine wirkliche finanzielle Entlastung. Deshalb musste sich die Gelehrtengemeinschaft vor allem aus den Beiträgen und anderen Zahlungen ihrer Mitglieder finanzieren, etwa für die Subskription von Publikationen, aus Einzelzuwendungen und Sonderumlagen, testamentarischen Vermächtnissen und Legaten, kostenlos eingeräumten Nießbrauchrechten (insbesondere an Immobilien wie dem Gresham College) sowie Materialspenden für Experimente. Hinzu kam das persönliche Engagement einzelner Fellows, die administrative Dienstleistungen erbrachten oder bei den Geschäftsbeziehungen der Royal Society kommissarisch tätig wurden, ohne dafür ein Gehalt oder andere pekuniäre Gegenleistungen zu erhalten. Selbst hauptamtliche Funktionäre der Royal Society, wie deren Sekretär Henry Oldenburg oder der Kurator Robert Hooke, mussten ihren Lebensunterhalt zu einem Teil aus anderen Einkünften bestreiten.

Zudem befand sich die Gelehrtengemeinschaft Anfang der 1660er Jahre in der intellektuell pulsierenden Hauptstadt durchaus mit anderen Institutionen in einem Wettbewerb um öffentliche Aufmerksamkeit. Neben der Royal Society gab es eine Vielzahl von Gelegenheiten, bei denen sich Menschen, die an wissenschaftlichen und gesellschaftlichen Innovationen interessiert waren, zu einem geselligen Austausch treffen konnten,

---

GOLD (2005: The origins of the Royal Society revisited); CAREY (2003: The political economy of poison: the kingdom of Makassar and the early Royal Society); LOMAS (2002: The invisible college. The Royal Society, freemasonry and the birth of modern science); LYNCH (2001: Solomon's Child. Method in the Early Royal Society of London); WEISS (1996: „An Attempt, which all Ages had despair'd of". Das Selbstverständnis der Royal Society im 17. Jahrhundert); SHAPIN (1994: A social history of truth: civility and science in seventeenth-century England); HUNTER (1994: The Royal Society and its Fellows 1660–1700. The morphology of an early scientific institution); MILES (1992: Science, Religion and Belief. The Clerical Virtuosi of the Royal Society of London, 1663–1687); HUNTER (1989); HUNTER (1976: The Social Basis and Changing Fortunes of an Early Scientific Institution: An Analysis of the Membership of the Royal Society, 1660–1685); MULLIGAN (1973); KARGON (1963); STIMSON (1947: The critical years of the Royal Society, 1672–1703); SPRAT (1667: The History of the Royal-Society of London, for the improving of natural knowledge).

193 Die Royal Society erhielt die erste „Royal Charter" am 15. Juli 1662, die zweite am 22. April 1663 und die dritte am 8. April 1669, vgl. hierzu die Transkriptionen aus dem Archiv der Royal Society in https://royalsociety.org/about-us/governance/charters/(letzter Zugriff am 11.12.2019). Zur korporativen Entwicklung der Royal Society im 17. Jahrhundert vgl. neuerdings MOXHAM (2019: Natural Knowledge, Inc.: the Royal Society as a metropolitan corporation).

insbesondere in Assoziationen wie dem Trinity House oder 1659/60 in dem kurzlebigen Rota-Club[194], in politischen Clubs, die sich in Kaffeehäusern, Clubs und Privaträumen trafen[195], in den Zirkeln des königlichen Hofes in Whitehall, den Wohnsitzen des Adels, des hohen Klerus oder einzelner wohlhabender Bürger, in den Wandelhallen des Parlaments und der Börsen oder anderen Einrichtungen der City, in den Versammlungen der vielzähligen Gilden sowie in Ärzte- und Anwaltskammern[196]. Nicht zuletzt wurde ein Teil der Veranstaltungen am Gresham College, an dem auch Fellows der Royal Society lehrten, seit 1598 in englischer Sprache abgehalten, um diese Nichtakademikern zugänglich zu machen[197]. Auch wenn ein großer Teil dieser Kommunikationsforen nur einem exklusiven Nutzerkreis zugänglich war, so banden sie doch Zeitressourcen und öffentliche Aufmerksamkeit.

Insofern sollten sich zwei Entscheidungen für die Zukunft der Gelehrtengemeinschaft von wegweisender Bedeutung erweisen: zum einen, die Zahl der Fellows möglichst schnell so zu erhöhen, dass hier eine kritische Masse entstand, die den Fortbestand der „Royal Society" sicherstellte, und bei diesen Rekrutierungen nicht nur auf wissenschaftliche Exzellenz, sondern in besonderer Weise auch auf den öffentlichen Einfluss und die wirtschaftliche Leistungsfähigkeit potenzieller Fellows zu achten; zum anderen, für die Experimente, Vortragsveranstaltungen und Versammlungen die Kaffeehäuser, Tavernen und anderen öffentlich zugänglichen Räume der Stadt zu nutzen, zumal sich das Gresham College bald als zu klein erwies und man an eine Erweiterung denken musste[198]. Um der größeren Sichtbarkeit willen wich man nun auch von der bisherigen Praxis, Frauen, Bedienstete und Kinder von den Aktivitäten der Royal Society auszuschließen, ab und ließ sie ebenfalls zu den Schauexperimenten zu[199]. Neben einem rasch wachsenden Netzwerk von Fellows und einer offensiven Kommunikationsstrategie war es insbesondere aber auch die hohe Reputation der Gründungsmitglieder, die den Erfolg des Projekts „Royal Society" sicherte – auf dieses „soziale Kapital" hob Graunt im Widmungsbrief zu seiner Schrift besonders ab.

---

194 Vgl. hierzu WENDT (2014: William Petty und der Fortschritt der Wissenschaften. Eine Untersuchung geistesgeschichtlicher Quellen Pettys ökonomischer Theorie), S. 42 f.; TANNER (1929: Samuel Pepys and the Trinity House).

195 Vgl. hierzu ALLEN (1976: Political Clubs in Restoration London).

196 Vgl. hierzu auch FEINGOLD (2005), S. 176 f.

197 Vgl. MCKIE (1960: The Origins and Foundation of the Royal Society of London), S. 4 f.

198 Zur Bedeutung der Kaffeehäuser und Tavernen als Kommunikationsorten der Wissenschaft im London der Restaurationszeit vgl. den instruktiven Beitrag von ARMYTAGE (1960: Coffee-houses and science).

199 Vgl. GOLINSKI (1989: A Noble Spectacle: Phosphorus and the Public Cultures of Science in the Early Royal Society), S. 26.

Allerdings stand die Gelehrtengemeinschaft zu Beginn der 1660er Jahre noch keineswegs auf festen Füßen, und in den ersten zehn Jahren ihres Bestehens sollte die Akademie noch durch schwierige Zeiten gehen, deren Ursachen mit ihrer Gründungsgeschichte eng zusammenhingen. Denn trotz aller Bemühungen um eine Erweiterung des Fellow-Kreises gehörten einige prominente Gelehrte der Royal Society nicht an. Selbstrekrutierungsmechanismen, mit denen Freunde und einflussreiche Gönner zu einer Fellowship kamen, konnten über diesen Mangel kaum hinwegsehen lassen. Es gab darüber hinaus auch inhaltliche Kritik am Selbstverständnis der Royal Society: Das Wissenschaftskonzept Francis Bacons einer experimentell, also ergebnisoffen verstandenen Naturphilosophie, das der Gelehrtengemeinschaft zugrunde lag, war gerade in konservativen Kreisen keineswegs unumstritten. Selbst unter den Fellows fanden sich Stimmen, die dieses Selbstverständnis der Royal Society für zu akademisch hielten und ihr Arbeitsprogramm deshalb mehr am praktischen Nutzen ausrichten wollten[200].

In den Protokollen der 1660er Jahre finden sich in der Tat einige skurril und teilweise auch barbarisch anmutende Experimente, bei denen etwa Versuchstiere in einem Vakuum beobachtet, intravenös miteinander verbunden oder mit Giften traktiert wurden. An der Erbarmungslosigkeit solcher Experimente nahm in einer Zeit, in der Tiere als seelenlose Gegenstände betrachtet wurden, niemand wirklich Anstoß, wohl aber an dem sich darin artikulierenden, mitunter verspielt wirkenden Forschergestus. Die grundsätzliche Offenheit, mit der die Gelehrtengemeinschaft bei der Gestaltung ihrer Tagesordnungen auf die thematischen Vorschläge der Mitglieder einging, schuf zwar ein überaus produktives und für Innovationen aufgeschlossenes Diskussionsklima. Dagegen kamen die langfristigen Vorhaben, für die man verschiedene Komitees einsetzte, oft nicht vom Fleck. Auf Außenstehende konnte diese Arbeitsweise leicht den Eindruck einer gewissen inhaltlichen Beliebigkeit und programmatischen Orientierungslosigkeit erzeugen[201].

Zudem hatte die Royal Society auf Grund ihres undogmatischen Wissenschaftsverständnisses und unter den Vorzeichen einer offensiven Anwerbestrategie auf die religiöse Ausrichtung und Weltanschauung der aufzunehmenden Fellows kein allzu großes Augenmerk gelegt. In einer Zeit, in der selbst für den König eine freie Religionsausübung nicht statthaft war, machte man sich damit Glaubenseiferer nicht nur in klerikalen Kreisen schnell zu Gegnern.

---

200 Graunt distanziert sich im Widmungsbrief an Robert Moray als Präsidenten der Royal Society in den *Observations* deutlich von diesen „envious schismatics of your society". Zur Kritik der modernen wissenschaftshistorischen Forschung an Bacon vgl. etwa KELLER (2015: Knowledge and the public interest, 1575–1725).

201 Vgl. etwa PURRINGTON (2009), v. a. S. 45 f.

Schließlich waren die Mechanismen für die Zulassung zur Gelehrtengemeinschaft trotz formaler Aufnahmerituale, denen sich auch Graunt unterziehen musste, nicht immer transparent. Wie wir gesehen haben, waren freundschaftliche Beziehungen zu den Mitgliedern der Royal Society hilfreich – wie umgekehrt Animositäten mit einzelnen Fellows eine Aufnahme vereiteln konnten[202]. Selbst ein so angesehener Gelehrter wie Thomas Hobbes war deshalb der Gemeinschaft zeitlebens ferngeblieben[203].

Diese Unzulänglichkeiten des Anfangs lockten die Kritiker der Royal Society auf den Plan, wie etwa die Gelehrten Henry Stubbe (1632–1676) oder Florence Estienne Méric Casaubon (1599–1671), die eine eher wissenschaftsgeleitete Fundamentalkritik gegen die Royal Society vorbrachten, oder den Theaterautor Thomas Shadwell (um 1642–1692), dessen Stück „The Virtuoso" von 1676 nicht die erste und auch nicht die letzte literarische Satire auf das Wirken der Fellows war[204]. Einige der Wissenschaftler und Professoren, die an den Universitäten des Landes oder dem von Heinrich VIII. gegründeten Royal College of Physicians lehrten, sahen sich durch das Wirken der Fellows nicht nur in ihrer Methodenkompetenz, sondern auch in ihrer wissenschaftlichen Deutungshoheit und damit ihrer sozialen Stellung innerhalb der Gesellschaft herausgefordert und unterstützten deshalb die Kritiker der Royal Society[205].

Auch unter den gesellschaftlichen Eliten am Hof und in der hohen Beamtenschaft begann man sich über vermeintlich sinnfreie Aktivitäten der Gelehrtengemeinschaft lustig zu machen. Insbesondere die Experimente mit dem Vakuum boten für solchen Spott eine beliebte Angriffsfläche – obwohl Otto von Guericke erst 1657 die dem Atmosphärendruck innewohnende Kraft in dem spektakulären Experiment mit seinen „Mag-

---

202 Zur konstitutiven Bedeutung persönlicher Beziehungen in der Frühgeschichte der Gelehrtengemeinschaften vgl. Kühn (2007: Wissen, Arbeit, Freundschaft: Ökonomien und soziale Beziehungen an den Akademien in London, Paris und Berlin um 1700). Allerdings mahnt Hunter (1976) bei der Bewertung von Beziehungsnetzwerken zurecht: „For in an age when the world of the establishment was small and family relationships and marriage alliances often merely duplicated existing communities of interest, there is danger of mistaking connexions for causes" (S. 15).

203 Vgl. hierzu v. a. Skinner (1969: Thomas Hobbes and the Nature of the Early Royal Society).

204 S. hierzu Golinski (1989), S. 14 f.; Syfret (1950a: Some Early Critics of the Royal Society); Syfret (1950b: Some Early Reactions to the Royal Society); Syfret (1948: The Origins of the Royal Society); Stimson (1947).

205 Shapiro (1971: The Universities and Science in Seventeenth Century England); Syfret (1950a). Shapiro weist zurecht darauf hin, dass das Verhältnis zwischen den Universitäten und den „neuen" Wissenschaftsinstitutionen nicht von grundsätzlicher Feindseligkeit geprägt war, sondern vielfältige Kooperationsgeflechte bestanden. Insofern sind die Auseinandersetzungen um die Royal Society m. E. eher als Probleme bilateraler denn institutioneller Konkurrenz zu sehen. Stubbe verhielt sich dabei so aggressiv, dass ihm sogar unterstellt wurde, dass er von einem Mitglied des Royal College of Physicians beziehungsweise der Universität von Oxford für seine Attacken bezahlt worden sei.

deburger Halbkugeln" einer großen Öffentlichkeit vor Augen geführt hatte. Selbst der König äußerte sich gelegentlich etwas despektierlich, dass bei den Gelehrtenzusammenkünften der Royal Society doch vor allem heiße Luft produziert werde[206], und machte sich, wohl auch um einer allzu akademischen Entwicklung der Royal Society gegenzusteuern, für die Aufnahme von „any more such tradesmen" wie Graunt stark[207].

Angesichts der schon bald nach der Gründung einsetzenden Kritik begannen bereits 1662 erste Überlegungen innerhalb der Royal Society, wie man das eigene wissenschaftliche Konzept in der Öffentlichkeit besser vermitteln könnte[208]. Diese wurden flankiert von Bemühungen der Fellows John Beale und Thomas Sprat, durch unverhohlene Selbstinszenierung – das „management of fame", wie Beale es ausdrückte – die wissenschaftspolitische Bedeutung des Projekts Royal Society augenscheinlich werden zu lassen[209]. Dies schlug sich in Sprats umfangreicher Veröffentlichung „History of the Royal Society of London, for the improving of natural knowledge" nieder, an der er seit seiner Berufung zum Fellow 1663 arbeitete und die 1667 – also nur wenige Jahre nach der Gründung – mit über 400 Seiten im Druck erschien[210].

In deren Kontext entstand das von seinem Mit-Fellow John Evelyn entworfene Frontispiz, das von dem damals in London besonders angesagten Kupferstecher Wenzeslaus Hollar künstlerisch gestaltet wurde und noch heute in vielen Darstellungen zur Geschichte der Gelehrtengemeinschaft nicht fehlen darf. Diese Apologie auf die Royal Society mischte geschickt eine auf die religiöse und antike Ikonografie zurückgreifende Bildsprache mit der Huldigung an König Karl II., Francis Bacon und William Brouncker als geistigen und weltlichen Patronen der Gelehrtengemeinschaft und ergänzte das Ta-

---

206 Pepys berichtete 1664 über eine Aussage des Königs bei einer Zusammenkunft mit William Petty in Whitehall: „Gresham College he mightily laughed at, for spending time only in weighing of ayre, and doing nothing else since they sat" (PEPYS, Diary, 1. Febuar 1664).

207 S. hierzu SPRAT (1667) über die „recommendation which the King himself was pleased to make, of the judicious Author of the Observations on the Bills of Mortality: In whose Election, it was so farr from being a prejudice, that he was a Shop-keeper of London; that His Majesty gave this particular charge to His Society, that if they found any more such Tradesmen, they should be sure to admit them all, without any more ado" (S. 67). Sprats Bemerkung wird oftmals so verstanden, als ob der König auch für die Berufung Graunts eine Empfehlung abgegeben habe, was allerdings nicht nachweisbar ist. Vielmehr dürfte Sprat hier den Wunsch des Königs, weitere Berufungen dieser Art folgen zu lassen, gemeint haben.

208 Hierzu und zum Folgenden HUNTER (2017: The image of restoration science: the frontispiece to Thomas Sprat's History of the Royal Society (1667)).

209 Vgl. hierzu HILL (1968: The Intellectual Origins of the Royal Society. London or Oxford?), der davon spricht, dass „Sprat and his colleagues of the Royal Society were interested in propaganda at least as much as in truth" (S. 152).

210 SPRAT (1667).

Abb. 9: Allegorische Darstellung auf die Royal Society
(Stich von John Evelyn (Entwurf) und Wenzeslaus Hollar (Ausführung)).

bleau mit einer Vielzahl von Gegenständen und Instrumenten einer modernen Wissenschaft[211].

Das 1665 von Henry Oldenburg als Sekretär der Royal Society angestoßene Projekt einer eigenen wissenschaftlichen Zeitschrift, der „Philosophical Transactions", ist auch vor dem Hintergrund des wachsenden Legitimationsdrucks auf die Royal Society zu

---

211 Vgl. hierzu HUNTER (2017). Die fast sakrale Überhöhung Bacons, wie sie uns im Bildprogramm der Royal Society entgegentritt, offenbart, dass es den Autoren dabei weniger um eine kritische Werkinterpretation als vielmehr um die Legitimation des eigenen Konzepts von Wissenschaft ging. Zur Rezeption Bacons vgl. auch REES (2002: Reflections on the Reputation of Francis Bacon's Philosophy).

sehen[212]. Darüber hinaus trieb Oldenburg den Aufbau eines informellen Kontaktnetzwerks voran, das sich zum Nutzen der Gelehrtengemeinschaft jederzeit aktivieren ließ. Neben seiner umfassenden Korrespondenz mit Gelehrten und anderen wichtigen Persönlichkeiten im In- und Ausland verfolgte er unter anderem die Idee, nach dem Strickmuster der „Geschriebenen Zeitungen", die bereits seit dem 16. Jahrhundert in Europa bekannt waren, eine Art Informationsdienst über Neuigkeiten aus Wissenschaft, Politik und Gesellschaft zur Subskription anzubieten und dadurch weitere Kreise auf die Royal Society aufmerksam zu machen[213].

Das schnelle Wachstum der Mitgliederzahlen hatte aber auch eine gravierende Kehrseite, denn die inflationäre Zunahme von Berufungen gerade ab 1663 nahm einer Fellowship auf der einen Seite ihren Exklusivitätscharakter, während sie auf der anderen Seite dazu führte, dass die Zahl derjenigen Mitglieder, die eher selten und dann auch nur passiv an den Sitzungen teilnahmen, immer mehr zunahm[214]. Einige Fellows zeigten darüber hinaus eine wechselhafte Zahlungsmoral bei ihren Beiträgen, was für eine auf diese Einnahmequelle angewiesene Vereinigung durchaus zu einer kritischen Situation führen konnte. Der angeschlagene Ruf der Royal Society in Teilen der wissenschaftlichen und nicht-wissenschaftlichen Öffentlichkeit mag den einen oder anderen Fellow ebenfalls dazu verleitet haben, sich mit allzu offenkundiger Teilhabe eher zurückzuhalten[215].

Hinzu kamen mehrere Rückschläge: Während des letzten großen Pestausbruchs in London von 1665 hatte die Gelehrtengemeinschaft eine längere Zwangspause einlegen müssen, da das Risiko einer Infektion bei den Treffen zu groß gewesen wäre und ohnehin der Hof und große Teile des Establishments die Stadt verlassen hatten. Kaum dass nach dem Abflauen der Epidemie an die Wiederaufnahme des ordentlichen Betriebes gedacht werden konnte, zerstörte 1666 der Große Brand nicht nur die Existenzgrundlage vieler Fellows, sondern zwang die Royal Society auch zur Nutzung eines Ausweichquartiers, da die Stadt London das Gresham College für andere Zwecke benötigte. Mit dem Tod von John Wilkins 1672 und Robert Moray 1673 verlor die Royal Society schließlich zwei ihrer prominentesten Mitglieder aus der Gründergeneration und damit wichtige „Gallionsfiguren" in der Londoner Öffentlichkeit[216].

---

212 Zur Rolle des „Marketings" in den Publikationen der Royal Society vgl. WIGELSWORTH (2010).
213 Vgl. BLUHM (1960: Henry Oldenburg, F. R. S. (c. 1615–1677)), S. 185 f.
214 HUNTER (1976) weist darauf hin, dass die Teilnahme bei wichtigen Sitzungen, insbesondere wenn Wahlen von Gremien anstanden, in der Regel frequenter war, während normale Treffen gelegentlich auch wegen mangelnder Teilnahme abgesagt werden mussten (S. 19).
215 So etwa Samuel Pepys, vgl. TREASE (1972), S. 72.
216 Vgl. hierzu HUNTER (1976), S. 24 und 27. Hunter betont die Zäsur der Pest, unterschätzt aber die Auswirkungen der Brandkatastrophe von 1666.

Spätestens zu Beginn der 1670er Jahre war jedenfalls kaum noch zu übersehen, dass es nach dem gelungenen Start zu einer Reihe von Fehlentwicklungen gekommen war, welche die Royal Society mehr und mehr angreifbar machten. Unter der Leitung von William Petty setzte man deshalb eine Reformkommission ein, deren Auftrag es war, die aus den Fugen geratene Organisation vom Kopf wieder auf die Beine zu stellen. Sie leitete eine Kehrtwende ein: Die Zahl der Neuernennungen wurde drastisch reduziert, man fokussierte sich stärker auf die wirklich aktiven Fellows und begann damit, „Karteileichen" aus den Mitgliederlisten zu entfernen. Außerdem wurde ein System der direkten Ansprache von säumigen Fellows eingerichtet, um diese zur Zahlung ihrer Mitgliedsbeiträge anzumahnen. Diese Reformen, mit denen die Royal Society die Gründungsphase endgültig hinter sich ließ, wurden jedoch erst nach dem Tode von John Graunt wirksam.

Über dessen Wirken als Fellow in der Royal Society lassen sich anhand von Protokollnotizen und einigen Indizien genauere Aussagen treffen. Zwar können wir nicht mehr feststellen, wie oft er an den wöchentlichen Treffen aller Fellows teilnahm. Denn deren Protokolle enthielten neben organisatorischen Fragen, wie Gremienwahlen oder Berufungsangelegenheiten, vor allem die Vorträge und Experimente, Eingaben und Wortmeldungen der Fellows, Aufträge der Gesellschaft an einzelne Mitglieder sowie Abschriften wichtiger Dokumente, jedoch keine Anwesenheitslisten. Zumindest können wir in den Journalbüchern aber Aktivitätsspuren Graunts feststellen, wie etwa seine wissenschaftlichen Beiträge oder die kommissarischen Tätigkeiten für die Royal Society. Demnach erscheint Graunt in den Protokollen der 251 Sitzungen in dem Zeitraum von seiner Ernennung 1662 bis zur letzten nachweisbaren Aktivität 1667 nur 28 Mal als aktiver Teilnehmer, also bei wenig mehr als einem Zehntel der Sitzungen. Allein zehn Nennungen standen dabei mit dem Schiffsprojekt seines Freundes William Petty in Verbindung.

Deutlich greifbarer wird Graunts Wirken im Council der Royal Society, in den er am 30. November 1664 gemeinsam mit seinem Freund Petty gewählt wurde und dem er für eine Amtsperiode von zwei Jahren bis zum 4. November 1666 angehörte[217]. Da in den Protokollen des Council die Teilnehmer der Sitzungen erfasst wurden, können wir hier das Engagement Graunts einschätzen – er nahm an 15 von insgesamt 24 Sitzungen, also an mehr als der Hälfte der Zusammenkünfte teil. Aktivitätsspuren finden sich jedoch in nur vier Sitzungen, und davon waren zwei dem Thema des Schiffsprojekts gewidmet. Offensichtlich gehörte Graunt also nicht zu den Fellows, die sich an vorderster Stelle und besonders rege in die Diskussionen einbrachten, und selbst wenn er dies tat, handelte es sich oftmals um interessengeleitete Interventionen, wurde er im Auftrag Dritter tätig

---

217 Protokoll der Sitzung vom 30. November 1664, RSA, JBO/2, fol. 156–158, hier 157.

oder wenn man ihn ausdrücklich darum bat[218]. In seinen frühen Jahren als Fellow konnte man ihn gelegentlich sogar als eine Art Stellvertreter des in Irland weilenden William Petty ansprechen[219].

Wie war es um die Inhalte, um Graunts wissenschaftliche Ambitionen als Fellow bestellt? Zur Beantwortung dieser Frage lohnt es sich, Graunts Initiativen als Fellow jenseits der *Observations* genauer unter die Lupe zu nehmen.

Im Juni 1663 kam in der Runde der Fellows eine Diskussion über ein Experiment mit Zuchtkarpfen auf, in deren Verlauf sich Graunt erstmals bemerkbar machte. Denn er konnte von einem ihm persönlich bekannten Fischhändler berichten, dass dieser 1658 zwei männliche und zwei weibliche Karpfen in einen Teich eingesetzt hatte und bereits nach vier Jahren 875 Fische zählen konnte. Darüber hinaus machte Graunt auch noch einige Angaben zum Größenwachstum von Lachsen. Nachdem er von der Royal Society gebeten worden war, diese Sachverhalte näher zu erläutern[220], gab er zwei Monate später seine Erkundungen unter dem Titel „An Account of the Multiplication and Growth of Carpes and Salmons" schriftlich zu Protokoll[221]. Allerdings waren seine Beobachtungen eher knappgehalten, deskriptiv und ohne wissenschaftlichen Anspruch, sodass er bei seinen Mit-Fellows damit offensichtlich keinen nachhaltigen Eindruck erzielte[222]. Noch ein weiteres Mal nahm sich Graunt Fragen der Fischzucht an, als er in einer Sitzung im September desselben Jahres eine Petition der Fischhändler an das Parlament vorlas, in dem diese sich vor allem über die Zerstörung von Laich- und Brutplätzen unter anderem durch mutwillige Aktionen oder in Folge einer rücksichtslosen Wasserwirtschaft beschwerten[223]. Auch dieser Nachklang seines „Accounts" fand wenig mehr Resonanz unter seinen Mit-Fellows, als dass Graunt auf diese Weise nochmals seine Verbundenheit mit den Fischproduzenten im Londoner Hafen von Deptfort zum Ausdruck bringen konnte. Derartige Kontakte zu Handel und Gewerbe waren in der Tat wichtiger Bestandteil des Beziehungsnetzwerks, das Angehörige der Royal Society knüpften, um das

---

218 Vgl. dagegen HUNTER (1976), der Graunt für die Jahre bis 1666 der Kategorie der aktiven und danach der inaktiven Mitglieder zuordnet (v. a. S. 87 u. ö.).

219 Vgl. AUBREY (2015), S. 1183.

220 Protokoll der Sitzung der Royal Society vom 24. Juni 1663, RSA, JBO / 1, fol. 191–194, hier 192 und 193.

221 Protokoll der Sitzung der Royal Society vom 19. August 1663, RSA, JBO / 1, fol. 212–214, hier 212; s. auch RSA, RBO / 2i, Registerband, Eintrag vom 19. August 1663, S. 289. Der Text findet sich in ähnlicher Form auch in RSA, MS / 215, fasz. 34, fol. 111.

222 Vgl. EGERTON (1962: Some Seventeenth-Century Notes on Fish Populations).

223 Protokoll der Sitzung der Royal Society vom 23. September 1663, RSA, JBO / 1, fol. 225–227, hier 227. Eine Abschrift der Petition findet sich in Cl. P. / 15i, fasz. 8, fol. 15–17.

Praxiswissen in ihre wissenschaftlichen Studien miteinzubeziehen[224]. Inwieweit diese Aktivitäten Graunts mit den gleichzeitigen ichthyologischen Arbeiten seines Mitfellows Francis Willughby (1635–1672) in Verbindung standen, die dann in dessen von John Ray (1627–1705) posthum herausgegebene „Historia piscium" von 1686 eingehen sollten[225], ist nicht mehr festzustellen.

Dennoch war Graunts Vorstoß bemerkenswert: Wie schon bei einigen in die *Observations* eingestreuten Bemerkungen zur Fortpflanzungsdynamik im Tierreich[226] hat Graunt auch hier im Ansatz eine biologistische Perspektive eingenommen, was angesichts seines Anspruchs, die Gesetzmäßigkeiten der „Natur" aus dem zur Verfügung stehenden Zahlenmaterial zu erschließen, durchaus nachvollziehbar war. Diese noch eher rudimentären Überlegungen entwickelte Graunt jedoch nicht weiter, sodass es nicht angemessen wäre, ihn deshalb bereits als Vordenker der modernen Biodemografie zu bezeichnen. Zumindest hatte er aber erkannt, dass die Untersuchung von Tierpopulationen ein reizvolles Anwendungsgebiet seines in den *Observations* entwickelten quantitativen Ansatzes darstellte, und sein Zeitgenosse Matthew Hale (1609–1676) hat diesen Aspekt in einigen Passagen seines Werks „Primitive Origination of Mankind" von 1677 rezipiert[227].

Unmittelbar darauf, im Oktober 1663, findet sich in den Protokollen der Royal Society der etwas kryptische Eintrag, Graunt hätte „produced a stone (sent out of Darb-shire) wherein there seemed to be natural stony screws; but upon examination, it was found, they were not screws, but parallel circles"[228]. Es ist unklar, ob Graunt hier tatsächlich einen Stein auf den Tisch legte oder nur auf eine Abbildung rekurrierte. Der Protokolleintrag könnte nahelegen, dass es sich um eine Replikation der bronzezeitlichen Felsritzungen von Ladybower Tor aus der Nähe von Sheffield in Derbyshire handelte, die wie eine Schnecke und Kreise aussahen.

Vermutlich stand dieser unerwartete Vorstoß Graunts in ein ihm bislang unbekanntes wissenschaftliches Terrain in einem Zusammenhang mit einem Projekt seines Mit-Fellows John Aubrey, das in diesen Monaten in seine entscheidende Phase eintrat: der systematischen Erfassung vornehmlich der archäologischen Überreste in England von der prähistorischen bis zur Römerzeit und dabei insbesondere der immer noch mythen-

---

224 Vgl. hierzu und zum Folgenden Van Trijp (2021: Fresh Fish: Observation up Close in Late Seventeenth-Century England); Kusukawa (2000: The ‚Historia Piscium' (1686)).
225 Willughby (1686: De historia piscium libri quatuor [...]).
226 S. hierzu insbesondere *Observations*, Kap. VIII / 3.2 und 3.3.
227 Vgl. Egerton (1962); das Zitat: Egerton (1972: Graunt, John), S. 507.
228 Protokoll der Sitzung der Royal Society vom 7. Oktober 1663, RSA, JBO / 1, fol. 230–233, hier 230.

umwobenen Steinkreise[229]. Just im September 1663 hatte Aubrey mit Feldforschungen zu den steinernen Relikten in Avebury begonnen, sodass ein enger zeitlicher Zusammenhang mit der Intervention Graunts besteht. Der von Aubrey in seinen Aufzeichnungen dargelegte methodische Ansatz dieses Projekts, „to work-out and restore after a kind of Algebraical method, by comparing them what I have seen one with another; and [reducing] them to a kind of Æquation: so (being but an ill Orator my selfe) to make the Stones give Evidence for themselves"[230], kann geradezu als eine Anwendung des Baconianismus auf dem Gebiet der Altertumsforschung gesehen werden – in offensichtlicher Analogie zu Graunts Verfahrensweise mit den „Bills of Mortality".

Wie Graunt auf das von ihm in der Sitzung vorgelegte Material aufmerksam geworden war, lässt sich nicht mehr rekonstruieren. Vermutlich war er nur zufällig darauf gestoßen oder hatte in seiner bekanntermaßen umfangreichen Sammlung von Stichen eine entsprechende Abbildung gefunden. Allerdings wussten seine Mit-Fellows damit offensichtlich nicht viel anzufangen, sodass diese Initiative im Sand verlief.

Im Januar 1665 findet sich in den Protokollen wiederum eine eher marginale Wortmeldung bei einer Sitzung, in der es um die Frage ging, ob der übertriebene Genuss von Kaffee möglicherweise Lähmungen auslösen könnte. Graunts Bemerkung, er kenne „two gentlemen great drinkers of coffe [sic!] very paralytical", war jedoch eher dem Bereich der anekdotischen Evidenz zuzuordnen[231]. Offensichtlich konnte er dabei aus seinen mannigfaltigen Beobachtungen bei seinen Besuchen in den Kaffeehäusern der Stadt schöpfen – was wiederum auf die Kommunikationsräume, in denen er sich bewegte, verweist. Ob Graunt bewusst war, dass diese Debatte ursprünglich von der königlichen Regierung angestoßen worden war, die sich davon ein weiteres Argument für ihre Bemühungen versprach, die ausufernde Kaffeehauskultur als Treffpunkt oppositioneller Kräfte einzuschränken[232], ist unklar.

Zwei Monate später, im März 1665, trat Graunt in einer Sitzung der Royal Society erstmals selbst mit einem spektakulären Experiment in den Vordergrund. Bereits einige Monate zuvor, im Oktober 1664, hatte William Croon seinen Mit-Fellows die seiner Ansicht nach glaubwürdigen Berichte über die grauenhaften Folgen einer Kontaminierung mit einem Pfeilgift vorgelegt, das die Einheimischen in Makassar auf der im indonesischen Archipel gelegenen Insel Sulawesi gegen ihre Feinde einsetzten[233]. Ganz

---

229 Vgl. hierzu JACKSON WILLIAMS (2016); BURL (2010: John Aubrey & Stone Circles: Britain's First Archaeologist, From Avebury to Stonehenge).

230 Vgl. AUBREY (1980: Monumenta Britannica, or, a miscellany of British antiquities. Compiled mainly between the years 1665 and 1693), S. 32.

231 Protokoll der Sitzung der Royal Society vom 18. Januar 1665, RSA, JBO / 2, fol. 177–179, hier 179.

232 So GLASS (1963), S. 4.

233 Protokoll der Sitzung der Royal Society vom 26. Oktober 1664, RSA, JBO / 2, fol. 140–142, hier 141.

offensichtlich witterte Graunt hier eine Möglichkeit, sich zu profilieren, denn um diese primitiv anmutende, aber überaus wirkungsvolle chemische Waffe rankten sich in der Öffentlichkeit viele Gerüchte. Da die Royal Society sich häufig toxikologischen Experimenten verschrieb und in Tierversuchen die Wirkung verschiedener Gifte testete, konnte man hier auf ein großes Interesse auch seitens der Wissenschaftler hoffen. Außerdem hatte er über seine Kontakte zur East India Company und seinen in deren Außenposten vor Ort tätigen Sohn direkten Zugang zu Quellen, über die sich das Gift beschaffen ließ. Ob er das Gift tatsächlich bei seinem Sohn anforderte oder in London von Vertretern der East India Company erhalten hatte, ist nicht mehr festzustellen. Im ersteren Falle hätte er angesichts der Dauer einer Seereise zwischen Makassar und London bereits lange vor dem Vorstoß Croons aktiv geworden sein müssen. Möglicherweise fand die gewünschte Probe auch über offizielle Kanäle nach England[234]. Auffallend ist die zeitliche Koinzidenz mit der Initiative von Croon allemal: Fünf Monate nach dessen Eingabe konnte Graunt berichten, dass er eine Probe des Pfeilgifts sowie einen weiteren Bericht über dessen tödliche Wirkung erhalten habe[235].

Das vermeintliche Gift wurde bei einer Sitzung der Royal Society Mitte März 1665, über die selbst Pepys in seinem Tagebuch berichtete, an einem Hund ausprobiert – ohne jedoch irgendeine Wirkung zu zeigen[236]. Die Blamage war perfekt, als ein Mit-Fellow wenige Wochen später eine Person auftreiben konnte, die mehrere Jahre in Makassar zugebracht hatte und bestätigen konnte, dass das von Graunt vorgelegte Material „was not it, nor like it all". Deshalb beschloss die Royal Society, nunmehr Croon selbst zu beauftragen, eine Probe des Giftes zu beschaffen[237].

Nach diesem peinlichen Fehlschlag des Experiments wurde das Thema in den nächsten drei Jahren nicht mehr aufgegriffen[238]. Dass es danach keine nennenswerte wissenschaftliche Aktivität von Graunt in der Royal Society mehr gab, mag mit dieser Blamage zu tun gehabt haben. Zumindest fällt ein Großteil seiner Aktivitätsspuren in die Zeit bis März 1665, danach wurde es um Graunt auffallend still[239]. Zu seiner Ehrenrettung ist anzumerken, dass Croon 1668 mit dem dann von ihm besorgten vermeintlichen Gift bei

---

234 John Evelyn schrieb in seinem Tagebuch über das Gift „sent from the King of Macassar out of E. India" (DE LA BÉDOYÈRE (1994: The diary of John Evelyn), S. 159). Offensichtlich war er nicht korrekt informiert, denn das Gift hatte laut Protokoll Graunt beigebracht (Eintrag vom 15. März 1665).
235 Protokoll der Sitzung der Royal Society vom 1. März 1665, RSA, JBO / 2, fol. 189–192, hier 191.
236 Protokoll der Sitzung der Royal Society vom 15. März 1665, RSA, JBO / 2, fol. 195–199; PEPYS, Diary, Eintrag vom 15. März 1665.
237 Protokoll der Sitzung der Royal Society vom 10. Mai 1665, RSA, JBO / 2, fol. 215–217, hier 216 f.
238 Vgl. hierzu CAREY (2003), insbesondere S. 539.
239 Ähnlich HUNTER (1976), S. 87.

einem Tierversuch ebenfalls kläglich scheiterte – auch hier verhielt sich der Hund nach Verabreichung „yet unconcerned when the Company [de]parted"[240].

Es zeigt sich, dass die wissenschaftlichen Aktivitäten Graunts in der Royal Society, abgesehen von der Veröffentlichung der *Observations*, die er schon vor seiner Berufung zum Fellow publiziert hatte, eher unbedeutender Natur waren. Es handelte sich zumeist um „Zufallsfunde", mit denen er sich als „Naturwissenschaftler" zu profilieren versuchte, ohne damit jedoch wirklich einen durchschlagenden Erfolg erzielen zu können.

Deutlich wirkungsvoller konnte er sich dagegen in seinem eigentlichen Kompetenzfeld in die Geschäfte der Royal Society einbringen. Graunts unternehmerischer Expertise dürfte es geschuldet gewesen sein, dass er am 23. November 1664 gebeten wurde, gemeinsam mit vier weiteren Fellows, darunter William Petty, die Prüfung der jährlichen Abrechnung des Schatzmeisters der Royal Society zu übernehmen[241]. Diesen Bericht legte die Kommission eine Woche später vor. Im April 1666 wurde Graunt nochmals in einen Budgetprüfungsausschuss berufen[242]. Hingegen hatte man wohl eher seine beruflichen Erfahrungen und Verbindungen auf dem Immobilienmarkt im Blick, als er 1666 aufgefordert wurde, gemeinsam mit zwei anderen Fellows die Verhandlungen mit der Gilde über die Bereitstellung und Renovierung von Räumen im Westflügel des Gresham College zu führen, die man unter anderem als Lager für die sich allmählich anhäufenden wissenschaftlichen Gerätschaften und Erfindungen dringend benötigte[243].

Ebenfalls an der Schnittstelle zwischen Wissenschaft und Wirtschaft angesiedelt war ein zum Zeitpunkt der Berufung Graunts bereits laufendes Vorhaben der Royal Society zur „History of Trade". Damit war im England des 17. Jahrhunderts primär das produzierende Gewerbe – also die „Tradesmen" oder Handwerker im engeren Sinne – gemeint, selbst wenn diese ihre Produkte in eigenen Läden verkauften. Für Fernhändler war dagegen der Begriff „Merchant" und für den Einzelhändler „Shopkeeper" oder „Retailer" beziehungsweise der Hinweis auf eine produktbezogene Spezialisierung wie „Grocer", „Draper" oder „Haberdasher" gebräuchlich. Auch Funktionsbezeichnungen, etwa in der Handelsmarine oder für eine Tätigkeit an einem Handelsposten im Ausland (wie „Factor" oder „Agent"), konnten eine kaufmännische Tätigkeit umschreiben. Daneben wurde der Begriff „Trade" – im umfassenderen Sinne von „Warenverkehr", der den produzierenden Einzelhandel einschloss –, auch in seiner heutigen Bedeutung gebraucht[244].

---

240 Protokoll der Sitzung der Royal Society vom 5. November 1668, RSA, JBO / 3, fol. 253–256, hier 254.
241 Protokoll der Sitzung der Royal Society vom 23. November 1664, RSA, JBO / 2, fol. 153–156, hier 153.
242 Protokoll der Sitzung des Council der Royal Society vom 9. April 1666, RSA, CMO / 1, fol. 101 f.
243 RSA, CMO / 1, fol. 106.
244 Vgl. GRASSBY (1970: The Personal Wealth of the Business Community in Seventeenth-Century England), S. 222; s. hierzu auch BEAWES (1754: Lex mercatoria rediviva; or, the merchant's directory. Being a compleat guide to all men in business etc.).

Bei diesem überaus ambitionierten Projekt der Royal Society, das in wesentlichen Zügen auf eine Idee Francis Bacons zurückging, die William Petty bereits in den späten 1640er Jahren erstmals aufgegriffen hatte[245], ging es zunächst um eine möglichst umfassende Bestandsaufnahme des gegenwärtigen Wissenstandes, der gebräuchlichen Rohstoffe und Materialien sowie der Techniken und Verfahren bei der Herstellung und Veredelung von Produkten in unterschiedlichen Gewerben[246]. Im Sinne des Bacon'schen Wissenschaftsbegriffs wurden damit auch Güter zu Objekten einer erkundenden „Naturwissenschaft", nicht nur auf Grund der natürlichen Gegebenheiten von Rohstoffen und Halbwaren, sondern auch hinsichtlich der physischen Gesetzmäßigkeiten bei deren Verarbeitung und der dabei zur Anwendung kommenden Produktionstechniken.

Über die reine anwendungsorientierte Forschung hinaus versprach man sich im Zuge einer wechselseitigen Durchdringung von Wissenschaft und gewerblicher Wirtschaft Innovationsimpulse für beide Seiten[247]. Denn ebenso wie der Handwerker viel von der Beschaffenheit des von ihm verarbeiteten Materials und von den technischen Grundlagen bei seiner Verarbeitung verstand, konnte der Wissenschaftler dessen Substanz in Experiment und Theorie durchdringen und Anstöße für technologischen Fortschritt geben.

Handel und Außenwirtschaft, die eher gesellschaftlichen Regeln und den Marktgesetzen folgten, standen dagegen deutlich weniger im Fokus der Royal Society – hier sollten wesentliche Anstöße von außenstehenden Autoren kommen, wie etwa von dem Frühmerkantilisten Thomas Mun (1571–1641) in seiner erst lange nach seinem Tod 1664 erschienenen Schrift „England's Treasure By Foreign Trade" oder von Josiah Child ([1631]–1699) in seinen „Brief observations concerning trade and the interest of money" von 1668 beziehungsweise „A New Discourse of Trade" 1690. Beide Autoren hatten im Fernhandel und als Direktoren der Ostindienkompanie Karriere gemacht.

Als man im März 1664 thematisch ausgerichtete Fachausschüsse bildete, übernahm Graunt jedenfalls einen Sitz im Fachausschuss „The history of trades"[248], dem insgesamt

---

245 Vgl. Peck (2005), S. 314–320; Maddison (1963: Studies in the Life of Robert Boyle, F. R. S.: Part VI. The Stalbridge Period, 1645–1655, and the Invisible College), S. 109.

246 Vgl. zum Folgenden v. a. Ochs (1985: The Royal Society of London's History of Trades Programme: An Early Episode in Applied Science).

247 Vgl. hierzu auch 'Espinasse (2012: The decline and fall of restoration science). Jacob (2010: The scientific revolution. A brief history with documents) verweist darauf, dass gewerbliche Produzenten und „practioners of science", wie Herbalisten, Alchemisten, Botaniker, Destillateure oder Drucker, durch Innovativität, Präzisionsanspruch und Rigorismus sowie eine Kompilation bestehenden Wissens ein wesentliches Momentum für die sog. „Scientific Revolution" schufen (S. 7 f.). Im „History of Trades"-Projekt der Royal Society wurde diese Produktion selbst zum Wissenschaftsgegenstand.

248 Protokoll der Sitzung der Royal Society vom 30. März 1664, RSA, JBO / 2, fol. 58–65, hier 63.

35 teilweise prominente Fellows angehörten, darunter William Petty und Robert Moray. Allerdings führte Graunts Mitgliedschaft in diesem Ausschuss offensichtlich nicht zu nennenswerten wissenschaftlichen Ergebnissen, denn von einer Veröffentlichung oder Studie ist nichts bekannt. Zumindest wurden die Verhandlungen über die von John Cutler gestiftete Professur am Gresham College für Robert Hooke „for the reading of the histories of trade" im Wesentlichen über ihn, Petty und weitere Fellows als Mittelsmännern der Royal Society geführt. Die persönliche Bekanntschaft Graunts mit Cutler dürfte dabei ein gewisses Gewicht gehabt haben[249].

Das Vorhaben einer „History of Trades" verlor ohnehin bereits nach wenigen Jahren an Bedeutung. Zum einen hatte man den Aufwand deutlich unterschätzt und musste sich eingestehen, dass man wohl über ein Sammelsurium von für sich genommen oft bahnbrechenden Einzelstudien, Experimenten und technologischen Weiterentwicklungen nicht wesentlich hinauskommen würde. Zum anderen erlahmte auch auf Seiten der Gewerbevertreter das Interesse an der Zusammenarbeit. Schon aus Gründen des Betriebsgeheimnisses konnten diese sich kaum darauf einlassen, ihre Raffinessen der Konkurrenz auf einem Silbertablett zu präsentieren. Immerhin hatte Petty im Rahmen des Projekts 1661 eine Untersuchung über das Färben von Wollstoffen vorgelegt[250]. Die zeitliche Nähe dieser Studie zur Berufung Graunts in die Royal Society könnte möglicherweise ein Indiz dafür sein, dass Petty dessen Aufnahme als Fellow auch mit Blick auf eine mögliche Zuarbeit im Rahmen des „History of Trades"-Projektes vorangetrieben hatte.

Schließlich war Graunt nachweislich in eine Reihe von Berufungen von Fellows involviert, bei denen seine persönlichen Kontakte vermutlich eine Rolle gespielt haben dürften: 1662 war er an dem Aufnahmeverfahren des Unternehmers Andrew King (gest. 1678) beteiligt, der im Handel mit dem Mittelmeerraum und der Karibik tätig war[251]. 1664 ging es um den Politiker und Grundbesitzer William Portman (1643–1690)[252]. 1666 war Graunt Mitglied einer Berufungskommission, welche die Aufnahme des Klerikers John Copplestone (1623–1689) prüfen sollte. 1667 schließlich war er am Verfahren über den Medizinprofessor und Präsidenten des Magdalen College in Oxford Henry Clerke

---

249 Protokoll der Sitzung des Council der Royal Society vom 22. Juni 1664, RSA, CMO/1, fol. 73. Graunt war auch an den Absprachen mit Cutler wegen des Lehrprogrammes beteiligt, vgl. Protokoll der Sitzung der Royal Society vom 7. Dezember 1664, RSA, CMO/1, fol. 82 f., hier 83.

250 „An Apparatus for the history of the common practices of dying", gedruckt bei SPRAT (1667) S. 284–306.

251 Protokoll der Sitzung der Royal Society vom 17. Dezember 1662, RSA, JBO/1, fol. 120–122, hier fol. 122. Am 8. Februar 1665 las Graunt einen Brief Kings vor, der der Royal Society zwei Magnetsteine und drei verschiedene Arten von Erden schenkte, s. RSA, JBO/2, fol. 183 f., hier 184.

252 Protokoll der Sitzung der Royal Society vom 21. Dezember 1664, RSA, JBO/2, fol. 164–166, hier 164.

(1622–1687) beteiligt[253]. Außerdem nahm er, wie wir bei der Berufung von John Cutler gesehen haben, auch indirekt Einfluss. Von den insgesamt fünf Berufungen, an denen Graunt nachweislich beteiligt war, hatten also allein drei einen ökomischen Hintergrund. Dies entsprach im Übrigen einem Rekrutierungsmuster der frühen Royal Society: Auch wenn der Anteil von Mitgliedern mit einem beruflichem Hintergrund in Handel und Gewerbe in den ersten zwei Jahrzehnten hinter dem anderer sozialer Schichten und Berufsgruppen deutlich zurückblieb[254], entstammten viele Fellows von ihrer familiären Herkunft her doch dem Milieu der Händler und Handwerker und hatten insofern eine gewisse Affinität zum Wirtschaftsleben, selbst wenn sie als soziale Aufsteiger mittlerweile im Establishment angekommen waren und andere Berufe als ihre Väter ergriffen hatten[255].

Hatte sich Graunt schon seit Mitte der 1660er Jahre aus dem wissenschaftlichen Leben der Royal Society weitestgehend zurückgezogen, so ist ab 1667 auch kein Engagement in Gremiensachen mehr nachweisbar. Nachdem er zumindest in den ersten Jahren seinen finanziellen Verpflichtungen offensichtlich noch nachgekommen war – einer Aufnahmegebühr von 20 Shilling und einem Mitgliedsbetrag von 1 Shilling pro Woche –, stellte Graunt um 1669 dann auch die Zahlung seiner Mitgliedsbeiträge ein[256]. Als man im Zuge der Reformen der Royal Society 1673 beschloss, diejenigen Fellows, die bereits seit Jahren keine Mitgliedsbeiträge mehr geleistet hatten, von den ihnen nahestehenden Kollegen direkt ansprechen zu lassen, fiel im Falle Graunts die Wahl auf William Petty[257]. Dieser konnte jedoch bis zu dessen Tod im darauffolgenden Jahr in dieser Hinsicht nicht mehr viel bewirken, da Graunt mittlerweile völlig verarmt war.

Über die Gründe für dessen allmählichen Rückzug aus der Royal Society lässt sich mangels Quellenaussagen nur spekulieren. Graunt war zeitlebens mehr Geschäftsmann als Gelehrter, weshalb er sich auch eher zaghaft am wissenschaftlichen Programm der Gelehrtengemeinschaft beteiligte und deutlich stärker in seinem eigentlichen Kompetenzfeld als Händler für deren Belange engagierte. Schließlich waren die *Observations* eher ein aus der Praxis denn aus theoretischen Überlegungen geborenes Projekt, und es ist bezeichnend, dass es – abgesehen von den überarbeiteten Neuauflagen seines Erstlingswerkes – keine weiteren Publikationen von Graunt gibt. Möglicherweise verfehlte

---

253 Protokoll der Sitzung der Royal Society vom 17. Oktober 1667, RSA, JBO / 3, fol. 131–133, hier 131.
254 Vgl. HUNTER (1976), S. 34 f. Nach Hunter waren nur 6 % der Fellows im Zeitraum zwischen 1660 und 1685 aus Berufsfeldern des Handels und des Handwerks. Die größte Zunahme erfolgte demnach erst in den 1670er Jahren.
255 Vgl. LASLETT (1957: Review Article: The „Scientist" in Seventeenth-Century England), S. 185.
256 Vgl. MADDISON (1960: The Accompt of William Balle from 28 November 1660 to 11 September 1663), Nr. 91, S. 181, sowie HUNTER (1976), S. 87.
257 Vgl. HUNTER (1994), S. 96.

die anhaltende öffentliche Kritik der Gegner der Royal Society ihre Wirkung auch auf Graunt nicht. Schließlich könnte auch seine Konversion zum Katholizismus, auf die im Folgenden genauer einzugehen sein wird, zu einer Entfremdung mit den Fellows und insbesondere mit seinem Mentor in der Royal Society William Petty geführt haben. Da Graunt jedoch niemals förmlich austrat oder ausgeschlossen wurde, gehörte er der Gelehrtengemeinschaft bis zu seinem Tod im Jahre 1674 an. Ein besonders aktives Mitglied der Royal Society war er jedoch offensichtlich nicht.

3 Unternehmungen

3.1 Textilhandel

Graunts Kurzwarengeschäft, das er von 1641 vermutlich bis in die frühen 1670er Jahre, also über einen Zeitraum von gut dreißig Jahren, in der Birchin Lane unterhielt, gehörte wohl eher zu den kleineren bis mittleren Gewerbebetrieben in der Stadt. Denn soweit wir wissen, bildete John Graunt in dieser Zeit nur fünf Lehrlinge aus[1].

Dies ist jedoch nicht, wie mitunter behauptet wird, als Anzeichen dafür zu sehen, dass der Betrieb wirtschaftlich nicht besonders erfolgreich gewesen wäre. Zwar blieb Graunt damit tatsächlich deutlich hinter seinen Möglichkeiten zurück – die durchschnittliche Zahl der Auszubildenden pro Betrieb stieg in London in der ersten Hälfte des 17. Jahrhunderts eher an[2] und es gab in dieser Zeit auch keinen Mangel an qualifizierten Bewerbern, der Graunt von einer Vergrößerung seines Betriebs abgehalten hätte. Doch liefert hier der Blick nicht auf die Gesamtzahl, sondern auf die Anzahl von Gesellen über Zeit den Schlüssel, warum er es schlicht nicht für notwendig gehalten haben könnte, Lehrlinge aufzunehmen. In der Tat stellte John Graunt, nachdem er sich 1641 selbständig gemacht hatte, zunächst nur einen – und zwischen 1648 und 1661 dann keinen weiteren Lehrling mehr ein. Dagegen nahm sein Vater Henry Graunt in diesem Zeitraum mehrere Auszubildende in seinem Betrieb auf[3]. Dies änderte sich schlagartig nach dessen Tod 1661, als John Graunt dann zeitweise bis zu drei Lehrlinge gleichzeitig ausbildete.

Die in der Birchin Lane in unmittelbarer Nachbarschaft zueinander liegenden Geschäfte könnten also einen Familienbetrieb gebildet haben[4], für den eine Personaldecke mit durchschnittlich ein bis zwei und in Spitzenzeiten bis zu drei Auszubildenden offensichtlich ausreichend war. Schließlich verkauften die Graunts als „Haberdashers"

---

1   John Graunt nahm 1641 James Coles, 1662 John Torp, 1664 Solomon Browne, 1665 Thomas Bentley und 1668 Thomas Harding als Apprentices an (s. DCA, GR „Boyd's Roll", s. v. „John Graunt", Nr. 8).
2   Insgesamt ging die Bedeutung der „Apprenticeship" im Verlauf des 17. Jahrhunderts deutlich zurück, nicht nur qualitativ als Voraussetzung für die Ausübung des Gewerbes, den Zugang von Zuwanderern zum Arbeitsmarkt sowie für den Erwerb des vollen Bürgerrechts, sondern auch quantitativ. So beziffert LANDERS (1993) den Rückgang von 15 % auf 5 % der Bevölkerung (S. 48). Nach FAHRMEIR (2003) sank die Zahl der Lehrlinge insbesondere nach dem Brand von 1666 (S. 75).
3   S. oben, Kap. 2.1, Fn. 9.
4   So auch GLASS (1963), S. 2.

hauptsächlich Fertigwaren an den Endkunden und mussten deshalb deutlich weniger Personalkapazität vorhalten als beispielsweise ein Betrieb des produzierenden Gewerbes. Im Übrigen entrichteten Graunt und sein Vater zwischen 1647 und 1655 die von allen Freemen an die Gilde zu leistende „Quaterage" gemeinsam, was ebenfalls für eine enge Verzahnung der beiden Geschäfte spricht[5]. Die Arbeitsweise eines Familienbetriebs war für Graunts anderweitige Interessen auf jeden Fall von Vorteil – und könnten es ihm überhaupt erst ermöglicht haben, sich der Arbeit an den *Observations* zu widmen.

Es ist nicht auszuschließen, dass neben dem Vater auch seine Frau Aufgaben im Familienbetrieb übernahm. Auch wenn die Erziehung der Mädchen in der englischen Mittelschicht im 17. Jahrhundert nach wie vor weitestgehend den traditionellen Rollenmustern verhaftet blieb, so war eine Aufgabenteilung zwischen Männern und Frauen gerade bei kleineren Geschäftsbetrieben in der Textilbranche und im Kleinhandel, zu denen Graunts „Haberdashery" zählte, doch nicht unüblich, wo Frauen insbesondere beim Ladenverkauf und im Einkauf mitarbeiteten. Dadurch wurden einerseits Personalkosten eingespart, andererseits konnte sichergestellt werden, dass der Betrieb auch bei Abwesenheit oder gar dem Ableben des Geschäftsinhabers handlungsfähig blieb[6]. Da Graunt sich spätestens gegen Ende der 1650er Jahre immer mehr in höheren Kreisen und akademischen Zirkeln zu bewegen begann und im Laufe der Jahre mehr und mehr ehrenamtliche Funktionen übernahm, könnte dieser Fall in der Tat eingetreten sein. Doch erfahren wir über Mary Graunt nur wenig in den Quellen – sie trat erst nach dem Tod Graunts als Person in Erscheinung, als sie bei der Gilde eine Witwenpension beantragte und Aubrey mit biografischen Informationen über ihren verstorbenen Mann versorgte.

Über Graunts geschäftliche Erfolge in den 1640er und 1650er Jahren können wir mangels Quellenaussagen nur Mutmaßungen anstellen. Unmittelbar nach Eröffnung seines eigenen Betriebs brach 1642 mit der Flucht Karls I. nach Oxford und der Aufstellung einer Parlamentsarmee der Bürgerkrieg aus. Diese turbulenten Zeiten könnten sich auf seine Geschäfte zumindest zeitweise nachteilig ausgewirkt haben. Der Umsatz im Fertigwarengeschäft war stark von der Entwicklung des Binnenmarkts abhängig, und solange die Kapitalakkumulation in London hoch war und auch der Privatkonsum potenziell stabil blieb, konnten die Preise profitabel gestaltet werden. Ein von politischer Instabilität und pessimistischen Zukunftserwartungen sowie konsumfeindlichen Strömungen in Teilen der politischen Elite geprägtes Klima konnte sich dagegen eher schädlich auf die Geschäfte eines Händlers, der sich auf den gehobenen Textilbedarf spezialisiert hatte, auswirken.

---

5 DCA, Boyd's Roll, s. v. „John Graunt", Nr. 8.
6 Vgl. EARLE (1989), S. 160–163.

Spätestens zu Beginn der 1660er Jahre normalisierte sich der Handel im Beklei-
dungsbedarf, und gerade die Geschäfte der Herren- und Damenausstatter konnten von
der Rückkehr des königlichen Hofes und der wiederauflebenden Freizeit- und Festkul-
tur profitieren[7]. In der Lebenswelt bürgerlicher Aufsteiger gehörten feine Kleidung
und Perücke nun wieder zum Sinnbild eines kultivierten Menschen, der sich auch mit
anderen visuellen Inszenierungen, wie einem eigenen Wappen, exquisitem Wohninte-
rieur, einer wertvollen Sammlung von Kuriositäten oder einer Bibliothek und nicht zuletzt auch im Porträtsitzen den Lebensformen der gesellschaftlichen Eliten anzugleichen
suchte. Die Branche der „Outfitters" stellte dementsprechend in den 1660er und 1670er
Jahren die zahlenstärkste Gruppe der Freemen in London, dicht gefolgt vom Gaststät-
tengewerbe und von den Textilproduzenten[8].

Diese hohe Dichte von Betrieben hatte aber auch Schattenseiten: Unter den in London in der Mitte des 17. Jahrhunderts in Handel und Gewerbe tätigen Personen gab es,
wie wir vor allem aus Nachlassakten wissen, ein deutliches Wohlstandsgefälle[9]. Gerade
viele mittlere und kleinere Betriebe hatten mit Einnahmenrückgängen zu kämpfen oder
waren bereits überschuldet. Abgesehen von den Nachwirkungen des Bürgerkriegs, der
Konkurrenz durch Importwaren vor allem aus dem Mittelmeerraum und Fernost sowie des rückläufigen Exports nach Nord- und Westeuropa war dies vor allem eine Folge des steten Zuzugs nach London aus dem ländlichen Raum. Denn die Zuwanderer
konnten am ehesten in der Textil- und in der Lebensmittelbranche, mit deren Produk-
tionsformen sie von ihrem früheren Lebensumfeld her noch am meisten vertraut waren,
ihr Auskommen finden und schufen dadurch ein Überangebot auf den entsprechenden
Märkten. Hinzu kamen Katastrophen wie die Pest von 1665 und die Brandkatastrophe

---

7   Vgl. hierzu auch die Studien von BORSAY (2002: The English urban renaissance: culture and society
    in the provincial town 1660–1770); BORSAY (1990: The Emergence of a Leisure Town – or an Urban
    Renaissance?).

8   S. die bei GRASSBY (1970) wiedergegebene Tabelle (S. 222). Demnach stellten im Zeitraum 1666–
    1675 von 752 erfassten Freemen die Outfitters (haberdashers, hatters, glovers, shoemakers, lace and
    buttons) 11,04 %, Catering trades (tavern keepers) 10,64 %, Cloth trade (drapers, cloth-workers)
    8,78 %, Domestic supplies (brass, iron, china, pewter, candles, soap, fuel, furniture) 8,51 %, Pro-
    vision merchants (bakers, grocers, butchers, poulterers, confectioners) 7,58 %, General merchants
    5,45 %, Luxury trades (tobacco, clocks, cutlery, jewellery, etc.) 5,45 % und Building trades (carpen-
    ters, masons, plumbers, timber merchants, etc.) 5,32 %. Alle weiteren Wirtschaftszweige blieben
    unter 5 %, bei 10,77 % war keine Zuordnung möglich. Vgl. auch SPENCE (1996: Accidentally killed
    by a cart: Workplace, hazard, and risk in late seventeenth century London), S. 13: Nach einer Aus-
    wertung von Daten aus der „Poll Tax", die bei knapp der Hälfte der Steuererklärungen auch Anga-
    ben zum Beschäftigungssektor der Haushalte enthielten (wenn die Angaben auch teilweise unspe-
    zifisch waren), arbeiteten 1692 ca. 22,5 % der Beschäftigten im Textil- und Bekleidungssektor, 12,7 %
    in Handel und Finanzen und 10,4 % im Bereich Lebensmittel und Getränke.

9   Vgl. hierzu und zum Folgenden GRASSBY (1970), S. 223–226.

von 1666, die gerade in den Gebieten, in denen sich die Textilhandwerker und -händler angesiedelt hatten, besonders wütete und viele Existenzen in die Verschuldung oder gar den Ruin trieb.

Hinsichtlich der Familie Graunt kann man auf Grund des Quellenmangels nur aus Indizien schließen, dass sie mit großer Sicherheit nicht zu denjenigen Händlern gehörten, die unter prekären wirtschaftlichen Verhältnissen lebten. Schon bei einer Erhebung der Tuchhändlergilde 1641 hatte Henry Graunt zu den Geschäftsinhabern gehört, welche die von Karl I. eingeführte Kopfsteuer aufbringen konnten, während eine große Zahl von Mitgliedern nach Einschätzung der Gilde hierzu nicht in der Lage war[10]. Ein besonders aussagekräftiges Indiz ist, dass Graunt schon in den späten 1650er Jahren ausreichend Rücklagen gebildet hatte, um nicht nur in Kapitalanlagen zu investieren, sondern sich, wie wir gesehen haben, auch einen gehobenen Lebensstil leisten zu können.

Aber auch in den Familien, die nicht von Armut bedroht waren, machten sich die Effekte des ungebremsten Wachstums im Textilhandel in der Stadt bemerkbar. Graunt brachte diese Problematik 1663 bei einer Diskussion mit Samuel Pepys und dem Immobilienunternehmer Cutler im Kaffeehaus selbst zum Ausdruck, „that the trade of England is as great as ever it was, only in more hands; and that of all trades there is a greater number than ever there was, by reason of men taking more [app]prentices, because of their having more money than heretofore"[11]. Mit dem Wachstum stieg also auch für wohlhabendere Textilhändler der Konkurrenzdruck und damit das Risiko, von einem überhitzten Markt erdrückt zu werden.

Inwieweit die inflationäre Preisentwicklung in London seit den 1590er Jahren – im Verlauf des 17. Jahrhunderts sollten sich die Lebenshaltungskosten für die Stadtbevölkerung annähernd verdoppeln[12] – sich auf die Gewinnmargen des Geschäfts der Familie Graunt niederschlug, kann wegen des Mangels an Quellenaussagen nicht mehr rekonstruiert werden. Da sie einen eher wohlhabenderen Kundenkreis ansprachen und deshalb Preisschwankungen eher an diesen weitergeben konnten, blieben sie vermutlich von Einnahmeverlusten verschont. Der wachsende Wohlstand und Einfluss der Graunts lässt vermuten, dass der Familienbetrieb die inflationäre Preisentwicklung tatsächlich zu kompensieren vermochte. Gerade dieses Beispiel einer Familie, die selbst erst zu Beginn des Jahrhunderts nach London zugewandert war, zeigt, dass ein Betrieb, der sich beizeiten Rücklagen aufgebaut und ein breit gespanntes Netz von Kontakten geschaffen hatte, ökonomisch schwierige Zeiten leichter überstehen konnte.

---

10   Vgl. JOHNSON (1922), S. 134.

11   PEPYS, Diary, Eintrag vom 23. Januar 1663.

12   Vgl. BOULTON (2000: Food prices and the standard of living in London in the ‚century of revolution', 1580–1700), S. 468.

Hinzu kam, dass das Londoner Wirtschaftsleben über Mechanismen verfügte, mit denen sich Krisen auf den Absatzmärkten kurz- und mittelfristig überbrücken ließen. Zum einen gab es auf dem Kreditmarkt ein breit gefächertes Angebot – von geldverleihenden Privatleuten, nebenberuflich tätigen Finanzmaklern bis hin zu einer Vorform des professionellen Bankgewerbes. Dies erlaubte einem Betrieb sich zumindest eine Zeit lang mit Krediten über Wasser zu halten, auch wenn sich die Einkommenssituation des Inhabers selbst dadurch natürlich nicht verbesserte und der Überschuldung Tür und Tor geöffnet wurden. Zum Zweiten verfügte London über eine hohe Kapitalakkumulation: neben dem Hof, den sozialen, wirtschaftlichen und politischen Eliten, die etwa unter den Aldermen und im Parlament zu finden waren, in Person einer großen Anzahl von Aufsteigern aus kleinen Verhältnissen, darunter einige regelrechte Magnaten, wie etwa Josiah Child oder John Cutler, auf die noch näher einzugehen sein wird[13]. Deren Nachfrage beflügelte den Binnenmarkt gerade bei Luxuswaren und im Bauwesen, und wer sein Angebot darauf abstellte, konnte vom privaten Konsum profitieren. Zum dritten boten sich in der pulsierenden Großstadt London zahlreiche Nebenverdienstmöglichkeiten, mit denen sich die Verluste aus dem einen mit den Gewinnen eines anderen Geschäfts kompensieren ließen. Schließlich bewiesen die in der Stadt ansässigen Händler gerade hierin eine große Flexibilität, sich in unterschiedlichen Geschäftsfeldern zu engagieren. Dies erlaubte ihnen, den Schwerpunkt ihrer ökonomischen Aktivitäten phasenweise immer wieder von einem Standbein auf ein anderes zu verlagern, je nachdem, welches gerade mehr Halt bot. Ein Beispiel für dieses Multi-Unternehmertum ist Thomas Bowrey, der ein Einzelhandelsgeschäft mit Waren aus China und Tee unterhielt, zugleich an der Finanzierung des Überseehandels und der Schiffsindustrie verdiente und als Makler im Anleihegeschäft sowie auf dem Wohnungsmarkt unternehmerische Aktivitäten entfaltete[14].

3.2 Geldanlagen

Neben der Diversifikation des Warenangebots boten insbesondere Anlagegeschäfte eine Möglichkeit, um die eigenen wirtschaftlichen Verhältnisse resilienter gegen Krisen zu machen. Überdies fiel Graunts unternehmerische Karriere in eine Zeit, in der das Spekulieren mit realen und fiktiven Werten, mit kalkulierbaren und unkalkulierbaren Risiken sowie die Beteiligung an Glückspielen, Lotterien und Wetten hoch im Kurs standen.

---

13 GRASSBY (1970) spricht in diesem Zusammenhang sogar von „Tycoons" (S. 227).
14 Vgl. GRASSBY (1970), S. 222 f.

Selbst Samuel Pepys, der als Beamter schon in jungen Jahren über geregelte Einkünfte, eine Dienstwohnung und über bescheidenen Wohlstand verfügte, war stets auf der Suche nach neuen Möglichkeiten, Gewinne aus Geldanlagen oder Finanzierungen zu erzielen[15]. Auch dessen Vorgesetzter, Edward Montagu Earl of Sandwich, befasste sich ausgiebig mit neuen Geschäftsideen, um das eigene, sicherlich nicht unbeträchtliche Vermögen durch Anlagegeschäfte zu vergrößern. Ganz offensichtlich war der Anreiz in einer Stadt wie London, in der große Vermögen erwirtschaftet werden konnten – wie Samuel Pepys zu berichten wusste, hatte die Witwe eines Unternehmers 1664 ein Barvermögen von 80 000 Pfund geerbt, während er selbst in mehreren Jahren gerade einmal 800 Pfund hatte ansparen können –, zu verlockend, um hier abseits stehen zu wollen[16].

In erster Linie war dabei an Kapitalanlagen zu denken, und hier boten sich einem Londoner Geschäftsmann zu Lebzeiten von John Graunt vielfältige Möglichkeiten, um sich durch einen Nebenerwerb finanziell besser gegen kommende Konjunkturflauten abzusichern und auf längere Sicht ein Vermögen zu erwirtschaften. Zu diesen Anlagemöglichkeiten gehörte an erster Stelle der Außen- und Fernhandel, der sich bereits in der zweiten Hälfte des 16. Jahrhunderts und unter den frühen Stuarts zu einer dominierenden Größe im Wirtschaftsleben Englands entwickelt hatte. Schon die Vielzahl der zu Lebzeiten Graunts existierenden Handelsgesellschaften – teilweise kurzlebige und teilweise schon seit Generationen bestehende – zeigt die enorme Dynamik dieses Wirtschaftszweiges. Neben den Merchant Adventurers, die ihren Schwerpunkt nach wie vor im Handel mit West- und Nordeuropa hatten, waren dies die Companies, die sich auf die nordischen und baltischen Länder sowie die nördliche Hemisphäre Asiens konzentrierten (Eastland / North Sea Company, Greenland Company, Muscovy Company), die im westlichen (French Company, Spanish Company) beziehungsweise im östlichen Mittelmeerraum (Turkey Company und Venice Company, die dann in der Levante Company aufgingen) Handel trieben oder an den Küsten Afrikas operierten (Canary Company, Morocco Company, Guinea Company, Royal African Company). Hinzu kamen die Unternehmungen, die sich auf die Erschließung der von England am weitesten entfernten Gebiete in Ostasien und in der Neuen Welt (East India Company, Dorchester Company, New England Company / Massachusetts Bay Company, Plymouth Company, Providence Islands Company, Virginia Company, Hudson Bay Company, Newfoundland Company) beziehungsweise in der Karibik (Somers Iles / Bermuda Company, Royal West Indian Company) spezialisiert hatten.

---

15 PEPYS, Diary, z. B. Einträge vom 7. und 16. November 1660, 11. Dezember 1660, 27. Februar 1661, 3. und 18. März 1661, 11. Dezember 1662, 5. Mai 1663, 23. November 1663, 12. September 1664, 30. März 1666.

16 PEPYS, Diary, 1. Januar 1664.

Allerdings bestanden zwischen den Handelsgesellschaften erhebliche Unterschiede nicht nur hinsichtlich ihrer Arbeitsweise und ihrer Organisationsstruktur, sondern auch ihrer Beteiligungsformen[17]. Die traditionellen Companies waren eher Assoziationen von Händlern nach Art der Gilden, die sich hier jedoch nicht nur auf einzelne Warengruppen, sondern auch auf bestimmte regionale Märkte spezialisierten und den Handel dorthin unter ihre Kontrolle zu bringen versuchten. Naturgemäß war es ihnen ein wichtiges Anliegen, ihre Investitionen zu schützen, indem sie ihre Absatzmärkte im In- und Ausland gegen unliebsame Konkurrenz abzuschotten versuchten. Nach innen hin konzentrierten sie sich darauf, ihre Aktivitäten nach gemeinsamen Regeln und Qualitätsstandards zu gestalten und für eine Professionalisierung des Personals zu sorgen, auch darin einer Gilde durchaus ähnlich. Schließlich ging es den durch eine Charta regulierten Gesellschaften auch um die gemeinsame Vertretung ihrer Interessen gegenüber staatlichen Akteuren im In- und Ausland, was auch Geldzahlungen und Kredite als Gegenleistung für protektionistische Hilfestellungen einschloss. Insofern boten sich hier für einen Kurzwarenhändler wie Graunt, der im Fernhandel selbst nicht aktiv war, wohl eher wenig Möglichkeiten einer Beteiligung, wenngleich auch nicht auszuschließen ist, dass er sich in einer der traditionellen Companies, die vor allem mit Textilien handelten, finanziell engagierte. Da aus dieser Zeit keine vollständigen Serien der Verzeichnisse von Anlegern der traditionellen Handelskompanien erhalten sind, kann man hier allerdings keinen Nachweis führen.

Eine zweite Möglichkeit boten die Gesellschaften, deren Ziel es war, das erforderliche Kapital, das Knowhow und das Personal für die Erschließung von Handelswegen und die Errichtung von neuen Außenposten insbesondere in Amerika, Kanada und der Karibik zusammenzubringen. Da sie vornehmlich auf den Erwerb, die Besiedlung und die Sicherung dieser neuen Territorien ausgerichtet waren, setzte dies jedoch eine längerfristige Bindung des eingesetzten Kapitals voraus – bei hohem Risiko, dass ein solcher Außenposten an den anfänglich meist eher widrigen Bedingungen vor Ort scheitern könnte. Viele Gründungen, etwa die religiös motivierten Auswandererbewegungen, hegten ohnehin keine Profitabsicht, sondern wollten in der Neuen Welt nur die Alte hinter sich lassen. Ob Graunt hierzu Bezüge hatte, lässt sich nicht mehr feststellen. Der Name Graunt oder Grant findet sich zwar immer wieder in Zusammenhängen mit den amerikanischen Kolonien, aber dies beweist wegen der Häufigkeit des Namens im 17. und 18. Jahrhundert im Grunde nichts.

---

17 Zur Typologie der Companies immer noch lesenswert: Lipson (1956: The economic history of England), hier S. 184. Vgl. auch Brenner (1993: Merchants and revolution: commercial change, political conflict, and London's overseas traders, 1550–1653).

Die dritte und attraktivste Option für Geldanlagen bot sich in der Beteiligung an einer Joint-Stock-Company, bei der sich sowohl mit kurzfristigen Anlagen in Form der einmaligen Investition in eine einzelne Expedition als auch mit langfristig gehaltenen Anteilen Gewinne abschöpfen ließen. Hier stach vor allem die East India Company ins Auge: Durch den Import von begehrten Luxuswaren wie Gewürzen und Muskatnüssen, Kaffee und Tee, Tabak und Opium, Salpeter, Seiden und Fertigwaren, insbesondere aber durch die teilweise hohen Gewinnmargen, die bei einzelnen Expeditionen erzielt werden konnten, drängte sie in der öffentlichen Wahrnehmung in der ersten Hälfte des 17. Jahrhunderts den bis dahin vorherrschenden Handel mit dem europäischen Kontinent immer mehr zurück, auch wenn dieser Exportmarkt immer noch eine wichtige Einnahmequelle für die englische Textilproduktion blieb. Die gesellschaftspolitischen Gängelungen in der puritanischen Periode konnten diese Kräfte allenfalls kurzfristig unter Kontrolle halten. In der Restaurationszeit unter einer eher auf wirtschaftliche Expansion ausgerichteten und konsumorientierten Wirtschaftspolitik brachen sie sich endgültig freie Bahn.

Hatte die East India Company während des Bürgerkriegs zeitweise noch kurz vor der Auflösung gestanden, konnte ihre Situation gegen Ende des Protektorats und in der frühen Restaurationszeit dank staatlicher Stützungsmaßnahmen nachhaltig stabilisiert werden. Das Jahr 1657 markiert hier eine wichtige Zäsur, als man vom Prinzip der befristeten Beteiligung, mit der einzelne Expeditionen und Etappen auf dem Weg zur Erschließung der Märkte in Asien finanziert worden waren, zur Form der langfristigen Anleihe, dem sogenannten „General Stock", überging. Dadurch wurde nicht nur eine vom Erfolg einzelner Expansionsvorhaben unabhängigere und damit nachhaltigere Finanzierung der Handelsgesellschaft ermöglicht. Vielmehr verringerte sich auch für die Anleger das Risiko, indem es zeitlich „gestreckt" wurde. Denn während bis dahin das eingesetzte Kapital nach einer fehlgeschlagenen Expedition möglicherweise vollständig verloren gehen konnte, bestand jetzt die Möglichkeit, Verluste durch den Erfolg einer anderen Unternehmung langfristig wieder zu kompensieren.

Der Handel mit Anleihen der East India Company nahm jetzt an Fahrt auf, da man nun sein Geld mit hoher Renditenerwartung anlegen, die Dividenden abschöpfen und dann die „Subskriptionen", die jeweils zur Hälfte ihres Nennwerts gehandelt wurden, wieder abstoßen beziehungsweise neue Aktien hinzukaufen konnte. Die Zahl der Anteilseigner und dabei insbesondere der kleineren Anleger nahm sprunghaft zu – und verringerte für den einzelnen Investor zugleich das Risiko, indem es auf mehr Schultern verteilt wurde[18]. Diese „Popularisierung" der Geldanlage im Aktienhandel führte zum eigentlichen Durchbruch der East India Company. Auch Personen aus dem engeren Umfeld Graunts beteiligten sich an dieser Form der Geldanlage. In den Listen der East India Company scheinen beispielsweise Mitglieder seiner Familie auf, wie etwa Thomas Kelsey, Thomas Kelsey d. J. und John Kelsey[19]. Auch der Name Martyn findet sich wiederholt, wobei es sich hier möglicherweise um weitläufige Verwandte gehandelt haben könnte[20].

Enge Beziehungen bestanden auch zwischen der East India Company und der Royal Society, die als relativ junge wirtschaftliche beziehungsweise intellektuelle Unternehmungen von einem ähnlichen „Entdeckergeist" getrieben wurden und das öffentliche Leben Londons nachhaltig prägten[21]. Aus dem Kreis seiner Mit-Fellows in der Royal Society investierte insbesondere John Evelyn, der aus einer Unternehmerfamilie stammte, die ursprünglich mit der Produktion und dem Handel von Pulver ein Vermögen gemacht hatte, rege in die Geschäfte der East India Company[22], und auch Edmond Halley findet sich gelegentlich unter den Anlegern[23]. 1669 übernahm Robert Boyle (1627–1692) einen Posten in der Handelsgesellschaft und begann gleichzeitig Anleihen zu kaufen, wobei seine Motivation wohl eher in seinem Engagement für den christlichen Missionsgedanken lag[24].

Ein besonders prominentes Beispiel für die Profitchancen, die sich im Aktienhandel boten, war Josiah Child, der seine unternehmerische Laufbahn zunächst im Brauereiwesen und in der Schifffahrtsindustrie begonnen hatte, doch schon früh die sich im Fernhandel bietenden Chancen erkannte. Seit den späten 1650er Jahren verdiente er an dem lukrativen Geschäft der Ausrüstung der nach Ostindien fahrenden Schiffe mit und war

---

18 S. etwa das Verzeichnis der Anleger, der Dividendenausschüttungen und Aktienverkäufe für den Zeitraum November 1657 bis März 1669 („Stock Journal"), IOR / L / AG / 1 / 10 / 1 (NED 55340).

19 Thomas Kelsey: IOR / L / AG / 1 / 10 / 1 (NED 55340), fol. 19, 30 (1657); 67 (1658); 89 (1659); 95 (1660); Thomas Kelsey d. J.: „Transfer Book", IOR / L / AG / 14 / 3 / 1, fol. 233, 241, 256, 259 (1679); John Kelsey d. J: ebd., fol. 311 f. (1680).

20 Thomas Martyn: IOR / L / AG / 1 / 10 / 1 (NED 55340), fol. 10 (1657); 67 (1658); 83 (1659); 108 (1661); 135 (1662); 158 (1663); 178 (1663); 202, 229 (1664); 253 (1665); 280, 327 (1666); IOR / L / AG / 14 / 3 / 1, fol. 328 (1680); John Martyn: IOR / L / AG / 1 / 10 / 1 (NED 55340), fol. 229 (1664).

21 S. hierzu WINTERBOTTOM (2019: An experimental community: the East India Company in London, 1600–1800).

22 IOR / L / AG / 1 / 10 / 1 (NED 55340), fol. 14, 39 (1657); 183 (1663); 223, 229 (1664); 277 (1666); 329 (1667); s. hierzu auch WILLES (2017: The curious world of Samuel Pepys and John Evelyn), S. 199.

23 IOR / L / AG / 1 / 10 / 1 (NED 55340), fol. 110 (1661); 212, 226, 229 (1664).

24 SAINSBURY (1929: A calendar of the court minutes, etc., of the East India Company, 1668–1670; with an introduction and notes by Sir William Foster), hier besonders Protokoll des Court of Committees, 2. April 1669, S. 183, sowie die „Stock Transfers", S. 399 f. (1699), S. 403 (1670). Vgl. hierzu auch FULTON (1960: The Honourable Robert Boyle, F. R. S. (1627–1692)), S. 132.

an privaten Handelsgeschäften in Indien beteiligt. Frühzeitig war er auch als Anteilseigner bei der Ostindienkompanie aktiv und dort quasi zum Großaktionär aufgestiegen[25]. In den 1680er Jahren war er dann mehrfach als Vizegouverneur beziehungsweise Gouverneur der Ostindienkompanie tätig. Durch seine Anlagegeschäfte brachte es Child zu beachtlichem Reichtum – wobei seine Aktivitäten nicht nur auf den Ostasienhandel beschränkt waren: Er war Gründungsmitglied der Royal African Company und verfügte über Geschäftsverbindungen unter anderem nach Jamaika und Neuengland[26].

Dieses Verhalten war nicht untypisch: Viele Mitglieder der englischen Oberschicht streuten ihr finanzielles Risiko, indem sie sich in verschiedenen Gesellschaften engagierten, und erhöhten damit gleichzeitig ihre Gewinnchancen. Eine Auswertung der Mitgliederlisten des House of Commons zeigt, dass auch viele Abgeordnete dieser Anlagestrategie folgten. Die Kombination aus einer Beteiligung an der East India Company, der Levante Company und der Royal Africa Company war dabei das vorherrschende Geschäftsmodell[27].

Welche weiteren Möglichkeiten sich boten, zeigt der besonders herausstechende Fall von Robert Bateman (1561–1644), der sich im Laufe seines Lebens in der East India Company, der French Company, der Levant Company, der Massachusetts Bay Company, bei den Merchant Adventurers, in der New River Company, der North West Passage Company und der Virginia Company engagierte[28]. In unserem Zusammenhang ist auch die Karriere von Richard Ford (ca. 1614–1678) von Interesse: Er stammte aus einer Händlerfamilie aus Exeter und hatte Funktionen bei den Merchant Adventurers, der East India Company und den Royal Adventurers into Africa beziehungsweise der Royal Africa Company inne. Zugleich war er Offizier der Londoner Stadtmiliz und wurde 1674 Fellow der Royal Society – ein Karrieremuster, das dem Graunts nicht unähnlich war[29].

Daran, dass die Royal Africa Company auf einem Geschäftsmodell aufbaute, das aus dem für die Betreiber äußerst lukrativen Sklavenhandel zwischen Afrika, den karibischen Inseln und den Außenposten in Amerika und aus der brutalen Ausbeutung entführter und versklavter Menschen Gewinn zu ziehen suchte – sofern diese denn den

---

25 S. hierzu seine häufigen Nennungen im „Stock Journal" 1657–1669, IOR / L / AG / 1 / 10 / 1.
26 Vgl. Grassby (2008: Child, Sir Josiah, first baronet).
27 o. V. (2019: The History of Parliament). Das fortlaufend erweiterte Projekt, das z. T. auch bereits statistische Auswertungen enthält, stellt bereits heute eine einzigartige Quelle zur Sozialgeschichte Englands dar, die jedoch nur selektive Evidenz ermöglicht. Zur Alterskohorte Graunts s. etwa die Beiträge zu Samuel Barnardiston (1620–1707), Thomas Bludworth (1620–1682), William Love (1620–1689) oder John Moore (1620–1702).
28 Vgl. Ferris / Thrush (2010: Bateman, Robert (1561–1644), of Mincing Lane, London).
29 Vgl. Helms / Watson (1983: Ford, Sir Richard (c. 1614–78), of Seething Lane, London and Baldwins, Dartford, Kent).

Transport überhaupt überlebten –, nahmen selbst Mitglieder der Royal Society offensichtlich keinen Anstoß[30].

John Graunts Beziehungen zur East India Company sind nur noch bruchstückhaft rekonstruierbar, da viele Akten aus dieser Zeit verloren gegangen sind. Ein finanzielles Engagement Graunts wäre durchaus in Frage gekommen. Durch seine Tätigkeit im Textilhandel waren ihm zumindest Teile des Geschäftsfelds vertraut. Denn wenn auch anfängliche Hoffnungen, dass sich in Ostindien neue Exportmärkte insbesondere für englische Wollwaren erschließen könnten, relativ schnell enttäuscht worden waren, so blieb doch – abgesehen von Nahrungsmitteln und Luxuswaren – der Import von textilen Rohstoffen und Fertigwaren aus dem Fernen Osten nach England ein durchaus gewinnbringendes Geschäft. Es kam bei Vertretern der englischen Mittelschicht in Mode, sich mit Konfektionsware aus China und Indien einzudecken und so als Mann von Welt zu zeigen, der es zu etwas gebracht hatte und sich diesen Luxus leisten konnte[31]. Die Royal Exchange war zeitweise fast so etwas wie ein kleines Kaufhaus für Luxusartikel aus Fernost, die hier in den Ladengeschäften des Gebäudes und bei Auktionen einer entsprechend zahlungskräftigen Klientel angeboten wurden[32]. Hinzu kamen bis dahin unbekannte Renditen, die man als Investor im Ostindienhandel erzielen konnte.

Allerdings hatte ein Händler wie Graunt, der in den 1640er Jahren ins Geschäftsleben eingestiegen war, auch die Schattenseiten der globalen Märkte hautnah miterleben können. In guten Jahren wurde der Markt mitunter mit Produkten aus Übersee überflutet, was die Preise und damit die Rendite nach unten trieb. In schlechten Jahren kamen dagegen zu wenig Umsätze zustande, durch die längerfristige Bindung des eingesetzten Kapitals sank damit dessen Rendite. Solche starken Fluktuationen insbesondere bei den Importen waren in der zweiten Hälfte des 17. Jahrhunderts noch häufiger zu beobachten, auch wenn deren Entwicklung längerfristig bereits nach oben wies[33]. Diese Ungleichmäßigkeiten waren für den einzelnen Kaufmann selbst dann noch erheblich, wenn man einrechnete, dass Marktschwankungen durch Zwischenlagerung, Re-Exporte in den europäischen Raum sowie durch Dreieckshandel in Asien teilweise abgefangen werden

---

30 Vgl. GOVIER (1999: The Royal Society, Slavery and the Island of Jamaica: 1660–1700).
31 Hierzu und zum Folgenden s. WILLES (2017), S. 199 f., 202. Vereinzelt wurden auch schon Räume mit chinesischem Porzellan ausgestattet, worauf sich Hinweise in William Wycherleys Komödie „The Country Wife" von 1675 finden, vgl. MARKLEY (2003: Riches, power, trade and religion: the Far East and the English imagination, 1600–1720), S. 515.
32 Zu der 1570 gegründeten „Royal Exchange" sowie der 1609 eröffneten „New Exchange" im Stadtwesten mit ihren Ladenpassagen insbesondere für den Markt mit Exotika und Luxusgütern sowie als Orten gesellschaftlichen Lebens vgl. PECK (2005), S. 42–61; PICARD (2004: Restoration London. Everyday Life in London 1660–1670), S. 138–140.
33 S. etwa die Kurvendiagramme bei CHAUDHURI (1978: The trading world of Asia and the English East India Company, 1660–1760), S. 82 f.

konnten. Hinzu kam, dass der Ostindienhandel auf Grund der ständigen Verdrängungsversuche der Niederländer volatiler war als etwa der traditionelle Handel in Nord- und Osteuropa, auch wenn dessen beste Zeiten wohl vorüber waren.

Die überaus kritische Situation, in der sich die Company in der zweiten Hälfte der 1650er Jahre befand, ließ nicht gerade auf eine sichere Geldanlage hoffen, denn die Reformmaßnahmen, die während der Protektoratszeit ergriffen wurden, zeigten erst in den 1660er Jahren Wirkung. Die ständigen kriegerischen Auseinandersetzungen Englands mit den Niederlanden in dieser Zeit taten ein Übriges, dass es im Asiengeschäft immer wieder deutliche Rückschläge gab. Selbst der berühmte Zeitgenosse John Milton (1608–1674) blieb von dieser Ambivalenz des Ostasienhandels zwischen Chance und Risiko nicht unbeeindruckt, wenn er in seinem 1667 veröffentlichten Epos „Paradise Lost" die Gesellschaften Asiens und die niederländischen Konkurrenten als Projektionsflächen nutzte, um die Brüche seiner eigenen Gegenwart zu versinnbildlichen[34].

In den noch erhaltenen Listen der East India Company erscheint Graunts Namen jedenfalls nicht unter den Zeichnern von Anleihen[35]. In einem anderen Zusammenhang, nämlich seinen Aktivitäten im Immobiliensektor, trat er jedoch, wie wir noch sehen werden, einer engeren geschäftlichen Verbindung mit der East India Company durchaus näher. Neben der Tatsache, dass sein Sohn dort arbeitete, gab es noch weitere persönliche Verbindungen. Nicht zuletzt war das Geldhaus, über das er in den 1660er Jahren seine Finanztransaktionen abwickelte, zugleich intensiv in den Geschäften der East India Company engagiert[36]. Aber aus alledem lässt sich nichts über Graunts Verhalten als Anleger schließen, hier lassen uns die Quellen letztlich im Stich.

Die Dynamik des Wirtschaftslebens in London trug im Übrigen auch zu einer weiteren Professionalisierung des Kapitalmarktes und der Finanzdienstleistungen bei. Die Protagonisten des aufkommenden modernen Bankwesens in England waren dabei die Goldschmiede, die im sicheren Umgang mit hohen Geldbeträgen und Wertgegenständen geübt waren, die sogenannten „Scrivener", von denen sich manche neben ihren notariellen und buchhalterischen Funktionen auch als Immobilienmakler und Vermögensverwalter betätigten, sowie andere Händler, die Geld gegen Gebühren ausgaben oder verwalteten[37].

---

34 Vgl. Lɪᴍ (2009: John Milton, Orientalism, and the Empires of the East in Paradise Lost); Mᴀʀᴋʟᴇʏ (2003), S. 502 f.

35 S. etwa IOR / H / 1 / 10 / 1, IOR / H / 4, IOR / H / 39, IOR / L / AG / 1 / 10 / 1 und IOR / L / AG / 14 / 3 / 1.

36 S. unten.

37 Vgl. hierzu Wɪɴᴛᴇʀ (2022: Banking, projecting and politicking in early modern England: the rise and fall of Thompson and Company 1671–1678), v. a. S. 58–64; Sᴄʜᴡᴀʀᴢʙᴇʀɢ (2016: The openness of the London Goldsmiths' Company in the second half of the seventeenth century: an empirical study); Cᴏʟᴇᴍᴀɴ (1951: London Scriveners and the Estate Market in the Later Seventeenth Century); Rɪᴄʜᴀʀᴅs (1929: The early history of banking in England); Pʀɪᴄᴇ (1890 / 1891: A handbook of

Die Börsen und dabei insbesondere die Royal Exchange waren Hauptumschlagplatz nicht nur für Anlagegeschäfte aller Art, sondern zugleich auch für Nachrichten von den internationalen Märkten, den Schifffahrtsrouten und Handelswegen sowie von kriegerischen Ereignissen, die sich negativ auf die Wirtschaft auswirken konnten. Wer im Anlagegeschäft reüssieren wollte, kam, abgesehen von persönlichen Netzwerken zu anderen Händlern und Unternehmern, an solchen Informationsquellen nicht vorbei, und auch Graunt war nachweislich immer wieder dort anzutreffen[38].

Abb. 10: Innenhof der Royal Exchange, undatiert (nach einem Stich von Wenzeslaus Hollar, 1644).

Gerade der Seehandel war wegen der allgegenwärtigen Gefahren für die Schiffe und ihre Ladungen auf hoher See, durch Piraterie und Kriegseinwirkungen ein zwar profitables, aber immer noch hochriskantes Geschäft. Schnell schloss die Versicherungswirtschaft hier auf. Auch in diesem florierenden Wirtschaftszweig gab es neben seriö-

---

London bankers, with some account of their predecessors the early goldsmiths: together with lists of bankers from 1670, including the earliest printed in 1677, to that of the London post office directory of 1890).

38 SCHWARZBERG (2016) spricht sogar von der Existenz eines „business web" der Goldschmied-Banker (S. 252).

sen Anbietern, die das finanzielle Risiko bei Verlust eines Handels- oder Sklavenschiffes oder bei Ausbruch eines Krieges absicherten, spekulativere Formen, bei denen man sich beispielsweise gegen das Scheitern bei einer Lotterie versichern konnte[39]. Während einige Unternehmungen Vorsorge gegen Alltagsrisiken versprachen – wie etwa die vom Bauunternehmer Richard Barbon 1681 ins Leben gerufene erste Brandschutzversicherung[40] –, waren andere dazu gedacht, die Anleger gegen kommende Unwägbarkeiten ihrer Lebenssituation abzusichern, gewissermaßen als Frühform der Kapitallebensversicherung, die in England ab den 1690er Jahren als neues Geschäftsmodell entwickelt wurde[41].

Versicherungen zur Vorsorge vor finanziellen Verlusten bei einem vorzeitigen Ableben, beispielsweise bei einer Seereise oder einer Pilgerfahrt, gab es in unterschiedlichen Formen schon seit dem späten Mittelalter. Im Gegensatz zum Kontinent war dieser Markt in England jedoch kaum reguliert. Dies öffnete einem hochgradig spekulativen Anlage- und Wettverhalten Tür und Tor, das im 18. Jahrhundert schließlich so außer Kontrolle geriet, dass der Staat 1774 reglementierend eingreifen musste[42].

Ob Graunt bewusst war, dass die in den *Observations* von ihm berechnete, noch rudimentäre Sterbetafel zu einer zuverlässigeren Kalkulation von Annuitäten maßgeblich beitragen würde, wie John Houghton bereits wenige Jahre nach dessen Tod konstatierte, ist nicht klar[43]. Nach Ausweis der Vorreden und Widmungen zielte Graunts Werk mehr auf eine statistisch besser fundierte öffentliche Gesundheitsvorsorge ab, denn auf mögliche ökonomische Anwendungen. Es blieb deshalb anderen vorbehalten, hier die wesentlichen Anstöße zu geben, namentlich den beiden wissenschaftlich versierten niederländischen Politikern Jan de Witt (1625–1672) und Johan Hudde (1628–1704), die sich nach der Lektüre der *Observations* diesbezüglich an Huygens wandten, sowie seinem Mit-Fellow in der Royal Society Edmond Halley[44].

---

39 PEPYS, Diary, 18. April 1664 und 20. Juli 1664.

40 Vgl. SHELDON (2004/2008: Barbon, Nicholas); MCKELLAR (1999: The birth of modern London. The development and design of the city 1660-1720), S. 46.

41 Vgl. BELLHOUSE (2015: Mathematicians and the early English life insurance industry). Zur Geschichte der Lebensversicherungen s. auch CLARK (1999: Betting on lives. The culture of life insurance in England, 1695–1775).

42 Vgl. LOBO-GUERRERO (2010: Insuring security: biopolitics, security and risk), hier v. a. S. 38.

43 Vgl. HENDRIKS (1862: Notes on the Early History of Tontines) sowie SCHNEIDER/LILIENFELD (2008: Public Health. The Development of a Discipline), S. 26; HALD (1987: On the early history of life insurance mathematics), S. 6.

44 Vgl. TAYLOR (2000a); KOCH (1998: Geschichte der Versicherungswirtschaft in Deutschland, hg. vom DEUTSCHEN VEREIN FÜR VERSICHERUNGSWISSENSCHAFT E. V. aus Anlaß seines 100jährigen Bestehens), S. 30.

Es scheint, dass der allgemein steigende Wohlstand in der Stadt die Zeitgenossen, wenn sie denn freies Kapital zur Verfügung hatten, auch für die eher weniger geradlinigen Formen der Geldvermehrung anfällig machte. Privatleute waren in mehr oder weniger dubiose Geldgeschäfte verwickelt, indem sie sich bei Dritten Geld gegen Zinsen liehen oder selbst als Gläubiger auftraten. Selbst der Staat schlug aus der Hoffnung auf das schnelle Glück Kapital, indem er, beispielsweise zur Kriegsfinanzierung, Lotterien veranstalten ließ, unter anderem von Thomas Neale (1641–1699), der daneben auch für die Logistik der Kartenspiele und anderer Vergnügungen bei Hofe zuständig war und von dem ein Zeitgenosse sagte, dass seine Lebensaufgabe gewesen sei, „to […] teach the great ones and the small, how to get money, and spend it all"[45]. Schließlich verloren sich viele wohlhabende Londoner auch in der Halbwelt der Spielkasinos, eine Unvernunft, für die Pepys klare Worte fand: „strange the folly of men to lay and lose so much money, and very glad I was to see the manner of a gamester's life, which I see is very miserable, and poor, and unmanly"[46].

Inwieweit auch Graunt diesem Laster seiner Zeit frönte, mit Spielen und Wetten auf leicht verdientes Geld zu hoffen, lässt sich mangels Quellenaussagen nicht mehr feststellen – ganz auszuschließen ist es freilich nicht, denn er hielt sich immer wieder in Gastwirtschaften und Kaffeehäusern auf, in denen gesellige Runden genau zu diesem Zweck zusammenkamen. Seine kritische Äußerung zu derartigen Zügellosigkeiten und Zockereien in den *Observations* könnte aber darauf hindeuten, dass er sich von derartigen Auswüchsen der Spielkultur in London eher fernhielt[47].

Eine weitere Option bot sich gerade nach der Rückkehr des Königs und in der Frühphase der Restaurationszeit an, als es noch viele Posten neu zu besetzen galt. Der Kauf und Verkauf lukrativer Ämter florierten – und damit auch der damit verbundenen Gebühreneinnahmen, der Nebeneinkünfte und der ‚Aufmerksamkeiten‘ von Petenten. Während etwa Samuel Pepys stets ein wachsames Auge darauf hatte, welche Ämter mit welchen zu erwartenden Einkünften gerade verhandelt wurden, scheint sich Graunt, der einen ähnlichen sozialen Hintergrund hatte, bei diesem ‚Geschäftsmodell‘ eher zurückgehalten zu haben. Außer den Funktionen in der Gilde, die ohnehin auf ihn zukamen, scheint er keine Ämter innegehabt zu haben. Zwar musste er für seinen Rang als Captain und dann Major in den Trained Bands mit großer Wahrscheinlichkeit Gebühren für die Offizierspatente bezahlen. Doch waren beides keine Ämter, aus denen dann auch Einnahmen an ihn zurückflossen, zumindest nicht in Friedenszeiten und bei einer Stadtgarde, die nicht aus der Beute aus dem Besitz der Besiegten Profit schlagen konnte.

---

45 Vgl. CHALLIS (2004/2008: Neale, Thomas (1641–1699)); MCKELLAR (1999), S. 48.
46 PEPYS, Diary, 11. November 1661.
47 *Observations*, Conclusion.

3.3 Immobilienmarkt

Anders sah es dagegen auf einem Markt aus, der im 17. Jahrhundert in London einen stetigen Zuwachs verzeichnete, nämlich dem Immobiliensektor[48]. Gegenüber all den genannten Formen von Spekulationsgewinnen bot damals wie heute der Erwerb von Immobilien die wertstabilste Anlagemöglichkeit[49]. Schließlich sorgten die anhaltende Zuwanderung nach London, der angespannte Wohnungsmarkt, die bauliche Verdichtung des Stadtgebietes sowie wiederholte Wellen von Besitzverschiebungen im Zuge von Enteignungen politischer Gegner in den Zeiten des Bürgerkriegs, des Protektorats und der Restauration beziehungsweise nach dem Großen Brand für Geschäftsmöglichkeiten mit hoher Rendite[50]. Zudem verlagerten viele betuchte Haus- und Grundbesitzer ihren Wohnsitz aus der engen und unkomfortablen Altstadt in die großzügiger gestalteten Viertel im Westen in Richtung des Königspalasts in Whitehall und warfen ihren vorherigen Immobilienbesitz als Verkaufs- oder Vermietungsobjekte auf den Markt[51].

Ein herausragendes Beispiel im engeren persönlichen Umfeld von Graunt war der bereits genannte John Cutler, der zu den Finanzprofis seiner Zeit gehörte und auf dem Immobilienmarkt insbesondere mit Darlehensgeschäften und der Vermietung eigener Gebäude Geschäfte machte[52]. Er erwarb in den 1660er Jahren umfangreichen Immobilienbesitz im Viertel Austin Friars rund um das ehemalige Augustinerkloster. Dieses Gebiet zeichnete sich nicht nur durch seine exquisite Lage in unmittelbarer Nachbarschaft des Zunfthauses der Tuchhändlergilde aus, sondern scheint schon im 16. Jahrhundert eine bevorzugte Wohnadresse gewesen zu sein. Hier hatten in der Zeit Heinrichs VIII. bedeutende Männer wie Erasmus von Rotterdam oder Thomas Cromwell ihren Wohnsitz genommen. Prominent war auch der Mieter, der im September 1664 in eines der Häuser Cutlers an der Broad Street einzog: Sir George Carteret, hoher königlicher Beamter und Mitglied des Privy Council. Aber sein Zuzug war erst der Auftakt – Cutler beabsichtigte in Austin Friars im großen Stil zu investieren, um so eine optimale Rendite aus seinem eingesetzten Kapital zu erzielen[53].

---

48 Vgl. hierzu v. a. BAER (2009: People Have to Live Somewhere: Housing Stock and London's Population, 1640–60); MCKELLAR (1999).

49 S. hierzu auch GRASSBY (1978: Social Mobility and Business Enterprise in Seventeenth-Century England), S. 358 f.

50 Vgl. FAHRMEIR (2003), S. 69. Pepys vermerkt, dass er vor seinem Umzug viele Mietinteressenten für sein altes Haus hatte und „troubled with them" sei (PEPYS, Diary, 10. August 1660).

51 Graunt spricht dies in den *Observations* an (Kap. IX / 8). S. hierzu auch unten zu seinem Immobiliengeschäft in Lothbury.

52 Vgl. HAYTON (2008).

53 PEPYS, Diary, 29. September 1664.

Immobiliengeschäfte waren jedoch nicht nur auf die Gutbetuchten beschränkt. Die unzähligen Verkaufsurkunden aus der ersten Hälfte des 17. Jahrhunderts, die noch im Londoner Stadtarchiv aufbewahrt werden, zeigen, dass der Immobilienmarkt trotz der Schwankungen insbesondere während des Bürgerkrieges generell von der Kapitalakkumulation in der Stadt, dem Bevölkerungswachstum Londons und der Verknappung von Wohnraum profitierte[54]. Gut ein Viertel der Haushalte der Londoner Mittelschicht hatten Anlageimmobilien im Vermögensportfolio[55].

Hinzu kam eine zunehmende Professionalisierung des Bauwesens. Mit dem Typus des sogenannten „Developer" kam eine Vorform des Immobilienhändlers und -maklers auf, der mit unbebauten und bebauten Grundstücken handelte, Finanzierungen organisierte, Mieteinnahmen verwaltete oder auch selbst als Bauträger fungierte. Die eigentliche Bautätigkeit wurde in der Regel als Einzelprojekt realisiert, zu dessen Gewerken dann jeweils unterschiedliche Handwerksbetriebe herangezogen wurden – „Baufirmen" im heutigen Sinne waren im 17. Jahrhundert noch unbekannt. Auch die Finanzierungsstruktur der Bauwirtschaft war eher von vielen einzelnen Anlegern aus der vermögenden Mittel- und Oberschicht denn Großinvestoren geprägt[56].

Das bekannteste Beispiel in London war Nicholas Barbon ([1637 / 1640]–[1698 / 1699]), der aus einer Lederhändler- und Politikerfamilie stammte, nach einer Ausbildung zum Arzt dann in das Immobiliengeschäft einstieg und nach dem Brand von London maßgeblich vom Bauboom beim Wiederaufbau der Stadt profitierte. Auch Barbon beschäftigte sich mit theoretischen Fragen der Funktionsweise des Handels und der Geldwirtschaft, teilweise in Auseinandersetzung mit John Locke. In dieser Verbindung von unternehmerischer Praxis und wissenschaftlichem Impetus war er seinen Zeitgenossen nicht unähnlich[57].

Es ist angesichts dieses „Immobilienbooms" verständlich, dass auch John Graunt sich dieses lukrative Geschäft nicht entgehen lassen wollte. Das Haus in der dicht und eng bebauten Birchin Lane, welches er und seine Familie bewohnten, war im Vergleich zu den anderen Häusern des Bezirks von durchschnittlicher Größe und zudem auch mit dem Ladengeschäft belegt[58]. Insofern waren die Möglichkeiten, etwa aus einer Untervermietung ein regelmäßiges Zusatzeinkommen zu erzielen, vermutlich sehr begrenzt.

---

54 Vgl. etwa Metropolitan Archive, CLC / 522 / MS20516-MS20525, CLC / 522MS20545, CLC / 522 / MS20677, CLC / 522 / MS24456.

55 Vgl. FIELD (2018), S. 101.

56 Vgl. hierzu etwa BAER (2009), S. 5 f.

57 Vgl. SHELDON (2004 / 2008) sowie MCKELLAR (1999), insbesondere S. 42–46.

58 Dies ergibt sich aus den Listen der Erfassung für die Hearth Tax von 1662 im „Cornhill ward" (während 1666 die Erhebungen vor dem Großen Brand nicht zum Abschluss kamen). Demnach hatte

Im März 1659 erwarb er gemeinsam mit seinem Freund William Petty und seinem Schwager John Martyn ein Objekt im Pfarrbezirk St. Margaret Lothbury, das direkt an den Kirchhof des Gotteshauses angrenzte[59]. Das Gebiet war stark parzelliert und von Streubesitz geprägt, doch hatten sich im Zuge von ständigen Verkäufen zwei große Teilgrundstücke gebildet, die durch eine von der Lothbury Street abführenden Stichstraße durchschnitten wurden[60]. Darauf befanden sich ein kleiner Gebäudebestand mit zwei Gewerbeeinheiten sowie potenzielle Baugrundstücke und Gärten, die teilweise mit Mauern umfasst waren.

Das Objekt hatte eine so bewegte Historie aus wechselnden Käuferkonsortien und komplizierten Besitzrechten, aus Teilungserklärungen und Vorkaufsrechten hinter sich, dass die auf das Grundstücksgeschäft ausgestellte Urkunde, in der diese minutiös dargelegt wurden, einen beachtlichen Umfang erreichte[61]. Schließlich mussten die Käufer sich hier auch gegen möglicherweise bestehende Ansprüche der benachbarten Pfarreien und Gilden oder anderer Gläubiger absichern.

Die Verkäufer – neben einer Witwe aus Hutton in Essex ein Londoner Tuchmacher sowie zwei miteinander verwandte Händler der City – waren bereits die vierten Besitzer in nur acht Jahren, seit die Grundstücke aus dem Besitz von Henry Howard Earl of Arundel im Jahre 1650 veräußert worden waren[62]. Das Käuferkonsortium um Graunt erwarb de jure zwar nur einen uneingeschränkten Nießbrauch, aber da dieser für mehr als tausend Jahre festgeschrieben wurde und außerdem übertragbar war, handelte es sich de facto um einen Eigentumsübergang.

Es ist nicht klar, mit wie viel Eigenkapital sich die einzelnen Käufer an diesem Immobiliengeschäft beteiligten. Für die beiden Grundstücke zahlten die drei Erwerber eine Gesamtsumme von 3000 Pfund, ein Kaufpreis, der durchaus beträchtlich war: Beispielsweise lag das Jahreseinkommen von Pepys 1664 bei knapp 400 Pfund, Graunt und seine

---

das Haus Graunts 4 Herdstellen – was dem Durchschnitt der besteuerten Häuser im 3. Bezirk entsprach (4,36).

59 Das Original des Vertrags vom 8. März 1659 mit den Unterschriften und Siegeln der Käufer befindet sich in BL, Add Ch 76982c. Ein Typoskript des vermutlich von Henry William Edmund Petty-Fitzmaurice transkribierten Textes in Add MS 72907; eine gedruckte Version in FRESHFIELD (1887: The vestry minute book of the parish of St. Margaret Lothbury in the City of London 1571–1677), S. XLII–XLVII.

60 Diese dürfte etwa entlang des heutigen Tokenhouse Yards verlaufen sein, doch wurde der Straßenverlauf nach dem Brand von London 1666 und in späteren Straßenführungen stark verändert und das Gelände überbaut.

61 Diese Überlagerung von Rechten war für London nicht untypisch, wie FIELD (2018) betont (S. 33).

62 Dazu findet sich auch eine Bemerkung in den *Observations*, Kap. IX / 8.

Partner investieren also fast das Achtfache des Jahresgehalts eines höheren Beamten in das Immobiliengeschäft[63].

Graunt hatte ganz offensichtlich nicht die Absicht, hier eine neue Bleibe für sich und seine Familie zu errichten, obschon es im 17. Jahrhundert unter vermögenden Londonern durchaus üblich war, repräsentative Wohnhäuser zu kaufen oder ältere Gebäude dazu auszubauen, wofür man bevorzugt nach Objekten außerhalb der eng verwinkelten Straßenzüge der City suchte[64]. Graunts Familie blieb auch weiterhin in der Birchin Lane wohnen und zog später, als sie dort nicht mehr bleiben konnte, in den Temple-Bezirk. In den noch erhaltenen Listen der Pfarrmitglieder von St. Margaret Lothbury, die für Arme spendeten, scheinen deshalb weder Graunt noch andere Familienmitglieder auf[65]. Bei diesem Immobiliengeschäft handelte es sich also offensichtlich um eine Geldanlage, aus der die Familie laufende Einnahmen aus Miete und Verpachtung erzielen konnte – eine gerade bei kleineren Geschäftsbesitzern offensichtlich nicht seltene Anlagestrategie[66].

Zudem war die Wahl weniger aus eigenem Antrieb als vielmehr auf Betreiben William Pettys auf dieses Kaufobjekt gefallen, der bereits bei seinem ersten Aufenthalt in London hier seine Wohnstatt genommen hatte und nach seiner Rückkehr aus Irland die erste sich bietende Gelegenheit nutzte, um für sich dort ein Haus mit Garten zu erwerben[67]. Offensichtlich diente er dabei seinem Freund einen Teil des zu erwerbenden Grund und Bodens an. Dieses Angebot war vermutlich nicht uneigennützig, da die Gesamtsumme für die zum Kauf stehenden Grundstücke seine finanziellen Möglichkeiten überstiegen haben könnte und er deshalb seinen vermögenden Freund mit ins Spiel brachte.

Diesem Interesse an einer wertstabilen Anlage entsprach ein weiteres Immobiliengeschäft, das Graunt um die gleiche Zeit, also Ende der 1650er Jahre, tätigte, als er an die East India Company Lagerflächen vermietete, die diese für die Einlagerung von Waren und Proviant für ihren florierenden Seehandel mit Asien dringend benötigte[68]. Dabei handelte es sich um ein Geschäftsmodell mit fast garantierter Rendite, an dem sich viele

---

63   Vgl. dazu die nach Berufen und sozialen Schichten gegliederte Tabelle bei MÜLLER (1932: Sir William Petty als politischer Arithmetiker. Eine soziologisch-statistische Studie). Doch ist unklar, wie Müller zu diesen Zahlen kommt.

64   Vgl. MCKELLAR (2013: Landscapes of London: The city, the country and the suburbs, 1660–1840).

65   Vgl. FRESHFIELD (1887).

66   Vgl. EARLE (1989), S. 148.

67   Vgl. MASSON / YOUNGSON (1960: Sir William Petty, FRS (1623–1687)), S. 89.

68   Protokoll des „Court of Committees" vom 9. März 1659, SAINSBURY (1916: A calendar of the court minutes etc. of the East India Company, 1655–1659), S. 316 f., hier 317, sowie 16. März 1659, ebd., S. 319. Zwischen der Drapers' Company und der East India Company bestanden in der Zeit Graunts enge Geschäftsbeziehungen, „to whom they were in the habit of lending their balances" (JOHNSON (1922), Bd. 3, S. 324).

andere vermögende Londoner und übrigens auch Josiah Child beteiligten[69]. Ob Graunt dabei tatsächlich Immobilienbesitz an Lagerhallen erwarb oder nur auf Provisionsbasis die Vermietung und Verwaltung freier Lagerkapazitäten übernahm, ist unklar.

Mit der Zeit scheint sich Graunt, wie sein Freund John Cutler, eine gewisse Expertise im Immobiliengeschäft erworben zu haben. Vermutlich bat ihn deshalb 1666 die Royal Society, in ihrem Auftrag mit dem Hauseigner über die Renovierung von Geschossflächen im Gresham College zu verhandeln[70]. Noch 1673, also nur ein Jahr vor seinem Tod, bot Graunt dem Leitungsgremium der East India Company an, möglicherweise bestehende Rechtsansprüche der Seehandelsgesellschaft auf Immobilienbesitz aufzuspüren, sofern man ihm dafür dann einen Teil des zu restituierenden Besitzes als Provision überlassen würde. Graunts Ansehen in diesem Geschäftsbereich war offensichtlich so groß, dass die Company trotz der erheblichen Gegenforderung beschloss, mit ihm in Verhandlungen über sein Angebot einzutreten. Offensichtlich versprach man sich aus einer Beauftragung Graunts immer noch genug Gewinn, dass sich das Geschäft auch für die Company lohnte[71]. Selbst wenn Graunt nicht als Anteilseigner der East India Company gezeichnet haben sollte, unternahm er also immer wieder Versuche, sich zumindest indirekt an deren Erfolg zu beteiligen.

Diese letztgenannte Form der Vertretung der Interessen eines Dritten verweist auf eine weitere Einnahmequelle, die sich Graunt in den 1660er Jahren neben seinem eigentlichen Geschäftsbetrieb erschlossen hatte.

3.4 Vermögensverwaltung

Viele Mitglieder der reichen Oberschicht in England schätzten die Dienste eines Vermögensverwalters, der sie von lästigen Alltagsgeschäften entlastete und es ihnen ermöglichte, sich in der Zwischenzeit anderen Aktivitäten hinzugeben. Ein herausragendes Beispiel ist etwa der „Scrivener" Robert Clayton (1629–1707), der sich gemeinsam mit seinem Partner John Morris ([1627]–1682) auf die Kreditvergabe an Landbesitzer spezialisiert hatte und dann dazu überging, auch deren als Hypothek hinterlegten Besitz an Grund und Boden treuhänderisch zu verwalten. In den 1660er Jahren gelang es ihm, einen bereits von den Zeitgenossen vielbeachteten Wohlstand aufzubauen, was ihm

---

69 Vgl. ZAHEDIEH (2010: The capital and the colonies: London and the Atlantic economy 1660–1700), S. 169.
70 S. unten.
71 Protokoll des „Court of Committees" vom 28. Mai 1673, IOR / B / 32, fol. 242 f., hier 243; SAINSBURY (1932: A calendar of the court minutes etc. of the East India Company, 1671–1673), S. 240 f.

dann den Weg zu einer herausragenden politischen Karriere ebnete[72]. Ähnlich bezog der Goldschmied-Banker Francis Child (1641/2–1713) erhebliche Einkünfte aus der Verwaltung von Grundrenten sowie anderen Dienstleistungen für seine Kundschaft. Dieser „Nebenerwerb" ließ ihn die Krise des Londoner Bankensystems um 1672 relativ unbeschadet überstehen[73].

Soweit wir der Korrespondenz entnehmen können, war Graunt für William Petty als Bevollmächtigter tätig und vertrat treuhänderisch die Geschäftsinteressen Pettys in London während dessen Aufenthalten in Dublin. Der noch überlieferte, allerdings lückenhafte Schriftverkehr zwischen den beiden Freunden betraf neben der Information über Neuigkeiten aus Politik und Gesellschaft etwa die Lobbyarbeit Graunts für das von Petty entwickelte Katamaran-Schiff[74] oder laufende Rechnungen und Forderungen Pettys, die Graunt bei verschiedenen Schuldnern eintreiben sollte[75]. Mit Pettys Rechtsanwalt Walters arbeitete er in verschiedenen Prozessangelegenheiten eng zusammen[76]. 1667 wurde Graunt, vermutlich auf Vermittlung von Petty, als Personalvermittler aktiv, um für James Butler, Duke of Ormond (1610–1688), in Canterbury wallonische Weber für die Textilproduktion in Irland anzuwerben[77].

Insbesondere war es aber der umfangreiche Immobilienbesitz Pettys in London, den Graunt verwaltete – was sowohl die Wiederaufbaumaßnamen nach dem Großen Brand von 1666 als auch die quartalsweise einzutreibenden Mietzahlungen anbetraf, die Petty zudem zur Querfinanzierung von anderen Krediten und Geldgeschäften dringend benötigte[78]. Graunt wurde für seinen Freund auch beim Kauf weiterer Immobilien aktiv, etwa 1660 als bevollmächtigter Vertreter bei einem geplanten Immobilienerwerb Pettys in dessen südenglischem Heimatort Romsey. Hinzu kamen weitere Einnahmen aus dem in dieser Zeit hoch im Kurs stehenden Handel mit Ämtern und Ansprüchen auf deren Einkünfte. So wurde Graunt zu Beginn der 1660er Jahre mehrfach bei Samuel Pepys vor-

---

72 Vgl. MELTON (2004/2007: Clayton, Sir Robert (1629–1707)).
73 Vgl. WINTERBOTTOM (2004/2006: Child, Sir Francis, the elder (1641/2–1713)); McKELLAR (1999), S. 39.
74 So etwa William Petty an John Graunt, Dublin, 18. Dezember 1662, BL, Add MS 72850, fol. 11–17; John Graunt an William Petty, London, 15. August 1663, ebd., fol. 126 f.
75 John Graunt an William Petty, London, 17. September 1669, BL, Add MS 72850, fol. 93/ Transkription (fehlerhaft datiert) 72907, fol. 27; 3. November 1660, 72850, fol. 88/ Transkription 72907, fol. 26; 31. Dezember 1672, 72858, fol. 80.
76 William Petty an John Graunt, Dublin, 2. April 1672, Briefprotokoll, BL, Add MS 72858, fol. 22^V/ Transkription 72907, fol. 32; 13. April 1672, Briefprotokoll, 72858, fol. 23^V/ Transkription 72907, fol. 33; 29. Juni 1672, 72907, fol. 34 f.
77 Vgl. BONAR (1931: Theories of Population from Raleigh to Arthur Young), S. 69; HULL (1899), S. 37.
78 William Petty an John Graunt, [Spätjahr] 1666, Briefbuch, BL, Add 72907, fol. 28; ders. an dens. 4. Februar 1667, fol. 29.

stellig, um im Auftrage Pettys die diesem offensichtlich als Verbindlichkeit übertragenen Ansprüche von Thomas Barlow, dem Vorgänger von Pepys als Clerk of the Acts, auf Anteile des Amtssaläers einzutreiben[79].

Die genauen Hintergründe eines weiteren Geschäftes, das Graunt 1668 gemeinsam mit einem Steuereintreiber in der Grafschaft Wiltshire einging und bei dem er offensichtlich um eine größere Summe betrogen wurde, sind nicht mehr rekonstruierbar[80].

Ein weiterer Kunde Graunts war Sir William Backhouse (1641–1669). Mit dessen Familie war er über seine intellektuellen Netzwerke möglicherweise schon frühzeitig bekannt geworden – ein Onkel von Backhouse war als „Alchemist" ein enger Vertrauter unter anderem von Elias Ashmole, einem der „Original Fellows" der Royal Society[81]. William Backhouse wurde aber vor allem als Anteilseigner der New River Company für Graunt interessant. Dieses Unternehmen baute seit 1613 ein System von Aquädukten, Wasserreservoirs und Pumpstellen zur Trinkwasserversorgung der wachsenden Bevölkerung Londons aus den im Umland der Stadt gelegenen Flüssen und Wasservorkommen auf und finanzierte sich in Form einer Joint-Stock-Company[82]. Deshalb wurde Graunt bei einem engen Vertrauten der Familie, dem anglikanischen Kleriker William Lloyd (1627–1717), mit der Bitte um Verwendung vorstellig und bot der Familie Backhouse an, deren Anteile an der New River Company und den damit verbundenen Landbesitz als Vermögensverwalter gewinnbringend weiterzuentwickeln.

Die genauen Umstände und der Zeitpunkt dieser Bewerbung sind unklar, diese könnte auch unmittelbar nach dem Großen Brand von London erfolgt sein, bei dem Graunts Geschäftshaus bis auf die Grundmauern abgebrannt war, weshalb er sich dringend nach einer anderen Einkommensquelle umsehen musste. Im Umfeld von Lloyd bewegte sich auch Gilbert Burnet (1643–1715)[83], der wiederum dem Bekanntenkreis von William Petty zuzurechnen ist. Es ist also nicht auszuschließen, dass Petty, für den Graunt bereits zuvor erfolgreich als Agent tätig geworden war, ihm zu dieser Bewerbung geraten hatte und dafür die notwendigen Kontakte herstellte. Möglicherweise bestand das Interesse

---

79 S. oben sowie Pepys, Diary, 20. Mai 1661, 23. Januar 1663 und 12. Februar 1666. S. hierzu auch „Power of attorney granted by sir Wm. Petty to John Graunt, to receive for him the annuity to be paid by Pepys to Thomas Barlow, 6 March, 1660 / 1; with a receipt from Petty for one quarter's payment", Rawlinson (1862: Catalogus Codicum Manuscriptorum Bibliothecae Bodleianae), Nr. 45, S. 160. S. auch Le Bras (2000), S. 43 (allerdings hier fälschlich als Barrow wiedergegeben).
80 Vgl. Lewin (2004: Graunt, John (1620–1674)).
81 Vgl. Speake (2012: Backhouse, William).
82 S. hierzu v. a. Tomory (2017: The history of the London water industry, 1580–1820); Tomory (2015: London's water supply before 1800 and the roots of the networked city). Zum Forschungsthema der Entwicklung der Wasserversorgung in London vgl. auch die Überlegungen von Taylor / Trentmann (2011: Liquid politics: Water and the politics fo everyday life in the modern city).
83 Zu Burnet vgl. Greig (2004 / 2013: Burnet, Gilbert (1643–1715)).

Graunts an den Besitzungen der Familie Backhouse aber schon länger, denn bei einer Sitzung des General Courts der New River Company am 25. September 1666, also kaum mehr als drei Wochen nach der Brandkatastrophe, konnte er bereits so weit entwickelte Planungen vorlegen, dass er noch während der Sitzung in deren Treuhänderausschuss aufgenommen wurde. Nach seiner offiziellen Bestallung durch die Familie Backhouse am 12. November 1666 war Graunt jedenfalls dann als deren Vermögensverwalter tätig[84].

Wann diese Tätigkeit endete, ist nicht ersichtlich. Backhouse starb Ende August 1669, seine Witwe Flower Backhouse (1641–1700) heiratete bald darauf im Oktober 1670 Henry Hyde (1638–1709), den ältesten Sohn von Edward Hyde Earl of Clarendon und dessen Frau Frances[85]. Wie wir noch sehen werden, sollte sie später in Verbindung mit William Lloyd und Gilbert Burnet in der Gerüchteküche um eine angebliche Beteiligung Graunts an einer katholischen Verschwörung während des Großen Brandes von London eine unrühmliche Rolle spielen. Es ist insofern zu vermuten, dass die Tätigkeit Graunts für die Familie Backhouse ein jähes Ende fand, als dessen Übertritt zum Katholizismus bekannt geworden war – und er damit auch dieser wichtigen Einkommensquelle verlustig ging.

Auch wenn wir auf Grund der lückenhaften Quellenlage den genauen Hintergrund dieser Vorgänge nicht mehr vollständig ausleuchten können – es bleibt festzuhalten, dass es Graunt trotz der Vernichtung von großen Teilen seines eigenen Vermögens in der Brandkatastrophe von 1666 in nur wenigen Wochen gelang, sich sein bestehendes Beziehungsnetzwerk innerhalb der Londoner Eliten zunutze zu machen und durch Verwaltertätigkeiten vorerst über Wasser zu halten. Dabei kam ihm zugute, dass er sich in diesem Geschäftsfeld bereits in der ersten Hälfte der 1660er Jahre eine gewisse Expertise erworben hatte.

Dieser Befund lässt sich auch mit einer weiteren Quelle stützen, nämlich den noch erhaltenen Kontenbüchern des Goldschmied-Bankers Edward Backwell ([1619]–1683), in denen sich einige Einträge über von John Graunt getätigte Ein- und Auszahlungen, Umbuchungen und kurzfristige Geldanlagen sowie weitere Kontenbewegungen finden – bezeichnenderweise im Zeitraum zwischen Sommer 1663 und Januar 1670.

Backwell war einer der Mitbegründer der modernen Bankwirtschaft in London[86]. Nachdem er sich Mitte der 1650er Jahre mit seinem Geschäft in der Lombard Street, also in unmittelbarer Nachbarschaft zu Graunts Wohnhaus, angesiedelt hatte, konzentrierten sich seine Aktivitäten in der Restaurationszeit immer mehr auf das lukrative Finanzge-

---

84 Vgl. MAITLAND (1775), S. 435.

85 Vgl. SPECK (2004/2012: Hyde, Henry, second earl of Clarendon); SEAWARD (2008: Hyde, Edward, first earl of Clarendon); RUSSELL (1901: Swallowfield and its owners), S. 136 f.

86 Vgl. zum Folgenden: WINTER (2022); AYLMER (2008: Backwell, Edward (c. 1619–1683)); RICHARDS (1929), S. 7–35; O. V. (2022: Edward Backwell).

schäft, was ihm einen raschen sozialen Aufstieg bescherte. Zu seinen Kunden zählten unter anderen der König, Angehörige der königlichen Familie und des Hofes, finanzstarke Adelige und städtische Eliten, aber etwa auch die Tuchhändlergilde, der Graunt angehörte, und Fernhandelskompanien, darunter insbesondere die East India Company.

Die Vorgänge auf dem Konto Graunts enthalten dabei zumeist nur buchungstechnische Abkürzungen und lassen nur in wenigen Fällen eine eindeutige Identifizierung der Auftraggeber beziehungsweise der Zahlungsempfänger zu[87]. Außerdem ist angesichts der Tätigkeit Graunts als Makler und Vermögensverwalter nicht auszuschließen, dass es sich dabei teilweise auch um Überweisungen im Auftrage Dritter gehandelt haben könnte. Da die Salden der jeweils zusammengehörenden Vorgänge einander rechnerisch exakt entsprechen, kann zumindest davon ausgegangen werden, dass die vorliegenden Buchungseinträge annähernd lückenlos erhalten geblieben sind.

Auffallend ist, dass Graunt sein Konto in dem Zeitraum, den wir hier überblicken können, stets schnell zu Null ausgleichen konnte. Die Zahlungszuflüsse enthielten dabei unter anderem Bargeldeinzahlungen durch Graunt sowie Überweisungen von Dritten, beispielsweise einer „T. D. & Company" oder des „Earl of Carlisle"[88]. Teilweise scheint er mit dem Konto auch Zinsgewinne erwirtschaftet zu haben – auf eine Einlage erhielt er einen Zinssatz von 5,5 Prozent[89] – und nahm umgekehrt kurzfristig Geld mit einer dreimonatigen Tilgungsfrist auf[90]. In den Jahren 1669 und 1670 finanzierte Graunt möglicherweise auch quer aus verschiedenen Geldhäusern, wie einzelne Überweisungen an andere Goldschmied-Banker wie Thomas Row und Robert Wealstead zeigen[91]. Seit etwa der Mitte des Jahrhunderts waren die Goldschmied-Banker der Lombard Street dazu

---

87 Royal Bank of Scotland Archives (im Folgenden: RBS), Customer account ledgers of Edward Backwell, EB / 1 / 1–3 und EB / 1 / 6–7. Ich danke Lyn Crawford, Royal Bank of Scotland Archives, für wertvolle Hinweise.
88 RBS, EB / 1 / 1, fol. 457, Customer account ledger J, Eintrag vom 22. Juli 1663; EB / 1 / 6, fol. 489, Customer account ledger Q, Eintrag vom 18. Januar 1669.
89 RBS, EB / 1 / 7, fol. 381, Customer account ledger R, Eintrag vom 22. Juli [1669]. Ein solcher Zinssatz war nicht unüblich. Beispielsweise erhielt der Goldschmied-Banker Thomas Row Anfang der 1670er Jahre 6 % pro Jahr auf seine beim Exchequer eingezahlten Beträge, vgl. PRICE (1890 / 1891) S. 145. Ähnliche Darlehensgeschäfte tätigte der Merchant Adventurer William Attwood zwischen 1655 und 1670 zu einem Zinssatz von 4,5–5,5 %, vgl. MITCHELL (1995: Innovation and the transfer of skill in the goldsmiths' trade in Restoration London), S. 9.
90 RBS, EB / 1 / 7, fol. 381, Customer account ledger R, Einträge vom 22. Oktober 1669 und 22. Januar 1670.
91 RBS, EB / 1 / 7, fol. 381, Customer account ledger R, Einträge vom 29. Juli 1669 und 24. Januar 1670. Zu Row und Wealstead (auch Welstead) s. PRICE (1890 / 1891) S. 145 f. und 173.

übergegangen, Forderungen Dritter gegeneinander zu wechseln, weshalb diese Buchungen in den Büchern Backwells auftauchten[92].

Unter den wenigen genannten Personen fallen einige besonders ins Auge: Am 3. August 1663 erhielt ein „Captain Muschamp" eine Zahlung von 8 Pfund – möglicherweise als Gegenleistung für dessen Dienste als Mitglied einer Kommission der Royal Society, die das von Petty entwickelte doppelrumpfige Schiff auf seine Tauglichkeit hin überprüfen sollte und an der Experten aus der Seefahrt und dem Schiffsbau teilnahmen[93]. Dies könnte darauf hinweisen, dass Graunt das Konto in der Tat für die Abwickelung von Aufträgen Dritter nutzte, wofür auch die exakten Salden sprechen, die bei einem privat genutzten Konto eher ungewöhnlich wären. Offensichtlich wurde Graunt hier, wie öfters in dieser Zeit, im Auftrage Pettys tätig, der in Irland weilte. Ob es sich dabei um eine reguläre Bezahlung für eine erbrachte Dienstleistung oder um nachträglich bezahltes Bestechungsgeld handelte, ist nicht mehr feststellbar, zumal Korruption in dieser Zeit als deutlich weniger anstößig wahrgenommen wurde, als dies heute der Fall ist. William Muschamp unterhielt im Übrigen noch später geschäftliche Beziehungen zu Petty, unter anderem als Empfänger von Anteilen an Pachteinnahmen in Irland[94].

Einen ähnlichen Hintergrund könnte möglicherweise auch ein weiterer Kunde der Bank gehabt haben, an den Graunt einen Tag später 50 Pfund auszahlen ließ, nämlich John Needler[95]. Seine Identität ist nicht mehr eindeutig zu klären – ein John Needler war in den 1680er Jahren im Hafen von London als Zollkontrolleur tätig[96], könnte also auch vorher schon mit maritimen Fragen, die für Pettys Projekt wichtig waren, zu tun gehabt haben. Des Weiteren waren Mitglieder einer Familie Needler auch an Grundstücksspekulationen in Whitechapel beteiligt[97]. Beides würde angesichts der unterschiedlichen Verbindungen von Graunt in der Londoner Geschäftswelt Sinn machen. Doch verlieren sich die genauen Umstände dieser Zahlung im Dunkeln.

Auch bei Charles Howard (1628–1685), der 1661 zum ersten Earl von Carlisle erhoben worden war, ist der Zusammenhang seiner Zahlung an Graunt im Januar 1669

---

92 Vgl. hierzu MITCHELL (1995), S. 9; QUINN (1995: Balances and goldsmith-bankers: the co-ordination and control of inter-banker debt clearing in seventeenth-century London).

93 RBS, EB/1/1, fol. 457, Customer account ledger J, Eintrag vom 3. August 1663; BIRCH (1756), S. 184.

94 S. die Urkunde der königlichen Regierung vom 11./20. März 1676 zur Absicherung der Pachtzahlungen im Falle höherer Gewalt, SHAW (1911: Calendar of Treasury Books 1676–1679, preserved in the Public Record Office), S. 154–163.

95 RBS, EB/1/1, fol. 457, Customer account ledger J, Eintrag vom 4. August 1663 (hier als „Mr Nem").

96 Vgl. REDINGTON (1868: Calendar of treasury books and papers. 1556/7–1745), S. 57. Am 27. Juli 1689 wurde sein Gesuch um Verlängerung seiner Bestallung als „controller of the great and petty customs" durch die Commission of the Lords of the Treasury behandelt.

97 Vgl. BERRY (1986: The Boar's Head Playhouse), S. 78.

in Höhe von 100 Pfund nicht mehr feststellbar[98]. Dennoch verdient diese finanzielle Transaktion eine gewisse Aufmerksamkeit: Howard war ein Politiker und Militär, der sich vom Parteigänger Cromwells zum Royalisten und vom Katholiken zum Anglikaner gewandelt und so die Umbrüche seiner Zeit unbeschadet überstanden hatte. Damit zeigte er ein für diese Zeit nicht untypisches Verhalten, das man wohlwollend als pragmatisch und undogmatisch, negativ gewendet als opportunistisch und prinzipienlos verstehen könnte. Graunt würde sich, wie noch zu zeigen sein wird, bald ähnlichen Vorwürfen ausgesetzt sehen und das Vertrauen, das er sich bei finanziell potenten Kreisen erarbeitet hatte, einen jähen Abbruch finden, insbesondere als sein Übertritt zum Katholizismus bekannt wurde und er damit für Teile seines Netzwerks als Partner nicht mehr tragbar erschien.

Ob es Graunt nach 1666 nochmals gelang, an die florierenden Zeiten seines Unternehmens in der Zeit vor dem „Brand von London" anzuknüpfen, lässt sich aus den Quellen nicht mehr feststellen. Möglicherweise war die „Bankenkrise" von 1672, als der hochverschuldete königliche Hof kurzerhand seine Ausstände bei den Goldschmieden annullierte und damit einzelne Unternehmen, wie eben jenes Backwell, mit dem Graunt Geldgeschäfte tätigte, in den Ruin trieb, ein weiterer Schlag nach dem Verlust seines Betriebes im Großen Brand von London. Zu Zeiten der Abfassung der *Observations* war er jedoch ohne Zweifel ein wirtschaftlich erfolgreicher Händler, der nach allem, was wir wissen, eher konservative Formen der Geldanlage in Immobilienbesitz bevorzugte und sich von der Spekulationsfreude seiner Zeitgenossen und risikoreichen Anleihen im Fernhandel fernhielt.

3.5   Exkurs: Fernwege

Für einen jungen Mann wie den Sohn John Graunts stellte eine Tätigkeit in einem Stützpunkt der Ostindienkompanie in dieser Zeit eine attraktive Karriereoption dar[99].

---

98   RBS, EB/1/6, fol. 489, Customer account ledger Q, Eintrag vom 18. Januar 1669. Zu Howard: GOODWIN/KELSEY (2004: Howard, Charles, first earl of Carlisle (1628–1685)).

99   Zum Folgenden: BASSETT (2010: The factory of the English East India Company at Bantam 1600–1682); ZAHEDIEH (2010); SHNGREIYO (2009: The English East India Company and trade in Coromandel, 1640–1740); GUILLOT (1993: Banten in 1678); KEAY (1991: The Honourable Company. A History of the English East India Company); VILLIERS (1990: One of the Especiallest Flowers in our Garden: The English Factory at Makassar, 1613–1667); PTAK (1989: Der Handel zwischen Macau und Makassar, 1640–1667); ARASARATNAM (1984: The Coromandel-Southeast Asia Trade 1650–1740: Challenges and Responses of a Commercial System); CHAUDHURI (1978); CHAUDHURI (1965: The English East India Company. The study of an early joint-stock company 1600–1640); BASSETT (1961: English relations with Siam in the Seventeeth Century); BASSETT (1960: The Tra-

Auch Jahrzehnte, nachdem die erste englische Expedition im Auftrag der kurz zuvor gegründeten East India Company 1602 in Aceh auf Sumatra an Land gegangen war, umwehte die sogenannten „Gewürzinseln" immer noch ein Hauch von Exotik und Abenteuer[100]. Zwar wurden zu Zeiten Graunts der Seeverkehr und der Handel mit dem Fernen Osten von der Londoner Zentrale aus längst mit geschäftsmäßiger Routine betrieben, mit einer Vielzahl von Stützpunkten auf der Seeroute und in Asien, einem hochentwickelten Verwaltungsapparat und bis 1656 sogar eigenen Schiffswerften am Unterlauf der Themse[101]. Dennoch übten die geheimnisvolle Ferne der Kulturen Asiens, die Reichtümer, die es dort vermeintlich noch zu erwerben gab, und die Gefahren, denen sich die Händler dabei aussetzten, immer noch eine starke Faszination auf die englische Öffentlichkeit aus, der sich wohl auch der junge Graunt nicht entziehen konnte[102].

Dass Karl II. 1661 bei seinem feierlichen Einzug in London aus Anlass seiner Krönung auf dem Weg von der Anlegestelle am Tower zum Palast in Whitehall vor dem Hauptsitz der Handelsgesellschaft eigens einen Halt einlegte, um dort einer Huldigungsadresse von Vertretern der East India Company beizuwohnen, war das erste Mal in der englischen Geschichte überhaupt, dass ein Souverän einer einzelnen Handelsgesellschaft derart ostentativ Aufmerksamkeit schenkte[103]. Der Schauplatz dieses Spektakels, das von der East India Company genutzte „Craven House" in der Leadenhall Street, lag nur fünf Fußminuten vom Wohnhaus der Graunts entfernt, und es besteht Anlass zu der Vermutung, dass der Vater als Mitglied der Gilde und der Trained Bands auch in offizieller Funktion am Einzug des Königs teilnahm.

Eine Laufbahn in den Diensten der East India Company verhieß aber nicht nur Karriereoptionen und soziales Prestige, sondern auch ein regelmäßiges Einkommen. Mitarbeitern einer Faktorei wurde ein Festgehalt gezahlt, wobei manche Angestellten vor Ort trotz anderslautender Vorschriften auch auf eigene Rechnung Geschäfte machten und auf diese Weise ihr Salär aufbesserten. Deshalb hegte die East India Company ein notorisches Misstrauen gegen ihr eigenes Personal in den Außenposten, deren Verhalten fern der Heimat sich schon auf Grund der langen Übermittlungswege einer ständigen Kontrolle entzog.

---

de of the English East India Company in the Far East 1623–1684, Part II: 1665–84); BASSETT (1958: English Trade in Celebes, 1613–1667); BRUCE (1810: Annals of the Honorable East-India Company, from their establishment by the charter of Queen Elizabeth, 1600, to the Union of the London and English East-India companies 1707–1708).

100 Vgl. KEAY (1991), S. 7.
101 Vgl. CHAUDHURI (1965), S. 21.
102 S. hierzu auch die in der Mitte des 17. Jahrhunderts aufkommenden Asienmoden und Chinoiserien (s. oben).
103 Vgl. HOXBY (2002: Mammon's music: literature and economics in the age of Milton), S. 96–100.

*Abb. 11: Fassade des „Craven House" in der Leadenhall Street, Hauptsitz der
East India Company (unbekannter niederländischer Künstler), nach 1661.*

Die Verbindungen von John Graunt zur East India Company, auf die an anderer Stelle
bereits eingegangen wurde, waren ein weiteres Motiv. Vielleicht gab es sogar familiäre
„Vorerfahrungen", denn ein weiterer Namensvetter hatte Ende der 1620er Jahre eine See-

reise von Java nach England unternommen und darüber einen Bericht an die Company verfasst[104]. Doch besteht auf Grund der problematischen Quellenlage und der Häufigkeit des Namens Graunt Anlass zu Zweifel, ob es sich hier tatsächlich um einen engeren Verwandten der Textilhändlerfamilie aus der Birchin Lane handelte. Wie überhaupt eine Rekonstruktion der genauen Zusammenhänge dadurch erschwert wird, dass die Akten der East India Company und insbesondere die Archive der Faktoreien in dem fraglichen Zeitraum nicht mehr vollständig erhalten sind[105].

Über den Beginn der Tätigkeit des Sohnes von John Graunt für die Ostindienkompanie gibt es keine genauen Angaben. Eine der Bewerbungsvoraussetzungen für künftige Mitarbeiter eines Handelspostens waren Fertigkeiten in kaufmännischer Buchführung, welche er vermutlich schon im Betrieb des Vaters erlernt haben dürfte[106]. In die Lehre als Textilhändler ging er jedoch offensichtlich nie, zumindest taucht sein Name weder unter den Gesellen des Vaters noch in den Listen der Gilde auf.

In der Aktenüberlieferung der East India Company, die allerdings für den fraglichen Zeitraum sehr brüchig ist, wird der Sohn John Graunts erstmals im Januar 1664 als Mitglied einer Expedition erwähnt, die man vom Hauptstützpunkt der Company auf Java in Banten nach Run, der Westlichsten der Banda-Inseln, schickte[107]. Dieses kleine Eiland war nach der Entdeckung 1603 beziehungsweise der Inbesitznahme 1616 eines der ersten Hoheitsgebiete der englischen Krone in Südostasien gewesen und hatte sogar Eingang in die offizielle Titulierung des Königs gefunden. Jakob I. nannte sich fortan „King of England, Scotland, Ireland, France, Puloway and Puloroon" – ein Akt von Symbolpolitik insbesondere gegenüber den Niederlanden, Portugal und Spanien als Konkurrenten bei der europäischen Expansion, maß die so weit vom englischen Mutterland entfernte Insel doch nur knapp drei Quadratkilometer[108]. Es musste deshalb den Engländern ein besonderer Dorn im Auge sein, dass Run seit 1620 von der niederländischen Ostlinienkompanie besetzt worden war. Deshalb hatte man sich im Friedensvertrag zwischen

---

104 „A Journall of John Graunt from the time of my arivall in Bantam rode unto departure in to ship mari riall partaining to the honerabell company of marchantes trading to ye. E[a]st Indies as followeth", IOR/L/MAR/A/LI; digitalisiert: Qatar Digital Library. S. auch o. V. (1896: List of Marine Records of the late East India Company and of subsequent date, preserved in the record department of the India Office), S. 3. Die Reise auf dem Schiff Mary Royal dauerte vom 22. Mai 1628 bis 6. November 1629. In einer Personalliste u. a. der Faktoreien in Banten, Jambi und Makassar vom 9. Dezember 1645 wird kein Graunt erwähnt (IOR/E/3/19, fol. 293–298).

105 Ich danke Dr. Peter Good, University of Kent, für seine diesbezüglichen Hinweise.

106 Zu den Bewerbungsvoraussetzungen der East India Company für die unterschiedlichen Tätigkeitsmerkmale vgl. KEAY (1991), S. 34 f.

107 Instruktion des Agenten und des Councils in Banten für Thomas Harrington, Humphrey Weston und Hamon Gibbon, 9. Januar 1664, IOR/G/21/5/2, fol. 6ᵛ–11.

108 Vgl. KEAY (1991), S. 4.

England und den Generalstaaten von 1654 darauf verständigt, dass die Inseln an die englische Seite zurückzugeben waren. Da sich seitdem jedoch nichts an der Präsenz der Niederländer auf der Insel geändert hatte, sollte die Expedition von 1664 die englischen Ansprüche durch die Anlage von neuen Forts und Siedlungen erneut untermauern, zumal man bereits mit dem Ausbruch eines erneuten Krieges zwischen England und den Niederlanden rechnete.

Der junge Graunt wurde dabei als Berichterstatter mitentsandt und sollte laut Anweisung des Vorstands der Faktorei in Banten regelmäßig über seine Beobachtungen korrespondieren und dann mit dem Schiff, das die Kolonisten nach Run gebracht hatte, wieder nach Java zurückkehren. Wie sich jedoch schnell erwies, konnten die Engländer gegen die Niederländer auf der Insel wenig ausrichten – nur ein Jahr später wurden die letzten englischen Siedler vertrieben und ihre Muskatnussbaum-Plantagen zerstört. 1667 sollte Karl II. im Frieden von Breda dann seine Ansprüche auf die Insel Run endgültig aufgeben, wofür er unter anderem mit der Abtretung der 1664 von englischen Truppen eroberten Kolonie Nieuw Amsterdam auf der Halbinsel Manhattan, mit einem Teil des heutigen New Yorks also, entschädigt wurde.

Entgegen der ursprünglichen Order kehrte John Graunt d. J. nach dem Zwischenstopp in Run jedoch nicht nach Banten zurück, sondern segelte mit den Schiffen weiter südlich nach Damar, der Hauptinsel einer Inselgruppe in den Südwestmolukken in der Banda-See. Zunächst schien man hier erfolgreicher zu sein, denn in der Tat konnten die Vertreter der East India Company eine kleine Insel in einem zur Küste führenden Fluss als „Geschenk" der dortigen Dorfvorstände „for the use of the King['s] Majestie of England" in Besitz nehmen und dort einen Stützpunkt errichten. Auf dem Schriftstück, mit dem dieser Besitzübergang später bestätigt wurde, unterschrieb auch John Graunt d. J. als Zeuge[109]. Danach segelte man über den Stützpunkt in Makassar an der Westküste der Insel Sulawesi nach Banten zurück[110].

Allerdings hatte der Agent in seinem Bericht nach London unterschlagen, dass die Engländer auch hier auf eine bereits bestehende und keineswegs freundlich gesinnte Präsenz ihrer niederländischen Konkurrenten gestoßen waren. Es war auch deutlich geworden, dass der mögliche wirtschaftliche Nutzen für die East India Company den Aufwand des Unterhalts und der militärischen Sicherung eines eigenen Außenpostens auf dieser Inselgruppe kaum rechtfertigen würde, zumal die Engländer sich in Indonesien ohnehin bereits in der Defensive gegenüber der niederländischen Ostindienkompanie

---

109 Die Bestätigung über den Besitzübergang wurde am 19. April 1664 auf dem Schiff „Royal Oake" unterzeichnet und nach der Rückkehr nach Banten am 30. Juni nochmals beglaubigt, IOR / G / 21 / 5 / 4, fol. 75.
110 Depesche des Kapitäns der „Royal Oake", Robert Lock, 27. Mai 1664, IOR / G / 21 / 5 / 4, fol. 69–75.

befanden[111]. Tatsächlich richtete deren Gouverneur 1666 einen kleinen Militärposten auf Damar ein und ließ am Hafen einen Befestigungsturm bauen, um nun seinerseits den Konkurrenten klarzumachen, dass die Niederländer nicht gewillt sein würden, ihre vermeintlichen Ansprüche auf die Insel aufzugeben[112].

In den nächsten Jahren setzte man Graunt d. J. bevorzugt bei Buchprüfungen ein, vermutlich auch auf Grund seiner familiären Vorkenntnisse im kaufmännischen Rechnungswesen. So war er etwa 1665 nach dem Tod des Leiters der Niederlassung an einer umfassenden Revision der Warenbücher der Faktorei in Banten beteiligt[113]. 1668 forderte man von ihm ein Testat über Ungereimtheiten in den Bilanzen der Faktorei in Jambi auf der indonesischen Insel Sumatra an, die erhebliche finanzielle Verluste ausgewiesen hatten. Es stellte sich dabei heraus, dass 1664 in den maroden und feuchten Bauten der Niederlassung große Bestände einer aus Zentraljava gelieferten Ladung von Pfeffer einem Schädlingsbefall zum Opfer gefallen waren, wodurch sich die erheblichen Gewinneinbußen erklärten[114].

Die Geschäfte der Faktorei in Jambi standen aber auch sonst in diesen Jahren unter keinem guten Stern. Die Zentrale in London erhob insbesondere gegen deren Leiter schwerwiegende Vorwürfe. Dieser hatte sich über die eindeutige Anweisung, keine Warenverkäufe auf Kredit zu tätigen, hinweggesetzt und war damit ein hohes Risiko eingegangen. Dies führte Ende der 1660er Jahre schließlich zu einem Fiasko: Die lokale Herrscherfamilie als einer der Hauptschuldner der Faktorei machte keine Anstalten, ihre Schulden zu begleichen, und drohte stattdessen unverhohlen mit dem Widerruf der Niederlassungserlaubnis. Ein Zahlungsausfall war insofern kaum noch zu verhindern, woran auch die eine oder andere Bestechungsaktion nichts mehr ändern konnte. Dass der Leiter der Hauptniederlassung in Banten sich in seiner Rechtfertigung unter anderem darauf berief, der besonders exponierte Handelsposten in Jambi sei unzureichend mit Personal, Liquidität

---

111 Brief der Faktorei in Banten an das Leitungsgremium der East India Company, 12. Januar 1669, IOR / G / 21 / 4 b, fol. 62.

112 Eher aus niederländischer Sicht schildert diese Vorgänge BARCHEWITZ (1730: Der Edlen Ost-Indianischen Compagnie der vereinigten Nieder-Lande gewesenen commandierenden Officiers auf der Insul Lethy, Allerneueste und wahrhaffte Ost-Indianische Reise-Beschreibung: Darinnen I. Seine durch Teutsch- und Holland nach Indien gethane Reise; II. Sein Eilff-jähriger Auffenthalt auf Java, Banda und den Sudwester-Insuln […] III. Seine Rück-Reise […]; Benebst einer ausführlichen Land-Charte der Sudwester- und Bandanesischen Insuln […] und einem vollständigen Register), S. 505 f.

113 Anweisung des Leitungsgremiums der East India Company an John Graunt d. J., 24. Juli 1665, IOR / G / 21 / 5 / 2, fol. 19.

114 Abschrift des Testats von John Graunt d. J. und John Harrison, Jambi, 31. Oktober 1668, IOR E / 3 / 29 und IOR G / 21 / 4, fol. 20.

und Transportkapazität ausgestattet und deshalb zu solchen Querfinanzierungen genötigt gewesen, konnte die Vorwürfe ganz offensichtlich nicht entkräften[115].

Die Vorgänge in Jambi und Damar waren der hauptsächliche Grund, warum John Graunt d. J. Ende 1668 auf der regulär zwischen Südostasien und England verkehrenden „Richard and Martha" zur Berichterstattung nach London zurückkehrte[116]. Wie lange er sich dort aufhielt, ist nicht mehr eindeutig zu klären. Im Juli 1669 ordnete der Court of Committees eine Prüfung der von Graunt d. J. importierten Waren an[117], er dürfte also in der ersten Jahreshälfte 1669 in London angekommen sein. Bereits im August wurden der Kapitän beziehungsweise die Eigner der „Richard and Martha" angewiesen, „to afford that accommodation to Mr Grant[,] one of the Comp[any's] factors, as is usually provided for by Charterparty"[118]. Die Rückreise verzögerte sich dann doch noch bis ins Frühjahr 1670, als die East India Company ihm und einigen anderen für bestimmte Exportwaren eine Ausfuhrerlaubnis erteilte[119].

Nach vielen Jahren fern der Heimat dürfte John Graunt d. J. während seines Aufenthaltes in London auch mit seinen Eltern zusammengekommen sein, mit denen er jedoch auch von Indonesien aus stets Kontakt gehalten hatte. Es liegt nahe, dass er es gewesen war, der den Vater 1665 mit der Probe eines Pfeilgifts aus Indonesien versorgte, welche dieser dann in einer Sitzung der Royal Society bei einem toxikologischen Experiment benutzte[120]. Umgekehrt hatte der Vater die Geschicke seines Sohnes in Südostasien aufmerksam verfolgt. So wandte er sich im Oktober 1667 an den „Court of Committees" in London als Leitungsgremium der Company mit der Bitte, seinen Sohn, der zu diesem Zeitpunkt seinen Dienst als subalterner Mitarbeiter in der Niederlassung in Jambi ver-

---

115 Schreiben des Agenten in Banten an die East India Company vom 8. Dezember 1668, IOR G / 21 / 4, fol. 15; s. hierzu auch KERLOGUE (1997: The Early English Textile Trade in South-East Asia: The East India Company Factory and the Textile Trade in Jambi, Sumatra, 1615–1682), v. a. S. 159; ANDAYA (1989: The Cloth Trade in Jambi and Palembang Society during the Seventeenth and Eighteenth Centuries).

116 Brief des Agenten in Banten an die East India Company, 12.1.[1670] (eingegangen in London am 15. 7.1670), IOR / G / 21 / 4b, fol. 62.

117 Protokoll der Sitzung des Court of Committees vom 23. Juli 1669, IOR / B / 30, fol. 499 f.; SAINSBURY (1929), S. 222 f.

118 Protokoll der Sitzung des Court of Committees vom 11. August 1669, IOR / B / 30, fol. 504 f., hier 505; SAINSBURY (1929), S. 229–230. S. auch Einträge vom 9. März 1659 (S. 317) und 16. März 1659 (319), SAINSBURY (1916); 23. Juli 1669 (S. 223), 11. August 1669 (S. 230) und 25. Februar 1670 (S. 308), SAINSBURY (1929).

119 Protokoll der Sitzung des Court of Committees vom 25. Februar 1670, IOR / B / 30, fol. 636 f.; SAINSBURY (1929), S. 308.

120 S. hierzu unten.

sah, nach Makassar oder Banten zu versetzen[121]. Wegen der langen Übermittlungswege von Nachrichten aus Asien nach England konnte Graunt zu diesem Zeitpunkt nicht wissen, dass die Holländer im Juli 1667 den Hafen in Makassar mit einer Flotte angegriffen und den Sultan anschließend zu einem Monopolvertrag mit der niederländischen Ostindienkompanie gezwungen hatten. Die noch vor Ort verbliebenen Engländer wurden später nach deren Hauptstützpunkt in Batavia, dem heutigen Jakarta, verbracht und dort vorübergehend interniert[122].

Insofern blieb als möglicher neuer Dienstort für Graunts Sohn am Ende nur Banten übrig – was ohnehin die bessere Option gewesen sein dürfte. Im Gegensatz zu vielen anderen Stützpunkten der Company im Archipel, die dem ständigen Verdrängungswettbewerb unter den europäischen Konkurrenten und mitunter auch den Feindseligkeiten der lokalen Bevölkerung ausgesetzt waren, galt Banten als einer der sichersten Standorte in der Region. Dies war besonders dem Wohlwollen des dort herrschenden Sultans Ageng Tirtayasa (1631–1692, Sultan 1651–1683) gegenüber den ausländischen Händlern geschuldet, zumal die Engländer ihre Stützpunkte in dieser Zeit noch in erster Linie als Handelsniederlassungen nutzten und bei ihren kolonialistischen Ambitionen deutlich weniger aggressiv als etwa ihre niederländischen Konkurrenten vorgingen. Dadurch hatten sie sich die Sympathien lokaler Eliten erworben.

Dass Graunt in seinem Versetzungsgesuch auf die gesundheitlichen Gefahren am derzeitigen Standort in Jambi hinwies, offenbart, dass eine Karriere im Fernhandel mit Asien naturgemäß nicht nur mit Chancen, sondern auch erheblichen Risiken verbunden war. Viele Passagiere überlebten schon die Seereise zwischen London und Banten nicht, für die man in der zweiten Hälfte des 17. Jahrhunderts durchschnittlich mindestens sechs bis sieben Monate auf See war[123]. Selbst wenn diese Reise durch Zwischenstopps unterbrochen wurde, bei denen die Kapitäne beispielsweise die Azoren, die Kapverden, die Atlantikinsel St. Helena, eine Bucht in der Nähe des Tafelbergs bei Kapstadt, Madagaskar oder Orte an der indischen Küste und im Persischen Golf anliefen, war eine solche Reise doch überaus strapaziös. Die dafür eingesetzten Schiffe mussten neben Ladung und Proviant auch Kanonen und Waffen zur Abwehr von Piraten oder aggressiven Handelskonkurrenten mit sich führen, nicht selten wurden sie deshalb auch von der Kriegsma-

---

121 Protokoll der Sitzung vom 15. Oktober 1667, IOR / B / 30, fol. 91 f.; Sainsbury (1925: A calendar of the court minutes, etc., of the East India Company, 1664–1667; with an introduction and notes by Sir William Foster), S. 383 f.

122 S. etwa Villiers (1990), S. 171–174.

123 Solar / de Zwart (2017: Why were Dutch East Indiamen so slow?) haben für den Zeitraum 1660–1689 für die Strecke nach Batavia auf Java einen Durchschnittswert von 210 und einen Medianwert von 178 Tagen errechnet (S. 744).

rine zwischengenutzt[124]. Das beengte Platzangebot an Bord, der Bewegungsmangel und die Wasser- und Nahrungsknappheit taten ein Übriges, dass eine Seereise ein hohes Gesundheitsrisiko darstellte – wobei Wetterkapriolen und Zeitverzögerungen durch Schäden an den Schiffen noch gar nicht eingerechnet sind. Häufig mussten deshalb auf dem Weg außerplanmäßige Zwischenstopps eingelegt werden, um der Mannschaft und insbesondere den Kranken Zeit zur Regeneration zu geben. Zwar dürften die Opferzahlen wie bei der ersten Expedition der Ostindienkompanie, bei der etwa einhundert Besatzungsmitglieder und damit ein Fünftel der Mannschaft schon das Kap der Guten Hoffnung nicht lebend erreicht hatten[125], in den 1660er Jahren auf Grund des gewachsenen nautischen Erfahrungswissens und der besseren Planung der Fahrten wohl nicht mehr so hoch gewesen sein. Doch war eine Fernreise zur See Mitte der 17. Jahrhunderts nach wie vor mit großen Gefahren für Leib und Leben verbunden.

Wer dann endlich auf einer der indonesischen Inseln ankam, hatte unter dem für Europäer ungewohnten Tropenklima und Infektionserkrankungen, wie Dysenterie und Amöbenruhr, zu leiden. Vor allem aber war man zumindest in der Regenzeit einem hohen Risiko von Malaria oder anderen, von Parasiten übertragenen Erkrankungen ausgesetzt. In Banten befanden sich die Viertel der ärmeren Bevölkerung für europäische Augen in einem baulich beklagenswerten Zustand, was einen weiteren Nährboden für Krankheitserreger schuf. Des Weiteren florierte in den Spelunken und Bordellen der Hafenstadt ein Freizeitangebot, das der Gesundheit wohl ebenfalls eher abträglich war. Schließlich kam es immer wieder zu Gewalttätigkeiten unter den Europäern oder mit der einheimischen Bevölkerung.

Deshalb war Banten jedoch noch lange nicht das „Höllenloch", als das es in der Forschung gelegentlich bezeichnet wurde[126]. Guillot zeichnet in seiner detailreichen Schilderung der Stadt und ihrer Viertel in den 1670er Jahren vielmehr das Bild einer kosmopolitischen Großstadt mit einem Palastbezirk als Regierungszentrum und sozial und ethnisch unterschiedlich geprägten Vierteln[127]. In der Mitte des 17. Jahrhunderts florierte die Wirtschaft, neben den englischen waren unter anderem auch niederländische, französische, dänische, portugiesische und chinesische Händler dauerhaft in der Stadt ansässig. Die Tätigkeit der Faktoreien war in dieser Phase der europäischen Expansion

---

124 Dies gilt vermutlich auch für das Schiff „Richard and Martha", auf dem Graunts Sohn eine Reise von London nach Banten unternahm, s. unten. Sofern es sich dabei um das von WINFIELD (2009: British Warships in the Age of Sail 1603–1714. Design, Construction, Careers and Fates) erwähnte Schiff mit diesem Namen handelte, fuhr es in Kriegszeiten mit bis zu 200 Mann Besatzung und einer Bewaffnung von bis zu 50 Kanonen (S. 271, 275 und 278).

125 Vgl. KEAY (1991), S. 15.

126 So etwa KEAY (1991), S. 31.

127 GUILLOT (1993). Zu den zeitgenössischen Angaben zur Einwohnerzahl s. v. a. S. 113.

in Südostasien auch deutlich stärker von der Kooperation mit den lokalen politischen und wirtschaftlichen Kräften, dem intensiven kulturellen Austausch und dem innerasiatischen Handel als von kolonialistischen Hegemoniebestrebungen geprägt[128]. Die Lebensverhältnisse in den Quartieren, in denen deren Mitarbeiter wohnten und ihrer Arbeit nachgingen, standen den entsprechenden Vierteln einer europäischen Großstadt vermutlich nicht viel nach, denkt man nur an das London des Jahres 1665, wo in den schmutzigen und engen Gassen der Stadt die Pest grassierte.

Das Versetzungsgesuch Graunts für seinen Sohn wurde von der Leitung der East India Company jedoch zunächst zurückgestellt, bis man einen Bericht des Niederlassungsleiters in Banten dazu abgefordert hätte. Für die Zentralverwaltung war der junge Graunt zu diesem Zeitpunkt ganz offensichtlich noch ein unbeschriebenes Blatt. Außerdem verlangte man vom Vater die Hinterlegung einer Sicherheitszahlung, bevor man Graunt d. J. aus seiner jetzigen Aufgabe auf Jambi entlassen würde[129]. Dieser Vorgang war nicht ungewöhnlich, denn die Zentralverwaltung der East India Company verlangte von ihren Mitarbeitern oder deren Patronen vor der Einschiffung nach Asien meist die Leistung einer Kaution[130].

In den Akten findet sich keine eigenständige Stellungnahme des Agenten zu diesem Personalvorgang[131]. Die Reise von Graunt d. J. nach London, seine dort getätigten Handelsgeschäfte sowie die Berichte aus Banten über seine Beteiligung an der Expedition nach Daram 1664 und sein Prüfvermerk über den Verlust von Pfefferbeständen in Jambi könnten aber in einem Zusammenhang mit dem Versetzungsgesuch stehen und dazu gedient haben, die Zentralverwaltung davon zu überzeugen, dass er das in ihn gesetzte Vertrauen dann tatsächlich auch rechtfertigen würde. Die Anweisung des Court of Committee, dass John Graunt d. J. bei der Rückfahrt auf der „Richard & Martha" bevorzugt behandelt werden solle, könnte darauf hinweisen, dass diese Strategie tatsächlich aufgegangen war. Welche Rolle die persönlichen Verbindungen des Vaters für diese Entscheidung gespielt haben könnten, lässt sich aus den Akten nicht mehr feststellen.

Das weitere Schicksal von John Graunt d. J. nach seinem Aufenthalt in London 1669 / 70 bleibt weitestgehend im Dunkeln. Ein Hinweis Aubreys vom 26. Mai 1674, dass er nach dem Tod des Vaters von dessen Witwe Mary Graunt die erwünschten Informationen für seinen Beitrag in den „Brief Lives" erhalten habe, in denen auch der Tod des

---

128 S. hierzu auch EVERAERT / PARMENTIER (1996: International Conference on Shipping, Factories and Colonization).

129 Protokoll der Sitzung vom 15. Oktober 1667, IOR / B / 30, fol. 91 f. SAINSBURY (1925), S. 383 f.

130 Vgl. CHAUDHURI (1965), S. 74.

131 Hierzu wurden die Originale, Duplikate und Triplikate, die Briefbücher und die Protokolle der East India Company für die fraglichen Jahre überprüft.

Sohnes erwähnt wurde, könnte darauf hinweisen, dass dieser bereits in der ersten Hälfte der 1670er Jahre verstorben war – sofern Aubrey diese Information nicht später hinzufügte[132]. Dazu würde passen, dass John Graunt d. J. in einer noch erhaltenen Liste der Mitarbeiter der Niederlassungen der East India Company vom November 1675 nicht namentlich erwähnt wurde[133]. Dass dagegen 1682 ein Mitarbeiter mit einem ähnlich klingenden Namen in den Akten der Handelsgesellschaft aufscheint, könnte der Häufigkeit des Namens Graunt oder Grant geschuldet sein[134].

Ein weiteres Indiz ist das abrupte Ende der Karriere des Sohnes nach seinem Aufenthalt in London. Er war 1664 mit etwa 14 Jahren in der East India Company erstmals in Erscheinung getreten, und auch wenn er bis zu seiner Reise nach London eher ein kleines Licht im Geschäftsbetrieb in den Niederlassungen in Jambi und Banten war, so hatte er in der zweiten Hälfte der 1660er Jahre doch schon erste eigenständige Aufgaben übernommen, wenn auch nur mit einem Verantwortungsbereich, der seinem Alter und seiner geringen beruflichen Erfahrung Rechnung trug.

Sicherlich waren die Zustände in den beiden Faktoreien einer Karriere nicht gerade zuträglich. Zudem war John Graunt d. J. in eine Umbruchszeit geraten, in der sich das Interesse der East India Company immer deutlicher dem indischen Subkontinent und den dortigen Faktoreien in Fort St. George an der Ostküste, Surat an der Westküste sowie Bangalore und Hoogly im Binnenland zuwandte, neben einem wachsenden Handelsaufkommen mit den Ländern am Südchinesischen Meer sowie mit China und Japan. Im indonesischen Archipel hatte man dagegen immer wieder einen hohen Tribut an die aggressive Konkurrenz der niederländischen Ostindienkompanie zu zahlen, weshalb im Laufe der zweiten Hälfte des 17. Jahrhunderts viele Handelsstützpunkte aufgegeben wurden; so auch Jambi 1679 und Banten 1682[135]. Dennoch ist das offensichtliche Fehlen jeglicher Hinweise auf eine verantwortliche Verwendung nach 1670 ähnlich der seit 1664 übernommenen Aufgaben auffallend.

Auch sein letzter Aufenthaltsort ist nicht mehr eindeutig festzustellen. Dass Aubrey in den „Brief Lives" Persien angab, könnte bedeuten, dass John Graunts Sohn in der Niederlassung der East India Company in Gombroon, dem heutigen Bandar Abbas an der Straße von Hormus im Persischen Golf, den Tod gefunden hat. Allerdings findet sich in den Akten der Faktorei in Gombroon kein Hinweis auf einen Mitarbeiter dieses Na-

---

132 Vgl. AUBREY (2015), hier Bd. 2, S. 1181.

133 „A list of factors resident in the Company service 1675", IOR / E / 3 / 36, fol. 108–111.

134 Anweisung des Leitungsgremiums der East India Company an Captain Robert Conoway, 2. September 1682, IOR / G / 21 / 6 b.

135 Vgl. DANVERS (1888: Report to the Secretary of State for India in Council on the records of the India Office: records relating to agencies, factories, and settlements not now under the administration of the government of India), S. 63.

mens. Hinzu kam, dass dieser Außenposten in jener Zeit auch nicht besonders erfolgreich wirtschaftete und eine Versetzung vom Hauptstützpunkt der Kompanie in Banten dorthin wohl wenig attraktiv gewesen sein dürfte[136]. Auf den britischen Friedhöfen im heutigen Iran sind zudem nur noch wenige Grabsteine aus dem 17. Jahrhundert erhalten, auf denen sich Graunt identifizieren ließe[137].

Insofern drängt sich eine andere Vermutung auf: Da Gombroon auch als Zwischenstopp auf dem Weg zwischen England und Indonesien angelaufen wurde, könnte John Graunt d. J. auf der Seereise erkrankt und dort von Bord gebracht worden sein. Wenn man davon ausgeht, dass die „Richard and Martha" London im Frühjahr 1670 verlassen hatte und es einige Monate dauerte, bis das Schiff einen Hafen im Persischen Golf erreichte, sowie weitere Monate, bis eine Todesnachricht von dort wieder in London eintraf, könnte die zeitliche Abfolge tatsächlich bedeuten, dass Mary und John Graunt 1671 oder 1672 vom Ableben ihres Sohnes erfuhren – just zu der Zeit also, als es mit dem Vater immer deutlicher bergab ging. Es spricht also vieles dafür, dass der Sohn von John Graunt das Schicksal vieler Seereisender in jener Zeit geteilt und die mehrmonatige Rückreise von London nach Banten nicht überlebt hat[138].

---

136 S. etwa FERRIER (1973: The Armenians and the East India Company in Persia in the Seventeenth and Early Eighteenth Centuries), S. 42; RAZZARI (2016: „The Gulfe of Persia devours all": English Merchants in Safavīd Persia, 1616–1650).

137 Vgl. WRIGHT (1998: Burials and Memorials of the British in Persia).

138 Etwa Edward Paget ([1652]–1703), Fellow der Royal Society seit 1682, der auf dem Rückweg von Indien im Iran verstarb, vgl. WRIGHT (1998), S. 166.

4 Natural and Political Observations

4.1 Entstehungsgeschichte

Der Widmungsbrief zur Originalausgabe der *Observations* war in der Birchin Lane am 25. Januar 1662 datiert. An diesem frostig-kalten Samstag schloss John Graunt in seinem Londoner Wohn- und Geschäftshaus die Arbeit am Manuskript ab, und an diesem Ort und Tag, nach heutiger Datierung der 4. Februar 1662, schlug aller Wahrscheinlichkeit nach die Geburtsstunde der Demografie[1]. In seinem Widmungsbrief nannte Graunt seine Studien „my small but first published labours" – es handelte sich also tatsächlich um die Urfassung der *Observations*.

Unmittelbar nach Abschluss des Manuskripts brachte Graunt die Druckvorlage zu seinem Verleger, Schwager und Geschäftspartner John Martyn, dessen Buchladen sich in der Ladengasse auf dem nahen Kirchhof von St. Paul befand. Dieser sorgte sogleich für eine professionelle Vermarktung: Er gab die Exemplare, die Graunt bei der Royal Society einreichen wollte, bei der renommierten Druckerei von Samuel und Thomas Roycroft „at the Sign of the Bell", die in unmittelbarer Nachbarschaft zu seinem Laden lag, in Auftrag[2]. Auch sorgte Martyn dafür, dass Graunts Studie schnell ihren Weg auf den Buchmarkt fand. Bereits am 24. März 1662 erwarb Samuel Pepys bei einem Spaziergang ein Exemplar der *Observations*, „which appear to me upon first sight to be very pretty"[3].

---

1   In Großbritannien wurde die von Papst Gregor XIII. 1582 erlassene Reform des Julianischen Kalenders erst 1752 übernommen. Über das kalte und frostige Wetter an diesem Wochenende berichtet PEPYS, Diary, 26. Januar 1662.

2   Das Titelblatt der *Observations* verweist jedoch nur auf den Druck „by Tho[mas] Roycroft".

3   PEPYS, Diary, 24. März 1662. Ob Graunt am geschäftlichen Erfolg beteiligt wurde, ist nicht mehr festzustellen. Der erste bekannte Autorenvertrag für die Veröffentlichung von John Miltons „Paradise Lost" datierte erst vom 27. April 1667 (vgl. hierzu neuerdings DOBRANSKI (2022: Reading John Milton: How to Persist in Troubled Times), S. 259 f.). Die *Observations* wurden zwar im Buchladen verkauft, die Druck- und Vertriebskosten dürften den Kaufpreis aber einigermaßen ausgeglichen haben. Da Autor und Verleger miteinander verschwägert waren, könnten finanzielle Erwägungen nachrangig gewesen sein.

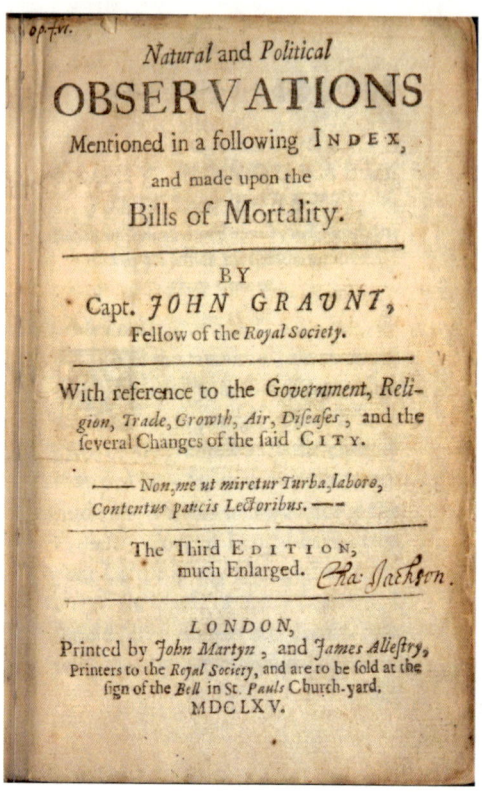

Abb. 12: Titelseite der dritten Auflage der „Natural and Political Observations"
von John Graunt, 1665.

Angesichts dieser Vermarktungsstrategie wirkt das abgewandelte Zitat aus den Satiren des Horaz, das Graunt auf dem Titelblatt den *Observations* voranstellte, „Non, me ut miretur turba, laboro, contentus paucis lectoribus", wie ein bewusstes Understatement[4].

Woher er diesen lateinischen Satz entlehnte, ist nicht mehr eindeutig zu klären. Möglicherweise bezog er seine Inspiration von dem zu seiner Zeit populären Londoner Bühnenautor Ben(jamin) Jonson (1572–1637), der dieses Motto 1612 der Druckausgabe seiner Komödie „The Alchemist" vorangestellt hatte, in der er sich über die Anfälligkeit seiner Zeitgenossen für Betrügereien, über ihre Leichtgläubigkeit gegenüber Obskurantismus

---

4 „Ich arbeite nicht, damit die Menge mich bewundere, [sondern] bin zufrieden mit wenigen Lesern" [Übersetzung des Autors]. Das Zitat entstammt: Quintus Horatius Flaccus gen. Horaz (65–8 v. Chr.), Sermones (Satiren), 1. Buch, 10: Die Satiren des Lucilius, Zeile 73 f.: „Saepe stilum vertas, iterum quae digna legi sint, scripturus, neque, te ut miretur turba, labores, contentus paucis lectoribus".

144

aller Art und zugleich über die vermeintliche Verlogenheit der Puritaner lustig gemacht hatte. Bezeichnenderweise spielte sich der Plot im Haushalt eines Londoner Bürgers ab, der die Stadt wegen der Pest verlassen hatte. Zur Entstehungszeit der *Observations* wurde das Stück tatsächlich von der „King's Company" um Thomas Killigrew aufgeführt, die 1660 vom König eine Theaterlizenz erhalten hatte. Samuel Pepys nahm im Juni 1661 nachweislich an einer dieser Aufführungen teil[5]. Es ist insofern nicht auszuschließen, dass auch Graunt das Stück kannte und an seinem Sujet Gefallen fand.

Die *Observations* erlebten bereits 1662 eine 2. Auflage als Reprint – aus der möglicherweise auch das von Pepys erstandene Exemplar stammte – und bis zum Tod Graunts 1674 noch zwei weitere Auflagen: Die 3., erheblich erweiterte und aktualisierte Auflage von 1665 wurde von Graunt selbst ergänzt, von William Petty im Auftrag der Royal Society geprüft und schließlich von deren Präsidenten William Brouncker im Juli 1665 zum Druck freigegeben[6]. Die fünfte und letzte Auflage von 1676, die Ergänzungen für den Zeitraum bis Dezember 1672 enthielt und somit 1673 oder 1674 verfasst worden sein dürfte, erschien posthum und wurde von William Petty für seinen mittlerweile verstorbenen Freund aus dessen Nachlass herausgegeben. Danach gab es keine weiteren Auflagen der *Observations* in England mehr. 1702 erschien noch eine deutsche Ausgabe in der Leipziger Offizin von Thomas Fritsch. Weitere zeitgenössische Übersetzungen in andere Sprachen sind nicht bekannt.

Wie es der Titel bereits ankündigte, beschäftigte sich die Studie mit den „Beobachtungen", die Graunt in den als „Bills of Mortality" wöchentlich veröffentlichten Tabellen mit den aktuellen Sterblichkeitszahlen in den Londoner Pfarrbezirken gemacht hatte und in denen er eine gewisse Regelmäßigkeit erkennen zu können glaubte, etwa hinsichtlich der Mortalitätsentwicklung vor, während und nach extremen Ausbrüchen der Pestepidemien, mit Blick auf die Häufigkeit bestimmter Todesursachen, die er präziser zu bestimmen versuchte, oder zu den Unterschieden in der Entwicklung der Bevölkerungszahlen von Stadt und Land, aus denen er etwa auf das Ausmaß von Zu- und Wegzug, auf unterschiedliche Sterblichkeitsrisiken je nach Wohnort oder deren Zusammenhang mit den Geburtenzahlen schließen zu können glaubte. Die Exposition der Studie orientierte sich dabei nicht an einem vorab formulierten Erkenntnisziel oder an Lehr-

---

5   Pepys, Diary, Eintrag vom 22. Juni 1661.
6   Protokoll der Sitzung des Council der Royal Society vom 20. Juni 1665, RSA, CMO/1, fol. 93 f.: „Ordered that upon a report made by Sir William Petty, of his having perused the additions of Mr Graunt, to his observations upon the bills of mortality, the president be desired to license the reprinting of that book, together with such additions, and it was licensed accordingly". Brouncker übergab Samuel Pepys am 25. Juli 1665 ein Exemplar (Diary, Eintrag vom 25. Juli 1665). Hunter (1989) findet das Imprimatur der weiteren Auflagen durch die Royal Society bemerkenswert, interpretiert diesen Umstand aber nicht weiter (S. 26, Fußnote 96).

sätzen, sondern war buchstäblich „aus der Welt gegriffen": Graunt stellte seiner Darstellung einen „Index" mit insgesamt 106 „positions, observations and questions" voran, in denen er seine Ergebnisse thesenartig präsentierte[7]. Die Studie war dann in zwölf Kapitel unterteilt, deren Überschriften ankündigten, dass diese sich mit den „Bills of Mortality" als Datenquelle sowie mit einzelnen Aspekten der Sterblichkeit, ihrem Zusammenhang mit der Fertilität, der natürlichen Bevölkerungsentwicklung, den geschlechtsspezifischen Unterschieden oder der räumlichen Stadtentwicklung beschäftigen würden. Wie wir noch sehen werden, hat Graunt diese Gliederung des Textes nicht immer stringent durchgehalten, sodass sich zum gleichen Gegenstand in verschiedenen Kapiteln Aussagen finden.

Wie kam es, dass ein Londoner Tuchhändler, der bis dahin nie mit wissenschaftlichen Arbeiten aufgefallen war, auf die Idee kam, die „Bills of Mortality" systematisch auszuwerten? Graunt betonte in den *Observations*, dass er sich eher zufällig – „I know not by what accident"[8] – der Untersuchung der Sterblichkeit in London zugewandt habe. Diese Aussage wirkt auf den ersten Blick glaubwürdig und wurde deshalb auch vielfach in der Literatur zitiert. Denn bei jeder wissenschaftlichen Studie gibt es wohl einen „Initialmoment", wie das berühmte „Heureka" des Archimedes von Syrakus, nachdem dieser, einer Anekdote nach, das nach ihm benannte Prinzip des Auftriebs von Körpern zufällig beim Baden entdeckt haben soll. Bei der Lektüre der „Bills of Mortality", die in London zu den vermutlich meistgelesenen Druckwerken seiner Zeit gehörten und ihn auch aus kaufmännischen Belangen interessieren mussten, wird Graunt diesen Initialmoment erlebt haben. Wie er selbst bezeugte, war ihm bei der Betrachtung der Zahlen bewusst geworden, dass dieses bislang nur unzulänglich ausgewertete Datenmaterial dazu geeignet war, viele der in der Öffentlichkeit kursierenden Mutmaßungen zur Bevölkerungsentwicklung in London aufzuklären. Zudem die „Bills of Mortality" noch viele weitere, unerwartete und auf den ersten Blick verwirrende neue Erkenntnisse in sich zu bergen schienen[9].

Möglicherweise war diese Entdeckung jedoch keineswegs so zufällig, wie es hier den Anschein machte. Denn schon bald nach Graunts Tod kam die These auf, dass sein Freund und Geschäftspartner William Petty in Wirklichkeit Initiator, Ko-Autor oder

---

7   Vgl. *Observations*, Index.

8   *Observations*, Widmungsbrief an John Robartes. Ähnlich seine Aussage zu Beginn des Widmungsbriefs an Robert Moray „which I happened to make (for I designed them not)".

9   Vgl. *Observations*, Preface 2 sowie Conclusion 3. Vgl. auch AGARWAL / SEN (2014: Creators of mathematical and computational sciences), S. 170: „He collected and studied the death records of various cities in Britain and was fascinated by the patterns that he found in the whole population even though people died randomly".

möglicherweise sogar eigentlicher Autor des Werkes gewesen sein könnte, und diese Vermutung hat die wissenschaftliche Forschung seitdem intensiv beschäftigt[10].

Aus den zeitgenössischen Quellenaussagen ergibt sich in der Tat zunächst ein eher uneinheitliches Bild. Nicht zuletzt Petty selbst hatte Graunt immer wieder als den Allein-Autor der *Observations* bezeichnet. Auch Henry Oldenburg, Sekretär der Royal Society und mit dem Sachverhalt besonders vertraut, äußerte sich entsprechend[11]. Schließlich benannte John Bell, der als Clerk der „Company of the Parish Clerks" die Kontrolle über deren Archiv und insofern über den Zugang zu den in den *Observations* benutzten Datenquellen hatte, Graunt eindeutig als Autor[12].

Viele zeitgenössische Hinweise auf Pettys geistige Mit- oder Allein-Urheberschaft stammten dagegen vornehmlich aus dritter Hand, etwa aus der Feder des Antiquars in Oxford Anthony Wood und des mit ihm zusammenarbeitenden Biografen John Aubrey beziehungsweise von Pettys engem Freund John Evelyn. Wood bezeichnet dabei das eine Ende des Meinungsspektrums – Petty erschien hier eher als Impulsgeber und Unterstützer, aber nicht als Ko-Autor[13] –, während Evelyn auf der anderen Seite die *Observations* kurzerhand komplett Petty zuschrieb[14]. Aubrey änderte dagegen seine Haltung im Laufe der Zeit: Ging er in der Erstfassung seines Manuskripts zum Eintrag über John Graunt in

---

10 Die Kontroverse wird bereits bei O. V. (1757) diskutiert. Einen Überblick geben LE BRAS (2000), Kap. 1, und WILLCOX (1938: The Founder of Statistics), S. 322–324. Vgl. zum Folgenden v. a. McCORMICK (2009), hier Kap. 4; HULL (1899), S. XXXIX–LIX, HULL (1896b: Review: Sir William Petty, a Study in English Economic Literature by Wilson Lloyd Bevan; The Life of Sir William Petty: Chiefly derived from Private Documents Hitherto Unpublished by William Petty: Edmond Fitzmaurice) sowie die teilweise scharfe Kontroverse zwischen Major Greenwood (GREENWOOD (1933); GREENWOOD (1928)) und Henry Petty-Fitzmaurice, 3. Marquis von Lansdowne (PETTY (1927), Bd. 2, S. XXIII–XXXII; PETTY (1928: The Petty-Southwell Correspondence 1676–1687, edited from the Bowood Papers by the Marquis of Lansdowne)); außerdem DUPÂQUIER (1984a: William Petty et l'invention de la table de mortalité); GROENEWEGEN (1967: Authorship of the Natural and Political Observations Upon the Bills of Mortality); DE MORGAN (1859: On a statement revived in Mr. Hodge's Paper on interest, with reference to the authorship of Graunt's observations); HODGE (1859: Reply to Professor de Morgan's remarks as to the authorship of Graunt's Observations).

11 In einem Brief an Robert Boyle, London, 18. September 1665, RSA, EL / OB, fasz. 35: „M. Graunt in his appendix to his observations upon those bills (now reprinted) [...]".

12 BELL (1665: London's remembrancer, or, a true accompt of every particular weeks christnings and mortality in all the years of pestilence within the cognizance of the bills of mortality, being xviii years).

13 WOOD (1820): „He [William Petty] had also long before assisted, or put into a way, John Graunt in his writing of Nat. and Pol. Observations of the Bills of Mortality of Lond[on]" (Bd. 4, Sp. 218, s. v. Petty); „He hath written, (1) Natural and Political Observations [...] with several additions; done upon certain hints and advice of Sir Will. Petty" (ebd. Sp. 712, s. v. Graunt).

14 EVELYN, Diary, 24. März 1675, DE LA BÉDOYÈRE (1994), S. 232: „Sir William is the Author of the ingenious deductions from the bills of mortality, who go under the name of Mr. Graunt".

seinen „Brief Lives" noch von einer Allein-Autorenschaft Graunts aus, kam er später zu der Überzeugung, dass die *Observations* eigentlich das Werk Pettys seien[15].

Bei den Informationen, die den Aussagen dieser drei Autoren zugrunde lagen, könnte es sich allerdings auch nur um Hörensagen oder eine Verwechselung von Tatsachen gehandelt haben. Da Petty 1681 die „Observations on the Dublin Bills of Mortality" veröffentlichte, die sich direkt auf Graunts Werk bezogen, könnte eine aus dem Umfeld von Petty stammende Äußerung durchaus fehlinterpretiert worden sein[16]. Vielleicht bezogen sich diese Hinweise auch auf die 1676 von Petty posthum für seinen Freund besorgte Auflage der *Observations*, obwohl er die darin vorgenommenen Ergänzungen doch ausdrücklich mit „some further observations of Major John Graunt" übertitelt hatte, sich also auf einen von diesem verfassten Entwurf gestützt haben muss[17].

Zudem stammten einige der Hinweise der Allein- oder Ko-Autorenschaft aus einem Umfeld, das Graunt nicht unbedingt wohlwollend gegenüberstand, insbesondere von Zeitzeugen, die zu Graunt wegen seines Übertritts zum Katholizismus auf Distanz gegangen waren, wie Gilbert Burnet[18], oder von direkten Nachfahren Pettys, wie etwa aus der Familie der Marquis of Lansdowne beziehungsweise Lords Shelburne, denen durchaus daran gelegen haben könnte, die Bedeutung ihres Vorfahren deutlicher hervorzu-

---

15 AUBREY (2015): „He wrote Observations on the Bills of Mortality, very ingeniosely; but I beleeve, and partly know, that he had his Hint from his intimate and familiar friend Sir William Petty: to which he made some Additions since printed, and he intended (had he lived) to have writt more on that Subject" (S. 310); s. auch S. 821 f.: „They [die *Observations*] were really his".

16 PETTY (1683: Observations upon the Dublin-bills of mortality, MDCLXXXI, and the state of that city; by the observator on the London bills of mortality). Die Bezeichnung Pettys als Autor der *Observations* ging dabei offensichtlich auf den Verleger der Publikation Mark Pardoe zurück und wurde bezeichnenderweise in weiteren Auflagen dann gestrichen (vgl. HULL (1896a), S. 113).

17 *Observations*, Erweiterungen, S. 379. S. in diesem Zusammenhang auch die Bemerkung Edmond Halleys über „William Petty, in his [sic!] Natural and Political Observations on the Bills of Mortality of London, owned by Captain John Graunt", wobei sich das „owned" hier auch auf den Autor der 1. Auflage beziehen könnte und nicht nur auf den rechtlichen Inhaber des Urheberrechts an der letzten Auflage (HALLEY (1693a: An estimate of the degrees of the mortality of mankind, drawn from curious tables of the births and funerals at the City of Breslaw; with an attempt to ascertain the price of annuities upon lives), S. 596). Die Vermutung, dass es sich um ein Missverständnis der Rolle Pettys bei der posthumen Auflage durch Burnet gehandelt haben könnte, äußerte schon GOUGH (1768: Anecdotes of British topography, or, an historical account of what has been done for illustrating the topographical antiquities of Great Britain and Ireland), S. 293. Demnach habe William Pettys „referring to it on his account as his own occasioned Burnet to call it his". Nach Mullet war Petty möglicherweise auch an der 3. Ausgabe der *Observations* 1665 beteiligt, die im Auftrag der Royal Society erschien (vgl. MULLET (1938: Sir William Petty on the plague), S. 23).

18 „There was one Grant, a Papist, under whose name Sir William Petty published his observations on the bills of mortality" (BURNET (1724: Bishop Burnet's history of his own time), S. 231).

kehren[19]. Dass Petty der wissenschaftlich ungleich Produktivere und zugleich Prominentere der beiden Freunde war, der zudem über ein weitreichendes Netzwerk in der englischen Gesellschaft verfügte, könnte die Wahrnehmung seiner Rolle bei der Abfassung der *Observations* ebenfalls beeinflusst haben[20].

Es ist nach dem Gesagten allerdings auch nicht auszuschließen, dass Petty seinen Freund zu dessen Studie ermuntert haben könnte und ihn dann bei der Niederschrift zumindest von Teilen des Manuskripts unterstützte[21]. Eine Ideenskizze aus der Feder Pettys „Materialls for a New History of Life and Death v[idelicet]", die inhaltliche Berührungen unter anderem mit Graunts „Sterbetafel" aufweist, ist undatiert, sodass nicht mit Sicherheit festzustellen ist, ob sie bereits vor 1662 entstanden sein und Graunt als Inspirationsquelle gedient haben könnte – oder eher umgekehrt nach 1674 geschrieben wurde und sich auf die *Observations* bezog. Sie zeigt zumindest Pettys enge Vertrautheit mit Bacons diesbezüglicher Arbeit, die auch für Graunt eine wichtige Referenz gewesen war[22]. Als Mediziner und Generalarzt bei der Expedition Cromwells in Irland hatte Petty die Planung und Durchführung des „Down Survey" von 1656–1658 übernommen[23]. Petty war insofern statistischen Erhebungen und wohl auch Fragen der Gesundheitspolitik und der Epidemiologie gegenüber besonders aufgeschlossen[24]. Er könnte Graunt, der kaum Vorbildung auf diesem Sektor hatte, gerade in medizinischen Fragen beraten, mit Hinweisen aus der Literatur und mit anderem Faktenwissen unterstützt haben[25]. Darüber

---

19 Vgl. dazu neuerdings WALKER (2019: Boswell and the Graunt-Petty authorship controversy). Allerdings bezog Edmond Petty-FitzMaurice, ein Enkel des Herausgebers der „Petty Papers" (s. oben), in seiner Biografie William Pettys einen moderateren Standpunkt, der die Autorenthese deutlich abschwächte und nur noch von der Möglichkeit einer Ko-Autorenschaft sprach (FITZMAURICE (1895), S. 180 f.).

20 Vgl. PELLING (2016a), S. 6.

21 Nach LEPENIES (2013: Die Macht der einen Zahl. Eine politische Geschichte des Bruttoinlandsprodukts) „assistierte" Petty seinem Freund, wobei Lepenies eher in Richtung einer Mitautorenschaft argumentiert (S. 26 f.). Anders LE BRAS (2016: Démographie, économie, culture), der Petty eine „paternité" zuspricht: „[…] il tint la main de son ami John Graunt pour rédiger le premier traité de statistique et de démographie […]" (S. 32). CULLEN (1975: The statistical movement in early Victorian Britain: The foundations of empirical social research) verweist in diesem Zusammenhang auf die bereits vor 1662 datierten Überlegungen Pettys zu Themen der *Observations* (S. 3).

22 PETTY (1927), Bd. 1, Nr. 56, S. 187–189. S. auch den entsprechenden Hinweis in der Einleitung des Bandes.

23 Vgl. HENRY (2014: William Petty, the Down Survey, Population and Territory in the Seventeenth Century); MASSON/YOUNGSON (1960), hier S. 84. Der „Down Survey" sollte dazu dienen, das Grundvermögen in Irland systematisch zu erfassen.

24 Ähnlich AIKIN u. a. (1799–1815): Petty, „so well known for his calculations, assisted him in this work by his suggestions". BECKETT (1836) übernimmt weitgehend die Darstellung Aikins, lässt aber bezeichnenderweise diese Passage aus; vgl. auch GORTON (1841).

25 Vgl. BONAR (1931), S. 72.

hinaus könnte er Graunt Zugang zu Daten aus den Pfarrregistern der Abbey Church of St. Mary and St. Ethelflaeda in Romsey verschafft haben, der Kirche, in der Petty selbst getauft worden war und später auch beigesetzt werden sollte[26].

Doch stammte, wie unter anderem stilistische und inhaltliche Analysen nahelegen, der eigentliche Text wohl tatsächlich hauptsächlich aus der Feder Graunts[27]. Zudem setzte das Werk eine profunde Kenntnis der Lebensverhältnisse in London und des Datenmaterials voraus, worüber Petty, der einen Großteil der 1650er Jahre in Irland verbracht hatte, nicht im gleichen Maße verfügte wie sein Londoner Freund und Gewährsmann[28].

Dieser textimmanente Befund gilt für den Großteil der *Observations*, allerdings mit einigen wesentlichen Ausnahmen. Ähnlichkeiten zwischen der „Conclusion" von Graunt und einer Schrift Pettys zur „Politischen Arithmetik" von 1670 können als Entlehnung Pettys aus den *Observations* gesehen werden – oder aber als ein Hinweis, dass dieser zumindest am Schluss des Werks seine Handschrift stärker eingebracht hatte[29]. Dafür könnte sprechen, dass die „Conclusion" über eine reine Zusammenfassung des vorher Gesagten hinausging, gewissermaßen also mit der Logik der Gliederung des Textteiles brach und – worauf Hull in seiner bislang immer noch einschlägigen Analyse zur angeblichen Autorenschaft Pettys hingewiesen hat – einige lateinische Wörter enthielt, was für Graunts Schreibstil eher untypisch war[30]. Möglicherweise beriet jener ihn auch bei der Formulierung der beiden Widmungsbriefe, in denen sich Graunt im Gegensatz zum übrigen Text einer floskelhaften und teilweise andienenden Sprache bediente, die der im politischen Geschäft deutlich versiertere Petty vermutlich besser beherrschte als er selbst.

Dass in einer von Petty kurz vor seinem Tode eigenhändig geschriebenen Liste seiner Werke auch „Observations on the bills of mortality" erwähnt werden, kann dagegen nicht ohne Weiteres als ein – wenn auch spätes – Bekenntnis zur eigenen Autorenschaft angesehen werden. Denn die Liste enthielt weder die von Petty vorgelegte Studie zu den Sterbezahlen in Dublin, noch war das Jahr der Veröffentlichung mit 1660 korrekt wiedergegeben. Möglicherweise erinnerte sich Petty, der in Erwartung seines nahenden Todes seinen Nachlass regelte, nicht mehr genau an das Jahr, in dem er die Überarbeitung

---

26 Vgl. STONE (1997), S. 224.
27 Für Stilvergleiche zwischen Texten Graunts und Pettys wurden sogar quantitative Analysen zur Satzlänge vorgenommen, vgl. YULE (1939: On Sentence-Length as a Statistical Characteristic of Style in Prose: With Application to Two Cases of Disputed Authorship), S. 377–382.
28 Vgl. RENN (1962), S. 368 f.
29 Für letztere Interpretation spricht sich MATSUKAWA (1977: Sir William Petty: an unpublished manuscript) aus. S. auch WENDT (2014), S. 45, Fußnote 43.
30 Vgl. HULL (1896a), S. 125.

des Werkes von Graunt beziehungsweise seine eigene Studie zu Dublin publiziert hatte. Die Vermutung, er habe aus edlen Motiven bis dahin seine Autorenschaft verschwiegen, ist reine Spekulation.

Aber man sollte Petty Gerechtigkeit widerfahren lassen: Ohne Zweifel waren Graunt und Petty zeitgleich an Themen der Bevölkerungsstatistik interessiert. Zwar war es der Erstere, der sich der Mühe unterzog, das verstreute Material aus den „Bills of Mortality" in London zu sammeln, zu sichten, zu kompilieren und zu analysieren. Darin sollte er es zu einer Meisterschaft bringen, über die Petty, zumindest zu diesem Zeitpunkt, noch nicht verfügte[31]. Doch wie jeder ernsthafte Wissenschaftler dürfte Graunt sich dabei mit seinem engsten Fachkollegen ausgetauscht haben, sodass eine zumindest indirekte Mitwirkung Pettys an den *Observations* durchaus anzunehmen ist[32].

Dafür gibt es auch Indizien: Mehrfach gab Graunt in der Studie an, dass er eine Information „gehört" hätte, referierte also ausdrücklich auf Hinweise aus dritter Hand, und gerade Details, die sich auf Irland oder medizinisches Fachwissen bezogen, könnten von Petty gestammt haben[33]. Bei der „Conclusion" könnte sich der Praktiker Graunt besonders herausgefordert gefühlt haben, sodass er seinen Freund hier um Hilfe bat. Dies könnte auch vor dem Hintergrund stehen, dass sich Graunt, als sich seine Arbeit am Manuskript erkennbar dem Ende näherte, unerwartet die Perspektive einer Aufnahme in die Royal Society eröffnete. Deshalb könnte er seinen Freund, der sich in deren Gründerzirkel mit größerer Sicherheit bewegte als er selbst, darum gebeten haben, ihn bei dem abschließenden Kapitel und den beiden Widmungsbriefen zu unterstützen. Einen eindeutigen Beweis jenseits der stilistischen Unterschiede im Text gibt es hierfür nicht.

Die Zeitabfolge der Manuskripterstellung könnte also einen Schlüssel liefern, um den Anteil Pettys an den *Observations* zu erschließen: Er setzte sich für die Aufnahme Graunts in die Gelehrtengemeinschaft ein und unterstützte deshalb seinen Freund,

---

31 Willcox bringt dies sehr anschaulich auf den Punkt: „To the trained reader Graunt writes statistical music; Petty is like a child playing with a new musical toy which occasionally yields a bit of harmony" (WILLCOX (1938), S. 326). Ähnlich CLARK (1949: Science and Social Welfare in the Age of Newton). Demnach sei Graunt, „a cautious, critical worker who, so far as he could, tested the value of his figures and limited his inferences to what appeared reasonably probable", gewesen. Dagegen liege der Verdienst Pettys, „a man of tumultuous versatility, who flung out a hundred suggestions for one that he considered in detail," darin, seine Zeitgenossen vom Wert einer Studie überzeugt zu haben, zu deren Durchführung er selbst nicht die Geduld aufgebracht hätte (die Zitate S. 135).

32 Vgl. WEBSTER (2002: The great instauration. Science, medicine and reform 1626–1660), S. 444. Webster erkennt Ähnlichkeiten zwischen Pettys „Treatise of Taxes" und den *Observations*. BANTA (1987: Sir William Petty: modern epidemiologist (1623–1687)) sieht hier einen „team effort", bei dem Graunts und Pettys unterschiedliche wissenschaftliche Kompetenzen sich in fruchtbarer Weise ergänzten (S. 195); des Weiteren SUTHERLAND (1963), S. 554; CHALMERS (1812–1817).

33 Vgl. *Observations*, S. 346 u. ö.

nachdem dieser die Arbeit am Textkorpus weitestgehend abgeschlossen hatte, bei der Abfassung einiger dafür relevanter Textpassagen, damit dessen Werk die Prüfung im bevorstehenden Aufnahmeverfahren sicher bestehen würde[34]. Petty war sich seines Anteils am Erfolg des Freundes bewusst – allerdings auch, dass dieser Anteil so marginal geblieben war, dass es auch ihm selbst unangebracht erschien, dafür eine Ko-Autorenschaft einzufordern[35].

Im Übrigen wird wohl auch Petty in intellektueller Hinsicht aus der Freundschaft Vorteil gezogen haben: Da er in denselben Jahren, in denen Graunts Studie entstand, an seinem „Treatise of Taxes and Contributions" arbeitete[36], könnte er von der Diskussion mit seinem Freund, der in volkswirtschaftlichen Fragen aus der Tätigkeit im Handel und in Anlagegeschäften einen Kompetenzvorsprung mitbrachte, profitiert haben. Inhaltliche Berührungen und Textähnlichkeiten zwischen dem „Treatise" und den *Observations*, die als ein weiterer Beleg für die Autorenschaft Pettys angeführt wurden[37], könnten also auch daher rühren, dass die Verfasser in der Zeit, in der sie an ihren Publikationen arbeiteten, in einem wechselseitig fruchtbaren Austausch standen[38]. Schließlich legte die Schrift Pettys einen thematischen Fokus auf Aspekte des Steuersystems und des Finanzwesens und behandelte insofern ein anderes Sujet. Eine von Aubrey erwähnte, weitere Schrift Graunts „Observations on the advance of excise", die sich anscheinend mit ähnlichen Fragen beschäftigte und damit näher an den Arbeitsgebieten von William Petty lag, wurde nie gedruckt und gilt deshalb bis heute als verschollen[39]. Diese Erwähnung zeigt zumindest, dass die gemeinsamen Interessen der beiden Freunde weit über Bevölkerungsstatistik und Epidemiologie hinausreichten.

Die Frage der Autorenschaft der *Observations* wird insofern in ihrer Bedeutung überschätzt – Graunt und Petty wurden, jeder auf seine Weise, zu wichtigen Vorreitern einer empirischen Sozialforschung, ohne dass man den Erfolg des einen wirklich von

---

34 In diesem Zusammenhang ist die Bemerkung von HEYDE (2001: John Graunt), dass Petty an der Aufnahmekommission erst nach Einreichung der *Observations* mitgewirkt habe, irreführend, da diese zeitliche Abfolge eine Einflussnahme davor nicht ausschließt (S. 16).

35 Möglicherweise redigierte Petty auch die sozialpolitischen Teile der *Observations*, doch sind hier die stilistischen Auffälligkeiten deutlich weniger ausgeprägt, s. hierzu unten.

36 Vgl. hierzu WENDT (2014), S. 43–47; ASPROMOURGOS (2001: The mind of the oeconomist: an overview of the „Petty Papers" archive), S. 50 f.; GÖRLICH (1986: William Petty. Schriften zur politischen Ökonomie und Statistik).

37 Vgl. etwa BEVAN (1894: Sir William Petty: A Study in English Economic Literature), S. 44 f.

38 Vgl. hierzu FEINGOLD (2006).

39 AUBREY (2015), S. 310. Vielleicht bezieht sich der Hinweis im Widmungsbrief an John Robartes in den *Observations*, „as unto whose benign acceptance of some other of my papers even the birth of these is due" auf diese oder andere Publikationen, die Graunt bereits vor 1662 bei der staatlichen Zensur eingereicht hatte.

dem des anderen trennen könnte. Und auch wenn letzterem das Privileg zukommt, die erste bevölkerungswissenschaftliche Studie veröffentlicht zu haben, so hat Petty mit seinen Schriften zur „Political Arithmetic" doch das ungleich einflussreichere Œuvre vorgelegt[40]. Die Rezeption dieses Werkes war dementsprechend auch deutlich nachhaltiger und reicht über Adam Smith und Karl Marx bis in die moderne Wirtschaftstheorie[41].

Wann genau in Graunt der Entschluss reifte, sich mit den „Bills of Mortality" intensiver zu beschäftigen, und wie lange er dann an seinem Buch gearbeitet hatte, lässt sich nicht mehr feststellen, denn hierüber lassen uns sowohl der Text als auch die noch erhalten gebliebene Korrespondenz weitestgehend im Unklaren. Nur an einer Stelle der Studie gab Graunt einen Hinweis, der eine zeitliche Zuordnung ermöglicht, nämlich dass er sich an die Berechnungen zur Gesamtbevölkerungszahl in London erst gesetzt habe, nachdem ein hoher städtischer Funktionsträger hierzu eine völlig aus der Luft gegriffene Zahl für das Jahr 1661 in den Raum geworfen hatte[42]. Allerdings scheint sich diese Bemerkung Graunts, die auf einen Entstehungszeitraum 1661/62 hindeuten würde, offensichtlich nur auf die Bearbeitung dieses einen Kapitels und nicht auf den gesamten Text bezogen zu haben. Denn der Schwerpunkt der *Observations* lag im Wesentlichen auf der vorangehenden Darstellung der Sterblichkeits- und Geburtenentwicklung auf der Basis der „Bills of Mortality", und dieses elfte von insgesamt zwölf Kapiteln könnte erst in einem späten Stadium der Arbeit geschrieben worden sein, ebenso wie dann das letzte Kapitel, das er erst in Angriff nehmen konnte, als ihm das darin ausgebreitete Datenmaterial aus Romsey zur Verfügung stand.

Dafür spricht auch die Dynamik des Schreibprozesses: Hätte er erst im Verlauf des Jahres 1661 mit der Analyse begonnen, würde dies eine Bearbeitungszeit von knapp einem Jahr bis zum Abschluss des Manuskripts implizieren. Ein derart knapper Zeitrahmen erscheint angesichts des Umfangs der in den *Observations* ausgewerteten Datenrei-

---

40 Vgl. hierzu McCormick (2014b: Political Arithmetic's 18th Century Histories: Quantification in Politics, Religion, and the Public Sphere), der die Berührungspunkte zwischen Graunt und Petty stärker akzentuiert als beispielsweise Goldthorpe (2021). Anders Chalmers (1812–1817), nach dem Graunt der eigentliche Begründer der „Political Arithmetic" gewesen sei. Allerdings steht diese Meinung weitgehend allein. Für Benjamin (1964) leistete Graunt mit seinem methodischen Ansatz einen größeren Beitrag zur Demografie als Petty (S. 2).

41 Vgl. Wagner (2015); McCormick (2005: Sir William Petty, Political Arithmetic, and the Transmutation of the Irish, 1652–1687); Klingen (1992: Politische Ökonomie der Präklassik: die Beiträge Pettys, Cantillons und Quesnays zur Entstehung der klassischen politischen Ökonomie); Caire (1965: Un precurseur neglige: William Petty: Ou L'approche systématique du développement économique); Masson/Youngson (1960), s. hier S. 87 f.; Chalk (1951: Natural Law and the Rise of Economic Individualism in England); Hull (1900: Petty's Place in the History of Economic Theory).

42 *Observations*, Kap. XI/1.

hen und der Tatsache, dass Graunt diese Studien nur neben einer beruflichen Tätigkeit als Händler und in seiner knappen Freizeit vor und nach den Öffnungszeiten seines Ladens durchführen konnte, eher unwahrscheinlich. Allein das Zusammenstellen der Daten aus den „Bills of Mortality" dürfte eine gewisse zeitliche Herausforderung dargestellt haben. Denn selbst die Jahresberichte, die in der „Worshipful Company of Parish Clerks" aufbewahrt wurden, umfassten, wie Graunt bemerkte, „several great confused volumes", also ein umfangreiches Archivmaterial, und waren alles andere als gut erschlossen[43]. Der Hinweis auf „some other of my papers" könnte zudem darauf hinweisen, dass die *Observations* nicht sein einziges Publikationsvorhaben in dieser Zeit gewesen waren[44].

Der „Initialmoment" dürfte also wesentlich früher gelegen haben, und einige Zeitumstände könnten nahelegen, dass Graunt bereits im Verlauf der zweiten Hälfte der 1650er Jahre mit ersten Vorüberlegungen zu den *Observations* begonnen hat oder doch zumindest diesem Thema nähergetreten war. Diese Vermutung wird dadurch bestärkt, dass in die Zeit des Übergangs zur faktischen Militärdiktatur Cromwells mehrere Projekte fielen, die einen engen Bezug zur Bevölkerungs- und Wirtschaftsstatistik hatten. Zu diesen Vorhaben der Regierung zählten 1653 die Erhebung eines erneuten Bevölkerungszensus in England, der jedoch nicht zustande kam, eine Reform der Personenstandsregister sowie im gleichen Jahr nach dem Abschluss der Kampfhandlungen in Irland der Beginn der systematischen Erfassung des dortigen Grund und Bodens, um so der Verteilung des Besitzes, der durch Enteignung von Anhängern der royalistischen Partei verfügbar geworden war, an die Finanziers der Expedition, an Militärs und an eigene Gefolgsleute den Weg zu bereiten[45].

Bei letzterem Projekt gab es einen offensichtlichen Bezug zu Graunt, denn Mitte der 1650er Jahre begann William Petty mit den Vorarbeiten zum bereits erwähnten „Down Survey" in Irland. Diese Aktivität hatte für Petty ebenfalls den Charakter eines „Initialmoments", denn die Vorstellung, dass die systematische Erfassung und wissenschaftliche Analyse von Daten dazu geeignet wären, gesellschaftliche Grundzustände zu beschreiben und damit eine evidenzbasierte Grundlage für rationales Regierungshandeln zu liefern, sollte ihn zeitlebens nicht mehr loslassen[46]. Es ist zu vermuten, dass er sich

---

43 Die Zitate: *Observations*, Widmungsbrief an John Robartes.
44 *Observations*, Widmungsbrief an John Robartes.
45 Gross Survey (1653), Civil Survey (1654) und Down Survey (1656), vgl. hierzu Brown / Ó Siochrú (2016: The Cromwellian Urban Surveys, 1653–1659 [with index]).
46 Vgl. hierzu Fox (2009: Sir William Petty, Ireland, and the Making of a Political Economist, 1653–87) sowie Poovey (1998: A history of the modern fact. Problems of knowledge in the sciences of wealth and society), S. 120–138. Zur Entwicklung evidenzbasierten politischen Entscheidungshandelns in England und der Bedeutung der „Political Arithmetic" vgl. Slack (2004a: Government and information in seventeenth-century England).

mit Graunt über ein so großes und wichtiges Vorhaben, das ihn in jener Zeit intensiv be-schäftigte, ausgetauscht hat. In den *Observations* finden sich in der Tat Hinweise, die als eine Bezugnahme auf den „Down Survey" deutbar sind[47]. Möglicherweise hat Petty in diesem Zusammenhang seinen Freund dann auch zu eigenen bevölkerungsstatistischen Untersuchungen inspiriert oder sogar motiviert.

Für das Thema, das Graunt besonders interessierte, nämlich die Bevölkerungsent-wicklung in London, war insbesondere das zweite Reformprojekt der Parlamentspartei relevant, welches in dem am 24. August 1653 erlassenen „Act touching Marriages and the Registring thereof; and also touching Births and Burials" Gesetzeskraft erhielt. Darin wurde den Kirchenverwaltungen die Führung der Personenstandsregister, das heißt die gebührenpflichtige Erfassung von Heiraten, Geburten und Beisetzungen, entzogen und an Friedensrichter sowie von diesen einzusetzende Registrare in den Pfarreien über-tragen. Außerdem wurde faktisch die Zivilehe in Form einer für den Personenstand rechtsverbindlichen Trauzeremonie vor dem Friedensrichter eingeführt neben weiteren Regelungen über die Pflicht zum öffentlichen Aufgebot und zu den Trauzeugen, zum Mindestalter der Brautleute sowie Bestimmungen gegen unter Zwang oder anderen un-lauteren Umständen zustande gekommene Ehen, insbesondere von Minderjährigen[48]. Verständlicherweise beflügelten die durch das Gesetz vorgenommenen erheblichen Eingriffe in die bisherige Autonomie der Kirche die Opposition innerhalb des anglika-nischen Klerus gegen das puritanische Regime und führten teilweise auch zur Unter-laufung des Gesetzes durch einzelne Kirchengemeinden beziehungsweise Trauwillige, weshalb sich die Reformmaßnahmen nur partiell als durchschlagender Erfolg erwiesen.

Graunt war sich, wie eine Nebenbemerkung in der Auflage von 1665 zeigt, der breiten Opposition gegen den „Marriage Act" durchaus bewusst[49]. Vielleicht erklärt dieser Um-stand auch, warum Graunt in seinen *Observations* nur sehr selten auf die Kirchenbücher

---

47 Vgl. *Observations*, Conclusions, z. B. „now, the foundation, or elements of this honest harmless po-licy is to understand the land and the hands of the territory to be governed, according to all their intrinsic and accidental differences, as for example, it were good to know the geometrical content, figure and situation of all the lands of a kingdom, especially, according to its most natural, perma-nent and conspicuous bounds".

48 Vgl. RAIT / FIRTH (1911: Acts and ordinances of the interregnum, 1642–1660), S. 715–718. Zum Fol-genden vgl. LAAM (2020: James Howell, Cavalier nuptial literature, and the Marriage Act of 1653); McLAREN (1974: The Marriage Act of 1653: Its Influence on the Parish Registers). Zur Qualität der Personenstandsregister vor 1653 vgl. FINLAY (1978: The Accuracy of the London Parish Registers, 1580–1653).

49 Vgl. *Observations*, Ergänzung; s. auch Kap. VI / 4. In dieser Textpassage, die sich auf die vermutlich von Gegnern der Stuarts gestreute Behauptung, deren Thronbesteigungen würden stets mit dem Ausbruch von schweren Pestepidemien einhergehen, bezog, konstatierte Graunt für die Jahre 1654 und 1655 einen Rückgang der Heiratszahlen „to prevent the new way of marriage then imposed upon the people".

der Londoner Pfarreien zurückgegriffen hat. Dies hatte zuvörderst praktische Gründe. Denn während die „Bills of Mortality" bereits eine Kompilation von Daten zu sämtlichen darin erfassten Pfarrbezirken beinhalteten, hätte er die mühsame Zusammenführung der Daten aus den Kirchenbüchern erst leisten müssen, zumal diese auch nur sehr selten Informationen zur Todesursache enthielten. Dennoch könnten auch noch andere Motive für diese selektive Datenauswahl eine Rolle gespielt haben. Mit der Nutzung der von Teilen des Klerus abgelehnten Personenstandsregister hätte er sich auf kirchenpolitisch „vermintes Gelände" begeben, während er bei den „Bills of Mortality" auf Material zurückgreifen konnte, das unabhängig von den Kirchenregistern erfasst wurde[50]. Diese Umsicht sollte sich als weitsichtig erweisen: Nur wenige Jahre später wendete sich das Blatt, als Cromwell Ende 1658 starb und nach dem Scheitern seiner Nachfolge die Vertreter der alten Ordnung wieder die Oberhand gewannen. In der Tat betraf nach der Restitution der Monarchie eine der ersten Maßnahmen der Regierung die Wiederherstellung des vorherigen Verfahrens beim Personenstandsrecht sowie die nachträgliche kirchenrechtliche Sanktionierung aller im Interregnum geschlossenen Ehen.

Belastbare Beweise, dass Graunt bereits in der zweiten Hälfte der 1650er Jahre einer Beschäftigung mit den „Bills of Mortality" nähergetreten war, sind alle diese Koinzidenzen nicht. Sie zeigen aber zumindest, dass er in einer für Themen der Bevölkerungsstatistik stark sensibilisierten Zeit mit seinem Vorhaben begann, die „Bills of Mortality" auszuwerten. Dessen intellektuelle Wurzeln greifen erheblich tiefer.

4.2 Forschungsimpulse

Mit seiner Studie beschritt John Graunt neues, wenn auch nicht vollständig unerschlossenes Terrain. Schon Thomas Hobbes hatte in seinem „Leviathan" die Bevölkerungsgröße als wichtigen Referenzpunkt staatlichen Handelns und politischer Macht hervorgehoben[51], wie dies auch die im 17. Jahrhundert vielgelesenen Klassiker der Staatstheorie Niccolò Machiavelli (1469–1527), Jean Bodin (1529/1530–1596) und Giovianni Botero (ca. 1544–1617) sowie die beiden englischen Autoren James Harrington (1611–1677) und Walter Raleigh (1604–1661) – mit jeweils unterschiedlichem Erkenntnisinteresse – getan

---

50 Vgl. hierzu auch PELLING (2016a), S. 10 f.

51 Zu den Verbindungslinien zwischen dem „Leviathan" und den *Observations* vgl. LE BRAS (1994: État et démographie). Vermutlich wird ein entsprechender Einfluss aber eher von William Petty ausgegangen sein, da Graunt selbst Hobbes nicht rezipiert hatte. Wie SKINNER (1966: Thomas Hobbes and His Disciples in France and England) hervorhebt, blieb Petty seinem früheren Lehrer Hobbes eng verbunden und empfahl Freunden, Korrespondenten und sogar seinen Kindern die Lektüre von Hobbes „as the only writer on political thought" (S. 161 f.).

hatten. Von besonderem Interesse waren in unserem Zusammenhang der französische Jesuit Denis Pétau (1583–1652), der sich in seinem Werk „De Doctrina Temporum" von 1627 in spekulativer Weise mit der Entwicklung der Weltbevölkerung seit der Sintflut beschäftigte, sowie Thomas Browne (1605–1682), der in seiner „Pseudodoxia Epidemica" von 1646 mehr auf die Entwicklung der Lebenserwartung als Faktor der Populationsgröße bei Mensch und Fauna abgehoben hatte[52]. Allerdings waren diese Arbeiten eher vorwissenschaftliche Gedankenspiele und gingen etwa von den Angaben im Buch Genesis des Alten Testaments und von antiken Autoren als autoritativen Quellen aus, um die Bevölkerungsentwicklung seit den biblischen Zeiten hochzurechnen[53].

Trotz gewisser thematischer Bezüge ist nicht klar, inwieweit Graunt mit dieser Literatur wirklich vertraut war. Sicherlich könnte er über seinen Freund William Petty, der während seiner Zeit auf dem Kontinent mit wichtigen theoretischen Denkern in Berührung gekommen war und sich auch nach seiner Rückkehr intensiv mit programmatischen Fragen beschäftigte[54], von diesen Studien erfahren haben. Dass Graunt in seinem Text auch auf zeitgenössische Berechnungen aus der biblischen Tradition Bezug nahm, ist ein Indiz, dass er von der Existenz zumindest einiger der oben genannten Ansätze im Groben Kenntnis hatte.

Die eher sporadischen Kontakte Graunts zu einem Kreis von Intellektuellen um Samuel Hartlib (1600–1662), der das Wissenschaftsideal Bacons in England maßgeblich propagierte, dürften ebenfalls über Petty zustande gekommen sein[55]. Diese Begegnungen scheinen aber nach allem, was wir wissen, nicht sehr tiefgehend gewesen zu sein, und die inhaltlichen Parallelen zwischen Hartlib und Graunt waren auch nicht so eindeutig, dass man von einem impulsgebenden Einfluss des Zirkels auf die *Observations* sprechen könnte. Außerdem machte dieser Kreis von Akademikern es einem Autor, der kein Universitätsstudium absolviert hatte und die auf Latein geschriebene Fachliteratur nicht beherrschte, vermutlich nicht einfach, seinen Platz innerhalb der Gruppe zu finden. Auch hier könnte Petty das intellektuelle Scharnier gewesen sein, über das Gedanken anderer wissenschaftlicher Autoren ihren Weg zu Graunt fanden. Dass Graunt 1652 einen aus Irland stammenden Bewunderer der Arbeiten Hartlibs über die Natur-

---

52 PÉTAU (1627: Opus de doctrina temporum: Divisum in partes duas […]); BROWNE (1646: Pseudodoxia epidemica, or, enquiries into very many received tenents and commonly presumed truths). S. hierzu auch EGERTON (2005: A history of the ecological sciences 15: The precocious origins of human and animal demography and statistics in the 1600s); GREENWOOD (1941), S. 121–124.

53 Vgl. hierzu auch EGERTON (1966: The Longevity of the Patriarchs: A Topic in the History of Demography).

54 Vgl. hierzu neuerdings SIVADO (2019: The ontology of Sir William Petty's political arithmetic).

55 Vgl. REES (2000), S. 70.

geschichte der Insel mit deren Autor bekannt machte, stellte in diesem Sinne noch keine intellektuelle Beziehung dar[56].

Der von John Graunt für seine Studie gewählte Titel „Natural and political observations, mentioned in a following index and made upon the Bills of Mortality [...] With reference to the government, religion, trade, growth, ayre, diseases, and the several changes of the said city" umriss dabei in nur wenigen Worten das Programm, das sich der Autor gesteckt hatte.

Der bereits in der antiken Literatur weit verbreitete Begriff der „Observationes" war von der frühhumanistischen Philologie im 15. Jahrhundert in die Wissenschaftssprache eingeführt worden und hatte alsbald auch in andere Wissenschaftsdisziplinen wie Astronomie, Recht oder Medizin Eingang gefunden. Auch die vorwissenschaftliche epidemiologische Literatur bediente sich dieses Begriffes, etwa bei der Beschreibung von Pesterkrankungen sowie der diesbezüglichen hygienepolizeilichen und medizinischen Behandlungsvorschriften[57]. Seit etwa der Mitte des 16. Jahrhunderts fand sich der Titel häufiger in der englischsprachigen Literatur, und als John Graunt sich dann einhundert Jahre später ans Werk machen sollte, war bereits eine Vielzahl von Publikationen aus unterschiedlichen Wissensgebieten veröffentlicht worden, die den Begriff „Observations" im Titel trugen. Ob es nun um den Lauf von Sternen, um Fallbeispiele aus der Rechtsprechung oder um die Symptome von Krankheitsbildern ging – stets standen hier Beobachtung und Beschreibung im Vordergrund. Darin war eine Abkehr vom bis dahin vorherrschenden scholastischen Wissenschaftsbegriff angelegt: Denn wo dieser noch der althergebrachten Dogmatik verpflichtet blieb und alle Erscheinungen der Welt letztlich aus der in der Heiligen Schrift und in der kirchlichen Tradition begründeten Göttlichen Ordnung herzuleiten oder darauf zu beziehen versuchte, ging es jenen neueren Strömungen darum, die der Natur selbst innewohnende Systematik zu ergründen und ihre Vermutungen experimentell, also aus sich selbst heraus, zu überprüfen.

Schon vor Graunt hatte dieses neue Denken den engeren Kommunikationsraum der akademischen Welt an den Universitäten und in den Gelehrtenzirkeln verlassen. So fanden sich etwa in Shakespeares 1598 / 99 entstandener und 1600 veröffentlichter Komödie „Much Ado About Nothing" Anklänge an den sich anbahnenden empirischen Wahr-

---

56 Vgl. WEBSTER (2002), S. 444, sowie v. a. PELLING (2016b), S. 348. Zum Hartlib-Kreis neuerdings McCORMICK (2020: Food, Population, and Empire in the Hartlib Circle, 1639–1660).

57 Vgl. POMATA (2013: Fälle mitteilen. Die Observationes in der Medizin der frühen Neuzeit).

heitsbegriff, wenn die Figur des Priesters Francis Friar sich auf eine aus Literaturkenntnis, Beobachtung und Experiment begründete Evidenz bezog[58].

Es war dann aber vor allem das von Francis Bacon in seinem Handbuch „Novum organum scientiarum" von 1620 entwickelte Konzept der Empirie, das klar und eindeutig den Bruch mit dem über Jahrhunderte hinweg tradierten Evidenzbegriff vollzog. Die ergebnisoffene und vorurteilsfreie Beobachtung der Phänomene in der Welt, die daraus abzuleitenden Regeln und ihre Überprüfung im Experiment wurden zu den neuen Grundpfeilern der wissenschaftlichen Praxis erklärt. Dieses neue Verständnis war, wie später die publikumswirksamen Schauexperimente der Royal Society in Gaststuben und Kaffeehäusern zeigen sollten, bald auch in der breiten Öffentlichkeit angekommen. Spätestens in der Restaurationszeit gehörte es für distinguierte Kreise sowie am Königshof zum guten Ton, Interesse für Naturwissenschaft und Mechanik zu zeigen. „Science became fashionable", wie Robert K. Merton einmal treffend bemerkt hat[59].

Graunts Darlegung der populären Irrtümer seiner Zeit, die er mit seinen empirischen Beobachtungen zu widerlegen suchte, nimmt indirekt Bezug auf das bis 1625 fast vollständig im Druck erschienene Œuvre Francis Bacons. Dass Graunt in seinem Titeldreiklang die Beobachtung der „Natur" an erster Stelle nannte, zeigt deutlich seine Bezüge zum neuen Wissenschaftsbegriff, und Philipp Kreager hat die inhaltlichen und methodischen Berührungspunkte der *Observations* mit dem Denken Francis Bacons klar herausgearbeitet[60].

Dabei bezog sich Graunt jedoch nicht explizit auf das „Novum organum scientiarum". Sein Referenzpunkt war vielmehr Bacons 1638 veröffentlichte Schrift „The historie of life and death. With observations naturall and experimentall for the prolonging of life"[61]. Darin hatte Bacon Informationen zur Entwicklung der Lebenserwartung und der Mortalität bei Menschen, Tieren und Pflanzen sowie in der unbelebten Materie zusammengetragen und seine Ergebnisse nach Leitfragen strukturiert, um so irrige Ansichten widerlegen und zugleich dem Leser praktische Handreichungen geben zu können, mit welchen Verhaltensregeln dieser seine Lebenserwartung steigern könnte. Die Ähnlichkeit zur methodischen Vorgehensweise Graunts war offensichtlich, und auch sprachlich lehnte dieser sich an Bacon an, etwa in der Verwendung von Begriffen wie „natural history" oder „experiment".

---

58 Akt 4, Szene 1: „Trust not my reading nor my observations, which with experimental seal doth warrant the tenor of my book; trust not my age, my reverence, calling, nor divinity, if this sweet lady lie not guiltless here under some biting error".

59 MERTON (1938: Science, Technology and Society in Seventeenth Century England), S. 386 f.

60 KREAGER (1988).

61 BACON (1638: The historie of life and death. With observations naturall and experimentall for the prolonging of life). Graunt verweist darauf in *Observations*, Widmungsbrief an Robert Moray.

Warum Graunt sich auf diese Schrift und nicht auf Bacons wissenschaftstheoretisch viel einflussreicheres „Novum organum scientiarum" stützte, lässt sich nur vermuten[62]. Eine naheliegende Erklärung könnte sein, dass Bacons Betrachtungen zu Leben und Tod 1638 bei Humphrey Mosley, einem Buchhändler im Kirchhof von St. Paul, posthum publiziert worden waren. Graunt, dessen Schwager dort ebenfalls einen Buchladen unterhielt, könnte hier möglicherweise auf diese Schrift gestoßen sein.

Auch wenn Petty in seinem zeitgleich zu den *Observations* erscheinenden „Treatise" offensichtlich „The historie of life and death" rezipierte[63], so ist die These, dass vor allem er es gewesen sei, der seinen Freund mit den Arbeiten Bacons vertraut gemacht habe, insofern doch nicht zwingend. Die Schrift, auf die Graunt sich im eigentlichen Sinne bezog, war eher populärwissenschaftlicher Natur und wurde überdies in Englisch publiziert, während das „Novum organum scientiarum" auf Latein erschien und sich dadurch eher einer akademisch gebildeten Leserschaft erschloss[64].

Aus ähnlichen Gründen – seinem eher praxisgeleiteten Blick sowie dem Mangel an akademischer Vorbildung und an hinreichenden Lateinkenntnissen – dürfte Graunt auch die Arbeit des italienischen Gelehrten und Jesuiten Giovanni Battista Riccioli (1598–1671), der in seiner „Geographia et hydrographia reformata" von 1661 etwa zeitgleich Berechnungen zur Weltbevölkerung veröffentlichte und unter anderem mit Christiaan Huygens in Kontakt stand, unbekannt gewesen sein[65].

Ebenso wenig hat Graunt offensichtlich die Diskussionen seiner französischen Zeitgenossen René Descartes (1596–1650), Blaise Pascal (1623–1662) und Pierre de Fermat (1607–1665), mit denen die Wahrscheinlichkeitstheorie ihren Einzug in das abendländische Denken erhielt, verfolgt. Dies war zu einem Teil dadurch bedingt, dass viele der daraus resultierenden Publikationen erst einige Jahre nach der Veröffentlichung der Erstausgabe der *Observations* und zudem auch nicht in englischer Übersetzung er-

---

62 Rees (2000) spricht im Falle Graunts von „natural-historical Baconianism" beziehungsweise „‚statistical' Baconianism" (S. 70 f.). Diese Bezeichnung erscheint angesichts der eher selektiven Rezeption des Werks Bacons durch Graunt nur insofern sinnvoll, als er in der baconianistischen Wissenschaftstradition seiner Zeit stand.

63 Vgl. Bayatrizi (2009: Counting the dead and regulating the living: early modern statistics and the formation of the sociological imagination (1662–1897)), S. 609.

64 Anders McCormick, der darauf verweist, dass am Ende des „Novum organum" eine „history of life and death" als wichtiges Desiderat experimenteller Forschung benannt wurde (McCormick (2013a: Political Arithmetic and Sacred History: Population Thought in the English Enlightenment, 1660–1750), S. 838). Referenzpunkt für Graunt war jedoch Bacons eigene Schrift zu diesem Thema.

65 Riccioli (1661: Geographiae et hydrographiae reformatae libri dvodecim quorum argumentum seqvens pagina explicabit); vgl. dazu Korenjak (2018: Humanist Demography: Giovanni Battista Riccioli on the World Population).

schienen[66]. Doch schon die wahrscheinlichkeitstheoretischen Betrachtungen Christiaan Huygens zum Würfelspiel, die dieser 1657 in Latein publiziert hatte, hat Graunt offensichtlich nicht zur Kenntnis genommen[67]. Selbst wenn nicht auszuschließen ist, dass er von seinem niederländischen Kollegen, der 1661 London und die Royal Society besuchte und 1663 selbst Fellow wurde, über wahrscheinlichkeitstheoretische Ansätze unterrichtet worden sein könnte, nahm er zumindest in den *Observations* davon keine Notiz.

Doch griffe es zu kurz, wenn man die inhaltliche Nähe zwischen den Wahrscheinlichkeitstheoretikern und Graunt unterschlagen würde. Zwar war dieser auf Grund seiner praktischen Erfahrung und seines wirtschaftsmathematischen Wissens als Kleinhändler und Investor damit vertraut, Risiken und Erfolgswahrscheinlichkeiten seiner finanziellen Engagements abzuschätzen und damit Entscheidungen unter Unsicherheit zu minimieren, und brachte dieses Denken in seinen *Observations* bei der Abschätzung von Sterbewahrscheinlichkeiten zur Geltung. Auch wenn er von einer Theoriebildung, wie sie die genannten Autoren betrieben, weit entfernt war, hat er damit doch einen wesentlichen Beitrag dazu geleistet, dass die Gedankenexperimente der französischen Rationalisten und von Huygens schließlich den Weg in die Praxis und in die Sozialstatistik fanden[68]. Intendiert war dies jedoch nicht, und die Gleichzeitigkeit zwischen theoretischem und praktischem Ansatz war nach allem, was wir wissen, wohl eher eine Koinzidenz denn ein Kausalzusammenhang[69].

Nichtsdestotrotz: Graunt bewegte sich in Kreisen, die im Sinne der von Francis Bacon gelegten theoretischen Fundamente das alte Wissenschaftsdenken hinter sich lassen wollten, und seine *Observations* waren nicht zuletzt auch als Bewerbungsschrift zur Aufnahme in die Royal Society gedacht.

Graunt war dabei nicht entgangen, dass, wie wir bereits gesehen haben, die Royal Society in ihren ersten Jahren keineswegs unumstritten war. Diese zeitgenössische Kritik

---

66 Vgl. hierzu WEISBERG (2014: Willful ignorance. The mismeasure of uncertainty), v. a. S. 71–86.

67 HUYGENS (1657: De ratiociniis in ludo aleæ); vgl. dazu HALD (1990), S. 106, sowie DASTON (1987: The domestication of risk: mathematical probability and insurance 1650–1830), S. 240 f.

68 Vgl. BAISE (2020: The objective – subjective dichotomy and its use in describing probability); DERINGER (2013: Finding the Money: Public Accounting, Political Arithmetic, and Probability in the 1690s); DEVLIN (2008: The Unfinished Game. Pascal, Fermat, and the Seventeenth-Century letter that made the world modern); FOX (2003: Probability, logic and the cognitive foundations of rational belief); FENAROLI / PENCO (1981: Le prime analisi di problemi di mortalità in termini probablistici); HAUSER (1997: Die Wurzeln der Wahrscheinlichkeitsrechnung. Die Verbindung von Glücksspieltheorie und statistischer Praxis vor Laplace), S. 90; HACKING (1975). DUNCAN (1984: Notes on social measurement. Historical and critical) schränkt hier ein, dass Graunt die Risikobevölkerung nur unzureichend schätzen konnte, da dies erst mit dem Bevölkerungszensus möglich wurde (S. 96).

69 Vgl. WEISBERG (2014), S. 82 f. S. auch GUASPARI (2009: It's probably true. What are the chances of great minds thinking alike?).

nahm er im Widmungsbrief an deren Präsidenten auf, um sie in bildgewaltiger Sprache sogleich zu entkräften[70]. Den Vorwürfen, dass den Experimenten etwas rein Zeremonielles und Lebensfremdes anhafte, entgegnete er, dass diese vermeintlichen „Zeremonien" im eigentlichen Sinne „the substance and principles of useful arts" seien. In einer Vielzahl von Analogien verglich er die Royal Society mit staatlichen und gesellschaftlichen Institutionen, gewissermaßen als deren komplementäre Entsprechung im Bereich der Wissenschaft, beispielsweise als „Privy Council for philosophy" oder als „three estates, [namely] the mathematical, mechanical and physical" beziehungsweise als „Parliament of nature", das „peers" und „commoners" der Philosophie, „knights" und „burgesses" zu seinen Mitgliedern zähle und für das sich Graunt quasi als „free-holder" nun bewerbe. Hier wurde die Royal Society als „res publica literata" proklamiert und gleichzeitig zu einer gesellschaftlichen Institution erhoben – obwohl die Gelehrtengemeinschaft zwei Jahre nach ihrer Gründung von einer derartigen institutionellen Verfestigung noch weit entfernt war.

Das im Titel an zweiter Stelle stehende „Politische" verwies dagegen, ebenso wie der Widmungsbrief an den Lord Privy Seal, auf den Anspruch des Autors, mit seiner Arbeit zu evidenzbasiertem Entscheidungshandeln in der Londoner Kommunalpolitik beizutragen. Denn Graunt sah seine *Observations* nicht als Betrachtungen eines Weltfernen: In durchaus polemischer Weise setzte er sich von den Gewohnheiten der akademischen Welt ab, die den geneigten Leser seiner Ansicht nach mit länglichen und „nutzlosen" Abhandlungen und abgehangenem Wissen langweilten. Graunt hingegen beabsichtigte mit seiner Analyse ein offensichtliches Forschungsdesiderat zu schließen, nämlich dass die „Bills of Mortality" bislang nie als eine Quelle für wissenschaftliche Studien zu epidemiologischen und sozialpolitischen Fragen herangezogen worden seien, obschon diese, wie der Untertitel der *Observations* verriet, doch zu wichtigen Aspekten von Regierung, Religion und Handel, Bevölkerungswachstum und Ausdehnung des Stadtgebiets, Umweltqualität und Gesundheitswesen sowie weiteren die Stadt betreffenden Veränderungen Auskunft geben könnten. In begrenztem Umfang nahm er auch zu kommunalpolitischen Fragen Stellung, etwa zur tatsächlichen Lage der Bettler und der Diskussion über auf sie zugeschnittene Arbeitsprogramme, zur allmählichen Verschiebung des wirtschaftlichen Stadtzentrums nach Westen oder zur Frage, ob die städtische Infrastruktur und dabei besonders die Verkehrswege und die Größe der Pfarrbezirke noch mit dem Bevölkerungswachstum Schritt halten könnten[71].

---

70 Zum Folgenden vgl. *Observations*, Widmungsbrief an Robert Moray.

71 Dreitzel (1986a: J. P. Süssmilchs Beitrag zur politischen Diskussion der deutschen Aufklärung) betont, dass Graunts Interesse an demografischen Fragen neben den Anregungen aus dem Kreis

Die eigentliche Ambition des Autors war jedoch eine andere – ein Werk von gesamtstaatlicher Bedeutung und überregionaler Relevanz zu schaffen. Dies wurde schon auf
der ersten Textseite bei der Auswahl eines Emblems für das Ornament verdeutlicht, in
dem die „Tudor-Rose" als Zeichen der Einheit Englands nach den „Rosenkriegen", die
Distel als Symbol für Schottland, die Lilie als Zeichen für die englischen Ansprüche in
Frankreich und die Harfe als Wappensymbol Irlands abgebildet waren. In der Mitte hält
eine rechte Hand insgesamt sechs Weizenähren, ein Emblem für den Erwerb von Wohlstand nach erfolgreicher Ernte und damit für Produktivität, möglicherweise aber auch
für das dem gottesfürchtigen Volk Israel in der Bibel versprochene „prächtige Land" und
damit ein Symbol für die Prosperität der Länder der englischen Krone[72]. Warum der
Drucker es hier einfügte, ist nicht klar, auch nicht, ob er es eigens für Graunt erstellte
oder aus einer anderen Publikation übernahm[73]. Es ist aber zu erwarten, dass der Autor
der Wahl zugestimmt hat.

Abb. 13: Ornament aus den „Natural and Political Observations".

Mit den Erwägungen zum praktischen Nutzen seiner Schrift knüpfte Graunt nicht nur
wiederum an Bacon an, sondern grenzte sich zugleich von der akademischen Welt der
Universitäten mit ihren hermetischen Wissenschaftsdiskursen ab, zumal diese dem Autor wohl zeitlebens verschlossen blieben[74]. Graunt war in diesem Sinne der typische Vertreter einer Laienwissenschaft: Ausgangspunkt war ein Material, das gewissermaßen auf
der Straße und vor aller Augen lag, keine griechischen oder lateinischen Texte, zu deren
Interpretation, wie Graunt feststellte, der Adressat seines Widmungsbriefs ohnehin viel
befähigter sei als er selbst[75]. Wie schon der Titel *Observations* verriet, wählte er einen

---

der Baconianer und des Gresham College zur Methode v. a. „aus den Problemen der Stadtverwaltung entsprang und sich insofern in die Tradition der städtischen Statistik einreiht" (S. 32).

72 Buch Deuteronomium 8.

73 Vgl. hierzu Sutherland (1963), hier S. 543. Dieses Emblem war kein Standardemblem John Martyns, da er in anderen von ihm gedruckten Publikationen unterschiedliche und teilweise auch in-
dividualisierte Embleme nutzte. So trug beispielsweise die „Ornithology" des Mitglieds der Royal
Society Francis Willughby von 1676 den stilisierten Buchstaben „W".

74 Zur zeitgenössischen Diskussion über die Nützlichkeitserfordernis von Wissenschaft vgl. Keller
(2015), v. a. S. 199–209.

75 *Observations*, Widmungsbrief. Ähnlich Pelling (2016b), S. 344. Choi (2012: The Past, Present,
and Future of Public Health Surveillance) nennt Graunt einen „serious amateur scientist" (S. 2).

deskriptiven Ansatz, worin sich auch eine gewisse methodische Selbstbescheidung niederschlug[76]. Sein Vorgehen war induktiv – von einer eher beiläufigen Auffindung des in
den „Bills of Mortality" enthaltenen Datenmaterials ging es über dessen Erschließung
und Systematisierung in Indices und Tabellen zur Beschreibung der darin zu beobachtenden strukturellen Merkmale[77].

Auch wenn er mit der systematischen Datenerhebung und Datenkritik, der Tabel-
larisierung seines Materials sowie der Herstellung von logischen beziehungsweise pro-
zentualen Bezügen zwischen den Daten Wissenschaftsgeschichte schrieb und ihm das
innovative Potenzial seines Ansatzes durchaus bewusst war[78], ging es ihm doch deutlich
weniger darum, eine Theorie größerer Reichweite aufstellen zu wollen[79]. Wie überhaupt
man in der Frühgeschichte der Bevölkerungswissenschaft eher von einem von praktischen Überlegungen bestimmten Diskurs über Bevölkerungsfragen in Wissenschaft und
Öffentlichkeit denn einer Theoriebildung modernen Zuschnitts sprechen sollte, bei der
die komplexen Wirkungszusammenhänge von soziodemografischen Faktoren in ein ko-
härentes Denkgebäude zu bringen und dieses anhand weiterer Daten zu verifizieren wä-

---

S. auch DA SILVA FRANCISCO (1996: Graunt's Observations: a model of demography's whole design.
A new reading on the first and most influential book ever written in demography), der Graunt als
einen „unconventional amateur" bezeichnet (S. 7).

76 Vgl. hierzu LERIDON / DUTREUILH (2015: The Development of Fertility Theories: A Multidisciplinary Endeavour), S. 311, die feststellen, dass Graunt „used very rudimentary calculations to explore
population dynamics, but without seeking to explain or set norms". Für SUTHERLAND (1963) war
der Laienstatus von Graunt möglicherweise sogar ein Vorteil „by encouraging a degree of detach-
ment from, and modesty towards, the handling of his data" (S. 542). BERKE u. a. (2020) sehen in
Graunt sogar einen Vertreter des modernen Konzepts „citizen science" (S. 68). Allerdings würde
man m. E. damit die Einbindung Graunts in die wissenschaftlichen Netzwerke seiner Zeit und seine Mitgliedschaft in der Royal Society unterschätzen.

77 Dagegen STIGLER (1986: The history of statistics. The measurement of uncertainty before 1900),
die zeitgenössische Bedeutung von Graunts Werk habe „more in its demonstration of the value of
data gathering than on the development of modes of analysis" gelegen (S. 4). SWEDLUND (1978: Historical Demography as Population Ecology) betont, dass für die Historische Demografie bis in die
Gegenwart das deduktive und induktive Vorgehen prägend geblieben ist (S. 138).

78 Vgl. hierzu GREGORY (2013); BEAUD (2009: Emergence, migrations and reduction to routine in
the political sciences (17(th)–19(th) centuries)); SEN (1993: Some Early Developments in Ratio Estimation); ENDRES (1985: The Functions of Numerical Data in the Writings of Graunt, Petty, and
Davenant). Nach CAMPE (2001: Was heißt: eine Statistik lesen? Beobachtungen zu Daniel Defoes
A Journal of the Plague Year) hat die von Graunt gewählte Art der Darstellungsform den Fokus
des Lesenden mehr auf die „Evidenz, das Vor-Augen-Legen im Tableau und im bildsehenden Lesen" gerichtet und damit den Weg von der textbezogenen Zeichenlektüre zum Blick auf die Daten
beschritten (S. 522f.). Allerdings ist diese Lektüreform nicht von Graunt entwickelt worden – die
„Bills of Mortality" als ‚Alltagslektüre' der Londoner sind hier eher im Sinne des Ansatzes von
Campe zu nennen.

79 Anders DA SILVA FRANCISCO (1996): „primitive as his theory-building might have been, Graunt's
Observations are not independent of theory" (S. 32).

ren[80]. Dies schloss die Formulierung von Hypothesen über mögliche Ursachen der von ihm beobachteten Unregelmäßigkeiten in den Daten beziehungsweise zur Dynamik von langfristigen Bevölkerungsentwicklungen nicht aus[81].

Wenn Graunt in seinem Widmungsbrief von „my small, but first published labours" sprach, war dies keine Tiefstapelei. Zwar stellte das Publikationsformat der *Observations* mit 85 Textseiten und 16 Seiten für Titelblatt, Widmungsbriefe, Inhaltsverzeichnis und Errata sowie einer Broschürenbindung in der Tat weniger ein voluminöses Buch, das den Gegenstand erschöpfend behandelt hätte, als vielmehr eine etwas umfassendere Abhandlung der Studienergebnisse des Autors dar. Dies korrespondierte in der Tat mit dem explorativen Anspruch des Autors[82]. Doch entsprach er damit einem Zeittrend, denn noch im 18. Jahrhundert dominierte bei ökonomisch und politisch relevanten Sujets eher das Format der kleinen, an praktischen Fragen orientierten Studien als die Buchform[83].

Der Theorieferne, die Graunts Arbeit kennzeichnet, entsprach es, dass er auf die frühmerkantilistische Diskussion über die Notwendigkeit einer staatlichen und gesellschaftlichen Beförderung des Bevölkerungswachstums, die auch in England im 17. Jahrhundert intensiv geführt wurde, in den *Observations* allenfalls indirekt Bezug nahm[84]. Zwar bediente sich Graunt aus dem gleichen begrifflichen Baukasten, den auch merkantilistische Theoretiker benutzten, insbesondere wenn „Growth" im Sinne von Wirtschafts- beziehungsweise Bevölkerungswachstum als Maxime staatlichen Handels verstanden wurde. Doch wirken einige der vermutlich aus diesem Kontext von Graunt aufgegriffenen Themen, wie etwa die Frage nach der Sinnhaftigkeit einer Arbeitsverpflichtung von sozialen Randgruppen zur Steigerung der volkswirtschaftlichen Produktivität oder nach den Wechselwirkungen zwischen der Bevölkerungsentwicklung und der Militär-, Marine- und Kolonialpolitik, eher wie eingestreute Kommentare denn eine systematische Auseinandersetzung. Dies könnte darauf hinweisen, dass die Impulse zu

---

80   Vgl. NIPPERDEY (2011b: Bevölkerungstheorie und Idee der Armenfürsorge im 17. und 18. Jahrhundert. Gesellschaftsanalyse, soziale Steuerung und soziale Sicherung), S. 171.

81   Vgl. GOLDTHORPE (2021), S. 13.

82   Allerdings war dies ein zeittypisches Phänomen. Auch andere Autoren publizierten in kleineren Formaten. ITO (2005: Charles Davenant's Politics and Political Arithmetic) bezeichnet Graunt deshalb als „pamphleteer" (S. 28).

83   Beispielsweise stellen in einem Katalog des 1784 gestorbenen Ökonomen Joseph Massie über die ökonomische Literatur seiner Zeit die Schriften in einem Broschürenformat unter 100 Seiten mehr als 80 % der von ihm erfassten Titel, vgl. HOPPIT (2006), S. 87. S. auch S. 95 – der Vergleich mit anderen bibliografischen Erhebungen bestätigt diesen hohen Anteil der Broschürenliteratur.

84   Zu dieser Diskussion vgl. v. a. SMITH (2020: John Locke, Territory, and Transmigration), Kap. 2; McCORMICK (2014a: Population. Modes of seventeenth-century demographic thought). Auch für andere Autoren aus dem Umkreis der „Political Arithmetic" spielte die Bevölkerungsvermehrung eine wichtige Rolle, vgl. etwa BROOKS (1982: Projecting, Political Arithmetic and the Act of 1695).

diesen Textpassagen eher von außen gekommen waren, namentlich von Petty, oder dass Graunt einige Themen aufgriff, die in der politischen Öffentlichkeit Londons in dieser Zeit besonders intensiv diskutiert wurden, wie es der Widmungsbrief der *Observations* an Lord Robartes (1606–1685) nahelegte.

Überhaupt blieb der geografische Raum, in dem Graunt sich bewegte, eng bemessen. In der Erstausgabe fanden sich außer einem Quervermerk zu Newcastle upon Tyne und einem Vergleich zur demografischen Entwicklung in der Grafschaft Hampshire kaum Hinweise auf die Entwicklung außerhalb der Stadtgrenzen Londons und auch nur eher Spekulationen zur Entwicklung auf den britischen Inseln. Dies hatte in erster Linie mit dem Material zu tun, das Graunt als Ausgangsbasis diente und das nach den Pfarrsprengeln der Stadt organisiert war. Zudem spiegelte sich in dieser räumlichen Gebundenheit die Lebenswelt eines Londoner Kleinunternehmers wider, der in seinem bisherigen Leben kaum aus seiner Heimatstadt herausgekommen war. Dass die Grafschaft Hampshire hier als Beispiel diente, hat vermutlich mit der Herkunft seiner Familie und vor allem der seines Mentors William Petty zu tun, der zeitlebens eine enge Verbindung zu seiner Geburtsstadt Romsey hielt, dort Immobilienbesitz erwarb und letztlich auch seine Familiengrablege dort errichtete. Erst in späteren Auflagen der *Observations* wurden dann nach und nach weitere Vergleichsbeispiele herangezogen, und auch hier dürfte Petty eine gewisse Rolle gespielt haben, etwa bei der Ergänzung um Daten aus Dublin, zu denen er in Irland Zugang hatte[85].

Der Fokus Graunts auf seine Heimatstadt verweist auf einen weiteren Entwicklungsstrang, nämlich die zeitgenössische chorografische Literatur zu London, in der die Stadt nach Vierteln oder in ihrer historischen Entwicklung über Zeit beschrieben wurde. Hier sind insbesondere John Stows 1603 publizierter „Survey of London"[86] und James Howells ([1594]–1666) im Jahre 1657 veröffentlichtes Werk „Londinopolis" zu erwähnen[87]. Dass sämtliche dieser Werke in Englisch erschienen waren und sich in der Londoner Leserschaft großer Popularität erfreuten, machte sie auch für Graunt zugänglich. Auch wenn dieser nur spärliche Referenzen in den *Observations* angab, so ist es doch wahrscheinlich, dass ihm diese Literatur zu London bekannt war, zumal er enge Kontakte zur Buchhändlerszene hatte.

---

85 Vgl. hierzu etwa JORDAN (2013: Dublin's Seventeenth Century Parishes and the Quality of Life).

86 STOW (1603, ed. 1987: A survay of London. Conteyning the Originall, Antiquity, Increase, Moderne Estate, and Description of that City, written in the year 1598). Vgl. hierzu BONAHUE (1998: Citizen History: Stow's „Survey of London"). Zu Stow BEER (2004: Stow [Stowe], John).

87 HOWELL (1657: Londinopolis: an historicall discourse or perlustration of the city of London, the imperial chamber, and chief emporium of Great Britain: whereunto is added another of the city of Westminster, with the courts of justice, antiquities, and new buildings thereunto belonging).

Gerade Howell nahm sogar mehrfach direkt auf die „Bills of Mortality" Bezug, die er in seinem Werk unter anderem als eine Informationsquelle vorstellte, um die Bevölkerungsstärke Londons im Vergleich zu anderen europäischen Großstädten zu berechnen[88]. Hier ist insbesondere eine Passage auffallend, in der er die natürliche Bevölkerungsentwicklung auf sehr basale Weise schätzte und die sich direkt auf das Sujet Graunts bezog, nämlich dass die „common weekly bills come to near upon 300 that come in, and about so many that go out of the world, though the last years general bill made twice as many to go out, as came in; for it gives account of fourteen thousand and odd that dyed, and but seven thousand christened; but this may be imputed (the more's the pity) to the confusion of sectaries, which swarm since the long Parliament, as Anabaptists, and others who use not to christen their Children, a sad story to tell, so that there were many thousands born, which were not baptized, and whereof the Bill speaks not"[89]. Selbst wenn Graunt sich nicht namentlich auf Howell bezog, so sind die Parallelen doch unübersehbar, hier hinsichtlich der Relation von Sterbefällen und Geburtszahlen sowie der unvollständigen Erfassung der in der Stadt vorgenommenen Taufen.

Auch die landeskundliche Literatur zu den britischen Inseln blickte Mitte des 17. Jahrhunderts bereits auf eine längere Tradition zurück, wobei in den entsprechenden Darstellungen gerade der Entwicklung der politischen Ordnung und der sozialen Verhältnisse oft breiter Raum eingeräumt wurde[90]. Noch aus elisabethanischer Zeit stammten die einschlägigen Publikationen der beiden Autoren William Harrison (1534–1593)[91] und Thomas Smith (1513–1577)[92]. Damit Hand in Hand ging die Rezeption der kosmografischen Literatur, die schon im europäischen Humanismus einen festen Platz gehabt hatte und in der häufig das kulturelle Erbe der Antike, die biblische Erzählung und das geografische Wissen der Zeit miteinander verflochten wurden. Durch die wachsende Verbindung Englands mit fernen Ländern im Zuge der Expansion des britischen Han-

---

88 „Now, one way to know the populousness of a great City is, to observe the Bills of Mortality, and Nativities every week" (HOWELL (1657), S. 403).

89 HOWELL (1657), S. 403 f.

90 Vgl. zum Folgenden SHAPIRO (2012: Political Communication and Political Culture in England, 1558–1688), S. 54–76.

91 Die Arbeiten Harrisons sind unter dem Titel „Description of England" bekannt und wurden erstmals veröffentlicht in HOLINSHED u. a. (1577: The firste [laste] volume of the Chronicles of England, Scotlande, and Irelande: Conteyning the description and chronicles of England, from the first inhabiting vnto the conquest, the description and chronicles of Scotland, from the first originall of the Scottes nation, till the yeare of our Lorde, 1571, the description and chronicles of Yrelande, likewise from the firste originall of that nation, vntill the yeare 1547).

92 SMITH u. a. (1583: De republica Anglorum. The maner of gouernement or policie of the realme of England, compiled by the honorable man Thomas Smyth, Doctor of the ciuil lawes, knight, and principall secretarie vnto the two most worthie princes, King Edwarde the sixt, and Queene Elizabeth).

dels und der beginnenden Kolonialisierung, die dadurch bedingte Intensivierung des Reiseverkehrs zu außereuropäischen Zielen, die Korrespondenz insbesondere mit den „Außenposten" der englischen Handelsgesellschaften und eine entsprechende Publizistik weitete sich die Betrachtung immer mehr zur globalen Perspektive.

Auch Graunt scheint diese Literatur in Teilen gekannt zu haben, zumindest gibt es deutliche inhaltliche Berührungen mit der „Cosmographia" des anglikanischen Theologen und landeskundlichen Autoren Peter Heylyn (1599–1662), die dieser 1652 in London veröffentlicht hatte[93]. Dabei handelte es sich um eine gründliche Überarbeitung und erhebliche Erweiterung des ursprünglich auf Heylyns Vorlesungen am heutigen Hertford College in Oxford basierenden, bereits 1621 in Oxford im Druck erschienenen Werkes „Mikrokosmos. A little description of the great world", das seitdem mehrfache Auflagen und Überarbeitungen erfahren hatte[94]. Der nunmehr gut tausend Seiten umfassenden „Cosmographia" sollte auf dem Buchmarkt ein ähnlicher Erfolg beschieden sein wie schon dem „Mikrokosmos", und es ist zu vermuten, dass auch Graunt dieses populärwissenschaftliche Werk gekannt hat. Die Verlagsbuchhandlung lag in der Fleet Street in unmittelbarer Nähe des Wohnortes seiner Schwester und ihres Mannes William Faithorne, sodass er dort auf eine Ausgabe gestoßen sein könnte. Selbst eine persönliche Begegnung zwischen den beiden Autoren ist nicht auszuschließen, denn Heylyn lebte in den 1630er und 1640er Jahren mit seiner Familie auf einer Pfründe in Hampshire nordwestlich von Winchester und damit in der vermutlichen Herkunftsregion der Familie Graunt. Schließlich hatte das Werk bis in höchste Kreise Aufmerksamkeit gefunden: John Thurloe (1616–1668), Staatssekretär und Mitglied des Staatsrats der Regierung Cromwell, wurde im November 1652 angewiesen, das eben erst erschienene Buch als Studienexemplar für die Amtsbibliothek zu erwerben[95].

In der „Cosmographia" beschrieb Heylyn die Stadt London als „wondrous populous, containing well nigh [=nearly] 600 000 people, which number is much a[u]gmented in the term time". Im Vergleich zu Paris, das im Übrigen auch Graunt als wichtiger Referenzpunkt diente, würde London, wenn man auch die Vorstädte in diese Berechnung einbezöge, eine größere Fläche aufweisen – und natürlich auch die altehrwürdigere der

---

93 HEYLYN (1652: Cosmographie in four bookes. Containing the chorographie and historie of the whole world, and all the principall kingdomes, provinces, seas, and isles thereof). Zum Folgenden vgl. MILTON (2015: Heylyn, Peter (1599–1662), Church of England clergyman and historian); MILTON (2007: Laudian and royalist polemic in seventeenth-century England: the career and writings of Peter Heylyn); MAYHEW (2000b: Enlightenment geography: the political languages of British geography, 1650–1850), S. 49–65; MAYHEW (2000a: „Geography is Twinned with Divinity": The Laudian Geography of Peter Heylyn).
94 HEYLYN (1625: ΜΙΚΡΟΚΟΣΜΟΣ. A little description of the great world).
95 Vgl. MILTON (2007), S. 154.

beiden Städte sein. In unserem Zusammenhang ist eine Passage von besonderem Interesse, in der Heylyn beklagte, dass London „increased so much in wealth and honour from one age to another, that it is grown at last too big for the Kingdom: which whether it may be profitable for the State, or not, may be made a question". Denn ein solcher „over-growth of great cities" könne beispielsweise andere Städte und Landesteile hinsichtlich des Zugangs zu Ressourcen benachteiligen, Engpässe bei der Nahrungsmittelversorgung der Bevölkerung zur Folge haben und die Wahrscheinlichkeit gefährlicher Zusammenrottungen und Aufstände deutlich erhöhen. Von daher müsse man die Londoner Stadtregierung dafür hochschätzen, dass die Metropole im Vergleich zu den großen und bevölkerungsreichen Städten auf dem Kontinent nur eine geringe Zahl an Gewaltverbrechen und Raubdelikten aufweise[96].

Die inhaltlichen Überschneidungen mit einzelnen Aussagen in den *Observations* sind offensichtlich – auch wenn Graunt bei seinen Berechnungen auf eine deutlich niedrigere Zahl von 384 000 beziehungsweise 460 000 Einwohnern kam[97]. Bei der These, dass „London, the metropolis of England, is perhaps a head too big for the body and possibly too strong", könnte es sich sogar um eine fast wörtliche Bezugnahme auf die „Cosmographia" handeln[98]; wobei zu beachten ist, dass die Verwendung der Kopf-Körper-Metaphorik bereits aus dem Mittelalter stammte und es schon in elisabethanischer Zeit eine Diskussion über die starke flächenmäßige Ausdehnung und das Bevölkerungswachstum Londons gegeben hatte, Graunt also auch auf andere Vorbilder rekurriert haben könnte[99].

Im Übrigen hatte Heylyn im „Mikrokosmos" von 1621 noch von 400 000 Einwohnern gesprochen, und es fehlte dort auch die 1652 in der „Cosmographia" dann auffallend häufig im Text aufscheinende Klage über ein zu schnelles und disproportionales Wachstum der Stadt[100]. Ganz unabhängig davon, ob sich letzteres durch demografische Befunde bestätigen ließ – in den drei Jahrzehnten, die zwischen dem Erscheinen des „Mikrokosmos" und der „Cosmographia" lagen, hatte sich die Perzeption der Bevölkerungsentwicklung Londons offensichtlich deutlich verändert. Neben den Stolz auf die wachsende Bedeutung der Stadt als Anziehungspunkt trat immer mehr die Sorge vor den Begleitumständen der Überbevölkerung, nämlich der Enge, der Not und der Gewalt in einzelnen Stadtquartieren. Die Wahrnehmung einer aus den Fugen geratenen Stadt,

---

96 HEYLYN (1652), die Zitate S. 270.
97 S. unten, Kap. 4.8.
98 *Observations*, Widmungsbrief an John Robartes.
99 Vgl. LANDA (1975: London Observed. The Progress of a Simile) sowie HARDING (2001: City, capital, and metropolis: the changing shape of seventeenth century London), S. 121–123.
100 HEYLYN (1625), S. 478 f.

mit deren unkontrolliertem Wachstum die Zunahme von Stressfaktoren im Alltagsleben, der Verlust an staatlicher Kontrolle und eine Überforderung der Zivilgesellschaft sowie vermehrt auch Krankheiten und Seuchen einherzugehen schienen, sollte vor allem die in den 1620er und 1630er Jahren in London aufgewachsene Generation, der auch Graunt angehörte, maßgeblich prägen[101]. In einzelnen Passagen der *Observations*, etwa zum Bettlerwesen, zur Überlastung der Verkehrsinfrastruktur oder zur Luftverschmutzung, klang dieses Lamento deutlich an[102].

Neben ihrer Bedeutung für die Entwicklung der Bevölkerungsstatistik sollte die Entstehungsgeschichte der *Observations* insofern auch im Kontext der lokal- und regionalhistorischen beziehungsweise chorografischen Literatur verstanden werden. Diese schuf möglicherweise nur den Resonanzkörper, in dem Graunt sein Werk zum Klingen bringen konnte, diente ihm vermutlich aber auch als Inspirationsquelle und Referenzpunkt[103]. Wie in den Werken Stows und Howells manifestierte sich jedenfalls auch in Graunts *Observations* das wachsende Selbstbewusstsein Londons als politisches und wirtschaftliches Zentrum von internationaler Bedeutung und Strahlkraft[104]. Dass umgekehrt Graunts Werk in den zeitgenössischen Landesbeschreibungen nicht immer Berücksichtigung fand, etwa in den ohnehin spärlichen demografischen Angaben der 1669 erschienenen „Angliae Notitia" seines Mit-Fellows Edward Chamberlayne (1616–1703), tut dem keinen Abbruch[105].

Ein weiterer Bezugspunkt könnte im Übrigen auch die während des Bürgerkriegs 1647 anonym erschienene Schrift „London Account" gewesen sein – sie geht vermutlich auf den Juristen und zu diesem Zeitpunkt in Opposition zur Führung der Parla-

---

101 Aus diesem Grunde gab es seit 1580 deshalb auch wiederholt Versuche seitens der königlichen Regierungen und der städtischen Verwaltung, das Wachstum der Stadtbevölkerung einzudämmen, die jedoch vergeblich blieben, vgl. FINLAY (1981b: Population and Metropolis. The Demography of London 1580–1650), S. 6 und 10.

102 S. hierzu auch PELLING (2000: Skirting the city? Disease, social change and divided households in the seventeenth century).

103 BEIER (2016: Social Thought in England, 1480–1730. From Body Social to Worldly Wealth) spricht im Kontext der frühen landes- beziehungsweise stadttopografischen Literatur sogar von „proto-sociologies" (S. 326).

104 In diesem Sinne sind auch die Vergleiche Londons mit Amsterdam oder Paris zu verstehen, zudem als Hauptstädten der mit England konkurrierenden Mächte Frankreich und Niederlande. Zur fortwährenden Diskussion in der frühen demografischen Literatur zu diesem Thema vgl. auch DUPÂQUIER (1998: Londres ou Paris? Un grand débat dans le petit monde des arithméticiens politiques (1662–1759)).

105 So etwa bei CHAMBERLAYNE (1669: Angliae Notitia, or the present state of England: together with divers reflections upon the antient state thereof), der sich allerdings hauptsächlich juristischen und anthropologischen Aspekten zuwandte und nur am Rand mit der Bevölkerungszahl beschäftigte (S. 79). Zum gesellschaftspolitischen Denken Chamberlaynes vgl. etwa BEIER (2016), S. 398–401.

mentsarmee und Cromwell stehenden Pamphletisten William Prynne (1600–1669) zurück[106]. Der Autor nutzte hier die Daten der „Bills of Mortality" als Ausgangspunkt, um die Gesamtbevölkerungszahl Londons hochzurechnen und das für militärische Zwecke zur Verfügung stehende Steueraufkommen zu schätzen, wobei er auf die Zahl von 400 000 „families" kam. Mit Graunts späterer Studie waren solche ersten und noch eher oberflächlichen Berechnungen, die zudem zwischen Einwohnern und Haushalten nicht unterschieden, in keiner Weise vergleichbar. Eine systematische Beschäftigung mit den „Bills of Mortality" lag aber gewissermaßen bereits in der Luft, als sich Graunt zu einer Analyse dieses Materials entschied. Schließlich hatten die „Bills of Mortality" längst auch ihren Weg in die Populärkultur Londons gefunden[107].

4.3 Gesundheitsvorsorge in Zeiten der Pest

Das Interesse der zeitgenössischen Öffentlichkeit an den „Bills of Mortality" war, wie schon dargestellt, von solcherlei methodischen Überlegungen ohnehin nicht betroffen. Geburt, Krankheit und Tod gehören zu den einschneidenden Ereignissen im Leben eines Menschen, weshalb Informationen darüber damals wie heute die Aufmerksamkeit der Leser fast von ganz allein auf sich zogen. Zudem einzelne Versatzstücke einen allfälligen Voyeurismus bedienten, denn die „Bills of Mortality" enthielten unter anderem Informationen zu Opfern von Gewalt und zu Hinrichtungen, aber auch zu „Tabuthemen" wie Selbstmorden, psychischen Krankheiten, Abtreibungen und Geschlechtskrankheiten[108].

Hinzu kam, dass gerade unter den Angehörigen höherer und gebildeter Schichten mitunter ein ausgeprägtes „Gesundheitsbewusstsein" zu beobachten ist. Samuel Pepys, der die „Bills of Mortality" subskribiert hatte und vor allem während der Pestepidemie von 1665 eifrig rezipierte[109], vertraute seinem Tagebuch beinahe täglich seine Sorgen über das eigene Befinden, vermeintliche und tatsächliche gesundheitliche Beschwerden,

---

106 O. V. (1647: London's Account: or a calculation of the arbitrary and tyrannical exactions, taxations, impositions, excises, contributions, subsidies, twentieth parts, and other assessments, within the lines of communication, during the foure yeers of this unnaturall warre).

107 S. hierzu insbesondere SULLIVAN (2011: Physical and Spiritual Illness. Narrative Appropriations of the Bills of Mortality).

108 Vgl. SPENCE (2016: Accidents and Violent Death in Early Modern London: 1650–1750), S. 216 (mit Blick auf unnatürliche Todesursachen). Nach BAYATRIZI (2008a: Life Sentences: The Modern Ordering of Mortality) verstieß es bereits gegen die Etikette, exakte Informationen über Todesursachen zu sammeln (S. 56).

109 PEPYS, Diary, z. B. Einträge vom 29. Juni 1665, 21. Juli 1665, 31. August 1665, 7. und 20. September 1665, 9. und 30. November 1665.

Erkrankungen in der Familie und im näheren Umfeld sowie Ergebnisse von Arztbesuchen und medikamentösen Behandlungen an. Man könnte ihn deshalb nicht ganz zu Unrecht für einen Hypochonder halten, doch war eine solche Vorsicht durchaus angebracht in einer Zeit, in der viele Erkrankungen, die heute harmlos verlaufen oder leicht auszuheilen sind, einen tödlichen Ausgang nehmen konnten.

Allein die Anzahl der über hundert, in den verschiedenen „Bills of Mortality" erfassten und von Graunt berichteten Todesursachen musste dabei nicht nur einem besonders achtsamen Leser wie Pepys wie ein Panoptikum aller denkbaren körperlichen und seelischen Erkrankungen, Missbildungen, Versehrungen und Mangelerscheinungen vorkommen – von den ebenfalls berichteten unnatürlichen Wegen, aus dem Leben befördert zu werden, wie dem Tod bei einem Unfall, in Folge einer Komplikation bei einer Operation, durch Gewalteinwirkung oder gar auf dem Schafott einmal abgesehen. Hier handelte es sich, wohlgemerkt, nicht um eine Liste aufgetretener Krankheitsfälle, die möglicherweise zu kurieren waren, sondern um registrierte Todesursachen, insofern um eine fast bedrohlich anmutende Liste aller denkbaren Sterblichkeitsrisiken, die einen Londoner zu jeder Zeit ereilen konnten.

Wenn nun im eigenen Lebensumfeld oder Wohnviertel (das mehrere Pfarrbezirke umfassen konnte) die Fallzahlen einer bestimmten Krankheit anstiegen, erhöhte sich womöglich auch das Risiko, selbst daran zu erkranken. Insofern stellten die „Bills of Mortality" in der Tat eine Art gesundheitliches Frühwarnsystem für jedermann dar, und dies weit über die Pestepidemien hinaus[110]. Mitunter finden sich auf den gedruckten Exemplaren oder auf deren Rückseite Bearbeitungsspuren, Ergänzungen oder Kommentare sowie handschriftliche Kopien, was das lebhafte Interesse an der Mortalitätsstatistik zeigt. Bei einigen Druckausgaben der „Lord Have Mercies" wurde der Platz sogar bewusst ausgespart, um die individuelle Ergänzung durch den Leser zu ermöglichen – von dieser ‚interaktiven' Form der Mortalitätsstatistik wurde, wie einige noch aus Privatbesitz überlieferte Kopien zeigen, auch rege Gebrauch gemacht[111].

Diese Allgegenwart der Mortalität wurde dadurch noch verstärkt, dass das Wissen über Krankheitsursachen sowie potenzielle Übertragungswege von Infektionen in dieser Zeit noch eher rudimentär war. So wurde für viele Erkrankungen immer noch eine schlechte Luftqualität als wichtigste Ursache angesehen. Diese Vorstellung schlug sich etwa im lateinischen Wort „Malaria" nieder und ist sogar in den allgemeinen Sprachgebrauch eingegangen, spricht man doch auch heute noch gelegentlich von „verpesteter"

---

110 McKenna / Zohrabian (2009: U.S. Burden of Disease – Past, Present and Future) sprechen in diesem Zusammenhang von „‚signal detection' functions" der „Bills of Mortality" (S. 212).

111 Vgl. etwa Jenner (2012), S. 264 f.; Berry (1995: A London Plague Bill for 1592, Crich, and Goodwyffe Hurde).

Luft[112]. Als Vorsorgemaßnahme wurde deshalb das Ausräuchern von Wohnquartieren beziehungsweise Wohnräumen praktiziert. Pestärzte und Bestatter konsumierten während ihrer Arbeit Tabak oder andere Rauchwaren im Glauben, dadurch die infizierte Luft reinigen zu können. Auch das Abbrennen von Feuerwerkskörpern wurde wegen des dabei entstehenden Pulverdampfes als Mittel eingesetzt, um die Übertragungswege der Krankheit zu unterbinden.

Neben dieser im Grunde auf die Miasmentheorie des Hippokrates zurückgehenden Vorstellung von der Übertragung von Krankheiten über die Luft wurden auch infektiöse Flüssigkeiten als eine wesentliche Ursache von Krankheiten angesehen, die insbesondere von verrottendem oder verwesendem Material sowie von einer Berührung von erkrankten oder verstorbenen Menschen ausgehen würden und sich dann im Körper ausbreiten könnten. Hier berührten sich intuitives Wissen – die Assoziation eines von Verfallsprozessen ausgelösten, ekelerregenden Gestankes mit einer akuten Lebensgefahr, die fast schon zum anthropologischen Kern der Schutzreflexe des Menschen gehört – mit der vergleichsweise modernen Vorstellung, dass der direkte Kontakt mit infektiösem Material über die Haut beziehungsweise durch eine Wunde eine Krankheit auslösen kann. Strikte Hygienemaßnahmen sowie die rasche Isolation von Infizierten und Beisetzung von Verstorbenen waren hier das Mittel der Wahl[113].

Die Pest wurde dabei wegen ihres epidemischen Verlaufs und des meist letalen Ausgangs zurecht als eine der gefährlichsten Erkrankungen der damaligen Zeit eingestuft. Da es außer den Versprechungen von Quacksalbern bis dato keine erfolgversprechenden Behandlungsmöglichkeiten gab, blieb hier nur die Verhängung von Quarantänemaßnahmen, und gerade hier musste man möglichst frühzeitig wissen, ob ein erneuter Ausbruch der Seuche unmittelbar bevorstand.

Dies galt zum einen schon für den Zugang nach London. Sobald die Behörden von vermehrten Pestfällen beispielsweise in den Häfen von Hamburg oder Amsterdam erfuhren, wurden die von dort einlaufenden Schiffe entweder ganz abgewiesen oder auf einer vor der Stadt liegenden Ankerstelle so lange interniert, bis man sich sicher war, dass weder bei den Seeleuten noch bei den Passagieren Symptome der Pest aufgetreten waren. Bei Krankheitsfällen innerhalb der Stadt markierte und versiegelte man die Häuser von Infizierten und verbot ihnen und ihren Angehörigen für einen festgelegten Zeitraum, ihre Wohnung zu verlassen. Menschen aus bereits infizierten Gegenden wurden am Verlassen ihrer Viertel gehindert, um dadurch eine weitere Ausbreitung der Seuche zu verhindern.

---

112 Vgl. LOETHER (2000: The social impacts of infectious disease in England, 1600 to 1900).
113 Vgl. KEVIN (2020: Corpses, Contagion and Courage: Fear and the Inspection of Bodies in 17th-Century London), v. a. S. 150–152.

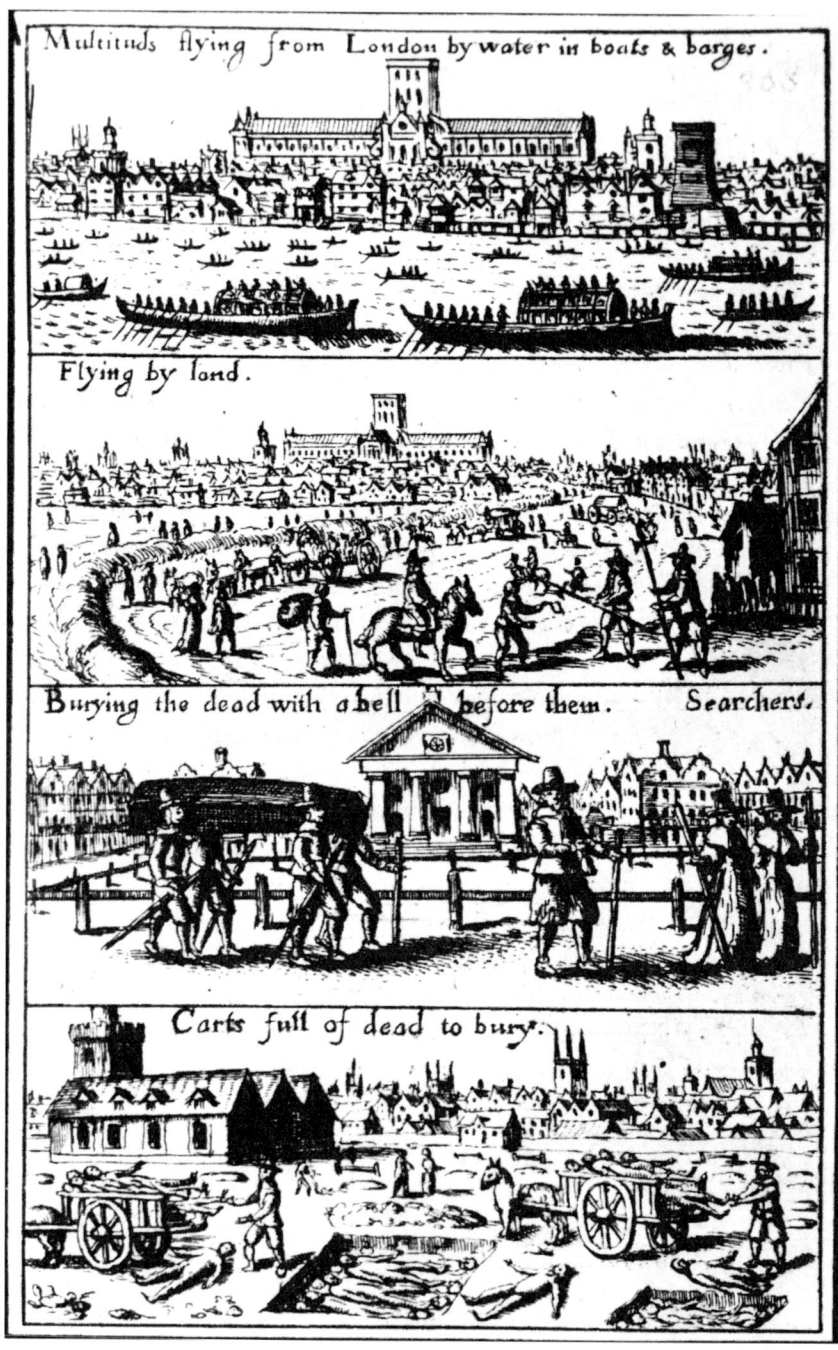

Multituds flying from London by water in boats & barges.

Flying by land.

Burying the dead with a bell before them.   Searchers.

Carts full of dead to bury.

Abb. 14: Szenen aus dem Jahr der Großen Pest
(Einblattdruck mit Stichen von John Dunstall (gest.1693), [1665/1666]).

Deshalb war man gut beraten, die wöchentlichen Zahlen in den „Bills of Mortality" für das eigene Wohnviertel laufend zu beobachten[114]. Wer es sich leisten konnte, nutzte dann rechtzeitig die Gelegenheit zur Flucht und zog aus einem Viertel, in dem vermehrt Krankheitsfälle aufgetreten waren, oder gleich ganz aus der Stadt in ein als sicher geltendes Gebiet. War dieses Fluchtverhalten bei dem letzten großen Pestausbruch von 1625 / 26 noch eher ein Elitenphänomen – was entsprechende Kritik nach sich zog –[115], hatte sich es mittlerweile in immer breiteren Schichten der Bevölkerung eingebürgert, dass man Risikogebiete innerhalb Londons möglichst mied oder die Stadt verließ. Die Fallzahlen in den „Bills of Mortality" boten auch in umgekehrter Richtung einen halbwegs verlässlichen Indikator, welche Viertel bereits als sicher galten und wo man das Risiko einer Rückkehr eingehen konnte. Dies zeigte sich etwa während der großen Pestepidemie von 1665, als der König mit dem Hof zunächst in Residenzen im Umland und nach Oxford übersiedelte und dann etappenweise wieder nach London zurückkehrte, als die Zahl der Todesfälle spürbar zurückgegangen war.

In den Seuchengebieten zurück blieben vor allem die kleineren und mittleren Beamten der königlichen und städtischen Verwaltung, die das öffentliche Leben in der Stadt aufrechterhalten mussten, und die für die Pestopfer sowie die Pesthygiene zuständigen Professionen[116]. Letztere Gruppe umfasste insbesondere Ärzte und Apotheker sowie das Personal in den Hospitälern und Pesthäusern, die sogenannten „Keeper" (eine Art Gemeindeschwestern) und diejenigen, welche die Erkrankten auf ihrem letzten Weg begleiten mussten, sprich die Pfarrer, Pfarrdiener und Bestatter. Diese kamen auf den Höhepunkten der Epidemie bei Opferzahlen von mehreren Tausend Menschen pro Monat kaum noch mit den Beerdigungen nach und mussten für die besonders stark betroffenen Gebiete Massengräber möglichst außerhalb bewohnter Flächen ausheben.

Die katastrophalen Auswirkungen der Pestepidemien betrafen allerdings nicht alle Londoner in gleichem Maße. Vielmehr ist eine starke sozioökonomische Segregation beobachtbar: Die Krankheit grassierte vor allem unter denjenigen, die nicht über die Bildungsvoraussetzungen verfügten, um das Ausmaß der Gefahr rechtzeitig zu erkennen und sich über entsprechende Abwehrmaßnahmen zu informieren; die in völlig überbelegten Quartieren, zu mehreren in einer Wohnstatt oder gar auf der Straße lebten; die sich die Kosten einer Flucht nicht leisten oder nicht monatelang auf die Erwerbsquelle für ihren Lebensunterhalt verzichten konnten; die nicht über den Luxus von Ausweichquartieren verfügten und keine Familienangehörigen im Umland hatten; und die schließlich in Folge eines schlechten Allgemeinzustandes zu wenig Abwehrkräfte ge-

---

114 Vgl. SLAUTER (2011: Write up your dead. The bills of mortality and the London plague of 1665).
115 Vgl. HACKENBRACHT (2011), S. 414–416.
116 Vgl. hierzu auch BYRNE (2012).

gen eine Infektion mit dem Pestvirus und entsprechende Folgeerkrankungen aufbringen konnten. Deshalb traf die Seuche, die 1665 im Pfarrbezirk St. Giles-in-the-Fields westlich der City ausbrach, die ärmeren und dicht besiedelten Stadtquartiere im Norden und Osten Londons besonders hart, worunter auch viele Gebiete waren, die ohnehin von den „Bills of Mortality" nicht erfasst wurden und wo man es bei den rasch ansteigenden Todeszahlen und den Bestattungen in Massengräbern mit der Registrierung der Opfer wohl auch nicht allzu genau nahm[117].

Auch in den Vierteln der wohlhabenderen Londoner und in Quartieren mit höherwertiger Wohnqualität grassierte die Krankheit, und auch hier war das Infektionsrisiko für Menschen mit niedrigerem sozioökonomischem Status hoch. Dies betraf etwa das Personal, das von den geflohenen Arbeitgebern zurückgelassen wurde, um den Geschäftsbetrieb beziehungsweise den Haushalt während ihrer Abwesenheit aufrechtzuerhalten[118]. Viele renommierte Mediziner und Mitarbeiter des Royal College of Physicians, mithin also die Spitzen des Gesundheitswesens, hatten die Stadt bei Ausbruch der Epidemie eilig verlassen, sodass die königliche Regierung und die Stadtverwaltung schließlich einige wenige Ärzte und Apotheker zum Bleiben verpflichten mussten, um wenigstens die grundlegende Gesundheitsversorgung der Infizierten sicherzustellen[119]. Auch in der Beamtenschaft war es vor allem das subalterne Personal, das nach der Flucht des Hofes und der staatlichen und gesellschaftlichen Institutionen im Seuchengebiet zurückblieb.

Wie die Familie Graunt selbst die Pestzeit überstand, ist nicht überliefert. Dabei gehörten sie als Textilhändler einer Risikogruppe an, denn gerade im Tuchgewerbe und -handel hantierte man mit Stoffen und Bekleidungsstücken eng am Kunden, wodurch die Flöhe, die gemeinhin als Überträger des Pestvirus gelten und, wie man heute weiß, nicht immer nur über infizierte Ratten, sondern auch von Mensch zu Mensch übertragen wurden, sich leichter von einem Wirtsorganismus zum anderen fortbewegen konnten.

---

117 Dies galt nach BOULTON / BLACK (2011: ‚Those, that die by reason of their madness': dying insane in London, 1629–1830) für stigmatisierende Krankheitsbilder, die besonders den Armenvierteln zugeordnet wurden, wie Geisteskrankheiten oder Geschlechtskrankheiten, da wohlhabendere Londoner eher in der Lage waren, diese Diagnose zu unterdrücken. BYRNE (2012) verweist darauf, dass man mitunter auch den Armen gezielt die Schuld an den Pestausbrüchen gab.

118 Vgl. BAER (2014: Using Housing Quality to Track Change in the Standard of Living and Poverty for Seventeenth-Century London), S. 7.

119 Vgl. DUFFIN (2016: Nathaniel Hodges (1629–1688): Plague doctor), S. 32. Nach dem Ende der Epidemie sahen sich Ärzte, die auf deren Höhepunkt aus der Stadt geflohen waren, veranlasst, sich für ihr Verhalten zu rechtfertigen, so auch der Mediziner Jonathan Goddard (1617–1675) vor seinen Mit-Fellows in der Royal Society, vgl. MOSLI-LYNCH / O'SHAUGHNESSY (2022: Pepys's plague: How the reaction of the individual, society and the medical profession to the Great Plague of 1665 is similar to our experience of Covid-19), S. 5f.

Auch eine Tröpfcheninfektion war bei körperlicher Nähe wahrscheinlicher, insbesondere wenn es sich um eine primäre oder sekundäre Lungenpest handelte. Aus statistischen Auswertungen zu Pestepidemien in anderen Regionen, beispielsweise in Böhmen und Sachsen, ist bekannt, dass der Anteil der im Textilhandhandwerk arbeitenden Menschen an den Pestopfern besonders hoch war. Selbst wenn man davon ausgeht, dass in diesen Gebieten viele Menschen in textilen Gewerben arbeiteten, ist dieser Befund doch vielsagend für deren Infektionsrisiko[120].

Auf der anderen Seite lebten die Graunts in einem Stadtteil, der zu den eher wohlhabenderen Vierteln der Stadt gehörte, und hier waren die Opferzahlen auch deshalb niedriger, weil die Bevölkerung auf Grund ihrer sozioökonomischen Stellung am ehesten die Möglichkeit hatte, das Seuchengebiet zu verlassen. Pepys berichtete, dass während des Höhepunkts der Seuche viele der sonst so übervölkerten Straßen in der City menschenleer waren und in Whitehall sogar das Gras das Straßenpflaster des Hofes zu überwuchern begann[121]. Auch im engeren Umfeld Graunts suchten Menschen, so sie denn konnten, das Weite. Sein Freund William Petty etwa zog sich mit zwei weiteren Fellows der Royal Society, John Wilkins und Robert Hooke, auf ein Refugium im Süden Englands zurück, wo sie sich mechanischen Experimenten und anderen wissenschaftlichen Arbeiten hingaben[122].

Die Vermutung liegt nahe, dass auch John Graunt mit seiner Familie aus dem von der Pest heimgesuchten Stadtgebiet floh. Etwa 90 Minuten Fußweg von der Birchin Lane und damit weit genug von den schlimmsten Pestherden entfernt wohnte etwa sein Bruder Zachary in einem damals außerhalb der Stadt liegenden und damit sicheren Gebiet. Vielleicht zogen sich die Graunts auch nach Hampshire zurück, wo noch Verwandte des Vaters gelebt haben könnten. Da von seinen uns heute noch bekannten Angehörigen niemand in den Jahren 1665 oder 1666 verstarb, scheint es gelungen zu sein, die Familienmitglieder weitestgehend vor einer Infektion zu schützen, und dies könnte angesichts der hohen Ansteckungsgefahr darauf hinweisen, dass sie sich zumindest auf dem Höhepunkt der Pestepidemie nicht in der Stadt aufgehalten hatten.

Dies bedeutet allerdings nicht, dass die Familie generell keine Todesopfer durch die Pest zu beklagen hatte. Alle Pestepidemien des 17. Jahrhunderts hatten einen ähnlichen Verlauf mit einer kurzen und besonders heftigen letalen Phase, die meist eher in den wärmeren Monaten des Jahres eintrat. Abgesehen von den drei großen Ausbrüchen

---

120 Vgl. SCHLENKRICH (2013: Gevatter Tod. Pestzeiten im 17. und 18. Jahrhundert im sächsisch-schlesisch-böhmischen Vergleich), v. a. S. 63.
121 PEPYS, Diary, 16. August 1665, 20. September 1665. Ähnlich EVELYN, Diary, 7. September 1665, DE LA BÉDOYÈRE (1994), S. 163 f.
122 Vgl. MULLET (1938).

1603, 1625 und besonders verheerend 1665 forderte der Pestvirus auch in den Jahren dazwischen Todesopfer, die allerdings unter 10 Prozent aller Todesfälle und damit unter der Schwelle blieben, die man unter den Zeitgenossen als den Ausbruch einer Pestepidemie interpretierte[123]. Dagegen gaben sich die Menschen bei einem besonders starken Absinken der Todesfälle der meist irrigen Annahme hin, die Epidemie sei eigentlich schon überwunden oder stelle doch zumindest keine Bedrohung mehr für die Allgemeinheit dar – obwohl der Erreger auch weiterhin verbreitet war und auch an Letalität nichts eingebüßt hatte[124]. Entsprechende Todesfälle zwischen den Jahren großer Pestwellen könnten also auch auf eine massenhafte Infektion zurückgehen, ohne dass diese als Teil eines epidemischen Geschehens wahrgenommen wurde.

Bereits im Januar 1666 – trotz nach wie vor hoher Sterblichkeit – kehrte das Leben schließlich wieder in die Stadt zurück: In den bereits weitgehend pestfreien Gebieten öffneten die Geschäfte und die Menschen bewegten sich wieder in der Öffentlichkeit. Auch die Royal Society begann am 22. Januar 1666 nach einer mehrmonatigen Sitzungspause wieder mit ihren regelmäßigen Zusammenkünften im Gresham College[125]. Ab Februar nahm auch Graunt wieder an Sitzungen des Council teil, sein Aufenthalt außerhalb der Stadt kann also nur von Juni 1665 bis Februar 1666 gedauert haben. Dass dieser Zeitraum mit der Evakuierung der königlichen Familie zusammenfiel, ist vermutlich kein Zufall. Denn das Verhalten des Hofes war für die Bevölkerung in London ein wichtiger Anhaltspunkt, ab wann es besser war, die Stadt zu verlassen beziehungsweise ungefährlich wieder zurückzukehren. Dass man nur wenige Monate darauf von einer weiteren großen Katastrophe, dem Großen Brand von London, heimgesucht würde, konnte zu diesem Zeitpunkt niemand ahnen.

Die oftmals geäußerte Ansicht, dass das Ende der großen Pestepidemien in London auf diesen Großbrand zurückzuführen sei, weil in der Feuersbrunst auch die Ratten und mit ihnen die Flöhe als Wirtsorganismus des Pesterregers vernichtet wurden, ist in dieser vereinfachten Form unzutreffend[126]. Zum einen waren gerade Gebiete, in denen die Pest besonders stark gewütet hatte, weitestgehend vom Feuer verschont geblieben. Zum

---

123 Vgl. hierzu v. a. SCOTT / DUNCAN (2001: Biology of Plagues: Evidence from Historical Populations); SLACK (1985: The Impact of Plague in Tudor and Stuart England).

124 Zur Wahrnehmung von Epidemien und ihres „Endes" vgl. neuerdings CHARTERS / HEITMAN (2021: How epidemics end).

125 PEPYS, Diary, Einträge vom 5. und 22. Januar 1666.

126 Vgl. dazu und zum Folgenden MCNEILL (1977: Plagues and Peoples), der zumindest von einer indirekten Wirkung des Großen Brandes ausgeht. Demnach waren die Abkehr von der brandschutztechnisch problematischen Holzbauweise und der Übergang zur verstärkten Verwendung von Stein und Ziegel dafür verantwortlich, dass die Ratten weniger Aufenthaltsorte in der Nähe der Menschen vorfanden (v. a. S. 183).

anderen verfügen Ratten über eine hohe Stressresistenz und zugleich Reproduktionsrate, sodass eine vollständige Vernichtung der Population durch das Feuer unwahrscheinlich ist – ganz abgesehen davon, dass vieles auch für eine Übertragung der Flöhe von Menschen zu Menschen spricht.

Bis heute gibt es insofern noch keine befriedigende Antwort auf die Frage, warum die Große Pest von 1665 der letzte große Ausbruch der Seuche in London war, obwohl es in anderen Landstrichen und Städten Europas und im Nahen und Mittleren Osten auch im 18. Jahrhundert noch teilweise ähnlich katastrophale Epidemien gab, etwa in der Provence zwischen 1720 und 1722 – bei dem Ausbruch der Seuche in Marseille sprach man damals ebenfalls von einer Großen Pest[127]. Hygienemaßnahmen, die in London routiniert ergriffen wurden, insbesondere die Verhängung von Blockaden und Quarantänen für die aus Hochrisikogebieten einlaufenden Schiffe, können zu einem gewissen Maß erklären, warum trotz des internationalen Handelsplatzes die Pest nicht doch wieder eingeschleppt wurde[128]. Auch die Tatsache, dass England auf Grund seiner Insellage den Personenverkehr besser kontrollieren konnte und im 18. Jahrhundert von Truppendurchzügen weitestgehend verschont blieb, könnte eine Rolle gespielt haben. Dennoch ist immer noch unklar, warum sich die Zunahme der Infektionen in London nach dem Ausbruch von 1665 und dem Brand von 1666 so stark verlangsamt hat, dass die Epidemie faktisch zum Erliegen kam. Ob es die Verdrängung der schwarzen Ratten, die besonders die Nähe des Menschen suchten, durch eine scheuere Rattenart war; eine Mutation des Pesterregers, die eine bis dahin vorherrschende Variante weniger infektiös machte und insbesondere die Übertragung zwischen Wirtstieren hemmte oder zum Ausbruch der harmloseren Pseudo-Tuberkulose führte[129]; eine zunehmende „Herdenimmunisierung" der überlebenden Bevölkerung gegen bestimmte Erregerstämme nach Jahrzehnten der Exposition; oder die vielerorts steigende Bauqualität sowie verbesserte Hygienestan-

---

127 S. etwa SIGNOLI u.a. (2002: Paleodemography and Historical Demography in the Context of an Epidemic: Plague in Provence in the Eighteenth Century). Allerdings sind bei Pestausbrüchen stets mikrobiologische Unterschiede zu beachten. In London herrschte eher die durch Bakterien ausgelöste Beulenpest vor, während es sich beim sogenannten „Schwarzen Tod" auf dem Kontinent Mitte des 14. Jahrhunderts um ein durch Viren ausgelöstes Hämorrhagisches Fieber gehandelt haben könnte, vgl. GANI (2006: Deaths caused by the 16th–17th century London plagues reported by Graunt), S. 135.

128 Vgl. hierzu und zum Folgenden neuerdings SLACK (2022: Perceptions of plague in eighteenth-century Europe).

129 Nach 1665 traten bei den Epidemien die Pocken immer stärker in den Vordergrund, allerdings mit einer deutlich geringeren Sterblichkeitsrate von unter 5 %, vgl. BRAY (1996). Aus Studien zu Schweden ist bekannt, dass der Pockenvirus im 17. Jahrhundert noch nicht so gefährlich war wie im 18. und 19. Jahrhundert, s. SKÖLD (1996: The Two Faces of Smallpox. A Disease and its Prevention in Eighteenth- and Nineteenth-Century Sweden); s. hierzu auch DAVENPORT u.a. (2011: The decline of adult smallpox in eighteenth-century London).

dards[130], wodurch die bisherigen Übertragungswege der Krankheitserreger reduziert und zugleich die Resilienz der Einwohner erhöht wurden – oder eine Kombination aus allen genannten Faktoren: Die schwere Pestepidemie, die London erlebt hatte und der innerhalb von nur einem Jahr vermutlich bis zu 80 000 Menschen und damit annähernd ein Fünftel der Gesamtbevölkerung der Stadt zum Opfer gefallen waren, bezeichnete jedenfalls den letzten katastrophalen Ausbruch der Seuche in der Stadt.

4.4 Bills of Mortality

Vereinfacht gesagt, brauchte Graunt auf die „Bills of Mortality" nicht erst aufmerksam gemacht zu werden – sie fanden ihren Weg fast zwangsläufig zu ihm: Im Alltagsleben des frühneuzeitlichen London kam man an diesem Medium kaum vorbei, es war fester Bestandteil der Kommunikationskultur in der englischen Metropole[131].

---

130 Anders Baer (2014), der ein differenziertes Bild der Bauqualität in London vor und nach 1666 zeichnet sowie auf die teilweise epidemische Ausbreitung von Krankheiten auch nach dem Großen Brand hinweist (S. 7 f.).

131 Zum Folgenden vgl. Boyce (2020: Bills of Mortality: tracking disease in early modern London); Heitman (2020: Authority, autonomy and the first London Bills of Mortality); Kevin (2020); Cummins u. a. (2016: Living standards and plague in London, 1560–1665); Henry (2016: Women Searchers of the Dead in Eighteenth-and Nineteenth-century London); Rideal (2016: 1666: Plague, war and hellfire); Reilly (2015: Bills of Mortality. Disease and Destiny in Plague Literature from Early Modern to Postmodern Times); Byrne (2012); Munkhoff (2010: Reckoning Death: Women Searchers and the Bills of Mortality in Early Modern London); Munkhoff (1999: Searchers of the Dead: Authority, Marginality, and the Interpretation of Plague in England, 1574–1665); Bellhouse (1998: London Plague Statistics in 1665); Greenberg (1997: The „dreadful visitation": Public health and public awareness in seventeenth century London); Robertson (1996: Reckoning with London: interpreting the Bills of Mortality before John Graunt); Slack (1989: The response to plague in early modern England: public policies and their consequences); Benedictow (1987: Morbidity in historical plague epidemics); Slack (1985); Cowie (1972); Jones (1945: John Graunt and His Bills of Mortality); Walford (1878: Early Bills of Mortality); Angus (1854: Old and New Bills of Mortality; Movement of the Population; Deaths and Fatal Diseases in London During the Last Fourteen Years); Birch (1759: A collection of the yearly bills of mortality, from 1657 to 1758 inclusive. Together with several other bills of an earlier date. To which are subjoined I. Natural and political observations on the bills of mortality: By Capt. John Graunt, F. R. S. reprinted from the sixth edition, in 1676. II. Another essay in political arithmetic, concerning the growth of the city of London; with the measures, periods, causes, and consequences thereof. By Sir William Petty, Kt. F. R. S. reprinted from the edition printed at London in 1683. III. Observations on the past growth and present state of the city of London; reprinted from the edition printed at London in 1751; with a continuation of the tables to the end of the year 1757. By Corbyn Morris, Esq; F. R. S. IV. A comparative view of the diseases and ages, and a table of the probabilities of life, for the last thirty years. By J. P. Esq; F. R. S).

Eine gedruckte wöchentliche Ausgabe wurde jeden Donnerstag auf der Straße verkauft[132]. Die „Bills of Mortality" lagen darüber hinaus in Lesezirkeln der Kaffeehäuser zur Lektüre aus, und seit dem Ende des 16. Jahrhunderts konnte man sie für 4 Shilling pro Jahr auch abonnieren. Mitunter fanden sich Auszüge aus den „Bills of Mortality" auf der Rückseite anderer Druckschriften, gewissermaßen als kostenlose Dreingabe an den interessierten Leser, oder wurden zusammen mit amtlichen Verlautbarungen oder Werbeanzeigen veröffentlicht. Einige Zeitungen nahmen regelmäßig Abdrucke der Sterblichkeitsregister in den Redaktionsteil auf[133].

Auch wenn das öffentliche Interesse an den „Bills of Mortality" dem an einer Zeitung durchaus ähnlich war, darf man die Reichweite der Sterberegister allerdings auch nicht überschätzen[134]. Ihre Auflagenzahlen erreichten selten mehr als einige tausend Exemplare, und selbst wenn man in Rechnung stellt, dass sie auch über andere Medien veröffentlicht, in Kaffeehäusern vorgelesen oder verliehen wurden, erreichten sie wohl nicht alle Londoner in gleicher Weise. Es ist zwar anzunehmen, dass die „Bills of Mortality" auch über andere Kommunikationswege öffentlich gemacht wurden, insbesondere durch das Vorlesen an öffentlichen Plätzen und in Gasthäusern oder durch die Kommunikation im privaten Rahmen. Ob aber bildungsferne, in prekären Verhältnissen und am Rande der Gesellschaft lebende Menschen in gleicher Weise Zugang zu diesen Informationen hatten, ist nicht eindeutig festzustellen. Es ist vielmehr davon auszugehen, dass ein Teil der Londoner Bevölkerung diese wichtigen Informationen nur aus zweiter Hand und mit einer gewissen Verzögerung erhielt. Außerdem verfügte nicht jeder Einwohner der Stadt über eine wenigstens rudimentäre „data literacy", um das Material korrekt

---

132 Auch unter dem Titel „The diseases and casualties this week". Nach LEVINE (2016: Practicing the city: Early modern London on stage) hat die regelmäßige Veröffentlichung der „Bills of Mortality" auch die Zeitwahrnehmung der Londoner strukturiert. Dies dürfte m. E. aber schon durch andere, rhythmische Ereignisse bedingt gewesen sein, insbesondere die vorgegebene Abfolge der Ereignisse des Kirchenjahrs, die Wochenmärkte oder die zeremoniellen Veranstaltungen des Hofes, der Londoner Stadtregierung oder der Gilden.

133 So die am Freitag, also einen Tag nach der Veröffentlichung der Bills, erscheinenden „Perfect Occurrences" und „The Kingdomes Faithfull and Impartiall Scout", s. FRANK (1961: The beginnings of the English newspaper 1620–1660), S. 150, 167, 177 u. ö. Vgl. hierzu auch WERNIMONT (2018: Numbered Lives. Life and Death in Quantum Media), S. 30; anders SCHULTHEISS-HEINZ (2004: Politik in der europäischen Publizistik. Eine historische Inhaltsanalyse von Zeitungen des 17. Jahrhunderts), nach der Nachrichten über Ausbrüche der Pest oder anderer Seuchen selten Eingang in die Zeitungen fanden (S. 87). Dies könnte allerdings auch darauf zurückzuführen sein, dass sie mit der „London Gazette" eine Zeitung ausgewertet hat, die überhaupt erst 1665 in Oxford gegründet worden war, als die Pest zum letzten Mal in London wütete. Zur Geschichte der Werbeanzeigen in den englischen Zeitungen vgl. etwa WALKER (1973: Advertising in London Newspapers, 1650–1750).

134 Anders SLAUTER (2011), der diese Quelle v. a. mediengeschichtlich auswertet. Vgl. auch WERNIMONT (2018).

interpretieren zu können, wie Graunt selbst in den *Observations* kritisch andeutete[135]. Bei einer hinreichend gebildeten und zahlungskräftigen Leserschaft fanden sie aber auf jeden Fall große Beachtung.

Die „Bills of Mortality" enthielten die Sterbezahlen, aufgeschlüsselt nach den einzelnen Londoner Pfarrbezirken und den hauptsächlichen Todesursachen, und boten damit eine Möglichkeit, die Entwicklung der Sterblichkeit nicht nur im eigenen Wohnquartier über längere Zeiträume hinweg zu beobachten, sondern diese auch mit der Situation in anderen erfassten Vierteln oder im gesamten Stadtgebiet zu vergleichen.

Dadurch konfigurierten sie zugleich einen Kommunikationsraum – häufig wurden amtliche Verlautbarungen, selbst wenn sie nichts mit Gesundheitspolitik zu tun hatten, ganz explizit mit dem formelhaften Vermerk versehen, diese „within the lines of communications and in all parishes within the bills of mortality" zu veröffentlichen[136]. Mit „Lines of communication" bezeichnete man dabei die teilweise noch erhaltenen Fortifikationen aus der Bürgerkriegszeit und im übertragenen Sinne den dadurch umschriebenen Stadtraum[137]. Zu Recht spricht deshalb Robertson in diesem Zusammenhang davon, dass die „Bills of Mortality" zugleich die subjektiv erfahrenen „mental maps" der Leser geformt hätten, mit denen sie sich die Dimensionen einer Großstadt wie London erschließen konnten[138].

Der Übermittlungsweg der Daten – von den Pfarrverwaltern der Kirchenbezirke zur Gilde, von dort an den Lord Mayor und die Aldermen und von diesen schließlich an den königlichen Palast –, überbrückte nicht zuletzt auch funktionale Hierarchien. Nachweislich gehörten die Mitglieder des Privy Council und selbst der König zu den regelmäßigen Lesern der Sterberegister. Das House of Commons bezahlte zeitweise sogar einen eigenen Diener dafür, dass er einige Exemplare in die Verwaltung des Parlaments brachte[139].

Die in den „Bills of Mortality" gesammelten Informationen waren insbesondere für Händler und Gewerbetreibende wie Graunt von großem Interesse. Denn der Ausbruch einer Epidemie mit hoher Sterblichkeit und dem zeitweisen Abzug zahlungskräftiger

---

135 *Observations*, Preface. Vgl. hierzu und zum Folgenden: HEITMAN (2020), S. 281 f. JENNER (2012) sieht die Reichweite selbst der „Lord have Mercies" für das Breitenpublikum skeptisch (S. 261).

136 S. etwa „Perfect diurnall of some passages in parliament", Ausgaben vom 8.–15. April 1644, 9.–16. September 1644; 5. Mai 1645; „Severall Proceedings in Parliament", Ausgabe vom 27. Mai 1652–3. Juni 1652; „London Gazette", Ausgabe vom 21.–25. März 1672.

137 Vgl. hierzu etwa PORTER (2012: Pepys's London. Everyday Life in London 1650–1703), S. 10.

138 Vgl. ROBERTSON (1996), S. 340. Ähnlich SULLIVAN (2011), hier S. 83: „Whereas during plague times the bills helped map health and illness as an outbreak spread in the city, during periods of relative health the bills became a way of mapping out and referencing the environs of the city itself".

139 „To Wm. Williams, who brings the Bills of Mortality", Eintrag vom 16. Mai 1660, o. V. (1802: Journal of the House of Commons, Bd. 8 (1660–1667)), S. 27–33.

Kunden hatte sofort auch einen starken Rückgang der Nachfrage zur Folge. Außerdem mussten viele Geschäfte während einer Epidemie wegen des hohen Ansteckungsrisikos schließen[140]. Mit Rücksicht auf die Interessen ihrer Leserschaft und wohl auch als Indikator für die Kaufkraft der Londoner Bürger enthielten die „Bills of Mortality" häufig neben den Sterbedaten auch die zum jeweiligen Veröffentlichungszeitpunkt geltenden Brotpreise, die vom Stadtmagistrat festgelegt wurden[141].

Schließlich stellten die „Bills of Mortality" zu dieser Zeit die einzige öffentlich zugängliche Bevölkerungsstatistik auf gesamtstädtischer Ebene dar – die von jeder Pfarrei separat geführten Kirchenregister oder die Steuerlisten, die nach Haushalten, Herdstellen oder Steueraufkommen erstellt wurden, waren entweder nicht zugänglich oder nur mit einem kaum vertretbaren Aufwand zu erschließen. Seit 1631 und entgegen der anderslautenden Anordnung der Protektoratsregierung von 1653 hatte es auch keine Bevölkerungserhebungen mehr gegeben[142]. Für die von der Royal Society veranlasste erweiterte Auflage der *Observations* von 1665 erhielt Graunt zumindest Zugang zu Daten aus der 1631 in Teilen Londons durchgeführten Erhebung, die er mit den Ergebnissen aus den „Bills of Mortality" verglich, um damit die Gesamtbevölkerungszahl Londons hochzurechnen[143].

Mortalitätsregister waren keine Erfindung des 17. Jahrhunderts, sondern blickten auf eine lange Tradition zurück. Bereits im antiken Rom waren Sterbefälle über ein Gebührenregister im Tempel der Göttin Libitina erfasst worden. Doch fanden diese noch sehr basalen Ansätze im Mittelalter keine vergleichbare Fortsetzung. Viele überlieferte Sterbeverzeichnisse waren hier eher dem Bereich einer selektiven Memorialkultur zuzurechnen und wurden zum Beispiel zum Gedächtnis von Menschen angelegt, die bedeutend oder wohltätig genug gewesen waren, um an einem festgesetzten Tag des Jahres ihr seliges Angedenken im Gebet der Gläubigen immer wieder erneuern zu lassen. Erst im Spätmittelalter führte die verheerende Pestepidemie in Europa seit der Wende zum 14. Jahrhundert in den administrativ bereits weit entwickelten Stadtstaaten in Italien zu einer systematischeren Erfassung von Pestfällen, die dann aber auch für bevölkerungs-

---

140 S. hierzu auch *Observations*, Preface.

141 Vgl. STIGLER (1999: Statistics on the table: the history of statistical concepts and methods), S. 371.

142 Zur Geschichte des Bevölkerungszensus s. etwa WOLFE (1932: Population censuses before 1790), der allerdings England im 17. Jahrhundert eher am Rande behandelt. Mit einem Fokus auf Frankreich und die Bevölkerungszusammensetzung nach Alter: BOURDELAIS (2004: The French population censuses: Purposes and uses during the 17th, 18th and 19th centuries). Zu den Datenerhebungen in England vor 1801, insbesondere den Pfarrregistern über Taufen, Bestattungen und Heiraten vgl. WALL (2004: English population statistics before 1800).

143 Vgl. HALD (1990), S. 98.

statistische Zwecke genutzt wurde[144]. In London selbst sind die ersten Erfassungen der Sterblichkeitsentwicklung schon seit 1519 nachweisbar, waren aber noch ganz auf die Meldung von Infektionen mit dem Pestvirus fokussiert[145].

Parallel dazu entwickelte der entstehende frühneuzeitliche Staatsapparat, von den Modernisierungsbestrebungen des Reformationszeitalters beeinflusst, Maßnahmen, um die kirchliche Verwaltung effizienter zu organisieren und dabei auch stärker für gesellschaftliche Belange in die Pflicht zu nehmen. In England ließ die königliche Regierung zu diesem Zweck seit 1538 von den Pfarrverwaltern Verzeichnisse über Taufen, Beerdigungen und Heiraten erstellen. Seit 1553 wurden die Berichte über aufgetretene Seuchenfälle erstmals auch in regelmäßiger Folge und in wöchentlichem Turnus erfasst, wenn auch noch in eher unsystematischer Weise. Vorläufer der späteren „Bills of Mortality" sind beispielsweise für die Jahre 1562, 1582 und 1592–1595 nachweisbar, wurden aber nur während einer Pestepidemie erhoben[146]. Auch die räumliche Abdeckung wurde immer lückenloser: 1582 wurden schon 109 Pfarreien in London auf diese Weise erfasst. Seit 1592 wurden erstmals auch andere Todesursachen als die Pest in die Register miteinbezogen, da man erkannt hatte, dass die hohe Sterblichkeit nicht allein auf Pesterkrankungen zurückzuführen war. Seit 1629 erhob man die Daten getrennt nach Geschlecht. Doch blieb die Pest als kollektives Trauma auch weiterhin der Motor für die Weiterentwicklung der Gesundheitsstatistik: Ein schwerer Ausbruch der Seuche im Juli 1603 führte dazu, dass man das Erfassen der Todesfälle weiter systematisierte und diese Einträge auch in Jahren ohne Pestepidemie erstellte.

Auch die Information der Bevölkerung wurde weiter professionalisiert. 1592 brachte die Stadtverwaltung die „Bills of Mortality" erstmals in Form von gedruckten Anschlägen auf die Straßen und Märkte der Stadt. 1610 ging man dann zur regelmäßigen Veröffentlichung der wöchentlichen Datenkompilationen in Flugblattform über. Die Kommerzialisierung dieses Systems durch den Verkauf der „Bills of Mortality" als Einzelausgabe und im Abonnement durch die „Company of the Parish Clerks", auf die noch einzugehen sein wird, dürfte den Kreis derer, die sich regelmäßig über die Entwicklungen der Sterblichkeit informieren konnten, wieder stärker auf diejenigen eingeschränkt haben, die sich eine Druckausgabe leisten konnten beziehungsweise in den Kaffeehäusern verkehrten, wo die Ausgaben auslagen.

---

144 Zu den Sterberegistern und dem bereits frühzeitig elaborierten Erfassungssystem in Venedig seit 1504 vgl. neuerdings BAMJI (2019: Marginalia and mortality in early modern Venice).

145 Vgl. BELLHOUSE (1998), S. 207.

146 Nach BERRY (1995) stammten die ältesten bisher bekannten „Bills of Mortality" aus den Jahren 1532–1536 (S. 3 f.).

Zur Erfassung der Daten hatte man bereits seit der zweiten Hälfte des 16. Jahrhunderts ein System entwickelt, bei dem man den Pfarreien, die über die Führung der Tauf-, Heirats- und Sterberegister ohnehin mit Bevölkerungsdaten zu tun hatten, zusätzlich die Aufgabe übertrug, nun jeweils auch die Todesursachen der Pfarreimitglieder aufzuzeichnen. In unserem Zusammenhang ist dabei besonders von Bedeutung, dass man in den „Bills of Mortality" – im Gegensatz zur Praxis der Peststatistik in anderen europäischen Ländern – keine namentlichen Listen der Infizierten oder Verstorbenen erstellte, sondern zur Erfassung von Summen nach Todesursachen überging[147]. Die Beschreibung gesellschaftlicher Trends auf der Basis von aggregierten Daten, die der empirischen Sozialforschung zugrunde liegt, war insofern konzeptionell bereits in den „Bills of Mortality" angelegt.

Zur Erfassung bedienten sich die Parish Clerks dabei der sogenannten „Searcher", meist älterer Frauen, die die Aufgabe übernahmen, beim Läuten der Totenglocke, auf Zuruf des Pfarrers oder einer betroffenen Familie hin einen Leichnam noch im Wohnhaus beziehungsweise unmittelbar vor der Beisetzung in Augenschein zu nehmen und die Todesursache des Verstorbenen festzuhalten. Gerade alleinstehende, verwitwete und ärmere Frauen konnten sich in diesem Dienstverhältnis mit den Gebühren, die man für jede Leichenbeschau erhielt, ein kleines Zubrot zu ihrer Witwenversorgung beziehungsweise zum Familieneinkommen hinzuverdienen, und für die Pfarrei war es von Vorteil, sich bei dieser eher unregelmäßig anfallenden Aufgabe eines Personenkreises zu bedienen, der über ein weiteres Einkommen oder eine Witwen- oder Armenversorgung verfügte. Ohnehin waren Frauen schon vorher im Bestattungswesen tätig gewesen, beispielsweise bei der Vorbereitung eines Leichnams für dessen Aufbahrung. Daneben fanden sich auch ältere Hebammen, Krankenpflegerinnen und Naturheilerinnen, die zumindest ein gewisses Maß an medizinischen Vorkenntnissen mitbrachten, zu einer Verpflichtung als „Searcher" bereit. Mitunter wurde offensichtlich aber auch Zwang ausgeübt, indem man mit dem Entzug der Sozialleistungen drohte, um Frauen zu einer Tätigkeit zu zwingen, von der ja immerhin ein gewisses Ansteckungsrisiko ausging.

Dieses System zur Erfassung von Mortalitätsdaten erwies sich insofern als überaus kosteneffizient und wurde im Laufe des 16. und 17. Jahrhunderts immer weiter verfeinert. Die „Searcher" meldeten die Ergebnisse ihrer Autopsie an die Pfarreiverwaltungen, die daraus und aus den Kirchenbüchern an jedem Dienstag das aktuelle Datenblatt für ihren Pfarrsprengel erstellten und dieses bei der „Worshipful Company of Parish Clerks" in der Thames Street abgaben. Deren Mitarbeiter erstellten aus den eingehenden Morta-

---

147 Vgl. HEITMAN (2020), S. 278.

litätszahlen aus allen Pfarreien die „Bills of Mortality", die dann am Donnerstag in Umlauf gebracht wurden.

Da die Gemeindeverwalter bald herausfanden, dass sich mit dem Verkauf der Mortalitätsregister Geld verdienen ließ, organisierten sie die Erstellung und den Vertrieb einer Druckausgabe über ihre Company, die schon im 15. Jahrhundert gegründet worden war und nun eine wichtige Rolle bei der Sicherung dieses lukrativen Marktes übernahm. Um die Rechteverwertung unter ihrer Kontrolle zu halten und mögliche Konkurrenten abwehren zu können, erwirkte die Gilde nicht nur den Schutz durch eine königliche Charter, sondern auch die Lizenz, in ihrem Gildenhaus eine eigene Druckerpresse zu unterhalten[148]. Auch weitete man das Portfolio aus: Neben den wöchentlichen Druckausgaben gab man an einem festen Tag kurz vor Weihnachten zusätzlich noch einen Almanach mit den Zahlen eines Jahreszeitraums heraus.

Von diesem Geschäftsmodell versuchten auch andere zu profitieren. Seit 1625 hatte sich neben den von der Gilde besorgten und gewissermaßen offiziösen Publikationen mit den „Lord Have Mercies" ein eigenes Flugblatt-Genre etabliert, das Informationen der „Bills of Mortality" mit bildlichen und allegorischen Darstellungen mischte und vergleichende Informationen zu früheren Pestwellen beziehungsweise aus anderen Stadtteilen lieferte[149]. Die umfangreiche Sammlung des Londoner Justizbeamten Richard Smyth (1590–1675) gibt einen Eindruck von der Fülle der in der ersten Hälfte des 17. Jahrhunderts bis zur Großen Pest von 1665 in Umlauf befindlichen Druckwerke, die sich mit der aktuellen Entwicklung der Pestzahlen beschäftigten – vom Loseblatt zum Plakat, vom Pamphlet bis zur (semi-)wissenschaftlichen Darstellung[150].

Für die Arbeit Graunts bot die kaskadenartig zentralisierte Form der Erhebung, des Drucks sowie der Archivierung der „Bills of Mortality" einen erheblichen Vorteil, da er in den Räumen der Company an einem Ort Kompilationen für mehrere Jahre und separat auch für einzelne sowie für alle Pfarrbezirke einsehen konnte.

Allerdings standen Graunt nur sehr begrenzt andere Quellen zur Kontrolle des unvollständigen und lückenhaften Materials in den „Bills of Mortality" zur Verfügung, dessen Mängel ihm durchaus bewusst waren. Die Pestepidemien hatten dazu geführt, dass es auch auf der Seite der „Searcher" beziehungsweise in den Pfarrverwaltungen zu Todesfällen und dadurch zu erfassungsbedingten Lücken im Datenmaterial kam. Es gab aber auch gravierende organisatorische Defizite: Die Pfarrverwalter berichteten nicht

---

148 Vgl. hierzu auch GREENBERG (2004: Plague, the Printing Press, and Public Health in Seventeenth-Century London).
149 Vgl. SPERRY (2018: Lord Have Mercy on Us: Broadsides and London Plague Life); JENNER (2012).
150 Vgl. HARDING (2017: Reading Plague in Seventeenth-century London). S. auch LINCOLN (2015: Samuel Pepys. Plague, Fire, Revolution), S. 134–137.

immer zuverlässig, gerade in Pestzeiten untertrieben sie gelegentlich absichtlich die Zahl der Pesttoten, um ihren Pfarrbezirk nicht als Brutstätte von Seuchen in Misskredit zu bringen[151]. Auch für die Berechnung der Bestandspopulation waren die Angaben in den „Bills of Mortality" nicht verlässlich, denn sie erfassten nur Taufen und nicht die Geburten an sich, was insofern zu einer Verzerrung führte, als dadurch nur die Angehörigen der Staatskirche, nicht jedoch der katholischen Kirche, der freikirchlichen Bewegungen, des Judentums und anderer Religionsgemeinschaften in die Berichte einbezogen wurden[152].

Dies galt analog auch für die Sterbefälle, denn Angehörige anderer Konfessionen wurden auf Friedhöfen bestattet, die oftmals nicht von den „Bills of Mortality" erfasst wurden, oder hatten keine eigenen Kirchen, deren Glocken die „Searcher" üblicherweise auf einen Todesfall aufmerksam machten[153]. Einige anglikanische Friedhöfe, die zu keinem Pfarreibezirk gehörten, wie etwa die Gottesäcker von St. Paul's, Westminster Abbey oder einiger Krankenhospitale, unterlagen ebenfalls nicht der Registrierungspflicht oder lieferten keine zuverlässigen Daten. Das gleiche galt für den New Churchyard, der auf städtischem Grund lag und deshalb vor allem für die Beisetzung von sozialen und religiösen Außenseitern der Londoner Gesellschaft, die auf den Pfarrfriedhöfen keine Aufnahme fanden, sowie in Pestzeiten für anonyme Massengräber genutzt wurde. Auch scheinen einige Bezirke, die bestimmte Exemtionen von der staatlichen, städtischen und kirchlichen Verwaltung genossen, wie etwa einige Viertel beziehungsweise Straßenzüge im Glasshouse Yard, in Holborn, Norton Folgate beziehungsweise Shoreditch, Smithfield, Southwark Meal Market, The Temple, rund um den Tower, Whitechapel und Whitefriars, keine Sterbezahlen für die „Bills of Mortality" abgegeben zu haben[154]. Gerade Bezirke außerhalb der City, in denen die ärmere Bevölkerung lebte und wo die Pest besonders viele Opfer forderte, legten häufig keine oder unvollständige Register an oder kamen auf den Höhepunkten der Pestwellen mit einer ordnungsgemäßen Erfassung der Sterbefälle nicht mehr nach[155]. Schließlich erfassten die „Bills of Mortality" lediglich die an einer Krankheit oder einer Verletzung Verstorbenen – nicht jedoch diejenigen, die jene überlebt hatten beziehungsweise sich noch im akuten Stadium einer Infektion be-

---

151 S. etwa PEPYS, Diary, 30. August 1665.
152 Vgl. CAMPBELL (2001: John Graunt, John Arbuthnott, and the human sex ratio).
153 PEPYS, Diary, 31. August 1665.
154 Vgl. HARDING (1990: The Population of London, 1550–1700: a review of the published evidence), S. 115. Graunt konnte Zahlen zu einigen dieser Liberties erst für die Neuauflage von 1665 heranziehen und auch dann nur aus der Erhebung von 1631 und nicht aus den „Bills of Mortality", vgl. *Observations*, Appendix.
155 PEPYS, Diary, 31. August 1665.

fanden[156]. Die Entscheidung, die Daten wöchentlich und damit in einem sehr kurzen Erhebungsrhythmus zu erfassen, glich diese Defizite zu einem gewissen Maße aus und erlaubte eine halbwegs genaue Beschreibung der Sterblichkeitstrends. Aber auch hier ist eine gewisse Vorsicht angebracht: Im Idealfall bildeten die Daten immer die in einer eindeutig definierten Woche neu hinzugekommenen Todesfälle ab. Doch könnte es bei der Bestimmung des exakten Todeszeitpunkts zu Fehlern gekommen sein, etwa weil Verstorbene erst nach dem Stichtag entdeckt beziehungsweise von den Angehörigen gemeldet worden waren. Ohnehin erfassten die „Bills of Mortality" lediglich den Zeitpunkt der Bestattungen, und auch hier könnte es zu Verzögerungen gekommen sein, etwa wenn eine Person nicht in der eigenen Pfarrei verstorben war und der Leichnam erst dorthin verbracht werden musste. Nachmeldungen wurden offensichtlich nicht korrigiert. Auch die eindeutige regionale Zuordnung der Daten nach Pfarreibezirken, die den „Bills of Mortality" zugrunde lag, war auf Grund der genannten Unregelmäßigkeiten bei der Erfassung von Bestattungs- und Sterbeort nicht immer zuverlässig, weshalb gerade Berechnungen zur Bestandspopulation eine hohe Fehleranfälligkeit hatten.

Schließlich standen auch die „Searcher" immer wieder in der Kritik. Ihr Mangel an einer akademischen medizinischen Ausbildung und die äußerliche Form der Leichenbeschau zogen es nach sich, dass man mit dem Vorwurf von Fehldiagnosen schnell bei der Hand war. Dazu trug auch das System der Erfassung selbst bei, denn die von einzelnen Leichenbeschauerinnen angewandten Bezeichnungen der Erkrankungen wurden nicht immer einheitlich und mitunter auch pauschalierend (beispielsweise für Krebserkrankungen) gebraucht. Zudem wurde meist nur eine Zuweisung pro Fall in die Register aufgenommen, selbst wenn ein Toter möglicherweise an einem ganzen Bündel von Todesursachen verstorben war[157]. Viele Krankheitsbilder wären ohne pathologischen Befund wohl selbst von einem heute ausgebildeten Arzt schwer zu diagnostizieren gewesen, etwa durch Bakterien und Viren ausgelöste Infektionen oder ein Multiorganversagen. Eine Unterscheidung von gutartigen und bösartigen Tumoren war ohne entsprechenden Laborbefund ebenfalls kaum möglich und wurde auch terminologisch in dieser Zeit nicht vorgenommen[158]. Bei stigmatisierenden Todesursachen, etwa einer Geschlechtskrankheit oder in geistiger Umnachtung, oder die ein religiöses Verdikt berührten, wie

---

156 Vgl. hierzu Heitman (2020), S. 279.

157 Unklar ist die Kategorie „Killed by several accidents", die auch auf Multimorbidität bezogen sein könnte (ebd.). Dies bezieht sich vermutlich eher auf das gleichzeitige Eintreten von unglücklichen Ereignissen und nicht von Krankheiten. In der deutschen Ausgabe von 1702 wird diese Stelle mit „durch allerley zufälle umkommen" übersetzt.

158 Auf diese grundsätzliche Problematik der paläoonkologischen Forschung, hier mit Bezug zu italienischen Mortalitätsregistern, verweisen Riva u. a. (2018: Parish mortality registers in paleo-oncology).

Suizide, hatten die Angehörigen, die von den „Searchern" befragt wurden, ein hohes Verschleierungsinteresse[159]. Zudem wurde bei Selbstmördern routinemäßig das Vermögen konfisziert, da der Verstorbene nach damaliger Vorstellung die durch den Staat repräsentierte Gemeinschaft materiell geschädigt hatte, wofür posthum Sühne zu leisten war[160]. Eine Verheimlichung der Todesumstände lag insofern ganz im wirtschaftlichen Interesse der Hinterbliebenen.

Eine gewisse Unschärfe gab es vermutlich auch bei der Erfassung von Erkrankungen, die auf einen gesundheitsschädlichen Lebensstil zurückgingen. Alkoholinduzierte Mortalität, die angesichts der andernorts belegten Trinkfreudigkeit der männlichen Bevölkerung recht hoch gewesen sein dürfte, wurde in den Daten zwar erfasst, aber nur dann, wenn der Tote nachweislich ein schwerer Alkoholiker gewesen war. Analog dürfte auch für den Tod durch Mangelernährung gegolten haben, dass dieser offensichtlich nur bei besonders gravierenden Fällen von Unterernährung erkannt wurde.

Ähnliches kann man auch bei den Angaben in den „Bills of Mortality" zur „natürlichen" Mortalität an Altersschwäche vermuten – die in den Listen eingetragene Todesursache „aged" sagte nichts über das tatsächliche Alter des Verstorbenen zum Zeitpunkt des Ablebens aus[161]. Graunt nahm hier, gestützt auf eine Referenz im Alten Testament zum Sterbealter König Davids, ein Alter über 70 Jahre an[162], die „Searcher" dürften aber eher auf Augenschein hin und aus den Angaben der Hinterbliebenen auf diese Todesursache geschlossen haben. Auch hier war nicht auszuschließen, dass eine unerkannte Erkrankung zum Tod geführt haben könnte[163].

Zu einem gewissen Teil speiste sich das Misstrauen in die Sorgfalt bei der Erfassung der Daten aber auch aus einem Diskriminierungstatbestand. Viele „Searcher" gehörten einer äußerst vulnerablen Bevölkerungsminderheit an: Sie stammten häufig aus prekären sozialen Verhältnissen und bildungsfernen Schichten; als Frauen, zumal wenn sie verwitwet waren oder alleinstehend lebten, konnten sie sich deutlich weniger als Männer gegen Anfeindungen zur Wehr setzen; nicht zuletzt standen sie auch in einem gewissen Konkurrenzverhältnis zu den professionellen Medizinern und Pharmazeuten. All dies ließ Raum für üble Nachrede, und auch Graunt konnte sich einiger abfälliger Bemerkungen nicht enthalten, etwa dass die Searcher zur Bestechlichkeit neigten oder sich gelegentlich auch unmäßig dem Alkohol hingeben würden.

---

159 Vgl. hierzu BOULTON / BLACK (2011).
160 Vgl. SPENCE (2016), S. 56.
161 Angaben zum Alter wurden erst nach 1728 erfasst, vgl. HALD (1990), S. 83.
162 *Observations*, Kap. II / 18. Die Referenz bezieht sich v. a. auf das 2. Buch Samuel, Kap. 5.4, wobei auf das Alter Davids auch in weiteren Textstellen der Bibel Bezug genommen wird.
163 Zu Geschichte der Kategorie „Tod durch Altersschwäche" s. auch COSTE (2018: La „Mort de Vieillesse" dans les statistiques de mortalité (XVIIᵉ siècle – XXIᵉ siècle): une catégorie problématique).

Sicherlich kam es vor, dass Privatpersonen versuchten, die Leichenbeschauerinnen mit unlauteren Mitteln zu wissentlich falschen Angaben über die bei einem Verwandten festgestellte Todesursache zu bewegen. Wie Graunt in den *Observations* erwähnte, kam es bei einer der bereits erwähnten stigmatisierenden Erkrankungen, nämlich der „French Pox" (nach heutiger medizinischer Terminologie der Syphilis) zu solchen Bestechungsversuchen, denn schon zu seinen Zeiten hatte man einen Kausalzusammenhang zwischen der Erkrankung, die nach Graunts Einschätzung offensichtlich weiter verbreitet war, als es die geringen berichteten Sterbezahlen in den „Bills of Mortality" vermuten ließen, und promiskuitivem Sexualverhalten erkannt[164]. Graunt deutete dabei an, dass man sich bei den Searchern eine etwas gefälligere Diagnose kaufen konnte, indem man etwa die für die Leichenbeschau erhobene Gebühr verdoppelte, beziehungsweise dass das Urteil der Searcher absichtlich durch den Einsatz von Alkohol getrübt wurde – natürlich ohne für einen solchen Vorwurf wirklich einen Nachweis führen zu können[165]. Es ist zu vermuten, dass ähnliche Praktiken auch während der Pestepidemien angewandt wurden, um im Falle einer Infektion eine amtlich verfügte Quarantäne des eigenen Wohnhauses zu umgehen. Diese hatte neben dem erhöhten Infektionsrisiko für die darin isolierten Familienmitglieder auch beträchtliche soziale und wirtschaftliche Nachteile für den betreffenden Haushalt zur Folge.

Die Forschung hat jedoch in den letzten Jahren viel zur Ehrenrettung der Searcher unternommen. Es wird häufig übersehen, dass sie eine wichtige Rolle in der städtischen Gesundheitspolitik übernahmen und trotz des damit verbundenen hohen Risikos einer Infektion auch kontaminierte Orte aufsuchten, die Angehörige der städtischen Behörden aus nachvollziehbaren Gründen mieden. Sie trafen dabei aktiv Entscheidungen, die von erheblicher Tragweite für eine einzelne Familie oder ein ganzes Stadtgebiet sein konnten, wenn in deren Folge beispielsweise Quarantänemaßnahmen verhängt werden mussten[166]. Ihre Tätigkeit kann auch nicht so fehleranfällig gewesen sein, wie es nach den auch von Graunt verbreiteten Pauschalurteilen den Anschein hatte[167]. Bei den offensichtlichen Krankheitsbildern, insbesondere bei der Beulenpest, die eindeutige Krankheitszeichen verursachte, konnten eine basale Grundausbildung und längere praktische Erfahrung durchaus hinreichend sein, um fallweise eine richtige Diagnose zu stellen. Die „Searcher" trafen ihr Urteil meist auch nach einer eingehenden Befragung des be-

---

164 Zur zeitgenössischen epidemiologischen und medizinischen Diskussion über die Syphilis vgl. ANSELMENT (1989: Seventeenth-Century Pox: the Medical and Literary Realities of Venereal Disease), v. a. S. 191 f.
165 *Observations*, Kap. III / 18.
166 So neuerdings MAZZOLA (2022: Whoso List to Find? Hard Facts, Soft Data, and Women Who Count), v. a. S. 4–9.
167 Vgl. MUNKHOFF (2010).

handelnden medizinischen Personals, der Familienangehörigen oder anderer, die den Toten noch zu Lebzeiten gesehen hatten. Bei aller Berechtigung, insbesondere die Diskriminierung der „Searcher" anzuprangern, bleibt aber doch festzuhalten, dass die von ihnen erfassten Daten wohl gerade bei schwer zu diagnostizierenden Krankheiten nicht valide sind und es auch bei der Weiterverarbeitung zu wöchentlichen Datensammlungen in den Pfarrverwaltungen beziehungsweise bei der Druckvorbereitung in der „Company of the Parish Clerks" zu Übertragungsfehlern gekommen sein könnte. Zumindest sind nicht nur Graunt, sondern auch die Behörden von einer Fehleranfälligkeit des Systems ausgegangen[168].

An einigen dieser genannten Kritikpunkte setzte man deshalb mit Verbesserungsbemühungen an, indem beispielsweise 1617 das Vier-Augen-Prinzip eingeführt wurde, nach dem immer zwei „Searcher" die Obduktion eines Leichnams durchzuführen hatten, oder 1665 bestimmt wurde, bei der Leichenschau nach Möglichkeit einen ausgebildeten Mediziner hinzuzuziehen. Es gab aber auch gravierende administrative Mängel, welche die zuständige „Company of the Parish Clerks" unmittelbar vor Ausbruch der Großen Pest im Dezember 1664 in einer Petition an den Privy Council auflistete: die Verfälschung von Taufregistern durch die von einigen Pfarrern regelwidrig in Privaträumen und außerhalb ihrer eigenen Pfarreien vollzogenen Taufen beziehungsweise durch die von illegal arbeitenden Hebammen durchgeführten und nicht gemeldeten Geburten; die Verfälschung der Sterberegister durch die Praxis, einen Leichnam auf einem Friedhof außerhalb des eigentlich zuständigen Pfarrbezirks beizusetzen oder auf Friedhofsgrund, der von Angehörigen einer anderen Konfession dafür angekauft worden war; schließlich den Mangel an qualifizierten „Searchern"[169]. Dabei unterschlugen die Pfarrverwaltungen, dass ihr eigenes Geschäftsmodell zu einem Teil mitverantwortlich für die genannten Missstände war: Taufen und Beerdigungen waren gebührenpflichtig, und neben möglichen konfessionellen Vorbehalten konnten viele Eltern beziehungsweise Hinterbliebene die Kosten schlicht nicht aufbringen und sorgten deshalb anderweitig für das Seelenheil ihrer Kinder und verstorbenen Verwandten vor.

Trotz aller bekannter Mängel wurde das mit den „Bills of Mortality" etablierte System der Gesundheitsüberwachung aber doch als so effizient wahrgenommen, dass das

---

168 Vgl. BELLHOUSE (1998), S. 208 f. Bellhouse weist zurecht auch darauf hin, dass die Listen nicht die Originaldaten, sondern „constructed data" widerspiegeln. MILLER (2010: Writing the Plague: William Austin's Epiloimia Epe, or, the Anatomy of the Pestilence (1666) and the Crisis of Early Modern Representation) spricht hinsichtlich der öffentlichen Wahrnehmung sogar davon, dass die Bills „became a paradox, stating seemingly authoritative figures on the page but commonly held to be fallacious" (S. 13).

169 Protokoll der Sitzung des Privy Council, 9. Dezember 1664, National Archives (im Folgenden: TNA), PC 2 / 57, fol. 164^v.

Grundprinzip, die Sterblichkeitsdaten durch die Pfarrverwaltungen zu erfassen und über die „Bills of Mortality" zu publizieren, auch in den nächsten zwei Jahrhunderten beibehalten und noch bis Mitte des 19. Jahrhunderts praktiziert wurde[170]. Dies hatte allerdings weniger mit der Qualität der „Searcher" zu tun, sondern mit einem eher gering ausgeprägten Bewusstsein für die Notwendigkeit qualitativ hochwertiger Daten, einem noch nicht vorhandenen Methodenwissen über deren Validierung, dem Mangel an administrativen Daten, die man zur Prüfung der statistischen Aussagen hätte heranziehen können, möglicherweise aber auch mit einer Kosten-Nutzen-Abwägung, da keine andere Instanz zur Verfügung stand und die Erfassung über die Pfarreien, die zugleich die Tauf-, Heirats- und Bestattungsregister führten, immer noch als die kosteneffizienteste Option erschien. Auch wenn Vergleiche zwischen frühneuzeitlichen und modernen Datengrundlagen wie „Big Data" zu anachronistischen Fehlschlüssen einladen[171] – in Graunts Fall müsste man in dieser Analogie ohnehin wohl eher von prozess-produzierten Daten sprechen –, so verweist uns ein solcher Vergleich zumindest darauf, dass man ein ähnliches Problem auch heute bei einigen Datenarten hat, die ein hohes Erkenntnispotenzial für die sozialwissenschaftliche Forschung haben, deren Nutzung auf Grund der bei der Erfassung obwaltenden Interessen, Verfahren und Kategorien jedoch methodische Probleme aufwirft, etwa digitalen Datenspuren oder den von großen Internetkonzernen gesammelten Daten. Dass Graunt mit dem zu seiner Zeit vorhandenen unvollständigen Datenmaterial methodische Überlegungen anstellte und statistische Aussagen von eingeschränkter Reichweite traf, wäre an sich also nicht unbedingt zu beanstanden. Es bleibt dennoch der Vorbehalt bestehen, dass die Daten selbst nur mit allergrößter Vorsicht zu verwenden sind.

4.5 Sterblichkeit und Langlebigkeit

Wie wir bereits gesehen haben, gehörten eine hohe Sterblichkeit und eine niedrige Lebenserwartung zu den Alltagserfahrungen der Menschen in der ersten Hälfte des 17. Jahrhunderts. Auf dem Kontinent nahm der Anstieg der Sterbezahlen in vielen von Krieg, Hunger, Epidemien und Emigration betroffenen Gebieten ein so großes Ausmaß an,

---

170 1836 wurde mit dem „Act for Registering Births, Deaths, and Marriages in England" ein standesamtliches Meldewesen unter einem General Register Office geschaffen, das die „Bills of Mortality", die sich immer häufiger als unvollständig und fehlerhaft erwiesen hatten, obsolet machte. Bei den Reformen von 1836 spielten allerdings auch kirchenpolitische Fragen eine gewichtige Rolle, vgl. CULLEN (1974: The Making of the Civil Registration Act of 1836).

171 Vgl. etwa MAZUR (2016: Analyzing and interpreting ‚imperfect' Big Data in the 1600s).

dass die Forschung von einer regelrechten „Mortalitätskrise" gesprochen hat[172]. Auch in England lässt sich dieser Trend beobachten, allerdings zeitversetzt zum europäischen Festland im Zeitraum zwischen 1630 und 1675 und damit in den Jahren, die insbesondere von den Entbehrungen des Bürgerkriegs und wiederholten Pestepidemien geprägt waren. Die hohe Mortalität war dabei auf den britischen Inseln insbesondere auf die Kleinkindsterblichkeit und die Todesfälle im Alter zwischen 5 und 24 Jahren zurückzuführen[173]. Der Anteil von Kindern und Jugendlichen im Alter bis 14 Jahre an der Bevölkerung fiel in England im Jahrfünft 1671–1676 mit 28,5 Prozent auf den niedrigsten Stand seit der Mitte des 16. Jahrhunderts[174].

Auch Graunt hatte erkannt, dass die enorme Mortalität bei Kindern im Alter von unter 6 Jahren einen großen Teil der Sterblichkeitsentwicklung in der Gesamtbevölkerung erklärte[175]. Es ist insofern nicht überraschend, dass die Diskussion von Mortalitätsrisiken durch gewollte oder ungewollte Schwangerschaftsabbrüche, Fehl- und Totgeburten und die Sterblichkeit von (Klein)kindern in den *Observations* größeren Raum einnahmen[176]. Abgesehen von nüchternen Referaten zum Zahlenmaterial sowie der Befassung mit bestimmten, vor allem im jüngeren Alter auftretenden Sterblichkeitsrisiken war Graunt von einem dezidierten Forschungsinteresse an Kindern und Jugendlichen aber noch weit entfernt. Deren gesellschaftlicher Stellenwert als eigenständige Persönlichkeiten und Rechtssubjekte, die auch vor dem Erreichen der Mündigkeit und unabhängig vom Erziehungsberechtigten Träger von Rechten und Pflichten sind, sollte, auch wenn mit den Schriften von Graunts Zeitgenossen Johann Amos Comenius (1592–1670) bereits erste Schritte in dieser Richtung unternommen worden waren, dann erst eine Er-

---

172 So STELTER u. a. (2021: Leaders and Laggards in Life Expectancy Among European Scholars From the Sixteenth to the Early Twentieth Century) nach Auswertung von Daten zu Gelehrtenbiografien im Heiligen Römischen Reich Deutscher Nation (das Zitat S. 124).

173 Vgl. die aus den Daten englischer Adelsfamilien schöpfende Studie von HOLLINGSWORTH (1977: Mortality in the British peerage families since 1600). In London lag die Mortalität im Kleinkindalter in der zweiten Hälfte des 17. Jahrhunderts sogar bei 25 % aller Lebendgeburten und stieg bis zu Beginn des 18. Jahrhunderts weiter auf 35 % (vgl. DAVENPORT (2021: Mortality, migration and epidemiological change in English cities, 1600–1870), S. 7). Insbesondere die Sterblichkeit in der zweiten Hälfte des ersten Lebensjahrs und im Alter bis zu 15 Monate hatte seit dem späten 16. Jahrhundert erheblich zugenommen (vgl. LEE (2000: Historische Demographie in England. Ein Überblick), S. 112). Die Kleinkindsterblichkeit entwickelte sich in England insgesamt deutlich moderater als in London, was u. a. auf das höhere Sterblichkeitsrisiko in eng besiedelten urbanen Zentren im Vergleich zum ländlichen Raum und zu den kleineren Städten zurückzuführen ist (vgl. hierzu v. a. WRIGLEY u. a. (1997: English Population History from Family Reconstitution 1580–1837), v. a. S. 215–218 sowie 203 f.).

174 Vgl. hierzu und zum Folgenden SOKOLL (2011: Soziale Sicherung, Einkommensverteilung und demographische Wechsellagen: England seit dem 16. Jahrhundert), S. 29 f.

175 *Observations*, Kap. II / 12 f.

176 Ebd., Kap. III / 39–43 sowie 49 f.

rungenschaft der Reformpädagogik sein – Jean-Jacques Rousseaus „Émile, ou de l'Édu-cation" erschien erst hundert Jahre nach den *Observations*[177].

Hinsichtlich der Entwicklung der Sterblichkeit in allen Altersgruppen interessierte sich Graunt hauptsächlich für diejenigen Mortalitätsrisiken, die in seinem Datenma-terial über längere Zeiträume hinweg gut dokumentiert waren: das Auftreten körperli-cher und seelischer Erkrankungen mit akuten, chronischen und epidemischen Krank-heitsverläufen sowie die Häufigkeit unnatürlicher Todesursachen, insbesondere in Folge von Unfällen, durch Komplikationen bei medizinischen Behandlungen oder durch Ge-walteinwirkung[178]. Letzteres schloss die Verletzungen mit Todesfolge nach einem Ver-brechen, einer Exekution oder in Folge eines Suizids ein, nicht jedoch die direkte Ein-wirkung kriegerischer Handlungen, von denen das Stadtgebiet Londons während des Bürgerkriegs weitgehend verschont geblieben war. Wie schon im Falle der Behandlung von vorsätzlichen Tötungsdelikten behandelte Graunt auch die anderen unnatürlichen Todesursachen eher am Rande, da solche akzidentellen Ereignisse seiner Ansicht nach für eine statistische Analyse am wenigsten Aussagekraft hatten[179]. Bei den bekannteren Krankheiten (wie Nieren- und Blasensteinen, der Gicht oder verschiedenen Formen von Tuberkulose) beschied sich Graunt darauf, deren Häufigkeit über Zeit nachzuzeichnen.

Sein Interesse galt hier insbesondere den Ausbrüchen der Pest, für die er jeweils die Dauer einer Epidemie sowie einzelne Höhepunkte notierte – der bis dahin heftigste Aus-bruch von 1603 dauerte acht und der Ausbruch von 1636 zwölf Jahre. 1625 wurde London offensichtlich ähnlich hart wie 1603 von der Seuche heimgesucht, allerdings mit einem deutlich kürzeren epidemischen Verlauf. Graunt erkannte dabei, dass die Pestwellen ei-nen eher diskontinuierlichen Verlauf hatten. Diese „sudden jumps" führte er, dem zeit-genössischen Stand der Infektiologie folgend, auf die Übertragung der Krankheit über die Luft zurück[180]. In diesem Zusammenhang stellte er zwar fest, dass beispielsweise in den Jahren vor der Pestwelle von 1625 in London auffallend viele andere Epidemien, wie etwa die Pocken und die Porphyrien, ausgebrochen waren. Einen Zusammenhang die-ser unterschiedlichen Infektionsgeschehen mit einem allgemein geschwächten Immun-system der betroffenen Menschen konnte er aber noch nicht herstellen[181]. In der Auf-lage von 1665 konnte er an den ihm dann zugänglichen Daten aus Amsterdam zeigen, dass sich dort die Zahl der Infektionen von einer Woche zur nächsten fünf Mal um den

---

177 Vgl. hierzu v. a. PELLING (2016b).
178 Zum Folgenden s. v. a. *Observations*, Kap. II–IV.
179 Ebd., Kap. III / 14. Vgl. SPENCE (1996), der diese Zahlen – in Verbindung mit Daten aus der Poll-Tax – für eine Studie über die Struktur des Arbeitslebens in London im 17. Jahrhundert nutzt.
180 *Observations*, Kap. IV / 12.
181 Ebd., Kap. IV / 13.

Faktor Zwei erhöht hatte – ein früher Vorläufer des epidemiologischen Indikators der Verdopplungszeit, mit der ein exponentielles Wachstum der Infektionszahlen festgestellt werden kann[182].

Eine wichtige medizinische Forschungsinnovation seiner Zeit, die Erkenntnisse William Harveys von 1628 beziehungsweise Marcello Malpighis von 1661 zur Funktionsweise des Blutkreislaufs, nahm Graunt zwar zur Kenntnis, widmete diesem Thema aber keine weitere Aufmerksamkeit, da dieses medizinische Phänomen selbst in den „Bills of Mortality" nicht erfasst wurde[183]. Selbst wenn dort kardiovaskuläre Krankheitsrisiken und insbesondere Schlaganfälle dargestellt wurden, kannten die Zeitgenossen noch nicht die genauen Zusammenhänge, sodass diese auch unter diffusen Bezeichnungen wie „planet-strucken" aufscheinen konnten.

Ungewollt zukunftsweisend waren dagegen Graunts Betrachtungen zum Zusammenhang zwischen Mortalität und Umweltbedingungen, insbesondere zur Luftverschmutzung durch die „fumes, steams and stenches of London", welche in Verbindung mit den für die Stadt typischen Wetterlagen die Atemluft regelrecht „imprägnieren" würden[184]. Dieser Zusammenhang drängte sich Graunt insbesondere bei einem Vergleich mit der geringeren Sterblichkeit in ländlichen Gebieten auf[185]. Zudem hatte John Evelyn just 1661 sein „Fumifugium" zu Luftverschmutzung und Smog in London publiziert, eine Studie, die Graunt, wie sich auch an anderen Parallelen zeigen lässt, offensichtlich gekannt hat[186]. Schließlich war die rapide Abnahme der Luftqualität in London im Verlauf der ersten Hälfte des 17. Jahrhunderts für einen Einwohner kaum zu übersehen. Wie schon Evelyn richtig erkannt hatte, war dies neben dem Stadtwachstum vor allem darauf zurückzuführen, dass immer mehr Privathaushalte, Gewerbebetriebe und Brauereien aus Kostengründen statt Holz die deutlich preisgünstigere, leichter erhältliche und besser zu verheizende Kohle verfeuerten[187]. Bei der von Evelyn und Graunt verwendeten Bezeichnung „Sea-Coal" handelte es sich dabei um einen Sammelbegriff für die meist

---

182 Ebd., Appendix 22.
183 *Observations*, Kap. III / 32.
184 Vgl. v. a. *Observations*, Kap. 12 / 9. Zur historischen Demografie und bevölkerungsökologischen Forschung zu Zusammenhängen von Bevölkerung und Umwelt vgl. SWEDLUND (1978).
185 *Observations*, Kap. 12 / 12. Vgl. hierzu auch CAVERT (2016: The Smoke of London: Energy and Environment in the Early Modern City), v. a. S. 93–95.
186 EVELYN (1661: Fumifugium, or, the inconveniencie of the aer and smoak of London dissipated together with some remedies humbly proposed; by J. E. esq to His Sacred Majestie, and to the Parliament now assembled). Darin wird nicht nur auf die besonders luftverschmutzende „Sea-Coal", sondern auch auf die Westexpansion des Stadtgebiets verwiesen, vgl. SUTHERLAND (1963), S. 549.
187 S. BOULTON (2000).

auf dem Seeweg nach London transportierte Kohle aus den Oberflächenvorkommen und den Kohleminen im Norden Englands, insbesondere aus Newcastle upon Tyne[188].

Während Graunt hier also nur das allzu Offensichtliche beschrieb, sollten sich seine Überlegungen, die im Ansatz auf die Berechnung einer Sterbetafel hinausliefen, bei der die sich mit zunehmendem Lebensalter jeweils verändernde kohortenspezifische Sterbewahrscheinlichkeit berechnet wird, für die Zukunft der Demografie als Disziplin als bahnbrechend erweisen[189]. Da die „Bills of Mortality" lediglich die Zahl der Todesfälle, aber keine Angaben über das jeweilige Alter der Verstorbenen zum Todeszeitpunkt enthielten, musste sich Graunt hier damit behelfen, dass er auf der Basis der vorherrschenden Mortalität an regelmäßig beziehungsweise mit einer gewissen Wahrscheinlichkeit im Alter bis zu 6 Jahren auftretenden Todesursachen sowie der vermuteten Anzahl an Überlebenden in der höchsten Altersgruppe in Zehnjahresschritten eine proportionale Überlebenswahrscheinlichkeit auf jeweils 100 Geburten errechnete[190].

Diese überaus unzulängliche Sterbetafel – Glass bezeichnet sie als „nearly imaginary"[191] – hielt der wissenschaftlichen Überprüfung erwartungsgemäß nicht stand und wurde von nachfolgenden Autoren methodisch weiterentwickelt und verfeinert[192]. Offensichtlich hatte Graunt selbst diesen Überlegungen auch keinen allzu großen Stellenwert beigemessen, denn die diesbezüglichen Paragrafen wirkten im logischen Aufbau der *Observations* eher wie ein eingestreuter Gedankengang denn ein integraler Bestandteil der Studie[193]. Sein vordergründiges Motiv war eine Schätzung der Bevölkerungsstärke Londons zum Zeitpunkt des Jahres 1661. Deshalb musste er einen Weg finden, um die Altersverteilung aus den ihm vorliegenden Sterbedaten hochzurechnen[194].

Möglicherweise spielten aber noch andere Beweggründe eine Rolle. Im Wissen, dass Aussagen zur Langlebigkeit naturgemäß das besondere Interesse der Leser treffen würden, könnte er auch einen reizvollen Anwendungsfall seiner Analysen vorgestellt haben, ohne diesen vollständig auszuarbeiten. Er könnte sich auf Anregung Pettys, der möglicherweise bereits eine weiterreichende Beschäftigung mit dem Thema im Sinne hatte, an

---

188 *Observations*, Kap. 12 / 13. Vgl. Hierzu TURNER (1921: English Coal Industry in the Seventeenth and Eighteenth Centuries).

189 Vgl. WACHTER (2014: Essential demographic methods), S. 162–164.

190 *Observations*, Kap. XI / 9–11. Vgl. hierzu GREENWOOD (1938). Dagegen GLASS (1950: Graunt's Life Table). S. auch KLEIN (1997), S. 43 f., und TURNBULL (2017: A History of British Actuarial Thought), S. 9–11.

191 Vgl. GLASS (1956: Some aspects of the development of demography), das Zitat S. 855.

192 S. hierzu auch BACAËR (2011: A Short History of Mathematical Population Dynamics), S. 6 f. Für SCHNEIDER (1968: Der Mathematiker Abraham de Moivre (1667–1754)) hat die Graunt'sche Sterbetafel deshalb nur medizinhistorische Bedeutung (S. 300).

193 Vgl. hierzu und zum Folgenden KREAGER (1988), S. 133 f.

194 Vgl. hierzu HALD (1990), S. 100. Hald nennt dies „a seemingly impossible task".

diese Berechnungen gesetzt haben. Vielleicht wurde er auch von Bacons Überlegungen in dessen „Historie of life and death" dazu inspiriert. Schließlich könnte er zumindest durch Hörensagen von den 1653 vorgeschlagenen Projekten des Bankiers Lorenzo Tonti (1630–1695) in Paris beziehungsweise des aus Hamburg stammenden dänischen Spitzenbeamten Paul Klingenberg (1615–1690) in Kopenhagen erfahren haben, die bei der Berechnung ihrer „Tontinen" auf entsprechenden Berechnungen aufgebaut und die erste jemals veröffentlichte Sterbetafel vorgelegt hatten[195].

Auch bei seinen Betrachtungen zur Lebensqualität im Alter stützte sich Graunt auf Annahmen. So ging er etwa von einer höheren Lebensqualität im ländlichen Raum aus und vermutete, dass folglich dort auch die Sterblichkeit älterer Menschen geringer sei – was angesichts der Tatsache, dass der von Graunt konstatierte Zuzug nach London vom Land meist wirtschaftliche Gründe hatte oder sogar aus einer existentiellen Notlage heraus erfolgte, keineswegs auf der Hand lag[196]. Die in seiner Zeit aufkommende gerontologische Diskussion – etwa in den Arbeiten von René Descartes (1596–1650) und Thomas Sydenham (1624–1689) – über Ursachen und Phasen des Alterungsprozesses hat er offensichtlich nicht rezipiert[197]. Die Frage, welche Wertschätzung älteren Menschen in der Gesellschaft und in den Familien entgegenzubringen und wie ein Altern in Würde sozial auszugestalten seien, lag ebenso wenig im Fokus der frühen Mortalitätsstatistik[198].

Dem entsprach im Übrigen auch die eher technische Verwendung des Begriffs „Longevity" durch Graunt und später Petty, die mit „Langlebigkeit" meist eher das Durchschnittsalter einer Bevölkerung denn erfolgreiches individuelles Altern bezeichneten[199]. Dies erklärt sich zuvörderst aus dem Anliegen der *Observations*, die statistischen Befunde, die sich aus den „Bills of Mortality" destillieren ließen, zu referieren, und da diese lediglich Zahlen zur Sterblichkeit enthielten, konnte das Leben folglich auch nur aus einer Perspektive von seinem Ende her betrachtet werden.

Der Begriff der „Lebenserwartung", bei dem die ab Geburt oder als „fernere", das heißt in einem bestimmten Alter verbleibende Lebenserwartung errechnet wird, war

---

195 Vgl. dazu HALD (1990), S. 120–122.
196 *Observations*, Kap. VII / 6.6. Vgl. hierzu etwa PORTER (1994: London. A Social History), S. 159. Demnach hat v. a. der Strukturwandel der ländlichen Ökonomie und die Krise des Heimgewerbes den Zuzug nach London mit seinen deutlich höheren Löhnen v. a. für junge Menschen attraktiv gemacht.
197 Vgl. hierzu CARVALLO (2010: Ageing in the seventeenth and eighteenth centuries). Die Entwicklung der Altersforschung und des Diskurses über das Alter ist ein eigenes Forschungsfeld und kann im Rahmen dieser Arbeit nicht weiter vertieft werden.
198 Zur sozialen Stellung alter Menschen in London im 16. und 17. Jahrhundert vgl. BUDD (2002: Old Age in London, 1590–1700).
199 Zu Petty vgl. etwa MCCORMICK (2013b: Governing Model Populations: Queries, Quantification, and William Petty's „scale of salubrity"), S. 187.

dagegen in dieser Zeit noch unbekannt. Dennoch hat die Bestimmung der Überlebenswahrscheinlichkeit nach bestimmten Altersgruppen, die Graunt in seiner noch rudimentären Sterbetafel versuchte, das Konzept der „Life expectancy" inhaltlich bereits vorweggenommen[200].

In den *Observations* hat Graunt schließlich auch Überlegungen zur unterschiedlichen Mortalität von Männern und Frauen angestellt, und hier ist im Ansatz bereits eine Beobachtung erkennbar, die in der modernen demografischen Forschung als das „Male-Female Health-Survival Paradox" bezeichnet wird; der Umstand nämlich, dass Männer eine niedrigere Lebenserwartung haben als Frauen, obwohl sie hinsichtlich der physischen Kraft und der Gesundheitsparameter im Lebensverlauf meist deutlich bessere Werte erzielen. Graunt war auf den gleichen Widerspruch gestoßen: Da ihm Ärzte berichtet hatten, dass sie im Durchschnitt etwa zweimal mehr Patientinnen als Patienten versorgen würden, hätte dieser Umstand eigentlich auf eine erheblich höhere Sterblichkeit von Frauen hinweisen müssen. Dass dem nach Auskunft der „Bills of Mortality" nicht so war, erklärte Graunt neben dem höheren Risiko von Männern, auf dem Schlachtfeld, bei Unfällen, zur See, auf dem Schafott, auf Grund von „Maßlosigkeit" oder durch ein „Laster" den Tod zu finden, vor allem mit den geschlechtsspezifischen Unterschieden bei den Geburtenzahlen. Denn da mehr Männer als Frauen geboren würden, musste nach seiner Einschätzung folglich auch die Anzahl der gestorbenen Männer höher sein[201].

4.6 Fertilitätsentscheidungen

Die Fertilität verheirateter Partner war im 17. Jahrhundert über alle sozialen Gruppen hinweg generell hoch[202], und auch die Geschichte der Familie John Graunts kann uns hierfür als ein Beispiel dienen. Mit sechs überlebenden Kindern in der Elterngeneration und acht dokumentierten Geburten in der eigenen Familie im Zeitraum zwischen 1643 und 1662, im Durchschnitt also etwas mehr als einer Niederkunft alle zwei Jahre,

---

200 Anders JOHNSON (2021: Extra Life: A Short History of Living Longer), der in den *Observations* bereits das Konzept der Lebenserwartung umgesetzt sieht (S. 5 und 10).
201 *Observations*, Kap. XIII / 4–8.
202 Zum Folgenden vgl. v. a. FINLAY (1981b), S. 4 f.; FINLAY (1981a: Natural Decrease in Early Modern Cities); FINLAY (1979: Population and Fertility in London, 1580–1650). S. auch LEE (2009: Early Death and Long Life in History: Establishing the Scale of Premature Death in Europe and its Cultural, Economic and Social Significance); DAVENPORT u. a. ([2012]: Neonatal mortality in the workhouse of St. Martin-in-the-Fields, 1725–1824).

hatte die Familie in beiden Generationen eine hohe Geburtenzahl – auch wenn von den Nachkommen John Graunts letztlich nur zwei das Erwachsenenalter erreichen sollten.

Diese hohe Fertilität war zum einen dadurch bedingt, dass das mittlere Heiratsalter niedrig lag. Gerade in der Mittelschicht, der Graunt angehörte, starteten weibliche Ehepartner mehrheitlich in einem Alter von unter 25 Jahren oder sogar als Teenager in das Eheleben[203]. Insofern dürfte auch das mittlere Geburtsalter der Frauen niedrig gewesen sein. Zudem auch die Geburtsintervalle auf Grund des geringeren Wissensstandes über Verfahren zur Empfängnisverhütung kurz waren. Zwar hatten Gebärende und Wöchnerinnen ein höheres Sterblichkeitsrisiko als heute, da viele Frauen die unter problematischen hygienischen Bedingungen durchgeführten Geburten und das Wochenbett nicht überlebten, insbesondere bei einem geringen sozioökonomischen Status. Doch schlug die Zahl dieser tragischen Fälle insgesamt nicht auf die Geburtenzahl durch.

Bei sämtlichen Aussagen in den „Bills of Mortality" zu den Geburtenzahlen war der bereits dargelegte Vorbehalt wegen der mangelnden Zuverlässigkeit des Datenmaterials angebracht: Da diese nur einen Teil der Taufen und insofern nicht alle Geburten in London erfassten, war das sich daraus ergebende Bild notwendigerweise verzerrt. In den 1660er Jahren war zudem das Thema der unehelichen Geburten, der Schwangerschaft von armen und alleinstehenden Frauen sowie das Wirken der ohne Lizenz im Verborgenen praktizierenden Hebammen wieder stärker in den Fokus des öffentlichen Interesses gerückt[204]. Auch hier könnte es also eine Dunkelziffer an amtlich nicht registrierten Geburten gegeben haben, die das Ergebnis einer solchen Untersuchung verfälschten.

Bei seinen Beobachtungen zur Entwicklung der Fertilität interessierten Graunt mehrere Aspekte: der Zusammenhang von Fertilität und Gesundheit, der sich fast zwangsläufig aus dem epidemiologischen Schwerpunkt der „Bills of Mortality" ableitete; die sich daraus ergebenden Fragen zur natürlichen Bevölkerungsentwicklung durch einen Geburtenüberschuss beziehungsweise ein Geburtendefizit; die möglichen Gründe für eine höhere Geburtenrate auf dem Land; schließlich die bereits erwähnten geschlechtsspezifischen Unterschiede bei den Geburtenzahlen.

Bei der Betrachtung des Zusammenhangs der Sterbe- und Geburtenzahlen stellte Graunt zunächst eine Koinzidenz zwischen den Jahren mit einer hohen Mortalität und der Entwicklung der Zahl der Taufen fest. Diese Beobachtung bezog sich auf die sogenannten „Pestjahre" 1592 und 1593, 1603, 1625 und 1636 sowie auf die „sickly years" mit im Vergleich höheren Bestattungszahlen als in den jeweils vorangehenden oder nachfolgen-

---

203 Vgl. EARLE (1989), S. 182.
204 Vgl. dazu CODY (2005: Birthing the nation: sex, science, and the conception of eighteenth-century Britons), S. 50.

den Jahren, konkret die Jahre 1618, 1620, 1623, 1624, 1632, 1633, 1634, 1649, 1652, 1654, 1656, 1658 und 1661[205]. Seit dem Beginn des 17. Jahrhunderts war es also in etwa einem Viertel des überblickten Zeitraums zu einer Übersterblichkeit gekommen, und für diese Jahre stellte Graunt auch einen Einbruch der Geburtenzahlen fest. Geringe Abweichungen in einzelnen Jahren konnten dieses Gesamtbild nicht verändern, auch nicht die Zahlen für das Jahr 1660, in dem sowohl die Sterbezahlen niedriger als auch die Geburtenzahlen höher waren als in den Jahren davor und danach[206].

Schon dieser Befund hätte den Schluss nahegelegt, dass es in einzelnen Jahren theoretisch auch zu einem Geburtenüberschuss gekommen sein könnte. Außerdem hatte Graunt in dem ihm vorliegenden Vergleichsmaterial zu Cranbrook, Romsey und Tiverton sowie später zu Amsterdam eine Zahl von vier Geburten pro Frau als durchschnittliche Geburtenerwartung pro Ehepaar errechnet[207]. Im Falle Londons ging Graunt jedoch wegen der Mortalitätsentwicklung für den gesamten von ihm beobachteten Zeitraum von einer negativen natürlichen Bevölkerungsentwicklung aus, insbesondere wegen der exorbitanten Übersterblichkeit in den Pestjahren und hohen Sterbezahlen in den „sickly years". Dieser Bevölkerungsverlust konnte deshalb nach seiner Einschätzung nur durch eine anhaltende starke Zuwanderung kompensiert worden sein[208].

Beim Blick auf die Fertilitätsentwicklung auf dem Land zeigte sich dagegen ein anderes Bild, da hier nach den Graunt vorliegenden Kirchenbüchern in Romsey im Durchschnitt der letzten neunzig Jahre ein Geburtenüberschuss zu konstatieren war[209]. Für diese im Vergleich zu London höhere Fertilität auf dem Land führte er ein ganzes Bündel von möglichen Ursachen an[210]. Zuallererst war hier an die niedrigere Mortalität von Menschen im reproduktiven Alter im ländlichen Raum zu denken, insbesondere durch die dort vorherrschende bessere Luftqualität und das dadurch verringerte Infektionsrisiko[211]. Als weiteren Grund nannte er die Mobilität vieler in den „Bills of Mortality" erfasster, vornehmlich männlicher Einwohner, die ihre schwangeren Frauen auf dem Land zurückließen, wenn sie am Hof, bei den Gerichten oder geschäftlich über längere Zeiträume hinweg in London zu tun hatten oder zum Zwecke der kulturellen oder anderer

---

205 *Observations*, Kap. V / 2–4, sowie VI, 1–3.
206 Ebd. Vgl. hierzu auch GOLDTHORPE (2021), S. 13 f.
207 *Observations*, Kap. XII / 1, sowie Appendix.
208 S. hierzu unten.
209 *Observations*, Kap. XII / 7 f.
210 Zum Folgenden vgl. ebd. sowie Kap. VII / 4 und Kap. VIII / 4 f.
211 Vgl. GALLEY (1995: A Model of Early-Modern Urban Demography), der einen Bezug zur allgemein höheren Mortalität in den Städten herstellt, dem sogenannten „Urban Graveyard Effect". Die zitierte Passage in den *Observations* bezieht sich aber hauptsächlich auf Menschen im reproduktiven Alter.

Erbaulichkeiten in die Stadt kamen und im Falle eines vorzeitigen Ablebens dort in der Mortalitätsstatistik erfasst wurden, während ihre Kinder auf dem Land zur Welt kamen. Dieser Mobilitätseffekt wirkte bei London im umgekehrten Sinne: Als Hafenstadt und Marinestandort hatte die urbane Bevölkerung einen hohen Anteil an Seeleuten, die erwartungsgemäß nicht zur Steigerung der Geburtenzahlen beitrugen, wenn sie sich jahrelang auf See oder in der Fremde aufhielten. Graunt konnte sich hier der etwas abgeschmackten Andeutung nicht enthalten, dass die Gattin manches Seemanns sich in den langen Phasen seiner Abwesenheit mitunter auch mit einem anderen Mann getröstet und trotzdem Kinder zur Welt gebracht hatte.

Graunt erkannte im Ansatz bereits einige von der modernen demografischen Forschung beschriebene Effekte auf die Geburtenzahlen, etwa den Aufschub von Elternschaft im Lebensverlauf. Dies betraf beispielsweise Gesellen, die nach einer Ausbildungszeit von sieben beziehungsweise neun Jahren erst spät eigene Familien gründen konnten[212]; Studierende an den Colleges der Universitäten, die ebenfalls später heirateten als der Bevölkerungsdurchschnitt[213]; schließlich auch Menschen, die durch eine längere schwere Krankheitsphase gegangen waren und in dieser Zeit keine Kinder bekommen hatten[214]. Auch wenn der fertile Lebensabschnitt bei Männern mit vierzig Jahren deutlich länger war als bei Frauen mit fünfundzwanzig Jahren, wurde dieser Vorteil nach Graunts Ansicht durch die späteren Ehegründungen doch wieder wettgemacht[215].

In Ansätzen deutete er auch schon einen Zusammenhang von Fertilitätsentscheidungen mit dem jeweiligen Bildungsstand und sozioökonomischem Status an[216]. Denn eine stärkere „Kopflastigkeit" und insbesondere „anxieties of the mind", also Zukunftsängste, die unter städtischen Menschen häufiger vorkämen als bei der Landbevölkerung, könnten deren Bereitschaft zur Elternschaft negativ beeinflussen. Dass in diesem Sinne auch ökonomische Krisen, welche die Bevölkerung in der Stadt normalerweise härter trafen als Menschen auf dem Land, einen Rückgang der Geburtenzahlen auslösen konnten, spielte im Erfahrungshorizont eines zu diesem Zeitpunkt noch erfolgsverwöhnten Londoner Kaufmanns offensichtlich keine ausschlaggebende Rolle. Immerhin erwähnte er in diesem Zusammenhang, dass das Mindset eines Londoners üblicherweise „full of business" sei.

Schließlich sprach Graunt auch die geschlechtsspezifischen Unterschiede bei den Geburtenzahlen an. Allerdings kam er aus den ihm vorliegenden Daten zu keinem schlüs-

---

212 *Observations*, Kap. VII / 6.4 und VIII / 4.
213 Ebd., Kap. VIII / 4.
214 Ebd., Kap. VII / 6.3.
215 Ebd., Kap. VIII / 5.
216 Zum Folgenden vgl. ebd., Kap. VII / 8.

sigen Urteil über deren Gründe und hob deshalb auf die Analyse weiterer Vergleichs-
daten aus anderen Regionen ab, bevor man dazu Aussagen treffen könnte[217]. Immerhin
konnte er in der Auflage von 1665 auf Grund der ihm dann vorliegenden Zahlen aus den
drei genannten Kleinstädten in den östlichen, südlichen und westlichen Teilen Englands
feststellen, dass dort das Verhältnis von männlichen zu weiblichen Neugeborenen im
Vergleich zu London sehr unterschiedlich ausfiel[218]. Doch erläuterte er diesen Befund
nicht weiter, möglicherweise weil ihm selbst klar sein musste, wie eklektisch diese Auswahl am Ende doch war. Zudem hatte ihn der Blick auf die Daten zu London, auf die er
Zugriff hatte, in dieser Hinsicht offensichtlich ratlos zurückgelassen[219]. Auch wenn er
das Geschlechterverhältnis bei Geburt und, wie wir gesehen haben, der Sterbezahlen als
erster mit analytischem Blick betrachtete, so fehlte ihm dazu doch das Instrumentarium,
das die heutige Forschung für entsprechende Untersuchungen bereithält[220].

4.7 Polygamie, Promiskuität und Prostitution

Im Kontext mit einem vermeintlichen Männerüberhang stand eine Textpassage, die auf
den heutigen Leser etwas befremdlich wirkt, wenn man sie nicht in den zeitgenössischen
Kontext einordnet, nämlich ob der Übergang zur Polygamie für Bevölkerungswachstum
sorgen könnte. Nach eigenem Bekunden reagierte Graunt damit auf eine aktuelle Debatte in der englischen Öffentlichkeit – und in der Tat war das Thema der Polygamie gerade
in den Jahren, in denen Graunt am Manuskript der *Observations* arbeitete, im familienpolitischen Diskurs überaus präsent[221].

Dabei ging es zunächst viel weniger um die Polygamie, sondern vornehmlich um
die Situation geschiedener und wiederverheirateter Partner. Wie in den meisten Staaten Europas, wurde das gleichzeitige Eingehen mehrerer Ehen auch in England als eine
schwere Sünde angesehen und konnte seit dem „Bigamy Act" von 1604 als Kapitalver-
brechen geahndet werden. Trotz dieser strafrechtlichen Verschärfung ebbte die publi-

---

217 Ebd., Kap. VIII / 1. S. auch Kap. XII / 2. Vgl. hierzu auch GRECH (2020: The sex ratio at birth – historical aspects).
218 *Observations*, Appendix.
219 Vgl. hierzu auch FINLAY (1981b), S. 4 f. Seine Überlegungen zur Fertilität seien deshalb „less sophis-
ticated" gewesen als diejenigen zur Mortalitätsentwicklung.
220 Einen Überblick über die Forschung zur Entwicklung ungleicher Geschlechterverteilung in einer
Bevölkerung bieten etwa GUILMOTO / TOVEY (2015: The Masculinization of Births. Overview and
Current Knowledge).
221 S. hierzu und zum Folgenden: WEINBROT (2015: Johnson's Irene and Rasselas, Richardson's Pamela
exalted: contexts, polygamy and the seraglio); WITTE JR. (2015: The Western Case for Monogamy
over Polygamy); PELLING (2016a).

zistische Diskussion über die Polygamie auch in den nächsten Jahrzehnten nicht ab, zumal sich dahinter eine kirchen- und sozialrechtlich sehr viel kompliziertere Thematik verbarg, nämlich die Frage nach der Zulässigkeit einer zivilrechtlichen Scheidung ohne vorherige kirchenrechtliche Annullierung der Ehe sowie einer Wiederverheiratung der Geschiedenen noch zu Lebzeiten der beiden ehemaligen Partner. Stellte man die Legitimität einer solchen Scheidung in Frage, würde ein wiederverheirateter Partner damit automatisch als Bigamist gelten. Für das Haus Stuart war die Abwehr einer solchen Argumentation, mit der die zahlreichen Ehen Heinrichs VIII. und die aus Zweit- und Drittehen abstammenden möglichen Thronfolger ihrer Legitimation beraubt wurden, verständlicherweise von großem Interesse. Der „Bigamy Act" sollte sich, wie wir noch sehen werden, in der zweiten Jahrhunderthälfte dann als Hemmschuh für die dynastische Politik der Stuarts erweisen, weshalb die royalistische Partei die Diskussion der Polygamie bereitwillig aufgriff.

Auch in theologischen Abhandlungen, Pamphleten sowie in der literarischen Produktion wurde das Thema intensiv diskutiert. In die unmittelbare Entstehungszeit der *Observations* fiel die Veröffentlichung einer englischen Übersetzung des einundzwanzigsten der insgesamt „Dreißig Dialoge" des Italieners Bernardino Ochino (1487–1564)[222]. Dass dieser dabei sein Sujet in der offenen Form eines Dialogs zwischen einem Befürworter und einem Gegner der Polygamie behandelte, spiegelte in gewisser Hinsicht die gespaltene Haltung der öffentlichen Meinung zu diesem Thema wider – und hatte den Autor in seiner Zeit bereits dem Vorwurf der Häresie ausgesetzt. Doch stellten selbst prominente Autoren wie John Milton, der möglicherweise sogar die englische Übersetzung der Schrift Ochinos besorgt hatte, die theologische Begründung des Verdikts der Polygamie in Frage, unter anderem mit dem hermeneutischen Argument, dass in den einschlägigen Bibelstellen diese zumindest nicht explizit ausgeschlossen worden sei[223]. Auch der in Oxford lebende Publizist Francis Osborne (1593–1659), der mit seiner 1654/5 veröffentlichten Schrift „Advice to a son" auf sich aufmerksam machte, beschäftigte sich in dieser und anderen Schriften mit dem Thema, unter anderem zur polygamen Praxis im muslimisch geprägten Osmanischen Reich[224].

Utilitaristische Überlegungen sekundierten die Diskussion über die Zulässigkeit der Polygamie. Bei der im Widmungsbrief adressierten politisch aktiven, gebildeten und

---

222 OCHINO (1657: A dialogue of polygamy, written orginally in Italian rendred into English by a person of quality; and dedicated to the author of that well-known treatise call'd, Advice to a son).

223 Vgl. WITTE JR. (2015), v.a. S. 330–335. Nach PELLING (2016a) war der Übersetzer Thomas Pecke (1637–1664) ein enger Freund Osbornes (S. 14).

224 OSBORNE (1656/1658: Advice to a son; or, directions for your better conduct, through the various and most important encounters of this life. Vnder these generall heads); WITTE JR. (2015), S. 327.

wohlhabenden Leserschaft der *Observations* dürfte gerade das Argument der Verfechter der Polygamie, dadurch die Nachteile einer unglücklichen und insbesondere kinderlosen Ehe kompensieren zu können, besonders verfangen haben. Denn für jedwede Nachfolgeregelung spielte die Frage, ob ein legitimer Erbe zur Verfügung stand, eine wichtige Rolle, und dies galt für erbliche Adelstitel, Kapital- und Grundbesitz sowie Betriebsvermögen gleichermaßen.

Besonders problematisch war in dieser Hinsicht die Situation des bei seiner Thronbesteigung noch unverheirateten Monarchen Karl II. Die andauernde Kinderlosigkeit der noch 1662 geschlossenen Ehe des Königs mit Katharina von Braganza sollte sich Ende der 1660er Jahre dann immer mehr zu einer regelrechten Staatskrise ausweiten, da das Aussterben seiner Linie berechtigten Befürchtungen Raum gab, dass sein Bruder, der mit dem Katholizismus sympathisierende Herzog von York, als nächstlegitimierter Nachfolger den Thron besteigen könnte.

1670 sollte das Parlament erstmals eine zivilrechtliche Scheidung ohne vorherige kirchenrechtliche Annullierung der Ehe per Gesetz legitimieren und damit einen Präzedenzfall für weitere Scheidungsverfahren schaffen. 1671 wandten sich dann das Mitglied des Privy Council John Maitland und der Präsident der Royal Society Robert Moray im Auftrag interessierter Kreise am Hof an den Theologen Gilbert Burnet mit der Bitte um eine Einschätzung über die Zulässigkeit der Polygamie[225]. Dass dieser zu einem für die Sache des Königs vorteilhaften Urteil fand, könnte – neben Burnets antikatholischen Ressentiments – möglicherweise seine Antipathien gegen Graunt, der zur Polygamie eine eher kritische Haltung eingenommen hatte, ein Stück weit erklären.

Ähnlich spannungsvoll gestaltete sich das Verhältnis von normativem Anspruch und Lebenswirklichkeit bei einer Thematik, auf die Graunt an anderer Stelle anspielte, nämlich der Frage nach den außerehelichen Beziehungen, der Prostitution und anderer Formen der „Unzucht", mit denen ein Bruch des ehelichen Treueversprechens einherging. Auch hier konnte an der Verwerflichkeit eines solchen Treibens angesichts der moralischen Standards der Zeit eigentlich kein Zweifel bestehen, und auch hier waren entsprechende Vergehen seit 1650 strafbewehrt[226].

Doch wurden Promiskuität und Prostitution, die in der Protektoratszeit höchstens geduldet wurden, weil man ohnehin nichts dagegen ausrichten konnte, in der Restaurationszeit dann im eigentlichen Sinne des Wortes zum „Kavaliersdelikt": Das Verhalten des Königs, der bereits im Exil auf dem Kontinent ein unstetes Privatleben mit wech-

---

225 Vgl. Robertson (1922: The life of Sir Robert Moray, soldier, statesman and man of science (1608–1673)), S. 147, Fußnote 1.

226 An Act for suppressing the detestable sins of Incest, Adultery and Fornication, 10. Mai 1650, Rait / Firth (1911), S. 387–389.

selnden Mätressen gepflogen hatte und auch nach seiner Verheiratung 1662 von diesem ausschweifenden Privatleben nicht ablassen wollte, wurde, je nach Betrachter, mal als Zeichen von höfischer Verderbtheit und Dekadenz, mal als lässliche Sünde oder gar Pikanterie bewertet. Auch in anderen Teilen des Establishments bewegte man sich nur zu gern in dieser moralischen Grauzone, denn Mätressen waren gerade in den höchsten Gesellschaftskreisen salonfähig. Auch in der Beamtenschaft machte dieses Verhalten Schule. Samuel Pepys, der bei seinen zahlreichen außerehelichen Abenteuern mit einigen Frauen häufiger Umgang hatte, auch wenn diese keine Mätressen im eigentlichen Sinne waren, ließ zwar wiederholt erkennen, dass er sich der Unsittlichkeit seines Treibens durchaus bewusst war, wollte aber dennoch nicht davon Abstand nehmen.

Ein ähnliches gesellschaftspolitisches Laissez-faire galt auch gegenüber der Prostitution, insbesondere der gewerbsmäßigen Zuhälterei, obwohl diese seit 1650 eigentlich mit schweren Strafen belegt war. Dennoch gab es stadtbekannte „Crafty Bawds", die beispielsweise Stundenzimmer vermieteten oder Bordelle betrieben; Etablissements, in denen entsprechende Dienstleistungen mehr oder weniger offen angeboten wurden, wie etwa in dem sich rund um den Obst- und Gemüsemarkt in Covent Garden entwickelnden Vergnügungsviertel oder in den Galerien des New Exchange[227]; sodann auf eigene Rechnung arbeitende Prostituierte, die übrigens auch in Graunts unmittelbarer Nachbarschaft in Cornhill ihrem Gewerbe nachgingen, sowie Straßenstriche, insbesondere in den dafür bekannten Straßenzügen in den östlichen Elendsquartieren der Stadt. Wie „florierend" dieses von der Stadtobrigkeit geduldete „Gewerbe" war, zeigt die hohe Anzahl an Prostituierten in der Stadt[228].

1658 erschien eine anonyme Darstellung der Höhen und Tiefen der gewerbsmäßigen Zuhälterei, die daneben überaus freizügige Anspielungen auf sexuelle Praktiken enthielt und damit pornografische Lesebedürfnisse befriedigte[229]. Nur zwei Jahre später veröffentlichte John Garfield, Buchhändler und Verleger in Cornhill, der bereits die Übersetzung von Orchinos „Dialog" zur Polygamie zum Druck gegeben hatte, die englische Adaption des italienischen Klassikers „La puttana errante" als sechsteilige Serie „The

---

227 Vgl. WEINBROT (2015), S. 90.
228 Die Zahl allein der Straßenprostituierten wird für die Zeit Graunts mit 3.600 geschätzt, zuzüglich der in Bordellen oder eigenen Räumen tätigen Sexarbeiterinnen. PICARD (2004) geht deshalb von einer im Vergleich zur erwachsenen weiblichen Gesamtbevölkerung der Stadt relativ großen Gruppe aus (S. 165).
229 O. V. (1658: The crafty whore or, the mistery and iniquity of bawdy houses laid open, in a dialogue between two subtle bawds, wherein, as in a mirrour, our city-curtesans may see their soul-destroying art, and crafty devices, whereby they insnare and beguile youth, pourtraied to the life, by the pensell of one of their late, (but now penitent) captives, for the benefit of all, but especially the younger sort. Whereunto is added dehortations from lust drawn from the sad and lamentable consequences it produceth).

wandering whore". Die darin enthaltenen Warnungen vor der moralischen Zersetzung durch das Sexgewerbe und vor kriminellen Machenschaften im Rotlichtmilieu dienten vermutlich nur dazu, die Zensurbestimmungen zu umgehen, um so die eigentlich im Vordergrund stehenden pornografischen Darstellungen profitabel an eine interessierte männliche Leserschaft bringen zu können. Dem entsprach es, dass der Herausgeber im Anhang zu jeder Ausgabe noch eine Liste der entsprechenden Etablissements und stadtbekannter Prostituierter in London beifügte[230].

Noch im gleichen Jahr veröffentlichte der Londoner Publizist und Okkultist John Heydon (1629–1670), der unter dem Pseudonym Eugenius Theodidactus 1658 bereits eine Schrift gegen Osborne publiziert hatte[231], eine Polemik gegen Garfields „Wandering Whore". Darin schlug er den Bogen von der Prostitution zurück zur Polygamie: Diese sei zwar nur das geringere Übel, dennoch ein probates Mittel gegen die durch den männlichen Triebstau ausgelöste Unzucht und sollte deshalb in Ausnahmefällen grundsätzlich zulässig sein[232]. Das von ihm vorgebrachte Argument, dass „the number of females do far exceed that of males", wirkt, ohne dass dies wirklich beweisbar ist, wie der eigentliche Referenzpunkt für Graunts Bemerkungen zur Polygamie[233].

In der Tat hatte sich Graunt mit der theologischen und kirchenrechtlichen Seite des Problems Polygamie an sich nicht auseinandergesetzt, vermutlich weil ihn diese Frage nicht so sehr interessierte, dass er ihr größere Aufmerksamkeit schenken wollte[234]. Das von den Befürwortern der Polygamie vorgebrachte Argument, dass damit die demografischen Auswirkungen eines von Epidemien, Krieg oder Abwanderung verursachten Rückgangs insbesondere der männlichen Bevölkerung kompensiert werden könnten, zog jedoch zwangsläufig seine Aufmerksamkeit auf sich[235].

---

230 O. V. (1660–1661: The wandring whore. A dialogue between Magdalena, a crafty bawd, Julietta, an exquisite whore, Francion, a lascivious gallant, and Gusman a pimping Hector. Discovering their diabolical practises at the Chuck-Office. With a list of all the crafty bawds, common whores, decoys, Hectors, and trappanners, and their usual meetings). Zu Garfield: PLOMER (1907), S. 80.

231 HEYDON (1658: Advice to a daughter in opposition to the Advice to a sonne, or, directions for your better conduct through the various and most important encounters of this life).

232 HEYDON (1660: The ladies champion confounding the author of The wandring whore, by Eugenius Theodidactus, powder-monkey, roguy-crucian, pimp-master-general, universal mountebank, mathematician, lawyer, fortune-teller, secretary to naturals, and scribler of that infamous piece of non-sense, Advice to a daughter, against advice to a son. Approved of by Megg. Spenser, Damrose Page, Priss. Fetheringham, Su. Leming, Betty Lawrence, Mother Cunny).

233 Vgl. hierzu auch PELLING (2016a), S. 14 f.

234 Anders MCCORMICK (2013a), der in Graunts Abhandlung der Polygamie-Frage auch eine Beweisführung für die göttliche Ordnung sieht (S. 841). Allerdings war Graunts Ansatz eher umgekehrt – s. hierzu das Zitat auf S. 207.

235 Zur Entwicklung der Diskussion über den Bevölkerungsrückgang vgl. MOMBERT (1931: Die Anschauungen des 17. und 18. Jahrhunderts über die Abnahme der Bevölkerung).

Graunt argumentierte dabei gegen die Polygamie, dass diese aus seiner Sicht nicht automatisch auch zu mehr Nachwuchs führen würde[236]. Dabei bediente er sich unter anderem eines biologistischen Ansatzes und versuchte zu zeigen, dass auch im Tierreich das Überwiegen männlicher Exemplare einer Spezies per se noch keine Steigerung der Geburtenzahlen zur Folge hätte und Züchter deren Zahl deshalb durch Kastrationen knapphielten. Aus ähnlichen Gründen werde in Gesellschaften, die Polygamie erlaubten, die Gesamtzahl fertiler Männer künstlich niedrig gehalten, etwa durch zwangskastrierte Männer in muslimischen Ländern (deren Anteil an der gesamten männlichen Bevölkerung Graunt deutlich überschätzte). Dagegen würde in katholischen Territorien, in denen Polygamie verboten war, eine hypothetische Ausweitung des Zölibats wegen des damit verbundenen Rückgangs der Zahl heiratsfähiger Männer tatsächlich die Geburtenzahlen beeinträchtigen und im schlimmsten Fall einen Zuwachs der Prostitution bedingen, die unter anderem wegen der steigenden Zahl von Abtreibungen ebenfalls nicht zu mehr Nachwuchs führen würde.

Promiskuitives Verhalten und Ehebruch trugen nach Graunts Auffassung ebenfalls nicht zu einer höheren Fertilität bei, da die Wahrscheinlichkeit von Kindern auch bei mehreren von einer Frau empfangenen Männern nicht automatisch ansteigen würde[237]. Von einer heutigen Warte aus betrachtet, erschließt sich diese Logik nicht auf den ersten Blick. Möglicherweise spielte bei seinen Überlegungen eine Rolle, dass eine Frau in der fertilen Phase auch bei mehreren Sexualpartnern nicht mehr Kinder hervorbringen konnte, als dies einem körperlich gesunden Ehepaar theoretisch möglich war. Graunt musste hier den Nachweis aus den Daten notwendigerweise schuldig bleiben, denn außereheliche Geburten schienen, wenn überhaupt, nicht als solche in den Kirchenbüchern auf, und selbst bei den in den *Observations* dokumentierten Todesfällen in Folge von Schwangerschaftsabbrüchen waren deren genaue Umstände allenfalls zu erahnen.

Auch wenn die Argumentationslinie Graunts gegen Polygamie, Promiskuität und Prostitution mit ihrer mechanistischen Betrachtungsweise menschlicher Verhältnisse und in ihrer kalten Logik bizarr anmuten mag, so sollte die dahinterstehende Geisteshaltung doch nicht übersehen werden. Gleich zu Beginn betonte Graunt, dass die „Christian religion prohibiting polygamy is more agreeable to the law of nature, that is the law of God, than Mohammedanism and others that allow it"[238]. Die natürliche Gesetzmäßigkeit, die er im Folgenden an Beispielen aus der Menschenwelt und dem Tierreich elaborierte, bestätigte also die Richtigkeit der religiösen und moralischen Standards, nicht umgekehrt.

---

236 Zum Folgenden: *Observations*, Kap. VIII / 3; VIII / 10–15.
237 Ebd., Kap. VII / 7 sowie Kap. VIII / 13 f.
238 Ebd., Kap. VIII / 3.I.

Einen ähnlichen Geist atmete der Passus in den *Observations*, dass Polygamie auch deshalb zu verwerfen sei, weil sie für die in Vielehe lebenden Frauen das Risiko für soziale Ungleichheit erhöhe. Denn die Ehemänner würden, so Graunts Vermutung, ihre Partnerinnen dann bewusst knapphalten, nicht nur, um sich selbst einen größeren Anteil an Haushaltseinkommen zu sichern, sondern auch da „the poorest subjects (such as this plurality of wives must be) being most easily governed"[239]. In diesem Argument scheint einerseits ein fast modernes Verständnis einer Ehegemeinschaft auf, in der Frauen theoretisch den gleichen Anspruch wie ein Mann auf das Familienvermögen hatten und vor Ausbeutung zu schützen waren. Doch stand, wie auch bei den anderen familienpolitischen Betrachtungen Graunts, am Ende immer noch der Mann ganz im Zentrum aller Überlegungen. Auch wenn der Keim eines modernen Geschlechterverhältnisses hier bereits angelegt war, so entsprach die Denkungsart Graunts doch noch ganz dem voremanzipatorischen Status der englischen Gesellschaft im 17. Jahrhundert, die zwar bis 1603 ein „Goldenes Zeitalter" unter einer Monarchin erlebt hatte, aber auch weiterhin von männlicher Dominanz geprägt blieb.

4.8 Bevölkerungsentwicklung und räumliche Disparität

Es war zu erwarten, dass eine weitere der Ausgangsfragen, die in den Widmungsbriefen zu Beginn der *Observations* aufgeworfen worden waren, nicht nur bei politischen Entscheidungsträgern, sondern auch in der englischen Öffentlichkeit auf besonders starkes Interesse treffen würde, nämlich die Frage nach der Gesamtbevölkerungszahl Londons. Angesichts eines fehlenden Meldewesens, der Fluktuation von Zuzügen und Fortzügen und der hohen ad-hoc- beziehungsweise saisonalen Berufsmobilität aus dem Umland war es faktisch unmöglich, die genaue Gesamtbevölkerungszahl zu bestimmen.

Graunt konnte sich diesbezüglich eines kritischen Seitenhiebs gegen zeitgenössische Autoren nicht enthalten, die das Wachstum der Weltbevölkerung seit der Entstehung der Welt auf der Basis einer angenommenen konstanten Reproduktionsrate seit dem Urelternpaar Adam und Eva berechneten, um daraus dann die derzeitige Bevölkerungsstärke zu schätzen. Denn entweder müssten diese bei einem damals zugrunde gelegten Alter der Welt von 5 610 Jahren zu einer weit höheren Zahl kommen oder die Heilige Schrift Lügen strafen[240].

---

239 Ebd., Kap. VIII / 15 f. Vgl. hierzu PELLING (2016a), S. 12 f.
240 *Observations*, Kap. XI / 13. Graunt bezog sich bei den Angaben über das Alter der Welt vermutlich auf die englische Ausgabe der Arbeiten von James Ussher, die 1658 publiziert wurde und in der die

Wie Graunt anmerkte, hatte er sich zunächst von den teilweise abenteuerlichen Spekulationen, die in den Diskussionszirkeln der Stadt kursierten und in denen abstrus hohe Millionenzahlen genannt wurden, beeindrucken lassen und sich nicht an eine eigenständige Analyse herangetraut. Den letzten Ausschlag dazu hätte jedoch dann 1661 die Aussage eines Aldermans gegeben – und damit eines hochrangigen Vertreters der Stadtregierung, der es eigentlich hätte besser wissen müssen –, dass London im Vergleich zur Zeit vor der großen Pestepidemie von 1625 einen Zuwachs von circa 2 Millionen Einwohnern zu verzeichnen gehabt hätte[241]. Wenn dem tatsächlich so gewesen wäre, hätte dies jedoch zwangsläufig bedeutet, dass in London mittlerweile mehrere Millionen Einwohner lebten. Graunts Berechnungen ergaben dagegen eine erheblich niedrigere Einwohnerzahl von 384 000 bis zu 460 000 Menschen für das gesamte Stadtgebiet – eine Schätzung, die auch die moderne Forschung für die Mitte des 17. Jahrhunderts für halbwegs plausibel hält[242].

Dazu zog er unterschiedliche Berechnungsmodi heran, die vor allem auf der in den „Bills of Mortality" abgebildeten natürlichen Bevölkerungsentwicklung fußten, also dem Verhältnis von Geburten und Sterbezahlen über Zeit, der möglichen Gesamtzahl an Geburten pro Frau im Gebäralter oder der Entwicklung der Lebenserwartung[243]. Daneben stellte er auch Hochrechnungen auf der Basis anderer Datenquellen an, etwa der durchschnittlichen Zahl der in einem Haushalt lebenden Familienmitglieder, Bediensteten und Untermieter, die er dann zur möglichen Gesamtzahl der Haushalte pro Flächen-

---

Entstehung der Welt auf den 21. September 4004 v. Chr. gelegt wurde. Allerdings weicht seine Zahl davon um etwa 56 Jahre ab; vgl. Ussher (1658: The annals of the world deduced from the origin of time, and continued to the beginning of the Emperour Vespasians reign, and the totall destruction and abolition of the temple and common-wealth of the Jews: containing the historie of the Old and New Testament, with that of the Macchabees, also the most memorable affairs of Asia and Egypt, and the rise of the empire of the Roman Caesars under C. Julius, and Octavianus: collected from all history, as well sacred, as prophane, and methodically digested)). Vgl. hierzu auch McCormick (2013a), S. 838–841.

241 Observations, Kap. XI / 1 und 3.

242 Ebd., Index 83 u. ö. Vgl. etwa Wrigley (1967: A simple model of London's importance in changing English society and economy 1650–1750), nach dem um 1600 ca. 200 000, um 1650 ca. 400 000 und am Ende des Jahrhunderts 575 000 Einwohner in London lebten, das damit Paris als bislang größte Stadt Europas überflügelte. Allerdings weist Harding zurecht darauf hin, dass solche Berechnungen zur Gesamtbevölkerung stark davon abhängen, welche Bezirke zum Stadtgebiet Londons zu zählen waren beziehungsweise von den Datenquellen überhaupt adäquat erfasst wurden (Harding (1990)). Nach Finlay lassen sich Diskrepanzen in den Observations bei der Schätzung der Gesamtbewohnerzahl – 384 000 beziehungsweise 460 000 – möglicherweise mit solchen Unterschieden bei der Zuschreibung von Bezirken zur Gesamtfläche der Stadt erklären. Insgesamt sei es aber überraschend, dass Graunt so nah an moderne Schätzungen herangekommen sei (Finlay (1981b), S. 3).

243 Hierzu und zum Folgenden: Observations, Kap. XI / 1–12.

einheit in Bezug setzte[244]. Bei der Bestimmung der Flächengrößen stützte er sich dabei auf die zu diesem Zeitpunkt aktuelle und präziseste kartografische Darstellung Londons durch Richard Newcourt von 1658. Selbst die Rekrutierungszahlen der Londoner Stadtmiliz und ihrer Hilfstruppen dienten Graunt als Orientierungshilfe. Außerdem berechnete er die Zeit, innerhalb derer sich die Bevölkerungszahl schon allein auf Grund des Geburtenüberschusses, also noch ohne Berücksichtigung des Wanderungssaldos, theoretisch verdoppeln müsste.

Graunt stellte, wohl mit Blick auf seine Leser aus Regierungskreisen, auch Berechnungen zur Stärke der Gesamtbevölkerung von England und Wales an[245]. Gegenwärtige Schätzungen hielt er für zu niedrig, insbesondere wenn man die tatsächliche Verteilung des Steueraufkommens zwischen London und dem Rest des Landes oder die geschätzte Einwohnerdichte pro Flächeneinheit, die auf die gesamte Staatsfläche bezogen eine andere Bevölkerungszahl implizierte, in Rechnung stellte. Er kam dabei auf einen Wert von 6 440 000 Menschen, von denen 5 980 000 außerhalb Londons lebten, also weit mehr als 90 Prozent der Gesamtbevölkerung.

Hinsichtlich der Binnenwanderung zwischen Stadt und Land drängte sich Graunt dabei ein Zusammenhang fast von selbst auf: Da in London die Geburtenzahlen in der Regel unter den Sterbezahlen lagen, hätte sich aus dieser natürlichen Bevölkerungsentwicklung eigentlich eine Bevölkerungsschrumpfung ergeben müssen. Dass dem nicht so war, konnte jeder Londoner im Alltag an den überfüllten Straßen und dem angespannten Wohnungsmarkt hautnah erfahren.

Da die „Bills of Mortality" keine Daten zur Zuwanderung enthielten, konnte Graunt hier nur die Vermutung anstellen, dass ein positiver Wanderungssaldo für das Bevölkerungswachstum verantwortlich zu machen sei[246]. Neben der anekdotischen Evidenz der täglich erfahrbaren Überbevölkerung Londons war der Bevölkerungsrückgang anderer großer Städte in England ein weiteres Indiz dafür, dass allein die Zuwanderung den Bevölkerungsschwund Londons umgekehrt haben musste.

Dies galt insbesondere auch mit Blick auf die Frage, unter welchen Voraussetzungen und wie schnell drastische Bevölkerungsrückgänge in Folge von Epidemien ausgeglichen werden könnten. Für die schnelle Normalisierung der natürlichen Bevölkerungsentwicklung nach den besonders verheerenden Ausbrüchen der Pest – Graunt rechnete für die Epidemie von 1625 lediglich mit einem Zeitraum von durchschnittlich zwei Jah-

---

244 S. hierzu auch BAER (2009).
245 Vgl. hierzu und zum Folgenden *Observations*, Kap. VII / 1–4. Zur Diskussion der zeitgenössischen Autoren über die allgemeine Bevölkerungsentwicklung sowie die sie antreibenden Faktoren s. v. a. SLACK (2018); SLACK (2004b).
246 S. auch *Observations*, Kap. V / 6.

ren, bis sich die Einwohnerzahlen erholt hatten – konnte nur die Zuwanderung aus dem Umland ausschlaggebend gewesen sein[247].

Ein weiterer großer Themenblock der *Observations* zur Stadtentwicklung in der Fläche bezog sich auf die räumliche Verteilung des Bevölkerungswachstums in London, das sich insbesondere in den Ballungsgebieten des alten Stadtzentrums „within the walls", also der City, konzentrierte. Zugleich konnte Graunt in den Veränderungen der Bevölkerungsdichte über Zeit die eingangs seiner *Observations* erwähnte allmähliche Schwerpunktverlagerung des städtischen Lebens nach Westen nachvollziehen, sprich vom ursprünglichen wirtschaftlichen Zentrum rund um den Börsenplatz der Royal Exchange und die Landungsbrücken bei der London Bridge, von wo aus immer noch ein Großteil der Finanziers, Händler und Gewerbebetriebe ihren Geschäften nachgingen, in die westlich der Stadtmauern gelegenen Stadtviertel[248].

In diesen Gegenden hatten sich vor allem betuchtere Londoner angesiedelt, denn auf Grund der lockereren Bebauung ließ es sich hier deutlich komfortabler leben und konnten repräsentativere Gebäude nach modernen Baustandards erstellt werden. In Folge der steigenden Nachfrage nach hochwertigen Gütern ließen sich in diesem Teil der Stadt nun auch mehr und mehr Unternehmen, insbesondere im Segment des Luxusbedarfs, nieder. Dass die königliche Residenz in Whitehall lag, dürfte die Attraktivität der Viertel im Stadtwesten weiter aufgewertet haben.

Für diese Verlagerung des städtischen Schwerpunkts machte Graunt jedoch vor allem die hohe bauliche Verdichtung der eigentlichen City, ihren in die Jahre gekommenen mittelalterlichen Gebäudebestand mit überwiegend aus Holz gebauten Häusern und ihre engen, dunklen und stickigen Gassen verantwortlich. Auch die alten Befestigungsanlagen an den ehemaligen Stadttoren entsprachen längst nicht mehr den Bedürfnissen einer modernen Verkehrsinfrastruktur, hier staute sich regelmäßig der Verkehr aus Kutschen und Lastkarren auf. Dass von den Wohnbedingungen in der City sogar eine tatsächliche Lebensgefahr ausgehen konnte, war Graunt wenige Jahre vor dem Großen Brand von London noch nicht gewärtig.

Neben den ganz offensichtlich erforderlichen baulichen Veränderungen, die notwendig waren, um die noch mittelalterliche Infrastruktur der Stadt modernen Anforderungen anzupassen – tragischer Weise sollte die Vernichtung eines großen Teils der City in der Brandkatastrophe von 1666 hierzu unversehens Gelegenheit geben –, legte die in den „Bills of Mortality" beobachtbare ungleiche räumliche Verteilung der Bevölkerung auf das Stadtgebiet auch einen weiteren Reformbedarf offen, nämlich nach einer

---

247 Ebd., Kap. V / 5.
248 Ebd., Kap. IX / 11–17.

Neueinteilung der Pfarrsprengel[249]. Denn deren Zuschnitt folgte immer noch der alten, aus der vorreformatorischen Zeit überkommenen Stadtgeografie – mit Pfarrsprengeln rund um große Kirchengebäude, die längst nicht mehr dem Bedarf der Gemeinden und der gewachsenen Bedeutung der Predigt während des Gottesdienstes entsprachen, oder solchen, in denen das Pfarrpersonal wegen unzureichender Einnahmen nicht effizient wirtschaften konnte und mit seinen sonstigen Aufgaben in der Sozialfürsorge und insbesondere bei der für die *Observations* grundlegenden statistischen Erfassung der Bevölkerung überfordert war.

Im Text hatte Graunt argumentativ immer wieder auf die Bevölkerungsentwicklung auf dem Land verwiesen, um damit die in London beobachteten Phänomene zu begründen. Im letzten Kapitel der *Observations* griff er über die seiner Studie zugrunde gelegte geografische Einheit des Londoner Stadtgebiets aus, indem er seinen Ansatz nun auch am Beispiel einer im ländlichen Raum gelegenen Kleinstadt, nämlich Romsey in Hampshire, vorführte[250]. Die Wahl dieses Ortes war, wie bereits dargestellt, nicht zufällig, sondern entsprang der Tatsache, dass ihn und seinen Freund William Petty mit Romsey eine Reihe von Gemeinsamkeiten verbanden. In Ermangelung von „Bills of Mortality" musste Graunt hier zwar mit den Kirchenbüchern vorliebnehmen, aus denen er die Zahl von Taufen, Sterbefällen und Hochzeiten kompilierte. Doch konnte er an diesem Beispiel vorführen, dass seine statistische Vorgehensweise auch in anderen Kontexten fruchtbar eingesetzt werden konnte – wie wir bereits gesehen haben, insbesondere zur Berechnung regionaler Unterschiede bei der natürlichen Bevölkerungsentwicklung sowie der Auswirkungen von Pestjahren unter unterschiedlichen räumlichen Bedingungen.

In den weiteren Auflagen der *Observations* kamen dann noch Zahlen aus einigen anderen englischen Städten und Counties, vor allem aber aus dem Ausland hinzu[251]. Die geografische Reichweite umfasste dabei Städte im heutigen Dänemark (Kopenhagen), Frankreich (Paris), Irland (Dublin), Italien (Genua, Neapel, Rom und Scala, eine Kleinstadt in Kampanien), den Niederlanden (Amsterdam, Haarlem, Leeuwarden und Leiden), Norwegen (Bergen), Polen (Krakau, Danzig), in der Russischen Föderation (Königsberg) und der Tschechischen Republik (Prag) sowie außerhalb Europas in der Türkei (Istanbul) und Ägypten (Kairo). Ob die in der posthumen Ausgabe enthaltenen Daten zu Paris noch von ihm selbst oder von Petty zusammengetragen worden waren, ist nicht mehr eindeutig zu klären.

Diese Berücksichtigung von Vergleichsmaterial aus anderen geografischen Regionen Englands beziehungsweise Europas in den *Observations* wirkt im Nachhinein im höchs-

---

249 Ebd., Kap. X.
250 Ebd., Kap. XII.
251 Ebd., Appendix und Erweiterungen (1676).

ten Maße eklektisch. Die Kleinstadt Romsey war mit etwa 2.700 Einwohnern alles andere als repräsentativ für die außerhalb Londons gelegenen kleineren und mittleren Städte, zu denen Verwaltungs-, Bischofs- und Universitätsstädte, größere Märkte sowie die Hafenstädte an der Südküste Englands gehörten[252]. Die Daten zu den anderen Städten in England, Irland und Wales sowie aus unterschiedlichen Ländern Europas waren überaus disparat, teilweise nur rudimentär und oft nur aus der verfügbaren Literatur sowie vom Hörensagen zusammengetragen worden.

Diese Darstellung, die mit der Umsicht, die Graunt ansonsten im Umgang mit dem Material der „Bills of Mortality" walten ließ, brach, machte jedoch trotzdem Sinn. Denn sie berührte gewissermaßen ein Strukturprinzip der *Observations*: Graunt verstand seine Publikation nicht als einen abschließenden Beitrag, sondern eher als eine „Pilotstudie", die zu weiteren Arbeiten dieser Art und einer immer größeren Datensammlung Anlass geben sollte. Die im Vorwort ausgedrückte Erwartung, „all men may both correct my positions and raise others of their own", war in diesem Sinne kein Understatement, sondern eine realistische Einschätzung der eigenen Möglichkeiten und wissenschaftliches Programm zugleich[253].

Diese Hoffnung war keineswegs unbegründet, wie in der Nachfolge Graunts die Arbeiten Pettys zu Dublin von 1681 beziehungsweise Caspar Neumanns Studie zur Mortalitätsentwicklung in Breslau 1689 zeigen sollten. Es war nicht das hauptsächliche Anliegen Graunts, einen geografischen Raum erschöpfend darzustellen, jedenfalls nicht mehr, als es die „Bills of Mortality" für sich genommen ohnehin taten. Vielmehr ging es ihm darum, das Potenzial der gut dokumentierten Londoner Daten vorzuführen, statistisch valide Aussagen zu treffen, vorherrschende Hypothesen zu überprüfen und damit zu einer evidenzbasierten Sozial- und Gesundheitspolitik beizutragen, insofern um ein primär methodisches und weniger ein soziogeografisches Anliegen – auch wenn London als sein Geburts- und Lebensort der wichtigste Bezugspunkt seiner Studien blieb[254].

---

252 IMHOF (1976: Sterblichkeitsstrukturen im 18. Jahrhundert auf Grund von massenstatistischen Analysen) verweist zurecht darauf, dass die Entwicklung der Sterblichkeitsrate in mittleren und größeren Städten allein schon wegen der mit einer höheren Bevölkerungsdichte verbundenen Infektionsgefahren und der schwierigeren Lebensmittelversorgung in Krisenzeiten unterschiedlich zu derjenigen in der Landbevölkerung war. Allerdings könnten auf Grund der immensen und nicht selten disparaten Datenmengen, die teilweise auch nur individualisiert und in Kirchenbüchern vorliegen, auch heute methodisch einwandfreie statistische Analysen für Großstädte für diese Zeit häufig nur unter Vorbehalt erstellt werden. Deshalb entschied sich Imhof bei seiner Analyse der Sterblichkeitsstrukturen im 18. Jahrhundert für die Analyse einer mittleren Stadt (Gießen mit ca. 4000–5000 Einwohnern) sowie einiger Landgemeinden (S. 104).

253 *Observations*, Preface.

254 Vgl. hierzu die theoretischen Überlegungen zu den Wechselwirkungen von Statistik und Geografie bei PRINCE (2019: The geography of statistics: Social statistics from moral science to big data).

4.9 Darstellungsformen

Welche Darstellungsformen wählte Graunt für seine *Observations*?

Der Textkorpus war im Stil eines technischen Berichts gehalten, der zwar durchaus Empathie mit den Opfern bestimmter Todesursachen erkennen ließ, die Sterblichkeitsrisiken in der Regel aber eher nüchtern referierte und auch auf sprachlichen „Zierrat", anschauliche Beispiele oder anekdotische Evidenz weitestgehend verzichtete. Dieser technische Stil wurde auch durch die Nummerierung der Absätze unterstrichen[255].

Dementsprechend ging Graunt auch mit Analogien und Metaphern – zum Beispiel der Kopf-Körper-Relation bei der Frage nach einem ‚unnatürlichen' Größenwachstum von London, die aber eine Entlehnung aus der öffentlichen Diskussion seiner Zeit war[256] –, sparsam um, sodass die Textgestaltung über weite Passagen hinweg eine gewisse Farblosigkeit ausstrahlt[257]. Dabei neigten viele zeitgenössische Autoren gerade aus der Schule der „Political Arithmetic" zu einer Bildlichkeit, in der die biologische, die medizinische, die politische und die ökonomische Sprachsphäre ineinanderflossen – denkt man nur an die Analogie zwischen einem prosperierenden Staat und einem gesunden Körper[258].

Bei einer quantitativen Analyse der Wortwahl zeigt sich, dass Graunt bei seiner Textgestaltung am häufigsten Begrifflichkeiten aus dem Begriffsfeld von Sterblichkeit („death", „mortality", „burials" etc.), zum zeitlichen Untersuchungsrahmen nach Jahren sowie zu den von ihm beschriebenen Raumeinheiten (England und London beziehungsweise „country" und „city") benutzte[259]. In den konkretisierenden Beschreibungen im Text treten die „parishes", nach denen auch die „Bills of Mortality" gegliedert waren, am häufigsten hervor. Unter den Krankheitsbezeichnungen ist „plague" erwartungsgemäß der am häufigsten benutzte Begriff, und auch dies entsprach dem Schwerpunkt der „Bills

---

255 Vgl. TEBEAUX (2014: The Flowering of a Tradition: Technical Writing in England, 1641–1700), S. 245–249.

256 *Observations*, Widmungsbrief an John Robartes.

257 Vgl. hierzu auch DA SILVA FRANCISCO (1996), der auf die Verwendung von Begriffen durch Graunt „in literal rather than figurative sense" hinweist (S. 45 f.).

258 Vgl. DESMEDT (2005: Money in the „Body Politick": The Analysis of Trade and Circulation in the Writings of Seventeenth-Century Political Arithmeticians); CLÉMENT (2004: The Influence of Medicine on Political Economy in the Seventeenth Century).

259 Zur methodischen Problematik von vergleichenden Wortanalysen im Bereich Demografie HÉRAN (2015: The Vocabulary of Demography, from Its Origins to the Present Day: A Digital Exploration). Allerdings sind damit nicht die Worthäufigkeiten *innerhalb* eines Werks gemeint, die uns einen immanenten Eindruck von Schwerpunktsetzungen des Autors vermitteln. Dagegen lässt die quantitative Analyse der Satzlängen von GANI (2013: Sentence length in Defoe and Graunt) Schlussfolgerungen vermissen, zumal Graunts Stil durchaus zeittypisch war. Schon LUBBOCK (1855: On the Calculation of Annuities, and on some Questions in the Theory of Chances) hat darauf verwiesen, dass die *Observations* „in the quaint style which prevailed in those times" geschrieben seien (S. 198).

of Mortality", in denen zusätzlich zur tabellarischen Darstellung aller Krankheiten meist nochmals separat Summanden für die Zahl der Pesttoten ausgewiesen wurden. Hier offenbart sich der enge hermeneutische Rahmen, in dem Graunt sich bei seinen Studien bewegte: Seine eher deskriptive Vorgehensweise, die schon im Titel der Schrift anklang, fand in der sprachlichen Gestaltung seiner Studie ihren Niederschlag, denn er führte den Text der *Observations* eng an der Struktur seines Ausgangsmaterials entlang.

Zumindest seine berufliche Herkunft aus dem Handel konnte Graunt nicht verbergen: Die vorherrschende Benutzung des Worts „Account" ist eine direkte Entlehnung aus dem kaufmännischen Rechnungswesen, dessen Prinzipien bei der doppelten Buchführung und der Kontierung sich, worauf Philipp Kreager hingewiesen hat, auch in Graunts methodischer Vorgehensweise niederschlugen, insbesondere wenn er demografische Phänomene separat voneinander betrachtete und dann in Vergleich zueinander setzte (wie etwa im Hinblick auf Zahlenmaterial aus unterschiedlichen Zeiträumen oder zum Stadt-Land-Gefälle bei der Lebensqualität)[260].

Die Verwendung von übergeordneten begrifflichen Kategorien, wie etwa die Unterscheidung von akuten, chronischen und epidemischen Erkrankungen[261] beziehungsweise vom intrinsischen und extrinsischen Wert einer bestimmten Gebietseinheit[262], konnten dabei helfen, die Regelmäßigkeiten im Datenmaterial sprachlich besser voneinander abzugrenzen[263]. Allerdings verwandte Graunt diese Kategorien nicht konsistent im Text, sodass die *Observations* in vielen Textteilen tatsächlich als das erscheinen, was der gewählte Titel erwarten ließ: als eine Zusammenstellung von Beobachtungen aus dem Material der „Bills of Mortality".

Das primär empirische Selbstverständnis Graunts kam auch in der häufigen Verwendung der ersten Person des Pronomens zum Tragen. Dies war nicht nur ein grammatikalisches Substrat, sondern spiegelt die zentrale Bedeutung des beobachtenden Individuums in seinem Wissenschaftsverständnis wider: Anstelle von Denktraditionen auszugehen oder durch die Vermeidung des Personalpronomens eine Verallgemeinerbarkeit der Ergebnisse nahezulegen, treten hier das erkennende Subjekt und seine unvoreingenommene und ergebnisoffene Beobachtung der Realität ins Zentrum des wissenschaftlichen Vorgehens.

Eine zentrale Darstellungsform der *Observations* war die Aufbereitung des Zahlenmaterials in Tabellen, mit denen die Entwicklung der Bevölkerung über größere Zeiträume

---

260 Vgl. Kreager (1988), S. 134–137. S. hierzu auch Kreager (2016: Death and Method: The Rhetorical Space of Seventeenth Century Vital Measurement) zu rhetorischen Mustern in Graunts Text.
261 *Observations*, Kap. II / 15.
262 Ebd., Conclusions / 4.
263 S. hierzu auch Pelling (2020: „Bosom vipers": Endemic versus epidemic disease).

und Pfarrsprengel hinweg vergleichbar wurde. Dabei war Graunt sicherlich von Bacon, möglicherweise aber auch anderen Vorbildern inspiriert, etwa den in seiner Zeit populären astrologischen Almanachen, die ebenfalls Tabellen für die Erstellung von Horoskopen enthielten[264]. Nicht zuletzt wurden auch die „Bills of Mortality" in Tabellenform gegliedert.

Grafische Visualisierungen von Daten fehlen im Text dagegen völlig. Sie begannen sich in der Statistik erst an der Wende zum 19. Jahrhundert, insbesondere mit den Arbeiten William Playfairs (1759–1823), durchzusetzen[265]. Außer den Tabellen enthielt der Textteil auch sonst keinerlei Abbildungen – obwohl die „Bills of Mortality" beziehungsweise „Lord Have Mercies" durchaus solche Elemente bereithielten und John Bell 1665 für seinen deutlich an die *Observations* angelehnten „London Remembrancer" nicht nur Bildelemente aus der „Memento Mori"-Tradition verwandte, sondern auch einen verzerrten Totenkopf, wie wir ihn auch aus einer Anamorphose in einem Gemälde Hans Holbeins d. J. kennen[266].

Die über weite Strecken zu beobachtende Nüchternheit der in den *Observations* gewählten Darstellungsform sticht umso mehr ins Auge, als es in der Alltagswelt der Londoner Bevölkerung zu seiner Zeit eine durchaus intensive Auseinandersetzung mit Themen von Tod und Langlebigkeit gab. Sie ist Teil des kulturgeschichtlichen Hintergrunds, vor dem Graunt seine Darstellung schrieb, und klingt auch an einzelnen Stellen der *Observations* immer wieder an.

---

264 Diese Vermutung äußert RUSNOCK (1990: The quantification of things human: Medicine and political arithmetic in Englightenment England and France), S. 52. KREAGER (1988) verweist darauf, dass schon Bacon die Darlegung von Beobachtungen in Tabellenform angeregt hat (S. 130 f.). Zur Bedeutung von Tabellen für die Werke Graunts und Pettys vgl. auch RUSNOCK (2002: Vital accounts. Quantifying health and population in eighteenth-century England and France), S. 16–18. Zur medien- und ideengeschichtlichen Bedeutung der Verwendung von Tabellen neuerdings GREGORY (2021: Class Trouble: Eine Mediengeschichte der Klassengesellschaft). Vgl. auch BRENDECKE (2015: Information in tabellarischer Disposition) sowie HUNT (2014).

265 Zur Entwicklung von Grafiken und Datenvisualisierungen vgl. v. a. FRIENDLY u. a. (2010: The First (Known) Statistical Graph: Michael Florent van Langren and the „Secret" of Longitude); FRIENDLY (2009: Milestones in the history of thematic cartography, statistical graphics, and data visualization); FRIENDLY (2008: The Golden Age of Statistical Graphics). S. auch ZAKIM (2018: The Political Geometry of Statistical Tables), S. 456, sowie BENIGER / ROBYN (1978: Quantitative Graphics in Statistics: A Brief History).

266 Vgl. hierzu etwa NORTH (2002: The Ambassadors' Secret. Holbein and the World of the Renaissance), S. 125–140. Allerdings ist nicht klar, ob dies wirklich ein bewusstes Bildzitat Bells war.

4.10 Exkurs: Vom Umgang mit Tod und Langlebigkeit im 17. Jahrhundert

Wie wir gesehen haben, lebte John Graunt in einer Zeit, in der die Menschen Elend, Krankheit, Gewalt und Tod ständig vor Augen hatten. Gerade bei Epidemien starben die Menschen mitunter buchstäblich auf der Straße, und wie Zeitgenossen berichteten, legte sich über manche Viertel der Stadt, in denen man mit dem Beerdigen nicht mehr nachkam, ein unerträglicher Gestank von verwesenden Leichen.

Zu den emotionalen Bewältigungsstrategien der Menschen gegen die Angst vor Tod, Krankheit und Versehrung gehörte zum einen die Hinwendung zu Religion und Aberglauben. Der Ausbruch der Pest wurde beispielsweise als eine Sündenstrafe Gottes und das Erscheinen von Kometen unmittelbar vor der Epidemie als Beweis für deren eschatologische Bedeutung interpretiert. Falsche Propheten, Wunderheiler und Talisman-Verkäufer machten in solchen Zeiten gute Geschäfte mit der Angst[267].

Sie trafen dabei auf ein entsprechend aufnahmebereites Publikum: Die Schrift „God's terrible voice in the city" des puritanischen Theologen Thomas Vincent (1634–1678), der in den beiden Katastrophen von 1665 und 1666 „die Rache eines zornigen Gottes" für die Sünden der Menschen sah, erfuhr innerhalb von nur acht Jahren insgesamt 16 Auflagen[268]. Bereits bei den Pestausbrüchen in der ersten Jahrhunderthälfte hatte der Theaterautor und Pamphletist Thomas Dekker (ca. 1572–1632) mit seinen Schriften, die zur Sündenbuße aufforderten, gute Umsätze gemacht und damit seine durch die Theaterschließungen im Zuge der Epidemie weggebrochenen Einnahmen kompensiert[269]. In seinem offensichtlich sehr erfolgreich vermarkteten Pamphlet „The wonderfull yeare" stellte er drei Ereignisse des Jahres 1603, nämlich den Tod Elisabeths I., mit dem eine Epoche zu Ende ging, den Regierungsantritt Jakobs I. und den Ausbruch einer schweren Pestepidemie in einem Zusammenhang dar[270]. Der von Graunt angegangene Irrglaube,

---

267 Vgl. hierzu auch COWIE (1972), S. 13.

268 VINCENT (1667: God's Terrible Voice in the city: Wherein you have I. The sound of the voice, in the Narration of the two late Dreadfull Judgments of Plague and Fire, inflicted by the Lord upon the City of London, the former in the year, 1665, the latter in the year 1666. II. The interpretation of the voice, in a Discovery, 1. Of the cause of these Judgments, where you have a Catalogue of London's sins. 2. Of the design of these Judgments; where you have an enumeration of the Duties God calls for by this terrible voice). Vgl. hierzu auch LINCOLN (2015), S. 137.

269 Vgl. hierzu WOOTTON (2013: Plague, Print and Providence in Early Seventeenth Century London).

270 DEKKER ([1603]: The wonderfull yeare. 1603 Wherein is shewed the picture of London, lying sicke of the plague. At the ende of all (like a mery epilogue to a dull play) certaine tales are cut out in sundry fashions, of purpose to shorten the liues of long winters nights, that lye watching in the darke for us).

die Krankheit treffe England auffallend häufig in den Jahren eines Thronwechsels, könnte hier seinen Ursprung haben.

In einem Kontext mit der Art und Weise, wie sich Menschen mit der Sterblichkeit auseinandersetzten, stand auch das aus dem Mittelalter überkommene, in der Alltagskultur aber immer noch präsente „Memento Mori"-Motiv, das die Menschen im Angesicht der Unausweichlichkeit des Todes zu zeitiger Umkehr und zu moralischer und religiöser Ertüchtigung ermahnen sollte. Auf Ausgaben der „Bills of Mortality" insbesondere des Pestjahres 1665 und auf den „Lord Have Mercies" finden sich entsprechende Abbildungen[271].

Ebenfalls populär waren in dieser Zeit die sogenannten „Totentänze" – der bereits erwähnte Wenzeslaus Hollar hatte erst 1651 in London seine Druckgrafiken mit einer Bearbeitung der „Totentänze" des berühmten Hans Holbein d. J. herausgebracht. Sie versinnbildlichten einerseits die Allgegenwart des Todes, der dabei keinen Unterschied vor Standespersonen, Würdenträgern und Kirchenmännern, vor Männern, Frauen und Kindern machte, ließen ihn aber zugleich als den „Gevatter" erscheinen, der sich den Menschen freundschaftlich näherte, mit ihnen fröhlich trank und tanzte oder um das Leben würfelte.

Darin spiegelte sich eine gewisse Ambivalenz wider. Einerseits war der Tod, wenn auch unsichtbar, so doch stets präsent, im Lebensverlauf unvorhersehbar und am Ende unentrinnbar; in gewisser Hinsicht auch eine Erlösung aus dem „irdischen Jammertal", eine in der religiösen Volkskultur der Zeit sehr gebräuchliche Vorstellung[272]. Andererseits gab es aber immer eine gewisse Überlebenschance, die insbesondere durch das morbide Würfelspiel versinnbildlicht wurde, womit eine Brücke zu vorprobabilistischen Denkmustern geschlagen wurde[273]. Solche sarkastischen und fatalistischen Darstellungen gehörten damals wie heute zum Repertoire der Bewältigungsstrategien der Menschen gegen die Angst vor Tod, Krankheit und Versehrung[274].

---

271 S. etwa die Online-Ausstellung der Stadt London in https://www.cityoflondon.gov.uk/things-to-do/guildhall-library/events-exhibitions/Pages/great-plague-online-exhibition.aspx (letzter Zugriff am 18.12.2019). Vgl. auch SPERRY (2018), S. 101.

272 Dementsprechend waren im 17. Jahrhundert „Memento-Mori"-Motive und Totentänze an den Wänden vieler Kirchenhöfe Londons abgebildet, u. a. in St. Paul, vgl. ACKROYD (2000: London. The Biography), S. 202.

273 Vgl. hierzu PEARSON (1897: The chances of death, and other studies in evolution), S. 2–11.

274 Bei der Vorstellung, dass das Aufkommen von Totentanzdarstellungen v. a. mit Pestausbrüchen zusammenhinge, handelt es sich vermutlich um eine von Epidemieerfahrungen des 19. Jahrhunderts geprägte Konstruktion, vgl. KNÖLL (2016: Seuche und Totentanz: Rezeption und Fortschreibung eines Topos im 19. Jahrhundert). Vielmehr stehen diese Darstellungen im Zusammenhang mit Sterblichkeit im Allgemeinen.

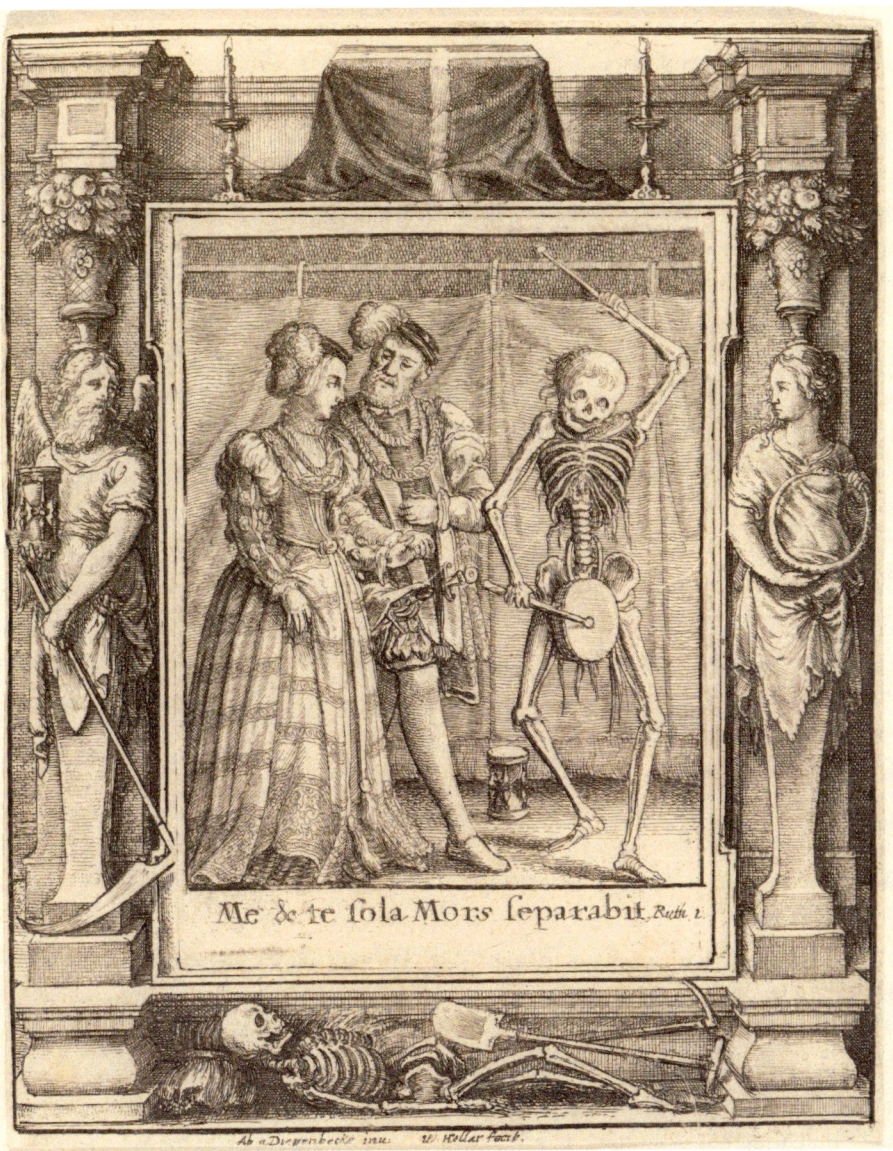

Abb. 15: Hochzeitspaar, nach einem Holzschnitt von Hans Holbein d. J.,
undatiert [1524–1525] (Stich von Wenzeslaus Hollar).

Auch das in heutigen Augen befremdlich anmutende Interesse des Publikums an öffentlichen Hinrichtungen lässt sich als eine Form des Umgangs mit dem allgegenwärtigen Tod begreifen[275]. Diese „Theater des Schreckens", als die Richard van Dülmen die mitunter hochgradig ritualisierten Inszenierungen der Strafjustiz in der Frühen Neuzeit beschrieben hat[276], hatten zunächst den Zweck, den Anspruch des Staates beziehungsweise der lokalen Autoritäten auf öffentliche Rechtsstiftung und obrigkeitliche Rechtswahrung sowie das staatliche Gewaltmonopol vor aller Augen zu manifestieren. Die aktive oder passive Rolle von Geistlichen während des „Prozessionszuges" zum Hinrichtungsplatz und das dort zur Menge gesprochene öffentliche Schuldbekenntnis des reuigen Sünders vor Gott demonstrierten die heilstiftende Bedeutung von Kirche und Religion, die selbst dem zutiefst Gefallenen noch ihre Gnadengaben offerierten. Die am Verbrecher vollzogene Strafe sollte darüber hinaus die Tat nicht nur sühnen, sondern den Täter und damit auch die Gesellschaft von der Kontamination durch das Verbrechen reinigen.

Bei Vergehen, welche die staatliche Autorität besonders herausforderten, wie Hochverrat oder Majestätsverbrechen, kam noch der Aspekt der Rache hinzu – mit Strafen, die nicht selten besonders grausam waren und häufig auch die öffentliche Schändung des Leichnams und damit den symbolischen Verlust des Ewigen Lebens beinhalteten. Zu Graunts Zeiten wurde 1661 ein solcher Racheakt auf besonders spektakuläre Weise an drei bereits Verstorbenen vollzogen, nämlich bei der Exhumierung der „Königsmörder" Karls I., darunter der Lordprotektor Oliver Cromwell selbst, der symbolischen Hinrichtung ihrer Leichname und der anschließenden Zurschaustellung von Leichenteilen an öffentlichen Plätzen[277]. Mit dem Vollzug der Todesstrafe war selbstverständlich auch die Abschreckung weiteren Unrechts intendiert, wobei dennoch jedes Verbrechen für sich stand und deshalb in einem eigenen Rechtsakt zu bestrafen war, unabhängig von möglicherweise in der Zukunft begangenen Taten anderer.

Schließlich hatte das Ritual aber auch für den Verurteilten selbst eine wichtige Bedeutung: Der Weg vom Gefängnis zum Ort der Exekution, ein fester Bestandteil des Hinrichtungsrituals, wurde üblicherweise von Schaulustigen gesäumt, wobei es hier zu Schmähungen und Übergriffen kommen konnte. Andererseits bot dieser Teil der Inszenierung dem Verurteilten Gelegenheit, durch eine besonders stoische Haltung und seine Demut als Sünder, mitunter aber durch seine Todesverachtung, seine Halsstarrigkeit

---

275 Vgl. ORTNER (2017: Wenn der Staat tötet. Eine Geschichte der Todesstrafe) sowie EVANS (2001: Rituale der Vergeltung. Die Todesstrafe in der deutschen Geschichte 1532–1987), S. 139.
276 Vgl. VAN DÜLMEN (1988: Theater des Schreckens. Gerichtspraxis und Strafrituale in der frühen Neuzeit).
277 Vgl. FITZGIBBONS (2008: Cromwell's Head).

oder die Kritik an einem ungerechten Urteil einen Teil seiner verlorenen Würde wieder herzustellen[278].

Auch wenn diese unterschiedlichen Bedeutungsebenen des ritualisierten Vollzugs der Todesstrafe für die Gesellschaft der Frühen Neuzeit von der Forschung in den letzten Jahren deutlich herausgearbeitet werden konnten, bleibt doch die Frage offen, was das Publikum selbst antrieb, an einer Darbietung teilweise exzessiver Grausamkeit teilzunehmen, bei der Menschen beispielsweise zu Tode stranguliert, lebendig verbrannt, verstümmelt, ausgeweidet, geköpft und geviertelt wurden. Diese Prozeduren erschienen selbst den Zeitgenossen manchmal noch als zu barbarisch, weshalb die Delinquenten vom Henker unmittelbar vor der Exekution oftmals durch Erdrosseln oder eine Stichverletzung zu Tode gebracht wurden, um ihnen die mit der eigentlichen Strafe verbundene Tortur zu ersparen – auf deren Vollzug man aber dennoch nicht verzichtete.

Abb. 16: Publikum bei einer Hinrichtung in Tyburn, 17. Jahrhundert (anonymer Künstler).

Trotz ihrer Abscheulichkeit hatten die öffentlichen Exekutionen einen festen Platz im „Veranstaltungskalender" Londons[279]. Noch im späten 18. Jahrhundert wirkte es auf den für einige Jahre in London lebenden deutschen Prediger Gebhard Friedrich August

---

278 Vgl. hierzu auch MCKENZIE (2003: Martyrs in Low Life? Dying „Game" in Augustan England).
279 Vgl. BEATTIE (2001: Policing and punishment in London, 1660–1750. Urban crime and the limits of terror), S. 301. Pepys erwähnte 1668 an einer Stelle seines Tagebuchs fast beiläufig, dass er nach

Wendeborn (1742–1811) eher befremdlich, dass in London im Gegensatz zu Hinrichtungen, die er in Deutschland gesehen hatte, die Prozessionen zum Richtplatz in Tyburn und das dortige schreckliche Ende eines erbarmungswürdigen Delinquenten von der Menge offensichtlich eher wie eine Art Freizeitgestaltung wahrgenommen wurden[280]. An manchen Hinrichtungen nahmen, wenn man zeitgenössischen Berichten glauben darf, bis zu mehrere tausend Menschen teil, weshalb auch ein erhebliches Aufgebot an Ordnungskräften notwendig war, um die Massen unter Kontrolle zu halten. Dabei war es nicht nur der „Mob", der an dieser morbiden Form der ,Volksbelustigung' teilnahm[281]. So ließ etwa Samuel Pepys als Angehöriger der gebildeten bürgerlichen Elite es sich 1664 nicht nehmen, am Morgen vor einer öffentlichen Hinrichtung seine Frau zu einer Richtstätte in der Stadt vorauszuschicken, um sich einen guten Sichtplatz zu sichern, während er bis Mittag noch im Marineamt zu arbeiten hatte[282].

Auch nach den Exekutionen und der Beisetzung der Delinquenten ließen sich mit gedruckten Berichten, Pamphleten und bildlichen Wiedergaben von Exekutionen noch gute Geschäfte machen. Dies schloss auch Publikationen der angeblich letzten Worte der zum Tode Verurteilten ein, die nicht nur fester Bestandteil der Inszenierung von Hinrichtungen waren, sondern seit Mitte der 1670er Jahre auch als eine regelrechte Publikationsreihe unter dem Druckprivileg des Gefängniskaplans von Newgate veröffentlicht wurden[283].

Auch wenn man davon ausgehen kann, dass Hinrichtungen zwischen dem 16. und 18. Jahrhundert nicht immer und überall in den gleichen Formen abliefen und nicht alle Exekutionen gleichermaßen spektakulär und publikumswirksam waren[284], stellt sich doch die Frage, welche tiefenpsychologischen Befindlichkeiten hinter dieser extremen Form des Voyeurismus standen. In einer Gesellschaft, in der Tod, Gewalt und körperliche Versehrung ständige Begleiter der Menschen waren, könnte das Bedürfnis nach

---

Tyburn gefahren wäre, um einer Hinrichtung beizuwohnen, aber dann zu spät gekommen sei (Pepys, Diary, Eintrag vom 23. Oktober 1668).

280 Wendeborn (1791: A view of England towards the close of the eighteenth century), S. 56 („a holiday for the entertainment of the populace"). S. hierzu auch Devereaux (2009: Recasting the Theatre of Execution: The Abolition of the Tyburn Ritual). Die Kritik an den „bacchanalian excesses of ,Tyburn Fair'" und an den teilnahmslosen oder ungemessenen Reaktionen des Publikums gab es allerdings schon in der ersten Hälfte des 18. Jahrhunderts, s. McKenzie (2007: Tyburn's Martyrs. Execution in England, 1675–1775), S. 218. Zum London-Bild deutscher Englandreisenden s. etwa Weber (2014: Deutschsprachige Londonreisende im 18. und 19. Jahrhundert).

281 Vgl. hierzu auch McKenzie (2007), S. 26.

282 Pepys, Diary, Eintrag vom 21. Januar 1664.

283 Vgl. McKenzie (2003), hier S. 171; Sharpe (1985: „Last Dying Speeches": Religion, Ideology and Public Execution in Seventeenth-Century England).

284 Vgl. Cockburn (1994: Punishment and Brutalization in the English Enlightenment).

einer Bewältigung der eigenen Ängste, gewissermaßen einer Katharsis im Anblick des Leides eines anderen, hier eine Rolle gespielt haben[285]. Der Vergleich mit dem heutigen Interesse an bluttriefenden Horrorgenres in Literatur und Film drängt sich dabei nur vordergründig auf, entspringt letzteres wohl eher einer Reizarmut im Alltag, also einer genau umgekehrten Motivstruktur.

Trotz der Allgegenwart des Todes in der Alltagskultur darf jedoch nicht übersehen werden, dass es schon seit dem 16. Jahrhundert einen weiteren Entwicklungsstrang im Umgang mit Mortalitätsfragen gab, nämlich das Interesse an Langlebigkeit und Höchstaltrigkeit und, damit verbunden, der Frage, auf welche Weise sich Altern und Tod im Lebensverlauf aufschieben lassen würden. Der geringe Zeitabstand zwischen den 1538 gedruckten „Bildern des Todes" von Holbein und dem Gemälde „Der Jungbrunnen" von Lucas Cranach d. Ä. von 1546 veranschaulicht die Gleichzeitigkeit dieser Entwicklungen. Von 1558 bis kurz vor seinem Tod veröffentlichte der Venezianer Alvise (gen. Luigi) Cornaro (vermutlich 1475–1566) seine „Discorsi della vita sobria", die sich rasch zu einem ‚Bestseller' entwickelten[286]. Darin empfahl der Autor den Lesern seinen stark reduzierten, von Selbstkasteiung und einer spartanischen Diät geprägten Lebensstil. Dass seine Lebensmaximen zur Verlängerung des Lebens beitragen würden, hielt er unter Hinweis auf sein eigenes hohes Alter und gesundes und aktives Altern für erwiesen. In Wirklichkeit hatte er jedoch im Laufe der Zeit sein Geburtsjahr nur wiederholt um einige Jahre zurückverlegt, sodass schon die einfachen Grundrechenarten dafür sorgten, dass sein Lebensalter ständig anstieg[287].

Dass Graunt die populären „Discorsi" zumindest in Grundzügen kannte, ist nicht auszuschließen. 1634 war eine englische Ausgabe des „Hygiasticon: Or, The right course of preserving life and health unto extream old age" des belgischen Jesuiten Lenaert Leys (1554–1623) veröffentlicht worden, die Teile der „Discorsi" enthielt[288]. Wie ein Zeitge-

---

285 Schon Thomas Hobbes als Zeitgenosse Graunts stellte sich die Frage, warum die Menschen zu solch morbiden „spectacula" zusammenströmten, und vermutete ein intrinsisches Motiv: „Malum videre alienum, jucundum: Placet enim non ut malum, sed ut alienum. Inde est quod soleant homines ad mortis & periculi aliorum spectacula concurrere" (HOBBES (1658: Elementorum philosophiae sectio secunda de homine), Kap. 11, Abs. 12).

286 CORNARO (1558: Discorsi della vita sobria). Vgl. hierzu BELLINI (2018: Diet and hygiene between ethics and medicine: Evidence and the reception of Alvise Cornaro's *La Vita Sobria* in early seventeenth-century England).

287 Vgl. etwa die Tabelle bei MENEGAZZO (2001: Colonna, Folengo, Ruzante e Cornaro; ricerche, testi e documenti), S. 303. Ich danke Anna Barbuscia (Universidad del País Vasco) für wertvolle Hinweise zu Cornaro.

288 Vgl. LESSIUS (1634: Hygiasticon, or, the right course of preserving life and health unto extream old age: together with soundnesse and integritie of the senses, judgement, and memorie. Written in Latine by Leonardus Lessius, and now done into English). Eine eigenständige englische Ausgabe der „Discorsi" erschien dagegen erst 1702 und wurde auch in England schnell zu einem Verkaufserfolg

nosse Graunts 1650 berichtete, lagen Ausgaben von Werken Cornaros und Leys in allen Buchläden Londons aus[289]. Auch Francis Bacon, der sich mit zunehmendem Alter für Fragen der Lebensverlängerung stark interessierte, hatte Cornaros Werk seiner „Historie of life and death" zugrunde gelegt, und letztere hat Graunt nachweislich rezipiert.

Das anhaltende Interesse an einer hohen Lebenserwartung und gesundem Altern im 17. Jahrhundert zeigt sich auch daran, dass in dieser Zeit Vorkommnisse von angeblicher Höchstaltrigkeit in England bis in die höchsten Kreise hinein aufmerksam zur Kenntnis genommen und in Publikationen sowie Druckgrafiken einer größeren Öffentlichkeit bekannt gemacht wurden – Peter Laslett spricht in diesem Zusammenhang geradezu von einem „cult of centenarians"[290]. In einem besonders bizarren Fall wurde von einem Privatmann sogar eine auf einem Sarg angebrachte Platte mit den Lebensdaten des bei seinem Tod angeblich 152 Jahre alten James Bowles abmontiert und als Kuriosität aufbewahrt[291].

Zwei besonders spektakuläre Fälle zu Lebzeiten Graunts waren Thomas Parr und Henry Jenkins, die bei ihrem Tod angeblich 152 beziehungsweise 169 Jahre alt waren. Parr, der in einem kleinen Dorf westlich von Birmingham lebte, war dort 1635 von Thomas Howard Earl of Arundel zufällig aufgespürt und dann nach London gebracht worden, um ihn dort der Öffentlichkeit zu präsentieren[292]. Schon auf dem Weg dorthin löste Parrs Ankunft in manchen Orten einen regelrechten Ansturm der Bevölkerung aus. Sein Konterfei fand sich bald auf Holz- und Kupferstichen wieder, die sich in großer Anzahl reproduzieren und verkaufen ließen, und selbst berühmte zeitgenössische Künstler wie Cornelis van Dalen d. Ä. oder Peter Paul Rubens fertigten Porträts des Höchstaltrigen an[293]. Als Parr noch während seines Aufenthaltes in London verstarb, wurde er auf persönliche Veranlassung König Karls I. zunächst von einem Ärztekollegium unter Leitung des angesehenen königlichen Leibarztes William Harvey einer Leichenschau unterzo-

---

(CORNARO (1702: Sure and certain methods of attaining a long and healthful life: with means of correcting a bad constitution [etc.]. Written originally in Italian by Lewis Cornaro, a Noble Venetian, when he was near'an hundred years of Age. And made English by W. Jones, A. B.)).

289 Vgl. BELLINI (2018), S. 266.

290 Vgl. hierzu LASLETT (1999: The Bewildering History of the History of Longevity), das Zitat S. 25.

291 SAVILLE (1831: The only genuine and authentic account of the life and memoirs of that surprising and wonderful man Henry Jenkins, commonly called Old Jenkins, of Ellerton upon Swale, in Yorkshire, who lived to the amazing age of one hundred and sixty nine years and upwards, which is seventeen years longer than Old Parr, and the oldest man to be met with in the Annals of England).

292 Hierzu und zur älteren Literatur THOMAS (2004/2017: Parr, Thomas [called Old Parr] (d. 1635)). Vgl. hierzu und zu weiteren Höchstaltrigen in England auch PETERSEN/JEUNE (1999: Age Validation of Centenarians in the Luxdorph Gallery), S. 47–51.

293 Vgl. hierzu die in der National Portrait Gallery in London aufbewahrten Abbildungen. Noch im 18. Jahrhundert wurden davon Kopien oder Weiterverarbeitungen angefertigt.

Abb. 17: Thomas Parr (Radierung von George Powle [zweite Hälfte des 18. Jahrhunderts] nach einem Gemälde von Peter Paul Rubens).

gen und anschließend in der Westminster Abbey beigesetzt. Im gleichen Jahr wurde Parr durch den Dichter John Taylor (1578–1653) in einem panegyrischen Gedichttext verewigt[294].

Diese ungewöhnliche Form der Wertschätzung für einen Mann, der aus einfachsten Verhältnissen und aus einem abgelegenen Weiler in der englischen Provinz stammte, wird nur verständlich, wenn man die offensichtliche emotionale Bedeutung des Themas Langlebigkeit für die Menschen in einer Zeit, in der Krankheit, Versehrung und Tod im Lebensalltag ständig gegenwärtig waren, in Rechnung stellt.

Daneben dürfte in dieser Überhöhung Parrs wohl auch eine gewisse Zivilisationskritik mitschwingen, wie sie schon in Cornaros populär gewordenem Aufruf zu Verzicht und Selbstkasteiung angeklungen war. So erklärte Harvey nach der Autopsie Parrs dessen Ableben vor allem damit, dass „forasmuch as coming out of a clear, thin, and free air, he came into the thick air of London, and after constant, plain, and homely country-diet, he was taken into a splendid family, where he fed high, and drunk plentifully of the best

---

294 TAYLOR (1635: The old, old, very old man; or, the age and long life of Thomas Par, the son of John Parr of Winnington [...] His manner of life and conversation in so long a pilgrimage; his marriages, and his bringing up to London about the end of September last 1635).

wines"[295]. Damit bezog sich Harvey auf eine schon damals häufig gebrauchte, stereotype Gegenüberstellung von gesundem Landleben in einer intakten Umwelt und der ungesunden Lebensweise der Städter und insbesondere der Angehörigen der gesellschaftlichen Eliten. Das Leben „Old Parrs" erschien insofern fast wie ein idealtypischer Gegenentwurf zu den Herausforderungen des Lebensalltags in einer überfüllten Großstadt mit ihren vielfältigen Versuchungen – selbst wenn wohl nur die wenigsten Londoner dem Beispiel Parrs wirklich dauerhaft hätten nachfolgen wollen.

Von der Existenz Henry Jenkins' erfuhr die englische Öffentlichkeit erstmals durch Anne Saville, Tochter des später zum Earl of Macclesfield erhobenen royalistischen Offiziers Charles Gerard, die 1663 bei einem Erholungsaufenthalt in einem Dorf in Yorkshire, dem Wohnort von Jenkins, von dessen außergewöhnlich hohen Alter und seinem vermeintlichen Gesundheitswissen gehört hatte und ihn darüber ausführlich befragte[296]. Dabei interessierte sie sich, auch auf Grund ihrer eigenen medizinischen Vorbildung, besonders für „the temperament of this man's body, his manner of living, and all other circumstances which might furnish any useful instructions to those who are curious about longevity"[297]. Sie legte deshalb unter anderem eine Sammlung von Ratschlägen und Rezepturen zur naturkundlichen Behandlung unterschiedlicher Gebrechen an, die sie teilweise von Jenkins erhalten hatte, teilweise im Laufe der Jahre erweiterte.

Die sich rasch verbreitende Kunde über diesen außergewöhnlichen Fall von Höchstaltrigkeit erregte erneut das Interesse des Hofes. Jenkins wurde nach London beordert und dort dem König bei einer Audienz persönlich vorgestellt. Karl II. konnte jedoch mit dessen Rat, zum Erhalt der Lebensgeister Frauen und Alkohol zu meiden, auf Grund seiner diesbezüglichen Gepflogenheiten eher wenig anfangen und wandte sich deshalb rasch ab. Dennoch blieb das Interesse der Öffentlichkeit an dem Geheimnis von Jenkins hohem Lebensalter und an seinem heilpraktischem Erfahrungswissen groß – der Bericht von Anne Saville wurde deshalb noch bis ins 19. Jahrhundert mehrfach neu aufgelegt[298].

Dass „Old Jenkins" bei seinem Tod 1670 mit vorgeblich 169 Jahren weit älter war als der nach wissenschaftlichen Erkenntnissen bis heute bekannte älteste Mensch, die Französin Jeanne Louise Calment, die 1997 im Alter von 122 Jahren starb, bedarf keiner

---

295 Philosophical Transactions of the Royal Society of London, Bd. 3, Nr. 44, 1669, S. 886–888. Vgl. hierzu auch HOWELL (1987: William Harvey's report on Old Parr's autopsy).

296 Vgl. O'KEEFFE (2004: Revision of Goodwin, Gordon: Jenkins, Henry [called the Modern Methuselah] (d. 1670)).

297 ROBINSON (1695: A Letter Giving an Account of One Henry Jenkins a Yorkshire Man, Who Attained the Age of 169 Years, Communicated by Dr. Tancred Robinson F. of the Coll. of Physitians, et R. S. with His Remarks on It).

298 SAVILLE (1831). Die Erstausgabe des Berichts in Buchform erschien 1820.

weiteren Kommentierung[299]. Schon der englische Kleriker und Historiker Thomas Fuller (1608–1661) hatte 1639 in einem Nebensatz seiner Geschichte der Kreuzzüge beklagt, dass „many old men use to set the clock of their age too fast when once past seventy; and growing ten years in a twelvemonth, are presently fourscore; yea, within a year or two after, climb up to a hundred"[300].

Was auch immer man von diesen exzeptionellen Fällen von Höchstaltrigkeit halten mochte – bemerkenswert ist in jedem Fall das überbordende Interesse der englischen Öffentlichkeit an allen Fragen, die mit dem Erreichen einer hohen Lebenserwartung zu tun hatten. Dies gilt auch für das wissenschaftliche Umfeld, in dem sich John Graunt bewegte. Schon Bacon hatte in seiner „Historie of life and death" Beispiele für Höchstaltrigkeit aufgelistet[301]. Zwischen 1668 und 1673 bemühte sich der Sekretär der Royal Society, Henry Oldenburg, darum, einige Fälle von angeblicher Langlebigkeit in England sowie auf Bermuda zu überprüfen[302]. In ähnlicher Erkenntnisabsicht evaluierte 1681 der spätere Staatstheoretiker John Locke, Fellow der Royal Society seit 1668, den Fall der angeblich über hundertjährigen Alice George[303]. Ein Jahr darauf wurde in den „Philosophical Transactions" eine Zusammenfassung des Berichts von Harvey über die Autopsie von Thomas Parr veröffentlicht, der erst jetzt nach über drei Jahrzehnten durch den Arzt John Betts als Anhang zu seiner Abhandlung „De ortu et natura sanguinis" der Öffentlichkeit zugänglich gemacht worden war[304]. 1695 erschien in der Zeitschrift dann ein Brief von Anne Saville, in dem sie gegenüber Tancred Robinson, einem Mitglied des Royal College of Physicians und Fellow der Royal Society, von ihrer Begegnung mit Jenkins in den 1660er Jahren berichtete[305]. Im gleichen Jahrgang veröffentlichte Abraham Hill eine Notiz über ein Dokument, das Henry Jenkins Altersangaben zu belegen

---

299 Die 2018/19 geäußerte Behauptung, bei der 1997 verstorbenen Jeanne Calment handele es sich in Wirklichkeit um deren Tochter, die Altersangabe sei also falsch, widerlegen ROBINE u. a. (2019: The Real Facts Supporting Jeanne Calment as the Oldest Ever Human).

300 Vgl. FULLER (1840: The history of the holy war (1639)), S. 274 f. Die Forschung hat an vielen Beispielen zeigen können, dass Angaben zur Höchstaltrigkeit auch heute noch häufig auf Fehlinformationen oder sogar absichtlichen Übertreibungen basieren, vgl. hierzu neuerdings MAIER u. a. (2021: Exceptional Lifespans).

301 Vgl. BELLINI (2018), S. 264.

302 Vgl. Henry Oldenburg an Richard Norwood, 10. Februar 1668, RSA, EL/O1/57; Richard Stafford an Henry Oldenburg, 16. Juli 1668, RSA, EL/S1/106 sowie LBO/2/94; Richard Reed an Henry Oldenburg 14. März 1671, RSA, EL/R1/27; Richard Reed an Henry Oldenburg, undat., RSA, LBO/4/92; Henry Oldenburg an Edward Cotton, 19. Januar 1671, RSA, EL/O2/42; John Flamsteed an Henry Oldenburg, 16. November 1672, RSA, EL/F1/92; Richard Towneley an Henry Oldenburg, 24. April 1673, RSA, EL/T/27.

303 Vgl. LASLETT (1999), S. 23 f.

304 Philosophical Transactions of the Royal Society of London, Bd. 3, Nr. 44, 1669, S. 886–888.

305 ROBINSON (1695).

schien[306]. Die Frage nach den Voraussetzungen von Höchstaltrigkeit stand also auch unter den Fellows der Royal Society hoch im Kurs.

Das Thema sollte im Übrigen auch nach Graunts Tod weiterhin große Popularität behalten, wie schon die erwähnten Neuauflagen entsprechender Berichte belegen. Ein besonders anschauliches Beispiel ist die durch den dänischen Kanzler Bolle Willum Luxdorph (1716–1788) angelegte Sammlung mit Informationen zu langlebigen Menschen, in der sich unzählige Abbildungen von Höchstaltrigen aus ganz Europa finden[307]. Ganz offensichtlich war das Interesse an einer hohen Lebenserwartung kein englisches, sondern ein europäisches Phänomen. Es überrascht von daher nicht, dass die „Discorsi" Cornaros im Laufe der Zeit Übersetzungen ins Lateinische, Französische, Deutsche und Englische sowie ins Spanische, Polnische und Russische fanden[308].

Die in dieser Zeit zu beobachtende Ambivalenz prägte auch Graunts Umgang mit der Mortalitätsstatistik: Die Beschäftigung mit diesem Gegenstand zielte neben der Beschreibung und der Erklärung von Regelmäßigkeiten in den Sterblichkeitsdaten auch auf die Berechnung von Sterberisiken nach Alter und Geschlecht ab und bereitete damit den Boden für die Berechnung einer Sterbetafel – und damit der Lebenserwartung bei Geburt beziehungsweise der ferneren Lebenserwartung. Die Doppelwertigkeit des Konzepts „Mortalität" wird hier deutlich: Sie beschreibt primär die letzte Phase und das Ende des Lebens, ermöglicht damit aber zugleich Aussagen zu seiner voraussichtlichen Dauer und zur Vermeidung bestimmter Sterberisiken[309]. Insofern darf man bei aller morbiden Anmutung des Themas von Krankheit und Tod die lebensbejahende Komponente der Sterblichkeitsforschung, für die Graunt mit seinen Observations den Boden bereitete, nicht unterschätzen. Vermutlich deshalb erfreute sich sein Werk auch einer besonderen Aufmerksamkeit in der Öffentlichkeit, mehrerer Auflagen und einer Beachtung im In- und Ausland. Die Observations lagen insofern ganz im Zeitgeist, in dem neben das Negativbild der unentrinnbaren Sterblichkeit und Mortalität die Perspektive auf die Langlebigkeit trat, beides gewissermaßen zwei umgekehrte Diapositive ein und derselben Wirklichkeit, in der die Menschen lebten.

Ein weiterer Aspekt verdient hier abschließend noch Berücksichtigung: Damals wie heute entwickelt Sterblichkeit einen besonderen Schrecken, wenn sie unsichtbar, unvor-

---

306 Philosophical Transactions of the Royal Society of London, Bd. 19, Nr. 228, S. 543.
307 Vgl. PETERSEN / JEUNE (2010: Icons of longevity: Luxdorph's eighteenth century gallery of long-livers); PETERSEN / JEUNE (1999).
308 BELLINI (2018), S. 252.
309 Nach BLACKSTONE (2006: Thinking beyond the risk factors) ging Graunt sogar über das Denken in Risiken hinaus („He translated risk factors into effective action without waiting for perfect knowledge"). Dieser interessante Ansatz wird aber in der medizinischen Analyse nicht weiter ausgeführt.

hersehbar und gewissermaßen heimtückisch über uns kommt und die Selbstverständlichkeit unseres Lebens und seiner Grundlagen jederzeit und unerwartet in Frage stellen kann, ohne unser Zutun oder die Möglichkeit einer Gegenwehr. Dies gilt insbesondere für den „unsichtbaren Tod" durch Infektionen, Vergiftung und Verstrahlung und den „plötzlichen Tod" durch kardiovaskuläre Ereignisse, Gewalt oder Unfall, den „stillen Tod" in der Nacht oder den „schleichenden Tod" durch eine zu spät erkannte Erkrankung oder durch metastasierende Krebszellen.

Das „Memento Mori" bezieht sich gerade auf jene Allgegenwart des Todes im Alltag, besonders wenn wir eigentlich um seine Existenz wissen und sie deshalb verdrängen. In ähnlicher Weise verlieh auch die Vorstellung der Zeitgenossen Graunts, dass Infektionen insbesondere als Ausdünstungen aus dem Boden und vornehmlich über die Luft übertragen würden, dieser Unsichtbarkeit Ausdruck, und auch Graunt hat auf diese Vorstellung bei seiner Unterscheidung von akuten, epidemischen und chronischen Krankheiten abgehoben[310].

Die Überwindung des Todes in der Religion durch die Erwartung postmortalen Heils und die Vergegenständlichung des Todes durch seine Sichtbarmachung in öffentlichen Inszenierungen oder künstlerischer Darstellung sollten dem Tod diesen Schrecken nehmen. Ebenso kann eine intellektuelle und wissenschaftliche Beschäftigung eine Bewältigungsstrategie darstellen – indem wir die Mortalität in Zahlen, Wahrscheinlichkeiten und Risiken beschreiben, können wir sie zu einem rationalen Ereignis machen und ihr paranoides Potenzial bannen. Wie Zohreh Bayatrizi gezeigt hat, brach sich mit Graunts Pionierleistung ein neues Denken Bahn, bei dem der Tod nicht mehr als gottgegebenes Schicksal hingenommen, sondern nach Sterblichkeitsrisiken kalkulierbar und damit von einem unentrinnbaren und tragischen Lebensereignis zu einer statistischen Größe wurde[311]. Der Siegeszug des Konzepts „Lebenserwartung" über den Fatalismus des „Memento Mori" nahm mit Graunts ersten Berechnungen zur ferneren Lebenserwartung seinen Anfang. Der herausragende Erfolg der *Observations*, ja der Mortalitätsforschung überhaupt, erklärt sich insofern auch aus ihrer tiefenpsychologischen Dimension[312].

---

310   *Observations*, Kap. II / 15.

311   Vgl. BAYATRIZI (2008b: From Fate to Risk. The Quantification of Mortality in Early Modern Statistics). Zur Bedeutung dieses neuen Denkens für die Entwicklung der Soziologie BAYATRIZI (2009).

312   S. hierzu auch die ideen- und kulturgeschichtlichen Überlegungen von SULLIVAN (2011) zu den „Bills of Mortality" (S. 76).

5 Lebenseinschnitte

5.1 Glaubensfragen

In der Literatur wurde der Hinweis Aubreys, dass Graunt ursprünglich als Puritaner getauft und aufgewachsen, dann Sozinianer, also Anhänger einer radikal antitrinitarischen
Strömung geworden und schließlich zum Katholizismus konvertiert sei[1], vielfach un-
kritisch übernommen. Dabei ist angesichts der Tatsache, dass Aubrey sich bei seinen
Recherchen nicht immer nur auf Augenzeugen stützte, sondern bekanntermaßen auch
Hörensagen, Klatsch und Halbwahrheiten in seine biografischen Skizzen einfließen ließ,
bei seinen Aussagen durchaus eine gewisse Vorsicht angebracht. Außerdem grenzte er
die Informationen aus erster Hand, die etwa vom Vater, der Witwe Graunts und möglicherweise auch von dessen Schwager John Martyn stammten, von jenen, die er aus zweiter Hand bezogen hatte, oft nicht klar voneinander ab.

Dass ein solcher Vorwurf religiösen Wankelmuts in den Augen vieler seiner Leser
schwer wiegen würde, dürfte Aubrey, obschon ansonsten eigentlich alles andere als ein
konfessionspolitischer Scharfmacher[2], bewusst gewesen sein – wenn er nicht sogar
seine Darstellung absichtlich mit diesem Odium nachgewürzt hat. Die antikatholische
Propaganda im England der Restaurationszeit, die zur Entstehungszeit der „Brief Lives"
einen neuen Höhepunkt erreichte, strickte seit Jahren teilweise obsessiv an „Schwarzen
Legenden", in denen die Katholiken als prinzipien- und gewissenlose Handlanger dunk-
ler Mächte und verbrecherische Geheimbündler diffamiert wurden. Zudem wäre Graunt
als Sozinianer einer Strömung zuzurechnen gewesen, welche die Gotteigenschaft Christi
und die Dreieinigkeit in Frage stellte und deshalb von den meisten christlichen Konfessionen strikt abgelehnt und nicht selten auch blutig unterdrückt wurde.

Aus der Quellenüberlieferung lässt sich zumindest kaum belegen, dass Graunt, wie
Aubrey behauptete, „a great Zealot", also ein religiöser Eiferer, gewesen sei. Weder in
den *Observations* noch in seiner Korrespondenz benutzte er in nennenswertem Umfang
religiös konnotierte Begrifflichkeiten oder nahm häufigen Bezug auf Gott, die Heilige

---

1 AUBREY (2015), S. 310.
2 Vgl. SCURR (2015), S. 8. Anders SHELL (2007: Oral culture and Catholicism in early modern England), nach der Aubrey eine eher subtile antikatholische Propaganda betrieben habe und u. a. den
alten Glauben mit Heidentum gleichgesetzt habe (S. 63).

Schrift oder andere theologische Referenzpunkte, wie es für einen Vertreter der radikaleren Strömungen der Reformation eigentlich typisch gewesen wäre. Es finden sich in den *Observations* auch nur sehr schwache Quellenindizien, die auf eine puritanische Ausrichtung ihres Autors hinweisen könnten[3], und mindestens ebenso viele, die ihn zumindest nicht als einen radikalen Gegner der anglikanischen Staatskirche ausweisen[4].

Dabei war Graunt mit den einschlägigen religiösen Narrativen durchaus vertraut, wie sich an einer Stelle der *Observations* deutlich zeigen lässt, in der es um die Gründe ging, warum er erst spät zu einer Analyse der Gesamtbevölkerungszahlen in London gefunden hätte[5]. Darin bezog sich Graunt auf eine im Alten Testament erzählte Geschichte, in der König David eine ihm eigentlich von Gott untersagte Volkszählung von seinen Hauptleuten durchführen ließ und für seinen Ungehorsam mit einer Pestepidemie bestraft wurde, der 70 000 Männer zum Opfer fielen[6]. Wie Graunt selbst bekannte, habe ihn dieses biblische Menetekel, gewissermaßen die Ehrfurcht vor Gottes Zorn, lange Zeit von einer bevölkerungsstatistischen Studie abgehalten. Nach einer eingehenden Prüfung der Rechtmäßigkeit seines Vorhabens habe er diese Angst jedoch überwunden und sei dann beherzt zu Werke gegangen.

Bezeichnend ist hier der Duktus der Erzählung: Die rationale Abwägung obsiegte über die glaubensgeleiteten moralischen Skrupel, die vernunftgeleitete Entscheidung über das Bibelwort. Graunt vermochte nicht nur die Sphären der Religion und der Wissenschaft klar voneinander zu trennen, sondern gab ganz offensichtlich letzterer auch den Vorzug. Dem entsprach das Grundanliegen der *Observations*, in denen er die von ihm beobachteten Regelmäßigkeiten in den „Bills of Mortality" mit naturwissenschaftlichen und mathematischen Methoden analytisch zu beschreiben und das epidemiologische Geschehen seiner Zeit eben nicht eschatologisch zu deuten versuchte.

---

3   Matsukawa (1962) weist diesbezüglich v. a. auf Graunts Anleihen bei der puritanischen Arbeitsethik hin und belegt dies mit der Stelle „Hands being the Father, as Lands are the Mother, and Womb of Wealth" (S. 56). Dabei könnte es sich möglicherweise um eine Bezugnahme auf die 1636 erschienene Schrift von Robert Powell handeln, in der dieser gegen die Auflösung der Allmenden als gemeinschaftlich genutzten Agrarlands im Zuge der „Enclosure-Bewegung" und den daduch verursachen Wegzug argumentierte und dabei die Metapher „wombe" im Zusammenhang mit Land benutzte (Powell (1636: Depopulation arraigned, convicted and condemned, by the lawes of God and man a treatise necessary in these times; by R. P. of Wells, one of the Societie of New Inne), hier S. 4 f.).

4   So etwa *Observations*, Widmungsbrief an Robert Moray: „Moreover, as I contend for the decent rights and ceremonies of the church …"; Conclusion / 1.11: „In what proportion men neglect the orders of the church and sects have increased?"; Conclusion / 4: „I conclude that a clear knowledge of all these particulars […] is necessary in order to good certain and easy government, and even to balance parties and factions both in church and state".

5   *Observations*, Kap. 11 / 1.

6   2. Buch Samuel, Kap. 24.

Mit dieser Argumentationsweise, die selbst in kirchenrechtlich heiklen Fragen wie jener nach der Zulässigkeit der Polygamie von einer gewissen Leidenschaftslosigkeit geprägt war, machte er sich in der religiös aufgeladenen Atmosphäre in der englischen Öffentlichkeit der Restaurationszeit durchaus angreifbar. Noch in der ersten biografischen Publikation zu Graunt sah sich Oldys 1757 deshalb dazu veranlasst, mit Zitaten aus den *Observations* und der Heiligen Schrift hier nicht genauer benannten Kritikern entgegenzutreten, die gegen Werke wie die *Observations* ins Feld führten, dass „experimental philosophy should prove detrimental to revealed religion"[7].

Auch in der Welt der Wissenschaft war eine solche Haltung keineswegs selbstverständlich, denn in vielen Veröffentlichungen war und blieb die Heilige Schrift ein wichtiger Referenzpunkt. Selbst William Petty, der die engsten wissenschaftlichen Bezüge zu Graunt hatte, war noch von der Vorstellung geprägt, dass sich in den Zahlen, Maßen und Gewichten, mit denen die Welt zu verstehen war, eine göttliche Ordnung abbildete – sein aus dem Buch der Weisheit entlehntes Motto „Pondere, Mensura, et Numero Deus omnia fecit" spricht hier eine deutliche Sprache[8].

Ganz besonders lässt sich dies jedoch an einer Reihe von Autoren zeigen, die in der Nachfolge Graunts zwar dessen empirischen Ansatz rezipierten, deren Denken im Gegensatz dazu aber von einem stärker theologisch geprägten Erkenntnisinteresse bestimmt war[9]. Dies galt, wenn auch noch in abgeschwächter Form, schon für den gelehrten Juristen Matthew Hale, der in seiner vermutlich bald nach der Veröffentlichung der *Observations* entstandenen, aber erst posthum gedruckten „Primitive origination of mankind" auf die „due observation of the sexes of mankind, especially by such as have curiously observed the registers and calculations of births and burials", Bezug nahm, diese aber zugleich als „evidence of the wise providence of God" interpretierte, dessen zielgerichtetes Handeln als Schöpfer stets vor und über den Gesetzmäßigkeiten der Natur und dem Wirken der Menschen stehe[10]. Es war dann vor allem der anglikanische

---

7   o. V. (1757), S. 2264, Fußnote.

8   „Gott hat alles mit Gewicht, Maß und Zahl erschaffen" [Übersetzung des Autors]. Vgl. Kargon (1965: William Petty's Mechanical Philosophy), S. 64. Das Motto bezieht sich auf „Sed omnia in mensura et numero et pondere disposuisti" (Buch der Weisheit XI, 20). Vgl. auch Rohrbasser (1999: William Petty (1623–1687) et la calcul du doublement de la population).

9   Zu den religiösen Bezügen und Traditionslinien der frühen Bevölkerungsstatistik in England vgl. McCormick (2013a).

10   Hale (1677: The primitive origination of mankind, considered and examined according to the light of nature written by the Honourable Sir Matthew Hale, Knight [...]), S. 204; Vgl. hierzu auch o. V. (2010: Sir Matthew Hale on the Gradual Increase of Mankind); McCormick (2013a), 845 f.; zur Rezeption Hales in William Pettys unvollendetem und unveröffentlichtem Manuskript „Of the Scale of Creatures" vgl. Lewis (2011: William Petty's Anthropology: Religion, Colonialism, and the Problem of Human Diversity). Zu Hale s. auch Cromartie (2004: Hale, Sir Mathew (1609–1676),

Kleriker William Derham (1657–1735), zugleich Mitglied der Royal Society, der 1713 in seiner „Physico-Theology" das Konzept der „Political Arithmetic" konservativ zu einem Beleg für das „Divine Management" umdeutete[11]. Auch der erste aus den amerikanischen Kolonien stammende Fellow der Royal Society, der Kongregationalist Cotton Mather (1663–1728) aus Boston, versuchte sich darin, demografische Analyse, biblische Offenbarung und göttliche Vorsehung miteinander in Einklang zu bringen[12]. Nicht zuletzt sind in diesem Zusammenhang auch die ersten deutschen Demografen, der evangelische Pastor Caspar Neumann sowie Johann Peter Süssmilch (1707–1767) zu erwähnen, die als protestantische Theologen und seit 1706 beziehungsweise 1745 Mitglieder der Königlich-Preußischen Akademie der Wissenschaften hinter allen demografischen Gegebenheiten das Wirken Gottes und eine „Göttliche Ordnung" suchten[13]. Dass das Wort „providence" in seiner Bedeutung als „göttliche Vorsehung" in den *Observations* an keiner einzigen Stelle vorkommt und Gott überhaupt nur an fünf Stellen beiläufig erwähnt wird, zeigt den deutlichen Unterschied zwischen dem Autor dieses Werks und seinen Adepten an.

Aber war Graunt, selbst wenn die sich in den *Observations* artikulierende Geisteshaltung keineswegs in diese Richtung weist, möglicherweise dennoch ein Sozinianer? Hier stehen wir vor dem Problem, dass sich die Tiefenschichten eines individuellen Glaubens nur schwer ergründen lassen, wenn der Gläubige selbst, wie wir noch sehen werden, sein religiöses Verhalten nicht offen zur Schau trug. Zudem wissen wir gerade über das Bekenntnis des jungen Graunt nicht viel mehr, als was Aubrey Jahrzehnte später darüber berichten zu können glaubte.

Ganz auszuschließen war ein solcher Übertritt zum Sozinianismus nicht, denn Graunts Übergang in das Erwachsenenalter fiel in die 1630er Jahre, also mitten in die unmittelbare Krise des englischen Regierungssystems mit all ihren religionspolitischen Abwegen, die einen jungen Mann potenziell den etablierten Kirchen entfremden konnten. Dissentierende Strömungen aller Art hatten in London in dieser Zeit großen Zulauf, und auch in Graunts Verwandtschaft hatten sich Familienmitglieder von der anglikanischen Kirche abgewandt. Hinzu kam, dass bei vielen der in London vertretenen konfessionellen Strömungen eine eindeutige theologische und liturgische Abgrenzung mitunter schwerfiel. So hatte der auf den niederländischen Theologen Jacob Hermann (latinisiert Arminius, 1560–1609) zurückgehende Arminianismus sowohl sozinianische Elemente,

---

judge and writer); CROMARTIE (1995: Sir Matthew Hale, 1609–1676. Law, Religion and Natural Philosophy).

11 Vgl. BUCK (1977: Seventeenth-Century Political Arithmetic: Civil Strife and Vital Statistics), S. 83.

12 Vgl. MCCORMICK (2015: Statistics in the Hands of an Angry God? John Graunt's Observations in Cotton Mather's New England); MCCORMICK (2013a), S. 850.

13 S. unten.

wie seine Anhänger oft auch mit Katholiken in eins gesetzt wurden[14]. Ein Beweis für oder gegen eine angeblich sozinianische Glaubenshaltung ist dies alles freilich nicht[15].

Dabei lieferte Aubrey vielleicht selbst ein wichtiges Indiz zur Aufklärung des Sachverhalts, wenn er von Graunt behauptete, dass „after many years constant hearing and writing sermon-notes, he fell to buying and reading of the best Socinian books; and for several years continued of that opinion". Aubrey bezog sich hier offensichtlich auf eine Information, die durch Hörensagen an ihn gelangt war, denn im Bericht der Hinterbliebenen Graunts war lediglich vom Übertritt zum Katholizismus die Rede gewesen[16].

Es ist in diesem Zusammenhang auffällig, dass in den Jahren 1643 bis 1652 eine ganze Reihe von religiösen Traktaten und Predigten unter dem Namen „John Graunt" publiziert worden waren, die mit einer Bekenntnisschrift zu dem 1572 in Heidelberg hingerichteten Antitrinitarier Johannes Sylvan ihren Ausgangspunkt genommen hatten, mithin also eindeutige Berührungen zum Gedankengut des Sozinianismus hatten[17]. Dabei

---

14 Vgl. QUESTIER (2006b: Arminianism, Catholicism, and Puritanism in England during the 1630s).
15 Vgl. GILLOW (1885–1902). Demnach habe Graunt „for several years exercised his dextrous and incomparable faculty in shorthand in taking notes of sermons, which resulted in an inclination towards Socianism". Allerdings ist unklar, auf welche Abschriften Gillow sich hier stützt.
16 AUBREY (2015), S. 1181 f.
17 GRAUNT (1643: A true reformation and perfect restitution, argued by Sylvanus and Hymenæus wherein the true Church of Christ is briefly discovered here in this life in her estate of regeneration, as also her perfection in the life to come, as it hath been foretold by all the holy prophets and apostles, which have been since the world began, by J. G[raunt], a Friend to the Truth and Church of God); GRAUNT (1645a: Truth's victory against heresie; all sorts comprehended under these ten mentioned: 1. Papists, 2. Familists, 3. Arrians, 4. Arminians, 5. Anabaptists, 6. Separatists, 7. Antinomists, 8. Monarchists. 9. Millenarists, 10. Independents. As also a description of the truth, the Church of Christ, her present suffering estate for a short time yet to come; and the glory that followeth at the generall resurrection); GRAUNT (1646: A defence of Christian liberty to the Lord's table except in case of excommunication and suspension etc. Wherein many arguments, queres, suppositions, and objections are answered by plain texts, and consent of scriptures. As also some positions answered by way of a short conference which the author hath had with divers, both in citie and countrey. All which are profitable to inform to truth, and lawfull obedience to authoritie); GRAUNT (1649a: A right use made by a stander by at the two disputations at Great All-hollowes; between Mr. Goodwin and Mr. Symson, the 14. of January and 11. of February 1649: Concerning the poynts of generall redemption, and inevitable damnation immediately from God alone); GRAUNT (1651: Truth's defender, and errors reprover: or a briefe discoverie of feined Presbyterie dilated and unfolded in 3 distinct chapters. The first, shewing what English Presbyterie is. The second declareth what the failings and errings are, in the practise of those that have constitution by Ordinance of Parliament. The third chapter discovereth the conceited fancies, of such as minde not Parliamentary directions, either for their own constitution or execution and yet denominate themselves Presbyterians. And both parties being found guilty of transgression, are admonished to repentance, according to the rule of the word of the Lord, that commandeth his servants, saying, Thou shalt in any wise rebuke thy neighbour, and not suffer sinne upon him, or as it is in the margent, or thou beare not sinne for him Levit. 19. 17. And also Capt. Norwoods declaration, proved an abnegation of Christ. By J. G. a servant to, and lover of the truth); GRAUNT (1652: The shipwrack of all false

hatte jener John Graunt in einer Schrift von 1645 selbst einen Hinweis auf seine Identität gegeben und sich als Gemeindemitglied von St. Mary Woolchurch Haw im heutigen Walbrook Ward bezeichnet, wo er nach eigenen Angaben bereits seit mehr als dreißig Jahren lebte, folglich schon einige Jahre vor der Geburt des Autors der *Observations* ansässig gewesen sein muss[18]. Es ist also nicht ganz auszuschließen, dass es schon unter den Zeitgenossen zu einer Namensverwechselung gekommen sein könnte und dass dieses Gerücht gut fünfundzwanzig Jahre später, als Aubrey für seine „Brief Lives" recherchierte, kolportiert wurde, möglicherweise von jenen Kräften, die in Graunt ohnehin einen prinzipienlosen Renegaten sahen[19].

Bei der Frage, ob Graunt ein Sozinianer war, bewegen wir uns also in einer kaum noch aufklärbaren Dunkelzone. Dagegen können wir mit an Sicherheit grenzender Wahrscheinlichkeit sagen, dass Graunt zum Katholizismus konvertierte – allerdings nicht, wann genau dieser Übertritt stattfand, aus welchen Motiven er erfolgte und wie offen Graunt sein neues Bekenntnis im Alltag auslebte. Nach Pettys Angaben wurde die Konversion seines Freundes erst 1672 „universally known"[20]. Diese Formulierung implizierte, dass der eigentliche Übertritt schon vorher erfolgte und bis dahin auch nur einem kleineren Kreis bekannt gewesen war. Die Reaktion Pettys könnte darauf hindeuten, dass auch er selbst von Graunts Glaubenswechsel überrascht worden war, denn dieser Umstand trug zu dem Zerwürfnis zwischen den beiden Freunden bei, das nach 1672 immer offener zutage trat. Da das Wirtschaftsgebaren Graunts dafür eine mindestens

---

churches: and the immutable safety and stability of the true Church of Christ Occasioned: by Doctour Chamberlen his mistake of her, and the holy scriptures also, by syllogising words, to find out spirituall meanings, when in such cases it is the definition, not the name, by which things are truly knowne); GRAUNT (1650: A holy lamp of light discovering the falacious allegorizing of scriptures, to destroy not only the reallity of the person of Christ, but all other truths, from his conception to his exaltation; the generalll [sic!] resurrection, and the generall judgment-day, falsly avowing all to be fulfilled here in this present life. Or a defence against Mr. Royle his reply); GRAUNT (1645b: Christians liberty to the Lords table, discovered by eight arguments, thereby proving, that the sacrament of the body and blood of our Lord, doth as well teach to grace, as strengthen and confirm grace, and so is common, as well to the outward Christian as to the inward Christian: occasioned by the contrary doctrine, taught by a strange minister in Woolchurch, on the 29th of June last. By I. G. [i. e. John Graunt] a parishioner there); GRAUNT (1649b: A cure of deadly doctrine; which is death in the pot: or Mr Royle's light proved to be darknesse).

18 GRAUNT (1645b). Ein handschriftlicher Vermerk auf der Druckschrift „Truth's victory", der Autor sei ein „confitmaker" gewesen, ist nicht sicher verbürgt und könnte auch polemisch gemeint gewesen sein.

19 COOPER (1890) erwähnt zwar den Namensvetter Graunts, stellt aber keinen Zusammenhang mit der Quellenaussage Aubreys her.

20 William Petty an John Graunt, Dublin, 24. Dezember 1672, BL, Add MS 72858, fol. 77^v; 18. Januar 1673, fol. 86.

ebenso wichtige Rolle spielte, soll darauf im Kontext von dessen ökonomischem Niedergang noch genauer eingegangen werden.

Die Anfänge dieser allmählichen Hinwendung Graunts zum Katholizismus könnten dabei deutlich früher gelegen haben. Einen Einfluss auf seine Glaubensvorstellungen könnte etwa die Berührung mit dem Autor des „Mikrokosmos" und der „Cosmographia" Peter Heylyn gehabt haben, den er möglicherweise sogar persönlich kannte[21]. Als Anhänger der kirchenpolitischen Vorstellungen des Erzbischofs von Canterbury William Laud (1573–1645) stand Heylyn den radikaleren Strömungen der Reformation und insbesondere dem Puritanismus, die dem Programm einer anglikanischen Einheitskirche im Wege zu stehen schienen, kritisch gegenüber. Möglicherweise war der von Laud wie Heylyn eingeschlagene Weg, der die Errungenschaften der englischen Staatskirche unter anderem in der Berufung auf die überkommene, „wahre" kirchliche Tradition verteidigte und dadurch ein Stück weit zu einer Entdämonisierung des Katholizismus, auf dem jene fußte, beitrug, die intellektuelle Brücke, über die Graunt als Anglikaner den Weg zu einer wachsenden Akzeptanz für den alten Glauben fand[22]. Dafür könnten die bereits erwähnten Quellenzitate sprechen, nach denen Graunt bei Abfassung der *Observations* der anglikanischen Kirche zumindest nicht dezidiert kritisch gegenüberstand[23] – während ihn seine Bemerkungen über den katholischen Ritus zumindest zu diesem Zeitpunkt noch nicht als Anhänger der römischen Kirche ausweisen.[24]

Die Vermutung liegt nahe, dass Graunt mit großer Wahrscheinlichkeit schon vor 1666, dem Jahr, in dem seine Tochter in das Lütticher Kloster der englischen Sepulchrinerinnen eintrat, dem Katholizismus nähergetreten sein dürfte. Denn sie hätte diesen Schritt, selbst wenn sie ihn auf eigene Initiative hin ergriff, kaum ohne die aktive Unterstützung des Vaters und der Mutter vollziehen können, zumal damit finanzielle Verpflichtungen einhergingen[25]. Die fast ausschließlich aus Nonnen von den britischen

---

21 S. oben.

22 Vgl. hierzu Mayhew (2000b), S. 59–62, das Zitat S. 60; Milton (2007), hier S. 232 f.; Mayhew (2000a).

23 S. oben.

24 *Observations*, X / 4: „We having no need of saying perhaps fifty masses all at one time, nor of making those grand processions frequent in the Romish church".

25 Ähnlich Hull (1899), S. 37, Fußnote 3. Die Tatsache, dass Anne Elizabeth nach ihrer Ankunft in Liège nicht nur den Ordenseintritt konsequent vollzog, sondern auch danach nicht austrat, könnte ein Indiz sein, dass der Klostereintritt zumindest nicht gegen ihren Willen erfolgte. Es war möglich, dass Kandidatinnen sich noch vor Ort der Aufnahme in den Orden verweigerten oder später austraten beziehungsweise vom Kloster nicht als Novizinnen akzeptiert wurden, vgl. Bowden (2016: Missing Members: Selection and Governance in the English Convents in Exile). Unter den Eltern vieler Nonnen in den katholischen Klöstern des Kontinents waren auch einige Protestanten, vgl. Keats-Rohan (2017), S. XXVI. Dies sagt jedoch nichts über deren tatsächliche konfessionel-

Inseln bestehende Ordensgemeinschaft in Liège / Lüttich bot Katholiken in England, Irland und Wales eine Möglichkeit, ihre Töchter zu einer konfessionell orientierten Schulausbildung auf den Kontinent zu schicken beziehungsweise als Konventualinnen sozial und wirtschaftlich abzusichern[26]. Damit stand der Orden nicht allein, denn es gab darüber hinaus auch noch Bildungseinrichtungen englischer Jesuiten und Jesuitinnen in der Stadt, die damit zu einem wichtigen Anziehungspunkt für katholische Exilanten von den britischen Inseln wurde[27].

Die Familie Graunt könnte über Kontakte innerhalb der katholischen Diaspora von der Einrichtung der Sepulchrinerinnen erfahren haben. Gerade auf katholische Mitglieder der englischen Mittelschicht scheint das Kloster in Liège eine besondere Anziehungskraft ausgeübt zu haben[28], auch wenn zum Zeitpunkt des Eintritts der Tochter die meisten Konventualinnen nicht in London, sondern in der englischen Provinz geboren waren – Anne Elizabeth war neben der Priorin und einer weiteren Ordensschwester erst die dritte von insgesamt 47 Konventualinnen, die aus dem Großraum London stammte. Möglicherweise kannten die Graunts auch die 1652 im Druck erschienene Publikation „Briefe Relation of the Order and Institute, of the English Religious Women at Liège",

le Orientierung aus, da es sich, wie im Falle Graunts, auch um Kryptokatholiken gehandelt haben könnte.

26 O.V. (1899: History of the New Hall community by Canonesses regular of the Holy Sepulchre); Bowden (2004: Hawley, Susan [name in religion Mary of the Conception] (1622–1706)); Hereswitha (1941: De vrouwenkloosters van het Heilig Graf in het prinsbisdom Luik vanaf hun ontstaan tot aan de Fransche Revolutie 1480–1798), v.a. S. 231–247. Lüttich war bis zur Französischen Revolution ein wichtiges Zentrum der Sepulchrinerinnen, einer nach der Augustinerregel lebenden Ordensgemeinschaft von Chorfrauen, mit Konventen in Sainte-Agathe und Sainte-Walburge sowie mehreren Konventen in der Umgebung der Stadt (u.a. in Jupille), die sich insbesondere bei der Mädchenerziehung engagierten. Der Konvent der englischen Chorfrauen im Faubourg d'Avroy, dem Anne Elizabeth Graunt angehörte, emigrierte Ende der 1790er Jahre vor den Wirren der Revolutionskriege nach England. Dort wurde den Ordensschwestern ein Schloss aus der Tudorzeit in der Nähe von Chelmsford in Essex überlassen. Dieser Konvent existiert bis heute, ebenso wie die auf ihn zurückgehende katholische „New Hall School". Teile der sehr brüchigen und hauptsächlich den Grundbesitz und die wirtschaftlichen Verhältnisse der Konvente der Chorfrauen vom Heiligen Grab in Lüttich betreffenden Aktenüberlieferung werden in den Archives de l'État de Liège, den Archives de l'évêché de Liège sowie in der John Rylands Library der University of Manchester Library aufbewahrt. Der Autor dankt Anne Jacquemin (Archives de l'État), Christian Dury (Archives de l'évêché) und John Hodgson (John Rylands Library) für wertvolle Hinweise. Die vom Konvent in Liège genutzten Gebäude in der rue Saint-Gilles in unmittelbarer Nähe der Kirche Église Saint Christophe existieren heute nicht mehr.

27 Vgl. Guilday (1914: The English catholic Refugees on the Continent, 1558–1795), S. 395 f.

28 Nach Bowden u.a. (2008–2013) entstammten von 239 Nonnen des Konvents in Liège zwischen 1600 und 1800 nur 10 aus der Gruppe der Peers, 16 aus der Gruppe der Knights / Baronets und 38 aus der Gruppe der Esquires, dagegen 175 aus der Gruppe „Other". Bei Letzteren dürfte es sich angesichts der Kosten für eine Unterbringung von Töchtern im Ausland hauptsächlich um Angehörige der Mittelschicht gehandelt haben.

mit der Susan Hawley in ihrem Mutterland aktiv für ihren Konvent warb und dazu in einigen Ausgaben gleich auch noch praktische Hinweise für die Reise von England nach Liège mitlieferte[29].

Nach dem Klostereintritt seiner Tochter leistete John Graunt im Zeitraum zwischen 1667 und 1669 an Zuwendungen an die Ordensgemeinschaft in Liège die üblichen 100 Florin „for a chamber", weitere gut 17 Florin für einen unbestimmten Zweck und eine Zahlung von mehr als 66 Florin „to the house"[30]. Danach sind keine weiteren Zahlungen mehr bekannt. Im Vergleich dazu flossen von der Familie der zweiten aus London stammenden Chorfrau Mary Goodyeare, die 1656 in das Kloster eingetreten war und ein Jahr später die Profess abgelegt hatte, deutlich umfangreichere Zahlungen an das Kloster[31].

Ein weiteres Indiz könnte darauf hinweisen, dass Graunt sich schon frühzeitig für die Sache der Katholiken zumindest interessiert hatte: Im Nachlass William Pettys findet sich von Graunts Hand eine Abschrift „The Humble Petition of the Roman Catholiques of Ireland", in der diese gegenüber den republikanischen Autoritäten des Commonwealth eine Reihe von Argumenten gegen die Diskriminierung ihrer Konfession vorbrachten. Die Datierung 1650 ist unsicher, zumindest muss die Schrift jedoch zwischen 1649 und 1653 entstanden sein und könnte mit der Rückeroberung Irlands durch Cromwell in Verbindung stehen, an der sich William Petty seit 1652 als Generalarzt beteiligte. Vermutlich hatte Graunt über seine Kontakte in London eine Kopie der Petition für seinen Freund aufgetrieben und schickte ihm eine eigenhändige Abschrift, die dadurch auch ihren Weg in das Privatarchiv Pettys fand[32].

---

29 Allerdings spielte das Buch im katholischen Schrifttum in England zu Lebzeiten Graunts offensichtlich keine bedeutende Rolle, s. CLANCY (2000: A Content Analysis of English Catholic Books, 1615–1714).

30 O. V. (1915), S. 36 f. Hier ist die Währung als Florin angegeben. Die bei Eintritt in den Konvent zu leistende „Mitgift" lag bei den englischen Konventen auf dem Kontinent im Durchschnitt zwischen 200 und 400 Pfund, vgl. BOWDEN (2012b: History Writing), S. XXIII.

31 Goodyeare erhielt von ihren Eltern bei ihrem Ordenseintritt 1656 eine jährliche Pension von 20 Florin ausgesetzt, außerdem 1657 der Konvent aus Anlass ihrer Einkleidung zusätzlich 166 Florin. 1667 leistete der Vater 100 Florin „for the chamber". Außerdem spendeten eine Ms. Goodyeare (vermutlich die Mutter) 88 Pfund und eine Tante 83 Pfund an den Orden (vgl. O. V. (1915), S. 6, 35, 40, 50, 99, 176, 181).

32 Ein Schreiben des in England geborenen und in Frankreich lebenden katholischen Priesters und Professors an der Sorbonne Henry Holden (1596–1662) vom 15. März 1661 an einen „Mr Graunt" über die 1653 durch die „Villicationis suae de medio animarum statu ratio" von Thomas White ausgelöste innerkatholische Kontroverse bezieht sich dagegen nicht auf John Graunt, der sich an theologischen Diskursen auf derart hohem akademischen Niveau nicht beteiligte, vgl. HOLDEN (1661: A letter written by Dr. Holden to Mr. Graunt, concerning Mr. White's treatise De medico animarum statu).

Trotz dieser Indizien bleibt aber auch hier ein gewisses Maß an Unsicherheit. Denn Graunt enthielt sich bis in die 1670er Jahre eines offenen Bekenntnisses, entweder weil sein Übertritt zum Katholizismus graduell verlief und erst spät an Festigkeit gewann, oder aber, weil er nicht ohne Grund mit erheblichen Schwierigkeiten für sich und seine Familie rechnete, falls er seinen Konfessionswechsel offenbaren sollte.

Damit entsprach er dem in dieser Zeit typischen Verhalten vieler katholischer „Recusants": Angesichts der Tatsache, dass die Katholiken immer noch eine Minderheit in der englischen Bevölkerung bildeten, übten jene ihren Glauben eher abseits der Öffentlichkeit und in kleineren Zirkeln aus, die auf dem Land in den Kapellen des katholischen Landadels und der begüterten Gentry und in der Stadt in Privaträumen zur Messe zusammenkamen. Seelsorgerisch wurden diese Gemeinschaften häufig von den vom Kontinent nach England zurückkehrenden Seminarpriestern oder dorthin entsandten „Missionaren" insbesondere aus dem Jesuiten- und Benediktinerorden versorgt[33]. Diese hatten zugleich auch an der Verbreitung von katholischem Schrifttum in England tatkräftigen Anteil.

Nach der Restauration der Stuarts 1660 verbesserte sich die Situation der katholischen Minorität zwar deutlich – der König und sein Bruder waren mit Katholikinnen verheiratet, führenden Mitgliedern der Hofaristokratie wurden, wenn man sie nicht ohnehin für Kryptokatholiken hielt, zumindest Sympathien für den alten Glauben nachgesagt; mit deren Häusern und Wohnungen in Westminster, mit der Residenz der Königin im Somerset House und mit den Kapellen der spanischen, französischen und venezianischen Botschafter gab es in der Hauptstadt jetzt auch wieder sichtbare Landmarken des Katholizismus.

Doch nahm im gleichen Maße auch der Gegendruck der politischen und gesellschaftlichen Eliten zu, die bis 1660 die Geschicke Englands bestimmt hatten[34]. Diese

---

33 Die Geschichte des Katholizismus in England im nachreformatorischen Zeitalter ist nach wie vor ein wichtiges Forschungsfeld. Vgl. zur folgenden Darstellung die Literaturberichte von SHAGAN (2005: Introduction: English Catholic history in context) und MULDOON (2000: Recusants, Church-Papists, and „Comfortable" Missionaries: Assessing the Post-Reformation English Catholic Community) sowie die einschlägigen Studien von GLICKMAN (2016: Catholic Interests and the Politics of English Overseas Expansion 1660–1689); GLICKMAN (2013: Christian Reunion, the Anglo-French Alliance and the English Catholic Imagination, 1660–72); GLICKMAN (2009: The English Catholic Community, 1688–1745. Politics, Culture and Ideology); QUESTIER (2006a: Catholicism and Community in Early Modern England: Politics, Aristocratic Patronage, and Religion, c. 1550–1640); QUESTIER (2006b); QUESTIER (2000: What Happened to English Catholicism after the English Reformation?); BOSSY (1975: The English Catholic Community, 1570–1850).

34 Vgl. etwa DE KREY (2007: Restoration and Revolution in Britain: A Political History of the Era of Charles II and the Glorious Revolution), S. 135; MAROTTI (2005: Religious Ideology and Cultural Fantasy: Catholic and Anti-Catholic Discourses in Early Modern England); SOMMERVILLE (2000: Interpreting Seventeenth-Century English Religion as Movements).

sahen in der von König und Hof betriebenen Restauration nicht nur die kirchenpolitischen Errungenschaften der Reformation in Gefahr, sondern witterten auch die Anfänge einer schleichenden gesellschaftspolitischen Entwicklung, an deren Ende die Aushöhlung der englischen Freiheiten und die Errichtung einer absolutistischen Monarchie kontinentaleuropäischen Zuschnitts drohten.

Aus der außenpolitischen Anlehnung Karls II. an König Ludwig XIV. von Frankreich und aus seiner Heirat mit der Infantin von Portugal mochten sich zunächst durchaus handfeste Vorteile ergeben. Von den als Mitgift erworbenen Stützpunkten in Tanger und Mumbai aus konnten die englischen Kaufleute den lukrativen Handel mit der Levante, im Indischen Ozean und im Persischen Golf fester in den Griff bekommen. Zudem band die Allianz mit Frankreich die Kräfte Spaniens und der Generalstaaten als stärksten Rivalen Englands um die Vorherrschaft im Fern- und Überseehandel. Doch wurde schnell deutlich, dass man sich damit ins Fahrwasser eines aggressiv auftretenden Staates begeben hatte, der nach innen nach der königlichen Alleinherrschaft und der Unterdrückung des französischen Protestantismus und nach außen nach der Hegemonie auf dem Kontinent zu streben schien und der zudem seine Interessen rücksichtslos und im Zweifelsfall auch auf Kosten des englischen Bündnispartners verfolgte[35].

Angesichts der bald ausbrechenden Auseinandersetzungen der Vertreter der Krone mit dem Parlament und der anglikanischen Staatskirche, des wachsenden Anti-Katholizismus und der Frankophobie in der Bevölkerung und des zunehmenden Anpassungsdrucks gegen religiöse Abweichler blieb es für Graunt auch weiterhin vorteilhaft, die eigene Glaubensausrichtung nicht allzu offen herauszukehren.

Zudem gab es unter Intellektuellen und Angehörigen der englischen Elite eine immer noch weit verbreitete Strömung, die in der Nachfolge des Erasmus von Rotterdam nach einem Formelkompromiss suchte, auf den sich beide Konfessionen verständigen könnten, und der offensichtlich Graunts Freund William Petty, der einen wichtigen Teil seiner Schulbildung an einem Jesuitenkolleg in der westfranzösischen Stadt Caen erhalten hatte, nahestand. Damit korrespondierte eine auf eine Union der Konfessionen unter weitestmöglicher Beibehaltung ihrer Eigenheiten abzielende Gruppe im englischen Katholizismus, der etwa Thomas Clifford, einer der Unterhändler des Geheimvertrags von Dover zwischen der englischen und französischen Krone 1670, angehörte. Auch Anhänger der anglikanischen Kirche sympathisierten mit diesem Gedanken, darunter prominente Fellows der Royal Society, wie deren Gründungsmitglied Robert Boyle oder deren

---

35 Vgl. hierzu z. B. CLAYDON (2007: Europe and the making of England, 1660–1760), S. 152–158; DE KREY (2007), S. 99–109.

erster Sekretär Henry Oldenburg[36]. Die gallikanische Staatskirche schien sich hier als ein Modell anzubieten, mit dem man die Vorrechte der englischen Staatskirche sichern und zugleich dem Suprematie-Anspruch des Papstes, der für viele Anglikaner ein gewichtiger Hinderungsgrund war, sich dem Katholizismus anzunähern, begegnen könnte.

Dem entsprach es, dass in den Kreisen der Royal Society das Räsonieren über die natürliche Ordnung und die naturwissenschaftliche Betrachtung weitaus höher im Kurs standen als der überkommene Streit über kirchliche Dogmatik und theologische Spitzfindigkeiten – wenn man diese von der Gelehrtengemeinschaft auch nicht ganz fernhalten konnte, waren doch hohe Würdenträger der Staatskirche zugleich Mitglieder der Royal Society. Eine Nähe auch Graunts zu dieser erasmianisch und szientistisch geprägten Richtung wäre denkbar, insofern er sich in den *Observations* jeder religiösen, moralischen oder eschatologischen Interpretation seiner Datenbefunde enthielt, und könnte auch die schwere Enttäuschung erklären, mit der Petty in sehr persönlicher Weise auf die Nachricht reagierte, dass sein Freund und Weggefährte nunmehr ganz dem alten Glauben anheimgefallen war.

Möglicherweise gehörte Graunt aber auch zu den sogenannten „Church-Papists", die sich zwar als Katholiken verstanden, aber dennoch gewisse Zugeständnisse an die anglikanische Kirche machten, unter anderem kein Problem damit hatten, sich in begrenztem Umfang für deren Gottesdienstritus zu öffnen oder im äußersten Falle auch den seit dem Test Act von 1672/73 vorgeschriebenen Amtseid zu leisten, der Anhänger der Transsubstantiationslehre und damit faktisch alle Altgläubigen von öffentlichen Ämtern ausschloss, wenn sie sich denn im strikten Sinne über die katholische Abendmahlslehre selbst definierten.

Gerade unter Katholiken in den östlichen Teilen Londons, die nicht dem Adel oder der Gentry entstammten, sich deshalb keine eigenen Priester leisten konnten und auch keinen unmittelbaren Zugang zu den in Westminster gelegenen Kapellen sowie zum Somerset House hatten, war diese konformistische Haltung weit verbreitet[37]. So ließe sich interpretieren, dass Graunts letzte Tochter in St. Michael Cornhill beigesetzt wurde und auch er selbst in der anglikanischen Pfarrei St. Dunstan-in-the-West seine letzte Ruhestätte fand, ohne dem Katholizismus je wirklich abgeschworen zu haben.

Über die Frage, warum Graunt konvertierte, kann angesichts der Tatsache, dass so gut wie keine persönlichen Dokumente aus der Feder Graunts und seiner Familie überliefert sind, nur spekuliert werden. Zum einen hatte sich die Glaubwürdigkeit der anglikanischen Staatskirche, in der Graunt getauft worden war, in den Jahrzehnten des

---

36 S. hierzu v. a. GLICKMAN (2013), der hinsichtlich des Vertrags von Dover 1670 die Kontinuitätslinien im englischen Katholizismus betont.

37 Vgl. MULDOON (2000).

Bürgerkriegs aufgebraucht. Zum anderen könnten die Erfahrungen der puritanischen Diktatur, die zudem eher konsumfeindliche Moralvorstellungen propagierte und damit den Interessen des Handels schadete, auf Graunt abschreckend gewirkt haben. Die Vielzahl innerkirchlicher und dissentierender Strömungen und Sekten in London nach 1660 stellte den Absolutheitsanspruch des Anglikanismus überdies in Frage und leistete auch einer Individualisierung des Bekenntnisses Vorschub[38]. Gerade nach dem Großen Brand erhielten diese non-konformistische Strömungen stärkeren Zulauf[39] – doch war die Erosion der etablierten Kirche schon vorher spürbar. In den *Observations* verwies Graunt selbst darauf, dass viele Gotteshäuser angesichts ihrer schrumpfenden Gemeinden mittlerweile deutlich überdimensioniert waren.

Unter den zur Minorität gehörenden Glaubensgemeinschaften war der Katholizismus, wenn auch verfemt, gerade in den konservativen Eliten immer noch weit verbreitet und schien durch eine sich auf jahrhundertelange Tradition berufende Lehrautorität Orientierung und Festigkeit zu bieten. Zudem die alte Kirche allen Anfeindungen zum Trotz in einigen Landstrichen Englands, insbesondere in den nördlichen Grafschaften, in den schottischen Highlands sowie in Irland, immer noch einen starken Rückhalt hatte[40]. Gelegenheiten, mit Katholiken und Kryptokatholiken in Verbindung zu treten, gab es in London allenthalben, auch wenn die eher indirekten Verbindungen Graunts zu den katholischen Familienzweigen der Earls von Arundel sowie der Familie Throckmorton wohl eher zufälliger Natur waren[41].

Vielleicht spielten auch die Katastrophen in der Mitte der 1660er Jahre eine Rolle, denn insbesondere der verheerende Ausbruch der Pest in London 1665 mit den bislang höchsten Opferzahlen und die fast zeitgleich darauffolgende Brandkatastrophe von 1666 wurden von vielen Zeitgenossen als Strafgericht Gottes über die Lasterhaftigkeit des Stuart-Regimes und der Eliten in der Stadt angesehen[42]. Dass Ende 1664 und nochmals

---

38 Vgl. etwa HARDING (2004: Recent Perspectives on Early Modern London), die vom „pluralist religious life of seventeenth century London" spricht (S. 440). S. auch DE KREY (2005: London and the Restoration, 1659–1683).
39 Vgl. FIELD (2018), S. 161.
40 Vgl. etwa DE KREY (2007), S. 99 f.
41 Zu Arundel s. QUESTIER (2006a), S. 507 f. Graunt kaufte 1659 Teile von dessen Grundbesitz, die jedoch schon vorher an Dritte veräußert worden waren. Ein Throckmorton war gemeinsam mit Graunt Warden der Drapers' Company, jedoch sind keine direkten Bezüge zur katholischen Gentry-Familie nachweisbar, vgl. MARSHALL / SCOTT (2009: Catholic Gentry in English Society. The Throckmortons of Coughton from Reformation to Emancipation). Zu den Netzwerken und Patronageverbänden der Katholiken in England neuerdings COGAN (2021: Catholic Social Networks in Early Modern England: Kinship, Gender, and Coexistence).
42 S. etwa auch Evelyn, der den Großen Brand von London als eine „resemblance of Sodome" bezeichnete (EVELYN, Diary, 3. September 1666, DE LA BÉDOYÈRE (1994), S. 172).

kurz vor Ausbruch der Pest 1665 Kometen über London gesichtet worden waren, die in dieser Zeit meist als göttliche Vorboten kommenden Unheils angesehen wurden, konnte solche Endzeit-Erwartungen nur beflügeln[43]. Für Graunt, dessen Familie die Pestepidemie von 1665 offensichtlich noch unbeschadet überstanden hatte, brachte dann insbesondere das Jahr 1666 den folgenschwersten Schicksalsschlag, als im Großen Brand von London der größte Teil seines Immobilienvermögens den Flammen zum Opfer fiel[44].

In der wissenschaftlichen Literatur wurde die scharfe Ablehnung und in einigen Fällen sogar unversöhnliche Ausgrenzung, die Graunt nach Bekanntwerden seiner Konversion 1672 in seinem Freundes- und Bekanntenkreis erfuhr, meist eher unkommentiert als biografisches Ereignis zur Kenntnis genommen.

Diese ablehnende Haltung seines Umfelds ging zum einen darauf zurück, dass seine Abkehr von der anglikanischen Staatskirche just in dem Moment bekannt wurde, als im Frühjahr England gemeinsam mit mehreren katholischen Alliierten, nämlich dem König von Frankreich, dem Erzbischof von Köln, der ein Neffe des katholischen Kurfürsten von Bayern war, und dem Bischof von Münster einen Krieg gegen die protestantischen Generalstaaten begann – für viele ein deutliches Anzeichen, dass die Ängste vor einer internationalen katholischen Verschwörung zur Ausrottung des Protestantismus, deren Fäden in Rom, Versailles und Westminster geknüpft zu sein schienen, mehr als begründet waren[45]. In der Opposition im House of Commons sowie in der Londoner politischen Öffentlichkeit – den „1000 coffee-hous[e] reports and libels sans number" – verbanden sich diese antifranzösischen und antikatholischen Affekte relativ schnell auch mit der latenten Kritik am königlichen Hof[46]. Graunt, der es bis dahin tunlichst vermieden hatte, in irgendwelche politischen Händel hineingezogen zu werden, war unversehens zu einem vermeintlichen Parteigänger in einem schwerwiegenden Verfassungskonflikt geworden.

Zum anderen gab es auch in der Royal Society trotz allen szientistischen Anspruchs eine dezidiert antikatholisch eingestellte Strömung, zu der etwa deren Gründungsmitglied John Evelyn und deren erster Historiograf Thomas Sprat gehörten[47]. Andere, wie William Petty, waren zwar offener für einen interkonfessionellen Dialog, konnten sich aber der aufgeladenen Stimmung zu Beginn der 1670er Jahre offensichtlich nicht entziehen und reagierten deshalb irritiert auf den Glaubenswechsel Graunts. Dagegen sahen

---

43 Pepys, Diary, 6. April 1665; vgl. Cowie (1972), S. 13 f.
44 Vgl. hierzu etwa Smith (2014: Metaphor, Cure, and Conversion in Early Modern England), die darauf hinweist, dass Erlebnisse von Krankheit und Tod wichtige Motive für Konversionen waren.
45 Vgl. De Krey (2007), S. 104.
46 Das Zitat ist wiedergegeben bei De Krey (2007), S. 106.
47 Vgl. Shell (2007) S. 63 und 75 f.

sich Fellows wie Samuel Pepys oder Peter Pett auf Grund ihrer Kritik am Klerus und ihrer Skepsis gegenüber der inneren Entwicklung des Protestantismus mitunter dem Verdacht ausgesetzt, dass sie im Grunde ihres Herzens selbst mit dem Katholizismus sympathisierten. Doch ist an ihrer eher konservativen anglikanischen Grundhaltung nicht zu zweifeln, sodass auch sie die Konversion Graunts zum Katholizismus nicht gutgeheißen haben dürften[48].

Dass dieser an seinem neuen Glauben selbst dann festhielt, als sich ein Großteil seiner Peergroup von ihm abwandte und er dadurch zunehmend auch wirtschaftliche Nachteile zu gewärtigen hatte, verdient jedenfalls mehr Respekt als bisher. Denn darin bildete sich eine Glaubensfestigkeit ab, die so gar nicht zu dem Bild des religiösen Eiferers und prinzipienlosen Konfessionswechslers passt, das Aubrey von ihm gezeichnet hatte. Möglicherweise spielten hier der berufsbedingte Pragmatismus eines Händlers, der Einfluss des von Francis Bacon entwickelten Wissenschaftskonzepts und ein Verständnis von Religion als reiner Privatangelegenheit zusammen. In jedem Falle sollte die zeitgenössische Kritik an Graunts Konversion zum Katholizismus weniger Beachtung und seine Beständigkeit mehr Anerkennung finden, als dies bisher in der Forschung der Fall war; wenn auch, wie wir noch sehen werden, ein Leben als Kryptokatholik, der seinen wahren Glauben selbst vor seinen besten Freunden über Jahre hinweg erfolgreich verschleierte, sich langfristig für die seelische Stabilität Graunts nicht unbedingt als förderlich erweisen sollte.

5.2 Schicksalsschläge

Die Birchin Lane lag nur wenige Minuten zu Fuß vom Ausgangsort des Großen Brandes von London entfernt, der in der Nacht auf den 2. September 1666 im Haus des Bäckers Thomas Farriner in der Pudding Lane ausbrach[49].

Lokal begrenzte Gebäudebrände hatte es in diesen Jahren immer wieder gegeben, weshalb das mögliche Ausmaß der Katastrophe von den Behörden zunächst unterschätzt worden war; und selbst als die Brände bereits auf die umliegenden Viertel überzugreifen begannen, hatte es für eine Weile noch so ausgesehen, als ob die Flammen nicht in die anliegenden Stadtteile ausbrechen würden. Viele der im unmittelbaren Brandgebiet lebenden Menschen waren deshalb mit ihrem Hab und Gut, soweit sie es tragen oder transportieren lassen konnten, in die noch nicht vom Flammenmeer eingeholten Gebie-

---

48 Vgl. LOVEMAN (2012: Samuel Pepys and ‚Discourses touching Religion' under James II).
49 Zum Folgenden vgl. v. a. FIELD (2018); RIDEAL (2016); HEYL (2015: A Miserable Sight. The Great Fire of London (1666)) und COWIE (1972).

Abb. 18: Der Brand von London 1666 (Stich, unbekannter Künstler).

te geflohen – ein Umstand, der zu der geringen Zahl an Toten, die dem Brandgeschehen unmittelbar zum Opfer fielen, beitrug. Auch die Familie Graunts war nicht von schwerwiegenden menschlichen Verlusten betroffen, denn es ist aus diesem Jahr kein Todesfall unter den unmittelbaren Verwandten bekannt.

In das anfänglich noch sichere Stadtviertel der Graunts in Cornhill waren an den ersten beiden Tagen des Großen Brandes viele Flüchtende geströmt[50]. Bald drehte jedoch der Wind und trieb die Brandherde in das Wohngebiet rund um die Birchin Lane, dessen Gebäude spätestens am Montagnachmittag von den Flammen erfasst wurden.

Bis zu diesem Zeitpunkt war von der ersten Entdeckung des Brandes zwischen 1 und 3 Uhr am frühen Sonntagmorgen weit mehr als ein Tag verstrichen. Es ist insofern nicht auszuschließen, dass die Familie Graunt zu jenen Händlern gehörte, die noch Gelegenheit fanden, zumindest einen Teil ihres Bargeldbestandes und ihrer Wertgegenstände vor den Flammen zu retten, wie etwa die in unmittelbarer Nähe wohnenden Banker Edward Backwell und Robert Viner[51]. Dafür könnte sprechen, dass Graunt unmittelbar nach dem Brand noch so liquide war, dass er seiner Tochter die vermutlich schon länger geplante Reise nach Lüttich bezahlen und sie mit den zum Eintritt in das dortige Kloster nötigen Geldmitteln ausstatten konnte. Die Buchhändler in den Läden rund um den Kirchhof der weiter westlich gelegenen St. Paul's Cathedral, darunter wohl auch der

50 Pepys, Diary, 2. September 1666.
51 Vgl. Rideal (2016), S. 180.

Schwager Graunts John Martyn, fanden sogar noch Zeit, ihre Bücher und Druckwaren in den Untergeschossen des Kirchengebäudes in Sicherheit zu bringen – vergebens, denn auch die Kathedrale wurde später von den Flammen erfasst und brannte vollständig aus. Dass von Graunts Hausstand nichts erhalten geblieben ist, weist darauf hin, dass ein Großteil seines mobilen Besitzes ebenfalls ein Opfer der Flammen geworden war, möglicherweise an demselben Ort, an dem sein Schwager seine Ware zu retten versucht hatte.

Abb. 19: Brennende St. Paul's Cathedral (Stich von Wenzeslaus Hollar, 1666).

Als die letzten Brandherde abgeklungen waren, zeigte sich schließlich das ganze Ausmaß der materiellen Zerstörung. Insgesamt waren in den wenigen Tagen, in denen das Feuer in der City wütete, mehr als 13 000 Häuser zerstört und vermutlich mehr als 100 000 Menschen, also gut ein Viertel der Einwohnerschaft Londons, obdachlos geworden. So gravierend sich diese Ereignisse auch für die davon betroffenen Menschen auswirkten – auf die gesamte Stadt London bezogen betraf die Zerstörung bis zu 15 Prozent des gesamten Gebäudebestandes, es standen also noch genug Ausweichquartiere zur Verfügung[52]. Die durch den Brand obdachlos gewordenen Einwohner Londons kamen entweder bei Angehörigen oder Bekannten, in provisorischen Notunterkünften und in Zelten unter freiem Himmel unter oder suchten sich eine Bleibe im Umland von London.

---

52 Vgl. FIELD (2018), S. 30.

Wo Graunt und seine Familie ein Dach über dem Kopf fanden, lässt sich nicht mehr klären. Vermutlich konnten sie bei seinen Verwandten im Stadtwesten, deren Viertel nicht von den Flammen heimgesucht worden waren, beziehungsweise außerhalb der Stadt vorerst eine Bleibe finden.

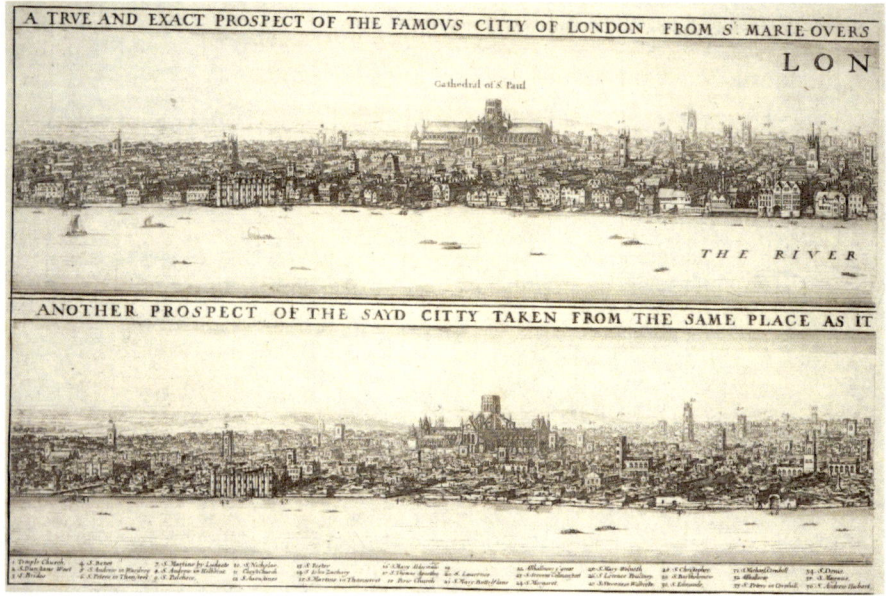

Abb. 20: Stadtansicht von London vor und nach dem Brand von 1666
(Stich von Wenzeslaus Hollar).

Die Folgen der Katastrophe für die wirtschaftliche Situation Graunts sind nicht zu unterschätzen. Wie wir den nach dem Brand angefertigten kartografischen Bestandsaufnahmen entnehmen können, waren sowohl die Birchin Lane und die in der Lombard Street gelegenen Lagerhäuser der Tuchhändler als auch die Gebäude in St. Margaret Lothbury ein Raub der Flammen geworden[53]. Auch wenn Graunt ganz offensichtlich nicht mittel-

---

53 LEAKE (1667: An exact surveigh of the streets lanes and churches contained within the ruines of the city of London: first described in six plats, by Iohn Leake, Iohn Iennings, William Marr, Willm. Leyburn, Thomas Streete & Richard Shortgave in Decber. Ao. 1666. By the order of the Lord Mayor Aldermen, and Common Councell of the said city. Reduced here into one intire plat, by Iohn Leake, the Citty Wall being added also The places where the Halls stood, are exprest by Coats of Armes & all the Wards divided by pricks & Alphabet etc. Wenceslaus Hollar fecit, 1667 Ionas Moore & Ralph Graterix Surveyors); HOLLAR (1666a: A true and exact prospect of the famous citty of London from St. Marie Overs Steeple in Southwarke in its flourishing condition before the fire; another prospect of the sayd citty taken from the same place as it appeareth now after the sad calamitie and

los war und er immer noch verbriefte Anrechte auf die Grundstücke besaß, auf denen vormals seine Häuser gestanden hatten, war doch mit einem Schlag seine wichtigste Lebensgrundlage und Alterssicherung zerstört, nämlich der Laden, von dem aus er seinen Geschäften nachgegangen war, das Wohnhaus seiner Familie und seine Immobilienanlagen im Westen der City.

Zumindest hatte der Brand die wirtschaftliche Infrastruktur der Stadt nicht komplett zerstört. Die Hafenanlagen waren weitestgehend intakt geblieben und die Verwaltungsgebäude, insbesondere im Westend, nicht betroffen. Auf Grund der geringen Todesfälle blieb die Konsumentenzahl stabil, auch wenn sich deren Kaufkraft und damit die Nachfrage erst auf mittlere Sicht wieder erholen würden. Das öffentliche Leben und der Handel konnten also unmittelbar nach dem Brand relativ schnell wieder an Fahrt aufnehmen. Zudem bot die Brandkatastrophe, so schwerwiegend sie auch war, Gelegenheit, die schon in Graunts *Observations* beklagte Enge und Unpassierbarkeit der verwinkelten Altstadt zu überwinden.

Dementsprechend wurden die Wiederaufbaumaßnahmen unmittelbar nach dem Brand mit beeindruckender Geschwindigkeit eingeleitet. Im September 1666 lagen bereits mehrere Vorschläge dazu vor, unter anderem von Christopher Wren, Robert Hooke und John Evelyn, mithin also alles Bekannten Graunts aus dem Umfeld der Royal Society, sowie von Richard Newcourt, auf dessen kartografische Arbeiten Graunt sich in den *Observations* gestützt hatte und der mit seinem Schwager William Faithorne eng zusammenarbeitete.

Diese Pläne kamen nicht aus dem luftleeren Raum, sondern fußten auf schon länger angestellten Überlegungen zu einer grundlegenden Neugestaltung der Stadt, mit der die teilweise chaotische Entwicklung der Siedlungsstruktur seit dem Mittelalter zugunsten einer an kontinentaleuropäischen Vorbildern angelehnten Öffnung und geometrischen Gliederung des städtischen Raums überwunden werden sollte. Dadurch sollte dieser nicht zuletzt auch für eine effizientere Nutzung durch den Handel und die in den 1660er Jahren boomende Immobilienwirtschaft erschlossen werden[54].

Die vorgeschlagenen städtebaulichen Maßnahmen waren dabei weitreichend: Ganze Straßenzüge sollten grundlegend umgestaltet, öffentliche Infrastruktureinrichtungen an geeignetere Orte verlagert sowie umweltbelastende Betriebe an den Stadtrand verdrängt

---

de[s]truction by fire in the yeare 1666); WIT ([1666]: Platte Grondt der Stadt London met nieuw model en hoe die afgebrandt is); DOORNICK (1666: Platte grondt der Vebrande Stadt London); HOLLAR (1666b: A map or groundplot of the citty of London and the suburbes thereof that is to say all which is within the iurisdiction of the Lord Mayor).

54   Vgl. LAHAV (2020: Quantitative reasoning and commercial logic in rebuilding plans after the Great Fire of London, 1666).

werden. Die Radikalität dieser planerischen Eingriffe in einen über Jahrhunderte gewachsenen Lebensraum trug wohl dazu bei, dass diese allenfalls ansatzweise zur Umset-
zung kamen[55]. Zudem in der kalten Rationalität von Zahl und Maß wenig Platz war für
die Bedürfnisse der Individuen, die eine solche Stadtstruktur letztlich mit Leben hätten
füllen müssen. Insofern wirken diese Planungen wohl nicht erst aus heutiger Perspektive
wie lebensferne Theoriekonstrukte.

Dass William Petty und John Graunt als Vordenker einer an statistischer Evidenz
ausgerichteten Sozial- und Wirtschaftspolitik einer solchen, an mathematischer System-
logik und utilitaristischen Prinzipien orientierten Stadtplanung im positiven wie negativen Sinne Vorschub geleistet hatten, ist kaum von der Hand zu weisen[56].

Der Wiederaufbau der Stadt kam auf jeden Fall rasch voran: Nach etwas mehr als
einem Jahr waren bereits 800 Häuser wiederhergestellt. Dabei wurden zwar die meisten
Grundstücksflächen, die sich in Privatbesitz befanden, nicht angetastet, sodass die To-
pografie der Stadt nach dem Brand im Wesentlichen immer noch der vor 1666 glich[57].
Doch nutzte man die Gelegenheit, um die Häuser mehr in Stein- und Ziegelbauweise,
nach standardisierten Bauplänen und mit größerem Abstand auszuführen. Als Graunt
1674 starb, war zwar der größte Teil der Brandschäden beseitigt. Doch waren die Spuren
der Katastrophe im Weichbild der Altstadt immer noch gut zu erkennen, etwa an den
immer noch unbebauten Flächen, auf denen vormals Häuser gestanden hatten.

Auch Graunt konnte sich mit finanzieller Hilfe seines Freundes Petty an die Wiederherstellung der beiden Häuser der Familie in der Birchin Lane machen – obwohl die
Kostenentwicklung in der Bauwirtschaft in London angesichts der großen Nachfrage
im Zuge des Wiederaufbaus schnell anstieg und Pettys weit verstreuter Immobilienbesitz sein Kapital insgesamt stärker band, als seine Kreditgeschäfte auf der Einnahmen-
seite durch Einkünfte aus Mieten und Verpachtungen ausgeglichen werden konnten[58].
Als Eigner der gemeinsam erworbenen Grundstücke in Lothbury bauten sie dort auch
die vom Feuer zerstörten neun Häuser wieder auf, wofür Kosten von 12 000 Pfund auf-
liefen[59]. Selbst wenn dies die Voraussetzung für Mieteinnahmen war – für Graunt führte dieser Weg offensichtlich in die Überschuldung, wie auch für viele andere Londoner,
die sich von den finanziellen Auswirkungen der Brandkatastrophe nicht mehr erholen
sollten[60].

---

55 Vgl. hierzu MONTEYNE (2007), S. 131 f.
56 Vgl. LAHAV (2020).
57 Vgl. FIELD (2018), S. 33.
58 William Petty an John Graunt, 4. Februar 1667, Kopie, BL, Add MS 72907, fol. 29.
59 Vgl. HULL (1899), S. 37.
60 Vgl. FIELD (2018), S. 100.

Ob Graunt je wieder an den Erfolg seiner vorherigen Tätigkeit im Textilhandel anknüpfen konnte, lässt sich nicht mit Sicherheit feststellen[61]. Die Abhängigkeit vom Binnenmarkt, die bislang so sehr zum Vorteil der Familie Graunt gewesen war, machte sich nun zu ihrem Schaden bemerkbar: In den Jahren nach dem Brand von London liefen die Geschäfte offensichtlich eher schlecht, denn nach der Pestepidemie und der Brandkatastrophe ging die Nachfrage nach Fertigwaren, auf welche die Grauts sich spezialisiert hatten, offensichtlich merklich zurück. Seine Tätigkeit als Vermögensverwalter, die ihm über die schwierige Zeit unmittelbar nach dem Großen Brand hinweggeholfen hatte, konnte seinen Wirtschaftsbetrieb offensichtlich nicht nachhaltig stützen.

Deshalb musste Graunt 1671 sein Eigentum an den mittlerweile wieder aufgebauten Wohnhäusern in der Birchin Lane gegen eine Zahlung von 1 100 Pfund vorübergehend an seinen Gläubiger Petty abtreten und fortan bei diesem zur Miete wohnen[62]. Da sich an seiner wirtschaftlichen Situation auch in den nächsten Jahren nichts mehr änderte – zumal die Mietpreise nach dem Brand auf Grund der Verknappung von Wohnraum insbesondere in den zerstörten Vierteln offensichtlich drastisch stiegen[63] –, blieben die Häuser auch weiterhin in Pettys Besitz und gingen nach Graunts Tod dauerhaft in dessen Eigentum über[64].

Als Graunt Anfang der 1670er Jahre immer mehr in wirtschaftliche Probleme geriet, versuchte Petty ihm eine sichere Stellung als Gutsverwalter in der Grafschaft Kerry im Südwesten Irlands zu vermitteln, wozu er dort drei größere Baronien, die Petty gehörten, mit anderen Baronien, die der Krone unterstanden, zu einer administrativen Einheit unter der Leitung Graunts zusammenfassen wollte. Dieses Angebot war wohl nicht ganz uneigennützig, da Petty seine dortigen Besitzungen wegen seiner häufigen Abwesenheiten nicht selbst beaufsichtigen konnte und deshalb vor Ort einen Vertrauten benötigte, der zudem genug von Buchführung verstehen musste, um die Betriebsleiter zu überwachen. Abgesehen davon, plante Petty seine Unternehmungen in Irland im Stil der von ihm selbst propagierten volkswirtschaftlichen Methodik einschließlich der dazu

---

61 Anders WATKINS (1821). Demnach habe Graunt schon nach der Aufnahme in die Royal Society, also einige Jahr vor dem Großen Brand, den Handel aufgegeben. Dafür finden sich jedoch in den Quellen keinerlei Hinweise.

62 S. den Hinweis von Fitzpatrick in BL, Add 72907, fol. 31.

63 Vgl. COWIE (1972), S. 102. So stieg die Miete in einem Fall um mehr als das Dreifache.

64 Im Oktober 1674 belastete Petty „a house of the late Mr Grant, standing in Birchen-Lane" erstmals mit einer Hypothek, s. Protokoll der Sitzung des Council der Royal Society vom 19. Oktober 1674, RSA, CMO/1, fol. 238 f. Das Wohnhaus Graunts wurde später auch in Pettys Nachlassverzeichnis erwähnt.

notwendigen statistischen Erhebungen zu entwickeln, weshalb diese Aufgabe wie auf Graunt zugeschnitten schien[65].

Für Graunt selbst hätte dies nicht nur ein – wenn auch bescheidenes – jährliches Einkommen beinhaltet, sondern wäre auch mit einem gewissen sozialen Status verbunden gewesen. Als Vorgesetzter des Personals hätte Graunt den Titel eines Seneschalls geführt, außerdem sollten ihm auch richterliche Befugnisse in der Grafschaft übertragen werden. Da mit John Robartes als Lord-Lieutenant und Henry Ford als dessen Sekretär zwei enge Vertraute Spitzenpositionen in der königlichen Verwaltung in Irland innehatten – die noch dazu beide als Fellows der Royal Society mit Petty und Graunt verbunden waren –, standen die Aussichten für eine solche Übertragung hoheitlicher Befugnisse günstig.

Doch scheiterte das Vorhaben schließlich an Graunt selbst: Einerseits bestand er darauf, seinen Wohnsitz in Dublin nehmen zu können, obwohl es von dort fast 300 Kilometer Luftlinie bis in die Grafschaft Kerry waren, da ihm als Großstädter ein Leben in der Abgeschiedenheit der irischen Provinz nicht zusagte. Andererseits stellte das von Petty in Aussicht gestellte Salär von 150 Pfund pro Jahr, selbst wenn man die üblichen Nebeneinnahmen eines solchen Amtes hinzurechnete, offensichtlich auch unter den schwierigen ökonomischen Bedingungen, in denen Graunt sich befand, kein attraktives Angebot dar[66]. Außerdem war mit der Übertragung der Baronien zunächst eine finanzielle Investition verbunden, die sich nur rechnete, wenn der künftig aus den Einnahmen zu erzielende Gewinn auch ausreichen würde, um die Kosten für den Ämterkauf langfristig zu amortisieren[67]. Schließlich wollte Graunt wohl auch vermeiden, dass er in eine noch stärkere wirtschaftliche Abhängigkeit von Petty als ohnehin schon geriet[68]. Dessen Angebot, gegebenenfalls in England nach einer ähnlichen Position für Graunt Ausschau zu halten, verlief dann allerdings im Sande, da die Freunde sich unmittelbar darauf zerstritten[69].

Möglicherweise ging mit dem wirtschaftlichen Niedergang innerhalb von nur wenigen Jahren auch eine schwere seelische Krise Graunts einher. Nach 1666 nahm er faktisch nicht mehr an den Sitzungen der Royal Society teil[70]. Bald kam er auch nicht mehr

---

65 Vgl. hierzu WENDT (2014), S. 48–51; BARNARD (1979: Sir William Petty, his Irish Estates and Irish Population); WOOD (1934: Sir William Petty and His Kerry Estate).
66 William Petty an John Graunt, 7. Dezember 1672, BL, Add MS 72858, fol. 56ᵛ f.; 24. Dezember 1672, ebd. fol. 77ᵛ; gedruckt in ASPROMOURGOS (2001), S. 82 f.
67 Die Aussage Pettys, „for otherwise it were better solicited buying in England where unto myself and others I think will contribute whereby to make up to you have a livelihood till better may be effected", könnte dafür sprechen, dass es um einen Ämterkauf ging (das Zitat: William Petty an John Graunt, Dublin, 18. Januar, 1673, BL, Add MS 72858, fol. 86).
68 Vgl. FITZMAURICE (1895), S. 233.
69 William Petty an John Graunt, Dublin, 18. Januar 1673, BL, Add MS 72858, fol. 86.
70 Vgl. HUNTER (1989), S. 36.

zu den geselligen Gesprächsrunden im Kaffeehaus, an denen er bis dahin teilgenommen hatte[71]. Neben dem finanziellen Druck, unter dem er stand, könnte sein sich in dieser Zeit abzeichnender Übertritt zum Katholizismus seine isolierte gesellschaftliche Stellung erklären, denn selbst im engsten Freundeskreis wurde die Konversion Graunts offensichtlich mit Ablehnung registriert. So schrieb Petty am 12. August 1673 an Anthony Wood, Graunt sei „now an open and zealous champion of Popery, wherefore I have not so much intimacy with him as formerly"[72], und brachte seine Missbilligung darüber auch Graunt selbst in deutlichen Worten zum Ausdruck[73].

In diesen Kontext gehört wohl auch eine „Schwarze Legende". Schon während des Brandes von London war es zu brutalen Übergriffen des Mobs insbesondere gegen französische und niederländische Privatpersonen gekommen, denen man unterstellte, das Feuer gelegt beziehungsweise weiter angefacht zu haben. Nach dem Brand von London schürte die antikatholische Propaganda den Verdacht, dass die „Papisten" die Stadt angezündet hätten, um ein Fanal für einen Umsturz und ein Massaker an Andersgläubigen zu setzen. Die angeblich an mehreren Stellen der Stadt unmittelbar nacheinander auftretenden Brandherde, der erneute Ausbruch eines Brandes im November desselben Jahres (der dieses Mal jedoch rechtzeitig gelöscht werden konnte) und vermeintliche Hinweise auf unheilschwangere Ankündigungen einzelner Katholiken vor Ausbruch des Großen Brandes schienen ihre Beteiligung an der Brandstiftung nahezulegen. Ohnehin war die Stimmung in der Stadt wegen der kriegerischen Auseinandersetzungen mit den Niederlanden und angeblichen französischen Plänen einer Invasion in England überaus angespannt[74].

Bald fand sich in der Person des aus Rouen in Frankreich stammenden Katholiken Robert Hubert dann auch ein geeigneter Sündenbock, auf den das vermutete Täterprofil gleich in mehrfacher Hinsicht zuzutreffen schien, zumal er sich auch selbst der Brandstiftung bezichtigte. Er wurde zum Tode verurteilt und hingerichtet. Dabei konnte er zum Zeitpunkt, als der Brand ausbrach, gar nicht am Brandort gewesen sein. Zudem

---

71 Vgl. FitzMaurice (1895), S. 114. S. auch oben, Kap. 2.3.

72 So ein handschriftlicher Vermerk seines Nachfahren und Herausgebers seiner Schriften Henry William Edmund Petty FitzMaurice, Marquis of Lansdowne, BL, Add MS 72907. Da Wood und Aubrey als Verfasser biografischer Nachschlagewerke eng zusammenarbeiteten, könnte diese Äußerung Pettys auch das abwertende Urteil Aubreys über Graunt beeinflusst haben.

73 William Petty an John Graunt, 18. Januar 1673, BL, Add MS 72858, fol. 86. „As for difference in Religion, you have done a mess in sundry particulars which I need not mention, because yourself may easily conjecture my meaning. However we leave these things to God to be mindful of what is the sum of all religion, and of what is and ever was true religion all the world over I cannot approve of some other things, nevertheless try all your friends, and you shall see none of them shall prove more effectual then yours".

74 Pepys, Diary, 5., 9. und 10. November 1666; vgl. hierzu auch Cowie (1972), S. 70.

war er körperlich behindert, was es ihm schwer gemacht hätte, den Brand zu legen, und litt unter einer schweren seelischen Erkrankung, was die Selbstbezichtigung erklärt[75].

Graunt hatte sich, wie bereits dargestellt, seit Mitte der 1660er Jahre als Vermögensverwalter betätigt und sich in dieser Funktion für einen seiner Mandanten bei der New River Company, die mit der Wasserversorgung der wachsenden Großstadt ihr Geld verdiente, engagiert. In dem nördlich der City gelegenen Islington erreichte das Wasser das Stadtgebiet, wurde in Sammelbecken gespeichert und dann in die zur Stadt führenden Leitungen eingespeist.

Nach dem Großen Brand von London kam das Gerücht in Umlauf, dass Graunt bei einer Inspektion in Islington am Tag vor dem Ausbruch des Feuers angeblich Wasserleitungen mutwillig stillgelegt und auch die Schlüssel zu der Anlage an sich genommen habe[76]. Deshalb wurde ihm eine Mitverantwortung für die gescheiterten Löschversuche zugewiesen, da durch diese Sabotageaktion nicht genug Löschwasser in der brennenden Stadt zur Verfügung gestanden habe – obwohl gerade an einem Samstag normalerweise besonders viel Wasser eingeleitet wurde, um die an Sonntagen höhere Entnahme an den Zisternen und Brunnen der Stadt abdecken zu können.

Diese Gerüchte wurden von William Lloyd, einem erklärten Gegner der prokatholischen Politik der Stuarts, und Graunts damaliger Mandantin Flower Backhouse, der jetzigen Countess von Clarendon, aufgegriffen[77]. An den Vorwürfen war jedoch nichts Wahres: Eine nicht mehr genau zu datierende Überprüfung der Protokolle der New River Company kam zu dem Ergebnis, dass Graunt zur Zeit des Brandes gar keinen Zugang zu den Anlagen gehabt haben konnte, denn seine Aufnahme als Treuhänder der Familie Backhouse war erst am 25. September 1666 vom General Court der New River Company beschlossen worden, also einige Wochen nach dem Großen Brand. Es sollte danach noch bis zum 12. November 1666 dauern, bis er die Bestallung durch seine Mandantin erhielt[78]. Als Besitzer mehrerer Immobilien in der Stadt gehörte er ohnehin selbst zu den massiv Geschädigten des Großen Brandes, sodass es nicht einleuchtet, warum er sich selbst ins Unglück gestürzt haben sollte. Dessen desaströse Folgen hatten ohnehin andere Gründe – die hohe Bebauungsdichte in der City schuf ein Stadtklima, das die rasche Ausbreitung der Flammen begünstigte, zumal London im Herbst 1666 durch eine längere trockene Wetterphase gegangen war und zum Brandzeitpunkt ungünsti-

---

75 Vgl. COWIE (1972), S. 104; RUSSELL (1901), S. 135.
76 Möglicherweise handelt es sich dabei um das Verwaltungsgebäude der New River Company „Water House", in dem die Einspeisungen in die zur Stadt führenden Leitungen kontrolliert wurden, vgl. TOMORY (2017), S. 55.
77 Vgl. SEAWARD (2008).
78 Vgl. MAITLAND (1775), S. 435 f.; RUSSELL (1901), S. 135 f.

ge Windverhältnisse vorherrschten. Schwerer wogen jedoch die Fehleinschätzungen der zuständigen Behörden und Kompetenzkonflikte zwischen Stadtverwaltung und königlicher Regierung, die ein schnelles Handeln verzögerten. Eine völlig unzureichende bis nicht vorhandene Infrastruktur für den Brandschutz sowie ein generell unzureichendes und veraltetes Wasserleitungssystem taten ein Übriges[79].

Wann genau die Vorwürfe gegen Graunt ruchbar wurden, ist nicht mehr zu klären. Seine Ende 1666 erfolgte Berufung in die New River Company zeigt, dass es zu diesem Zeitpunkt noch keine entsprechenden Anschuldigungen gegeben haben kann. Eine posthume Datierung könnte sich daraus ergeben, dass die in der Untersuchung genannte Countess of Clarendon diesen Titel erst nach dem Tod von Edward Hyde am 9. Dezember 1674 getragen hat. Möglicherweise kamen sie sogar erst fünfzehn Jahre nach dem Tod von Graunt ans Tageslicht, denn der in den Untersuchungsunterlagen als Bischof bezeichnete Gilbert Burnet trat dieses Amt erst 1689 an[80]. Vermutlich gab es entsprechende Gerüchte aber schon länger. Die starke antikatholische Stimmung in der englischen Öffentlichkeit kurz vor dem Sturz von Jakob II. und die stramm protestantische Haltung der Countess of Clarendon würden erklären, warum diese Vorwürfe erst am Ende der 1680er Jahre eine solche Brisanz entfalteten[81]. Der Verdacht gegen Graunt hielt sich im antikatholischen Milieu entsprechend hartnäckig. Möglicherweise war Gilbert Burnet auch die ominöse Quelle für Graunts angebliche Rolle beim Brand von London, auf die sich der Kleriker Laurence Echard (1670–1730) in seiner „History of England" bezog – womit die Fama erstmals Eingang in die Literatur fand[82].

Dass derartige Gerüchte überhaupt aufkamen, weist zugleich auf die Schattenseiten der offenen Kommunikationskultur in London in der Mitte des 17. Jahrhunderts hin – unbewiesene Tatsachenbehauptungen, auf Hörensagen aufbauende Gerüchte, üble Nachreden und absichtliche Falschmeldungen verbreiteten sich in einem dichten System von Kommunikationsorten und über eine Vielzahl unterschiedlicher Kommunikationskanäle wie ein Lauffeuer und waren dann nur mühsam wieder aus der Welt zu schaffen.

Der Tatsache, dass Graunts Name überhaupt im Kontext der Verschwörungstheorien um den Großen Brand von London auftauchte, könnte im Übrigen wiederum eine Namensverwechslung zugrunde liegen. Schon im Zusammenhang mit den prokatho-

---

79 Vgl. HEYL (2015).

80 Vgl. GREIG (2004/2013).

81 RUSSELL (1901) spricht davon, dass Flower Backhouse „a very bigoted Protestant" gewesen sei (S. 135).

82 Vgl. COOPER (1890); ECHARD (1720: The History of England: From the First Entrance of Julius Caesar and the Romans to the Conclusion of the Reign of King James the Second and the Establishment of King William and Queen Mary Upon the Throne, in the Year 1688. With a Compleat Index), S. 833.

lischen Verschwörern des „Gunpowder Plot" von 1605 war ein John Grant aufgetaucht, der jedoch aus Mittelengland stammte und deshalb mit großer Wahrscheinlichkeit nicht mit der aus Südengland nach London zugewanderten Familie Henry Graunts verwandt war. In der Legendenbildung um die Vorgänge in Islington wird zudem der Name eines Philipp Graunt erwähnt, über den jedoch sonst nichts weiter bekannt ist[83]. Aber selbst wenn John Graunt mit dem vermeintlichen Anschlag auf das Wasserwerk nicht in Verbindung zu bringen ist, so zeigen diese Gerüchte zumindest, dass er als Katholik in den religionspolitisch aufgeladenen 1670er Jahren, in denen die Spannungen zwischen der mit den Katholiken sympathisierenden königlichen Familie und dem Parlament immer mehr zunahmen und Verschwörungstheorien einen geeigneten Nährboden fanden, ganz offensichtlich zwischen die Fronten geraten war.

5.3 Niedergang und Ende

Ende 1672 kamen dann auch die geschäftlichen Aktivitäten Graunts auf die schiefe Bahn. Bei der Verwaltung der Immobilien William Pettys zeigte er sich nachlässig, sodass dieser sich wiederholt über ausstehende oder fehlerhafte Abrechnungen sowie undurchsichtige Transaktionen beklagte, die Graunt in seinem Namen getätigt hatte[84].

Petty verlor mehr und mehr das Vertrauen in seinen Freund und schaltete deshalb im Dezember 1672 seinen engen Vertrauten John Brooke, ebenfalls Fellow der Royal Society, in London ein, der teilweise hinter dem Rücken Graunts dessen Geschäfte kontrollieren sollte[85]. Denn selbst wenn Petty immer noch wohlwollend in Rechnung stellte, dass „Major Graunt be more decayed in his fortunes than I imagined", musste er doch dafür Sorge tragen, dass auch er selbst seine eigenen Schulden noch aus den Mieteinnahmen bedienen konnte[86]. Das Misstrauen war so ausgeprägt, dass er Brooke anwies, den Mietern weitere Zahlungen an Graunt zu untersagen, diesem also faktisch die Kommission entzog[87].

Offensichtlich beschwerte sich Graunt, der bei seiner Korrespondenz sonst eher säumig war, über diese mehr oder weniger ausgesprochenen Verdächtigungen in gleich drei

---

83 Ainsworth (1841: Old Saint Paul's. A tale of the plague and the fire).
84 William Petty an John Graunt, Dublin, 31. Dezember 1672, fol. 80ᵛ f., BL, Add MS 72858; William Petty an John Brooke, Dublin, 7. Dezember 1672, BL, Add MS 72907, fol. 38.
85 William Petty an John Graunt, Dublin, 24. Dezember 1672, BL, Add 72858, fol. 77ᵛ, und William Petty an John Graunt, Dublin 18. Januar 1673, fol. 86; William Petty an John Brooke, Dublin, 24. Dezember 1672, BL, Add MS 72907, fol. 41.
86 William Petty an John Brooke, ebd.
87 Ebd.

ähnlich lautenden Briefen. Überdies ging es dabei auch um Geldgeschäfte mit dem angesehenen Bankier und Vermögensverwalter James Morris, der seit 1669 Alderman des Londoner Cheap Ward war, in dem auch das Gresham College lag, und vor dem sich Graunt vermutlich keine Blöße geben wollte. Die Briefe Graunts sind nicht mehr erhalten, doch müssen sie in einem so unfreundlichen Ton gehalten gewesen sein, dass die Reaktion Pettys ungewohnt heftig ausfiel: In seinem Antwortschreiben vom 22. Februar 1673 warf er Graunt unter anderem vor, „very passionate upon several occasions" zu sein, Petty in unfairer Weise Vorhaltungen zu machen und seine eigene Schuld an diesen Vorgängen nicht hinreichend wahrzunehmen, und beendete sein Schreiben mit einem melodramatischen „Adieu. Remember me to Ms Graunt and all other friends". Auch wenn Petty noch anbot, dass seine gerade in England eingetroffene Ehefrau, die mit der Familie Graunt eng befreundet war, vermitteln könnte, hatte das Verhältnis zwischen den beiden Freunden doch irreparablen Schaden gelitten[88]. Für die Zeit nach dem 22. Februar 1673 ist jedenfalls keine weitere Korrespondenz mehr überliefert.

Zum gleichen Zeitpunkt eskalierte die Situation vollends: Es war bei den Mietzahlungen Graunts für sein Haus in der Birchin Lane zu Ausständen gekommen, was zur Einschaltung eines Rechtsanwalts durch Petty, zur Erklärung der Privatinsolvenz Graunts und vermutlich noch vor Februar 1673 zum Umzug der Familie in ein deutlich kleineres Geschäftshaus am Bolt Court im Westen der Stadt führte[89]. Selbst wenn in dieser Zeit in London, wo etwa 75 Prozent der Immobilien als Mietwohnungen genutzt wurden[90], häufige Umzüge keine Seltenheit waren, machte die Aufgabe der seit über sechzig Jahren von der Familie genutzten Immobilie in der Birchin Lane doch den gesellschaftlichen Abstieg Graunts für jedermann – und für ihn selbst am allermeisten – sichtbar. Dass er jetzt mit einem deutlich kleineren Laden vorliebnehmen musste und in der niedrigsten Steuerklasse taxiert wurde, belegt, dass mit dem sozialen auch ein wirtschaftlicher Niedergang verbunden war[91].

Was hat diese Krise bei Graunt ausgelöst? Da aus seinen letzten Lebensjahren keine eigenen Briefe von ihm überliefert sind, können wir hier nur indizienhaft Vermutungen anstellen.

In der wissenschaftlichen Literatur wird zu Recht darauf hingewiesen, dass der Brand von London zwar wenig Menschenleben gekostet hatte, das Ausmaß der Zerstörungen bei vielen Betroffenen aber zu einer traumatischen Erfahrung führte, die noch jahrelang

---

88 BL, Add MS 72858, fol. 98ᵛ.
89 S. hierzu GLASS (1963), S. 26, Fußnote 42.
90 Vgl. FIELD (2018), S. 63.
91 Wie Fußnote 89.

257

nachwirkte[92]. Viele Zeitgenossen berichteten von entsprechenden seelischen Folgeerscheinungen, und selbst wenn Graunt nicht zu jenen gehört haben sollte, die alles verloren hatten und deshalb regelrechte posttraumatische Belastungsstörungen entwickelten, so brachte der wirtschaftliche Schaden, der entstanden war, ihn doch längerfristig in eine Lage, die zu Zukunftssorgen Anlass gab.

Der viel zu frühe Tod des Sohnes, von dem seine Eltern vermutlich Anfang der 1670er Jahre erfuhren, dürfte ein weiteres psychisch belastendes Moment gewesen sein, zumal anzunehmen ist, dass der Vater an dessen Entscheidung für eine Laufbahn in der East India Company nicht unbeteiligt gewesen sein dürfte. Damit waren neben der im Kloster in Lüttich lebenden Tochter keine Kinder mehr am Leben, die sich im Alter um die Eltern hätten kümmern können. Hinzu kam die zunehmende Isolation im Freundes- und Bekanntenkreis nach seinem Übertritt zum Katholizismus.

Hatten sich die Ausgrenzungen zunächst nur auf sein persönliches Umfeld beschränkt, so sollte sich die Situation kurz vor seinem Tod in existenzbedrohender Weise zuspitzen[93]. Anfang der 1670er Jahre hatte die antikatholische Stimmung in Teilen der englischen Öffentlichkeit immer aggressivere Formen angenommen, nachdem der Bruder des Königs, der spätere Jakob II., Ende der 1660er Jahre nunmehr auch offiziell zum Katholizismus übergetreten war und auch trotz starken Gegendrucks aus dem Parlament und von Mitgliedern des Hofes auf seinem Glaubensbekenntnis beharrte. Mit der im März 1673 erlassenen Testakte wurden deshalb vom Parlament die bereits seit den Zeiten Elisabeths I. gegen Nicht-Anglikaner gerichteten Vorschriften dezidiert für die Anhänger einer bestimmten konfessionellen Minderheit verschärft und von Staatsdienern nunmehr ein schriftliches Bekenntnis abverlangt, das sich explizit gegen das katholische Verständnis der Abendmahlsfeier (Transsubstantiation) und damit eines grundlegenden Sakraments richtete. Der Herzog von York ging einem Konflikt jedoch auch weiterhin nicht aus dem Weg und heiratete noch im September desselben Jahres mit Maria von Modena eine Frau, die ebenfalls der katholischen Konfession anhing. Damit schien angesichts der Tatsache, dass Karl II. bis dato keinen legitimen Thronfolger hatte, die Begründung einer katholischen Dynastie in England und Schottland wieder in den Bereich des Möglichen gerückt. Die Opposition reagierte mit scharfen Gegenmaßnahmen, wozu neben der Säuberung der Beamtenschaft im Zuge der Testakte nun auch eine Welle von Prozessen gegen Katholiken angestrengt wurde. Dabei berief man sich auf die Uniformitätsakte von 1559, die der König nach seiner Rückkehr aus dem Exil 1662 selbst wieder vollumfänglich in Kraft gesetzt hatte.

---

92   Vgl. etwa RIDEAL (2016), S. 223; MONTEYNE (2007), S. 122 f.
93   Zum Folgenden vgl. GLASS (1963).

Vor dem Hintergrund dieser aufgeheizten öffentlichen Stimmung geriet nun auch John Graunt in das Visier der Justiz. Ende 1673 / Anfang 1674 erhielt er eine Vorladung vor das Kriminalgericht Old Bailey, das zu diesem Zeitpunkt noch im Gefängnis von Newgate untergebracht war. Am 9. Januar und dann nochmals am 25. Februar 1674 erschien er dort persönlich vor der Jury[94]. Wer genau ihn angezeigt hatte, ist nicht mehr festzustellen. Sein einziges öffentliches Amt, das er zu diesem Zeitpunkt noch bekleidete, war das eines Majors der „Trained Bands". Die Tatsache, dass mehrere Offiziere der Miliz an dem Verfahren beteiligt waren, könnte darauf hinweisen, dass die Denunziation gezielt lanciert worden war, um ihn zur Aufgabe seines erst 1671 erworbenen Majorsrangs zu bewegen[95]. Da er das Offizierspatent jedoch schon vor dem Erlass der Testakte erworben hatte und insofern deswegen nicht ohne Weiteres zu bestrafen war, ging man nun vermutlich auf der Basis des Corporation Act vom Dezember 1661 gegen ihn vor, nach dem jedwede Wahl in ein Amt in der Stadt oder in einer Gilde für ungültig erklärt werden konnte, sofern dessen Inhaber nicht innerhalb der vorangegangenen zwölf Monate nachweislich die Kommunion nach anglikanischem Ritus empfangen und den Treueid auf den König als das Oberhaupt der Staatskirche abgelegt hatte. Ein Verstoß gegen diesen Straftatbestand konnte insofern für ihn nachteilig sein, als im Falle einer gerichtlichen Bestätigung hohe Geldstrafen drohten, die bei Wiederholungstätern immer wieder neu verhängt werden konnten. Dass Graunt auf nicht-schuldig plädierte, war angesichts des drohenden Verlustes des Offiziersranges und der finanziellen Folgen einer Verurteilung kaum anders zu erwarten, möglicherweise aber auch tatsächlicher Ausfluss seiner bereits beschriebenen indifferenten Bekenntnishaltung als „Church Catholic", die es ihm erlaubte, auch als Katholik den anglikanischen Ritus zu akzeptieren.

Das Ende Februar 1674 aufgenommene Verfahren wurde vom Gericht mehrfach vertagt, zum einen um weitere Ermittlungen anzustellen, möglicherweise aber auch auf Grund des bereits schlechten Gesundheitszustands des Beklagten. Graunt war zu diesem Zeitpunkt bereits so mittellos, dass seine Schwester Judith und deren Mann William Faithorne für seine Kaution bürgen mussten. Da Graunt jedoch noch vor der Wiederaufnahme des Verfahrens verstarb, kam es zu keiner Verurteilung mehr, und das Gericht verzichtete auch darauf, die Reste seines ohnehin bescheidenen Besitzes zu konfiszieren[96].

Graunts gesellschaftliche Stellung war durch diese Vorgänge ohnehin beschädigt. Auch weitläufigere Bekannte hatten mittlerweile von Graunts Konfessionswechsel er-

---

94   Vgl. hierzu (mit teilweisem Abdruck der Gerichtsakten) BOWLER (1934) sowie GLASS (1963), v. a. S. 27, Fußnote 47.
95   Vgl. auch GREENBERG (2004), S. 510.
96   Vgl. GLASS (1963), S. 6.

fahren, wie etwa Richard Smyth, der als Justizbeamter am „Poultry Compter", einem Gefängnis für Kleinkriminelle und Stadtstreicher in unmittelbarer Nachbarschaft des Wohnhauses der Familie in der Birchin Lane, bereits in den 1650er Jahren mit Graunt in Verbindung gekommen war, als dieser für den Cornhill Ward an Geschworenenjurys teilnahm[97]. Smyth zeigte sich in einem Eintrag in seinem „Orbituary", einem biografischen Register von verstorbenen Zeitgenossen, seinem „alten Bekannten", als den er Graunt hier bezeichnete, durchaus gewogen und rühmte den Autor der *Observations* posthum als „an understanding man, of a quick witt and a pretty schollar [sic!]". Zugleich fand er es besonders erwähnenswert, dass Graunt „(as is reported) a Roman Catholick [sic!]" gewesen sei – eine Information, die er also ganz offensichtlich aus dritter Hand beziehungsweise über das Gerichtsverfahren erhalten hatte[98].

Wie wir gesehen haben, war zu Beginn der 1670er Jahre auch die wirtschaftliche Lage Graunts prekär geworden, was für einen bis dahin durchaus erfolgreichen Geschäftsmann eine besonders belastende Situation gewesen sein muss und vermutlich zu Selbstzweifeln Anlass gab. In dieser Hinsicht bezeichnend ist eine Bemerkung von Petty, der, als sich die Situation 1672 zuspitzte, seinem Freund Brooke über Graunt schrieb, dass er „still love him better than he had of late loved himself"[99]. Auch in einer Aussage von Samuel Pepys, der Graunt 1668 zum letzten Mal zufällig in einer Taverne antraf, klingt ein befremdeter Unterton nach. Denn Pepys, der die Wirtschaft vermutlich betrat, um dort etwas zu sich zu nehmen, bekundete, dass er den Gastraum nach nur einer Minute wieder verlassen habe, „leaving Captain Grant telling pretty stories of people that have killed themselves, or been accessory to it, in revenge to other people, and to mischief other people"[100].

Auf eine schon länger schwelende persönliche Krise könnte auch hinweisen, dass es mit Graunts Gesundheit in den 1670er Jahren mit beachtlicher Geschwindigkeit bergab ging. Nur ein Jahr nach dem endgültigen Zerwürfnis mit William Petty und dem erzwungenen Auszug aus der Birchin Lane und nur wenige Wochen nach Eröffnung des Verfahrens im Old Bailey starb er am 18. April 1674 kurz vor Erreichen seines 54. Geburtstages, angeblich an einem mit Gelbsucht einhergehenden Leberversagen[101].

Dieser schnelle körperliche Verfall und die berichtete Todesursache könnten ein Indiz dafür sein, dass hier auch Alkoholmissbrauch im Spiel gewesen war. Eine Sottise

---

97 Zu Smyth vgl. etwa HARDING (2017).

98 SMYTH (1849: The obituary of Richard Smyth, secondary of the Poultry compter, London: being a catalogue of all such persons as he knew in their life: extending from A. D. 1627 to A. D. 1674), hier S. 102.

99 William Petty an John Brooke, Dublin, 7. Dezember 1672, BL, Add MS 72907, fol. 38.

100 PEPYS, Diary, 26. April 1668.

101 SMYTH (1849), S. 102.

von Robert Southwell (1635–1702), einem engen Freund Pettys, Bekannten und Mit-Fellow Graunts, könnte in dieser Hinsicht gelesen werden[102]. Ohnehin war Trunksucht im London dieser Zeit ein durchaus nicht seltenes Krankheitsbild, und wir wissen auch von Pepys zeitweise sehr exzessivem Alkoholkonsum, der in manchen Phasen seines Lebens mehrfach am Tag größere Mengen Wein, Bier oder Branntwein zu sich nahm und zeitweise fast täglich in Gesellschaft zechte, bis ihm dieser ungesunde Lebenswandel selbst bedenklich wurde. Für eine solche Ferndiagnose sind im Falle Graunts jedoch die nur aus dritter Hand überlieferten Informationen zu brüchig.

Trotz der wachsenden Entfremdung fühlte sich William Petty seinem Freund bis zuletzt verbunden[103]. Er nahm nicht nur in einem Kreis von engen Freunden an der Beisetzung teil[104], wie Aubrey berichtete in tief betrübter Stimmung[105], sondern besorgte im Folgejahr auch die posthume Neuauflage der *Observations* und damit gewissermaßen das intellektuelle Vermächtnis seines Freundes. Darüber hinaus half er der Witwe auch bei der Beantragung ihrer spärlichen Pension bei der Tuchmachergilde – sie erhielt am 16. Oktober 1674 pro Jahr 4 Pfund zugesprochen[106]. Denn Graunt hatte der Familie, als er 1674 starb, offensichtlich kein nennenswertes Erbe hinterlassen[107]. Ein noch erhaltenes, allerdings stark beschädigtes und deshalb kaum lesbares Inventar konnte den Nachlass Graunts in wenigen Zeilen zusammenfassen[108]. 1676 wurde der Wert des Erbes noch mit einem Wert von 16 Pfund taxiert – was in etwa dem jährlichen Familieneinkommen eines einfachen Hausbediensteten entsprach[109].

Wie lange seine Frau Mary ihren Mann überlebte, ist unbekannt, vermutlich aber nicht lange, denn im Beschluss über ihre Witwenpension war bereits von ihrer „low con-

---

102 „Poore John, though in his purgatory, can hardly drive such points, as by your allowance he ventured on while here, in his state of fudling and of frailty" (PETTY (1928), S. 274).

103 BENJAMIN (1964) sieht zwischen beiden ein Verhältnis von „patron" und „client", das sich nach 1666 umgekehrt habe (S. 1). Allerdings erscheint diese Zuordnung zu starr – in Wirklichkeit war Graunt bereits lange vor 1666 als dessen Agent in London tätig.

104 Die Beisetzung fand am 20. April 1674 statt. Der Eintrag im Pfarrregister lautet: „Major John Grant buryed in this church out of Bolt Court"; vgl. LMA, Church of England Parish Registers, 1538–1812, P69 / DUN2 / A / 006 / MS010348 (verfilmt: Ancestry.com, Provo 2010).

105 AUBREY (2015), S. 1182.

106 S. dazu DCA, MB 15, Protokoll des Court of Assistants, 16. Oktober 1674, fol. 61–63.

107 S. etwa den Tagebucheintrag von Robert Hooke vom 29. April 1674, „he died worth nothing" (ROBINSON / ADAMS (1935), S. 100).

108 TNA, PROB 4 / 6674. Vgl. im Gegensatz dazu die teilweise umfangreichen Angaben zum Hausstand von Männern und Frauen in den von WEATHERILL (1986: A Possession of One's Own: Women and Consumer Behavior in England, 1660–1740) ausgewerteten Inventaren.

109 Vgl. GLASS (1963), S. 27, Fußnote 50. Eine Tabelle mit unterschiedlichen, für 1688 berechneten Familieneinkommen findet sich bei MÜLLER (1932), S. 12a.

dition" die Rede[110]. Zumindest seine Tochter war im Kloster in Lüttich gut versorgt. Als sie dort 1701 kinderlos verstarb, erlosch der Familienzweig endgültig.

Abb. 21: Ansicht der Kirche St. Dunstan-in-the-West
(Stich von William Henry Toms, 1737).

Auch über die letzte Ruhestätte von Graunt haben wir heute keine Kenntnis mehr. Zwar beschrieb Aubrey die genaue Lage des Grabes mit auffallender geografischer Präzision – Graunt wurde in der Pfarrkirche von St. Dunstan-in-the-West in einem Hohlraum unter dem Steinboden und dem Kirchengestühl beigesetzt. Offensichtlich wollte Aubrey damit Bewunderern des Autors der *Observations* die Auffindung der Grabstätte erleichtern, denn er bezeichnete es als beschämend, dass „such an Ornament of the Citty" in

---

110 S. dazu DCA, MB 15, Protokoll des Court of Assistants, 16. Oktober 1674, fol. 61–63.

einer so bescheidenen Weise beigesetzt wurde[111]. Doch ist der Originalbau der Kirche nicht mehr erhalten. Er fiel samt Friedhof 1831 einer Erweiterung der Fleet Street zum Opfer, die einen Abriss des alten Gotteshauses und einen geringfügig versetzten Neubau der Kirche erforderlich machte, bei dem „the remains of many thousand individuals were unavoidably removed"[112]. Die wenigen, in einem kleinen Areal des vormaligen Friedhofs noch erhaltenen und teilweise völlig verwitterten Grabsteine lassen sich Graunt nicht zuweisen[113]. Ganz offensichtlich hat John Graunt in einem namenlosen Massengrab seine letzte Ruhestätte gefunden.

---

111 „In St Dunstans-church in Fleestrete [sic!] under the Gallery about the middle or more West north-side" beziehungsweise „in the body of the sayd church under piewes towards the gallery on the North side, i. e. under the piewes (alias hoggesties) of the North side of the middle aisle" (AUBREY (2015), S. 311 beziehungsweise 1181).

112 „Bell's Weekly Messenger", No. 1856, Sonntag, 30. Oktober 1831.

113 https://londongardenstrust.org/inventory/gardens-online-record.php?ID=COL069.

6 Nachwirkungen

Das tragische persönliche Ende des Autors der *Observations* schmälert nicht die herausragende Bedeutung seines Werkes für die Wissenschaftsgeschichte. John Graunt mag zwar nicht mit einem Grabmonument, wie sein Freund und Mentor William Petty in der Abtei von Romsey oder sein Zeitgenosse und Mit-Fellow Isaac Newton im Kirchenschiff der Westminster Abbey, verewigt sein. Auch war ihm außerhalb der an Bevölkerungsfragen interessierten Leserschaft wohl nicht immer das Maß an Aufmerksamkeit beschieden, das er zweifelsohne verdient hätte. So sprach am Ende des 18. Jahrhunderts der Schriftsteller Horace Walpole (1717–1797) von „one famous captain Cround", den er in seinen Quellen gefunden hatte – ohne offensichtlich genau zu wissen, um wen es sich dabei handelte[1]. Die Tatsache, dass Graunts bahnbrechende Arbeit auch fast dreihundertfünfzig Jahre nach seinem Tod in der internationalen wissenschaftlichen Literatur immer noch breiten Nachklang findet, ist jedoch Ausweis von deren Bedeutung genug.

6.1 Sozialpolitik und amtliche Statistik

Um das Nachwirken von John Graunts *Observations* einordnen zu können, lohnt es sich, zunächst nochmals an seinen Ausgangspunkt zurückzukehren. Die Studie enthielt auf den ersten Seiten die üblichen Widmungen, zunächst an John Robartes als Lordsiegelbewahrer und Mitglied des königlichen Privy Council, dann an Robert Moray als Präsident der Royal Society.

Warum sprach Graunt hier John Robartes an und nicht etwa den für die Stadtpolitik sehr viel wichtigeren Lord Mayor of London, wie dies dann einige Jahre später John Bell in seiner von Graunt inspirierten Schrift „London Remembrancer" tat[2]? Unmittelbar nach der Restauration der Stuarts und damit in der Entstehungszeit der *Observations* hatte Karl II. den Privy Council zunächst wieder als zentrales Beratungsgremium etabliert, und dieser hatte schon in den Regierungszeiten seines Vaters auf Grund der wiederholten Pestepidemien in den Seuchenschutz eingegriffen[3]. Wie die Registerbücher

---

1   Walpole (1798), S. 49.
2   S. hierzu unten.
3   Zur wechselhaften Rolle des „Privy Council" in der Regierungszeit Karls II. vgl. Miller (2014: After the Civil Wars: English Politics and Government in the Reign of Charles II), v. a. S. 19–21. Die

des Council ausweisen, gehörte die Gesundheitspolitik, abgesehen von der Kriseninter-
vention bei Pestepidemien, aber nicht zu dessen primären Aufgaben. Vielmehr dürfte Graunt in John Robartes zugleich das für die Ausübung der staatlichen Zensur von
Druckschriften verantwortliche Mitglied des Privy Council angesprochen haben. Explizit verwies er in seinem Widmungsbrief darauf, dass Robartes bereits frühere Veröffentlichungen zugelassen habe, wie dies nun auch für diese Schrift erforderlich sei. Der teilweise unterwürfige Tonfall des Schreibens war insofern nicht verwunderlich[4].

John Robartes war aber mehr als nur ein Zensor, der sich einem Publikationsvorhaben gegebenenfalls in den Weg stellen konnte. Er hatte im Bürgerkrieg mehr als ein
Jahrzehnt auf der Seite des Parlaments gegen Karl I. gestanden, sich aus Abscheu gegen
die Radikalisierung der Parlamentspartei nach der umstrittenen Entscheidung für die
Hinrichtung des Königs jedoch ins Privatleben zurückgezogen und stand deshalb nach
der Restauration der Stuarts als erfahrener Politiker wieder für eine Laufbahn in königlichen Diensten zur Verfügung. Als Lordsiegelbewahrer und Statthalter in Irland unter
Karl II., wo er auch mit William Petty in Verbindung kam, bekleidete er seit 1661 wieder
ein hohes politisches Amt und wurde 1666 selbst Fellow der Royal Society, war vermutlich also bereits zuvor deren Verbindungsmann in die höchsten Ränge der englischen
Politik. Im Übrigen gab es in dieser Zeit ein wachsendes Interesse politischer Entscheidungsträger, zu denen wohl auch John Robartes und möglicherweise sogar der König
selbst zählten, an einer fundierten Zusammenstellung von Indikatoren, mit denen sich
der Ausbruch und die Ausbreitung von Seuchen wie der Pest einigermaßen verlässlich
vorhersagen ließen.

Im Sinne eines auf den praktischen Nutzen von Wissenschaft hin orientierten Er-
kenntnisinteresses hob Graunt in seiner Schrift zudem bewusst auf Fragestellungen ab,
die weit über die Seuchenabwehr hinauswiesen und unterschiedliche politische The-
menfelder umfassten: etwa zur tatsächlichen Versorgungslage der Bettler; zur Frage, ob
Polygamie zur Steigerung der Bevölkerungszahl beitragen könne; welche Rolle der Einsatz von Männern im Kriege und ihre Versendung nach den Kolonien auf die Verteilung
von Männern und Frauen in der Bevölkerung insgesamt habe; ob die Metropole London
nicht schon zu groß sei für ein Land wie England; ob durch ungleiches Bevölkerungs-

---

gesundheitspolitischen Aktivitäten des „Privy Council" sind bislang noch nicht hinreichend erforscht, vgl. etwa die ältere Masterarbeit von HEISS (1949: Privy council interest in plague control
in London from 1625 to 1637) sowie die Studie zur Rolle des Privy Council in der Tudor- und frühen Stuartzeit von SLACK (1980: Books of Orders: The Making of English Social Policy, 1577–1631).

4   *Observations*, Widmungsbrief an John Robartes. Das von Graunt in den Widmungsbriefen als Stil-
mittel eingesetzte Understatement im Sinne einer „Captatio benevolentiae" sollte insofern nicht
überinterpretiert werden, als ob Graunt am praktischen Nutzen seiner Schrift gezweifelt hätte (so
etwa SHEYNIN (2003: Social Statistics: Its History and Some Modern Issues), S. 93).

wachstum die Gemeindebezirke der Stadt auf ungünstige Weise ungleichmäßig geworden seien und die Größe der Kirchen nicht mehr zur zahlenmäßigen Stärke der Kirchengemeinden passte; ob sich die City immer mehr nach Westen verlagern würde und die ummauerte Stadt nur noch ein Fünftel der Stadt ausmache; oder ob ihre Straßen und das (1780 schließlich abgerissene) Stadttor in Ludgate für den Verkehr einer Großstadt nicht mehr ausreichend seien[5]. Dieser thematische Reigen war nicht zufällig gewählt, vielmehr nahm Graunt hier Bezug auf die aktuelle kommunalpolitische Diskussion in London, zu der auch Robartes selbst Stellung genommen hatte – und stellte die *Observations* sogar als Versuch dar, die Diskussionsbeiträge von Robartes erstmals mit statistischen Untersuchungen aus den „Bills of Mortality" zu unterlegen[6].

Was sein sozialpolitisch ambitioniertes Programm anging, schien das im Widmungsbrief formulierte Anliegen Graunts zunächst nicht die erhoffte Wirkung zu erzielen. So weisen etwa die Protokollbücher des Privy Council, den Graunt als höchstes Regierungsorgan adressiert hatte, keinerlei Spuren auf, die unmittelbar auf die Veröffentlichung der *Observations* zurückzuführen wären[7]. Auch in den Verhandlungen des House of Commons haben Graunts Thesen offensichtlich keinen unmittelbaren Niederschlag gefunden[8].

Dies galt jedoch nicht für ein weiteres wichtiges Anliegen Graunts, das er in den *Observations* vorgetragen hatte, nämlich zu einer besseren Vorbereitung von Entscheidungen auf der Basis von verlässlichen Daten beizutragen[9]. 1664, also nur zwei Jahre nach der Veröffentlichung der *Observations*, wurde, wie bereits dargestellt, die Company of the Parish Clerks, die für die Erhebung der „Bills of Mortality" in London verantwortlich war, vom Privy Council zur Berichterstattung über die Mängel im System aufgefordert, da man offensichtlich den Reformbedarf erkannt hatte. Auch in anderen Ländern der Stuart-Monarchie wurde die Erfassung von Gesundheitsdaten nun vorangetrieben: 1662 wurde die erste, wenn auch noch eher rudimentäre „Bill of Mortality" in Dublin erhoben[10]. Seit 1670 folgte Glasgow diesem Vorbild, Edinburgh erst 1695.

Dieses wachsende Interesse politischer Entscheidungsträger an der Bevölkerungsstatistik und ihren Anwendungen war bald nach Veröffentlichung der *Observations* auch jenseits des Kanals zu beobachten. So initiierte der französische Finanzminister Jean-Baptiste Colbert, dazu möglicherweise durch die von Petty geschriebene Rezension über

---

5 Vgl. *Observations*, Widmungsbrief an John Robartes.
6 Ebd.
7 Privy Council: PC 2 / 54–57, PC 2 / 59–62.
8 Zumindest finden sich keine Spuren in den Journals, vgl. o. V. (1802), Bde. 8 (1660–1667) und 9 (1667–1687).
9 Vgl. hierzu *Observations*, Conclusion / 4.
10 S. hierzu v. a. WALFORD (1878).

Graunts Studie im „Journal des sçavans" inspiriert, 1667 die regelmäßige Erfassung der Geburtenzahlen, der Eheschließungen, der häufigsten Krankheiten, der hospitalisierten Menschen sowie der Todesfälle in Paris. Dieses bevölkerungsstatistische Material wurde dann von 1670 bis 1684 und danach mit Unterbrechungen bis 1709 als monatliche Druckschrift herausgegeben[11]. In der letzten Auflage der *Observations* von 1676 konnten Graunt beziehungsweise Petty bereits erste Ergebnisse dieser Erhebungen referieren[12].

Ähnlich hatte sich in den Niederlanden der Amsterdamer Makler Jacob van Dael bei seinen Berechnungen zu einer 1670 in der Stadt Kampen geplanten Auflage einer Tontine die Graunt'schen Überlegungen zu einer Sterbetafel zum Vorbild genommen[13]. 1671 präsentierte dann Jan de Witt als Ratspensionär und führender Politiker der Generalstaaten seine Denkschrift „Waerdije van lijf-renten naar proportie van Los-rente", eine direkte Anwendung des neuen Forschungsstandes bei der Schätzung der künftigen Annuitäten von Renten[14]. Für die dazu grundlegenden Berechnungen der Lebenserwartung hatten die Brüder Huygens Graunts *Observations* intensiv rezipiert[15].

Eng mit den englischen Wissenschaftlern vernetzt war, wie wir gesehen haben, auch Gottfried Wilhelm Leibniz, der sich bei seinen Vorschlägen für eine bessere Datenerfassung und -auswertung im Kurfürstentum Brandenburg, die unter anderem auch die Einrichtung eines zentralstaatlichen Registraturamts umfassten, auf die englischen Vordenker Graunt und Petty bezog[16]. Auch in anderen Territorien setzte er sich für eine umfassendere und präzisere öffentliche Statistik ein, so in seinen Denkschriften für die Landesfürsten in den Kurfürstentümern Mainz 1670 beziehungsweise Hannover 1685[17]. Mit Leibniz war wiederum Gilles Filleau des Billettes (1634–1720) befreundet, ein Mitglied der französischen Akademie der Wissenschaften, der seinem Vorschlag einer Tontine von 1706 eine Tabelle zur Sterblichkeit zugrunde legte, die sich auf die bisherigen Erfahrungen mit dieser Berechnungsform bezog[18].

---

11 Vgl. Vilquin (1978), S. 421; Hacking (1975), S. 102; Meitzen / Falkner (1891: History, theory, and technique of statistics. 1. Teil: History of Statistics) vermuten, dass Graunts Darstellung zur Bevölkerungsgröße von London die Verantwortlichen in Paris motivierte, entsprechende Nachforschungen zur eigenen Bevölkerungszahl zu initiieren (S. 30).

12 *Observations*, Erweiterungen, S. 402–404.

13 Vgl. Westergaard (1932), S. 25.

14 Vgl. hierzu Seal (1980: Early uses of Graunt's Life Table); Turnbull (2017), S. 11–13.

15 Vgl. Ciecka / Skoog (2018: Life Expectancies and Annuities: A Modern Look at an Old Fallacy), S. 164.

16 Vgl. Wilke (2004: From parish register to the ‚historical table': The Prussian population statistics in the 17th and 18th centuries), S. 67.

17 Vgl. hierzu Wagner (2008: Leibniz und die (Amtliche) Statistik), der auf die Modernität dieser Überlegungen hinweist.

18 Vgl. Graunt (1662, ed. 1977: Observation naturelles et politiques répertoriées dans l'index ci-après et faites sur les bulletins de mortalité par John Graunt, citoyen de Londres. En rapport avec le gou-

Schließlich machte das englische Beispiel auch in Venedig, zu dem Londoner Kaufleute vor allem über die Levant Company intensive Handelsbeziehungen unterhielten, alsbald Schule. Seit 1663 wurden in den dortigen Registern neben den Sterbefällen nunmehr auch die Geburten erfasst und seit 1676 die Ergebnisse als „Ristretti" auch in gedruckter Form veröffentlicht. Auswertungen dieses Datenmaterials, etwa durch Vincenzo Maria Coronelli (1650–1718) zu Beginn des 18. Jahrhunderts, waren ebenfalls von der mittlerweile populär gewordenen bevölkerungsstatistischen Literatur inspiriert[19].

Insofern könnte man für den Autor der *Observations* beanspruchen, wesentliche Impulse für eine Grundlegung der Sozial- und Wirtschaftsstatistik gegeben zu haben, auch wenn dieser Zusammenhang eher indirekt war und seine Arbeit einem primär epidemiologischen Interesse folgte[20]. Dass die Arbeiten John Graunts keine unmittelbare Wirkung entfaltet hätten[21], kann von daher jedenfalls kaum behauptet werden.

Es ist allerdings in der Tat nicht klar, wessen Handschrift alle diese Reformbestrebungen trugen, denn gerade William Pettys Konzept der „Political Arithmetic" im Sinne einer evidenzbasierten Gestaltung von Politik erwies sich hier möglicherweise als deutlich umfassender und wirkungsvoller als der doch noch ganz auf die Gesundheitspolitik fokussierte Blick von Graunt, zumal Petty auch deutlich engere Kontakte in die Politik hatte[22]. Dementsprechend war es vor allem Petty, der sich 1671 für die Errichtung eines eigenen statistischen Amtes in London einsetzte und um 1680 forderte, die Parish Clerks, deren geringe Datenkompetenz er beklagte, für die Bevölkerungsstatistik stärker in die Pflicht zu nehmen[23]. Es sollte allerdings noch bis 1696 dauern, ehe mit dem Amt des „Inspector General of the Imports and Exports" dann erstmals eine statistische Behörde geschaffen wurde[24]. Für die von Graunt aufgeworfenen Fragen schienen jedoch die Verwaltungen der Kirchensprengel auch dann noch die effizienteste Organisation geboten zu haben, sodass die „Bills of Mortality" für weitere zwei Jahrhunderte in Gebrauch blieben.

---

vernement, la religion, le commerce, l'accroissement, l'atmosphère, les maladies, et les divers changements de ladite cité.), S. 28 f.; WESTERGAARD (1932), S. 25.

19 Vgl. BAMJI (2019), S. 820.

20 So etwa STENHOUSE (1891: The Mortality among Assured Lives viewed in relation to the Sums at Risk), S. 229.

21 Vgl. BEHRISCH (2016a: Statistics and Politics in the 18th Century), S. 244.

22 Vgl. hierzu auch BLACK (2014: The Power of Knowledge: How Information and Technology Made the Modern World), v.a. S. 136 f.; SHAPIRO (2012), S. 68 f.; vgl. auch HOPPIT (1996: Political arithmetic in eighteenth-century England), v.a. S. 517 f.

23 Vgl. McCORMICK (2013b), S. 189 f. Petty drängte John Aubrey, das Amt des Registrar General zu übernehmen, und gab ihm Hinweise für eine umfassende Erhebung von Daten zur Bevölkerungs- und Sozialstruktur, vgl. PETTY (1927), Bd. 1, S. 171.

24 Vgl. 'ESPINASSE (2012), S. 351.

6.2 Wissenschaftsdiskurse

Ähnlich weit fasste Graunt sein Anliegen in dem zweiten Widmungsbrief an den Präsidenten der Royal Society, Robert Moray, in dem Graunt auch die wissenschaftliche Öffentlichkeit adressierte. Seine *Observations* würden sich zum einen auf Handel und Regierung, sprich die Sphäre des Politischen, zum anderen auf „the air, countries, seasons, fruitfulness, health, diseases, longevity and the proportions between the sex and ages of mankind" beziehen[25]. Analog zu einigen Arbeiten von Francis Bacon sowie den Forschungsinteressen von Moray selbst seien seine Studien insofern zugleich als Naturwissenschaft zu betrachten. Sodass er schließen konnte, dass diese Schrift ihn faktisch auch für das „Parliament of nature" qualifiziere, das heißt für eine Fellowship der Royal Society.

Die *Observations* waren insofern also auch als eine „Adelung" seiner wissenschaftlichen Ambitionen gedacht, wie Graunt es in seiner Schrift selbst ausdrückte. In der Tat gehörten in der Zeit Graunts neben anderen „Original Fellows" wie William Petty und Christopher Wren auch Christiaan Huygens (gewählt 1663), John Locke (1668), Marcello Malpighi (1669), Isaac Newton (1672) und Gottfried Wilhelm Leibniz (1673) sowie Spitzenpolitiker wie George Villiers II. Herzog von Buckingham (1661), Edward Montagu Graf von Sandwich (1663) und John Robartes (1666) der Royal Society an. Neben dem sozialen Kapital, das Graunt durch die frühe Aufnahme als Fellow erlangte[26], war es für den weiteren Erfolg der *Observations* nicht unerheblich, dass nach der Erstausgabe sämtliche weiteren Auflagen von der Royal Society besorgt wurden. Außerdem stellte die Gelehrtengemeinschaft eine internationale Plattform dar, auf der sich führende Wissenschaftler der Zeit vor allem mit methodischen Fragen auseinandersetzten und sich gegenseitig über neue Errungenschaften informierten.

Dadurch erreichte die Schrift trotz ihres Fokus auf die Londoner Sterblichkeitsstatistik in der wissenschaftlichen Öffentlichkeit schnell eine weit über England hinausgehende Aufmerksamkeit. Die Diskussion der *Observations* durch die Brüder Huygens 1669 und die Tatsache, dass das von Caspar Neumann 1689 über Breslau gesammelte Material über Gottfried Wilhelm Leibniz seinen Weg in die wissenschaftliche Diskussion in England fand und dort von Edmond Halley seiner bahnbrechenden Arbeit über eine von verlässlicheren Sterbetafeln abgeleitete Berechnung von Annuitäten zugrunde

---

25 Vgl. *Observations*, Widmungsbrief an Robert Moray.
26 MERTON (1939: Science and the Economy of Seventeenth Century England) spricht in diesem Zusammenhang davon, dass die Wissenschaft „a channel for social mobility" gewesen sei (S. 11).

gelegt wurde, sprechen eine deutliche Sprache[27]. Umgekehrt besorgte ein enger Freund Neumanns, der Breslauer Arzt Gottfried Schultz (1643–1698), eine deutsche Ausgabe der *Observations*, die dann posthum und anonym 1702 im Druck erschien[28].

Auch Leibniz griff im Übrigen das englische Vorbild bei seinen eigenen Forschungen auf: In den 1680er Jahren stellte er selbst einige theoretische Überlegungen zur Berechnung von Sterbetafeln an[29]. Inwieweit Leibniz' gesundheitswissenschaftliche beziehungsweise gesundheitspolitische Überlegungen von Graunt inspiriert waren, ist nicht mehr eindeutig zu klären[30]. Doch ist unverkennbar, dass die Schriften Graunts, die Leibniz bekannt waren, das Tor dazu weit aufgestoßen hatten. Seine Bemühungen um die Aufnahme Neumanns in die 1700 gegründete „Kurfürstlich Brandenburgische Societät der Wissenschaften" in Berlin sowie um die Einrichtung eines bevölkerungsstatistischen Schwerpunkts in seinem Dresdener Akademieprojekt nahmen explizit Bezug auf die „Bills of Mortality"[31].

Schon den Zeitgenossen war jedenfalls klar, dass John Graunt etwas grundlegend Neues auf den Weg gebracht hatte. Das zeigt schon die Tatsache, dass in den fünfzehn Jahren nach 1662 allein fünf Auflagen der *Observations* erschienen und diese von Anfang an auch im Ausland intensiv rezipiert wurden. Wie Petty in seiner bereits genannten Arbeit über Dublin schrieb, war damit „a new light to the world" gebracht[32].

---

27 HALLEY (1693a); HALLEY (1693b: Some Further Considerations on the Breslaw Bills of Mortality. By the Same Hand, etc.). S. hierzu auch BEHAR (2012: L'ombre démesurée de Halley: les recherches démographiques dans les Philosophical transactions of the Royal Society (1683–1800)); BELLHOUSE (2011); LISCHKE (1998: Caspar Neumann (1648–1715). Ein Beitrag zur Geschichte der Sterbetafeln); JARCHO (1972: The contributions of Casper Neumann and Edmund Halley to demography); ZIMMERMANN (1969: Caspar Neumann und die Entstehung der Frühaufklärung. Ein Beitrag zur schlesischen Theologie- und Geistesgeschichte im Zeitalter des Pietismus); SCHUBERT (1903: Kaspar Neumann 1648–1715. Ein Zeit- und Lebensbild); GRAETZER (1883: Edmund Halley und Caspar Neumann. Ein Beitrag zur Geschichte der Bevölkerungsstatistik). Zu den methodischen Problemen auch LUY (2003: Der Astronom Halley und die erste Sterbetafel – oder war alles nur ein Missverständnis?), der in Halleys Sterbetafel eher eine „Bevölkerungs- und Versicherungstafel" sieht (S. 120).

28 Vgl. ZIMMERMANN (1969), S. 59; HULL (1899), S. 318, Fußnote 2.

29 Vgl. DUPÂQUIER (1985: Leibniz et la table de mortalité). Zur Rezeption der Bevölkerungslehre in Deutschland vgl. NIPPERDEY (2012: Die Erfindung der Bevölkerungspolitik: Staat, politische Theorie und Population in der Frühen Neuzeit), zu Leibniz insbesondere S. 383–386.

30 Vgl. hierzu etwa KÖHNEN (2018: Selbstoptimierung. Eine kritische Diskursgeschichte des Tagebuchs), S. 72–78.

31 Vgl. LISCHKE (1998), S. 15 f.

32 PETTY (1683), S. 1.

6.3 Öffentlichkeitswirksamkeit

Dieses „Licht" erleuchtete jedoch nicht nur Politik und Wissenschaft, sondern erstrahlte auch in der Londoner Öffentlichkeit, gerade im dunkelsten Jahr mit einer der tödlichsten Pestwellen, die die Stadt seit Jahrzehnten fast kontinuierlich heimsuchten. Während der Großen Pest von 1665 griffen unterschiedliche Autoren die von Graunt initiierte Methode zur Auswertung der Mortalitätsstatistik auf und publizierten eine Reihe von Schriften, die auf das verständlicherweise hohe öffentliche Interesse an diesem Thema reagierten.

Einige Autoren kombinierten dabei geschickt das statistische Material der „Bills of Mortality" mit teilweise drastischen bildlichen Darstellungen, wie etwa in der bekannten Sammlung von neun Stichen mit Alltagsszenen der Pestzeit, die der Graveur und Zeichner John Dunstall (gest.1693) 1665 auf einem großformatigen Einblattdruck publizierte, der auch eine durch den Instrumentenbauer und Hydrographen John Sellers ([1632]–1697) besorgte tabellarische Zusammenstellung von Daten der Pestjahre 1625, 1626 und 1665 enthielt. Die Mischung von Medienformen und die Wahl des einseitigen Formats dürfte den Verkaufserfolg dieses Druckwerks erheblich begünstigt haben[33].

Selbst die Werke von Antipoden Graunts, wie des Astrologen John Gadbury (1627–1704), der in seiner 1665 erschienen Schrift „London's deliverance" einen kausalen Zusammenhang von Sternenkonstellationen und Pestausbrüchen zu belegen versuchte, waren erkennbar von den *Observations* beeinflusst, wenn auch mit einem deutlichen Gegenakzent[34].

Besonders enge Bezüge zu Graunts Studie hatten die von einem anonymen Autor 1665 verfassten „Reflections on the weekly bills of mortality for the cities of London and Westminster". Diese Schrift war, auch wenn der Autor noch einen kleinen Abriss über die historische Entwicklung von Pestepidemien hinzufügte, über weite Strecken den *Observations* entlehnt und wurde deshalb fälschlicherweise oftmals Graunt zugeschrieben[35].

---

33 Vgl. hierzu v. a. MONTEYNE (2007), S. 73–78, sowie MONTEYNE (2000: The space of print and printed spaces in Restoration London, 1660–1685). Monteyne sieht in Sellers „an early advocate of Graunt's political arithmetic" (S. 223). S. hierzu auch MONTEYNE (1993: Anatomizing the social body: representing the plague in London, 1665).

34 GADBURY (1665: London's deliverance predicted in a short discourse shewing the cause of plagues in general, and the probable time (God not contradicting the course of second causes) when the present pest may abate, [etc.]).

35 O. V. (1665a: Reflections on the weekly bills of mortality for the cities of London and Westminster, and the places adjacent but more especially, so far as it relates to the plague and other most mortal diseases that we English-men are most subject to, and should be most careful against in this our age). Ein bearbeiteter Nachdruck findet sich in O. V. (1721: A collection of very valuable and scarce pieces relating to the last plague in the year 1665), S. 53–82. Vgl. dazu BELLHOUSE (1998).

Während des Höhepunkts der Epidemie im Sommer desselben Jahres veröffentlichte dann der Autor und Herausgeber des „Intelligencer" Roger L'Estrange (1616–1704) mehrfach Artikel mit Zahlen zur pestinduzierten Sterblichkeit, die sich im Nachhinein allerdings nicht immer als korrekt erwiesen[36]. Ob sein Hinweis „Since it hath pleased god to suffer this city to be visited with the plague, it has been the business of several people to report the mortality to be much greater", sich auf die „Reflections" bezog, ist nicht eindeutig zu klären, zeigt aber, dass schon die Zeitgenossen wahrnahmen, dass das wachsende öffentliche Interesse auch Dilettanten aller Art, die mit alarmistischen Botschaften aufwarteten, angezogen hatte.

In seinem „London Remembrancer" wandte sich dementsprechend John Bell explizit gegen die fehlerhaften Darstellungen in „several pamphlets" und von „divers ignorant scriblers" und nahm ganz besonders gegen die „Reflections" eine kritische Stellung ein[37]. Dass er dabei im Plural von „pamphlets" schrieb, verweist auf die rege Druckschriftenliteratur, die nicht erst im Krisenjahr 1665 aus dem Interesse der Menschen an allen Aspekten, die mit der tödlichen Bedrohung der Pest zusammenhingen, Kapital zu schlagen versuchte[38]. Zugleich verwies er auf die zuverlässigen Arbeiten des „worthy and ingenious gentleman Captain John Graunt", was nicht nur dessen hohe Reputation anzeigt, sondern auch ein Argument gegen die These ist, dass Graunt der eigentliche Autor der von Bell inkriminierten „Reflections" sei[39]. Bell scheint offensichtlich auch das Druckhaus von Elinor Cotes in der nördlich von St. Paul liegenden Aldersgate Street beauftragt zu haben, für die „Company of the Parish Clerks" einen Nachdruck aller „Bills of Mortality" aus dem Jahr der Großen Pest zu besorgen, der dann Ende des Jahres unter dem eingängigen Titel „London's dreadful visitation" und mit einem an den „London Remembrancer" angelehnten Titelblatt im Druck erschien[40].

Ob Graunt in alle diese Aktivitäten zumindest indirekt involviert war, ist unklar. Dass ihm sowohl die „Reflections on the weekly bills of mortality" als auch „London's dreadful visitation" immer wieder zugeschrieben wurden, obwohl seine Autorenschaft bei einer genaueren Analyse der Texte, der Methodik und des Sprachstils mit an Sicher-

---

36 Vgl. hierzu BELLHOUSE (1998). Zu Bell s. oben.
37 BELL (1665). Vgl. hierzu MUREL (2021: Print, authority, and the bills of mortality in seventeenth-century London).
38 S. etwa die umfangreiche Sammlung von Druckschriften, Analysen und medizinischer Literatur des Gerichtsbeamten und Buchsammlers Richard Symth (HARDING (2017)).
39 Vgl. BELLHOUSE (1998), S. 229 f.
40 PARISH CLERKS (1665: London's dreadful visitation, or, a collection of all the bills of mortality for this present year: beginning the 20th of December, 1664, and ending the 19th of December following: as also the general or whole years bill: according to the report made to the King's Most Excellent Majesty).

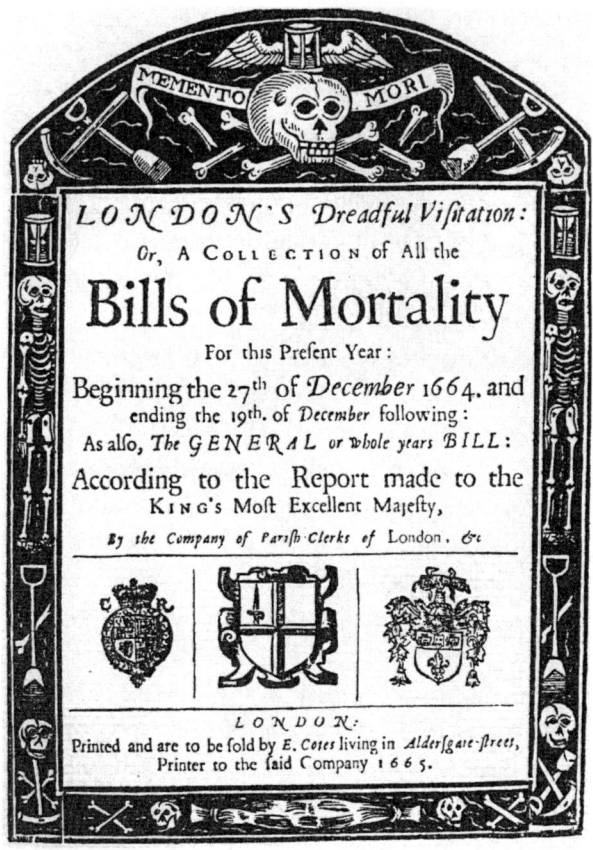

Abb. 22: Deckblatt aus: Worshipful Company of Parish Clerks,
London's dreadful visitation […], 1665.

heit grenzender Wahrscheinlichkeit ausgeschlossen werden kann, zeigt, wie stark der durch die *Observations* ausgelöste Impuls für eine Beschäftigung mit der Mortalitätsstatistik war. Es kam auch nicht von ungefähr, dass die Royal Society gerade 1665 eine weitere Auflage der *Observations* auf den Markt warf und damit ihre Führungsrolle als wissenschaftliche Institution in dieser Diskussion beanspruchte. Zumindest an der Neuauflage wirkte Graunt intensiv mit und brachte hier noch Veränderungen ein.

Diese Entwicklungen zeigen, dass sich Öffentlichkeit und Mortalitätsstatistik in den Jahren der Pest gewissermaßen wie zwei kommunizierende Röhren verhielten[41]. Dem

---

41 Vgl. hierzu auch Morabia (2020: Pandemics and methodological developments in epidemiology history), der den Zusammenhang von schockartig auftretenden Epidemien und methodischen Innovationen nachzeichnet. Graunt reagierte jedoch nicht auf ein solches Ereignis – die letzte große

entsprach es auch, dass nach dem Abflauen der Pestepidemie im Frühjahr 1666 die Publikationsdichte deutlich abnahm, zumal der nur wenig später ausbrechende Große Brand von London dann die Aufmerksamkeit der Öffentlichkeit vollständig in seinen Bann zog. Auch der nahezu vollständige Rückgang der Pesterkrankungen trug dazu bei, dass das Thema nach 1665 vorerst von der Bildfläche der Londoner Öffentlichkeit verschwand.

Es war dann maßgeblich William Petty, der nach dem Tod seines Freundes dem Thema neuen Schub verlieh. Dazu trugen schon die von ihm herausgegebene posthume 5. Auflage der *Observations* von 1676 sowie seine nur wenige Jahre später veröffentliche Studie „Observations upon the Dublin-bills of mortality" von 1681 bei. Der mit Petty eng verbundene irische Arzt Charles Willoughby (ca. 1630–1694), der seit 1683 Fellow der Royal Society und im gleichen Jahr Mitbegründer von deren irischem Pendant, der Dublin Philosophical Society, war, schrieb 1690 eine Studie „Observations on the bills of mortality and increase of people in Dublin", die sich vornehmlich auf Pettys Arbeit stützte, aber auch von den Fragestellungen Graunts inspiriert war[42]. Auch Gregory Kings erst später veröffentlichtes Manuskript „Natural and Political Observations and Conclusions upon the State and Condition of England" von 1696 stand noch in der Tradition Graunts, auch wenn jener mit seinen Betrachtungen zur volkswirtschaftlichen Gesamtrechnung bei Weitem über eine rein demografische Studie hinausging[43]. Bezeichnenderweise trugen diese drei Schriften einen Titel, der unverkennbar an Graunts Schrift angelehnt war, und erwiesen damit ihrem Vorbild Referenz.

Pestepidemie lag bereits länger zurück, als er sich an die Ausarbeitung der *Observations* machte. Vielmehr ging es ihm zuvörderst um die Auswertung des bislang vernachlässigten epidemiologischen Datenmaterials in den „Bills of Mortality" und um die in der Öffentlichkeit beobachteten diesbezüglichen Perzeptionen.

42 „Observations on the bills of mortality and increase of people in Dublin; the distempers, air, and climate of this kingdom; also of medicines, physic, and surgeons and apothecary's, in 1690", in: WILDE / WILLOUGHBY (1853: On a MS. of Dr. Willoughby's, Written in 1690, „On the Climate and Disases of Ireland"). Willoughby bekleidete seit 1683/84 das Amt des Direktors der Dublin Philosophical Society unter deren Präsidenten William Petty. Zu seiner Biografie vgl. HOPPEN (2013: Willoughby, Charles).

43 Erstmals publiziert 1801: KING (1802: Natural and political observations and conclusions upon the state and condition of England, 1696); o. V. (1973). Zur Biografie Kings vgl. neben dem einleitenden Kapitel bei Chalmer auch HOPPIT (2011: King, Gregory (1648–1712), herald and political economist) sowie DODGSON (2013: Gregory King and the economic structure of early modern England: an input-output table for 1688).

6.4 Praktische Anwendungen

Jenseits von Politik und Wissenschaft sowie der publizistischen Aufarbeitung der Pestepidemie von 1665 stießen die *Observations* auch auf eine gewisse Resonanz im praktischen Bereich. So inspirierte die Schrift offensichtlich John Lowther (1642– ca. 1706), seit 1664 Mitglied der Royal Society, zu einer entsprechenden Erhebung über die Entwicklung der Haushalte auf seinem Landbesitz in Grasmere in Cumbria. Außerdem dienten entsprechende Zahlenspiele dem Bauunternehmer Nicolas Barbon als Argumentationshilfe bei seinen 1678 vorgetragenen Bemühungen um die Abwehr einer Besteuerung von Neubauten[44]. Eine solche Fortschreibung des Ansatzes der *Observations* in praktische Anwendungen lässt sich jedoch nur vereinzelt und ohne Anspruch auf Vollständigkeit feststellen.

Von den praktizierenden Ärzten seiner Zeit wurde Graunts Arbeit kaum rezipiert[45]. Dies ist insofern nicht überraschend, als es sich um eine epidemiologische Studie handelte, die sich nicht auf die Diagnose und das Auskurieren von Krankheiten, sondern auf deren statistische Häufigkeit konzentrierte. Die Unterschiede zwischen den *Observations* und der Arbeitsweise medizinischer Autoren wurde besonders deutlich in der Schrift des Arztes James Harvey „Scelera aquarum, or a supplement to Mr. Graunt on the bills of mortality" von 1701[46]. Harveys Studie, die vor allem die Erscheinungsformen von Skorbut in den Vordergrund der Betrachtung rückte und im Gegensatz zu Graunt nicht die Luftverschmutzung, sondern vor allem die Wasserqualität in der Stadt als Hauptursache für höhere Morbiditäten herausarbeitete, referierte nicht nur umfänglich den medizinischen Literaturstand, sondern war auch deutlich qualitativer angelegt, oder wie es der Autor ausdrückte, „in part arithmetical, in part pathological"[47]. Auch wenn die Auflistungen und teilweise Erläuterungen zu einzelnen Krankheitsbildern in den *Observations* als terminologisches Kompendium dienen mochten – als Fachlektüre für behandelnde Ärzte qualifizierte sie dies offensichtlich noch nicht.

Dagegen fand Graunts Arbeit unter Medizinern, die sich mit epidemiologischen Fragen und insbesondere den notwendigen Verbesserungen beim Seuchenschutz beschäf-

---

44 Vgl. SLACK (2004a), S. 45.
45 Vgl. RUSNOCK (1990), S. 58.
46 HARVEY (1701: Scelera aquarum, or a supplement to Mr. Graunt on the bills of mortality. Shewing as well the causes, as encrease, of the London, Parisian, and Amsterdam scorbute with all its attendants. Demonstrating the locality of the said causes and how they result from morbifick salts, which abound in the Strata of the Earth, and Stagnate Waters, round those three Cities […]). Zu Harvey ist wenig bekannt. Er stammte nicht aus der direkten Verwandtschaft des berühmten William Harvey.
47 HARVEY (1701), das Zitat S. 2.

tigten, durchaus ein Echo. Hier ist insbesondere der Arzt und Gesundheitspolitiker Richard Mead (1673–1754) zu erwähnen, der bei seinen Reformvorschlägen zur Abwehr einer möglichen Einschleppung der Pest während der verheerenden Epidemie in Marseille 1720 die *Observations* nachweislich rezipiert hat. Graunts kritische Haltung zur Effektivität von harten Quarantäne-Maßnahmen, die seiner Meinung nach mehr Schaden anrichteten als sie Nutzen versprachen und zudem am eigentlichen Problem der Übertragungswege über die Luft und nicht von Mensch zu Mensch vorbeigehen würden[48], trug dazu bei, dass statt der rigiden Abschottung von Haushalten, durch die auch die gesunden Mitglieder der Familie einer tödlichen Infektionsgefahr ausgesetzt wurden, ein bereits seit längerem diskutiertes Hygienemanagement Platz griff, das eher darauf setzte, die Erkrankten von den Symptomfreien räumlich zu separieren[49].

Dieses Problem hatte schon der Arzt Nathaniel Hodge (1629–1688) in seinen 1672 auf Latein erschienenen „Loimologia" angesprochen, die vor allem die Diagnose, Behandlung und Prävention von Pesterkrankungen zum Thema hatten und dabei auf seinen praktischen Erfahrungen während des Pestjahres von 1665 aufbauten, als er als einer der wenigen prominenteren Ärzte in London verblieben war, um die Erkrankten zu versorgen. Darin nahm er zwar nicht direkt auf die *Observations* Bezug, referierte aber eine aus den „Bills of Mortality" für 1665 kompilierte Tabelle der bestatteten Pesttoten nach Pfarrbezirken sowie eine weitere Aufstellung nach monatlichen Fallzahlen. Einige seiner Bemerkungen, etwa zur mangelnden Genauigkeit der Krankheitszuschreibungen in den „Bills of Mortality" oder zu den Übertragungswegen über die Luft, könnten sich ebenfalls auf die *Observations* bezogen haben, ohne dass hierfür mangels einer Referenz ein eindeutiger Nachweis zu führen ist[50].

6.5 Bevölkerungswissenschaft

Wie bereits dargelegt, war es vor allem William Petty, der die Fackel, die Graunt entzündet hatte, nach dessen Tod weitertrug – und dies teilweise bis in die fernsten Ecken des britischen Königreichs: Seine „Quaeries concerning the nature of the natives of Pensilvania", ein Manuskript, das er 1686 als systematisches Fragenraster für eine Analyse der

---

48 *Observations*, Widmungsbrief an John Robartes und Kap. IV / 11.

49 Vgl. hierzu neuerdings SLACK (2022), hier v. a. S. 143 f. Zu Mead GUERRINI (2008: Mead, Richard (1673–1754), physician and collector of books and art). Zur seuchenpolitischen Diskussion über die Quarantänemaßnahmen insbesondere in der Zeit Karls I. vgl. SLACK (1980).

50 Vgl. HODGES (1672: Loimologia, sive, pestis nuperæ apud populum Londinensem grassantis narratio historica), hier v. a. nach S. 28, S. 58, 60 f. und 62 (in der engl. Ausgabe); DUFFIN (2016), S. 33.

Ursprungsbevölkerung in der nordamerikanischen Kolonie schrieb, liest sich geradezu wie ein demografisches Forschungsprogramm[51].

Zu Beginn des 18. Jahrhunderts ebbte das öffentliche Interesse an Graunts Arbeit allerdings zunächst wieder etwas ab. Möglicherweise hatte das ursprüngliche Movens, mithilfe der Gesundheitsstatistik den Ausbruch der Pest vorherzusagen, mit dem Rückgang der großen Epidemien in London an Dynamik eingebüßt. Vielleicht war das Konzept der *Observations* auch zu deskriptiv, um in der Hochzeit der Aufklärung eine ähnliche Prägekraft zu gewinnen, die es noch einige Jahrzehnte zuvor entfalten konnte[52].

Selbst in denjenigen wissenschaftlichen Arbeitsgebieten, die sich vornehmlich mit der Beschreibung der objektiven Grundlagen und Ressourcen staatlichen Handelns beschäftigten und für die an der Wende zum 17. Jahrhundert der Begriff „Statistik" aufgekommen war, hatte die „Politische Arithmetik" zunächst eher eine randständige Bedeutung – was ihren Stellenwert für die Begründung der späteren Volkswirtschaftslehre freilich nicht schmälert[53].

Außerdem stand, wie wir gesehen haben, in den ersten Jahren der Bevölkerungsstatistik die Methodendiskussion immer noch sehr stark im Vordergrund des wissenschaftlichen Interesses, wie etwa bei Gottfried Wilhelm Leibniz, den Brüdern Huygens und der auch im 18. Jahrhundert anhaltenden Diskussion um die korrekte Berechnung von Sterbetafeln, die Graunt mit seinen Darlegungen in den *Observations* angestoßen hat-

---

51 „1. Suppose there bee 1000 of them, within a certain scope of ground. Q. How many of them are under 5 yeares old? How many between 5 & 10, 10 & 15, 15 & 25, 25 & 35, 35 & 45, 45 & 55, 55 & 65, 65 & 75, & how many above 75? 3. What is the proportion between their males & Females? 4. At what age have young women usually their first child? And after what age do they beare none? 6. What is the common age of that whole 1000 people? 13. What are their most usuall acute diseases, and chronical? 18. How many children have the most fruitfull women, and at what distances? 19. How many dye per cent. Per annum?" (zit. bei McCORMICK (2013b), S. 181).

52 Der Gegensatz zwischen der englischen „Political Arithmetic" und der deutschen Tradition einer „descriptive statistics" (DESROSIÈRES (1998: The Politics of Large Numbers. A History of Statistical Reasoning), S. 18) bezieht sich eher auf das unterschiedliche Verständnis des Verhältnisses zwischen Wissenschaft und praktischem beziehungsweise staatlichem Handeln. Graunt ging es nicht um Theoriebildung, sondern um eine Darstellung der von ihm beobachteten Regelmäßigkeit in der epidemiologischen Entwicklung.

53 Vgl. hierzu neuerdings KLEINSCHMIDT (2019: Klimatheorie, Statistik, Revolutionsbegriff. Die Transformation der Wahrnehmung der Vergangenheit in Europa zwischen dem 17. und dem 19. Jahrhundert), S. 609–613, sowie zur Rezeptionsgeschichte der „Political Arithmetics" YCART (2016: Jakob Bielfeld (1717–1770) and the diffusion of statistical concepts in eighteenth century Europe). In Deutschland wurde der wissenschaftliche Wert einer systematisch betriebenen Bevölkerungsstatistik – und ihrer politischen Instrumentalisierbarkeit – erst in der 2. Hälfte des 18. Jahrhunderts erkannt; vgl. hierzu NIPPERDEY (2015: Ehre durch Zahlen. Publizistische Rangstreitigkeiten und die Evidenz der Zahl im späten 18. Jahrhundert). Zum Zusammenhang von Bevölkerungsstatistik und „Policeywissenschaft" im 18. Jahrhundert vgl. BÜHLER (2016: Politische Arithmetik), hier S. 397.

te[54]. Auf Grund der geringen Breitenbildung in der theoretischen Mathematik – selbst Graunt berief sich bei seinen Berechnungen auf das aus der Praxis geschöpfte wirtschaftsmathematische Wissen – blieben solche Diskurse einer eher kleinen, vorzugsweise naturwissenschaftlich interessierten Elite vorbehalten, während sich in England wie auch auf dem Kontinent die „data illiteracy" in den Verwaltungen insbesondere auf den unteren Ebenen als ein verzögernder Faktor bei der Quantifizierung des Verwaltungshandelns erwies[55].

Schließlich traten in der politischen Theorie im Laufe des 18. Jahrhunderts andere Themen stärker in den Vordergrund, insbesondere die Frage nach den Strukturelementen einer vernunftorientierten Gesellschaft, nach der Modernisierung staatlichen Handelns sowie nach den Voraussetzungen der bürgerlichen Emanzipation. Das Streben nach individueller Vervollkommnung und einer gerechteren Gesellschaft schien mit der empirischen Denkweise Graunts, die vom Einzelnen stärker abstrahierte und den Blick allein auf die von ihm beobachteten Regelmäßigkeiten in der Gesundheitsstatistik fokussierte, nicht kompatibel.

Die Faszination der ersten Generation der Royal Society an einer vermeintlich wertfreien und sich ganz auf die immanenten Zusammenhänge der natürlichen Ordnung konzentrierenden Wissenschaft wurde jetzt gewissermaßen Opfer des eigenen Erfolgs und vom Diktat der Vernunft überholt. Ein besonders anschauliches Beispiel für diesen sich wandelnden Zeitgeist ist Jonathan Swift (1667–1745), der in „Gulliver's Travels" (1726) und vor allem im „Modest Proposal" (1729) satirische Spitzen gegen die Idee des „Social Engineering" und ihre Grundlegung durch die empirische Sozialwissenschaft austeilte[56]. Auch wenn der aus Irland stammende Autor damit hauptsächlich die dortigen Aktivitäten Pettys und dessen Schriften aufs Korn nahm, waren die Anspielungen

---

54 Vgl. etwa die Übersicht bei HERAS u. a. (2019: What was fair in actuarial fairness?), S. 10–12.

55 Vgl. COHEN (1982: A calculating people. The spread of numeracy in early America), S. 39 f. KREAGER (1993: Histories of demography: a review article) verweist darauf, dass die Rezeption der *Observations* ein „fair sample of leading mathematical lights of the later seventeenth century, especially those having an interest in the then new subject of mathematical probability", einschloss (S. 520). Zum Verwaltungshandeln vgl. PITZ (1976: Entstehung und Umfang statistischer Quellen in der vorindustriellen Zeit), S. 34–39. Anders LAZARSFELD (1961: Notes on the history of quantification in sociology – trends, sources and problems), nach dem „the art of ‚political arithmetic'" um 1680 in der englischen Führungselite gut etabliert war (S. 150).

56 SWIFT (1729: A modest proposal for preventing the children of poor people from being a burthen [sic!] to their parents or country, and for making them beneficial to the publick). Vgl. hierzu BRIGGS (2005: John Graunt, Sir William Petty, and Swift's ‚Modest Proposal'). Allerdings ist dies nur eine mögliche Lesart des Werks von Swift, vgl. HEDRICK (2017: A Modest Proposal in Context: Swift, Politeness, and A Proposal for giving Badges to the Beggars). Das Zitat: ALFF (2014: Swift's solar gourds and the rhetoric of projection).

auf Graunt, etwa auf dessen Aussagen über die zwangsweise Einbindung von Bettlern in die Produktionsprozesse des englischen Textilgewerbes, doch unverkennbar[57].

Dabei darf jedoch nicht übersehen werden, dass der Empirismus des 17. Jahrhunderts, dem sich auch Graunt verschrieben hatte, ein geistiges Klima schuf, das wesentlich dazu beitrug, dass die überkommenen Strukturen von Staat und Gesellschaft weniger als gottgegeben, sondern vielmehr als nach wissenschaftsgeleiteten Prinzipien gestaltbare Größen erschienen. In diesem „Design sozialer Systeme"[58] kam den politischen Intellektuellen eine Vorreiterrolle zu – zu denen Graunt, der einen eher pragmatischen Zugang zu den ihn umtreibenden Themen hatte, eher nicht zählte[59].

Trotz alledem blieben die von Graunt aufgerissenen Fragen der Bevölkerungsstatistik auch im 18. Jahrhundert weiterhin auf der Tagesordnung der Wissenschaft. Es ist hier nicht der Platz, diese Entwicklung für das 18. Jahrhundert nachzuzeichnen. Doch zeigt allein die Dichte der Veröffentlichungen, die Bevölkerungsstatistiken zum Gegenstand hatten, dass die Beschäftigung mit demografischen Fragen nun nicht mehr aus der Welt zu denken war – von Autoren wie Charles Davenant (1699), John Arbuthnot (1710) und William Maitland (1739) in England, Nicolaas Struyck (1716, 1740) und Willem Kersseboom (1742) in Holland, Henri de Boulainvilliers (1727) und Antoine Deparcieux (1746) in Frankreich und Pehr Wilhelm Wargentin (1766) in Schweden zu den 1741 im Königreich Preußen publizierten Schriften Johann Peter Süssmilchs, die dann für Deutschland bahnbrechend wurden[60]. Und auch der Gründervater der deutschen Demografie berief sich nach fast hundert Jahren immer noch auf das Grundlagenwerk der *Observations* von 1662: „Dem Herrn Graunt gebührt das erste und vornehmste Lob, als welcher in diesen neuen Wahrheiten das Eis gebrochen und welcher zuerst die bis zu seiner Zeit in London gedruckten Listen zu deren Entdeckung zu nutzen gesucht"[61].

---

57 Vgl. BRIGGS (2005), S. 5 f.

58 So GOLDMAN (2018: Compromised Exactness and the Rationality of Engineering), hier v. a. S. 16.

59 In diesem Zusammenhang ist auch auf die bevölkerungswissenschaftliche Studie von Benjamin Franklin „Observations Concerning the Increase of Mankind, Peopling of Countries, etc." von 1751 / 1755 hinzuweisen, vgl. ALDRIDGE (1949: Franklin as Demographer), S. 25.

60 Zu Süssmilch vgl. etwa NIPPERDEY (2011a: Johann Peter Süssmilch: From Divine Law to Human Intervention); ELSNER (1997: Süssmilchs Zeit in Etzin); ELSNER (1991: Johann Peter Süßmilch und der Beginn der Gesundheitsstatistik in Deutschland); HECHT (1987: Johann Peter Sussmilch: A German Prophet in Foreign Countries); BIRG (1986: Ursprünge der Demographie in Deutschland. Leben und Werk Johann Peter Süßmilchs (1707–1767)); DREITZEL (1986a); DREITZEL (1986b: Vorbemerkung zur Schrift „Gedanken von den epidemischen Kranckheiten und dem grösseren Sterben des 1757ten Jahres"); HECHT (1986: Johann Peter Süssmilch – ein deutscher Prophet im Ausland); VAN DE WALLE (1967: A Süssmilch Bicentenary); HORVATH (1962: „L'Ordre divin" de Sussmilch: Bicentaire du premier traite specifique de demographie (1741–1761)).

61 SÜSSMILCH (1741: Die göttliche Ordnung in den Veränderungen des menschlichen Geschlechts, aus der Geburt, Tod und Fortpflanzung desselben erwiesen), S. 17.

In einer späteren Auflage ging Süssmilch sogar noch weiter. Zwar sei das Material schon vor Graunt vorhanden gewesen. Aber es „fehlte nur ein Columbus, der in seinen Betrachtungen alter und bekannter Wahrheiten und Nachrichten weiter ging als andere" und darin eine Ordnung erkannte, und „dieser Schluss reizte seinen Fleiß und seinen Scharfsinn zu weiterem Nachforschen, wodurch er den Grund zu dieser Wissenschaft gelegt hat, die nicht nur ihren Liebhabern Vergnügen gibt, sondern die uns auch zur größeren Erkenntnis und Verehrung des weisesten Urhebers dieser Ordnung der Natur ermuntert, ja die auch den Göttern der Erde, die zu Regenten der Menschen bestellt sind, die ersten Grundgesetze der Staatswissenschaft zeigt und sie lehrt, dass sie sich und ihren Staat nur alsdenn glücklich und mächtig machen können, wenn sie die Regeln der Ordnung befolgen, die der allerhöchste Beherrscher zur Bevölkerung der Erde gewählt und festgesetzt hat"[62]. Eine bessere Beschreibung der Leistung John Graunts und ihres Nutzens für die Entwicklung evidenzbasierter Politik und rationalen staatlichen Handelns könnte man nicht an das Ende dieser Betrachtungen stellen. Ohne Zweifel war seine Schrift, wie Greenwood festgestellt hat, „one of the great classics of science"[63].

---

62   2. Aufl. (1761), S. 57.
63   Vgl. GREENWOOD (1942).

7 Zusammenfassung und Schlussbetrachtungen

Mit modernen Wissenschaftsbegriffen umschrieben, ging es in den *Observations* im Wesentlichen um demografische und epidemiologische Fragestellungen. Daneben berührte das Werk auch bevölkerungsgeografische Aspekte und vor allem statistische Methodenfragen. Diese disziplinäre Bandbreite erklärt, warum die Schrift bis heute ein wichtiger Referenzpunkt für die internationale Forschung in einem weiten Spektrum der Sozial- und Lebenswissenschaften geblieben ist und zu den Standardwerken der Wissenschaftsgeschichte zählt. Umso erstaunlicher ist es, dass die Person des Autors selbst und die Umstände, unter denen die *Observations* entstanden sind, bislang nicht aus geschichtswissenschaftlicher Perspektive gewürdigt wurden.

Für die durchschlagende wissenschaftliche Wirkung seines Werks war es entscheidend, dass John Graunt bei der Interpretation der „Bills of Mortality" eine Methodik ganz auf der Höhe der Zeit angewandt hatte. Der Autor der *Observations* begann seine Studie mit einer umfänglichen Erfassung der zugänglichen Daten und ihrer Kompilation in Tabellen, die es erlaubten, sich ein Bild über die Bevölkerungsentwicklung in allen Londoner Pfarrbezirken und über eine längere Zeitspanne hinweg zu verschaffen. Die Interpretation der daraus abgeleiteten Befunde sollte jedoch nicht bei der Beobachtung der Verhältnisse vor Ort stehen bleiben, sondern fehlgeleitete Perzeptionen über die beschriebenen Bevölkerungsentwicklungen aufklären und letztlich zu verallgemeinerbaren Erkenntnissen führen[1]. Insofern stand Graunt ganz in der Tradition der Naturphilosophie und des Bacon'schen Wissenschaftsbegriffs, auch wenn er dessen Arbeiten wohl nur teilweise selbst rezipiert hat.

Über seine Zeit hinaus wies die Bestimmtheit, mit der Graunt diesen Weg beschritt. Für die kritische Beurteilung der zu Beginn der *Observations* dargelegten Fragestellungen war die aus den Daten geschöpfte Evidenz die wichtigste Messlatte. Graunt verzichtete auf jedwedes teleologisches Erkenntnisinteresse, etwa die Suche nach einer göttlichen Ordnung im vorhandenen Datenmaterial oder nach einem höheren Sinn in der bestehenden gesellschaftlichen Ordnung. Auch sparte er unbequeme Wahrheiten, etwa zu stigmatisierenden Krankheiten, nicht aus. Dies bezog sich auf unterschiedliche For-

---

1   *Observations*, Preface.

men psychischer und neurologischer Erkrankungen, wie etwa Depressionen[2], die sogenannten „Lunatics", also mit phasenweisem Kontrollverlust und im schlimmsten Falle
Unzurechnungsfähigkeit begleitete Erkrankungen[3], oder Suizide, die mit einer posthumen sozialen Ächtung einhergingen[4]. Bei der bereits erwähnten Syphilis wurden die
Übertragungswege für diese Krankheit schonungslos offengelegt[5].

Die Erhebung und Präsentation der Daten und der sich in ihnen abbildenden Muster war so konstitutiv für diesen Ansatz, dass ihnen beinahe etwas Selbstzweckhaftes
anhaftet[6]. Von der modernen Forschung wurde Graunt deshalb auch ein Hang zum
Zahlenpositivismus unterstellt[7], und in gewisser Hinsicht deckte sich diese Einschätzung auch mit dem Urteil einiger Zeitgenossen, wenn sie Graunt als „Virtuoso" bezeichneten[8]. Dieser Begriff, der zunächst vornehmlich für Kunstliebhaber und Sammler
von kulturellen Artefakten gebraucht wurde und erst um die Jahrhundertmitte und verstärkt nach der Gründung der Royal Society auch in wissenschaftliche Kontexte Eingang fand, war in dieser Zeit durchaus schillernd und gehörte deshalb auch nicht von
ungefähr zum Standardrepertoire der satirischen Literatur über die Gelehrtengemeinschaft und ihre Vertreter. Im positiven Sinne wurde zu Graunts Zeit damit der Typus eines Wissenschaftsenthusiasten bezeichnet, der sich vor allem als Sammler von Objekten
und Kuriositäten, als Archivar und Dokumentar von Informationen, Daten und Experi-
mentanordnungen hervortat oder solche Aktivitäten finanzierte, als „nebenberuflicher"
Forscher jedoch nicht durchweg von einem hohen wissenschaftlichen Anspruch geleitet
wurde, etwa hinsichtlich der Weiterentwicklung von Theorie und Methoden[9].

In der Tat entsprach Graunt nicht dem klassischen Typ eines Gelehrten, und er setzte sich sogar ausdrücklich von der in weiten Teilen der akademischen Welt vorherr-

---

2   Ebd., Kap. III / 11 f. Hierzu zählen „sadness", „grief" oder „sorrow", deren krankheitsfördernde
      Wirkung insbesondere bei exzessiver Trauer den Zeitgenossen bewusst war. Vgl. hierzu SULLIVAN
      (2013: A disease unto death. Sadness in the time of Shakespeare). In den „Bills of Mortality" werden
      jedoch nur „grief" und „outward grief" erwähnt.
3   Vgl. hierzu RIVA u. a. (2011: The Disease of the Moon: The Linguistic and Pathological Evolution of
      the English Term „Lunatic").
4   *Observations*, Kap. III / 13.
5   Ebd., Kap. III / 15–18.
6   So etwa die Kritik von CAMPE (2002: Spiel der Wahrscheinlichkeit: Literatur und Berechnung zwi-
      schen Pascal und Kleist) am Ansatz Graunts (S. 215–217).
7   Vgl. hierzu kritisch SHELDON (2020: How to Read by Numbers: Plague, Political Arithmetic, and
      the Production of History), hier v. a. S. 391 f. BUCK (1977) sieht bei Graunt ein nominalistisches
      Konzept, insofern eine kausale Verbindung zwischen den beobachteten Phänomenen erst durch
      den menschlichen Verstand hergestellt wird und diesen an sich nicht innewohnt.
8   So etwa HARVEY (1701).
9   Vgl. hierzu etwa GERIGUIS (2017), S. 225–227; NICOLSON (1973 / 1974: Virtuoso); anders KOENIGS-
      BERGER (1986: Politicians and Virtuosi: Essays in Early Modern History), S. IX u. ö.

schenden Diskurskultur ab, die ihm schon auf Grund der Tatsache, dass er im Alter von 16 Jahren seine Berufslaufbahn im Textilhandel begonnen und deshalb nie eine Universität besucht hatte, zeitlebens fremd blieb[10]. Als Laienwissenschaftler, der sein in der kaufmännischen Anwendung erlangtes praktisches Grundlagenwissen in einem neuen Feld erprobte, interessierte er sich für theoretische Diskussionen, die oftmals ein gewisses Maß an Abgehobenheit kennzeichnete, eher wenig[11]. Mangels Referenzen können wir auch die Einflüsse, die Graunt aus eigener Lektüre bezogen hat, nicht mehr vollständig rekonstruieren. Es hat den Anschein, dass er neben Bacon vor allem lokalhistorische und chorografische Literatur wahrgenommen hat, während die Berührungen mit dem französischen Rationalismus beziehungsweise der frühen Wahrscheinlichkeitstheorie eher indirekter Natur waren. Namentlich sein enger Freund Petty war hier wohl ein wichtiges Bindeglied.

Diese Theorieferne Graunts zeigte sich insbesondere in der mathematischen Fundierung seiner Arbeiten. In den *Observations* nutzte er die Verhältnisrechnung, die Vergleichsrechnung, die Prozentrechnung oder den Dreisatz, mithin also Techniken, mit denen er aus seinem Geschäftsbetrieb vertraut war[12]. Es ist zweifelhaft, ob er sich je mit der mathematischen Grundlagenliteratur seiner Zeit, etwa mit den Arbeiten von Robert Recorde (um 1512–1558), John Napier (1550–1617) und William Oughtred (1574–1660)[13], beschäftigt hat. An einigen Stellen offenbaren sich auch mathematische Ungenauigkeiten, etwa bei der Berechnung von „Mittelwerten" zur natürlichen Bevölkerungsentwicklung in Romsey, bei denen es sich bei genauerer Betrachtung nicht um solche handelt[14]. Viele seiner Berechnungen und Darlegungen waren überdies nicht nachvollziehbar oder sogar widersprüchlich[15]. Berechtigte Methodenkritik erfuhr in der wissenschaftlichen Literatur auch sein vergleichsweise schlicht gestalteter Ansatz, eine Sterbetafel zu erstellen. Dabei ist zu berücksichtigen, dass ein solches Unterfangen keineswegs trivial war. Dies zeigt sich unter anderem daran, dass es dem englischen Aktuar Joshua Milne (1776–1851) nach einer über hundertfünfzig Jahre währenden, intensiven Methodendis-

---

10 In diesem Sinne lässt sich die Wortwahl in *Observations*, Widmungsbrief an John Robartes, und Conclusion / 3 und 4, interpretieren. Graunt grenzt hier seinen innovativen Ansatz bewusst von „tedious narrations", „long series of multiloquious deductions" oder „pestering the world with voluminous transcriptions" ab. S. auch seine kritischen Worte über „speculative men, how few do [truly] study nature and things! The more ingenious not advancing much further than to write and speak wittily about these matters".

11 Vgl. hierzu v. a. *Observations*, Erweiterungen, S. 379.

12 Vgl. hierzu v. a. KLEIN (1997), S. 25–47.

13 Vgl. MATSUKAWA (1955: Origin and significance of Political Arithmetic), S. 56.

14 Vgl. BUCHWALD (2006: Discrepant Measurements and Experimental Knowledge in the Early Modern Era), S. 580.

15 Vgl. KREAGER (1988), S. 133 f.

kussion, an der sich führende Mathematiker und Bevölkerungswissenschaftler beteiligten, erst 1815 gelang, eine nach heutigem Verständnis korrekte Sterbetafel vorzulegen[16]. Die Begründung der mathematischen Epidemiologie bedurfte ebenfalls weiterer wissenschaftlicher Iterationen, sie blieb schließlich Daniel Bernoulli (1700–1782) vorbehalten[17].

Auch wenn Graunt in den *Observations* konsequent einen empiristischen Ansatz verfolgte und damit eine für seine Zeit beachtliche Modernität bewies, so sind doch einige Vorbehalte angebracht.

Zum einen finden sich im Text Elemente anekdotischer Evidenz, wie etwa die Beobachtung einer hohen Bevölkerungsdichte und eines angespannten Wohnungsmarkts in London als Beleg dafür, dass die natürliche Bevölkerungsentwicklung durch Zuwanderung vom Land ausgeglichen worden sein musste[18]. Mehrfach stützte er sich auch auf ungeprüft übernommene Aussagen Dritter – die diesbezügliche Phrase „I have heard" taucht mehr als ein Dutzend Mal im Text auf, etwa wo er sich auf Informationen stützte, die er von praktizierenden Ärzten erhalten hatte. Besonders augenscheinlich wird dies bei seinen Vermutungen zu möglichen Ursachen der Müttersterblichkeit, die er unter anderem auf die selbst während einer Schwangerschaft befolgte Mode, den Körper mit Miedern zu stützen, zurückführte und dies damit begründete, dass bei den noch im Einklang mit der Natur lebenden Urvölkern Amerikas ebenso wie bei Frauen in Irland, die diesem Brauch nicht folgten, eine ähnlich hohe Zahl an Todesfällen unter Müttern nicht bekannt sei[19].

Bei allem Bemühen um die gebotene Objektivität war Graunt auch nicht immer der nüchterne Beobachter, als der er sich in den *Observations* vorstellte. Dies wurde bei der Behandlung von zwei gesellschaftlich besonders heiklen Hypothesen deutlich, nämlich ob mit den Regierungsantritten von Königen stets der Ausbruch einer Pestepidemie einhergegangen sei, es also einen ursächlichen Zusammenhang zwischen beiden Ereignissen geben müsse, beziehungsweise ob eine zumindest übergangsweise Zulassung der Polygamie eine sinnvolle Maßnahme zur Erholung der Bevölkerungszahlen nach einem demografischen Schock darstellen könnte. Bei diesen beiden Fragen lässt sich bei Graunt eine ergebnisgeleitete Argumentation erkennen – nicht unverständlich angesichts der schweren Strafen, die auf Vergehen der Majestätsbeleidigung, der Polygamie und der Gotteslästerung standen. Hinsichtlich der vermeintlichen Koinzidenz von Thronfolgen und Epidemien argumentierte er, dass zwar die Pestausbrüche 1603 und

---

16   Vgl. SZRETER (2015).
17   Vgl. BRAUER (2017: Mathematical epidemiology: Past, present, and future), hier v. a. S. 114.
18   *Observations*, Kap. VII / 2.
19   Ebd., Kap. III / 43. Hier verwies Graunt zum ersten und einzigen Mal auf die epidemiologische Entwicklung in den Kolonien.

1625 in der Tat mit den Regierungsantritten Jakobs I. und Karls I. zusammengefallen waren, die Jahre 1648 und 1660, in denen Karl II. zur Regierung kam, jedoch von einer besonders niedrigen Sterblichkeit gekennzeichnet gewesen seien[20]. Die Bewertung der Polygamie entkleidete er dagegen weitestgehend ihres moralischen und rechtlichen Gewandes und beurteilte sie primär aus bevölkerungswissenschaftlicher Perspektive, wenn auch mit dem gleichen negativen Endurteil.

Die eher nüchterne Anlage seiner Studie schloss schließlich auch nicht aus, dass sich die persönliche Betroffenheit gelegentlich im Text Geltung verschaffte. Bezeichnenderweise sind jene Teile der Widmungsbriefe, in denen er auf die Polemiken gegen das wissenschaftliche Konzept der Royal Society einging, deutlich assoziativer und polemischer geschrieben als die anderen Teile des Texts, sodass sich hier sogar der Verdacht aufdrängt, dass diese Passagen nicht ausschließlich aus seiner Feder gestammt haben könnten.

Darüber hinaus war Graunt klar, dass er bei der Auswertung der „Bills of Mortality" eher auf dünnem Eis wandelte. Die Diagnose der Todesursachen auf Augenschein hin durch ein medizinisch nicht ausreichend geschultes Personal, die leichte Verwechselbarkeit von Krankheitsbildern auf Grund ähnlicher Symptome und die menschliche Unzulänglichkeit mancher „Searcher" sowie die Fehleranfälligkeit eines auf der durchaus wechselhaften Akribie der Pfarrverwaltungen basierenden Erfassungssystems waren ihm bewusst. Er musste diese Bedenken jedoch beiseiteschieben, denn da ihm kein anderes Material zur Verfügung stand, hatte er gar keine andere Wahl, als der Aussagekraft der „Bills of Mortality" ein Stück weit zu vertrauen. Der Fehlertoleranzbereich ließ sich zwar einschränken – etwa indem man sich mehr auf die generellen Befunde fokussierte, die durch hohe Fallzahlen eine größere Wahrscheinlichkeit erlangten, und diese durch komplementäre Beobachtungen weiter verifizierte. An der problematischen Zuverlässigkeit der Ausgangsbeobachtungen änderte sich dadurch jedoch nichts.

Sein Verweis darauf, dass die Symptome vieler Krankheiten auch ohne medizinische Fachkenntnisse leicht erkennbar seien und dass die „Searcher" in einigen Fällen auch einen behandelnden Arzt bei der Beisetzung konsultieren konnten, wirkte trotz einer gewissen Berechtigung eher wie ein Beschwichtigungsversuch. Denn aus dem über sämtliche Pfarreien und mehrere Jahrzehnte hinweg kompilierten Datenmaterial waren Fehldiagnosen und absichtliche Verfälschungen nur schwer herauszufiltern, und bei den in

---

20 Ebd., Kap. VI / 4. Hier erlaubte er sich eine kleine Ungenauigkeit, denn Karl II. war de jure erst 1649 mit der Hinrichtung seines Vaters auf dem englischen Thron nachgefolgt und erst 1661 gekrönt worden. An einer anderen Stelle des Textes argumentierte er in umgekehrter Richtung, dass gerade die Jahre des Bürgerkriegs von einer hohen Sterblichkeit geprägt gewesen seien (ebd., Ergänzung, S. 354).

den „Bills of Mortality" erfassten Daten zu einigen Sterblichkeitsparametern dürfte es vermutlich eine hohe Dunkelziffer gegeben haben.

Ähnliches galt auch für die Berechnung der natürlichen Bevölkerungsentwicklung, denn Graunt war bewusst, dass in den „Bills of Mortality" lediglich die Taufen und Beerdigungen, nicht jedoch die Geburten und Sterbefälle an sich erfasst waren, von der Zahl der tatsächlichen Einwohnerinnen und Einwohner ganz zu schweigen. Dass sich durch die hohe Bevölkerungsfluktuation insbesondere auf Grund der Binnenwanderung ein methodisches Problem bei der Interpretation der Daten ergab, schien in den *Observations* gelegentlich auf, etwa wenn Graunt in die Berechnung der „sickly years" auch die jeweils vorangehenden und nachfolgenden Jahre einbezog, um kurzfristige Veränderungen durch Wanderungsbewegungen auszugleichen[21]. Die sich daraus ergebende statistische Verzerrung stellte er aber nicht grundsätzlich zur Diskussion, sondern behalf sich beispielsweise mit Schätzwerten oder mit einer Reihe von Hochrechnungen unter Annahmen zur durchschnittlichen Anzahl von Frauen im Reproduktionsalter oder von Haushalten pro Gebietseinheit[22]. Auch wenn ein solches Verfahren einer Methodenkritik breite Angriffsfläche bot, verdient die Analyse Graunts, unfertig wie sie war, als erster Impuls für ein neues Verständnis der städtischen Bevölkerungsentwicklung doch Anerkennung[23].

Überhaupt bleibt trotz aller Vorbehalte das Verdienst bestehen, dass Graunt mit seiner Methodik einen bahnbrechend neuen Weg beschritten hat, um soziale Phänomene empirisch zu analysieren[24]. Es ging ihm um die Beschreibung von grundlegenden Strukturmerkmalen in der Bevölkerungsentwicklung, die er in seinem Datenmaterial beobachtet hatte. Sein Vorgehen war induktiv, anstatt von Lehrsätzen auszugehen, wertete er das Datenmaterial weitestgehend ergebnisoffen aus. Die Aussagekraft der Daten wurde von ihm kritisch hinterfragt, wobei er den Fehlertoleranzbereich durch mathematische Berechnungen anhand vorhandener Bevölkerungszahlen und anderen Vergleichsmaterials so weit wie möglich zu minimieren versuchte. Hypothesen, egal ob in der öffentli-

---

21   Ebd., Kap. VI / 1.
22   *Observations*, Kap. XI / 3–11. Vgl. hierzu die Diskussion zwischen FINLAY (1981a) und SHARLIN (1978: Natural Decrease in Early Modern Cities: A Reconsideration).
23   So SLACK (2018). Graunts Darstellung nehme „a central place in the history of population and how it has been thought about since the seventeenth century" ein (S. 325).
24   Vgl. MATSUKAWA (1955). Demnach seien Graunts Arbeiten zwar „too crude in construction to inquire into the true nature of the subject observed and too obscure in basic thinking to clarify the socio-economic relationship" gewesen. Dennoch sei „his discovery of regularities in social phenomena" von großer Bedeutung, zumal habe er diese auch „numerically demonstrated with indisputable evidence" (S. 58).

chen Meinung verbreitet oder von Graunt selbst vorgetragen, mussten den Lackmustest anhand des vorliegenden Datenmaterials bestehen.

Auch inhaltlich nahm er Themen der modernen Bevölkerungswissenschaft in vielem vorweg. Daten zu den Sterbefällen, zu Geburtenzahlen und zur Zuwanderung werden auch heute als die drei grundlegenden Parameter für die demografische Analyse herangezogen, sie dienen als wichtige Indikatoren für die Analyse der Häufigkeit von Erkrankungen und von Veränderungen des Gesundheitsstatus, der Verteilung nach Alter und Geschlecht, der Mobilität zwischen Stadt und Land und der Bevölkerungsgröße. Ein, wenn auch noch eher rudimentäres Verständnis der sich in einem urbanen Kontext abspielenden Wirkungszusammenhänge von Mortalität, Fertilität und Migration, wie sie dann im 20. Jahrhundert etwa in der Theorie der „Demographic Transition" beschrieben werden sollten, ist bei Graunt bereits beobachtbar[25]. In Ansätzen war ihm auch die Bedeutung individualpsychologischer Faktoren bewusst, etwa dass sich in einem Absinken der Geburtenzahlen negative Alltagserfahrungen und pessimistische Zukunftserwartungen widerspiegeln konnten[26]. Ebenso hatte er erkannt, dass, wie im Falle seiner Darlegung über die verzögerte Familiengründung von Lehrlingen, auch rechtliche und soziale Restriktionen, wie Heiratsbeschränkungen für unselbständige Arbeitnehmer oder die Bindung der Familiengründung an ein auskömmliches Einkommen, zu einem Aufschub von Heiraten führen konnten. In einer Zeit, in der eheliche Geburten die Regel waren, wurde dadurch die fertile Lebensphase verkürzt.

Hinsichtlich der Mortalität auf der Ebene der Gesamtbevölkerung stellte Graunt neben seinen bereits dargelegten epidemiologischen Einzelanalysen zur Häufigkeit, Dauer und Letalität von weit verbreiteten Krankheiten und von Epidemien Studien zu den demografischen Auswirkungen von Jahren mit Übersterblichkeit an. Die häufigsten Todesfälle waren dabei durch die Pest, das Fleckfieber, die Pocken und die Rote Ruhr zu beklagen. In saisonaler Hinsicht sah Graunt dabei vor allem den Herbst als eine Zeit höherer Sterblichkeit, ohne hier weiter ins Detail zu gehen[27]. Wie wir gesehen haben, interessierte ihn schließlich vor allem die Frage, innerhalb welchen Zeitraums und mit welchen Maßnahmen eine sich daraus ergebende Bevölkerungsschrumpfung durch einen Geburtenüberschuss beziehungsweise durch Zuwanderung wieder ausgeglichen würde.

---

25 Vgl. DYSON (2011: The role of the demographic transition in the process of urbanization); zum diesbezüglichen Forschungsstand und den Desiderata vgl. SMITH (2012: John Graunt, the law of natural decline and the origins of urban historical demography).

26 Vgl. hierzu und zum Folgenden BUCHHEIM (2003: Das Zusammenspiel von Wirtschaft, Bevölkerung und Wohlstand aus historischer Sicht).

27 Vgl. *Observations*, Kap. VI / 5.

Mit Graunts Studie fand zudem erstmals eine systematische Analyse von Daten zur Verteilung der Sterblichkeit nach soziodemografischen Merkmalen wie Alter, Geschlecht, Familienstand, Beschäftigung oder Religionszugehörigkeit Eingang in eine wissenschaftliche Betrachtung[28]. Dabei erfassten seine Analysen bereits den gesamten Lebensverlauf: Es finden sich statistische Aussagen zur Häufigkeit von Totgeburten und zur Kindersterblichkeit sowie zur Mortalität von (werdenden) Müttern ebenso wie Betrachtungen zu den in den Daten abgebildeten Unterschieden von Männern und Frauen im Erwachsenenalter und zur Gruppe der Älteren. Mit letzterem Begriff bezeichnete er, einer zeitgenössischen Definition folgend, Menschen im Alter von über 70 Jahren – mit Blick auf die damalige Lebenserwartung sollte man also eher von den Höchstaltrigen des 17. Jahrhunderts sprechen. Wie Langner betont, hat er als erster das Alter als „reversible" Größe verstanden, indem er aus dem zu einem bestimmten Zeitpunkt erreichten Alter ein zu diesem Zeitpunkt noch zu erwartendes Alter machte[29]. Wie auch immer man die Seriosität der von ihm errechneten Sterbetafel einschätzen mag – Graunt war in der Tat einer der Vordenker des wissenschaftlichen Konzepts der Lebenserwartung[30].

Wie bereits dargelegt, wurden bei der Darlegung der „Causalities" in den *Observations* auch die kategorialen Schwächen des Datenmaterials offensichtlich[31]. In den Tabellen der „Bills of Mortality" standen Bezeichnungen von Krankheiten gleichrangig neben Bezeichnungen von Symptomen, die keinem Krankheitsbild zugeordnet waren. Für gleiche oder ähnliche Erkrankungen wurden unterschiedliche Begriffe benutzt, wie etwa im Falle der Tuberkulose oder bei Krebs. Diesen Missstand nahm man erst 1695 in Angriff, als ein standardisiertes Formular für die „Bills of Mortality" vorgeschrieben wurde[32]. Auch konnte die Zuordnung eines Todesfalls zu einer einzelnen Mortalitätsursache Verzerrungen zur Folge haben – etwa im Falle von Multimorbidität, bei der mehrere Erkrankungen gleichzeitig auftreten, oder bei der noch heute im allgemeinen Sprachgebrauch üblichen Bezeichnung „Altersschwäche", zu der auch andere Todesursachen

---

28 S. hierzu auch ebd., Conclusion / 4: „It is no less necessary to know how many people there be of each sex, state, age, religion, trade, rank or degree etc. [...]". Zu soziodemografischen Merkmalen vgl. etwa GESIS – Leibniz-Institut für Sozialwissenschaften: https://www.gesis.org/gesis-survey-guidelines/instruments/erhebungsinstrumente/sozio-demographische-merkmale (letzter Zugriff am 25. 09. 2020).

29 Vgl. LANGNER (2010: Die Zeit – die Null – das Alter – die Lebenserwartung. John Graunt (1662) und Edmund Halley (1693)), S. 37.

30 Vgl. hierzu CIECKA (2020: Life Expectancy Is 350 Years Old), für den der wissenschaftliche Durchbruch des Konzepts der Lebenserwartung erst mit der methodischen Diskussion der Brüder Huygens beginnt.

31 Zum Folgenden vgl. auch APPLEBY / STAHL-TIMMINS (2018: Consumption, flux, and dropsy: counting deaths in 17th century London). Die Autoren verweisen ebenfalls auf Rechenfehler Graunts.

32 Vgl. BOYCE (2020), S. 1187.

als ausschließlich das hohe Alter beitragen können. In einigen Fällen ließen sich Ursache und Wirkung nicht immer trennen, etwa bei den vom Lebensstil abhängigen Erkrankungen wie der alkoholinduzierten Mortalität oder infolge psychosozialen Stresses. Während manche Krankheitsbilder bei einer oberflächlichen Leichenbeschau vermutlich leichter zu diagnostizieren waren, war dies bei anderen ohne medizinischen Sachverstand nicht ohne weiteres möglich. So waren bei der Pest die Symptome einer Lungenpest von denen einer Erkrankung des respiratorischen Apparates nicht immer klar unterscheidbar, lediglich bei der Beulenpest dürfte der Befund einfacher gewesen sein, wenn die typischen Merkmale der Krankheit bereits deutlich sichtbar waren. Einige Todesursachen, wie Tumore an inneren Organen, wären ohnehin nur durch eine Autopsie bestimmbar gewesen, zu der es den „Searchern" sowohl an pathologischem Wissen als auch an den notwendigen chirurgischen Instrumenten fehlte.

Dieses Dilemmas war sich Graunt durchaus bewusst. Sein Versuch, einzelne Krankheitsbilder genauer zu beschreiben und zu Gruppen zusammenzufassen und dadurch medizinische Kategorien zu bilden, anhand derer sich die Entwicklung der Sterblichkeit nach Todesursachen systematischer nachvollziehen ließ, war ein erster Schritt in die Richtung der heutigen statistischen Klassifikation der Krankheiten und verwandter Gesundheitsprobleme[33]. Besonderes Augenmerk richtete Graunt dabei auf neu beziehungsweise wellenartig auftretende Krankheiten wie die Rachitis, das „Stopping of the Stomach" oder das „Rising of the Lights"[34]. Diese Krankheitsbilder versuchte er anhand der ihm vorliegenden Daten und medizinischer Berichte genauer einzugrenzen.

In Graunts Arbeit spiegelte sich darüber hinaus eine neue Operationalisierung von Zeit und Raum für bevölkerungswissenschaftliche Fragestellungen wider, die für die Entwicklung der Demografie bestimmend bleiben sollte. Statt, wie viele Autoren vor ihm, die in biblischen Texten und in der historischen Literatur gefundenen Zahlen lediglich in die Gegenwart fortzuschreiben, also den Referenzpunkt axiomatisch auf ei-

---

[33] Vgl. neuerdings etwa WEBSTER u. a. (2021: Characterisation, identification, clustering, and classification of disease). Die modernen Klassifikationen gehen dagegen wesentlich auf die Arbeiten von William Farr (1807–1883) and Jacques Bertillon (1851–1922) zurück, vgl. o. V. (2009a: John Graunt on Causes of Death in the City of London), S. 418. Vgl. hierzu auch o. V. (1944: Happy John Graunt), S. 377.

[34] Bei den beiden letzteren Erkrankungen handelte es sich offensichtlich um eine Beeinträchtigung lebenswichtiger Funktionen des Magen-Darm-Trakts beziehungsweise der Lungen, die vermutlich von einer Raumforderung im Körperinneren herrührten. Diese Diagnose wurde von den „Searchern" öfters auch bei Todesfällen nach Schwangerschaftskomplikationen gestellt. Zur Abgrenzung des Krankheitsbildes „Stopping of the Stomach" von der „Green Sickness" vgl. SCHLEINER (2009: Early Modern Green Sickness and Pre-Freudian Hysteria), S. 663. Allerdings setzte Graunt die beiden Krankheitsbilder nicht gleich, wie Schleiner annimmt. Zur Rachitis s. auch PELLING (2016b), S. 342–346.

nen Anfang in der Heilsgeschichte zu legen, nutzte Graunt einen rhythmischen Zeitstrahl, der allein auf den aus den „Bills of Mortality" herausgelesenen wöchentlichen, jährlichen und periodischen Zeiträumen aufbaute[35]. Mit seiner Sterbetafel wurde dieser Zeitstrahl sogar in die Zukunft projiziert. Es lag damit im Ermessen des forschenden Subjekts selbst, den Zeitraum der Betrachtung nach rein rationalen Kriterien und vom Forschungsinteresse geleitet festzulegen. In den Vergleichen der Bevölkerungsentwicklungen in Stadt und Land sowie zwischen London und Städten in anderen Regionen Englands beziehungsweise im Ausland wurde zugleich der Raum zu einer analytischen Größe, die jenseits aller lokalen, regionalen und nationalen beziehungsweise sozialen, kulturellen oder institutionellen Gegebenheiten zum Verständnis grundlegender Bevölkerungsentwicklungen herangezogen werden konnte. Neben Descartes' klassisches Diktum „dubium sapientiae initium" (der *Zweifel* ist der Anfang aller Weisheit) wurde hier also der *Vergleich* von Zuständen über Zeit und Raum zum Ausgangspunkt der Erkenntnis.

Die Beschäftigung Graunts mit den „Bills of Mortality" hatte einen weiteren wichtigen Sekundäreffekt. Dieses Material war dadurch charakterisiert, dass es nicht nach den tradierten gesellschaftlichen Leitkategorien, wie Herkunft, Wohlstand, Status, Privileg oder Funktion, sondern allein nach Todesursachen und räumlichen Bezugseinheiten geordnet war. Gewissermaßen waren vor dem Tod alle Menschen gleich – eine Vorstellung, die sich auch im Umgang mit der Mortalität in der Alltagskultur des 17. Jahrhunderts beobachten lässt. Selbst wenn Graunt dies nicht erahnte und den Begriff auch selbst nicht benutzte, hat er mit seiner Analyse, gewissermaßen aus der „bird's-eye perspective" des Statistikers[36], den Boden für die Entwicklung einer neuen Leitkategorie geschaffen: der „Bevölkerung".

In diesem Zusammenhang ist anzumerken, dass Graunt für „Bevölkerung" nicht den Begriff „population", sondern „people", „inhabitants" und „nation" benutzte[37]. Zwar sollte dieser Befund nicht überbewertet werden – diese Terminologie gebrauchte er lediglich synonym. Dennoch ist die egalisierende Dynamik des Konzepts „Bevölkerung" nicht zu unterschätzen. Von der für Graunt zentralen Frage, was eine Bevölkerung eigentlich ausmache – als Summe individueller Schicksale, deren „gemeinsamer

---

35 Vgl. hierzu etwa Hunt (2014): „In the table, Graunt was able to condense time into a visible whole which he could ,examine' in order to make his Observations; they were a space in which the patterns of the numerical information became visually and intellectually apparent, forming a totality from which Graunt could draw new conclusions" (das Zitat No. 7).

36 Vgl. hierzu und zum Folgenden Behrisch (2013: Political Economy and Statistics in Late *Ancien Régime*), das Zitat S. 176.

37 Vgl. Mitchell (2018: Enlightenment Biopolitics: Population and the Growth of Genius), S. 409. S. auch Kreager (1988), S. 134.

Nenner" als soziodemografische Merkmale aus den Daten zu extrahieren war – zur Diskussion über das Verhältnis von Partikular-, Mehrheits- und Gemeininteresse war es kein allzu weiter Gedankensprung. Die Leitkategorie „Bevölkerung" rückte dann vor allem im 18. Jahrhundert immer mehr in den Vordergrund des planerischen öffentlichen Handelns und des wissenschaftlichen Interesses. Graunt selbst war jedoch viel zu sehr in den Denktraditionen der Gesellschaft, in der er groß geworden war, verfangen, um dieses Potenzial seiner Arbeit zu erkennen. Schließlich gehörte er selbst bis in die frühen 1670er Jahre hinein zum „Establishment" Londons und befleißigte sich eines Lebensstils, der seinen sozialen Aufstieg und seine Zugehörigkeit zu den „höheren Kreisen" sichtbar machte. Für radikale gesellschaftspolitische Forderungen, wie sie in seiner Zeit in England etwa von der Bewegung der „Levellers" erhoben wurden, war in seinem Denken kein Platz.

Graunt war auch nie ein politischer Hitzkopf oder religiöser Eiferer. Nach allem, was wir wissen, verhielt er sich in den Wirren, die England erfassten, apolitisch und war auch bei seiner Glaubensausübung diskret – so sehr, dass er später seine Freunde vor den Kopf stieß, als sein Übertritt zum Katholizismus öffentlich wurde. Die Schicksale von Familienangehörigen und Freunden, deren offene Parteinahme in einem jahrelangen Exil auf dem Kontinent geendet hatte, waren ihm vermutlich ein warnendes Beispiel.

Diese Politikferne des Autors als Person galt allerdings nicht für sein Werk, in dem er wiederholt auf den politischen Nutzen von Datenanalysen abhob. Bereits im Titel hatte er die gesellschaftliche Relevanz seiner Studien bekräftigt, unter anderem für das Regierungshandeln, das Kirchenleben, die produzierende Wirtschaft, das Flächenwachstum, die Luftqualität und die Gesundheitsentwicklung der Stadt, mithin also für fast alle Politikfelder, die für das Leben der Menschen seiner Zeit von Bedeutung waren. Am Ende seines Buches betonte er nochmals den Wert solcher Studien für „the art of governing", also sinnvolles politisches Entscheidungshandeln – sofern dieses auf Frieden und Wohlstand bedacht und nicht auf ein nur auf den eigenen Vorteil und ein rein kompetitiv angelegtes Politikverständnis ausgerichtet sei.

Hier drang bei Graunt einerseits das Bedürfnis nach einem Staat durch, der die Verbindlichkeit der Rechtsordnung, die Sicherheit der Bürger und die Prosperität der Wirtschaft garantierte – eine für einen Zeitgenossen von Thomas Hobbes durchaus erwartbare Sehnsucht nach innerer und äußerer Stabilität, die sich aus der Erfahrung fast permanenter bewaffneter Konflikte in der ersten Jahrhunderthälfte speiste. Zum anderen zeigt sich darin die enge Berührung Graunts mit dem Kreis um William Petty, dessen Konzept einer „Political Arithmetic" zeitgleich zur Entstehung der *Observations* Kontur gewann. Es überrascht dabei nicht, dass Graunt auf Grund seines beruflichen Hintergrunds die ökonomischen Begleitumstände der hohen Regierungskunst akzentuierte. Graunt unterschied etwa zwischen dem „intrinsischen" Wert eines Landes, also den

Möglichkeiten, die das Land an sich bot, von seinem eher dem Zufall unterworfenen und „extrinsischen" Wert, etwa seinem fiktiven Marktwert[38]. In beiden Fällen sei es für ein politisch wie ökonomisch planvolles Handeln wichtig, die Zusammensetzung der Bevölkerung zu kennen. Daneben traten wirtschaftspolitische Erwägungen, etwa dass die Chancen auf den Absatzmärkten auch trotz vorhandener Verkehrsinfrastruktur von der Zahl potenzieller Konsumenten abhängen würden und dass wirtschaftlicher Erfolg durch eine Steigerung der Produktivität bei gleichzeitiger Reduzierung der unproduktiven Bevölkerungsgruppen und Aktivitäten zu erreichen sei.

Die an sich stringente Struktur der *Observations* wurde im Text immer wieder durch Einschübe durchbrochen, in denen Graunt teilweise auf aktuelle politische Diskussionen reagierte. Viele Betrachtungen waren der Studie sogar wesensfremd, da sie sich nur bedingt auf das Ausgangsmaterial der „Bills of Mortality" beziehen ließen. Dazu gehörte insbesondere die Diskussion eines staatlichen Beschäftigungszwangs für Bettler[39]. Den Argumenten, dass bei einem stärkeren Engagement des Staates die Wohltätigkeit der Bürger zurückgehen werde, vor allem aber, dass eine solche Billigproduktion in staatlicher Regie eine Wettbewerbsverzerrung gegenüber inländischen Produzenten darstellen könnte, hielt er entgegen, dass die Erfahrungen mit ähnlichen Modellen in den Niederlanden keineswegs auf eine zurückgehende Spendenbereitschaft schließen ließen, sondern dass diese dann lediglich von der öffentlichen Hand gesteuert werde. Zudem werde das Preis-Leistungsgefälle zwischen der Produktion der etablierten Handwerker zu derjenigen der angelernten Arbeitskräfte bestehen bleiben, sodass diese mit ihrem Marktanteil am Ende doch keine wirkliche Konkurrenz darstellen würden. Andererseits biete sich durch eine solchermaßen gesteigerte Produktivität die Chance eines Wettbewerbsvorteils für England in der Konkurrenz mit den Niederlanden um die Vormachtstellung im Welthandel – eine für einen Händler durchaus zu erwartende Sichtweise.

Solche Brüche im Narrativ der *Observations* und eine gewisse stilistische Uneinheitlichkeit bei der Textgestaltung könnten einer längeren Entstehungszeit geschuldet sein, die immer wieder zu Unterbrechungen der Arbeit führte[40]. Diese Unebenheiten nährten jedoch auch den Verdacht, dass Graunt möglicherweise nicht allein an der Studie gearbeitet haben könnte, und naturgemäß kam hier vor allem William Petty als Mitwir-

---

38 Da Silva Francisco (1996) sieht in der Unterscheidung von extrinsischem und intrinsischem Wert eine Referenz Graunts zur zeitgenössischen epistemologischen Diskussion über die Bedingungen von Evidenz, zu der Thomas Hobbes sowie die beiden Autoren Antoine Arnauld (1612–1694) und Pierre Nicole (1625–1695) beigetragen hatten (S. 27 f.).
39 *Observations*, Kap. III / 2–7.
40 So schon Westergaard (1932), der konstatiert, Graunts Resultate seien „not always in inner harmony" gewesen (S. 19).

kender in Betracht, mit dem Graunt eine enge Freundschaft und lange Geschäftspartnerschaft unterhielt.

Zeitgenössische Aussagen, gleichwohl sie keineswegs ein einheitliches Bild zeichneten, schienen eine solche Sichtweise zu unterstützen. Eine quellenkritische Würdigung einzelner Belege für eine Ko-Autorenschaft Pettys ergibt jedoch den Befund, dass einige der Befürworter sich bei ihrem Urteil möglicherweise von ihrer persönlichen Freundschaft zu Petty beziehungsweise Antipathie gegen Graunt leiten ließen, dass sie ihre Ansicht im Laufe der Jahre entsprechend änderten oder vielleicht auch entsprechende Äußerungen von Petty missdeutet haben könnten. Dagegen stehen unverrückt die Quellenbelege für eine hauptsächliche oder sogar alleinige Autorenschaft Graunts.

An dieser Stelle ist es nützlich, nochmals zu den Anfangsgründen der *Observations* zurückzukehren. Wie bei jeder Studie, gab es auch bei diesem Werk einen Initialmoment, und zu einem solchen Initialmoment führen stets viele Wege. Graunt profitierte davon, dass ihm in William Petty ein Freund zur Seite stand, der sich für Fragen der Statistik interessierte und der mit den Grundlagen der Gesundheitspolitik vertraut war. Als Tuchhändler, Immobilienspekulant und Vermögensverwalter war er mit dem notwendigen mathematischen Grundlagenwissen vertraut. Die statistische Auswertung von Zahlen, um etwa marktgerechte Preise für seine Tuchwaren zu kalkulieren oder bei Geldanlagen mögliche Renditen zu errechnen, gehörte zu seinem täglichen Brot ebenso wie das Abschätzen von Risiken[41]. Im Wirtschaftsleben seiner Zeit war es en vogue, mit Anlagegeschäften auf Grund und Boden, verzinsten Anleihen, Einnahmen und Nebeneinkünften aus Ämtern, Schiffsladungen und Wetten ein Vermögen zu verdienen. Ökonomisches Spekulieren, wenn es denn seriös betrieben wurde, reichte an das statistische Abschätzen von Risiken und Projektionen künftiger Verläufe der Bevölkerungsentwicklung bereits nahe heran. Darüber hinaus lebte Graunt in der vibrierenden Kommunikationskultur des frühneuzeitlichen London in einer intellektuell überaus stimulierenden Atmosphäre.

Schließlich war das Zeitalter der Rationalität und der Naturwissenschaft angebrochen, in dem es nun weniger um die von Gott gestifteten und in der Heiligen Schrift manifestierten Prinzipien in der Welt der Menschen als um die in der Natur zu beobachtenden Gesetzmäßigkeiten ging und sich analytisches Denken in Wahrscheinlichkeiten gegen das dogmatische Denken in Glaubenssätzen durchzusetzen begann. Im

---

41 Bayatrizi (2008a) verweist darauf, dass Graunt, „the same bookkeeping methods that he would use to keep track of his commercial transactions" anwandte und Mortalität in Form des „premature death" erstmals nicht als gottgegebenes Schicksal, sondern als „as a measurable and preventable risk" beziehungsweise „preventable socioeconomic and political issue" objektivierte (S. 8 sowie 52–72, das Zitat S. 56).

Gegensatz zur universitären Wissenschaftskultur, die sich auf eine jahrhundertealte Forschungstradition stützte, die es zu rezipieren galt, war das neue System, das die Royal Society zuvörderst repräsentierte, deutlich offener für Quereinsteiger, Nichtakademiker und Laienwissenschaftler wie Graunt, die mit ihren Experimenten und Berechnungen zum Erkenntnisgewinn beitragen konnten, ohne vorher ein komplettes Studium absolviert haben zu müssen. Nicht zuletzt lagen Themen der Bevölkerungsstatistik in den Anfangsjahren des Cromwell'schen Lordprotektorats in der Luft, als Graunt mit seinen Arbeiten an den *Observations* begann.

Wir können zwar nicht mit Sicherheit sagen, von wem die ursprüngliche Idee, sich den „Bills of Mortality" in demografischer und epidemiologischer Absicht zuzuwenden, letztendlich stammte. Deren eigentliche Ausführung ist aber eindeutig und zum größten Teil Graunt zuzuschreiben, selbst wenn Petty ihn dabei unterstützte und sich wohl auch bei der Abfassung der „Conclusion" und der Widmungsbriefe stärker einbrachte.

Ohnehin wäre es eine Verkürzung, wissenschaftlichen Fortschritt allein auf das Wirken einer einzelnen Person zu verknappen[42]. Forschende agieren in einem sozialen Raum, und nicht selten verpuffen Genialität und Schöpferkraft wirkungslos, wenn sie nicht auf einen geeigneten Nährboden treffen, etwa auf ein inspirierendes Arbeitsumfeld, auf die für jeden Erfolg notwendige Unterstützung durch Dritte oder auf eine aufnahmebereite Öffentlichkeit. Autor und Werk passten also in die Zeit, und dies erklärt einen großen Teil ihres Erfolges.

Graunt war jedoch nicht das Genie, als das er mitunter gern verklärt wird. Die *Observations* blieben seine einzige Schrift von Bedeutung, und er entwickelte seinen Ansatz methodisch auch nicht mehr weiter. Ein Variantenvergleich der verschiedenen Auflagen zeigt, dass er trotz mehrerer Neuauflagen im Verlauf der nächsten zwölf Jahre, in die immerhin die Große Pest von 1665 und der Große Brand von 1666 fielen, den ursprünglichen Text im Wesentlichen nicht veränderte, sondern darin lediglich weiteres Datenmaterial aus vergleichbaren Raumeinheiten ausbreitete. Weitere Publikationsvorhaben kamen offensichtlich über erste Ideen nicht hinaus. Auch seine Aktivitäten in der Royal Society offenbarten eine gewisse wissenschaftliche Unbedarftheit und führten im Falle eines toxikologischen Experiments sogar zu einer regelrechten Blamage. Dass ihm mit dem Großen Brand von 1666 die Existenzgrundlage entzogen wurde und er sich vor allem mit seinem Übertritt zum katholischen Glauben ins soziale Aus manövrierte, trug dazu bei, dass von Graunt zunächst wenig mehr blieb als das Leuchtfeuer, das er mit den *Observations* entzündet hatte.

---

42 Anders TABAK (2011: Probability and statistics: the science of uncertainty): „The history of statistics is unusual in that it begins with the work of a single person" (S. 125).

Was war das Originäre an Graunts Werk?

Schon vor ihm wurden Verfahren angewandt, um Daten in Form von Listen und Tabellen zu erfassen und etwa zu fiskalischen, ökonomischen, kirchlichen oder militärischen Zwecken auszuwerten. Dazu mussten sie unter Kategorien subsumiert und ausgewertet werden, etwa nach Besitzverhältnissen, nach Einnahmen, Ausgaben und Forderungen, nach Taufen, Heiraten und Beerdigungen oder nach Werbebezirken und Truppeneinheiten. Insofern war Graunt nicht der Begründer der Sozialstatistik, wie oft behauptet, diese existierte vielmehr schon vor ihm. Doch waren nie zuvor Bevölkerungsdaten so systematisch gesammelt, akribisch ausgewertet und kritisch diskutiert worden[43]. Graunt wandte sich den „Bills of Mortality" mit dem Erkenntnisziel zu, immanente Strukturen sowie Widersprüche in den Daten aufzudecken und durch ihren Vergleich, den Abgleich mit anderen Datenquellen und durch mathematische Korrelationen neue Erkenntnisebenen in seinem Ausgangsmaterial zu erschließen, jenseits des originären Interesses der Leser an den Pestdaten im eigenen Wohnbezirk.

Dies bezog sich zum einen auf die Darstellung der Bevölkerungsentwicklung nach demografischen Merkmalen wie Alter, Familienstand, Gesundheit und Geschlecht, aber auch auf Makrotrends, wie die Bevölkerungsentwicklung auf gesamtstaatlicher Ebene, deren regionale Disparität oder Wanderungssalden zwischen Stadt und Land. Mit seinen Berechnungen zur Sterbehäufigkeit nach Alter gab er einen wichtigen Impuls für die Weiterentwicklung der Kalkulation von Annuitäten, zugleich gewann darin das Konzept der Lebenserwartung erstmals Kontur. Trotz der unbestreitbaren Defizite, die sein Werk nach heutigen Maßstäben aufweist, hat er insofern mit den *Observations* nicht weniger als den Urtypus der modernen empirischen Sozialforschung und die erste demografische und epidemiologische Studie überhaupt geschaffen[44].

In der wissenschaftlichen Literatur herrscht jedenfalls weitestgehend Einigkeit, dass die *Observations* eine überaus originäre Leistung darstellten. Dass die Studie Graunts ein großes Anregungspotenzial für Forschungen in unterschiedlichen Disziplinen hatte, war dabei schon den Zeitgenossen klar, und in der Tat wurden die Arbeiten Graunts insbesondere von Vertretern der frühen Statistik und Volkswirtschaftslehre, wie William Petty, Christiaan Huygens, Gregory King, Edmond Halley und John Arbuthnot, intensiv rezipiert.

Die langfristigen kulturgeschichtlichen Folgen dieser Leistung sind nicht zu unterschätzen. Der „quantifying impulse", also das Bestreben, die Welt in ihren materiellen

---

43 o. V. (1962b).

44 Vgl. auch die wissenschaftskritischen Bemerkungen von Rothman (1996: Lessons from John Graunt) sowie die Kritik daran von Arellano / Castellsague (2003: (Unlearned) lessons from John Graunt and Kenneth Rothman: a „CLASSic" [sic!] example).

und immateriellen Erscheinungsformen in Massendaten zu erfassen, zu messen, zu vergleichen, zu verstehen und zu kontrollieren, erreichte nicht von ungefähr in der zweiten Hälfte des 17. Jahrhunderts einen ersten Höhepunkt[45]. Indem Graunt und die Autoren der „Political Arithmetic" die soziale und politische Relevanz statistischer Auswertungen vorführten, leisteten sie einen wesentlichen Beitrag zum „triumph of numbers", wie I. Bernhard Cohen den langen Weg zur Quantifizierung der Welt beschrieben hat[46].

Schließlich und nicht zuletzt ist es berechtigt, die *Observations* ideengeschichtlich zu jenen Schriften zu zählen, die den Weg in die Moderne gewiesen haben. Das empiristische Wissenschaftskonzept Graunts und seine mit fast schon szientistischer Nüchternheit angestellten Berechnungen waren dazu angetan, die Betrachtung des Sozialen aus ihrem bisherigen Kontext vollständig herauszulösen. Statt der Bestimmung der Welt von ihrem Ende her und der Erklärung der Phänomene nach einem göttlichen Heilsplan oder innerhalb der bestehenden gesellschaftlichen Ordnung ging es um die Beschreibung der Wirklichkeit mit weitestgehender experimenteller Ergebnisoffenheit, mathematischer Rationalität und unter Wahrscheinlichkeitsannahmen.

Es ist insofern nicht ohne eine gewisse Tragik, dass der Autor nach seinem offenen Übertritt zum Katholizismus dann selbst dem Verdikt einer vermeintlichen Rückwärtsgewandtheit und damit der sozialen Ächtung innerhalb seiner Peergroup verfiel. Dies dürfte neben seinem wirtschaftlichen Niedergang, dem frühen Tod seines Sohnes und wohl auch dadurch verstärkten seelischen Problemen zu seinem unrühmlichen Ende wesentlich beigetragen haben.

Summa summarum: Auch wenn Graunts Arbeit methodisch nicht vollkommen war und ihr auch nichts Visionäres anhaftete, so können wir in seinem Werk doch die Anfänge dessen erblicken, was in der modernen Welt zu einem wichtigen Baustein wissenschaftlicher Erkenntnis sowie der Organisation unseres gesellschaftlichen Miteinanders geworden ist, nämlich die Beobachtung der Welt in Daten; und in der Person des Autors die Bedingungen, unter denen Kreativität entstehen – und vergehen kann. Wir können lernen, wie Menschen in der Vergangenheit mit unausweichlichen Bedrohungen bis hin zu ihrer extremen Form der Sterblichkeit umgegangen sind und wie sie diese zu versachlichen und damit zu bändigen versuchten. Auch wenn es ein anachronistischer Fehl-

---

45 Vgl. MÅRTENSSON (2009: Recounting counting and accounting. From political arithmetic to measuring intangibles and back).

46 Vgl. COHEN (2005: The Triumph of Numbers. How counting shaped modern life), zu Graunt und Petty S. 51–58, sowie die Überlegungen von SHELDON (2019: Policing by Numbers: Plague, Political Arithmetic, and Numerical Argument) zum Gedanken der „numeracy" bei Graunt: „Assessing the health of the body politic becomes a matter of quantifying, aggregating, and surveilling the bodies that exist at the margins of its borders – and this project, we are given to understand, becomes bound up with the ability to read and write with numbers effectively" (S. 102).

schluss wäre, unsere Zeit im 17. Jahrhundert wiederfinden zu wollen: John Graunt und seine *Observations* sind uns viel näher, als es die vierhundert Jahre, die seit seiner Geburt vergangen sind, glauben lassen.

8 Textausgabe

8.1 Vorbemerkung

Ein Originalmanuskript der *Observations* ist nicht überliefert und dürfte, wie die meisten Unterlagen aus dem Hausstand von John Graunt, während des Großen Brandes den Flammen zum Opfer gefallen sein. Dies betrifft auch mögliche Entwürfe, Vorlagen, sämtliche Korrespondenz sowie den privaten Buchbesitz. Auch für die Jahre nach 1666 ist keine eigenständige Überlieferung feststellbar – die bislang bekannten eigenhändigen Schreiben Graunts sind ausschließlich im Nachlass von William Petty erhalten geblieben. Zu dieser spärlichen archivalischen Überlieferung trugen vermutlich die wirtschaftlichen Probleme Graunts und seiner Witwe in den 1670er Jahren sowie das Aussterben seines Familienzweiges nach dem Tod der beiden Kinder bei. Insofern können zu editorischen Zwecken nur die Druckausgaben herangezogen werden.

Die Originalausgabe, die zunächst nur für das Aufnahmeverfahren der Royal Society bestimmt war, wurde unmittelbar danach nochmals für den Buchhandel nachgedruckt. Eine zweifelsfreie Unterscheidung zwischen der Originalausgabe und dem Nachdruck ist auf Grund der Übereinstimmung beider Texte und der in den Bibliotheken gebräuchlichen Katalogisierung, die meist nur das Jahr 1662, nicht aber das genaue Datum erfasste, nicht mehr möglich. Nur in einem Fall ist uns ein genaues Kaufdatum aus einem Tagebucheintrag von Samuel Pepys überliefert[1]. Da dieser jedoch dazu neigte, in seiner Bibliothek ältere Ausgaben durch die jeweils neueste Auflage zu ersetzen, ist auch dieses Exemplar in der in Cambridge erhaltenen Pepys Library nicht mehr nachweisbar[2]. Dagegen ist die noch im Jahr 1662 gedruckte 2. Auflage auf dem Titelblatt als solche gekennzeichnet. Zwischen dem Nachdruck der Erstausgabe und der 2. Auflage wurden offensichtlich Korrekturen vorgenommen, was sich unter anderem an der fehlerhaften Orthografie des Titels erkennen lässt. Die 5. Auflage von 1676 enthielt neben Ergänzungen im Text und einer veränderten Reihenfolge der Tabellen auch eine Reihe von Kor-

---

1 Pepys, Diary, Eintrag vom 24. März 1662.
2 Ich danke Frau Catherine Sutherland, Pepys Library & Special Collections, Magdalene College, Cambridge, für diesen Hinweis.

rekturen am Bestandstext. Dabei schlichen sich allerdings auch Fehler ein, unter anderem falsche Summanden[3] oder ein verschobener Spaltensatz[4].

Von den *Observations* existieren bereits mehrere Ausgaben in Form von (teilweisen) Reproduktionen und Editionen. Eine historisch-kritische Edition ist derzeit in Vorbereitung.

Originaldrucke: (1662) Originalausgabe[5]; (1662) 2. Auflage[6]; (1665) 3. Auflage[7]; (1665) 4. Auflage[8]; (1676) 5. Auflage[9].

Gedruckte Textausgaben und Reproduktionen: (1759) hg. von BIRCH, Thomas[10]; (1899) hg. von HULL, Charles Henry[11] [hier die 5. Auflage 1676]; (1939) hg. von WILLCOX, Walter F.[12]; (1964) hg. von BENJAMIN, B[ernard][13] (auszugsweise bei SMITH, David P., und KEYFITZ, Nathan (1977)[14]); (1973) Reprint der Originalausgabe / 2. Auflage 1662[15]; (1975) Reprint der Originalausgabe / 2. Auflage 1662[16]; (1983) Mikrofilmreproduktion der Ori-

---

3 Vgl. etwa die Tabellen auf S. 382 und 385 f.

4 Vgl. die Tabelle auf S. 373–377.

5 GRAUNT (1662a: Natural and political observations mentioned in a following index, and made upon the Bills of Mortality [...] With reference to the government, religion, trade, growth, ayre, and diseases of the said city).

6 GRAUNT (1662b: Natural and political observations mentioned in a following index, and made upon the bills of mortality [...] The second edition).

7 GRAUNT (1665a: Natural and political observations mentioned in a following index, and made upon the bills of mortality. By Capt. John Graunt, Fellow of the Royal Society. With reference to the government, religion, trade, growth, air, diseases, and the several changes of the said city).

8 GRAUNT (1665b: Natural and political observations mentioned in a following index, and made upon the bills of mortality. By Capt. John Graunt, Fellow of the Royal Society. With reference to the government, religion, trade, growth, air, diseases, and the several changes of the said city).

9 GRAUNT (1676: Natural and Political Observations Mentioned in a following Index, and made upon the Bills of Mortality; With reference to the Governmment, Religion, Trade, Growth, Air, Diseases, and the several Changes of the said City).

10 BIRCH (1759).

11 HULL (1899).

12 GRAUNT (1662, ed. 1939: Natural and political observations made upon the bills of mortality).

13 BENJAMIN (1964).

14 SMITH / KEYFITZ (1977: Mathematical Demography. Selected Papers), hier S. 12–20.

15 O. V. (1973).

16 GRAUNT (1662, ed. 1975: Natural And Political Observations Mentioned In A Following Index And Made Upon The Bills Of Mortality).

ginalausgabe / 2. Auflage 1662[17]; (1983) Mikrofilmreproduktion der 5. Auflage von 1676[18]; (2008) hg. von SCHNEIDER, Dora und LILIENFELD, David E.[19]; (2009) auszugsweise[20].

Online-Textausgaben und -reproduktionen: (1996) Online-Ausgabe des Typoskripts der Originalausgabe beziehungsweise des Nachdrucks 1662, hg. von STEPHAN, Ed, Bellingham; (1999) Online-Ausgabe des Originals der 5. Auflage von 1676 in der Cambridge University Library (= Early English Books, 1641–1700), Ann Arbor: University of Michigan Press; (2006) Online-Ausgabe des Reprints der Originalausgabe beziehungsweise des Nachdrucks in der Goldsmiths' Library of Economic Literature, Senate House Library, University of London (= The Making of the Modern World), Farmington Hills: Thomson Gale; [o. D.] Online-Ausgabe des Originals der 3. Auflage 1665 in der Bibliothek des Max-Planck-Instituts für demografische Forschung, ECHO – Cultural Heritage Online, Berlin: Max-Planck-Institut für Wissenschaftsgeschichte.

Fremdsprachige Ausgaben: (1702) Deutsche Ausgabe[21]; (1905) Französische Ausgabe[22]; (1977) Französische Ausgabe[23]; (1987) Italienische Ausgabe[24].

Editorische Hinweise

Für die folgende Textwiedergabe wurden der Nachdruck der Erstausgabe von 1662 sowie die von William Petty herausgegebene 5. Auflage von 1676 zugrunde gelegt, um im Vergleich eine möglichst vollständige Dokumentation der seit 1662 vorgenommenen Bearbeitungen zu ermöglichen. Die 1665 („An Appendix") und 1676 („Some further observations of Major John Graunt") in den Text der ersten Ausgabe von 1662 eingeschobe-

---

17 GRAUNT (1662, ed. 1983).

18 GRAUNT (1676, ed. 1983: Natural and political observations mentioned in a following index, and made upon the bills of mortality; with reference to the government, religion, trade, growth, air, diseases and the several changes of the said city).

19 SCHNEIDER / LILIENFELD (2008), S. 25–72.

20 O. V. (2009a).

21 GRAUNT (1676, ed. 1702: Natürliche und politische Anmerckungen über die Todten-Zettul der stadt Londen fürnemlich ihre regierung, religion, gewerbe, vermehrung, lufft, kranckheiten, und besondere veränderungen betreffend. Anfangs in englischer Sprache abgefasset und offtermals durch den Druck hrsg. vom Capitain Johannes Graunt, nun aber ins Deutsche übersetzet).

22 DUSSAUZE u. a. (1905: Les oeuvres économiques de Sir William Petty). Zu den editorischen Mängeln dieser Ausgabe s. Vilquin (GRAUNT (1662, ed. 1977), S. 3 f.

23 GRAUNT (1662, ed. 1977).

24 LOMBARDO (1662, ed. 1987: [Graunt, John:] Osservazioni naturali e politiche fatte sui bollettini di mortalità con riferimento al governo, alla religione, al commercio, alla crescita, all'atmosfera, alle malattie e ai diversi mutamenti della città di Londra (1662)).

nen Kapitel wurden daraus gelöst und in der Reihe ihres Entstehens wiedergegeben. Die in den späteren Auflagen veränderte Reihenfolge der Tabellen folgt der ursprünglichen Anordnung in der Ausgabe von 1662 mit den zusätzlichen Tabellen im „Appendix" von 1665 und in der Ergänzung von 1676. Auf die im Original im Index angegebenen Seitenzahlen wird wegen des veränderten Seitenumbruchs verzichtet.

Der Text wurde um der besseren Lesbarkeit willen nach der heutigen Orthografie und Zeichensetzung stillschweigend normalisiert und die Kursiven im Originaltext einheitlich als Normale formatiert. Zur besseren Lesbarkeit wird in den Tabellen das in Deutschland gebräuchliche Tausendertrennzeichen verwendet.

Als Varianten wurden genutzt:

A: Originalausgabe beziehungsweise Nachdruck, London 1662, Online-Ausgabe (Thomson Gale).

B: 2. Auflage, London 1662.

C: 3. Auflage (identisch mit der 4. Auflage), London 1665 (Max-Planck-Institut für Wissenschaftsgeschichte).

D: 5. Auflage (hg. von PETTY, William), London 1676 (Early English Books).

8.2 Titelblatt

Haupttitel: Natural and political observations[25], mentioned in a following index and made upon the Bills of Mortality, by John Graunt, citizen of London[26], with reference to the government, religion, trade, growth, air[27], diseases, and the several changes of the said city.
Non, me ut miretur turba, laboro, contentus paucis lectoribus.
London, printed by Tho[mas] Roycroft, for John Martyn, James Allestry, and Tho[mas] Dicas at the sign of the Bell in St. Paul's churchyard, 1662[28].

---

25 B: *Observatons* [sic!].
26 B–D: *by Capt. John Graunt, Fellow of the Royal Society.*
27 A: *Ayre*; B: *Ayr.*
28 B: *The Second Edition. London, printed by Tho[mas] Roycroft, for John Martin, James Allestry, and Tho[mas] Dicas at the sign of the Bell in St. Paul's churchyard, 1662*; C: *The third edition, much enlar-*

8.3 Impressum der Ausgabe von 1665

Tuesday, June 20, 1665, at a meeting of the Council of the Royal Society: Ordered, that the Observations upon the Bills of Mortality by Mr. John Graunt be printed by John Martyn and James Allestry, Printers to the Royal Society. [gezeichnet] Brouncker, Pres[ident].

8.4 Widmungsbriefe

[The epistle dedicatory] to the right honourable John Lord Roberts [sic!], Baron of Truro, Lord Privy Seal, and one of His Majesty's most honourable Privy Council.

My Lord,

As the favours I have received from your Lordship oblige me to present you with some token of my gratitude: so the especial honour I have for your Lordship has made me solicitous in the choice of the present. For if I could have given your Lordship any choice excerptions out of the Greek or Latin learning, I should (according to our English proverb) thereby but carry coals to Newcastle and but give your Lordship puddle-water, who, by your own eminent knowledge in those learned languages, can drink out of the very fountains yourself.

Moreover, to present your Lordship with tedious narrations were but to speak my own ignorance of the value which His Majesty and the public have of your Lordship's time and in brief, to offer anything like what is already in other books were but to derogate from your Lordship's learning, which the world knows to be universal, and unacquainted with few useful things contained in any of them.

Now having (I know not by what accident) engaged my thoughts upon the Bills of Mortality, and so far succeeded therein as to have reduced several great confused volumes into a few perspicuous tables and abridged such observations as naturally flowed from them into a few succinct paragraphs without any long series of multiloquious deductions, I have presumed to sacrifice these my small but first published labours unto your Lordship, as unto whose benign acceptance of some other of my papers even the birth of these is due, hoping (if I may without vanity say it) they may be of as much use to persons in your Lordship's place as they are of little or none to me, which is no more

---

ged. London, printed by John Martyn, and James Allestry, printers to the Royal Society, and are to be sold at the sign of the Bell in St. Pauls churchyard, 1665; D: The fifth edition, much enlarged. London, printed by John Martyn, printer to the Royal Society, at the sign of the Bell in St. Pauls churchyard, 1676.

than the fairest diamonds are to the journey-men jeweller that works them or the poor labourer that first dig[ged] them from the earth. For with all humble submission to your Lordship, I conceive, that it does not ill-become a peer of the Parliament or member of His Majesty's Council to consider how few starve of the many that beg; that the irreligious proposals of some to multiply people by polygamy is withal irrational and fruitless; that the troublesome seclusions in the plague-time are not a remedy to be purchased at vast inconveniences; that the greatest plagues of the city are equally and quickly repaired from the country; that the wasting of males by wars and colonies do not prejudice the due proportion between them and females; that the opinions of plagues accompanying the entrance of kings is false and seditious; that London, the metropolis of England, is perhaps a head too big for the body and possibly too strong; that this head grows three times as fast as the body unto which it belongs, that is it doubles its people in a third part of the time; that our parishes are now grown madly disproportionable; that our temples are not suitable to our religion; that the trade and very city of London removes westward; that the walled city is but one fifth of the whole pyle[29]; that the old streets are unfit for the present frequency of coaches; that the passage of Ludgate is a throat too straight for the body; that the fighting men about London are able to make three as great armies as can be of use in this island; that the number of heads is such as has certainly much deceived some of our senators in their appointments of pole-money[30], etc. Now, although your Lordship's most excellent discourses have well informed me that your Lordship is no stranger to [all] these positions, yet because I knew not that your Lordship had ever deduced them from the Bills of Mortality, I hoped it might not be ungrateful to your Lordship to see unto how much profit that one talent might be improved besides the many curiosities concerning the waxing and waning of diseases, the relation between healthful and fruitful seasons, the difference between the city and the country air, etc. All which, being new to the best of my knowledge and the whole pamphlet not two hours reading, I did make bold to trouble your Lordship with a perusal of it and by this humble dedication of it, let your Lordship and the world see the wisdom of our city in appointing and keeping these accounts[31] and with how much affection and success I am, My Lord, Birchen-Lane, 25 January 1662[32],

your Lordship's most obedient and most faithful servant, John Graunt

---

29   = pile.
30   B–D: *Poll money*.
31   A–D: *Accompts* (im Folgenden normalisiert).
32   A–D: *166½*.

[The epistle dedicatory] to the honourable Sir Robert Moray, Knight, one of His Majesty's Privy Council for his kingdom of Scotland, and president of the Royal Society of philosophers, meeting at Gresham College, and to the rest of that honourable society.

The observations, which I happened to make (for I designed them not) upon the Bills of Mortality have fallen out to be both political and natural, some concerning trade and government, others concerning the air, countries, seasons, fruitfulness, health, diseases, longevity and the proportions between the sex and ages of mankind. All which (because Sir Francis Bacon reckons his discourses of life and death to be natural history and because I understand yourselves are also appointing means how to measure the degrees of heat, wetness and windiness in the several parts of His Majesty's dominions) I am humbly bold to think natural history also and consequently, that I am obliged to cast in this small mite into your great treasury of that kind.

His Majesty being not only by ancient right supremely concerned in matters of government and trade, but also by happy accident prince of philosophers and of physico-mathematical learning, not called so by flatterers and parasites, but really so, as well by his own personal abilities, as affection concerning those matters, upon which account I should have humbly dedicated both sorts of my observations unto His most sacred Majesty; but to be short, I knew neither my work nor my person fit to bear his name nor to deserve his patronage. Nevertheless, as I have presumed to present this pamphlet so far as it relates to government and trade to one of His Majesty's peers and eminent ministers of state, so I do desire your leave to present the same unto you also as it relates to natural history and as it depends upon the mathematics of my shop-arithmetic[33]. For you are not only His Majesty's Privy Council for philosophy, but also his great council: you are the three estates, [namely][34] the mathematical, mechanical and physical. You are his Parliament of nature and it is no less disparagement to the meanest of your number to say there may be commoners as well as peers in philosophy amongst you. For my own part, I count it happiness enough to myself that there is such a council of nature, as your society is, in being and I do with as much earnestness enquire after your expeditions against the impediments of science as to know what armies and navies the several princes of the world are setting forth. I concern myself as much to know who are curators of this or the other experiments, as to know who are Maréchals[35] of France or Chancellor of Sweden. I

---

33 A, B: *Mathematiques of my Shop-Arithmetique*; C, D: *Mathematicks of my Shop-Arithmetick.*
34 A–D: *viz.* = videlicet (lat.): namely (im Folgenden normalisiert).
35 A–D: Im Originaltext *Mareschals.*

am as well pleased to hear you are satisfied in a luciferous[36] experiment as that a breach has been made in the enemy's works and your ingenious arguings immediately from sense and fact are as pleasant to me as the noise of victorious guns and trumpets.

Moreover, as I contend for the decent rights and ceremonies of the church, so I also contend against the envious schismatics[37] of your society (who think you do nothing unless you presently transmute metals, make butter and cheese without milk and as their own ballad has it, make leather without hides) by asserting the usefulness of even all your preparatory and luciferous experiments being not the ceremonies, but the substance and principles of useful arts. For I find in trade the want of an universal measure and have heard musicians wrangle about the just and uniform keeping of time in their consorts and therefore cannot with patience hear that your labours about vibrations, eminently conducing to both, should be slighted, nor your pendula[38] called swing-swangs[39] with scorn. Nor can I better endure that your exercitations about air should be termed fit employment only for airy fancies and not adequate tasks for the most solid and piercing heads. This is my opinion concerning you and although I am none of your number, nor have the least ambition to be so, otherwise than to become able for your service and worthy of your trust, yet I am covetous to have the right of being represented by you. To which end I desire that this little exhibition of mine may be looked upon as a free-holder's vote for the choosing of knights and burgesses to sit in the Parliament of nature, meaning thereby that as the Parliament owns a free-holder (though he has but forty shillings a year to be one of them), so in the same manner and degree, I also desire to be owned as one of you and that no longer than I continue a faithful friend and servant of your designs and persons,

J[ohn] G[raunt]

8.5 Index

An index of the positions, observations and questions contained in this discourse.

1. The occasion of keeping the account of burials arose first from the plague, anno 1592,
2. Seven alterations and augmentations of the published bills between the years 1592 and 1662,

---

36 = luzid, erhellend, erleuchtend.
37 A–D: Im Originaltext *Schismaticks*.
38 = pendulums.
39 = see-saws.

3. Reasons why the accounts of burials and christenings should be kept universally and now called for and perused by the magistrate,

4. A true account of the plague cannot be kept without the account of other diseases,

5. The ignorance of the searchers [is] no impediment to the keeping of sufficient and useful accounts,

6. That about one third of all that were ever quick die under five years old and about thirty six per centum under six,

7. That two parts of nine die of acute and seventy of two hundred twenty nine of chronic[40] diseases, and four of two hundred twenty nine of outward griefs,

8. A table of the proportions dying of the most notorious and formidable diseases or casualties,

9. That seven per centum die of age,

10. That some diseases and casualties keep a constant proportion, whereas some other[s] are very irregular,

11. That not above one in four thousand are starved,

12. That it were better to maintain all beggars at the public charge, though earning nothing, than to let them beg about the streets and that employing them without discretion may do more harm than good,

13. That not one in two thousand are murdered in London with the reasons thereof,

14. That not one in fifteen hundred dies lunatic,

15. That few of those who die of the French-pox are set down, but coloured under the consumption, etc.,

16. That the rickets is a new disease, both as to name and thing; that from fourteen dying thereof, an[no] 1634, it has gradually increased to above five hundred an[no] 1660,

17. That there is another new disease appearing as a stopping of the stomach, which has increased in twenty years from six to near three hundred,

18. That the rising of the lights (supposed in most cases to be the fits of the mother) have also increased in thirty years from forty four to two hundred forty nine,

19. That both the stopping of the stomach and rising of the lights are probably reliques[41] of or depending upon the rickets,

20. That the stone decreases and is wearing away,

21. The gout stands at a stay,

22. The scurvy increases,

---

40   A–D: *Chronical* (im Folgenden normalisiert).
41   = relics.

23. The deaths by reason of agues are to those caused by fevers, as one to forty,

24. Abortives and stillborn to those that are christened are as one to twenty,

25. That since the differences in religion the christenings have been neglected half in half,

26. That not one woman in an hundred dies in child-bed nor one of two hundred in her labour,

27. Three reasons why the registering of children has been neglected,

28. There was a confusion in the accounts of chrisoms, infants and convulsions, but rectified in this discourse,

29. There have been in London within this age four times of great mortality, [namely] anno 1592, 1603, 1625, and 1636, whereof that of 1603 was the greatest,

30. [In the years][42] 1603 and 1625, about a fifth part of the whole died and eight times more than were born,

31. That a fourth part more die of the plague than are set down,

32. The plague anno 1603 lasted eight years, that in 1636 twelve years, but that in 1625 continued but one single year,

33. That alterations in the air do incomparably more operate as to the plague than the contagion of converse,

34. That purples, small-pox and other malignant diseases forerun the plague,

35. A disposition in the air towards the plague does also dispose women to abortions,

36. That as about one fifth part of the whole people died in the great plague-years, so two other fifth parts fled, ibid[em], which shows the large relation and interest which the Londoners have in the country,

37. That (be the plague great or small) the city is fully re-peopled within two years,

38. The years 1618, [16]20, [16]23, [16]24, [16]32, [16]33, [16]34, 1649, 16[52], [16]54, [16]56, [16]58, and [16]61 were sickly years,

39. The more sickly the year is, the less fertile of births,

40. That plagues always come in with king's reigns is most false,

41. The autumn or the fall is the most unhealthful season[43],

42. That in London there have been twelve burials for eleven christenings,

43. That in the country there have been, contrary-wise, sixty three christenings for fifty two burials,

44. A supposition that the people in and about London are a fifteenth part of the people of all England and Wales,

---

42 A–D: Im Originaltext *Annis.*

43 A, B: Fehlerhafte Reihenfolge der Gliederungspunkte 41 und 42.

45. That there are about six millions and an half of people in England and Wales,
46. That the people in the country double by procreation but in two hundred and eighty years, and in London in about seventy, as hereafter will be shown, the reason whereof is that many of the breeders leave the country and that the breeders of London come from all parts of the country, such persons breeding in the country almost, only as were born there, but in London multitudes of others,
47. That about 6,000 per annum come up to London out of the country,
48. That in London about three die yearly out of eleven families,
49. There are about twenty five millions of acres of land in England and Wales,
50. Why the proportion of breeders in London to the rest of the people is less than in the country,
51. That in London are more impediments of breeding than in the country,
52. That there are fourteen males for thirteen females in London, and in the country but fifteen males for fourteen females,
53. Polygamy [is] useless to the multiplication of mankind without castrations,
54. Why sheep and oxen out-breed foxes and other vermin-animals,
55. There being fourteen males to thirteen females, and males being prolific forty years and females but twenty five, it follows that in effect there be 560 males to 325 females,
56. The said inequality is reduced by the later marriage of the males and their employment in wars, sea voyages and colonies,
57. Physicians have two women patients to one man and yet more men die than women,
58. The great emission of males into the wars out of London anno 1642 was instantly supplied,
59. Castration is not used only to meliorate the flesh of eatable animals, but to promote their increase also,
60. The true ratio formalis[44] of the evil of adulteries and fornications,
61. Where polygamy is allowed, wives can be no other than servants,
62. That ninety-seven and sixteen parishes of London are in twenty years increased from seven to twelve, and in forty years from twenty three to fifty two,
63. The sixteen parishes have increased further than the ninety seven, the one having increased but from nine to ten in the said forty years,
64. The ten out-parishes have in fifty four years increased from one to four,

---

44 = formal ratio.

65. The ninety seven, sixteen and ten parishes have in fifty four years increased from two to five,

66. What great houses within the walls have been turned into tenements,

67. Cripplegate parish has most increased, etc.,

68. The city removes westwards, with the reasons thereof,

69. Why Ludgate is become too narrow a throat for the city,

70. That there be some parishes in London two hundred times as big as others,

71. The natural bigness and figure of a church for the reformed religion,

72. The city of London and suburbs, being equally divided, would make 100 parishes, about the largeness of Christ-church, Blackfriars or Coleman street[45],

73. There are about 24,000 teeming women in the ninety seven, sixteen and ten parishes in and about London,

74. That about three die yearly out of eleven families containing each eight persons,

75. There are about 12,000 families within the walls of London,

76. The housing of the sixteen and ten suburb-parishes is thrice as big as that of the ninety seven parishes within the walls,

77. The number of souls in the ninety seven, sixteen and two out-parishes is about 384,000,

78. Whereof 199,000 are males and 185,000 females,

79. A table showing of 100 quick conceptions how many die within six years, how many the next decade and so for every decade till 76,

80. Tables, whereby may be collected how many there be in London of every age assigned,

81. That there be in the 97, 16 and ten parishes near[ly] 70,000 fighting men, that is men between the ages of 16 and 56,

82. That Westminster, Lambeth, Islington, Hackney, Redriff, Stepney, Newington contain as many people as the 97 parishes within the walls, and are consequently $1/5[^{th}]$ of the whole pile,

83. So that in and about London are about 81,000 fighting men and 460,000 in all,

84. Adam and Eve in 5,610 years might have, by the ordinary proportion of procreation, be gotten more people than are now probably upon the face of the earth,

85. Wherefore the world cannot be older than the scriptures represent it,

86. That every wedding one with another produces four children,

87. That in several places the proportion between the males and females differ,

---

45 A: Fehlerhafte Auszeichnung des Gliederungspunktes 72.

88. That in ninety years there were just as many males as females buried within a certain great parish in the country,
89. That a parish, consisting of about 2,700 inhabitants, had in 90 years but 1,059 more christenings than burials,
90. There come yearly to dwell at London about 6,000 strangers out of the country, which swells the burials about 200 per annum,
91. In the country there have been five christenings for four burials,
92. A confirmation that the most healthful years are also the most fruitful,
93. The proportion between the greatest and least mortalities in the country are greater than the same in the city,
94. The country air more capable of good and bad impressions than that of the city,
95. The differences also of births are greater in the country than at London,
96. In the country, but about one of fifty dies yearly, but at London one of thirty, over and above the plague,
97. London [is] not so healthful now as heretofore,
98. It is doubted whether increase of people or the burning of sea-coal were the cause or both,
99. The art of making of gold would be neither benefit to the world or the artist,
100. The elements of true policy are to understand throughly[46] the lands and hands of any country,
101. Upon what considerations the intrinsic value of lands does depend,
102. And in what the accidental,
103. Some of the few benefits of having a true account of the people,
104. That but a small part of the whole people are employed upon necessary affairs,
105. That a true account of people is necessary for the government and trade of them and for their peace and plenty,
106. Whether this account ought to be confined to the chief governors.

8.6 The Preface

Having been born and bred in the city of London and having always observed that most of them who constantly took in the weekly Bills of Mortality made little other use of them than to look at the foot, how the burials increased or decreased: and among the casualties, what had happened rare and extraordinary in the week current, so as they might

---

46 = thoroughly.

take the same as a text to talk upon in the next company; and withal in the plague-time, how the sickness increased or decreased that so the rich might judge of the necessity of their removal and trades-men might conjecture what doings they were like to have in their respective dealings.

2. Now, I thought that the wisdom of our city had certainly designed the laudable practice of taking and distributing these accounts for other and greater uses than those above-mentioned, or at least that some other uses might be made of them, and thereupon I casting mine eye upon so many of the general bills, as next came to hand, I found encouragement from them to look out all the bills I could and (to be short) to furnish myself with as much matter of that kind, even as the hall of the parish-clerks could afford me. The which, when I had reduced into tables (the copies whereof are here inserted) so as to have a view of the whole together, in order to the more ready comparing of one year, season, parish or other division of the city with another in respect of all the burials and christenings and of all the diseases and casualties happening in each of them respectively, I did then begin not only to examine the conceits, opinions and conjectures, which upon view of a few scattered bills I had taken up, but did also admit new ones as I found reason and occasion from my tables.

3. Moreover, finding some truths and not commonly believed opinions to arise from my meditations upon these neglected papers, I proceeded further to consider what benefit the knowledge of the same would bring to the world; that I might not engage myself in idle and useless speculations, but (like those noble virtuosi of Gresham College who reduce their subtle disquisitions upon nature into downright mechanical uses) present the world with some real fruit from those airy blossoms.

4. How far I have succeeded in the premises I now offer to the world's censure. Who, I hope, will not expect from me not professing letters things demonstrated with the same certainty, wherewith learned men determine in their schools, but will take it well that I should offer at a new thing and could forbear presuming to meddle where any of the learned pe[rso]ns have ever touched before and that I have taken the pains and been at the charge of setting out those tables, whereby all men may both correct my positions and raise others of their own. For herein I have, like a silly schoolboy, coming to say my lesson to the world (that peevish and tetchy master) brought a bundle of rods wherewith to be whipped for every mistake I have committed.

8.7 Chapter I: Of the Bills of Mortality, their beginning and progress

The first of the continued weekly Bills of Mortality extant at the parish-clerks' hall begins the twenty-ninth of December 1603, being the first year of King James his reign, since when a weekly account has been kept there of burials and christenings. It is true there were bills before, [namely] for the years 1592, [15]93, [15]94, but so interrupted since that I could not depend upon the sufficiency of them, rather relying upon those accounts which have been kept since in order, as to all the uses I shall make of them.

2. I believe that the rise of keeping these accounts was taken from the plague for the said bills (for ought appears) first began in the said year 1592, being a time of great mortality, and after some disuse were resumed again in the year 1603, after the great plague then happening likewise.

3. These bills were printed and published not only every week on Thursdays, but also a general account of the whole year was given in upon the Thursday before Christmas Day, which said general accounts have been presented in the several manners following, [namely] from the year 1603 to the year 1624 inclusive, according to the pattern here inserted.

1623/1624

The general bill for the whole year of all the burials and christenings, as well within the city of London and the liberties thereof, as in the nine out-parishes adjoining to the city (with the pest-house belonging to the same), from Thursday the 18th of December 1623 to Thursday the 16th of December 1624, according to the report made to the king's most excellent Majesty by the company of the parish-clerks of London.

Buried this year in the fourscore and seventeen parishes of London within the walls	3.386
Whereof of the plague	1
Buried this year in the sixteen parishes of London and the pest-house, being within the liberties and without the walls	5.924
Whereof of the plague	5
The whole sum of all the burials in London and the liberties thereof, is this year	9.310
Whereof of the plague	6
Buried of the plague without the liberties, in Middlesex and Surrey this whole year	0
Christened in London and the liberties thereof, this year	6.368
Buried this year in the nine out-parishes, adjoining to London, and out of the freedom	2.900

Whereof of the plague	5
The total of all the burials in the places aforesaid, is	12.210
Whereof of the plague	11
Christened in all the aforesaid places this year	8.299
Parishes clear of the plague	116
Parishes that have been infected this year	6

4. In the year 1625 every parish was particularized as in this following bill. Where note that this next year of plague caused the augmentation and correction of the bills as the former year of plague did the very being of them.

1624 / 1625

A general or great bill for this year of the whole number of burials, which have been buried of all diseases and also of the plague in every parish within the city of London and the liberties thereof, as also in the nine out-parishes adjoining to the said city (with the pest-house belonging to the same), from Thursday the 16th day of December 1624, to Thursday the 15th day of December, 1625, according to the report made to the king's most excellent Majesty by the company of parish-clerks of London.

London	Buried	Plague[47]
Albanes in Woodstreet	188	78
Alhallows Barking	397	263
Alhallows Breadstreet	34	14
Alhallows Hony-lane	18	8
Alhallows in L[o]mbardstreet	86	44
Alhallows Stainings	183	138
Alhallows the Great	442	302
Alhallows the Less	259	205
Alhallows the Wall	301	155
Alphage Cripple-Gate	240	190
Andrew-Hubbard	146	101
Andrews by Wardrobe	373	191

---

47   Hier ist unklar, ob es sich um zusätzliche Pesttote oder, wie bei der vorherigen Tabelle, um den Anteil der Pesttoten an den Sterbezahlen handelt.

London	Buried	Plague[47]
Andrews Undershaft	219	149
Annes [D: Anns] at Aldersgate	196	118 [D: 128]
Annes Black-Friers [D: Black-Fryers]	336	215
Antholins Parish	62	31
Austins Parish	72	40
Barthol[omew] at the Exchange	5[2]	24
Bennets at Pauls Wharf	226	131
Bennets Fink	108	57
Bennets Grace-Church	48	14
Bennets Sherehog [D: Shearhog]	24	8
Botolphs Billings-gate	99	66
Christ's Church Parish	611	371
Christopher's Parish	48	28
Clements by Eastcheap	87	72
Dionys Black-Church [D: Back-Church]	99	59
Dunstans in the East	335	225
Edmunds Lumbardstreet	78	49
Ethelborow in Bishopsg[ate]	205	101
Gabriel Fenchurch	71	54
George Botolphs-lane	30	19
Gregories by Pauls	296	196
Hellens in Bishopsgate st[reet]	136	71
James by Garlickhithe	180	109
James Duke's place	310	254 [D: 154]
John Baptist	122	79
John Evangelist	7	0
John Zacharies	143	97
Katherine Coleman [D: Colemanstreet]	263 [D: 26]	175
Katherine Cree-church	886	373
Lawrence in the Jewrie	91	55
Lawrence Pountney	206	127
Leonards Eastcheap	55	26
Leonards Fosterlane	292	209
Magnus Parish by [the] Bridge	137	85
Margarets Lothbury	114	64

London	Buried	Plague[47]
Margarets Moses	37	25
Margarets new Fishstreet	123	82
Margarets Pattons	77	50
Martins at Ludgate	254	164
Martins in the Vintry	339	208
Martins Ironmonger-lane	25	18
Martins Orgars	88	47
Martins Outwich	60	30
Mary Ab-church	98	58
Mary Aldermanbury	126	79
Mary Aldermary	92	54
Mary at the Hill	152	84
Mary Bothaw	22	14
Mary Colechurch [D: Coal-Church]	26	11
Mary le Bow	35	19
Mary Mounthaw	76	58
Mary Sommerset	270	192
Mary Stainings	70	44
Mary Woolchurch	58	25 [D: 35]
Mary Woolnoth	82	50
Matthew Fridaystreet	24	11
Maudlins in Milkstreet	401	23
Maudlins Oldfish-street	225	142
Michael Bassishaw	199	139
Michael Corn-Hill	159	79
Michael Crooked-lane	144	91
Michael in the Quern	53	30
Michael in the Royal	111	61
Michael in Woodstreet	189	68
Michael Queenhithe	215	157
Mildreds Breadstreet	60	44
Mildreds Poultrey	94	45
Nicholas Acons	33	13
Nicholas Coal-Abbey	87	67
Nicholas Olaves	70	43

London	Buried	Plague[47]
Olaves in Hartstreet	266	195
Olaves in Silverstreet	174 [D: 274]	103
Olaves in the Jewry	43	25
Pancras by Soperlane	17	8
Peter[s] in Cheap	68	44
Peters at Pauls Wharf	97	68
Peters in Corn-hill	318	78
Peters Poor in Broadstreet	52	27
St. Faiths	89	45
St. Fosters in Foster-Lane	149	102
Stevens in Colemanstreet	506	350
Stevens in Walbrook	25	13
Swithins at London stone	99	60
Thomas Apostles	141	107
Trinity parish	148	87
	of all diseases	whereof of the plague
buried within the 97 parishes within the walls	14.340	9.197

London	Buried	Plague
Andrews in Holborn	2.190	1.636
Barthol[o]mew the Great	516	360
Bartholomew the Less	111	65
Brides Parish	1.481	1.031
Botolph Algate	2.573	1.653
Bridewel Precinct	213	152
Bottolph Bishopsgate	2.334	714
Botolph Alder[s]gate	578	307
Dunstans the West	860	642
Georges Southwark	1.608	912
Giles Cripplegate	3.988	2.338
Olaves in Southwark	3.689	2.609
Saviours in Southwark	2.746	1.671
Sepulchres parish	3.425	2.420

London	Buried	Plague
Thomas in Southwark	335	277
Trinity in the Minories	131	87
At the pesthouse	194	189
Buried in the 16 parishes without the walls, standing part within the liberties, and part without: in Middlesex, and Surrey, and at the pest-house.	[Buried] 26.972	whereof of the plague 17.153

Buried in the nine out-parishes.	[Buried]	[Plague]
Clements Templebar	1.284	755
Giles in the Fields	1.333	947
James at Clarkenwell	1.191	903
Katherins by the Tower	998	744
Leonards in Shor[e]ditch	1.995	1.407
Magdalens Bermondsey	1.127	889
Martins in the Fields	1.470	973
Mary White-chapel	3.305	2.272
Savoy parish	250	176
Buried in the nine out-parishes, in Middlesex and Surrey	12.953	9.067

The total of all the burials of all diseases, within the walls, without the walls, in the liberties, in Middlesex and Surrey: with the nine out parishes and the pest-house.	54.265
Whereof buried of the plague, this present year is	35.417
Christenings this present year is	6.983
Parishes clear this year is	1
Parishes infected this year is	121

5. In the year 1626 the city of Westminster, in imitation of London, was inserted. The gross account of the burials and christenings, with distinction of the plague being only taken notice of therein. The fifth, or last canton, or lined-space of the said bill, being varied into the form following, [namely]

In Westminster this year	
Buried	471
Plague	13
Christenings	361

6. In the year 1629 an account of the diseases and casualties whereof any died, together with the distinction of males and females, making the sixth canton of the bill was added in manner following:

The canton of casualties and of the bill for the year 1632[48], being of the same form with that of 1629.

The diseases and casualties this year, being 1632	
Abortive and stillborn [D: stilborn]	445 [D: 415]
Affrighted	1
Aged	628
Ague	43
Apoplex and meagrom [D: meagrim]	17
Bit with a mad dog	1
Bleeding	3
Bloody flux, scowring and flux	348
Brused [D: bruised], issues, sores and ulkers [D: ulcers]	28
Burnt and scalded	5
Burst and rupture	9
Cancer and Wolf	10
Canker	1
Childbed	171
Chrisomes and infants	2.268
Cold and cough	55
Colic [D: Colick], stone and strangury	56
Consumption	1.797
Convulsion	241
Cut of the Stone	5

---

48   A: *1639*; errata: *1632*; B, C, D: *1632*.

The diseases and casualties this year, being 1632	
Dead in the street and starved	6
Dropsie and swelling	267
Drowned	34 [D: 4]
Executed and prest to death	18 [D: 38]
Falling sickness	7 [D: 17]
Fever	1.108
Fistula	13
Flocks and small pox	531
French pox	12
Gangrene	5
Gout	4
Grief	11
Impostume [D: Imposthume]	74 [D: 44]
Jaundies	43
Jawfaln	8 [D: 78]
Killed by several accidents	46 [D: 6]
King's Evil	38
Lethargie	2
Livergrown	87
Lunatique [D: Lunatick]	5
Made away themselves	15
Measles	80
Murdered	7
Over- laid and starved at nurse	7
Pallie [D: Palsie]	25
Piles	1
Plague	8
Planet	13
Pleurisy [D: Pleuresie] and spleen	36
Purples and spotted fever	38
Quinsy [D: Quinsie]	7
Rising of the lights	98
Sciatica	1
Scurvy and itch	9
Suddenly	62

The diseases and casualties this year, being 1632	
Surfet	86
Swine Pox	6
Teeth	470
Thrush and Sore Mouth	40
Tissick	34
Tympany	13
Vomiting	1
Worms	27

Christened	
Males	4.994
Females	4.590
In all	9.584

Buried	
Males	4.932
Females	4.603
In all	9.535
Whereof of the plague	8

Increased in the burials in the 122 parishes and at the pest-house this year	993
Decreased of the plague in the 122 parishes and at the pest-house this year.	266 [D: 662]

7. In the year 1636 the account of the burials and christenings in the parishes of Islington, Lambeth, Stepney, Newington, Hackney and Redriff were added in the manner following, making a seventh canton, [namely]

	Christened	Buried	Plague
In Margaret['s] Westminster	440	890	0
Islington	36	113	0
Lambeth	132	220	0
Stepney	892	1.486	0
Newington	99	181	0
Hackney	30	91	0
Redriff	16	48	0
The total of all the burials in the seven last parishes this year	2.958		
whereof [of] the Plague	0		
The total of all the christenings	1.645		

8. Covent Garden being made a parish, the nine out-parishes were called the ten out-parishes, the which in former years were but eight.

9. In the year 1660 the last-mentioned ten parishes, with Westminster, Islington, Lambeth, Stepney, Newington, Hackney and Redriff, are entered under two divisions, [namely] the one containing the twelve parishes lying in Middlesex and Surrey, and the other the five parishes within the city and liberties of Westminster, [namely] St. Clement-Danes, St. Paul's-Covent-Garden, St. Martin's in the Fields, St. Mary-Savoy and St. Margaret's Westminster.

10. We have hitherto described the several steps, whereby the Bills of Mortality are come up to their present state. We come next to show how they are made and composed, which is in this manner, [namely] when anyone dies, then, either by tolling or ringing of a bell, or by bespeaking of a grave of the sexton, the same is known to the searchers, corresponding with the said sexton.

11. The searchers hereupon (who are ancient matrons sworn to their office) repair to the place where the dead corps[e] lies and by view of the same, and by other enquiries, they examine by what disease or casualty the corps[e] died. Hereupon they make their report to the parish-clerk and he, every Tuesday night, carries in an account of all the burials and christenings, happening that week, to the clerk of the hall. On Wednesday the general account is made up and printed, and on Thursdays published and dispersed to the several families who will pay four shillings per annum for them.

12. Memorandum that although the general yearly bills have been set out in the several varieties aforementioned, yet the original entries in the hall-books were as exact in the very first year as to all particulars as now, and the specifying of casualties and diseases was probably more.

8.8 Chapter II: General observations upon the casualties

In my discourses upon these bills[49] I shall first speak of the casualties, then give my observations with reference to the places and parishes comprehended in the bills, and next of the years and seasons.

1. There seems to be good reason why the magistrate should himself take notice of the numbers of burials and christenings, [namely] to see whether the city increase or decrease in people; whether it increase proportionally with the rest of the nation; whether it be grown big enough or too big, etc. But why the same should be made known to the people, otherwise [than] to please them as with a curiosity, I see not.

2. Nor could I ever yet learn (from the many I have asked, and those not of the least sagacity) to what purpose the distinction between males and females is inserted or at all taken notice of, or why that of marriages was not equally given in. Nor is it obvious to everybody why the account of casualties (whereof we are now speaking) is made. The reason, which seems most obvious for this latter[50], is that the state of health in the city may at all times appear.

3. Now it may be objected that the same depends most upon the accounts of epidemic[51] diseases and upon the chief of them all, the plague, wherefore the mention of the rest seems only matter of curiosity.

4. But to this we answer that the knowledge even of the numbers which die of the plague is not sufficiently deduced from the mere report of the searchers, which only the bills afford, but from other ratiocinations and comparing of the plague with some other casualties.

5. For we shall make it probable that in years of plague a quarter-part more dies of that disease than are set down; the same we shall also prove by the other casualties. Wherefore, if it be necessary to impart to the world a good account of some few casualties, which since it cannot well be done without giving an account of them all, then is our common practice of so doing very apt and rational.

6. Now to make these corrections upon the perhaps ignorant and careless searchers' reports, I considered first of what authority they were in themselves[52], that is, whether any credit at all were to be given to their distinguishments, and finding that many of the

---

49 STEPHAN (1996): *the bills.*
50 C, D: *later.*
51 A–D: *epidemical* (im Folgenden normalisiert).
52 C, D: *of themselves.*

casualties were but matter of sense, as whether a child were abortive or stillborn; whether men were aged, that is to say above sixty years old or thereabouts, when they died, without any curious determination whether such aged persons died purely of age, as for that the innate heat was quite extinct or the radical moisture quite dried up (for I have heard some candid physicians complain of the darkness which themselves were in hereupon) I say, that these distinguishments being but matter of sense, I concluded the searchers' report might be sufficient in the case.

7. As for consumptions, if the searchers do but truly report (as they may) whether the dead corps[e] were very lean and worn away, it matters not to many of our purposes whether the disease were exactly the same as physicians define it in their books. Moreover, in case a man of seventy five years old died of a cough (of which had he been free, he might have possibly lived to ninety), I esteem it little error (as to many of our purposes) if this person be in the table of casualties, reckoned among the aged and not placed under the title of coughs.

8. In the matters of infants I would desire but to know clearly what the searchers mean by infants, as whether children that cannot speak, as the word infant seems to signify, or children under two or three years old, although I should not be satisfied whether the infant died of wind[53] or of teeth, or of the convulsion, etc. or were choked with phlegm, or else of teeth, convulsion and scowring[54], apart or together, which they say do often cause one another. For I say, it is somewhat to know how many die usually before they can speak or how many live past any assigned number of years.

9. I say, it is enough if we know from the searchers, but the most predominant symptoms, as that one died of the headache, who was sorely tormented with it, though the physicians were of opinion that the disease was in the stomach. Again, if one died suddenly, the matter is not great, whether it be reported in the bills suddenly, apoplexy or planet-strucken, etc.

10. To conclude, in many of these cases the searchers are able to report the opinion of the physician who was with the patient, as they receive the same from the friends of the defunct, and in very many cases, such as drowning, scalding, bleeding, vomiting, making-away themselves, lunatics[55], sores, small-pox, etc. their own senses are sufficient and the generality of the world are able pretty well to distinguish the gout, stone, dropsy, falling-sickness, palsy, agues, pleurisy, rickets, etc. one from another.

---

53   A, B: *Winde.*
54   = scouring.
55   A, B, C: *Lunatiques*; D: *lunaticks.*

11. But now as for those casualties which are [the] aptest to be confounded and mistaken, I shall in the ensuing discourse presume to touch upon them so far as the learning of these bills has enabled me.

12. Having premised these general advertisements, our first observation upon the casualties shall be that in twenty years there dying of all diseases and casualties 229,250; that 71,124 died of the thrush, convulsion, rickets, teeth and worms; and as abortives, chrisoms, infants, liver-grown and overlaid, that is to say that about 1/3 of the whole died of those diseases, which we guess did all light upon children under four or five years old.

13. There died also of the small-pox, swine-pox and measles and of worms without convulsions, 12,210 of which number we suppose likewise that about 1/2 might be children under six years old. Now, if we consider that sixteen of the said 229[,250] died of that extraordinary and grand casualty the plague, we shall find that about thirty six per centum of all quick conceptions died before six years old.

14. The second observation is that of the said 229,250 dying of all diseases, there died of acute diseases (the plague excepted) but about 50,000, or 2/9 parts, the which proportion does give a measure of the state and disposition of this climate and air, as to health, these acute and epidemic diseases happening suddenly and vehemently upon the like corruptions and alterations in the air.

15. The third observation is that of the said 229[,250], about seventy died of chronic diseases, which shows (as I conceive) the state and disposition of the country (including as well its food as air) in reference to health or rather to longevity. For as the proportion of acute and epidemic diseases shows the aptness of the air to sudden and vehement impressions, so the chronic diseases show the ordinary temper of the place, so that upon the proportion of chronic diseases seems to hang the judgment of the fitness of the country for long life. For I conceive that in countries subject to great epidemic sweeps, men may live very long, but where the proportion of the chronic distempers is great, it is not likely to be so because men being long sick and always sickly cannot live to any great age, as we see in several sorts of metal-men who although they are less subject to acute diseases than others yet seldom live to be old, that is not to reach unto those years which David says is the age of man.

16. The fourth observation is that of the said 229[,250], not 4,000 died of outward grief, as of cancers, fistulas, sores, ulcers, broken and bruised limbs, impostumes, itch, king's-evil, leprosy, scald-head, swine-pox, wens, etc., [namely] not one in 60.

17. In the next place, whereas many persons live in great fear and apprehension of some of the more formidable and notorious diseases following, I shall only set down how many died of each: that the respective numbers, being compared with the total 229,250, those persons may the better understand the hazard they are in.

Table of notorius diseases	
Apoplex	1.306
Cut of the stone	38
Dead in the streets	243
Falling sickness	74
Gout	134
Headach	51
Jaundice	998
Leprosy	6
Lethargy	67
Lunatique [D: Lunatick]	158
Overlaid, and starved	529
Palsy [D: Palsie]	423
Rupture	201
Sciatica	5
Stone and strangury	863
Sodainly [D: Suddenly]	454

Table of casualties	
Bleeding	69
Burnt, and scalded	125
Drowned	829
Excessive drinking	2
Frighted	22
Grief	279
Hanged themselves	222
Killed by several accidents	1.021
Murdered	86
Poisoned	14
Shot	7
Smothered	26
Starved	51
Vomiting	136

18. In the foregoing observations we ventured to make a standard of the healthfulness of the air from the proportion of acute and epidemic diseases and of the wholesomeness

of the food from that of the chronic. Yet, forasmuch as neither of them alone do show the longevity of the inhabitants, we shall in the next place come to the more absolute standard and correction of both, which is the proportion of the aged, [namely] 15,757 to the total 229,250. That is of about 1 to 15 or 7 per cent. Only the question is, what number of years the searchers call aged, which I conceive must be the same that David calls so, [namely] 70. For no man can be said to die properly of age who is much less. It follows from hence that if in any other country more than seven of the 100 live beyond 70, such country is to be esteemed more healthful than this of our city.

19. Before we speak of particular casualties, we shall observe that among the several casualties some bear a constant proportion unto the whole number of burials: such are chronic diseases and the diseases, whereunto the city is most subject; as for example, consumptions, dropsies, jaundice, gout, stone, palsy, scurvy, rising of the lights, or mother, rickets, aged, agues, fevers, bloody-flux and scowring; nay some accidents, as grief, drowning, men's making away themselves and being killed by several accidents, etc. do the like, whereas epidemic and malignant diseases, as the plague, purples, spotted-fever, small-pox and measles do not keep that equality, so as in some years or months there died ten times as many as in others.

8.9 Chapter III: Of particular casualties

1. My first observation is that few are starved. This appears for that of the 229,250 which have died, we find not above fifty one to have been starved, excepting helpless infants at nurse, which being caused rather by carelessness, ignorance and infirmity of the milk-women is not properly an effect or sign of want of food in the country or of means to get it.

2. The observation, which I shall add hereunto, is that the vast numbers of beggars, swarming up and down this city, do all live and seem to be most of them healthy and strong; whereupon I make this question, whether, since they do all live by begging, that is, without any kind of labour, it were not better for the state to keep them, even although they earned nothing, that so they might live regularly and not in that debauchery as many beggars do; and that they might be cured of their bodily impotencies or taught to work, etc. each according to his condition and capacity; or, by being employed in some work (not better undone) might be accustomed and fitted for labour.

3. To this some may object that beggars are now maintained by voluntary contributions, whereas in the other way the same must be done by a general tax and consequently, the objects of charity would be removed and taken away.

4. To which we answer that in Holland, although nowhere fewer beggars appear to charm up commiseration in the credulous, yet nowhere is there greater or more frequent charity: only indeed the magistrate is both the beggar and the disposer of what is gotten by begging, so as all givers have a moral certainty that their charity shall be well applied.

5. Moreover, I question whether what we give to a wretch, that shows us lamentable sores and mutilations, be always out of the purest charity? That is, purely for God's sake. For as much as when we see such objects, we then feel in ourselves a kind of pain and passion by consent, of which we ease ourselves when we think we [have] eased them with whom we sympathized, or else we bespeak aforehand[56] the like commiseration in others towards ourselves when we shall (as we fear we may) fall into the like distress.

6. We have said [it were][57] better the public should keep the beggars, though they earned nothing, etc. But most men will laugh to hear us suppose that any able to work (as indeed most beggars are, in one kind of measure or another) should be kept without earning anything. But we answer that if there be but a certain proportion of work to be done and that the same be already done by the non-beggars, then to employ the beggars about it will but transfer the want from one hand to another. Nor can a learner work so cheap as a skilful practised artist can. As for example, a practised spinner shall spin a pound of wool worth two shillings for six pence, but a learner, undertaking it for three pence, shall make the wool indeed into yarn, but not worth twelve pence.

7. This little hint is the model of the greatest work in the world, which is the making of England as considerable for trade as Holland; for there is but a certain proportion of trade in the world, and Holland is prepossessed of the greater[58] part of it and is thought to have more skill and experience to manage it. Wherefore to bring England into Holland's condition, as to this particular, is the same as to send all the beggars about London into the west-country to spin, where they shall only spoil the clothiers' wool and beggar the present spinners at best; but at worst, put the whole trade of the country to a stand until the Hollander, being more ready for it, have snapt[59] that with the rest.

8. My next observation is that but few are murdered, [namely] not above 86 of the 229,250, which have died of other diseases and casualties, whereas in Paris, few nights [e]scape without their tragedy.

9. The reasons of this we conceive to be two: one is the government and guard of the city by citizens themselves, and that alternately; no man settling into a trade for that employment. And the other is the natural and customary abhorrence of that inhumane

---

56   = beforehand.
57   A–D: Im Originaltext 'Twere [sic!] (veraltet).
58   B, C, D: *greatest*.
59   = snapped.

crime and all bloodshed by most Englishmen: for of all that are executed, few are for murder. Besides the great and frequent revolutions and changes of[60] government since the year 1650 have been with little bloodshed, the usurpers themselves having executed few in comparison, upon the account of disturbing their innovations.

10. In brief, when any dead body is found in England, no algebraist or decipherer[61] of letters can use more subtle suppositions and variety of conjectures to find out the demonstration or cipher than every common unconcerned person does to find out the murderers, and that for ever, until it be done.

11. The lunatics are also but few, [namely] 158 in 229,250, though I fear many more than are set down in our bills, few being entered for such, but those who die at Bedlam[62] and there all seem to die of their lunacy, who died lunatics. For there is much difference in computing the number of lunatics that die (though of fevers and all other diseases, unto which lunacy is no supersedeas[63]) and those that die by reason of their madness.

12. So that this casualty being so uncertain, I shall not force myself to make any inference from the numbers and proportions we find in our bills concerning it. Only I dare ensure any man at this present, well in his wits, for one in a thousand that he shall not die a lunatic in Bedlam within these seven years because I find not above one in about one thousand five hundred have done so.

13. The like use may be made of the accounts of men that made away themselves, who are another sort of mad men, that think to ease themselves of pain by leaping into hell; or else are yet more mad, so as to think there is no such place; or that men may go to rest by death, though they die in self-murder, the greatest sin.

14. We shall say nothing of the numbers of those that have been drowned, killed by falls from scaffolds or by carts running over them, etc. because the same depends upon the casual trade and employment of men, and upon matters which are but circumstantial to the seasons and regions we live in and affords little of that science and certainty we aim at.

15. We find one casualty in our bills of which though there be daily talk, there is little effect, much like our abhorrence of toads and snakes, as most poisonous creatures, whereas few men dare say upon their own knowledge they ever found harm by either; and this casualty is the French-pox, gotten, for the most part, not so much by the intemperate use of venery (which rather caused the gout) as of many common women.

---

60 C, D: *in.*
61 A, B, C: *Uncipherer*; D: *Uncypherer.*
62 = Bethlem Royal Hospital.
63 = Supersedes.

16. I say the Bills of Mortality would take off these bars, which keep some men within bounds, as to these extravagancies. For in the afore-mentioned 229,250 we find not above 392 to have died of the pox. Now, forasmuch as it is not good to let the world be lulled into a security and belief of impunity by our bills, which we intend shall not be only as death's-heads to put men in mind of their mortality, but also as Mercurial statues to point out the most dangerous ways that lead us into it and misery. We shall therefore show that the pox is not as the toads and snakes afore-mentioned, but of a quite contrary nature, together with the reason why it appears otherwise.

17. Forasmuch as by the ordinary discourse of the world it seems a great part of men have, at one time or other, had some species of this disease, I [am] wondering why so few died of it, especially because I could not take that to be so harmless, whereof so many complained very fiercely. Upon inquiry I found that those who died of it out of the hospitals (especially that of King's-land and the Lock in Southwark) were returned of ulcers and sores. And in brief I found that all mentioned to die of the French-pox were returned by the clerks of Saint Giles' and Saint Martin's in the Fields only, in which place I understood that most of the vilest and most miserable houses of un-cleanness were: from whence I concluded that only hated persons and such, whose very noses were eaten off, were reported by the searchers to have died of this too frequent malady.

18. In the next place, it shall be examined under what name or casualty, such as die of these diseases are brought in. I say, under the consumption, forasmuch as all dying thereof die so emaciated and lean (their ulcers disappearing upon death) that the old-women searchers after the mist of a cup of ale and the bribe of a two-groat[64] fee, instead of one, given them cannot tell whether this emaciation or leanness were from a phthisis or from an hectic fever, atrophy, etc., or from an infection of the spermatic parts, which in length of time and in various disguises has at last vitiated the habit of the body and by disabling the parts to digest their nourishment brought them to the condition of leanness above-mentioned.

19. My next observation is that of the rickets. We find no mention among the casualties until the year 1634 and then but of 14 for that whole year.

20. Now the question is, whether that disease did first appear about that time or whether a disease, which had been long before, did then first receive its name?

21. To clear this difficulty out of the bills (for I dare venture on no deeper arguments), I enquired what other casualties before the year 1634, named in the bills, was most like the rickets and found, not only by pretenders to know it, but also from other bills, that liver-grown was the nearest. For in some years I find liver-grown, spleen and rickets, put

---

64   Groat = Silbermünze im Wert von 4 Pence.

all together, by reason (as I conceive) of their likeness to each other. Hereupon I added the liver-grown of the year 1634, [namely] 77, to the rickets of the same year, [namely] 14, making in all 91, which total, as also the number 77 itself, I compared with the liver-grown of the precedent year, 1633, [namely] 82. All which showed me that the rickets was a new disease over and above.

22. Now, this being but a faint argument, I looked both forwards and backwards, and found that in the year 1629, when no rickets appeared, there [were] but 94 liver-growns; and in the year 1636 there [were] 99 liver-grown[s], although there were also 50 of the rickets. Only this is not to be denied that when the rickets grew very numerous (as in the year 1660, [namely] to be 521), then there appeared not above 15 of liver-grown.

23. In the year 1659 were 441 rickets and 8 liver-grown. In the year 1658, were 476 rickets and 51 liver-grown. Now, though it be granted that these diseases were confounded in the judgment of the nurses, yet it is most certain, that the liver-grown did never but once, [namely] anno 1630, exceed 100, whereas anno 1660 liver-grown and rickets were 536.

24. It is also to be observed that the rickets were never more numerous than now and that they are still increasing for anno 1649 there [were] but 190, next year 260, next after that 329, and so forwards, with some little starting backwards in some years until the year 1660, which produced the greatest of all.

25. Now, such backstartings seem to be universal in all things for we do not only see in the progressive motion of the wheels of watches and in the rowing of boats that there is a little starting or jerking backwards between every step forwards, but also (if I am not much deceived) there appeared the like in the motion of the moon, which in the long telescopes at Gresham College one may sensibly discern.

26. There seems also to be another new disease, called by our bills the stopping of the stomach, first mentioned in the year 1636, the which malady from that year to 1647 increased but from 6 to 29; anno 1655 it came to be 145. In [16]57, to 277. In [16]60, to 214[65]. Now these proportions far exceeding the difference of proportion generally arising from the increase of inhabitants and from the resort of advenae[66] to the city shows there is some new disease, which appeared to the vulgar as a stopping of the stomach.

27. Hereupon I apprehended, that this stopping might be the green-sickness, for as much as I find few or none to have been returned upon that account, although many be visibly stained with it. Now whether the same be forborn out of shame, I know not. For since the world believes that marriage cures it, it may seem indeed a shame that any maid

---

65   A: *214*; Errata: *314*; B–D: *314*.
66   *advenae* = Ankömmlinge, Einwanderer (lat.).

should die uncured when there are more males than females, that is, a surplus[67] of husbands to all that can be wives.

28. In the next place I conjectured that this stopping of the stomach might be the mother, forasmuch as I have heard of many troubled with mother-fits (as they call them) although few returned to have died of them; which conjecture, if it be true, we may then safely say that the mother-fits have also increased.

29. But I was somewhat taken off from thinking this stopping of the stomach to be the mother because I guessed rather the rising of the lights might be it. For I remembered that some women, troubled with the mother-fits, did complain of a choking in their throats. Now as I understand, it is more conceivable that the lights or lungs (which I have heard called the bellows of the body) not blowing, that is, neither venting out nor taking in breath, might rather cause such a choking, than that the mother should rise up thither and do it. For [it seems to me][68], when a woman is with child, there is a greater rising and yet no such fits at all.

30. But what I have said of the rickets and stopping of the stomach, I do in some measure say of the rising of the lights also, [namely] that these risings (be they what they will) have increased much above the general proportion, for in 1629 there were but 44, and in 1660, 249, [namely] almost six times as many.

31. Now forasmuch as rickets appear much in the over-growing of children's livers and spleens (as by the bills may appear), which surely may cause stopping of the stomach by squeezing and crowding upon that part. And forasmuch as these chokings or risings of the lights may proceed from the same stuffings as make the liver and spleen to overgrow their due proportion. And lastly, forasmuch as the rickets, stopping of the stomach and rising of the lights, have all increased together, and in some kind of correspondent proportions, it seems to me that they depend one upon another. And that what is the rickets in children may be the other in more grown bodies, for surely children which recover of the rickets may retain somewhat sufficient to cause what I have imagined, but of this let the learned physicians consider, as I presume they have.

32. I had not meddled thus far, but that I have heard the first hints of the circulation of the blood were taken from a common person's wondering what became of all the blood which issued out of the heart, since the heart beats above three thousand times an hour, although but one drop should be pumped out of it at every stroke.

33. The stone seemed to decrease: for in 1632, [16]33, [16]34, [16]35 and [16]36 there died of the stone and strangury 254. And in the years 1655, [16]56, [16]57, [16]58, [16]59

---

67   A–D: *Overplus* (im Folgenden normalisiert).
68   Im Originaltext A–C: *me-thinks*; D: *methinks* (veraltet).

and 1660, but 250, which numbers although indeed they be almost equal, yet considering the burials of the first named five years were but half those of the latter[69], it seems to be decreased by about one half.

34. Now the stone and strangury are diseases, which most men know, that feel them, unless it be in some few cases, where (as I have heard physicians say) a stone is held up by the films of the bladder and so kept from grating or offending it.

35. The gout stands much at a stay, that is, it answers the general proportion of burials: there dyes not above one of 1,000 of the gout, although I believe that more die gouty. The reason is because those that have the gout are said to be long-livers, and therefore, when such die, they are returned as aged.

36. The scurvy has likewise increased and that gradually from 12 anno 1629 to 95 anno 1660.

37. The tyssick seems to be quite worn away, but that it is probable the same is entered as cough or consumption.

38. Agues and fevers are entered promiscuously, yet in the few bills wherein they have been distinguished, it appears that not above one in 40 of the whole are agues.

39. The abortives and still-born are about the twentieth part of those that are christened and the numbers seemed the same thirty years ago as now, which shows there were more in proportion in those years than now, or else that in these latter[70] years, due accounts have not been kept of the abortives as having been buried without notice and perhaps not in church-yards.

40. For that there has been a neglect in the accounts of the christenings is most certain because until the year 1642, we find the burials but equal with the christenings or near thereabouts, but in 1648, when the differences in religion had changed the government, the christenings were but two thirds of the burials. And in the year 1659, not half, [namely] the burials were 14,720 (of the plague but 36) and the christenings were but 5,670, which great disproportion could be from no other cause than that above-mentioned, forasmuch as the same grew as the confusions and changes grew.

41. Moreover, although the bills give us in anno 1659 but 5,670 christenings, yet they give us 421 abortives and 226 dying in child-bed, whereas in the year 1631, when the abortives were 410, that is, near the number of the year 1659, the christenings were 8,288. Wherefore by the proportion of abortives anno 1659, the christenings should have been about 8,500, but if we shall reckon by the women dying in child-bed, of whom a better account is kept than of stillborns and abortives, we shall find anno 1659 there were 226

---

69   C, D: *later.*
70   C, D: *later.*

child-beds; and anno 1631 112, [namely] not 1 / 2. Wherefore I conceive that the true number of the christenings anno 1659 is above double to the 5,690 set down in our bills, that is about 11,500, and then the christenings will come near the same proportion to the burials as has been observed in former times.

42. In regular times, when accounts were well kept, we find that not above three in 200 died in child-bed and that the number of abortives was about treble to that of the women dying in child-bed, from whence we may probably collect that not one woman of a hundred (I might say of two hundred) dies in her labour, forasmuch as there be other causes of a woman's dying within the month than the hardness of her labour.

43. If this be true in these countries, where women hinder the facility of their child-bearing by affected straightening of their bodies, then certainly in America, where the same is not practised, nature is little more to be taxed as to women than in brutes, among whom not one in some thousands do die of their deliveries. What I have heard of the Irish women confirms me herein.

44. Before we quite leave this matter, we shall insert the causes why the account of christenings has been neglected more than that of burials: one, and the chief whereof was a religious opinion against baptizing of infants, either as unlawful, or unnecessary. If this [was] the only reason, we might by our defects of this kind conclude the growth of this opinion and pronounce that not half the people of England, between the years 1650 and 1660, were convinced of the need of baptizing.

45. A second reason was the scruples, which many public ministers would make of the worthiness of parents to have their children baptized, which forced such questioned parents, who did also not believe the necessity of having their children baptized by such scrupulers[71], to carry their children unto such other ministers, as having performed the thing, had not the authority or command of the register to enter the names of the baptized.

46. A third reason was that a little fee was to be paid for the registry.

47. Upon the whole matter it is most certain that the number of heterodox believers was very great between the said year[s] 1650 and 1660, and so peevish were they, as not to have the births of their children registered, although thereby the time of their coming of age might be known, in respect of such inheritances as might belong unto them, and withal by such registering it would have appeared unto what parish each child had belonged, in case any of them should happen to want its relief.

---

71   C, D: *scruplers* = scrupulous persons.

48. Of convulsions there appeared very few, [namely] but 52 in the year 1629, which in 1636 grew to 709, keeping about that stay till 1659, though sometimes rising to about 1,000.

49. It is to be noted that from 1629 to 1636, when the convulsions were but few, the number of chrisoms and infants was greater, for in 1629, there were of chrisoms and infants 2,596, and of the convulsion 52, [namely] of both, 2,648. And in 1636 there were of infants 1,895 and of the convulsions 709, in both 2,604, by which it appears that this difference is likely to be only a confusion in the accounts.

50. Moreover, we find that for these later years, since 1636 the total of convulsions and chrisoms added together are much less, [namely] by about 400 or 500, per annum, [than] the like totals from 1626[72] to [16]36, which makes me think that teeth also were thrust in under the title of chrisoms and infants, inasmuch as in the said years, from 1629 to 1639[73], the number of worms and teeth wants by about 400 per annum of what we find in following years.

8.10 Chapter IV: Of the plague

1. Before we leave to discourse of the casualties, we shall add something concerning that greatest disease or casualty of all: the plague.

There have been in London, within this age, four times of great mortality, that is to say, the years 1592 and 1593, 1603, 1625, and 1636. There died anno

Year	Christened	Died / buried	Whereof of the Plague
1592 (from March to December)		25.886	11.503
1593	4.021	17.844	10.662
1603 (within the same space of time)		37.294	30.561
1625 (within the same space)		51.758	35.417
1636 (from April to December)		23.359	10.400

2. Now it is manifest of itself, in which of these years most died, but in which of them was the greatest mortality of all diseases in general or of the plague in particular, we dis-

---

72 C, D: *1629.*
73 C, D: *1636.*

cover thus. In the year[s] 1592 and 1636, we find the proportion of those dying of the plague in the whole to be near alike, that is about 10 to 23 or 11 to 25, or as about two to five.

3. In the year 1625, we find the plague to bear unto the whole in proportion as 35 to 51, or 7 to 10, that is almost the triplicate of the former proportion, for the cube of 7 being 343, and the cube of 10 being 1,000, the said 343 is not 2/5[74] of 1,000.

4. In anno 1603, the proportion of the plague to the whole was as 30 to 37, [namely] as 4 to 5, which is yet greater than [the] last of 7 to 20. For if the year 1625 had been as great a plague-year as 1603, there must have died not only 7 to 10, but 8 to 10, which in those great numbers makes a vast difference.

5. We must therefore conclude the year 1603 to have been the greatest plague-year of this age.

6. Now to know in which of these four was the greatest mortality at large, we reason thus:

Year	Buried / died / died, ut supra	Christened	or as
1592	26.490	4.277	6 : 1
1603	38.244	4.784	8 : 1
1625	54.265	6.983	8 : 1[75]
1636	23.359	9.522	5 : 2

7. From whence it appears that anno 1636 the christenings were about 2/5 parts of the burials. Anno 1592 but 1/6, but in the year[s] 1603 and 1625 not above an eighth, so that the said two years were the years of greatest mortality. We said that the year 1603 was the greatest plague-year. And now we say that the same was not a greater year of mortality than anno 1625. Now to reconcile these two positions, we must allege that anno 1625 there was an error in the accounts, or distinctions of the casualties; that is, more died of the plague than were accounted[76] for under that name, which allegation we also prove, thus, [namely]

8. In the said year 1625, there are said to have died of the plague 35,417 and of all other diseases 18,848, whereas in the years both before and after the same the ordinary number of burials was between 7 and 8,000 so that if we add about 11,000 (which is the difference between 7 and 18) to our 35 the whole will be 46,000, which bears to the whole 54,000 as

---

74   B, C, D: 1/5.
75   Links von der Spalte wird das Verhältnis mit 1 : 8 or 1,25 : 10 angegeben.
76   D: recounted.

about 4 to 5, thereby rendering the said year 1625 to be as great a plague-year as that of 1603 and no greater, which answers to what we proved before, [namely] that the mortality of the two years was equal.

9. From whence we may probably suspect that about 1/4 part more died of the plague than are returned for such, which we further prove by noting that anno 1636 there died 10,400 of the plague, the 1/4 whereof is 2,600. Now there are said to have died of all other diseases that year 12,959 out of which number deducing 2,600 there remain 10,359, more than which there died not in several years next before and after the said year 1636.

10. The next observation we shall offer is that the plague of 1603 lasted eight years. In some whereof there died above 4,000, in others above 2,000, and in but one less[77] than 600; whereas in the year 1624 next preceding and in the year 1626 next following, the said great plague-year 1625, there died in the former but 11 and in the latter[78] but 134 of the plague. Moreover in the said year 1625, the plague decreased from its utmost number 4,461 a week to below 1,000 within six weeks.

11. The plague of 1636 lasted twelve years, in eight whereof there died 2,000 per annum one with another, and never under 300. The which shows that the contagion of the plague depends more upon the disposition of the air than upon the effluvia from the bodies of men.

12. Which also we prove by the sudden jumps, which the plague has made, leaping in one week from 118 to 927, and back again from 993 to 258; and from thence again the very next week to 852. The which effects must surely be rather attributed to change of the air than of the constitution of men's bodies, otherwise than as this depends upon that.

13. It may be also noted that many times other pestilential diseases, as purple-fevers[79], small-pox, etc. do forerun the plague a year, two or three, for in 1622 there died but 8,000; in 1623 11,000; in 1624 about 12,000; till in 1625 there died of all diseases above 54,000.

8.11 Chapter V: Other observations upon the plague, and casualties

1. The decrease and increase of people is to be reckoned chiefly by christenings because few bear children in London, but inhabitants, though others die there. The accounts of

---

77 D: *fewer.*

78 C, D: *later.*

79 A: *Purple-Feavers;* B, C: *Purple-Fevers,* D: *Purple Fevers.*

christenings were well kept until differences in religion occasioned some neglect therein, although even these neglects we must confess to have been regular and proportional.

2. By the numbers and proportions of christenings, therefore we observe as followed, [namely]

First, that when from December 1602 to March following, there was little or no plague, then the christenings at a medium were between 110 and 130 per week, few weeks being above the one or below the other, but when from thence to July the plague increased, that then the christenings decreased to under 90.

Secondly, the question is whether teeming women died, fled or miscarried? The later[80] at this time seems most probable because even in the said space, between March and July, there died not above twenty per week of the plague, which small number could neither cause the death or flight of so many women as to alter the proportion $1/4$ part lower.

3. Moreover, we observe from the 21st of July to the 12th of October[81] the plague increasing, reduced the christenings to 70 at a medium, diminishing the above proportion down to $2/5$. Now the cause of this must be flying and death, as well as miscarriages and abortions; for there died within that time about 25,000, whereof many were certainly women with child, besides the fright of so many dying within so small a time might drive away so many others, as to cause this effect.

4. From December 1624 to the middle of April 1625, there died not above five a week of the plague, one with another. In this time, the christenings were one with another 180. The which decreased gradually by the 22nd of September to 75, or from the proportion of 12 to 5, which evidently squares with our former observation.

5. The next observation we shall offer is the time wherein the city has been re-peopled after a great plague – which we affirm to be by the second year. For in 1627, the christenings (which are our standard in this case) were 8,408, which in 1624 next preceding the plague-year 1625 (that had swept away above 54,000) were but 8,299, and the christenings of 1626 (which were but 6,701) mounted in one year to the said 8,408.

6. Now the cause hereof, forasmuch as it cannot be a supply by procreations, ergo, it must be by new affluxes to London out of the country.

7. We might fortify this assertion by showing that before the plague-year 1603, the christenings were about 6,000, which were in that very year reduced to 4,789, but crept up the next year 1604 to 5,458, recovering their former ordinary proportion in 1605 of 6,504, about which proportion it stood till the year 1610.

---

80   B–D: *latter.*
81   STEPHAN (1996): *21st of October.*

8. I say it followed that, let the mortality be what it will, the city repairs its loss of inhabitants within two years, which observation lessens the objection made against the value of houses in London, as if they were liable to great prejudice through the loss of inhabitants by the plague.

8.12   Chapter VI: Of the sickliness, healthfulness and fruitfulness of seasons

1. Having spoken of casualties, we come next to compare the sickliness, healthfulness and fruitfulness of the several years and seasons, one with another. And first, having in the chapters afore-going mentioned the several years of plague, we shall next present the several other sickly years. We [are] meaning by a sickly year such wherein the burials exceed those both of the precedent and subsequent years, and not above two hundred dying of the plague, for such we call plague-years, and this we do, that the world may see by what spaces and intervals we may hereafter expect such times again. Now, we may not call that a more sickly year, wherein more die, because such excess of burials may proceed from increase and access of people to the city only.

2. Such sickly years were 1618, [16]20, [16]23, [16]24, 1632, [16]33, [16]34, 1649, [16]52, [16]54, [16]56, [16]58, [16]61, as may be seen by the tables.

3. In reference to this observation, we shall present another, namely that the more sickly the years are, the less fecund or fruitful of children also they be, which will appear, if the number of children born in the said sickly years be less than that of the years both next preceding and next following, all which, upon view of the tables, will be found true except in a very few cases where sometimes the precedent and sometimes the subsequent years vary a little, but never both together. Moreover, for the confirmation of this truth, we present you the year 1660, where the burials were fewer than in either of the two next precedent years by 2,000 and fewer than in the subsequent by above 4,000. And withal, the number of christenings in the said year 1660 was far greater than in any of the three years next afore-going.

4. As to this year 1660, although we would not be thought superstitious, yet is it not to be neglected, that in the said year was the king's restoration to his empire over these three nations, as if God Almighty had caused the healthfulness and fruitfulness thereof to repair the bloodshed and calamities suffered in his absence. I say, this conceit does abundantly counterpoise the opinion of those who think great plagues come in with king's reigns, because it happened so twice, [namely] anno 1603 and 1625, whereas as well the year 1648, wherein the present king commenced his right to reign, as also the year 1660, wherein he commenced the exercise of the same, were both eminently healthful,

which clears both monarchy and our present king's family from what seditious men have surmised against them.

5. The diseases, which beside the plague make years unhealthful in this city, are spotted-fevers, small-pox, dysentery, called by some the plague in the guts, and the unhealthful season is the autumn.

8.13 Chapter VII: Of the difference between burials and christenings

1. The next observation is that in the said bills there are far more burials than christenings. This is plain, depending only upon arithmetical computation, for in 40 years, from the year 1603 to the year 1644, exclusive of both years, there have been set down (as happening within the same ground, space or parishes) although differently numbered and divided, 363,935 burials and but 330,747 christenings within the 97, 16 and 10 out-parishes, those of Westminster, Lambeth, Newington, Redriff, Stepney, Hackney and Islington not being included.

2. From this single observation it will follow that London should have decreased[82] in its people, the contrary whereof we see by its daily increase of buildings upon new foundations, and by the turning of great [palatial] houses into small tenements. It is therefore certain that London is supplied with people from out of the country, whereby not only to repair the surplus difference[83] of burials above-mentioned, but likewise to increase its inhabitants according to the said increase of housing.

3. This supplying of London seems to be the reason why Winchester, Lincoln and several other cities have decreased in their buildings and consequently in their inhabitants. The same may be suspected of many towns in Cornwall and other places, which probably, when they were first allowed to send burgesses to the Parliament, were more populous than now and bore another proportion to London than now, for several of those boroughs send two burgesses, whereas London itself sends but four, although it bears the fifteenth part of the charge of the whole nation in all public taxes and levies.

4. But if we consider what I have upon exact enquiry found true, [namely] that in the country, within ninety years, there have been 6,339 christenings and but 5,280 burials, the increase of London will be salved without inferring the decrease of the people in the country; and withal, in case all England have but fourteen times more people than Lon-

---

82   A: *has decreased.*
83   D: *differences.*

don, it will appear how the said increase of the country may increase the people, both of London and itself, for if there be in the 97, 16, 10 and 7 parishes, usually comprehended within our bills, but 460,000 souls, as hereafter we shall show, then there are in all England and Wales 6,440,000 persons, out of which subtract 460,000 for those in and about London, there remain 5,980,000 in the country, the which increasing about 1/7 part in 40 years, as we shall hereafter prove, does happen in the country, the whole increase of the country will be about 854,000 in the said time, out of which number, if but about 250,000 be sent up to London in the said 40 years, [namely] about 6,000 per annum, the said missions will make good the alterations, which we find to have been in and about London between the years 1603 and 1644 above-mentioned. But that 250,000 will do the same, I prove thus, [namely] in the 8 years from 1603 to 1612, the burials in all the parishes and of all diseases, the plague included, were at a medium 9,750 per annum. And between 1635 and 1644 were 18,000, the difference whereof is 8,250, which is the total of the increase of the burials in 40 years, that is about 206 per annum. Now, to make the burials increase 206 per annum, there must be added to the city thirty times as many (according to the proportion of 3 dying out of 41 families[84]), [namely] 6,180 advenae, the which number multiplied again by the 40 years makes the product 247,200, which is less than the 250,000 above propounded; so as there remain above 600,000 of increase in the country within the said 40 years, either to render it more populous or send forth into other colonies or wars. But that England has fourteen times more people is not improbable for the reasons following.

1. London is observed to bear about the fifteenth proportion of the whole tax.

2. There [are] in England and Wales about 39,000 square miles of land and we have computed that in one of the greatest parishes in Hampshire[85], being also a market-town and containing twelve square miles, there are 220 souls in every square mile, out of which I abate 1/4 for the surplus of people more in that parish than in other wild counties. So as the 3/4 parts of the said 220, multiplied by the total of square miles, produces 6,400,000 souls in all, London included.

3. There are about 10,000[86] parishes in England and Wales, the which, although they should not contain the 1/3 part of the land nor the 1/4 of the people of that country-parish which we have examined, yet may be supposed to contain about 600 people, one with another, according to which account there will be six millions of people in the nation. I might add, that there are in England and Wales about five and twenty millions of acres at 16 ½ foot to the perch and if there be six millions of people, then there is about

---

84   D: 11 *families.*

85   B–D: *Hantshire* (im Folgenden normalisiert).

86   A: *100,000*; errata: *10,000*; B–D: *10,000.*

four acres for every head, which how well it agrees to the rules of plantation, I leave unto others, not only as a means to examine my assertion, but as an hint to their enquiry concerning the fundamental trade, which is husbandry and plantation.

4. Upon the whole matter we may therefore conclude that the people of the whole nation do increase and consequently the decrease of Winchester, Lincoln and other like places must be attributed to other reasons than that of refurnishing London only.

5. We come to show why although in the country the christenings exceed the burials, yet in London they do not. The general reason of this must be that in London the proportion of those subject to die unto those capable of breeding is greater than in the country; that is, let there be an hundred persons in London and as many in the country; we say that if there be sixty of them breeders in London, there are more than sixty in the country or else we must say that London is more unhealthful, or that it inclines men and women more to barrenness than the country, which by comparing the burials and christenings of Hackney, Newington and the other country-parishes, with the most smoky and stinking parts of the city is scarce discernable in any considerable degree.

6. Now that the breeders in London are proportionally fewer than those in the country arises from these reasons, [namely]

1. All that have business to the court of the king or to the courts of justice, and all country-men coming up to bring provisions to the city or to buy foreign commodities, manufactures and rarities, do for the most part leave their wives in the country.

2. Persons coming to live in London out of curiosity and pleasure, as also such as would retire and live privately, do the same, if they have any.

3. Such, as come up to be cured of diseases, do scarce use their wives pro tempore.

4. That many apprentices of London, who are bound seven or nine years from marriage, do often stay longer voluntarily.

5. That many sea-men of London leave their wives behind them, who are more subject to die in the absence of their husbands than to breed either without men or with the use of many promiscuously.

6. As for unhealthiness it may well be supposed that although seasoned bodies may and do live near as long in London, as elsewhere, yet new-comers and children do not, for the smokes, stinks and close air are less healthful than that of the country. Otherwise why do sickly persons remove into the country air? And why are there more old men in countries than in London pro rata? And although the difference in Hackney and Newington, above-mentioned, be not very notorious, yet the reason may be their vicinity to London, and that the inhabitants are most such whose bodies have first been impaired with the London air, before they withdraw thither.

7. As to the causes of barrenness in London, I say that although there should be none extraordinary in the native air of the place, yet the intemperance in feeding and especi-

ally the adulteries and fornications, supposed more frequent in London than elsewhere, do certainly hinder breeding. For a woman admitting ten men is so far from having ten times as many children that she has none at all.

8. Add to this, that the minds of men in London are more thoughtful and full of business than in the country, where their work is corporal labour and exercises. All which promote breeding, whereas anxieties of the mind hinder it.

8.14   Chapter VIII: Of the difference between the numbers of males and females

The next observation is that there be more males than females.

1. There have been buried from the year 1628 to the year 1662 exclusive 209,436 males and but 190,474 females. But it will be objected that in London it may indeed be so, though otherwise elsewhere, because London is the great stage and shop of business, wherein the masculine sex bears the greatest part. But we answer that there have been also christened within the same time 139,782 males and but 130,866 females, and that the country accounts are consonant enough to those of London upon this matter.

2. What the causes hereof are, we shall not trouble ourselves to conjecture as in other cases; only we shall desire that travellers would enquire whether it be the same in other countries.

3. We should have given an account, how in every age these proportions change here, but that we have bills of distinction but for 32 years, so that we shall pass from hence to some inferences from this conclusion, as first:

I. That Christian religion prohibiting polygamy is more agreeable to the law of nature, that is the law of God, than Mohammedanism[87] and others that allow it. For one man his having many women or wives by law signifies nothing, unless there were many women to one man in nature also.

II. The obvious objection hereunto is that one horse, bull or ram, having each of them many females, do promote increase. To which I answer that although perhaps there be naturally, even of these species, more males than females, yet artificially, that is, by making geldings, oxen and weathers, there are fewer. From whence it will follow that when by experience it is found how many ew[e]s (suppose twenty) one ram will serve, we may know what proportion of male-lambs to castrate, or geld, [namely] nineteen, or thereabouts, for if you emasculate fewer, [namely] but ten, you shall by promiscuous copula-

---

87   A–D: Im Originaltext *Mahumetism.*

tion of each of those ten with two females[88] hinder the increase so far as the admittance of two males will do it, but if you castrate none at all, it is highly probable that every of the twenty males copulating with every of the twenty females, there will be little or no conception in any of them all.

III. And this I take to be the truest reason why foxes, wolves and other vermin animals that are not gelt, increase not faster than sheep, when as so many thousands of these are daily butchered and very few of the other die otherwise than of themselves.

4. We have hitherto said there are more males than females: we say next that the one exceed the other by about a thirteenth part, so that although more men die violent deaths than women, that is, more are slain in wars, killed by mischance, drowned at sea and die by the hand of justice. Moreover, more men go to colonies and travel into foreign parts than women. And lastly, more remain unmarried than of women, as fellows of colleges and apprentices above eighteen, etc. Yet the said thirteenth part difference brings the business but to such a pass that every woman may have an husband, without the allowance of polygamy.

5. Moreover, although a man be prolific forty years and a woman but five and twenty, which makes the males to be as 560 to 325 females, yet the causes above named and the later marriage of the men reduce all to an equality.

6. It [is] appearing, that there were fourteen men to thirteen women and that they die in the same proportion also, yet I have heard physicians say that they have two women patients to one man, which assertion seems very likely, for that women have either the green-sickness or other like distempers, are sick of breedings, abortions, child-bearing, sore-breasts, whites, obstructions, fits of the mother and the like.

7. Now, from this it should follow that more women should die than men, if the number of burials answered in proportion to that of sicknesses, but this must be salved, either by the alleging that the physicians cure those sicknesses, so as few more die than if none were sick, or else that men, being more intemperate than women, die as much by reason of their vices as [the] women do by the infirmity of their sex and consequently, more males being born than females, more also die.

8. In the year 1642 many males went out of London into the wars then beginning, insomuch as I expected in the succeeding year 1643 to have found the burials of females to have exceeded those of males, but no alteration appeared, forasmuch, as I suppose, trading continuing the same in London, all those who lost their apprentices had others out of the country; and if any left their trades or[89] shops, that others forthwith succeeded

---

88   A: *two females, (in such as admit the male after conception)*; Errata: *Dele*[te] *all within the parenthesis.*

89   B, C, D: *and.*

them, for if employment for hands remain the same, no doubt but the number of them could not long continue in disproportion.

9. Another pregnant argument to the same purpose (which has already been touched on) is that although in the very year of the plague the christenings decreased by the dying and flying[90] of teeming women, yet the very next year after they increased somewhat, but the second after to as full a number as in the second year before the said plague, for I say again, if there be encouragement for an hundred in London, that is a way how an hundred may live better than in the country, and if there be void housing there to receive them, the evacuating of a fourth or third part of that number, must soon be supplied out of the country so as the great plague does not lessen the inhabitants of the city, but of the country, who in a short time remove themselves from hence thither, so long, until the city for want of receipt and encouragement, regurgitates and sends them back.

10. From the difference between males and females we see the reason of making eunuchs in those places where polygamy is allowed, the latter[91] being useless as to multiplication without the former, as was said before in case of sheep and other animals, usually gelt[92] in these countries.

11. By consequence, this practise of castration serves as well to promote increase as to meliorate the flesh of those beasts that suffer it. For that operation is equally practised upon horses which are not used for food, as upon those that are.

12. In Popish[93] countries where polygamy is forbidden, if a greater number of males oblige themselves to celibate than the natural surplus or difference between them and females amounts unto, then multiplication is hindered, for if there be eight men to ten women, all of which eight men are married to eight of the ten women, then the other two bear no children, as either admitting no man at all or else admitting men as whores (that is more than one) which commonly procreates no more than if none at all had been used, or else such unlawful copulations beget conceptions, but to frustrate them by procured abortions or secret murders, all which returns to the same reckoning. Now, if the same proportion of women oblige themselves to a single life likewise, then such obligation makes no change in this matter of increase.

13. From what has been said, appears the reason why the law is and ought to be so strict against fornications and adulteries, for if there were universal liberty, the increase of mankind would be but like that of foxes at best.

---

90   = fleeing.
91   C, D: *later*.
92   = „gelzen“: veraltet für kastrieren.
93   = „papistisch“: veralteter polemischer Ausdruck für römisch-katholisch.

14. Now forasmuch as princes are not only powerful, but rich, according to the number of their people (hands being the father, as lands are the mother and womb of wealth) it is no wonder why states by encouraging marriage and hindering licentiousness advance their own interest, as well as preserve the laws of God from contempt and violation.

15. It is a blessing to mankind that by this surplus of males there is this natural bar to polygamy, for in such a state women could not live in that parity and equality of expense with their husbands, as now and here they do.

16. The reason whereof is not that the husband cannot maintain as splendidly three, as one, for he might, having three wives, live himself upon a quarter of his income, that is in a parity with all three, as well as, having but one, live in the same parity at half with her alone, but rather, because that to keep them all quiet with each other and himself, he must keep them all in greater aw[e] and less splendour, which power he having he will probably use it to keep them all as low as he pleases, and at no more cost than makes for his own pleasure, the poorest subjects (such as this plurality of wives must be) being most easily governed.

8.15   Chapter IX: Of the growth of the city

1. In the year 1593 there died in the ninety seven parishes within the walls and the sixteen without the walls (besides 421 of the plague) 3,508. And the next year 3,478, besides 29 of the plague; in both years 6,986. Twenty years after, there died in the same ninety seven and sixteen parishes 12,110, [namely] anno 1614 5,873 and anno 1615 6,237. So as the said parishes are increased in the said time from seven to twelve or very near thereabouts.

2. Moreover, the burials within the like space of the next twenty years, [namely] anno 1634 and 1635, were 15,625, [namely] as about twenty four to thirty one; the which last of the three numbers, 15,625 is much more than double to the first 6,986, [namely] the said parishes have in forty years increased from twenty three to fifty two.

3. Where is to be noted, that although we were necessitated to compound the said ninety seven with the sixteen parishes, yet the sixteen parishes have increased faster than the ninety seven. For in the year 1620 there died within the walls 2,726 and in 1660 there died but 3,098 (both years being clear of the plague), so as in this forty years the said ninety seven parishes have increased but from nine to ten, or thereabouts, because the housing of the said ninety seven parishes could be no otherwise increased than by turning great houses into tenements and building upon a few gardens.

4. In the year 1604, there died in the ninety seven parishes 1,518, and of the plague 280. And in the year 1660, 3,098 and none of the plague, so as in fifty six years the said parishes have doubled. Where note that forasmuch as in the said year 1604 was the very

next year after the great plague, 1603 (when the city was not yet re-peopled) we shall rather make the comparison between 2,014, which died anno 1605 and 3,431 anno 1659, choosing rather from hence to assert that the said ninety seven and sixteen parishes increased from twenty to thirty four, or from ten to seventeen in fifty four years, than from one to two in fifty six, as in the last afore-going paragraph is set down.

5. Anno 1605, there died in the sixteen out-parishes 2,974, and anno 1659 6,988, so as in the fifty four years the said parishes have increased from three to seven.

6. Anno 1605, there died in the eight out-parishes 960, anno 1659 there died in the same scope of ground, although called now ten parishes (the Savoy and Covent-Garden being added) 4,301, so as the said parishes have increased within the said fifty four years, more than from one to four.

7. Moreover, there were buried in all anno 1605 5,948, and anno 1659 14,720, [namely] about two to five.

8. Having set down the proportions wherein we find the said three great divisions of the whole pyle, called London, to have increased, we come next to show what particular parishes have had the most remarkable share in these augmentations, [namely] of the ninety seven parishes within the walls, the increase is not [very] discernable, but where great houses formerly belonging to noblemen before they built others near Whitehall have been turned into tenements, upon which account Allhallows on-the-Wall is increased, by the conversion of the Marquis[94] of Winchester's house, lately the Spanish Ambassador's, into a new street, the like of Alderman Freeman's and La Motte's near the Exchange, the like of the Earl of Arundel's in Lothbury, the like of the Bishop of London's Palace, the Dean of [St.] Paul's, and the Lord River's house, now in hand, as also of the Duke's-place, and others heretofore.

9. Of the sixteen parishes next without the walls, Saint Giles' Criplegate has been most enlarged, next to that, Saint Olave's Southwark, then Saint Andrew's Holborn, then White-Chapel, the difference in the rest not being considerable.

10. Of the out parishes now called ten, formerly nine, and before that eight, Saint Giles' and Saint Martin's in the Fields are most increased, notwithstanding Saint Paul's Covent-Garden was taken out of them both.

11. The general observation which arises from hence is that the city of London gradually removes westward[s], and did not the Royal Exchange and London-Bridge stay the trade, it would remove much faster, for Leaden-Hall-Street, Bishop's-Gate and part of Fenchurch-street have lost their ancient trade; Grace-Church-street indeed keeping itself yet entire, by reason of its conjunction with, and relation to London-Bridge.

---

94 A–D: Im Originaltext *Marquess*.

12. Again, Canning-street and Watlin-Street have lost their trade of woolen-drapery to [St.] Paul's Church-Yard, Ludgate-hill and Fleet-street. The Mercery is gone from out of Lombard Street and Cheapside, into Pater-Noster-Row and Fleet Street.

13. The reasons whereof are that the king's court (in old times frequently kept in the city) is now always at Westminster. Secondly, the use of coaches, whereunto the narrow streets of the old city are unfit, has caused the building of those broader streets in Covent-Garden, etc.

14. Thirdly, where the consumption of [a] commodity is, [namely] among the gentry, the vendors of the same must seat themselves.

15. Fourthly, the cramming up of the void spaces and gardens within the walls, with houses, to the prejudice of light and air, have made men build new ones where they less fear those inconveniences.

16. Conformity in building to other civil nations has disposed us to let our old wooden dark houses fall to decay and to build new ones, whereby to answer all the ends above-mentioned.

17. Where note that when Ludgate was the only western gate of the city, little building was westwards thereof. But when Holborn began to increase, New-gate was made. But now both these gates are not sufficient for the communication between the walled city and its enlarged western suburbs, as daily appears by the intolerable stops and embarrasses of coaches near both these gates, especially Ludgate.

8.16 Chapter X: Of the inequality of parishes

1. Before we pass from hence, we shall offer to consideration the inequality of parishes in and about London, evident in the proportion of their respective burials, for in the same year were buried in Cripple-gate-parish 1,191, that but twelve died in Trinity-Minories, St. Saviour's Southwark and Botolph's Bishop-gate, being of the middle size, as burying five and 600 per annum, so that Cripple-gate is a hundred times as big as the Minories, and 200 times as big as St. John the Evangelist's, Mary-Coal-church, Bennet's Grace-church, Matthew-Friday-street and some others within the city.

2. Hence may arise this question: wherefore should this inequality be continued? If it be answered, because that [pastors] of all sorts and sizes of abilities may have benefices, each man according to his merit, we answer that a two hundredth part of the best parson's learning is scarce enough for a sexton. But besides there seems no reason of any difference at all, it being as much science to save one single soul as one thousand.

3. We incline therefore to think the parishes should be equal or near because in the reformed religions the principal use of churches is to preach in. Now the bigness of such

a church ought to be no greater than that unto which the voice of a preacher of middling lungs will easily extend; I say easily because they speak an hour or more together.

4. The use of such large churches, as [St.] Paul's, is now wholly lost. We having no need of saying perhaps fifty masses all at one time, nor of making those grand processions frequent in the Romish church[95]; nor is the shape of our cathedral proper at all for our preaching auditoria[96], but rather the figure of an amphitheatre with galleries, gradually over-looking each other, for unto this condition, the parish-churches of London are driving apace, as appears by the many galleries every day built in them.

5. Moreover, if parishes were brought to the size of Colman-street, Allhallows-Barking, Christ-church, Black-Friers, etc. in each whereof die between 100 and 150 per annum, then a hundred parishes would be a fit and equal division of this great charge and all the ministers (some whereof have now scarce forty pounds per annum) might obtain a subsistence.

6. And lastly, the church-wardens and overseers of the poor might find it possible to discharge their duties, whereas now in the greater out-parishes many of the poorer parishioners through neglect do perish and many vicious persons get liberty to live as they please, for want of some heedful eye to overlook them.

8.17 Chapter XI: Of the number of inhabitants

1. I have been several times in company with men of great experience in this city and have heard them talk seldom under millions of people to be in London, all which I was apt enough to believe, until, on a certain day, one of eminent reputation was upon occasion asserting that there was in the year 1661 two millions of people more than anno 1625, before the great plague. I must confess that, until this provocation, I had been frighten[97] with that misunderstood example of David, from attempting any computation of the people of this populous place, but hereupon I both examined the lawfulness of making such enquiries and being satisfied thereof, went about the work itself in this manner: [namely]

2. First, I imagined that if the conjecture of the worthy person afore-mentioned had any truth in it, there must needs be about six or seven millions of people in London now, but repairing to my bills I found that not above 15,000 per annum were buried and con-

---

95 = Römisch-katholische Kirche.
96 A–D: Im Originaltext *Auditories.*
97 A–D: Im Originaltext *frighted.*

sequently, that not above one in four hundred must die per annum if the total were but six millions.

3. Next, considering that it is esteemed an even lay whether any man lives ten years longer, I supposed it was the same that one of any ten might die within one year. But when I considered that of the 15,000 afore-mentioned, about 5,000 were abortive and still-born, or died of teeth, convulsion, rickets or as infants, and chrisoms, and aged, I concluded that of men and women, between ten and sixty, there scarce died 10,000 per annum in London, which number being multiplied by 10, there must be but 100,000[98] in all. That is not the 1/60 part of what the alderman imagined. These were but sudden thoughts on both sides and both far from truth, I thereupon endeavoured to get a little nearer, thus: [namely]

4. I considered that the number of child-bearing women might be about double to the births forasmuch as such women, one with another, have scarce more than one child in two years. The number of births I found by those years wherein the registries were well kept to have been somewhat less than the burials. The burials in these late years at a medium are about 13,000 and consequently the christenings not above 12,000. I therefore esteemed the number of teeming women to be 24,000. Then I imagined that there might be twice as many families as of such women, for that there might be twice as many women aged between 16 and 76, as between 16 and 40, or between 20 and 44, and that there were about eight persons in a family, one with another, [namely] the man and his wife, three children and three servants or lodgers – now 8 times 48,000 makes 384,000.

5. Secondly, I find by telling the number of families in some parishes within the walls that 3 out of 11 families per annum have died, wherefore 13,000 having died in the whole, it should follow there were 48,000 families according to the last mentioned account.

6. Thirdly, the account, which I made of the trained-bands and auxiliary soldiers, does enough justify this account.

7. And lastly, I took the map of London set out in the year 1658 by Richard Newcourt, drawn by a scale of yards. Now I guessed that in 100 yards square there might be about 54 families, supposing every house to be 20 foot in the front – for on two sides of the said square there will be 100 yards of housing in each, and in the two other sides 80 each; in all 360 yards – that is 54 families in each square, of which there are 220 within the walls, making in all 11,880 families within the walls. But forasmuch as there die within the walls about 3,200 per annum and in the whole about 13,000, it follows that the housing within the walls is 1/4 part of the whole, and consequently, that there are 47,520 families in and about London, which agrees well enough with all my former computations. The worst

---

98   C, D: *10,000.*

whereof does sufficiently demonstrate that there are no millions of people in London[99], which nevertheless most men do believe, as they do, that there be three women for one man, whereas there are fourteen men for thirteen women, as elsewhere has been said.

8. We have (though perhaps too much at random) determined the number of the inhabitants of London to be about 384,000. The which being granted, we assert that 199,112 are males and 184,886 females.

9. Whereas we have found that of 100 quick conceptions about 36 of them die before they be six years old and that perhaps but one survived 76, we, having seven decades between six and 76, we sought six mean proportional numbers between 64, the remainder, living at six years, and the one, which survives 76, and find that the numbers following are practically near enough to the truth, for men do not die in exact proportions, nor in fractions. From whence arises this table following:

[Namely] of 100 there die within	
The first six years	36
The next ten years or the decade	24
The second decade	15
The third decade	9
The fourth	6
The next	4
The next	3
The next	2
The next	1

10. From whence it follows that of the said 100 conceived, there remains alive at six years end 64.

---

99   B, C, D: *there are two millions of people in London.*

alive at years	end
6	64
16	40
26	25
36	16
46	10
56	6
66	3
76	1
80	0

11. It follows also that of all which have been conceived, there are now alive 40 per cent above sixteen years old, 25 above twenty six years old and sic deinceps, as in the above table. There are therefore of aged between 16 and 56, the number of 40, less by six, [namely] 34; of between 26 and 66, the number of 25 less by three, [namely] 22, and sic deinceps.

Wherefore, supposing there be 199,112 males and the number between 16 and 56 being 34, it follows, there are 34 per cent of all those males fighting men in London, that is 67,694, [namely] near 70,000. The truth whereof I leave to examination, only the 1/5 of 67,694, [namely] 13,539 is to be added for Westminster, Stepney, Lambeth and the other distant parishes, making in all 81,233 fighting men.

12. The next enquiry will be in how long time the city of London shall, by the ordinary proportion of breeding and dying, double its breeding people. I answer in about seven years and (plagues considered) eight. Wherefore since there be 24,000 pair of breeders, that is 1/8 of the whole, it follows that in eight times eight years the whole people of the city shall double without the access of foreigners. The which contradicts not our account of its growing from two to five in 56 years with such accesses.

13. According to this proportion, one couple [namely] Adam and Eve, doubling themselves every 64 years of the 5,610 years, which is the age of the world according to the scriptures, shall produce far more people than are now in it. Wherefore the world is not above 100 thousand years old[100], as some vainly imagine, nor above what the scripture makes it.

---

100 D: *older.*

8.18 Chapter XII: Of the country bills

We have, for the present, done with our observations upon the accounts of burials and christenings in and about London. We shall next present the accounts of both burials, christenings and also of weddings in the country, having to that purpose inserted tables of 90 years for a certain parish in Hampshire, being a place neither famous for longevity and healthfulness, nor for the contrary. Upon which tables we observe,

1. That every wedding, one with another, produces four children and consequently, that that is the proportion of children which any marriageable man or woman may be presumed shall have. For, though a man may be married more than once, yet, being once married, he may die without any issue at all.

2. That in this parish there were born 15 females for 16 males, whereas in London there were 13 for 14, which shows that London is somewhat more apt to produce males than the country. And it is possible that in some other places there are more females born than males, which, upon this variation of proportion, I again recommend to the examination of the curious.

3. That in the said whole 90 years the burials of the males and females were exactly equal and that in several decades they differed not 1/100 part, that in one of the two decades, wherein the difference was very notorious, there were buried of males 337 and of females but 284, [namely] 53 difference, and in the other there died contrariwise 338 males and 386 females, differing 46.

4. There are also decades where the birth of males and females differ very much, [namely] about 60.

5. That in the said 90 years there have been born more than buried in the said parish (the which both 90 years ago and also now consisted of about 2,700 souls) but 1,059, [namely] not 12 per annum, one year with another.

6. That these 1,059 have in all probability contributed to the increase of London, since, as was said even now, it neither appears by the burials, christenings or by the built of new-housing, that the said parish is more populous now than 90 years ago by above two or 300 souls. Now, if all other places send about 1/3 of their increase, [namely] about one out of 900 of their inhabitants annually to London, and that there be 14 times as many people in England as there be in London (for which we have given some reasons), then London increases by such advenae every year above 6,000, the which will make the account of burials to swell about 200 per annum and will answer the increases. We observe it is clear that the said parish is increased about 300 and it is probable that three or four hundred more went to London and it is known that about 400 went to New-England, the Caribe-Islands and Newfoundland within these last forty years.

7. According to the medium of the said whole 90 years, there have been five christenings for four burials, although in some single years and decades there have been three to two, although sometimes (though more rarely) the burials have exceeded the births, as in the case of epidemic diseases.

8. Our former observation that healthful years are also the most fruitful is much confirmed by our country accounts, for 70 being our standard for births and 58 for burials, you shall find that where fewer than 58 died, more than 70 were born. Having given you a few instances thereof, I shall remit you to the tables for the general proof of this assertion, [namely] anno 1633, when 103 were born, there died but 29. Now, in none of the whole 90 years more were born than 103, and but in one, fewer than 29 died, [namely] 28 anno 1658; again anno 1568, when 93 were born, but 42 died; anno 1584, when 90 were born, but 41 died; anno 1650, when 86 were born, but 52 died. So that by how much more are born, by so much (as it were) the fewer die. For when 103 were born, but 29 died: but when but 86 were born, then 52 died.

On the other side anno 1638, when 156 died per annum, which was the greatest year of mortality, then less than the mere standard 70, [namely] but 66 were born; again anno 1644, when 137 died, but 59 were born; anno 1597, when 117 died, but 48 were born; and anno 1583, when 87 died, but 59 were born.

A little irregularity may be found herein as that anno 1612 when 116 died ([namely] a number double to our standard 58, yet), 87 ([namely] 17 about[101] the standard 70) were born. And that when 89 died, 75 were born, but these differences are not so great, nor so often, as to evert our rule, which besides the authority of these accounts is probable in itself.

9. Of all the said 90 years, the year 1638 was the most mortal. I therefore enquired whether the plague was then in that parish and having[102] good satisfaction that it was not (which I the rather believe because that the plague was not then considerable at London), but that it was a malignant fever raging so fiercely about harvest that there appeared scarce hands enough to take in the corn, which argues, considering there were 2,700 parishioners, that seven might be sick for one that died, whereas of the plague more die than recover. Lastly, these people lay longer sick than is usual in the plague, nor was there any mention of sores, swellings, blew-tokens, etc. among them. It follows that the proportion between the greatest and the least mortalities in the country are far greater than at London. Forasmuch as the greatest 156 is above quintuple unto 28 the least, whereas in London (the plague excepted, as here it has been) the number of burials upon other accounts within no decade of years has been double, whereas in the country it has been

---

101 D: *above.*
102 A, B: *Having received.*

quintuple not only within the whole 90 years, but also within the same decade, for anno 1633, there died but 29, and anno 1638 the above-mentioned number of 156. Moreover, as in London, in no decade, the burials of one year are double to those of another, so in the country they are seldom not more than so. As by this table appears,

	Number of Burials	
Decade	Greatest	Least
1	66	34
2	87	39
3	117	38
4	53	30
5	116	51
6	89	50
7	156	35
8	137	46
9	80	28

Which shows that the opener and freer airs are most subject both to the good and bad impressions, and that the fumes, steams and stenches of London do so medicate and impregnate the air about it, that it becomes capable of little more, as if the said fumes rising out of London met with opposed and jostled[103] backwards the influences falling from above or resisted the incursion of the country airs.

10. In the last paragraph we said that the burials in the country were sometimes quintuple to one another, but of the christenings we affirm that within the same decade they are seldom double, as appears by this table, [namely]

---

103   A–D: Im Originaltext *justled.*

Number of Births [A: Burials]		
Decade	Greatest	Least
1	70	50
2	90	45
3	71	52
4	93	60
5	87	61
6	85	63
7	103	66
8	87	62
9	86	52

Now, although the disproportions of births be not so great as that of burials, yet these disproportions are far greater than at London, for let it be shown in any of the London bills that within two years the christenings have decreased 1/2 or increased double, as they did anno 1584 when 90 were born, and anno 1586, wherein were but 45, or to rise from 52 as anno 1593, to 71 as in the next year 1594. Now, these disproportions both in births and burials, confirm what has been before asserted, that healthfulness and fruitfulness go together, as they would not, were there not disproportions in both, although proportional.

11. By the standard of burials in this parish, I thought to have computed the number of inhabitants in it, [namely] by multiplying 58 by 4, which made the product 232, the number of families. Hereupon I wondered that a parish containing a large market-town and 12 miles compass, should have but 232 houses, I then multiplied 232 by 8, the product whereof was 1,856, thereby hoping to have had the number of the inhabitants, as I had for London, but when upon enquiry I found there had been 2,100 communicants in that parish in the time of a minister who forced too many into that ordinance, and that 1,500 was the ordinary number of communicants in all times, I found also that forasmuch as there were near as many under 16 years old as there are above, [namely] communicants, I concluded that there must be about 2,700 or 2,800 souls in that parish, from whence it follows, that little more than one of 50 dies in the country, whereas in London it seems manifest that about one in 32 dies, over and above what dies of the plague.

12. It follows therefore from hence what I more faintly asserted in the former chapter, that the country is more healthful than the city. That is to say, although men die more regularly and less per saltum[104] in London than in the country, yet, upon the whole mat-

---

104 = sprunghaft.

ter, there die fewer pro rata; so as the fumes, steams and stenches above-mentioned, although they make the air of London more equal, yet not more healthful.

13. When I consider, that in the country seventy are born for fifty eight buried and that before the year 1600 the like happened in London, I considered whether a city, as it becomes more populous, does not, for that very cause, become more unhealthful, and I inclined to believe that London now is more unhealthful than heretofore, partly for that it is more populous, but chiefly, because I have heard that sixty years ago few sea-coals were burnt in London, which now are universally used. For I have heard that Newcastle is more unhealthful than other places and that many people cannot at all endure the smoke of London, not only for its unpleasantness, but for the suffocations which it causes.

14. Suppose, that anno 1569 there were 2,400 souls in that parish and that they increased by the births 70, exceeding the burials 58, it will follow that the said 2,400 cannot double under 200. Now, if London be less healthful than the country, as certainly it is, the plague being reckoned in, it follows that London must be doubling itself by generation in much above 200, but if it has increased from 2 to 5 in 54, as aforesaid, the same must be by reason of transplantation out of the country.

8.19   The Conclusion [mit zusätzlichen Tabellen]

It may be now asked, to what purpose tends all this laborious bustling[105] and groping?
To know

1. The number of the people?
2. How many males and females?
3. How many married and single?
4. How many teeming women?
5. How many of every septenary or decade of years in age?
6. How many fighting men?
7. How much London is and by what steps it has increased?
8. In what time the housing is replenished after a plague?
9. What proportion die of each general and particular casualties?
10. What years are fruitful and mortal, and in what space[s] and intervals they follow each other?
11. In what proportion men neglect the orders of the church and sects have increased?
12. The disproportion of parishes?

---

105 A, B: *buzzling.*

13. Why the burials in London exceed the christenings, when the contrary is visible in the country?

To this I might answer in general by saying that those who cannot apprehend the reason of these enquiries are unfit to trouble themselves to ask them.

2. I might answer by asking: Why so many have spent their times and estates about the art of making gold? Which, if it were much known, would only exalt silver into the place which gold now possesses; and if it were known but to some one person, the same single adept[106] could not, nay, [dared][107] not enjoy it, but must be either a prisoner to some prince and slave to some voluptuary, or else skulk obscurely up and down for his privacy and concealment.

3. I might answer: that there is much pleasure in deducing so many abstruse and unexpected inferences out of these poor despised Bills of Mortality and in building upon that ground, which has lain waste these eighty years. And there is pleasure in doing something new, though never so little, without pestering the world with voluminous transcriptions.

4. But, I answer more seriously: by complaining that whereas the art of governing and the true politics[108] is how to preserve the subject in peace and plenty, that men study only that part of it, which teaches how to supplant and over-reach one another, and how, not by fair out-running, but by tripping up each other's heels, to win the prize.

Now, the foundation, or elements of this honest harmless policy is to understand the land and the hands of the territory to be governed, according to all their intrinsic and accidental differences, as for example, it were good to know the geometrical content, figure and situation of all the lands of a kingdom, especially, according to its most natural, permanent and conspicuous bounds. It were good to know how much hay an acre of every sort of meadow will bear; how many cattle the same weight of each sort of hay will feed and fatten; what quantity of grain and other commodities the same acre will bear in one, three or seven years communibus annis; unto what use each soil is most proper. All which particulars I call the intrinsic value for there is also another value merely accidental or extrinsic, consisting of the causes why a parcel of land, lying near a good market, may be worth double to another parcel, though but of the same intrinsic goodness, which answers the queries, why lands in the north of England are worth but sixteen years purchase and those of the west above eight and twenty. It is no less necessary to know how many people there be of each sex, state, age, religion, trade, rank or degree etc. by the knowledge whereof trade and government may be made more certain and regular, for if men knew the people,

---

106 A–D: Im Originaltext *adeptus*.
107 A–D: Im Originaltext *durst* (veraltet).
108 A, B: *Politiques*; C, D: *Politicks*.

as aforesaid, they might know the consumption they would make, so as trade might not be hoped for where it is impossible. As for instance, I have heard much complaint that trade is not set [up] in some of the south-western and north-western parts of Ireland, there being so many excellent harbours for that purpose, whereas in several of those places I have also heard that there are few other inhabitants, but such as live ex sponte creatis and are unfit subjects of trade, as neither employing others nor working themselves.

Moreover, if all these things were clearly and truly known (which I have but guessed at) it would appear how small a part of the people work upon necessary labours and callings, [namely] how many women and children do just nothing, only learning to spend what others get; how many are mere voluptuaries and as it were, mere gamesters by trade; how many live by puzzling poor people with unintelligible notions in divinity and philosophy; how many by persuading credulous, delicate and litigious persons, that their bodies or estates are out of tune and in danger; how many by fighting as soldiers; how many by ministries of vice and sin; how many by trades of mere pleasure or ornaments; and how many in a way of lazy attendance, etc. upon others; and on the other side, how few are employed in raising and working necessary food and covering; and of the speculative men, how few do [truly] study nature and things! The more ingenious not advancing much further than to write and speak wittily about these matters.

I conclude that a clear knowledge of all these particulars, and many more, whereat I have shot but at rovers, is necessary in order to good certain and easy government, and even to balance parties and factions both in church and state. But whether the knowledge thereof be necessary to many, or fit for others, than the sovereign and his chief ministers, I leave to consideration.

The years of our Lord	1647	1648	1649	1650	1651	1652	1653	1654	1655	1656	1657	1658	1659
Abortive and Stillborn	335	329	327	351	389	381	384	433	483	419	463	467	421
Aged	916	835	889	696	780	834	864	974	743	892	869	1.176	909
Ague and Fever	1.260	884	751	970	1.038	1.212	1.282 [D: 282]	1.371	689	875	999	1.800	2.303
Apoplex and [suddenly]	68	74	64	74	106	111	118	86	92	102	113	138	91
Blasted	4	1			6	6			4		5	5	3
Bleach			1	3	7	2				1			
Bleeding	3	2	5	1	3	4	3	2	7	3	5	4	7
Blo[o]dy Flux, Scouring and Flux	155	176	802	289	833	762	200	386	168	368	362	233	346
Burnt and Scalded	3	6	10	5	11	8	5	7	10	5	7	4	6
Calenture	1			1		2	1	1			3		
Cancer, Gangrene and Fistula	26	29	31	19	31	53	36	37	73	31	24	35	63
Canker, Sore-mouth and Thrush	66	28	54	42	68	51	53	72	44	81	19	27	73
Childbed	161	106	114	117	206	213	158	192	177	201	236	225	226
Chrisoms and Infants	1.369	1.254	1.065	990	1.237	1.280	1.050	1.343	1.089	1.393	1.162	1.144	858
Cold and Cough							41	36	21	58	30	31	33
Colick and Wind	103	71	85	82	76	102	80	101	85	120	113	179	116
Consumption and Cough	2.423	2.200	2.388	1.988	2.350	2.410	2.286	2.868	2.606	3.184	2.757	3.610	2.982
Convulsion	684	491	530	493	569	653	606	828	702	1.027	807	841	742
Cramp			1										
Cut of the Stone		2	1	3		1	1	2	4	1	3	5	46 [D: 6]
Dropsy and Tympany	185	434	421	508	444	556	617	704	660	706	631	931	646
Drowned	47	40	30	27	49	50	53	30	43	49	63	60	57
Excessive Drinking			2										
Executed	8	17	29	43	24	12	19	21	19	22	20	18	7
Fainted in a bath					1								
Falling-Sickness	3	2	2	3		3	4	1	4	3	1		4
Flox and Small Pox	139	400	1.190	184	525	1.279	139	812	1.294	823	835	409	1.523
Found dead in the streets	6	6	9	8	7	9	14	4	3	4	9	11	2
French-Pox	18	29	15	18	21	20	20	20	29	23	25	53	51
Frighted	4	4	1		3		2		1	1			
Gout	9	5	12	9	7	7	5	6	8	7	8	13	14
Grief	12	13	16	7	17	14	11	17	10	13	10	12	13
Hanged and made-away themselves	11	10	13	14	9	14	15	9	14	16	24	18	11
Head-Ache		1	1[1]	2		2	6	6	5	3	4	5	35
Impostume	75	61	65	59	80	105	79	90	92	122	80	134	105
Itch		1											
Jaundice	57	35	39	49	41	43	57	71	61	41	46	77	102
Jaw-faln	1	1			3			2	2		3	1	
Killed by several accidents	27	57	39	94	47	45	57	58	52	43	52	47	55
King's Evil	27	26	22	19	22	20	26	26	27	24	23	28	28
Lethargy	3	4	2	4	4	4	3	10	9	4	6	2	6
Leprosy			1									1	

1660	1629	1630	1631	1632	1633	1634	1635	1636	1629–1632	1633–1636	1647–1650	1651–1654	1655–1658	1629/1649/1659	In 20 years
544	499	439	410	445	500	475	507	523	1.793	2.005	1.342	1.587	1.832	1.247	8.559
1.095	579	712	661	671	704	623	794	714	2.475	2.814	3.336	3.452	3.680	2.377	15.757
2.148	956	1.091	1.115	1.108	953	1.279	1.622	2.360	4.418	6.235	3.865	4.903	4.363	4.010	23.784
67	22	36		17	24	35	26		75	85	280	421	445	177	1.306
8	13	8	10	13	6	4		4	54	14	5	12	14	16	99
											4	9	1	1	15
2	5	2	5	4	4	3			16	7	11	12	19	17	65
251	449	438	352	348	278	512	346	330	1.587	1.466	1.422	2.181	1.161	1.597	7.818
6	3	10	7	5	1	3	12	3	25	19	24	31	26	19	125
						1	3			4	2	4	3		13
52	20	14	23	28	27	30	24	30	85	112	105	157	150	114	609
68	6	4	4	1		5	74		15	79	190	244	161	133	689
194	150	157	112	171	132	143	163	230	590	668	498	769	839	490	3.364
1.123	2.596	2.378	2.035	2.268	2.130	2.315	2.113	1.895	9.277	8.453	4.678	4.910	4.788	4.519	32.106
24	10	58	51	55	45	54	50	57	174	207	0	77	140	43	598
167	48	57					37	50	105	87	341	359	497	247	1.389
3.414	1.827	1.910	1.713	1.797	1.754	1.955	2.080	2.477	5.157	8260 [D: 8.266]	8.999	9.914	12.157	7.197	44.487
1.031	52	87	18	241	221	386	418	709	498	1.734	2.198	2.656	3.377	1.324	9.073
			1	0	0	0	0	0	1	0	1	0	0	1	2
48 [D: 4]			5	1	5	2	2	5	10	6	4	13		47	38
872	235	252	279	280	266	250	329	389	1.048	1.734	1.538	2.321	2.982	1.302	9.623
48	43	33	29	34	37	32	32	45	139	147	144	182	215	130	827
											2			2	2
18	19	13	12	18	13	13	13	13	62	52	97	76	79	55	384
												1			1
5	3	10	7	7	2	5	6	8	27	21	10	8	8	9	74
354	72	40	58	531	72	1.354	293	127	701	1.846	1.913	2.755	3.361	2.785	10.576
6	18	33	26 [D: 20]	6	13	8	24	24	83	69	29	34	27	29	243
31	17	12	12	12	7	17	12	22	53	48	80	81	130	83	392
9	1		1				3	2	3	9	5	2	2		21
2	2	5	3	4	4	5	7	8	14	24	35	25	36	28	134
4	18	20	22	11	14	17	5	20	71	56	48	59	45	47	279
36	8	8	6	15		3	8	7	37	18	48	47	72	32	222
26							4	2	0	6	14	14	17	46	51
96	58	76	73	74	50	62	73	130	282	315	260	354	428	228	1.639
				10						0	10	1			11
76	47	59	35	43	35	45	54	63	184	197	180	212	225	188	998
	10	16	13	8	10	10	4	11	47	35	2	5	6	10	95
47	54	55	47	46	49	41	51	60	202	201	217	207	194	148	1.021
54	16	25	18	38	35	20	20	69	97	150	94	94	102	66	537
4	1		2	2	3		2	2	5	7	13	21	21	9	67
2	2						2		2	2	1		1	3	6

The Table of casualities													
Livergrown, Spleen and Rickets	53	46	56	59	65	72	67	65	52	50	38	51	8
Lunatique [D: Lunatick]	12	18	6	11	7	11	9	12	6	7	13	5	14
Meagrom	12	13		5	8	6	6	14	3	6	7	6	5
Measles	5	92	3	33	33	62	8	52	11	153	15	80	6
Mother	2					1	1	2	2	3		3	1
Mother, Rising of the Lights	150	92	115	120	134	138	135	178	166	212	203	228	210
Murdered	3	2	7	5	4	3	3	3	9	6	5	7	70
Overlaid and starved at nurse	25	22	36	28	28	29	30	36	58	53	44	50	46
Palsy [D: Palsie]	27	21	19	20	23	20	29	18	22	23	20	22	17
Plague	3.597	611	67	15	23	16	6	16	9	6	4	14	36
Plague in the Guts				1		110	32		87	315	446		253
Pleurisy [Pleurisie]	30	26	13	20	23	19	17	23	10	9	17	16	12
Poysoned		3		7									
Purples and spotted Fever	145	47	43	65	54	60	75	89	56	52	56	126	368
Quinsy [Quinsie] and Sore-throat	14	11	12	17	24	20	18	9	15	13	7	10	21
Rickets	150	224	216	190	260	329	229	372	347	458	317	476	441
Rupture	16	7	7	6	7	16	7	15	11	20	19	18	12
Scald-head	2			1				2					
Sciatica													
Scurvy	32	20	21	21	29	43	41	44	103	71	82	82	95
Shingles													1
Shot													7
Smothered and stifled			2										
Sodainly [D: Suddenly]													
Sores, Ulcers, broken and bruised limbs	15	17	17	16	26	32	25	32	23	34	40	47	61
Spleen	12	17				13	13		6	2	5		7
Starved		4	8	7	1	2	1	1	3	1	3	6	7
Stitch				1									
Stone and Strangury	45	42	29	28	50	41	44	38	49	57	72	69	22
Stopping of the Stomach	29	29	30	33	55	67	66	107	94	145	129	277	186
Surfet	217	137	136	123	104	177	178	212	128	161	137	218	202
Swine-Pox	4	4	3			1	4	2	1	1	1		2
Teeth and Worms	767	597	540	598	709	905	691	1.131	803	1.198	878	1.036	839
Thrush											57	66	
Tissick	62	47											
Vomiting	1	6	3	7	4	6	3	14	7	27	16	19	8
Wen	1		1		2	2			1		1	2	1
Wolf			8										
Worms	147	107	105	65	85	86	53						
Sum													

15	94	112 [D: 12]	99	87	82	77	98	99	392	356	213	269	191	158	1.421
14	6	11	6	5	4	2	2	5	28	13	47	39	31	26	158
4		24						22	24	22	30	34	[22]	5	132
74	42	2	3	80	21	33	27	12	127	83	133	155	259	51	757
8	1							3	1	3	2	4	8	2	18
249	44	72	99	98	60	84	72	104	309	220	777	585	809	369	2.700
20			3	7		6	5	8	10	19	17	13	27	77	86
43	4	10	13	7	8	14	10	14	34	46	111	123	215	86	529
21	17	23	17	25	14	21	25	17	82	77	87	90	87	53	423
14		1.317	274	8		1		10.400	1.599	10.401	4.290	61	33	103	16.384
402									0	0	61	142	844	253	991
10	26	24	26	36	21		45	24	112	90	89	72	52	51	415
					2			2	0	4	10	0	0	0	14
146	32	58	58	38	24	125	245	397	186	791	300	278	290	243	1.845
14	1	8	6	7	24	4	5	22	22	55	54	71	45	34	247
521					14	49	50	0	113	780	1.190	1.598	657		3.681
28	2	6	4	9	4	3	10	13	21	30	36	45	68	21	201
										2	1	2			5
2			1	3		1	6	1	4						13
12	5	7	9		9		0	25	33	34	94	132	300	115	593
			1						1					1	2
20														7	27
		24							24		2			2	26
	63	59	37	62	58	62	78	34	221	233				63	454
48	23		20	48	19	19	22	29	91	89	65	115	144	141	504
7											29	26	13	7	68
14									14		19	5	13	29	51
											1				1
30	[D: 35]	[D: 39]	58	56 [D: 50]	58	49	33	45	114	185	144	175 [D: 173]	247	51	863 [D: 937]
214								6		6	121	295	247	216	669
192	63	157	149	86	104	114	132	371	445	721	613	671	644	401	3.094
	5	8	4	6	3		10		23	13	11	5	5	10	57
1.008	440	506	335	470	432	454	539	1.207	1.751	2.632	2.502	3.436	3.915	1.819	14.236
	15	23	17	40	28	31	34		95	93			123	15	211
	8	12	14	34	23	15	27		68	65	109			8	242
10	1	4	1	1	2	5	6	3	7	16	17	27	69	12	136
1			1		4				1	4	2	4	4	2	15
										8					8
	19	31	28	27	19	28	27		105	74	424	224		124	830
														34.190	229.250

The Table of Burials and Christenings [D: in London]					
Year	97 Parishes	16 Parishes	Out-Parishes	Buried in all	Besides of the Plague	Christened
1604	1.518	2.097	708	4.323	896	5.458
1605	2.014	2.974	960	5.948	444	6.504
1606	1.941	2.920	935	5.796	2.124	6.614
1607	1.879	2.772	1.019	5.670	2.352	6.582
1608	2.391	3.218	1.149	6.758	2.262	6.845
1609	2.494	3.610	1.441	7.545	4.240	6.388
1610	2.326	3.791	1.369	7.486	1.803	6.785
1611	2.152	3.398	1.166	6.716	627	7.014
[Sum]	16.715	24.780	8.747	50.242	14.752	52.190

1612	2.473	3.843	1.462	7.778	64	6.986
1613	2.406	3.679	1.418	7.503	16	6.846
1614	2.369	3.504	1.494	7.367	22	7.208
1615	2.446	3.791	1.613	7.850	37	7.682
1616	2.490	3.876	1.697	8.063	9	7.985
1617	2.397	4.109	1.774	8.280	6	7.747
1618	2.815	4.715	2.066	9.596	18	7.735
1619	2.339	3.857	1.804	7.999	9	8.127
[Sum]	19.735	31.374	13.328	64.436	171	60.316

1620	2.726	4.819	2.146	9.691	21	7.845
1621	2.438	3.759	1.915	8.112	11	8.039
1622	2.811	4.217	2.392	8.943	16	7.894
1623	3.591	4.721	2.783	11.095	17	7.945
1624	3.385	5.919	2.895	12.199	11	8.299
1625	5.143	9.819	3.886	18.848	35.417	6.983
1626	2.150	3.286 [D: 3.285]	1.965	7.401	134	6.701
1627	2.325	3.400	1.988	7.711	4	8.408
[Sum]	24.569	39.940	19.970	84.000	35.631	62.114

The Table of Burials and Christenings [D: in London]					
Year	97 Parishes	16 Parishes	Out-Parishes	Buried in all	Besides of the Plague	Christened
1628	2.412	3.311	2.017	7.740	3	8.564
1629	2.536	3.992	2.243	8.771	0	9.901
1630	2.506	4.201	2.521	9.237	1.317	9.315
1631	2.459	3.697	2.132	8.288	274	8.524
1632	2.704	4.412	2.411	9.527	8	9.584
1633	2.378	3.936	2.078	8.392	0	9.997
1634	2.937	4.980	2.982	10.899 [D: 10.399]	1	9.855
1635	2.742	4.966	2.943	10.651	0	10.034
[Sum]	20.694	33.495	19.327	73.505	1.603	75.774

1636	2.825	6.924	3.210	12.959	10.400	9.522
1637	2.288	4.265	2.128	8.681	3.082	9.160
1638	3.584	5.926	3.751	13.261	363	10.311
1639	2.592	4.344	2.612	9.548	314	10.150
1640	2.919	5.156	3.246	11.321	1.450	10.850
1641	3.248	5.092	3.427	11.767	1.375	10.670
1642	3.176	5.245	3.578	11.999	1.274	10.370
1643	3.395	5.552	3.269	12.216	996	9.410
[Sum]	23.987	42.544	25.221	91.752	19.244	80.443

1644	2.593	4.274	2.574	9.441	1.492	8.104
1645	2.524	4.639	2.445	9.608	1.871	7.966
1646	2.746	4.872	2.797	10.415	2.365	7.163
1647	2.672	4.749	3.041	10.462	3.597	7.332
1648	2.480	4.288	2.515	9.283	611	6.544
1649	2.865	4.714	2.920	10.499	67	5.825
1650	2.301	4.138	2.310	8.749	15	5.612
1651	2.845	5.002	2.597	10.804	23	6.071
[Sum]	21.026	36.676	21.199	78.896	10.041	54.617

The Table of Burials and Christenings [D: in London]						
Year	97 Parishes	16 Parishes	Out-Parishes	Buried in all	Besides of the Plague	Christened
1652	3.293	5.719	3.546	12.553	16	6.128
1653	2.527	4.635	2.919	10.081	6	6.155
1654	3.323	6.063	3.845	13.231	16	6.620
1655	2.761 [D: 2.781]	5.148	3.439	11.348	9	7.004
1656	3.327	6.573	4.015	13.915	6	7.050
1657	3.014	5.646	3.770	12.430	4	6.685
1658	3.613	6.923 [D: 1.692]	4.443	14.979	14	6.170
1659	3.431	6.988	4.301	14.720	36	5.690
[Sum]	25.288	47.695	30.278	103.261	107	51.502

1660	3.098	5.644	3.926 [D: 2.926]	12.668	13	6.971
1661	3.804	7.309	5.532	16.645	20	8.855
D: 1662	3.123	6.094	4.423	13.652	12	10.019
D: 1663	3.001	5.602	4.129	12.732	9	10.292
D: 1664	3.448	7.166	4.829	15.448	5	11.722

The table following contains the number of burials and christenings in the seven parishes here under-mentioned[109], from the year 1636 unto the year 1659 inclusive; all which time the burials and christenings were jointly mentioned: the two[110] last years the christenings were omitted in the yearly bills. This table consists of seventeen columns, the total of all the burials being contained in the sixteen columns[111]: which number being added to the total in the precedent table of burials and christenings makes the total of every yearly or general bill.

---

109   D: *hereafter mentioned.*
110   D: *five.*
111   D: *sixteenth column.*

Years[112]	Westminster Buried	Westminster Christened	Islington Buried	Islington Christened	Lambeth Buried	Lambeth Christened	Stepney Buried	Stepney Christened	Newington Buried	Newington Christened	Hackney Buried	Hackney Christened	Redriff Buried	Redriff Christened	Total 7 Parishes Buried	Total 7 Parishes Christened
1636	1.107	556	99	56	213	137	1.895	881	584	155	68	77	90	62	4.056	1.924
	442		30		45		909		242		14		20		1.702	
1637	963	496	94	72	173	137	952	838	183	172	68	70	74	51	2.507	1.836
	301		17		18		153		16		6		10		521	
1638	1.021	563	116	49	221	140	1.209	908	255	146	101	69	74	78	2.997	1.953
	126				8		11								145	
1639	546	543	88	53	195	132	970	956	187	159	84	53	81	52	2.151	1.948
	4		2				2						1		9	
1640	754	665	94	54	187	142	1.106	983	189	194	76	54	53	77	2.459	2.159
	62		3		6		117						1		189	
1641	697	625	92	76	168	137	1.250	1.037	170	137	82	73	69	64	2.508	2.149
	40		5		9		70				4				128	
1642	671	630	98	71	149	124	1.270	1.158	160	145	78	58	63	76	2.489	2.262
	37		4		12		20		17		5		4		99	
1643	666	592	105	69	177	114	1.167	1.013	240	147	65	36	42	67	2.471	2.038
	25		3		45		83		86				2		244	
1644	570	429	61	55	115	105	1.187	933	123	101	54	45	70	82	2.189	1.750
	35		8		8		269		44		3		17		384	
1645	621	444	55	63	146	114	1.171	873	183	119	58	60	50	60	2.284	1.753
	62		6		3		150		18		7		1		256	
1646	691	503	84	61	137	108	1.230	960	156	130	76	63	47	43	2.421	1.868
	76		8		5		97		14		9		2		203	
1647	739	464	108	56	161	94	1.126	926	129	65	88	45	42	44	2.393	1.688
	114		12		25		155		28		16		4		434	
1648	561	384	68	46	87	57	837	767			57	42	45	59	1.635	1.305
	41		4		31		31				6				82	

112   A–D: *Note, where there follows a second number under any year, it denotes those who died that year of the Plague.*

Years[112]	Westminster Buried	Westminster Christened	Islington Buried	Islington Christened	Lambeth Buried	Lambeth Christened	Stepney Buried	Stepney Christened	Newington Buried	Newington Christened	Hackney Buried	Hackney Christened	Redriff Buried	Redriff Christened	Total 7 Parishes Buried	Total 7 Parishes Christened
1649	558	333	90	44	131	55	838	625			90	49			1.807	1.106
			1				3								4	
1650	470	413	78	54	88	50	748	572	55	65	61	48	50	62	1.550	1.264
1651	580	345	107	51	127	49	961	634	172	59	60	30	84	45	2.091	1.213
1652	649	432	99	36	179	50	1.212	657	198	85	72	33	74	37	2.483	1.330
					1										1	
1653	567	394	69	46	120	54	1.064	620	195	76	71	48	69	21	2.155	1.250
1654	657	401	96	65	166	76	1.252	803	236	106	88	31	75	46	2.570	1.526
1655	676	414	95	86	134	128	1.199	859	172	120	68	37	62	57	2.406	1.701
1656	761	498	139	89	176	152	1.255	963	248	127	67	46	66	45	2.701	1.920
1657	705	473	112	67	231	137	1.213	876	204	123	96	42	51	31	2.612	1.749
1658	890	440	113	36	220	32	1.486	892	181	99	91	30	48	16	2.958	1.645
1659	822	415	116	56	193	103	1.392	695	138	86	83	50	84	13	2.828	1.418
1660	783		108		183		1.151		114		65		33		2.437	
1661	983		102		330		1.561		340		102		87		3.505	
D:1662	848		59		210		1.531		76		101		77		2.902	
D:1663	793		41		199		1.241		188		73		80		2.615	
D:1664	807		50		236		1.392		235		80		40		2.848	

The Table of males and females for London				
Year	Buried		Christened	
	Males	Females	Males	Females
1629	4.668	4.103	5.218	4.683
1630	5.660	4.894	4.858	4.457
1631	4.549	4.013	4.422	4.102
1632	4.932	4.603	4.994	4.590
1633	4.369	4.023	5.158	4.839
1634	5.676	5.224	5.035	4.820
1635	5.548	5.103	5.106	4.928
1636	12.377	10.982	4.917	4.605
[Sum]	47.779 [D: 47.739]	43.945	39.708	37.024

1637	6.392	5.371	4.703	4.457
1638	7.168	6.456	5.359	4.952
1639	5.351	4.511	5.366	4.784
1640	6.761	6.010	5.518	5.332
[Sum]	[25.672]	[22.348]	[20.946]	[19.525]
TOTAL [1629–1640]	73.451	65.293	60.664	56.549

1641	6.872	6.270	5.470	5.200
1642	7.049	6.224	5.460	4.910
1643	6.842	6.360	4.793	4.617
1644	5.659	5.274	4.107	3.997
1645	6.014	5.465	4.047	3.919
1646	6.683	6.097	3.768	3.395
1647	7.313	6.746	3.796	3.536
1648	5.145	4.749	3.363	3.181
[Sum]	51.577	47.185	34.804	32.755

The Table of males and females for London				
Year	Buried		Christened	
1649	5.454	5.112	3.079	2.746
1650	4.548	4.216	2.890	2.722
1651	5.680	5.147	3.231	2.840
1652	6.543	6.026	3.220	2.908
1653	5.416	4.671	3.196	2.959
1654	6.972	6.275	3.441	3.179
1655	6.027	5.330	3.655	3.349
1656	7.365	6.556	3.668	3.382
[Sum]	44.005	41.333	26.380	24.085

1657	6.578	5.856	3.396	3.289
1658	7.936	7.057	3.157	3.013
1659	7.451	7.305	9.209 [D: 3.209]	2.781
1660	7.960	7.158	3.724	3.247
[Sum]	29.925	27.376	13.186	12.330
Total [1629–1660]	198.952	181.187	135.034	126.759

D: 1661	10.448	9.287	4.748	4.107
D: 1662	8.623	7.931	5.216	4.803
D: 1663	8.035	7.321	5.411	4.881
D: 1664	9.369	8.928	6.041	5.681
D: [1657–1664]	66.400	60.843	34.902	31.802
D: Total [1629–1664]	235.247	214.658	156.750	146.231

The Table by decades of years for the country-parish						
Decades of years		Christened			Buried		
	Married	Males	Females	Both	Males	Females	Both
1569–1578	190	312	302	614	214	221	435
1579–1588	185	328	309	637	287	302	589
1589–1598	175	342	274	616	337	284	621
1599–1608	181	366	377	743	249	219	468
1609–1618	197	417	358	775	338	386	724
1619–1628	168	368	373	741	305	306	611
1629–1638	153	418	413	831	317	319	636
1639–1648	137	351	357	708	375	383	758
1649–1658	182	354	320	674	218	220	438
[Sum]	1568 [D: 1598]	3.256	3.083	6.339	2.640	2.640	5.280

The Table of the country-parish								
Years	Communi-cants[113]	Weddings	Christened			Buried		
			Males	Females	Both	Males	Females	Both
1569		14	38	30	68	23	21	44
1570		19	29	32	61	21	25	46
1571		18	28	26	54	23	27	50
1572		23	32	32	54	20	14	34
1573		21	34	36	70 [D: 20]	24	13	37
1574		16	21	29	50	28	38	66
1575		24	37	29	66	15	19	34
1576		22	33	37	70	16	18	34
1577		13	29	26	55	19	21	40
1578		20	31	35	66	25	25	50
[Sum]		190	312	302	614	214	221	435

---

113   Diese Spalte ist in A–D enthalten, bleibt aber in allen Auflagen leer.

The Table of the country-parish								
Years	Communi-cants[113]	Weddings	Christened			Buried		
			Males	Females	Both	Males	Females	Both
1579		15	35	36	71	27	27	54
1580		21	43	31	74	38	41	79
1581		29	29	33	62	34	24	58
1582		22	28	29	57	18	21	39
1583		22	32	27	59	35	52	87
1584		15	46	44	90	22	19	41
1585		15	26	21	47	15	27	42
1586		18	22	23	45	24	37	61
1587		13	34	31	65	43	36	79
1588		15	33	34	67	31	18	49
[Sum]		185	328	309	637	287	302	589
1589		20	31	27	58	28	16	44
1590		16	40	29	69	36	21	57
1591		12	37	28	65	35	30	65
1592		14	40	25	65	28	19	47
1593		20	32	20	52	33	32	65
1594		24	34	37	71	16	22	38
1595		16	32	28	60	33	28	61
1596		9	36	26	62	42	29	71
1597		23	23	25	48	53	64	117
1598		21	37	19 [D: 29]	66	33	23	66
[Sum]		175	342	274	616	337	284 [D: 219]	631

The Table of the country-parish								
Years	Communi-cants[113]	Weddings	Christened			Buried		
			Males	Females	Both	Males	Females	Both
1599		19	45	31	76	21	22	43
1600		16	26	34	60	20	26	46
1601		16	39	32	71	18	12	30
1602		14	31	32	63	29	18	47
1603		12	31	38	69	32	39	71
1604		21	42	35	77	26	27	53
1605		19	47	34	81	21	12	33
1606		19	29	41	70	28	23	51
1607		27	36	47	83	33	19	52
1608		17	40	53	93	21	21	42
[Sum]		181	366	377	743	249	219	468

1609		23	30	31	61	24	41	65
1610		19	46	30	76	33	40	73
1611		25	40	41	81	41	32	73
1612		20	55	32	87	53	63	116
1613		24	41	33	74	47	41	88
1614		25	50	35	85	27	36	63
1615		22	35	48	83	28	36	64
1616		14	38	36	74	27	41	68
1617		17	45	31	76	35	28	63
1618		8	37	41	78	23	28	51
[Sum]		197	417	358	775	338	386	724

The Table of the country-parish								
Years	Communi-cants[113]	Weddings	Christened			Buried		
			Males	Females	Both	Males	Females	Both
1619		21	37	43	80	26	28	54
1620		20	34	51	85	18	30	48
1621		21	31	37	68	28	36	64
1622		23	45	38	83	20	26	46
1623		14	40	36	76	56	31	87
1624		19	30	33	63	29	35	64
1625		7	37	41	78	36 [D: 30]	20	56
1626		9	30	35	65	21	29	50
1627		18	45	23	68	24	29	53
1628		16	39	36	75	47	42	89
[Sum]		168	368	373	741	305	306	611
1629		22	53	38	91	46	28	74
1630		8	58	45	103	26	27	53
1631		20	42	29	71	26	33	59
1632		16	43	50	93	15	21	36
1633		12	38	65	103	18	11	29
1634		23	30	45	75	18	26	44
1635		11	39	32	71	18	17	35
1636		15	50	37	87	42	48	90
1637		13	35	36	71	25	35	60
1638		13	30	36	66	83	73	156
[Sum]		153	418	413	831	317	319	636

The Table of the country-parish								
Years	Communi-cants[113]	Weddings	Christened			Buried		
			Males	Females	Both	Males	Females	Both
1639		18	24	31	55	48	66	114
1640		11	44	41	85	35	39	74
1641		21	34	29	63	34	36	70
1642		21	48	39	87	32	29	61
1643		8	30	42	72	59	28	87
1644		16	33	26	59	65	72	137
1645		10	43	41	84	28	29	57
1646		11	32	35	67	24	32	56
1647		12	28	46	74	25	21	46
1648		9	35	27	62	25	31	56
[Sum]		137	351	357	708	375	383	758

1649		9	22	37	59	46	34	80
1650		9	55	31	86	25	27	52
1651		7	25	27	52	11	21	32
1652		14	34	28	62	20	25	45
1653		9	47	24	71	21	14	35
1654		15	34	37	71	14	25	39
1655		38	35	34	69	28	19	47
1656		28	40	30	70	18	15	33
1657		37	23	43	66	22	25	47
1658		16	39	29	68	13	15	28
[Sum]		182	354	320	674	218	220	438

8.20 Advertisements for the better understanding of the several tables

[namely], concerning the table of casualties consisting of thirty columns.

The first column contains all the casualties happening within the 22 single years mentioned in this bill. The 14 next columns contain two of the last septenaries of years, which being the latest are first set down. The 8 next columns represent the 8 first years, wherein the casualties were taken notice off.

Memorandum that the 10 years between 1636 and 1647 are omitted as containing nothing extraordinary, and as not consistent with the incapacity of a sheet.

The 5 next columns are the 8 years from 1629 to 1636 brought into 2 quaternions, and the 12 of the 14 last years brought into three more; that comparison might be made between each 4 years taken together, as well as each single year apart.

The next column contains 3 years together, taken at 10 years distance from each other; that the distant years, as well as consequent, might be compared with the whole 20, each of the 5 quaternions and each of the 22 single years.

The last column contains the total of [all] the 15 quaternions or 25 years.

The number 229,250 is the total of all the burials in the said 20 years, as 34,190 is of the burials in the said 3 distant years. Where note that the $1/3$ of the latter total is 11,396 and the $1/20$ of the former is 11,462, differing but 66 from each other in so great a sum, [namely] scarce $1/200$ part.

The table of burials and christenings, consisting of 7 columns.

It is to be noted that in all the several columns of the burials those dying of the plague are left out, being reckoned all together in the sixth column. Whereas in the original bills the plague and all other diseases are reckoned together, with mention how many of the respective totals are of the plague.

Secondly, from the year 1642 forwards, the account of the christenings is not to be trusted, the neglects of the same beginning about that year, for in 1642, there are set down 10,370 and about the same number several years before, after which time the said christenings decreased to between 5,000 and 6,000 by omission of the greater part.

Thirdly, the several numbers are cast up into octonaries, that comparison may be made of them as well as of single years.

The table of males and females containing 5 columns.

First, the numbers are cast up for 12 years, [namely] from 1629, when the distinction between males and females first began, until 1640 inclusive when the exactness in that account ceased.

Secondly, from 1640 to 1660 the numbers are cast up into another total, which seems as good for comparing the number of males with females, the neglect being in both sexes alike and proportional.

The tables concerning the country-parish, the former of decades beginning at 1569 and continuing until 1658, and the latter being for single years, being for the same time, are so plain that they require no further explanation than the bare reading the chapter relating to them, etc.

FINIS.

8.21 Erweiterungen in der 3. Auflage (1665): An Appendix

Forasmuch as a long and serious perusal of all the Bills of Mortality, which this great city has afforded for almost eighty[114] years, has advanced but the few observations comprised in the foregoing treatise, I hope very little will be expected from the few scattered papers that have come to my hands since the publishing thereof, especially from one that has learned from the Royal Society, how many observations go to the making up of one theorem, which (like oaks and other trees fit for durable building) must be of many years growth.

The accounts which follow, I reckon but as timber and stones, and the best inferences I can make are but as hewing them to a square; as for composing a beautiful and firm structure out of them, I leave it to the architecture of the said society, under whom I think it honour enough to work as a labourer.

My first observation shall be that at Dublin the number of weekly burials being about 20, and those of London about 300, as also the number of people reckoned to be within

---

114 C, D: *fourscore.*

the limits of the Bills of Mortality at London to be 460,000, it will follow, that the number of inhabitants of Dublin be about 30,000, [namely] about one fifteenth part of those in and about London, which agrees with that number which I have heard the books of pole-money, raised but little before the time of this bill, have exhibited as the number of inhabitants of that city. So as although I do not think one single weekly bill is sufficient to ground such a conclusion upon, yet I think that several yearly bills are the best of the easy ways from which to collect the number of the people.

Secondly, although I take it for granted that in Dublin there be more born than buried, because the same has appeared to be so in London by the Bills of Mortality before the year 1641, when the Civil Wars began, and much more eminently in Amsterdam, as shall be hereafter shown, yet there are but 14 set down as christened; which shows that the defect there is much the same as at London, whether the cause thereof be negligence in the register or non-conformity to public order, or both, I leave to the curious. I believe the cause is also the same, forasmuch as I heard it to be a maxim[um] at Dublin to follow, if not forerun, all that is, or as they understand will be, practised in London; and that in all particulars incident to humane affairs.

I have here inserted two other country-bills, the one of Cranbrook in Kent, the other of Tiverton in Devonshire, which with that of Hampshire, lying about the midway between them, give us a view of the most easterly, southerly, and westerly parts of England. I have endeavoured to procure the like account from Northumberland, Cheshire, Norfolk, and Nottinghamshire, thereby to have a view of seven counties most differently situated, from whence I am sorry to observe that my southern friends have been hitherto more curious and diligent than those of the north. The full observation from these bills is, that all these three country bills agree that each wedding produces four children, which is likewise confirmed from the bills of Amsterdam. Secondly, they all agree that there be more males born than females, but in different proportions, for at Cranbrook there be 20 Males for 19 Females, in Hampshire 16 for 15, in London 14 for 13, and at Tiverton 12 for 11. Thirdly, I have inserted the bills themselves to the end that whoever pleases may examine, by all three together, the observations I raised from the Hampshire bill alone; conceiving it will be more pleasure and satisfaction to do it themselves than to receive it from another hand. Only I shall add, as a new observation from them all, that in the years 1648 and 1649, being the time when the people of England did most resent the horrid parricide of His late sacred Majesty, that there were but nine weddings in that year in the same places, when there were ordinarily between 30 and 40 per annum; and but 16, when there were ordinarily at other times between 50 and 60. And it may be also observed that something of this black murder appeared in the years 1643 and 1644, when the Civil War was at the highest, but the contrary in the years 1654, 1655, etc. to prevent the new way of marriage then imposed upon the people.

I have also supplied the tables from the three general bills for the years 1662, 1663, and 1664, which you will find to justify the former observations, but most eminently that which I take to be of most concernment, namely, of the difference between the numbers of males and females.

In the former observations I did endeavour to deduce the number of the inhabitants about the city of London, from the Bills of Mortality, concluding them to be about 460,000, and did likewise set forth by what steps the people of the said city have increased from two to five since the year 1600.

And particularly in what proportions the city increased in its several parts from time to time, I have now procured an account of the men, women, and children, which were anno 1631 found within the liberties of London, which are circumscribed by Temple-Bar, Holborn-Bars, Smithfield-Bars, Shoreditch-Bars, Whitechapel-Bars, and to the Tower liberties, and Meal-market in Southwark; by which account I hope it will appear, that I computed too many rather than too few, although the most part of men have thought otherwise. Nor do I wonder at it, since I never observed more enormous mistakes in any matter than concerning the number of people, ale-houses, coaches, ships, seamen, watermen, and several other tradesmen, etc. The proportions of all which I have always thought is necessary to be known, in order to an exact symmetry of the several members of a commonwealth. I say, that the whole number of inhabitants exceeds not 460,000.

1. The number of men, women, and children, found in the city and liberties 1631, was 130,178.

2. The liberties of the city of London consist of the 97 parishes within the walls, and of ⅔ of the 16 parishes next without them, which estimate of mine, nevertheless, I leave to examination.

The liberties of London from the year 1631 to the year 1661 increased from 8 to 11, as may appear by the tables, and consequently the said 130,000 found in the year 1631 were increased to 179,000 in anno 1661.

Lastly, the liberties of London in the year 1661 were in proportion to the whole as 4 to 9, and consequently if there were 179,000 souls in the said liberties, there was not above 403,000 in the whole number of parishes then comprehended in the Bills of Mortality.

The substance of the Amsterdam Bills of Mortality is, [namely],
1. that there died in the several years of the plague, as followed:

Anno	[Plague]
1622	4.141
1623	5.929
1624	11.795
1625	6.781
1626	4.425
1627	3.976
1628	4.497
1636	17.193
1655	16.727
1663	9.752
1664	24.148

2. That there are eleven burying-places, besides the hospital and pest-house, 257 streets and lanes, with 43 burgwalls and grachts[115] in that city.

3. That in seven years, beginning from the 15 of August 1617 to the same day 1624, there were christened in the reformed churches of Amsterdam 52,537, and that there died in the same time 32,532. So as there were 20,005 more born than buried, besides those that were christened in other congregations. And in the same time were 16,430 published marriages.

4. That in the first week of September 1664 there died 1041, and in eighteen weeks before the burials increased from 331 up to the said number of 1,041, and in twelve weeks after decreased back to the like number of 330.

5. In February following there died but 118 a week, and the ordinary number of weekly burials is about 100, so as London seems to be three times as big as Amsterdam.

6. I have likewise happened on some other accounts, relating to mortalities of some great cities of the world, of what authority I know not, but as printed at Amsterdam 1664, [namely] anno 1619 there died in Grand Cairo in ten weeks 73,500, without any visible diminution of the people.

7. Anno 1625 there died in Leyden 9,597. Anno 1635 there died in the same city of Leyden from the 14th of July to the 29th of December 14,381, the greatest week of morta-

---

115 *Burgwal, Gracht* = Stadtkanäle von Amsterdam.

lity being the latter end of October was 1,452. This plague in 15 weeks increased from 96 to the said number of 1,452, and in ten weeks after decreased to 107. Answerable to the time of increase and decrease afore-mentioned in Amsterdam, anno 1655, there died in 21 weeks from July to November 13,287, the greatest week being Septemb[er] 25 when died 896.

8. At Harlem there died in the same year, in the months of August, September, October and November 5,723.

9. Anno 1637, in Constantinople there died 1,500 per diem, but how long this plague lasted, appeared not.

10. The same year died in Prague 20,000 Christians, and 10,000 Jews.

11. Anno 1652 there died in Cracow[116] 17,000 Christians, and 20,000 Jews.

12. Anno 1653 there died in Gdansk[117] in the last week of September 640, and in Konigsberg 490[118].

13. 1654 there died in Copenhagen for several weeks 700 per week.

14. Anno 1655 there died at Amsterdam and Leyden, as above-mentioned; and at Deventer 70, 80, and 90 per diem.

15. At Leeuwarden 56 per diem.

16. Anno 1656 there was so sweeping a plague at Naples that there died of it at the latter end of May 1,300 or 1,400 per diem. The sixth of June there were 80,000 sick, that the well were not able to help or bury the dead; presently after, there died 5,000 in three days; in August it began to cease, after it had destroyed 300,000 people.

17. The town of Scala in Italy was quite unpeopled[119], and at Minori there [e]scaped but 22. At Rome there died in the same year about 100 per diem for a great while together.

18. 1657 there died at Genoa in midsummer week 1,200, afterwards there died 1,600 per diem; insomuch that in the beginning of August they burnt the dead corps for want of hands to bury them, which great mortality decreased to five or six per diem before September was out. The total sum of all that died was about 70,000.

19. At Bergen in Norway, anno 1618 the plague is represented to have been very terrible, by saying that there died 50 or 60 per diem, and that the whole city was in tears, that the coffin-makers refused to make coffins, that parents carried their children, and children their parents to the grave. But forasmuch as it was not mentioned how populous this place was, nor for how many days the mortality continued, I can make but little estimate of this plague, by what is above related.

---

116 C, D: *Cracovia.*
117 C, D: *Dantzick.*
118 C, D: *Conningsburg.*
119 C, D: *Dispeopled.*

20. The general observations arising from the above-mentioned particulars, are as followed:

First, that northern, as well as southern countries are infested with great plagues; although in the southern countries they are more vehement, and do both begin and end more suddenly.

21. Secondly, from the year 1652 the plague was at Cracow, 1653 at Gdansk and Konigsberg, 1654 at Copenhagen, 1655 at Leyden and Amsterdam, and other towns in the Netherlands, 1656 at Naples and Rome, 1657 at Genoa. So as it well deserves inquiry, whether the plague in all these places were a sickness of the same kind, and did successively perambulate the several countries above-mentioned, or whether it were a several disease in each place.

22. Thirdly, that the plague is longer in rising to its height than in decreasing to the same pitch; and the proportion thereof, in such cases where it has most plainly appeared, is about three to two; for at Amsterdam it was eighteen weeks rising and twelve decreasing; and at Leyden fifteen upon the increase and ten decreasing.

It may be further observed, that in the four several times of great mortality, the height was not always in the same month; for anno 1592 it was the second week in August, when there died 1,550 of all diseases; in the year 1603 the height was the second week of September, when there died 3,129 of all diseases; in 1625 the extremity was in the third week in August, when there died 5,205. Anno 1636 the like extremity was in the first week of October, there then dying 4,005 of all diseases. In this place I think fit to intimate, that considering the present increase of the city from anno 1625 to this time, which is from eight to thirteen, that until the burials exceed 8,400 per week, the mortality will not exceed that of 1625. Which God for ever avert.

It may be further observed, that the time of the plagues continuance at the height was of several durations, for anno 1592 it continued from the first week in July to the second of September, without increasing or decreasing above 100 in 1600; whereas in 1603 it remained but three weeks at the state, decreasing near ¼ the next week after the height; Anno 1625 it remained not three weeks at a stay, increasing ¹⁄₁₆ part the next week before the height, and decreasing as much the next week after. Anno 1636 it stood five weeks without increasing or decreasing above ¹⁄₁₆ part afore-mentioned.

Concerning the disease of the plague, anno 1592 it increased to ¹⁄₁₆ of the greatest number that died in twenty weeks; anno 1603, it did the same in eleven; anno 1625, in nine weeks; anno 1636, as it was not so fierce as in the other years, so it was of longer continuance, as has been else-where noted.

The last thing I shall observe is, that in all the four great years of mortality above-mentioned, I do not find that any week the plague increased to the double of the precedent week above five times.

C: Anno 1631. Ann. 7. Caroli I. The number of men, women, and children, in the several wards of London and liberties: taken in August 1631, by special command from the Right Honourable the Lords of His Majesties Privy Council	
Algate Ward	4.763
Bishopsgate	7.788
Bassishaw	1.006
Breadstreet	2.568
Bridg-ward within	2.392
Bridg-ward without	18.660
Billingsgate	2.597
Broadstreet	3.503
Colemanstreet	2.634
Cornhill	1.439
Cripplegate without	6.445
Cripplegate within	4.231
Farrington without	20.846
Farrington within	8.770
Cordwainer	2.238
[Sum 1]	89.880

Aldersgate	3.594
Limestreet	1.107
Queenhith	3.358
Vintry	2.742
Tower-ward	4.248
Dowgate	3.516
Langbourn	3.168
Portsoken-ward	5.703
Cheap-ward	2.500
Wallbrook	2.069
Candleweek-ward	1.696
Castle-Baynard	4.793
[Sum 2]	38.404

C: Anno 1631. Ann. 7. Caroli I. The number of men, women, and children, in the several wards of London and liberties: taken in August 1631, by special command from the Right Honourable the Lords of His Majesties Privy Council	
Bartholomew the great[120]	1.388
Bartholomew the less	506
[Sum 2]	38.404
[Sum 1]	89.880
[Total]	130.178

C: The number of the weddings, christenings and burials that were in the town and parish of Tiverton, from March 1560 to January 1664, as appeared by the registers							
Years	Weddings	Christ[e]ned			Buried		
		Males	Females	Both	Males	Females	Both
1560	37	23	29	52	43	28	71
1561	51	35	31	66	36	34	70
1562	16	59	50	109	32	34	66
1563	19	39	50	89	27	15	42
1564	19	47	50	97	21	15	36
1565	14	51	27	78	26	28	54
1566	19	67	44	111	23	12	35
1567	23	52	42	94	28	16	44
1568	15	50	34	84	25	25	50
1569	19	40	37	77	23	38	61
[Sum]	232	463	394	857	284	245	529

---

120 Die Zahlen zu St Bartholomew the Great und St Bartholomew the Less werden im Original aufgeführt, jedoch nicht summiert.

C: The number of the weddings, christenings and burials that were in the town and parish of Tiverton, from March 1560 to January 1664, as appeared by the registers							
Years	Weddings	Christ[e]ned			Buried		
		Males	Females	Both	Males	Females	Both
1570	17	51	45	96	45	58	103
1571	21	46	26	72	70	68	138
1572	35	52	44	96	30	23	53
1573	38	55	39	94	22	19	41
1574	37	42	50	92	25	28	53
1575	32	51	71	122	33	21	54
1576	27	62	65	127	43	93	136
1577	27	79	46	125	54	76	130
1578	38	59	57	116	42	54	96
1579	45	56	59	115	35	63	98
[Sum]	317	553	502	1.055	399	503	902

Years	Weddings	Males	Females	Both	Males	Females	Both
1580	35	61	63	124	36	43	79
1581	34	62	64	126	37	39	76
1582	34	68	67	135	45	38	83
1583	33	54	44	98	31	47	78
1584	28	77	59	136	39	43	82
1585	11	69	64	133	32	52	84
1586	27	42	40	82	49	40	89
1587	27	57	63	120	76	94	170
1588	36	67	65	132	57	43	100
1589	33	83	70	153	47	55	102
[Sum]	298	640	599	1.239	449	494	943

Years	Weddings	Christ[e]ned			Buried		
		Males	Females	Both	Males	Females	Both
			C: The number of the weddings, christenings and burials that were in the town and parish of Tiverton, from March 1560 to January 1664, as appeared by the registers				

Years	Weddings	Christ[e]ned			Buried		
		Males	Females	Both	Males	Females	Both
1590	39	60	64	124	62	87	149
1591	48	56	44	100	268	282	550
1592	43	75	77	152	37	48	85
1593	43	63	48	111	37	65	102
1594	37	66	98	164	31	47	78
1595	38	54	52	106	37	60	97
1596	22	60	58	118	51	77	128
1597	18	37	29	66	124	153	277
1598	23	44	38	82	45	103	148
1599	42	50	73	123	27	27	54
[Sum]	353	565	521	1.146	719	949	1.668

Years	Weddings	Males	Females	Both	Males	Females	Both
1600	38	64	54	118	28	38	66
1601	33	52	82	134	28	36	64
1602	37	65	62	127	41	42	83
1603	52	60	83	143	50	36	86
1604	28	75	63	138	27	63	90
1605	49	62	68	130	33	48	81
1606	37	79	77	156	45	42	87
1607	47	89	77	166	34	52	86
1608	37	60	86	146	51	64	115
1609	34	70	69	139	27	49	76
[Sum]	392	676	721	1.379	364	470	834

C: The number of the weddings, christenings and burials that were in the town and parish of Tiverton, from March 1560 to January 1664, as appeared by the registers							
Years	Weddings	Christ[e]ned			Buried		
		Males	Females	Both	Males	Females	Both
1610	31	83	88	171	62	50	112
1611	51	83	96	179	39	41	80
1612	47	79	70	149	58	45	103
1613	38	74	77	151	39	40	79
1614	46	90	88	178	42	41	83
1615	55	88	84	172	39	44	83
1616	24	111	100	211	53	59	112
1617	41	99	79	178	57	57	114
1618	46	102	79	181	32	44	76
1619	30	104	102	206	65	72	137
[Sum]	409	913	863	1.776	486	493	979

Years	Weddings	Males	Females	Both	Males	Females	Both
1620	42	105	72	177	53	53	106
1621	74	111	111	222	61	51	112
1622	40	89	104	193	60	86	146
1623	52	108	88	196	80	101	181
1624	52	95	95	190	60	68	128
1625	57	131	117	248	86	61	147
1626	66	97	101	198	73	95	168
1627	67	143	110	253	98	45	143
1628	66	103	114	217	87	98	185
1629	77	124	108	232	62	68	130
[Sum]	593	1.106	1.020	2.126	720	726	1.446

C: The number of the weddings, christenings and burials that were in the town and parish of Tiverton, from March 1560 to January 1664, as appeared by the registers							
Years	Weddings	Christ[e]ned			Buried		
		Males	Females	Both	Males	Females	Both
1630	73	117	123	240	104	74	178
1631	40	118	100	218	85	92	177
1632	63	106	104	210	84	83	167
1633	63	114	121	235	75	71	146
1634	54	114	95	209	73	91	164
1635	82	124	111	235	84	92	176
1636	43	135	113	248	85	87	172
1637	42	110	98	208	106	142	248
1638	62	112	112	224	194	170	364
1639	62	119	106	225	115	137	252
[Sum]	584	1.169	1.083	2.252	1.005	1.039	2.044

1640	66	124	114	238	82	104	186
1641	52	122	114	236	83	88	171
1642	59	102	136	238	110	128	238
1643	54	115	117	232	102	88	190
1644	22	76	78	154	232	213	445
1645	47	95	175	270	99	92	191
1646	41	61	50	111	3	3	6
1647	23	116	106	222	7	3	10
1648	22	85	67	152	24	17	41
1649	16	96	92	188	21	30	51
[Sum]	402	991	1.049	2.041	763	766	1.529

C: The number of the weddings, christenings and burials that were in the town and parish of Tiverton, from March 1560 to January 1664, as appeared by the registers							
Years	Weddings	Christ[e]ned			Buried		
		Males	Females	Both	Males	Females	Both
1650	9	66	79	145	7	9	16
1651	9	50	63	113	5	10	15
1652	9	80	73	153	48	51	99
1653	21	89	219	208	47	78	125
1654	108	105	104	206	72	68	140
1655	140	87	104	191	87	114	201
1656	109	107	90	197	56	86	142
1657	102	94	101	195	67	59	126
1658	60	70	83	153	77	85	162
1659	37	77	78	155	72	80	152
[Sum]	604	825	891	1.716	538	640	1.178

Years	Weddings	Males	Females	Both	Males	Females	Both
1660	27	61	68	129	70	69	139
1661	38	83	93	176	73	85	158
1662	36	73	56	129	91	95	186
1663	35	68	64	132	72	74	146
1664	41	68	72	140	98	114	212
[Sum]	177	353	353	706	404	437	841

C: The number of the weddings, christenings and burials that were in the parish of Cranbrooke, from March 26, 1560 to March 24, 1649 (as appeared by the register) [;] only in the years 1574 and 1565 [D: 1575] the christenings are wholly omitted, because the register is very imperfect for the greater part of those years.

Years	Weddings	Christ[e]ned			Buried			Plague
		Males	Females	Both	Males	Females	Both	
1560	20	36	33	69	29	21	50	
1561	24	46	33	79	23	22	45	
1562	23	32	26	58	40	31	71	
1563	15	28	21	49	19	24	43	
1564	23	29	29	58	10	8	18	
1565	29	44	29	73	37	34	71	
1566	25	39	26	65	69	35	104	
1567	28	42	41	83	36	21	56	
1568	22	38	44	82	31	31	62	
1569	22	36	35	71	25	19	44	
[Sum]	231	370	317	687	319	246	565	

Years	Weddings	Males	Females	Both	Males	Females	Both	Plague
1570	18	30	44	74	26	36	62	
1571	21	31	27	58	31	16	47	
1572	25	35	34	69	24	39	63	
1573	29	28	25	53	29	21	50	
1574	23				28	28	56	
1575	25				18	14	32	
1576	29	49	42	91	17	16	33	
1577	16	36	48	84	23	21	44	
1578	24	42	39	81	19	16	35	
1579	21	47	44	91	26	18	44	
[Sum]	235	298	303	601	241	225	466	

C: The number of the weddings, christenings and burials that were in the parish of Cranbrooke, from March 26, 1560 to March 24, 1649 (as appeared by the register) [;] only in the years 1574 and 1565 [D: 1575] the christenings are wholly omitted, because the register is very imperfect for the greater part of those years.

Years	Weddings	Christ[e]ned			Buried			Plague
		Males	Females	Both	Males	Females	Both	
1580	30	47	42	89	26	23	49	
1581	28	61	46	107	32	30	62	18
1582	26	58	49	117	52	37	89	41
1583	24	59	44	103	24	20	44	22
1584	25	53	55	108	24	29	53	
1585	22	60	52	112	16	14	30	
1586	17	53	50	103	28	22	50	
1587	20	45	53	98	28	24	52	
1588	24	57	59	116	24	21	45	
1589	19	59	44	103	17	28	45	
[Sum]	235	552	504	1.051	271	248	519	

Years	Weddings	Males	Females	Both	Males	Females	Both	Plague
1590	25	64	58	116	21	17	38	
1591	26	41	52	93	34	43	77	
1592	20	59	46	105	39	31	70	
1593	23	54	47	101	22	17	39	
1594	22	48	37	85	24	23	47	
1595	14	55	53	108	35	36	71	
1596	17	36	42	78	42	25	67	
1597	22	37	19	56	112	110	222	181
1598	22	47	41	88	27	34	59	8
1599	30	56	40	96	19	20	39	
[Sum]	221	497	429	926	373	356	729	

C: The number of the weddings, christenings and burials that were in the parish of Cranbrooke, from March 26, 1560 to March 24, 1649 (as appeared by the register) [;] only in the years 1574 and 1565 [D: 1575] the christenings are wholly omitted, because the register is very imperfect for the greater part of those years.

Years	Weddings	Christ[e]ned			Buried			Plague
		Males	Females	Both	Males	Females	Both	
1600	16	48	44	92	16	18	34	
1601	19	44	41	85	19	29	48	
1602	26	50	43	93	28	26	54	
1603	22	68	51	119	36	28	64	9
1604	36	47	61	108	20	24	44	
1605	23	56	39	95	38	30	68	
1606	23	42	44	86	30	31	61	1
1607	29	51	65	116	48	30	78	
1608	13	56	35	91	33	31	64	
1609	16	40	37	77	43	46	89	1
[Sum]	223	502	460	962	311	292	603	

Years	Weddings	Males	Females	Both	Males	Females	Both	Plague
1610	26	45	42	87	32	42	74	
1611	27	39	44	83	44	53	97	
1612	16	44	39	83	50	43	93	
1613	22	43	41	84	46	50	96	
1614	22	50	44	94	55	35	90	
1615	35	56	44	100	64	61	125	
1616	29	35	54	89	40	47	87	
1617	20	49	52	101	50	48	98	
1618	32	38	51	89	37	58	95	
1619	32	47	40	87	50	44	94	
[Sum]	261	446	451	897	468	481	949	

C: The number of the weddings, christenings and burials that were in the parish of Cranbrooke, from March 26, 1560 to March 24, 1649 (as appeared by the register) [;] only in the years 1574 and 1565 [D: 1575] the christenings are wholly omitted, because the register is very imperfect for the greater part of those years.

Years	Weddings	Christ[e]ned			Buried			Plague
		Males	Females	Both	Males	Females	Both	
1620	27	59	61	120	45	52	97	
1621	26	54	50	104	40	46	86	
1622	14	61	65	126	27	28	55	
1623	18	37	37	74	33	34	67	
1624	45	59	60	119	44	31	75	
1625	22	44	59	103	54	56	110	
1626	26	36	45	81	48	49	97	
1627	25	45	50	95	36	38	74	
1628	38	57	60	117	56	70	126	
1629	48	60	58	118	51	44	95	
[Sum]	289	512	545	1.057	434	448	882	

Years	Weddings	Males	Females	Both	Males	Females	Both	Plague
1630	25	58	64	122	41	52	93	
1631	15	51	46	97	46	42	88	
1632	20	57	56	113	56	52	108	
1633	19	3	55	128	44	44	88	
1634	30	63	52	115	46	51	97	
1635	18	54	57	111	56	50	106	
1636	15	52	55	107	39	60	99	
1637	31	61	85	126	47	49	96	
1638	22	49	56	105	73	80	153	
1639	28	31	36	67	63	51	114	
[Sum]	223	549	542	1.019	511	531	1.042	

C: The number of the weddings, christenings and burials that were in the parish of Cranbrooke, from March 26, 1560 to March 24, 1649 (as appeared by the register) [;] only in the years 1574 and 1565 [D: 1575] the christenings are wholly omitted, because the register is very imperfect for the greater part of those years.

Years	Weddings	Christ[e]ned			Buried			Plague
		Males	Females	Both	Males	Females	Both	
1640	30	65	50	115	70	54	124	
1641	20	51	62	113	51	36	87	
1642	27	47	40	87	39	53	92	
1643	20	68	63	131	68	59	117	
1644	23	51	60	111	37	49	86	
1645	31	55	46	101	30	46	76	
1646	14	63	51	114	69	65	134	
1647	18	44	36	83	72	47	119	
1648	6	35	23	58	55	60	115	
1649	7	37	26	63	58	48	106	
[Sum]	196	516	460	976	549	517	1.066	

D: Dublin, A Bill of Mortality from the 76 [sic!] of July to the 2nd of August 1662									
	Baptized	Plague	Spot[ted] Fea[ver]	Smal[l] Pox	Consum[p-tion]	Feaver	Aged	Rickets	Flux
Saint Michans	1			1			1		
S. Katharines & S. James	2								1
S. Andoens					1				
S. Michaels	2				2				2
S. Johns							2		2
S. Nicholas without	5				1		1		1
S. Nicholas within	1								1
S. Warbrows & S. Andrews	2				1				
S. Keavans					1				
S. Brides	1				2				

Total Baptized 14
Total Buried 20

Jacob Ihring, reg[istrar]

D: A table showing how many died weekly, as well of all diseases, as of the plague, in the years 1592, 1603, 1625, 1630, 1636; and this present year 1665

Buried of all diseases in the year 1592			Buried of all diseases in the year 1603			Buried of all diseases in the year 1625		
[Week]	Total	Pla[gue]	[Week]	Total	Pla[gue]	[Week]	Total	Pla[gue]
March 17	230	3	March 17	108	3	March 17	262	4
March 24	351	31	March 24	60	2	March 24	226	8
March 31	219	29	March 31	78	6	March 31	243	11
April 7	307	27	April 7	66	4	April 7	239	10
April 14	203	33	April 14	79	4	April 14	256	24
April 21	290	37	April 21	98	8	April 21	230	25
April 28	310	41	April 28	109	10	April 28	305	26
May 5	350	29	May 5	90	11	May 5	292	30
May 12	339	38	May 12	112	18	May 12	232	45
May 19	300	42	May 19	122	22	May 19	379	71
May 26	450	58	May 26	122	32	May 26	401	78
June 2	410	62	June 2	114	30	June 2	395	69
June 9	441	81	June 9	131	43	June 9	434	91
June 16	399	99	June 16	144	59	June 16	510	161
June 23	401	108	June 23	182	72	June 23	640	239
June 30	850	118	June 30	267	158	June 30	942	390
July 7	1.440	927	July 7	445	263	July 7	1.222	593
July 14	1.510	893	July 14	612	424	July 14	1.781	1.004
July 21	1.491	258	The Out-Parishes this week were joyned with the City			July 21	2.850	1.819
July 28	1.507	852				July 28	3.583	2.471
August 4	1.503	983				August 4	4.517	3.659
August 11	1.550	797	July 21	1.186	917	August 11	4.855	4.115
August 18	1.532	651	July 28	1.728	1.396	August 18	5.205	4.463
August 25	1.508	449	August 4	2.256	1.922	August 25	4.841	4.218
September 1	1.490	507	August 11	2.077	1.745	September 1	3.897	3.344
September 8	1.210	563	August 18	3.054	2.713	September 8	3.157	2.550
September 15	621	451	August 25	2.853	2.539	September 15	2.148	1.672
September 22	629	349	September 1	3.385	3.035	September 22	1.994	1.551
September 29	450	330	September 8	3.078	2.724	September 29	236	852

Buried of all diseases in the year 1630			Buried of all diseases in the year 1636			Buried of all diseases in the year 166[4/]5		
[Week]	Total	Pla[gue]	[Week]	Total	Pla[gue]	[Week]	Total	Pla[gue]
June 24	205	19	April 7	119	2	December 27	291	
July 1	209	25	April 14	205	4	January 3	349	
July 8	217	43	This week these parishes were added: S. Marg[aret] Westminster, Lambeth parish, S. [Mary] Newington, Redriff parish, S. Mary Islington, Stepney and Hackney parishes			January 10	394	
July 15	250	50				January 17	415	
July 22	229	40				January 24	474	
July 29	279	77	April 21	285	14	January 31	409	
August 5	250	56	April 28	259	17	February 7	393	
August 12	246	65	May 5	251	10	February 14	461	1
August 19	269	54	May 12	308	55	February 21	393	
August 26	270	67	May 19	299	35	February 28	396	
September 2	230	66	May 26	330	62	March 7	441	
September 9	259	63	June 2	339	77	March 14	433	
September 16	264	68	June 9	345	87	March 21	365	
September 23	274	57	June 16	381	103	March 28	353	
September 30	269	56	June 23	304	79	April 4	344	
October 7	236	66	June 30	352	104	April 11	382	
October 14	261	73	July 7	215	81	April 18	344	
October 21	248	60	July 14	372	104	April 25	390	2
October 28	214	34	July 21	365	120	May 2	388	
November 4	242	29	July 28	423	151	May 9	347	9
November 11	215	29	August 4	491	206	May 16	353	3
November 18	200	18	August 11	538	283	May 23	385	14
November 25	226	7	August 18	638	321	May 30	399	17
December 2	221	20	August 25	787	429	June 6	405	43
December 9	198	19	September 1	1.011	638	June 13	558	112
December 16	212	5	September 8	1.069	650	June 20	611	168
Buried in the 97 parishes within the walls	2.696	190	September 15	1.306	865	June 27	684	267
			September 22	1.229	775	July 4	1.006	470
			September 29	1.403	928	July 11	1.268	727

D: A table showing how many died weekly, as well of all diseases, as of the plague, in the years 1592, 1603, 1625, 1630, 1636; and this present year 1665

Buried of all diseases in the year 1592			Buried of all diseases in the year 1603			Buried of all diseases in the year 1625		
[Week]	Total	Pla[gue]	[Week]	Total	Pla[gue]	[Week]	Total	Pla[gue]
October 6	408	327	September 15	3.129	2.818	October 6	833	538
October 13	422	323	September 22	2.456	2.195	October 13	815	511
October 20	330	308	September 29	1.961	1.732	October 20	651	331
October 27	320	302	October 6	1.831	1.641	October 27	375	134
November 3	310	301	October 13	1.312	1.149	November 3	357	89
November 10	309	209	October 20	766	642	November 10	319	92
November 17	301	107	October 27	625	508	November 17	274	48
November 24	321	93	November 3	737	594	November 24	231	27
December 1	349	94	November 10	545	442	December 1	190	15
December 8	331	86	November 17	384	251	December 8	181	15
December 15	329	71	November 24	198	105	December 15	168	6
December 22	386	39	December 1	223	102	December 22	157	3
The total of all that have been buried is	25.886		December 8	163	55	The total of all is		51.578
			December 15	200	96			
			December 22	168	74	Whereof of the plague		35.403
Whereof of the plague	11.503		The total of all is		37.294			
			Whereof of the plague		30.561			

Buried of all diseases in the year 1630			Buried of all diseases in the year 1636			Buried of all diseases in the year 166[4/]5		
[Week]	Total	Pla[gue]	[Week]	Total	Pla[gue]	[Week]	Total	Pla[gue]
Buried in the 16 parishes without the walls	4.813	603	October 6	1.405	921	July 18	1.761	1.089
			October 13	1.302	792	July 25	2.785	1.843
			October 20	1.002	555	August 1	3.014	2.010
Buried in the 9 out-parishes in Middelsex and Surrey, and at the pesthouse	3.045	524	October 27	900	458	August 8	4.030	2.817
			November 3	1.300	838	August 15	5.319	3.880
			November 10	1.104	715	August 22	5.568	4.237
			November 17	950	573	August 29	7.496	6.102
Buried in Westminster	566	31	November 24	857	476	September 5	8.252	6.988
			December 1	614	321	September 12	7.690	6.544
The total of all the burials this time	10.545		December 8	459	167	September 19	8.297	7.165
			December 15	385	85	September 26	6.460	5.533
Whereof of the plague		1.317	The total of the burials this year is		23.359	October 3	5.720	4.929
						October 10	5.068	4.327
			Whereof of the plague		10.400	October 17	3.219	2.665
						October 24	1.806	1.421
						October 31	1.388	1.031
						November 7	1.787	1.414
						November 14	1.359	1.050
						November 21	905	652
						November 28	544	333
						December 5	428	210
						December 12	442	243
						December 19	525	281
						The total of the burials this year is		97.306
						Whereof of the plague		68.596

8.22 Erweiterungen in der 5. Auflage (1676): Some further observations of Major John Graunt

Whereas in the month of December in the year 1672 there were christened in the several parishes of the city and suburbs of Paris 1,366, and weddings 68, and buried 1,153, yet of the reformed religion in the same space of time and place there were christened but 27 and buried but 14. At a medium being compared to the gross sum, the protestants in Paris are but as one to 65.

A further observation may be made that whereas in the whole year of 1672 there were buried 17,584 and the christenings then were 18,427, which difference between christening[s] and burials was very agreeable with the difference formerly in the city of London, before fanaticism and the anabaptists were known in those parts. But in the same year of 1672 in the city of London and places adjacent, the burials were 18,230, and the christenings but 12,563, by which it plainly appears that ⅓ of the inhabitants of the places aforesaid are such as do not conform to the doctrine and discipline of the Church of England.

As concerning the common question whether Paris or London has most inhabitants, my answer must be framed after this manner, upon some observations made upon the numbers of burials of each city.

I find that in the city and suburbs of Paris in the years 1670, 1671, and 1672 the total number of the burials was 56,443, and in the years aforesaid in the city of London, suburbs, and places adjacent (as appears by the annual Bills of Mortality) was buried 54,157.

But since that Hackney, Lambeth, Newington, Islington, Rotherhithe, Stepney and Westminster, although put into the Bills of Mortality, they cannot properly be reckoned as parts of the city of London (Westminster being a distinct city of itself, and the others above-named country villages) and there having been buried in the places last named in the three years aforesaid (as appears by the said annual bills) 10,000, which being deducted out of the number aforesaid, the remaining number is 44,157, upon which I think the comparison must be made.

By which it appears that Paris has exceeded the city of London in the number of burials 12,286, which number is between a fourth and a fifth of the said number of 56,443, which is the proportion of the difference in the number of inhabitants; the city of Paris having more than a fourth and yet not a fifth more than the city of London.

Christenings, marriages and burials in the City of Paris, 1670			
[Month]	Christenings	Marriages	Burials
January	1.596	353	2.350
February	1.712	589	2.159
March	1.661	48	2.033
April	1.351	267	1.882
May	1.342	374	1.714
June	1.222	354	1.644
July	1.348	420	1.540
August	1.420	314	2.162
September	1.408	343	1.845
October	1.312	313	1.502
November	1.324	479	1.290
December	1.120	76	1.340
Total	16.810	3.930	21.461

Christenings, marriages and burials in the City of Paris, 1671			
[Month]	Christenings	Marriages	Burials
January	1.675	548	1.150
February	1.656	489	1.068
March	1.860	56	1.218
April	1.595	447	1.350
May	1.478	324	1.431
June	1.331	334	1.219
July	1.424	337	1.358
August	1.606	324	1.502
September	1.507	327	1.897
October	1.587	321	1.753
November	1.560	437	2.709
December	1.253	42	1.743
Total	18.532	3.986	17.398

Christenings, marriages and burials in the City of Paris, 1672			
[Month]	Christenings	Marriages	Burials
January	1.837	325	1.930
February	1.920	625	1.554
March	1.636	108	2.008
April	1.572	130	1.664
May	1.528	332	1.551
June	1.359	349	1.602
July	1.414	334	1.323
August	1.498	271	1.407
September	1.379	278	1.216
October	1.481	309	1.119
November	1.437	433	1.057
December	1.366	68	1.153
Total	18.427	3.562	17.584

9 Anhang

9.1 Abkürzungsverzeichnis

BL:	British Library, London
DCA:	Drapers' Company Archive, London
IOR:	India Office Records, British Library, London
LMA:	London Metropolitan Archive, London
RBS:	Royal Bank of Scotland Archives, Edinburgh
RSA:	Royal Society Archive, London
s. v.:	sub voce [unter dem Stichwort]
TNA:	The National Archives, London

9.2 Abbildungsverzeichnis

Titelblatt: Dekker (1625: A rod for run-awayes Gods tokens, of his feareful iudgements, sundry wayes pronounced upon this city, and on severall persons, both flying from it, and staying in it. Expressed in many dreadfull examples of sudden death). Bildnachweis: © mauritius images / Science Source.

Abb. 1: Ausschnitt aus einer Stadtansicht von London, hier des Stadtteils, in dem Graunt lebte (Stich von Wenzeslaus Hollar, 1647). Bildnachweis: © akg-images / British Library.

Abb. 2: Gresham College (Stich von George Vertue (1684–1765), 1739, aus: WARD (1740: Lives of the Professors of Gresham College), zwischen S. 32 und 33). Bildnachweis: © mauritius images / World History Archive / Alamy / Alamy Stock Photos.

Abb. 3: Stammbaum der Familie John Graunts (Auszug von Andreas Edel (Entwurf) und Karen Olze (Ausführung)).

Abb. 4: Stadtansicht von Cornhill (um 1630), im Hintergrund der Glockenturm der Royal Exchange (Stich von Bartholomew Howlett (1767–1827), gedruckt 1818). Bildnachweis: © mauritius images / Gallery Of Art / Alamy / Alamy Stock Photos.

Abb. 5: Szene aus einem Londoner Kaffeehaus (unbekannter Künstler, [1668, möglicherweise aber auch erst nach 1685]). Bildnachweis: © mauritius images / The History Collection / Alamy / Alamy Stock Photos.

Abb. 6: Unterschrift und Siegel von John Graunt auf einer Kaufurkunde, 1659. Bildnachweis: British Library, Add Ch. 76982 c.

Abb. 7: Bei dem häufig als John Graunt ausgegebenen Porträtierten (unbekannter Künstler, aus: O'DONNELL (1936): History of life insurance in its formative years, S. 147. https://www.york.ac.uk/depts/maths/histstat/people/#g; Public Domain: https://commons.wikimedia.org/w/index.php?curid=67085422) handelt es sich vermutlich um John Grant (1810–1879), s. hierzu National Portrait Gallery, The Balmoral album. Photographs by George Washington Wilson, W. & D. Downey and Henry John Whitlock, 1854–68 (NPG P22(25)).

405

Abb. 8: William Petty (1623–1687). Bildnachweis: © mauritius images / Classic Image / Alamy / Alamy Stock Photos.

Abb. 9: Allegorische Darstellung auf die Royal Society (Stich von John Evelyn (Entwurf) und Wenzeslaus Hollar (Ausführung) als Frontispiz zu SPRAT (1667: The History of the Royal Society)). Bildnachweis: © mauritius images / Science Source.

Abb. 10: Innenhof der Royal Exchange, undatiert (nach einem Stich von Wenzeslaus Hollar, 1644). Bildnachweis: © mauritius images / Classic Image / Alamy / Alamy Stock Photos.

Abb. 11: Fassade des „Craven House" in der Leadenhall Street, Hauptsitz der East India Company (unbekannter niederländischer Künstler, nach 1661). Bildnachweis: © mauritius images / Colin Waters / Alamy / Alamy Stock Photos.

Abb. 12: Titelseite der dritten Auflage der „Natural and Political Observations" von John Graunt, 1665. Bildnachweis: Max-Planck-Institut für demografische Forschung / Digital Libraries Connected (DLC); https://doi.org/10.48644/1780540469.

Abb. 13: Ornament aus den „Natural and Political Observations".

Abb. 14: Szenen aus dem Jahr der Großen Pest (Einblattdruck mit Stichen von John Dunstall (gest. 1693), [1665 / 1666]), aus: BAKER (1964): The Island Race, o. S.). Bildnachweis: © mauritius images / World Book Inc.

Abb. 15: Hochzeitspaar, nach einem Holzschnitt von Hans Holbein d. J., undatiert [1524–1525] (Stich von Wenzeslaus Hollar). Bildnachweis: © mauritius images / AlFA Visuals / Alamy / Alamy Stock Photos.

Abb. 16: Publikum bei einer Hinrichtung in Tyburn, 17. Jahrhundert (unbekannter Künstler). Bildnachweis: © mauritius images / Art Collection 3 / Alamy / Alamy Stock Photos.

Abb. 17: Thomas Parr (Radierung von George Powle [zweite Hälfte des 18. Jahrhunderts] nach einem Gemälde von Peter Paul Rubens). Bildnachweis: © mauritius images / The History Collection / Alamy / Alamy Stock Photos.

Abb. 18: Der Brand von London 1666 (Stich, unbekannter Künstler). Bildnachweis: © mauritius images / De Luan / Alamy / Alamy Stock Photos.

Abb. 19: Brennende St. Paul's Cathedral (Stich von Wenzeslaus Hollar, 1666). Bildnachweis: © mauritius images / Hilary Morgan / Alamy / Alamy Stock Photos.

Abb. 20: Stadtansicht von London vor und nach dem Brand von 1666 (Stich von Wenzeslaus Hollar). Bildnachweis: © mauritius images / Art Collection 2 / Alamy / Alamy Stock Photos.

Abb. 21: Ansicht der Kirche St. Dunstan-in-the-West (Stich von William Henry Toms, 1737). Bildnachweis: © mauritius images / ARTGEN / Alamy / Alamy Stock Photos.

Abb. 22: Deckblatt aus: Worshipful Company of Parish Clerks (1665: London's dreadful visitation, or, a collection of all the bills of mortality for this present year: beginning the 20th of December, 1664, and ending the 19th of December following: as also the general or whole years bill: according to the report made to the King's Most Excellent Majesty). Bildnachweis: © mauritius images / Pictorial Press Ltd / Alamy / Alamy Stock Photos.

9.3   Verzeichnis der ungedruckten Quellen

Ancestry.com

London, England, Taufen, Heiraten und Bestattungen der Church of England, 1538–1812 [database on-line]. Provo / Lehi, UT, USA: Ancestry.com Operations, Inc. [Verfilmungen von Beständen des LMA]

Bodleian Library (Weston Library), Oxford

MS Aubrey 6, 7, 8, 9, 21

British Library, London
a) Manuscripts
    Add Ch 76982 a–c
    Add MS 72850
    Add MS 72858
    Add MS 72894
    Add MS 72907
b) India Office Records
    IOR / E / 3 / 36
    IOR / G / 29 / 1
    IOR / H / 1
    IOR / L / AG / 1 / 1 / 3
    IOM / E / 3 / 19

Drapers' Company, Archives, London
    Ad Hoc Committees, Minute Books: M. B. / T. 1
    Court of Assistants, Minute Book: M. B. 15
    Dinner Books: D. B. 2
    GR: Boyd's Roll
    Livery Lists: L. L. 1
    Wardens' Minute Books: W. M. 1

London Metropolitan Archives
    CLA / 050 / 01 / 017
    CLC / 270 / MS03342
    CLC / 511 / MS00186 / 001
    CLC / 522 / MS20516-MS20525, CLC / 522 / MS20545, CLC / 522 / MS20677, CLC / 522 / MS24456
    COL / CHD / CM / 12 / 1, COL / CHD / CM / 12 / 2, COL / CHD / CM / 12 / 3
    COL / CHD / MN / 01, COL / CHD / MN / 03 / 002, COL / CHD / MN / 03 / 006
    P71 / TMS / 0519

National Archives, London
    Privy Council: PC 2 / 54, PC 2 / 55, PC 2 / 56, PC 2 / 57, PC 2 / 58, PC 2 / 59, PC 2 / 60, PC 2 / 61, PC 2 / 62, PC 2 / 63, PC 2 / 64
    PROB 4 / 6674

Qatar Digital Library
    „A Journall of John Graunt from the time of my arivall in Bantam rode unto departure in to ship mari riall partaining to the honerabell company of marchantes trading to ye. E[a]st Indies as followeth" (letzter Zugriff am 15. 11. 2019).

Royal Bank of Scotland Archives
    Customer account ledgers of Edward Backwell J-M: EB / 1 / 1–3
    Customer account ledgers of Edward Backwell Q, R: EB / 1 / 6–7

Royal Society, Collections, Archive, London
    Classified Papers: Cl. P. / 15 i

Council minutes originals: CMO / 1
Early letters: EL / P1, EL / OB
Journal book originals: JBO / 1, JBO / 2, JBO / 3
Manuscripts: MS / 215
Register book originals: RBO / 2i

9.4   Verzeichnis der gedruckten Quellen

ASHMOLE, Elias (1719), The Antiquities of Berkshire, Bd. 2. London: E. Curll.

AUBREY, John (1827), Memoirs of John Evelyn [...], comprising his diary, from 1641 to 1705–6 and a selection of his familiar letters. London: Henry Colburn.

AUBREY, John (1980), Monumenta Britannica, or, a miscellany of British antiquities. Compiled mainly between the years 1665 and 1693, Bde. 1 und 2. Sherborne: Dorset Publishing Company.

AUBREY, John (2015), Brief lives: with an apparatus for the lives of our English mathematical writers, hg. von BENNETT, Kate. Oxford: Oxford University Press.

BACON, Francis (1638), The historie of life and death. With observations naturall and experimentall for the prolonging of life. London: Printed by I. Okes, for Humphrey Mosley, at the Princes Armes in Pauls Church-Yard.

BARCHEWITZ, Ernst Christoph (1730), Der Edlen Ost-Indianischen Compagnie der vereinigten Nieder-Lande gewesenen commandierenden Officiers auf der Insul Lethy, Allerneueste und wahrhaffte Ost-Indianische Reise-Beschreibung: Darinnen I. Seine durch Teutsch- und Holland nach Indien gethane Reise; II. Sein Eilff-jähriger Auffenthalt auf Java, Banda und den Sudwester-Insulen [...] III. Seine Rück-Reise [...]; Benebst einer ausführlichen Land-Charte der Sudwester- und Bandanesischen Insulen [...] und einem vollständigen Register. Chemnitz: Johann Christoph und Johann David Stößel.

BEAWES, Wyndham (1754), Lex mercatoria rediviva; or, the merchant's directory. Being a compleat guide to all men in business etc. Dublin: Peter Wilson.

BELL, John (1665), London's remembrancer, or, a true accompt of every particular weeks christnings and mortality in all the years of pestilence within the cognizance of the bills of mortality, being xviii years. London: Printed and are to be sold by E. Cotes, Printer to the Company of Parish Clerks.

BIRCH, Thomas (1759), A collection of the yearly bills of mortality, from 1657 to 1758 inclusive. Together with several other bills of an earlier date. To which are subjoined I. Natural and political observations on the bills of mortality: By Capt. John Graunt, F. R. S. reprinted from the sixth edition, in 1676. II. Another essay in political arithmetic, concerning the growth of the city of London; with the measures, periods, causes, and consequences thereof. By Sir William Petty, Kt. F. R. S. reprinted from the edition printed at London in 1683. III. Observations on the past growth and present state of the city of London; reprinted from the edition printed at London in 1751; with a continuation of the tables to the end of the year 1757. By Corbyn Morris, Esq; F. R. S. IV. A comparative view of the diseases and ages, and a table of the probabilities of life, for the last thirty years. By J. P. Esq; F. R. S. London: printed for A. Millar in the Strand.

BROWNE, Thomas (1646), Pseudodoxia epidemica, or, enquiries into very many received tenents and commonly presumed truths. London: Printed by T. H. for Edward Dod, and are to be sold in Ivie Lane.

BRUCE, John (1810), Annals of the Honorable East-India Company, from their establishment by the charter of Queen Elizabeth, 1600, to the Union of the London and English East-India companies 1707–1708, Bde. 1 und 2. London: Black, Parry, and Kingsbury.

BURNET, Gilbert (1724), Bishop Burnet's history of his own time, Bd. 1. London: Thomas Ward.

CAMPBELL, Robert (1747), The London Tradesman. Being a Compendious View of All the Trades, Professions, Arts, both Liberal and Mechanic, now practised in the Cities of London and Westminster. Calculated for the Information of Parents, and Instruction of Youth in their Choice of Business. London: T. Gardner.

CHAMBERLAYNE, Edward (1669), Angliae Notitia, or the present state of England: together with divers reflections upon the antient state thereof. London: John Martyn.

CORNARO, Luigi (1558), Discorsi della vita sobria. Padova.

CORNARO, Luigi (1702), Sure and certain methods of attaining a long and healthful life: with means of correcting a bad constitution [etc.]. Written originally in Italian by Lewis Cornaro, a Noble Venetian, when he was near'an hundred years of Age. And made English by W. Jones, A. B. London: Th. Leigh, and D. Midwinter, at the Rose and Crown in St. Paul's Church-Yard.

DANVERS, Frederick Charles (1888), Report to the Secretary of State for India in Council on the records of the India Office: records relating to agencies, factories, and settlements not now under the administration of the government of India. London: Printed for H. M. S. O. by Eyre and Spottiswoode.

DE LA BÉDOYÈRE, Guy (Hg.) (1994), The diary of John Evelyn. Bangor: Headstart History.

DEFOE, Daniel (1722, ed. 1884), A journal of the plague year: being observations or memorials of the most remarkable occurrences as well publick as private, which happened in London during the last great visitation in 1665 / written by a citizen who continued all the while in London never made public before; with an introduction by Henry Morley. London, New York: G. Routledge.

DEKKER, Thomas ([1603]), The wonderfull yeare. 1603 Wherein is shewed the picture of London, lying sicke of the plague. At the ende of all (like a mery epilogue to a dull play) certaine tales are cut out in sundry fashions, of purpose to shorten the liues of long winters nights, that lye watching in the darke for us. London: Printed by Thomas Creede, and are to be solde in Saint Donstones Church-yarde in Fleet-streete by N. Ling, J. Smethwick, and J. Browne.

DOORNICK, Marcus Williamsz (1666), Platte grondt der Vebrande Stadt London. Amsterdam: Marcus Williamsz Doornick.

DUSSAUZE, Henry, u. a. (1905), Les oeuvres économiques de Sir William Petty. Paris: V. Giard et E. Brière = Bibliothèque internationale d'économie politique, publiée sous la direction de Alfred Bonnet, Bde. 31–32.

EVELYN, John (1661), Fumifugium, or, the inconveniencie of the aer and smoak of London dissipated together with some remedies humbly proposed; by J. E. esq. to His Sacred Majestie, and to the Parliament now assembled. London: Printed by W. Godbid for Gabriel Bedel and Thomas Collins.

FAITHORNE, William (1662), The art of graveing and etching wherein is exprest the true way of graueing in copper: allso [sic!] the manner & method of that famous Callot & Mr. Bosse in their seuerall ways of etching. London: Faithorne, William.

FRANCKENSTEIN, Christoph Gottfried (1744), Erläuterung über des Freyherrn von Pufendorff Einleitung zu der Historie der vornehmsten Reiche und Staaten, so jetziger Zeit in Europa sich befinden. Hamburg: Christian Wilhelm Brandt.

FRESHFIELD, Edwin (Hg.) (1887), The vestry minute book of the parish of St. Margaret Lothbury in the City of London 1571–1677. London: Rixon and Arnold.

GADBURY, John (1665), London's deliverance predicted in a short discourse shewing the cause of plagues in general, and the probable time (God not contradicting the course of second causes) when the present pest may abate, [etc.]. London: Printed by J. C. for E. Calvert.

GOUGH, Richard (1768), Anecdotes of British topography, or, an historical account of what has been done for illustrating the topographical antiquities of Great Britain and Ireland. London: printed by W. Richardson and S. Clark and sold by T. Payne, at the Mews Gate, and W. Brown, in Fleet Street.

GRAUNT, John (1662, ed. 1939), Natural and political observations made upon the bills of mortality, hg. von WILLCOX, Walter Francis. Baltimore: Johns Hopkins University Press.

GRAUNT, John (1662, ed. 1975), Natural And Political Observations Mentioned In A Following Index And Made Upon The Bills Of Mortality. New York: Arno Press.

GRAUNT, John (1662, ed. 1977), Observation naturelles et politiques répertoriées dans l'index ci-après et faites sur les bulletins de mortalité par John Graunt, citoyen de Londres. En rapport avec le gouvernement, la religion, le commerce, l'accroissement, l'atmosphère, les maladies, et les divers changements de ladite cité, hg. von VILQUIN, Éric. Paris: Institut National d'Etudes Démographiques.

GRAUNT, John (1662, ed. 1983), Natural and political observations: mentioned in a following index, and made upon the bills of mortality. Pergamon Press: New York u. a.

GRAUNT, John (1662a), Natural and political observations mentioned in a following index, and made upon the Bills of Mortality [...] With reference to the government, religion, trade, growth, ayre, and diseases of the said city. London: Printed by Th. Roycroft for John Martin, James Allestry, and Th. Dicas, at the Sign of the Bell in St. Paul's Church-yard.

GRAUNT, John (1662b), Natural and political observations mentioned in a following index, and made upon the bills of mortality [...] The second edition. London: Printed by Th. Roycroft for John Martin, James Allestry, and Th. Dicas, at the Sign of the Bell in St. Paul's Church-yard.

GRAUNT, John (1665a), Natural and political observations mentioned in a following index, and made upon the bills of mortality. By Capt. John Graunt, Fellow of the Royal Society. With reference to the government, religion, trade, growth, air, diseases, and the several changes of the said city. London: printed by John Martyn, and James Allestry, printers to the Royal Society, and are to be sold at the sign of the Bell in St Pauls Church-yard.

GRAUNT, John (1665b), Natural and political observations mentioned in a following index, and made upon the bills of mortality. By Capt. John Graunt, Fellow of the Royal Society. With reference to the government, religion, trade, growth, air, diseases, and the several changes of the said city. Oxford: printed by William Hall, for John Martyn, and James Allestry, printers to the Royal Society.

GRAUNT, John (1676), Natural and Political Observations Mentioned in a following Index, and made upon the Bills of Mortality; With reference to the Governmment, Religion, Trade, Growth, Air, Diseases, and the several Changes of the said City. London: Printed by John Martyn, Printer to the Royal Society at the Sign of the Bell in St. Paul's church-yard.

GRAUNT, John (1676, ed. 1702), Natürliche und politische Anmerckungen über die Todten-Zettul der stadt Londen fürnemlich ihre regierung, religion, gewerbe, vermehrung, lufft, kranckheiten, und besondere veränderungen betreffend. Anfangs in englischer Sprache abgefasset und offtermals durch den Druck hrsg. vom Capitain Johannes Graunt, nun aber ins Deutsche übersetzet. Leipzig: Fritsch, Thomas.

GRAUNT, John (1676, ed. 1983), Natural and political observations mentioned in a following index, and made upon the bills of mortality; with reference to the government, religion, trade, growth, air, diseases and the several changes of the said city. New York u. a.: Pergamon Press.

GRAUNT, John of Bucklersbury (1643), A true reformation and perfect restitution, argued by Sylvanus and Hymenæus wherein the true Church of Christ is briefly discovered here in this life in her estate of regeneration, as also her perfection in the life to come, as it hath been foretold by all the holy prophets and apostles, which have been since the world began, by J. G[raunt], a Friend to the Truth and Church of God. London: Printed by T. B. and are to be sold by S. B. in Cornhill.

GRAUNT, John of Bucklersbury (1645a), Truth's victory against heresie; all sorts comprehended under these ten mentioned: 1. Papists, 2. Familists, 3. Arrians, 4. Arminians, 5. Anabaptists, 6. Separatists, 7 Antinomists, 8. Monarchists. 9. Millenarists, 10. Independents. As also a description of the truth, the Church of Christ, her present suffering estate for a short time yet to come; and the glory that followeth at the generall resurrection. London: Printed for H. R. at the three Pigeons in Pauls Church-yard.

GRAUNT, John of Bucklersbury (1645b), Christians liberty to the Lords table, discovered by eight arguments, thereby proving, that the sacrament of the body and blood of our Lord, doth as well teach to grace, as strengthen and confirm grace, and so is common, as well to the outward Christian as to the inward Christian: occasioned by the contrary doctrine, taught by a strange minister in Woolchurch, on the

29th of June last. By I. G. [i. e. John Graunt] a parishioner there. London: Printed for Humphrey Robinson, and are to be sold at the three Pigeons in Pauls Churchyard.

GRAUNT, John of Bucklersbury (1646), A defence of Christian liberty to the Lord's table except in case of excommunication and suspension etc. Wherein many arguments, queres, suppositions, and objections are answered by plain texts, and consent of scriptures. As also some positions answered by way of a short conference which the author hath had with divers, both in citie and countrey. All which are profitable to inform to truth, and lawfull obedience to authoritie. London: Printed for John Hancock and are to be sold at his shop; printed for Humphrey Robinson, and are to be sold at the three Pigeons in Pauls Church-yard.

GRAUNT, John of Bucklersbury (1649a), A right use made by a stander by at the two disputations at Great All-hollowes; between Mr. Goodwin and Mr. Symson, the 14. of January and 11. of February 1649: Concerning the poynts of generall redemption, and inevitable damnation immediately from God alone. London: Printed by M. Simmons for John Hancock.

GRAUNT, John of Bucklersbury (1649b), A cure of deadly doctrine; which is death in the pot: or Mr Royle's light proved to be darkness. London: Printed by M. S. for John Hancock in Popes-head-alley.

GRAUNT, John of Bucklersbury (1650), A holy lamp of light discovering the falacious allegorizing of scriptures, to destroy not only the reality of the person of Christ, but all other truths, from his conception to his exaltation; the generalll [sic!] resurrection, and the generall judgment-day, falsly avowing all to be fulfilled here in this present life. Or a defence against Mr. Royle his reply. [London].

GRAUNT, John of Bucklersbury (1651), Truth's defender, and errors reprover: or a briefe discoverie of feined Presbyterie dilated and unfolded in 3 distinct chapters. The first, shewing what English Presbyterie is. The second declareth what the failings and errings are, in the practise of those that have constitution by Ordinance of Parliament. The third chapter discovereth the conceited fancies, of such as minde not Parliamentary directions, either for their own constitution or execution and yet denominate themselves Presbyterians. And both parties being found guilty of transgression, are admonished to repentance, according to the rule of the word of the Lord, that commandeth his servants, saying, Thou shalt in any wise rebuke thy neighbour, and not suffer sinne upon him, or as it is in the margent, or thou beare not sinne for him Levit. 19. 17. And also Capt. Norwoods declaration, proved an abnegation of Christ. By J. G. a servant to, and lover of the truth. London: Printed by Matthew Simmons, next doore to the golden Lyon in Aldersgatestreet.

GRAUNT, John of Bucklersbury (1652), The shipwrack of all false churches: and the immutable safety and stability of the true Church of Christ Occasioned: by Doctour Chamberlen his mistake of her, and the holy scriptures also, by syllogising words, to find out spirituall meanings, when in such cases it is the definition, not the name, by which things are truly knowne. London: Printed, and are to be sold by G. Calvert, at the West End of Pauls, and J. Hancock in Popes-head-Alley.

HALE, Matthew (1677), The primitive origination of mankind, considered and examined according to the light of nature written by the Honourable Sir Matthew Hale, Knight [...] London: Printed by William Godbid for William Shrowsbery at the Sign of the Bible in Duke-Lane.

HALLEY, Edmund (1693a), An estimate of the degrees of the mortality of mankind, drawn from curious tables of the births and funerals at the City of Breslaw; with an attempt to ascertain the price of annuities upon lives, in: Philosophical Transactions 17, S. 596–610.

HALLEY, Edmund (1693b), Some Further Considerations on the Breslaw Bills of Mortality. By the Same Hand, etc., in: Philosophical Transactions 17, S. 654–656.

HARVEY, James (1701), Scelera aquarum, or a supplement to Mr. Graunt on the bills of mortality. Shewing as well the causes, as encrease, of the London, Parisian, and Amsterdam scorbute with all its attendants. Demonstrating the locality of the said causes and how they result from morbifick salts, which abound in the Strata of the Earth, and Stagnate Waters, round those three Cities [...]. London: printed for the author,

411

and sold by Du Chemin, at the Sign of Abraham Sacrificing Isaac, over against Somerset-House in the Strand; and Joshua Lintot in New-Street, Covent-Garden.

HARVEY, [William James] (1886), List of the principal inhabitants of the City of London, 1640, from returns made by the Aldermen of the several Wards. London: Privately printed.

HEYDON, John [Eugenius Theodidactus] (1658), Advice to a daughter in opposition to the Advice to a sonne, or, directions for your better conduct through the various and most important encounters of this life. London: J. Moxon for Francis Cossinet.

HEYDON, John [Eugenius Theodidactus] (1660), The ladies champion confounding the author of The wandring whore, by Eugenius Theodidactus, powder-monkey, roguy-crucian, pimp-master-general, universal mountebank, mathematician, lawyer, fortune-teller, secretary to naturals, and scribler of that infamous piece of non-sense, Advice to a daughter, against advice to a son. Approved of by Megg. Spenser, Damrose Page, Priss. Fetheringham, Su. Leming, Betty Lawrence, Mother Cunny. London.

HEYLYN, Peter (1625), ΜΙΚΡΟΚΟΣΜΟΣ. A little description of the great world. Oxford: Printed by Iohn Lichfield and William Turner, and are to be sold by W. Turner and T. Huggins.

HEYLYN, Peter (1652), Cosmographie in four bookes. Containing the chorographie and historie of the whole world, and all the principall kingdomes, provinces, seas, and isles thereof. London: Printed for Henry Seile, and are to be sold at his shop over against Saint Dunstans Church in Fleetstreet.

HOBBES, Thomas (1658), Elementorum philosophiae sectio secunda de homine. London: Crooke, Andrew.

HODGES, Nathaniel (1672), Loimologia, sive, pestis nuperæ apud populum Londinensem grassantis narratio historica. London: Typis Gul. Godbid, sumptibus Josephi Nevill.

HOLDEN, Henry (1661), A letter written by Dr. Holden to Mr. Graunt, concerning Mr. White's treatise De medico animarum statu. Paris.

HOLINSHED, Raphael, u. a. (1577), The firste [laste] volume of the Chronicles of England, Scotlande, and Irelande: Conteyning, the description and chronicles of England, from the first inhabiting vnto the conquest, the description and chronicles of Scotland, from the first originall of the Scottes nation, till the yeare of our Lorde, 1571, the description and chronicles of Yrelande, likewise from the firste originall of that nation, vntill the yeare 1547. London: John Harrison.

HOLLAR, Wenceslaus (1666a), A true and exact prospect of the famous citty of London from St. Marie Overs Steeple in Southwarke in its flourishing condition before the fire; another prospect of the sayd citty taken from the same place as it appeareth now after the sad calamitie and de[s]truction by fire in the yeare 1666. London.

HOLLAR, Wenceslaus (1666b), A map or groundplot of the citty of London and the suburbes thereof that is to say all which is within the iurisdiction of the Lord Mayor. London: Nathanael Brooke.

HOVENDEN, Robert (Hg.) (1887), A true register of all christeninges, mariages, and burialles in the parishe of St. James, Clarkenwell, from the yeare of Our Lorde God 1551. London: Mitchell & Hughes = The publications of The Harleian Society, Bd. 13.

HOWELL, James (1657), Londinopolis: an historicall discourse or perlustration of the city of London, the imperial chamber, and chief emporium of Great Britain: whereunto is added another of the city of Westminster, with the courts of justice, antiquities, and new buildings thereunto belonging. London: Printed by I. Streater, for Henry Twiford, George Sawbridge, Thomas Dring, and Iohn Place, and are to be sold at their Shops.

HULL, Charles Henry (Hg.) (1899), The economic writings of Sir William Petty: together with the Observations upon the bills of mortality more probably by Captain John Graunt. Cambridge: Cambridge University Press.

HUYGENS, Christiaan (1657), De ratiociniis in ludo aleæ, in: VAN SCHOOTEN, Frans (Hg.), Exercitationvm mathematicarum libri quinque. Leiden: Elzevier, Johannes.

HUYGENS, Christiaan (1891–1895), Oeuvres complètes, Bd. 4: Correspondance 1662–1663; 6: Correspondance 1666–1669. The Hague: Martinus Nijhoff.

Johnson, Samuel (1755), A dictionary of the English language: in which the words are deduced from their originals and illustrated in their different significations by examples from the best writers [...], hg. von Besalke, Brandi. London: W. Strahan, for J. and P. Knapton; T. and T. Longman; C. Hitch and L. Hawes; A. Millar; and R. and J. Dodsley.

Leake, John, u. a. (1666), An exact surveigh of the streets, lanes and churches contained within the ruines of the City of London, first described in six plats.

Leake, John (1667), An exact surveigh of the streets lanes and churches contained within the ruines of the city of London: first described in six plats, by Iohn Leake, Iohn Iennings, William Marr, Willm. Leyburn, Thomas Streete & Richard Shortgave in Decber. Ao. 1666. By the order of the Lord Mayor Aldermen, and Common Councell of the said city. Reduced here into one intire plat, by Iohn Leake, the Citty Wall being added also The places where the Halls stood, are exprest by Coats of Armes & all the Wards divided by pricks & Alphabet etc. Wenceslaus Hollar fecit, 1667 Ionas Moore & Ralph Graterix Surveyors. [London]: Published by Nathanaell Brooke.

Lessius, Leonardus (1634), Hygiasticon, or, the right course of preserving life and health unto extream old age: together with soundnesse and integritie of the senses, judgement, and memorie. Written in Latine by Leonardus Lessius, and now done into English. Cambridge: Roger Daniel.

Lombardo, Enzo (Hg.) (1662, ed. 1987), [Graunt, John:] Osservazioni naturali e politiche fatte sui bollettini di mortalità con riferimento al governo, alla religione, al commercio, alla crescita, all'atmosfera, alle malattie e ai diversi mutamenti della città di Londra (1662). Florence: La Nuova Italia = Biblioteca di cultura, Bd. 161.

Norden, John (1653), London. A guide for cuntrey men in the famous cittey of London by the helpe of wich plot they shall be able to know how far it is to any street. As allso to go unto the same without forder troble. Anno 1653.

o. V. (1647), London's Account: or a calculation of the arbitrary and tyrannical exactions, taxations, impositions, excises, contributions, subsidies, twentieth parts, and other assessements, within the lines of communication, during the foure yeers of this unnaturall warre. [London].

o. V. (1658), The crafty whore or, the mistery and iniquity of bawdy houses laid open, in a dialogue between two subtle bawds, wherein, as in a mirrour, our city-curtesans may see their soul-destroying art, and crafty devices, whereby they insnare and beguile youth, pourtraied to the life, by the pensell of one of their late, (but now penitent) captives, for the benefit of all, but especially the younger sort. Whereunto is added dehortations from lust drawn from the sad and lamentable consequences it produceth. London: Henry Marsh.

o. V. (1660–1661), The wandring whore. A dialogue between Magdalena, a crafty bawd, Julietta, an exquisite whore, Francion, a lascivious gallant, and Gusman a pimping Hector. Discovering their diabolical practises at the Chuck-Office. With a list of all the crafty bawds, common whores, decoys, Hectors, and trappanners, and their usual meetings. London: [Garfield, John].

o. V. (1662), City of London Militia Act. English Parliament. London.

o. V. (1663), A list of officers claiming to the sixty thousand pounds [etc.] granted by His Sacred Majesty for the relief of his truly-loyal and indigent part. London: Henry Brome.

o. V. (1665a), Reflections on the weekly bills of mortality for the cities of London and Westminster, and the places adjacent but more especially, so far as it relates to the plague and other most mortal diseases that we English-men are most subject to, and should be most careful against in this our age. London: Printed for Samuel Speed.

o. V. (1665b), The character of a coffee-house wherein is contained a description of the persons usually frequenting it, with their discourse and humors, as also the admirable vertues of coffee; by an eye and ear witness. London.

o. V. (1666), Rezension zu Graunt, Observations, 1662, in: Le journal des sçavans 2. August 1666, S. 359–370 (S. 363–368 fehlen).

413

o. V. (1666), Vierblätterichter Wunder-Klee, erwachsen in der Königlichen Englischen Gesellschafft, verpflantzet durch die sogenannte (Les Sçavans) Vielwissende in Franckreich: übersetzt von einem Liebhaber neuer Erfindungen und sambt einem Nebengewächse vorgestellet. Nürnberg: Christoph Gerhard.

o. V. (1669), Correspondence of Huygens concerning the Bills of Mortality of John Graunt, hg. von Pulskamp, Richard J. Cincinnati: Department of Mathematics and Computer Science, Xavier University.

o. V. (1689), The articles of the charge of the Wardmote inquest. London: Samuel Roycroft.

o. V. (1721), A collection of very valuable and scarce pieces relating to the last plague in the year 1665. London: J. Roberts.

o. V. (1802), Journal of the House of Commons, Bd. 8 (1660–1667), URL: http://www.british-history.ac.uk/commons-jrnl/vol8/pp27-33 (letzter Zugriff am 02.08.2020).

o. V. (1896), List of Marine Records of the late East India Company and of subsequent date, preserved in the record department of the India Office. London: India Office.

o. V. (1973), The earliest classics: John Graunt: Natural and political observations made upon the bills of mortality (1662) […]. Gregory King […]; with an introduction of Peter Laslett. [Boston]: Gregg International Publishers.

o. V. (2002–2022), The Diary of Samuel Pepys. Daily entries from the 17th century London diary, URL: http://www.pepysdiary.com/(letzter Zugriff am 08.01.2023).

Ochino, Bernardino (1657), A dialogue of polygamy, written orginally in Italian rendred into English by a person of quality; and dedicated to the author of that well-known treatise call'd, Advice to a son. London: John Garfeild.

Osborne, Francis (1656/1658), Advice to a son; or, directions for your better conduct, through the various and most important encounters of this life. Vnder these generall heads. Oxford: printed by H. Hall, printer to the University, for Thomas Robinson.

Parish Clerks, Worshipful Company of Parish Clerks (1665), London's dreadful visitation, or, a collection of all the bills of mortality for this present year: beginning the 20th of December, 1664, and ending the 19th of December following: as also the general or whole years bill: according to the report made to the King's Most Excellent Majesty. London: Printed and are to be sold by E. Cotes.

Peacham, Henry (1622), The Compleat Gentleman Fashioning him absolute in the most necessary Commendable Qualities concerning Minde or Bodie that may be required in a Noble Gentleman. London: Francis Constable.

Pepys, Samuel (1893), The diary of Samuel Pepys. London: George Bell & Sons.

Pétau, Denis (1627), Opus de doctrina temporum: Divisum in partes duas […]. Paris: Sebastian Cramoisy.

Petty, William (1683), Observations upon the Dublin-bills of mortality, MDCLXXXI, and the state of that city; by the observator on the London bills of mortality. London: Printed for Mark Pardoe.

Petty, William (1685), A Miscellaneous Catalogue of Mean, Vulgar, Cheap and Simple Experiments. Drawn up by Sr. William Petty, President of the Dublin Society, and by Him Presented to That Society, in: Philosophical Transactions 15, S. 849–853.

Petty, William (1693), What a Compleat Treatise of Navigation Should Contain. Drawn up in the Year 1685, in: Philosophical Transactions 17, S. 657–659.

Petty, William (1888, ed. 2004), Essays on mankind and political arithmetic. London, Paris, New York, Melbourne: Cassell & Co. = Projekt Gutenberg.

Petty, William (1927), The Petty papers. Some unpublished writings of Sir William Petty, edited from the Bowood Papers by the Marquis of Lansdowne. London, Boston, New York: Constable & Co. and Houghton Mifflin.

Petty, William (1928), The Petty-Southwell Correspondence 1676–1687, edited from the Bowood Papers by the Marquis of Lansdowne. London: Constable and Company.

Powell, Robert (1636), Depopulation arraigned, convicted and condemned, by the lawes of God and man a treatise necessary in these times; by R. P. of Wells, one of the Societie of New Inne. London: Printed by R. B. and are to bee sold in S. Dunstans Church-yard neere the Church doore.

Rait, Robert S. / Firth, [Charles Harding] (Hg.) (1911), Acts and ordinances of the interregnum, 1642–1660. London: Wyman and Sons.

Riccioli, Giovanni Battista (1661), Geographiae et hydrographiæ reformatæ libri dvodecim quorum argumentum sequens pagina explicabit. Bologna: Victorius Benatius.

Robinson, Henry William / Adams, Walter (Hg.) (1935), The diary of Robert Hooke, M. A., M. D., F. R. S., 1672–1680. Transcribed from the original in the possession of the Corporation of the City of London (Guildhall Library). London: Taylor & Francis.

Robinson, Tancred (1695), A Letter Giving an Account of One Henry Jenkins a Yorkshire Man, Who Attained the Age of 169 Years, Communicated by Dr. Tancred Robinson F. of the Coll. of Physitians, et R. S. with His Remarks on It, in: Philosophical Transactions 19 / 221, S. 266–268.

Sainsbury, Ethel Bruce (Hg.) (1916), A calendar of the court minutes etc. of the East India Company, 1655–1659. Oxford: Clarendon Press.

Sainsbury, Ethel Bruce (Hg.) (1922), A calendar of the court minutes etc. of the East India Company, 1660–1663. Oxford: Clarendon Press.

Sainsbury, Ethel Bruce (Hg.) (1925), A calendar of the court minutes, etc., of the East India Company, 1664–1667; with an introduction and notes by Sir William Foster. Oxford: Clarendon Press.

Sainsbury, Ethel Bruce (Hg.) (1929), A calendar of the court minutes etc. of the East India Company 1668–1670. Oxford: Clarendon Press.

Sainsbury, Ethel Bruce (Hg.) (1929), A calendar of the court minutes, etc., of the East India Company, 1668–1670; with an introduction and notes by Sir William Foster. Oxford: Clarendon Press.

Sainsbury, Ethel Bruce (Hg.) (1932), A calendar of the court minutes etc. of the East India Company, 1671–1673. Oxford: Clarendon Press.

Shakespeare, William (1605, ed. 1910), The London prodigall: As it was plaide by the Kings Maiesties seruants, hg. von Farmer, John S. London: Printed by T[homas] C[reede] for Nathaniel Butter, and are to be sold neere S. Austins gate, at the signe of the pyde Bull.

Shaw, William A. (1911), Calendar of Treasury Books 1676–1679, preserved in the Public Record Office, Bd. 5. London: His Majesty's Stationery Office.

Smith, Thomas, u. a. (1583), De republica Anglorum. The maner of gouernement or policie of the realme of England, compiled by the honorable man Thomas Smyth, Doctor of the ciuil lawes, knight, and principall secretarie vnto the two most worthie princes, King Edwarde the sixt, and Queene Elizabeth. London: Henrie Midleton for Gregorie Seton.

Smyth, Richard (1849), The obituary of Richard Smyth, secondary of the Poultry compter, London: being a catalogue of all such persons as he knew in their life: extending from A. D. 1627 to A. D. 1674. London: J. B. Nichols and Son (for the Camden Society).

Sprat, Thomas (1667), The History of the Royal Society of London, for the improving of natural knowledge. London: Printed by T. R. for J. Martyn at the Bell without Temple-bar, and J. Allestry at the Rose and Crown in Duck-lane, printers to the Royal Society.

Stow, John (1603, ed. 1987), A survay of London. Conteyning the Originall, Antiquity, Increase, Moderne Estate, and Description of that City, written in the year 1598, hg. von Wheatley, Henry B. London: John Windet.

Süssmilch, Johann Peter (1741), Die göttliche Ordnung in den Veränderungen des menschlichen Geschlechts, aus der Geburt, Tod und Fortpflanzung desselben erwiesen, Bd. 1. Berlin: J. C. Spener.

Swift, Johathan (1729), A modest proposal for preventing the children of poor people from being a burthen [sic!] to their parents or country, and for making them beneficial to the publick. London: J. Roberts (Reprint des Erstdrucks Dublin: S. Harding).

TAYLOR, John (1635), The old, old, very old man; or, the age and long life of Thomas Par, the son of John Parr of Winnington [...] His manner of life and conversation in so long a pilgrimage; his marriages, and his bringing up to London about the end of September last 1635. London: Printed for Henry Goffon at his shop on London Bridge.

USSHER, James (1658), The annals of the world deduced from the origin of time, and continued to the beginning of the Emperour Vespasians reign, and the totall destruction and abolition of the temple and commonwealth of the Jews: containing the historie of the Old and New Testament, with that of the Macchabees, also the most memorable affairs of Asia and Egypt, and the rise of the empire of the Roman Caesars under C. Julius, and Octavianus: collected from all history, as well sacred, as prophane, and methodically digested. London: Printed by E. Tyler for J. Crook and G. Bedell.

VINCENT, Thomas (1667), God's Terrible Voice in the city: Wherein you have I. The sound of the voice, in the Narration of the two late Dreadfull Judgments of Plague and Fire, inflicted by the Lord upon the City of London, the former in the year, 1665, the latter in the year 1666. II. The interpretation of the voice, in a Discovery, 1. Of the cause of these Judgments, where you have a Catalogue of London's sins. 2. Of the design of these Judgments; where you have an enumeration of the Duties God calls for by this terrible voice. London.

WALPOLE, Horace (1798), The works of Horatio Walpole, Earl of Orford. In five volumes [...], Bd. 4. London.

WARD, John (1740), The lives of the professors of Gresham College: to which is prefixed the life of the founder Sir Thomas Gresham [...]. London: J. Moore.

WILLUGHBY, Francis (1686), De historia piscium libri quatuor [...]. Oxford: [at the] Sheldonian Theatre.

WIT, Frederik de ([1666]), Platte Grondt der Stadt London met nieuw model en hoe die afgebrandt is. London verbrandt, op den 12, 13, 14, en 15 September. Nieuwe-stijl, 1666. [Amsterdam], Gedruckt by Frederick de Wit inde Calverstraet by den Dam inde Witte Paskaert.

WOOD, Anthony A. (1820), Athenae Oxonienses: An exact history of all the writers and bishops who have had their education in the University of Oxford. To which are added the Fasti, or annals of the said University (1668), Bd. 4. Oxford.

9.5 Literaturverzeichnis

ACKROYD, Peter (2000), London. The Biography. London: Chatto & Windus.

ADAMSON, I. R. (1980), The Administration of Gresham College and its Fluctuating Fortunes as a Scientific Institution in the Seventeenth Century, in: History of Education 9/1, S. 13–25.

AGARWAL, Ravi P./SEN, Syamal K. (2014), Creators of mathematical and computational sciences. Cham, Heidelberg, New York, Dordrecht, London: Springer International Publishing.

AIKIN, John, u.a. (1799–1815), General biography; or, lives, critical and historical, of the most eminent persons of all ages, countries, conditions, and professions, arranged according to alphabetical order, Bd. 10. London: Printed for G. G. and J. Robinson.

AINSWORTH, William Harrison (1841), Old Saint Paul's. A tale of the plague and the fire. London: G. Routledge & Company.

ALDRIDGE, Alfred Owen (1949), Franklin as Demographer, in: The Journal of Economic History 9/1, S. 25–44.

ALFF, David (2014), Swift's solar gourds and the rhetoric of projection, in: Eighteenth-Century Studies 47/3, S. 245–260.

ALLEN, David (1972), The Role of the London Trained Bands in the Exclusion Crisis, 1678–1681, in: The English Historical Review 87/343, S. 287–303.

ALLEN, David (1976), Political Clubs in Restoration London, in: Historical Journal 19/3, S. 561–580.

ALLIBONE, S. Austin (1859–1871), A critical dictionary of English literature and British and American authors, living and deceased, from the earliest accounts to the latter half of the nineteenth century. Containing over forty-six thousand articles (authors) with forty indexes of subjects, Bd. 3. Philadelphia u. a.: J. B. Lippincott company.

AMES-LEWIS, Francis (Hg.) (1999), Sir Thomas Gresham and Gresham College. Studies in the intellectual history of London in the sixteenth and seventeenth centuries. Aldershot, Brookfield: Ashgate.

ANDAYA, Barbara Watson (1989), The Cloth Trade in Jambi and Palembang Society during the Seventeenth and Eighteenth Centuries, in: Indonesia 48, S. 27–46.

ANGUS, John (1854), Old and New Bills of Mortality; Movement of the Population; Deaths and Fatal Diseases in London During the Last Fourteen Years, in: Journal of the Statistical Society of London 17 / 2, S. 117–142.

ANSELMENT, Raymond A. (1989), Seventeenth-Century Pox: the Medical and Literary Realities of Venereal Disease, in: The Seventeenth Century 4 / 2, S. 189.

ANSELMENT, Raymond, A. (1997), „A heart terrifying sorrow": An occasional piece on poetry of miscarriage, in: Papers on Language and Literature 33 / 1, S. 13–46.

APPLEBY, John / STAHL-TIMMINS, Will (2018), Consumption, flux, and dropsy: counting deaths in 17th century London, in: British Medical Journal 363, S. 1–5.

ARASARATNAM, Sinnappah (1984), The Coromandel-Southeast Asia Trade 1650–1740: Challenges and Responses of a Commercial System, in: Journal of Asian History 18 / 2, S. 113–135.

ARCHER, Ian W. (1991), The history of the Haberdashers' Company. Chichester, Sussex: Phillimore.

ARELLANO, Felix M. / CASTELLSAGUE, Jordi (2003), (Unlearned) lessons from John Graunt and Kenneth Rothman: a „CLASSic" [sic!] example, in: Clinical Therapeutics 25 / 11, S. 2891–2897.

ARMYTAGE, [Walter Harry Green] (1960), Coffee-houses and science, in: British Medical Journal 2, S. 213.

ASPROMOURGOS, Tony (2001), The mind of the oeconomist: an overview of the „Petty Papers" archive, in: History of Economic Ideas 9 / 1, S. 39–101.

AYLMER, Gerald E. (2008), Backwell, Edward (c. 1619–1683), in: Oxford Dictionary of National Biography (online). Oxford: Oxford University Press, URL: https://doi.org/10.1093/ref:odnb/986 (letzter Zugriff am 20. 08. 2019).

BACAËR, Nicolas (2011), A Short History of Mathematical Population Dynamics. London: Springer.

BAER, William C. (2009), People Have to Live Somewhere: Housing Stock and London's Population, 1640–60, in: Historical Methods: A Journal of Quantitative and Interdisciplinary History 42 / 1, S. 3–16.

BAER, William C. (2014), Using Housing Quality to Track Change in the Standard of Living and Poverty for Seventeenth-Century London, in: Historical Methods: A Journal of Quantitative and Interdisciplinary History 47 / 1, S. 1–18.

BAISE, Arnold (2020), The objective – subjective dichotomy and its use in describing probability, in: Interdisciplinary Science Reviews 45 / 2, S. 174–185.

BAKER, Timothy (1964), The island race (nach Winston S. Churchill). London: Cassell.

BAMJI, Alexandra (2019), Marginalia and mortality in early modern Venice, in: Renaissance Studies 33 / 5, S. 808–831.

BANERJEE, Anirban, u. a. (2022), Data as Guide to Policy: Bills of Mortality of 17th Century and COVID-19 of 21st Century, in: DUTTA, Mousumi, u. a. (Hg.), The Impact of COVID-19 on India and the Global Order: A Multidisciplinary Approach. Singapore: Springer Nature, S. 81–98.

BANTA, James E. (1987), Sir William Petty: modern epidemiologist (1623–1687), in: J Community Health 12 / 2–3, S. 185–198.

BARNARD, John (2001), London Publishing, 1640–1660: Crisis, Continuity, and Innovation, in: Book History 4, S. 1–16.

BARNARD, Toby Christopher (1979), Sir William Petty, his Irish Estates and Irish Population, in: Irish Economic and Social History 6, S. 64–69.

BARNARD, Toby Christopher (1982), Sir William Petty as Kerry Ironmaster, in: Proceedings of the Royal Irish Academy. Section C: Archaeology, Celtic Studies, History, Linguistics, Literature 82, S. 1–32.

BARRON, Caroline M. (2016), What did medieval London merchants read?, in: ALLEN, Martin / DAVIES, Matthew (Hg.), Medieval Merchants and Money. Essays in Honour of James L. Bolton. London: School of Advanced Study, University of London, Institute of Historical Research., URL: https://www.jstor.org/stable/j.ctv5132xh.9 (letzter Zugriff am 09.05.2019).

BASSETT, David Kenneth (1958), English Trade in Celebes, 1613–1667, in: Journal of the Malayan Branch of the Royal Asiatic Society 31/1, S. 1–39.

BASSETT, David Kenneth (1960), The Trade of the English East India Company in the Far East 1623–1684, Part II: 1665–84, in: The Journal of the Royal Asiatic Society of Great Britain and Ireland 3/4, S. 145–157.

BASSETT, David Kenneth (1961), English relations with Siam in the Seventeeth Century, in: Journal of the Malayan Branch of the Royal Asiatic Society 34/2, S. 90–105.

BASSETT, David Kenneth (2010), The factory of the English East India Company at Bantam 1600–1682. Pulau Pinang: Penerbit University Sains Malaysia = APRU-USM Asia Pacific Studies publications series.

BAYATRIZI, Zohreh (2008a), Life Sentences: The Modern Ordering of Mortality. Toronto u.a.: University of Toronto Press.

BAYATRIZI, Zohreh (2008b), From Fate to Risk. The Quantification of Mortality in Early Modern Statistics, in: Theory, culture & society 25/1, S. 121–143.

BAYATRIZI, Zohreh (2009), Counting the dead and regulating the living: early modern statistics and the formation of the sociological imagination (1662–1897), in: The British Journal of Sociology 60/3, S. 603–621.

BEATTIE, John Maurice (2001), Policing and punishment in London, 1660–1750. Urban crime and the limits of terror. Oxford u.a.: Oxford University Press.

BEAUD, Jean-Pierre (2009), Emergence, migrations and reduction to routine in the political sciences (17(th)-19(th) centuries), in: Revue De Synthese 130/4, S. 637–660.

BECKETT, William à (1836), A Universal Biography: Including Scriptural, Classical and Mytological Memoirs, Together with Accounts of Many Eminent Living Characters: the Whole Newly Compiled and Composed from the Most Recent and Authentic Sources. London: Isaac, Tuckey, and Co.

BEER, Barrett L. (2004), Stow [Stowe], John, in: Oxford Dictionary of National Biography (online). Oxford: Oxford University Press, URL: https://doi.org/10.1093/ref:odnb/26611 (letzter Zugriff am 29.10.2018).

BEHAR, Cem (2012), L'ombre démesurée de Halley: les recherches démographiques dans les Philosophical transactions of the Royal Society (1683–1800). Paris: INED = Les classiques de l'économie et de la population.

BEHRISCH, Lars (2013), Political Economy and Statistics in Late Ancien Régime, in: STEINMETZ, Willibald u.a. (Hg.), Writing Political History Today. Frankfurt a. Main, New York: Campus, S. 175–190.

BEHRISCH, Lars (2016a), Statistics and Politics in the 18th Century, in: Historical Social Research – Historische Sozialforschung 41/2, S. 238–257.

BEHRISCH, Lars (2016b), Die Berechnung der Glückseligkeit. Statistik und Politik in Deutschland und Frankreich im späten Ancien Régime. Ostfildern: Thorbecke = Beihefte der Francia, Bd. 78.

BEIER, A[ugustus] L[eon] (2016), Social Thought in England, 1480–1730. From Body Social to Worldly Wealth. New York: Routledge = Routledge Research in Early Modern History.

BELL, Charles Francis (1915), English Seventeenth-Century Portrait Drawings in Oxford Collections, in: The Volume of the Walpole Society 5, S. 1–18.

BELL, Charles Francis, u.a. (1925), English Seventeenth-Century Portrait Drawings in Oxford Collections, Part II, in: The Volume of the Walpole Society 14, S. 43–80.

BELLHOUSE, David R. (1998), London Plague Statistics in 1665, in: Journal of Official Statistics 14/2, S. 207–234.

BELLHOUSE, David R. (2011), A new look at Halley's life table, in: Journal of the Royal Statistical Society. Series A (Statistics in Society) 174/3, S. 823–832.

BELLHOUSE, David R. (2015), Mathematicians and the early English life insurance industry, in: BSHM Bulletin: Journal of the British Society for the History of Mathematics 30/2, S. 131–142.

BELLINI, Federico (2018), Diet and hygiene between ethics and medicine: Evidence and the reception of Alvise Cornaro's La Vita Sobria in early seventeenth-century England, in: LANCASTER, James A. T./RAISWELL, Richard (Hg.), Evidence in the age of the new sciences. Cham: Springer, S. 251–268.

BENEDICTOW, O[le] J[ørgen] (1987), Morbidity in historical plague epidemics, in: Popul Stud (Camb) 41/3, S. 401–431.

BENIGER, James R./ROBYN, Dorothy L. (1978), Quantitative Graphics in Statistics: A Brief History, in: The American Statistician 32/1, S. 1–11.

BENJAMIN, B[ernard], u. a. (1962), Tercentenary of John Graunt, in: The Lancet 2/7266, S. 1152.

BENJAMIN, B[ernard] (1964), John Graunt's 'Observations', in: Journal of the Institute of Actuaries 90/1, S. 1–61.

BERKE, Olaf, u. a. (2020), Celebration day: 400th birthday of John Graunt, citizen scientist of London, in: Environmental Health Review 63/3, S. 67–69.

BERKMAN, Lisa F./KAWACHI, Ichiro (2000), A Historical Framework for Social Epidemiology: Social Determinants of Population Health, in: BERKMAN, Lisa F., u. a. (Hg.), Social Epidemiology. New York: Oxford University Press, S. 3–12.

BERRY, Charlotte (2017), 'To Avoide All Envye, Malys, Grudge and Displeasure': Sociability and Social Networking at the London Wardmote Inquest, c. 1470–1540, in: The London Journal 42/3, S. 201–217.

BERRY, Herbert (1986), The Boar's Head Playhouse. Cranbury, London, Mississauga, Ontario: Folger Books/Associated University Presses.

BERRY, Herbert (1995), A London Plague Bill for 1592, Crich, and Goodwyffe Hurde, in: English Literary Renaissance 25/1, S. 3–25.

BERRY, William (1828), Encyclopaedia Heraldica, Or Complete Dictionary of Heraldry, Bd. 2. London: Sherwood, Gilbert and Piper.

BETTANY, [George Thomas]/MCCONNELL, Anita (2011), Grant, Roger (d. 1724), oculist, in: Oxford Dictionary of National Biography (online). Oxford: Oxford University Press, URL: https://doi.org/10.1093/ref:odnb/11287 (letzter Zugriff am 19.05.2011).

BEVAN, Wilson Lloyd (1894), Sir William Petty: A Study in English Economic Literature, in: Publications of the American Economic Association 9/4, S. 5, 13–102.

BIGMORE, Edward Clements/WYMAN, Charles William Henry (1884), A Bibliography of Printing. London: Bernard Quaritch.

BIRCH, Thomas (1756), The history of the Royal Society of London for improving of natural knowledge, from its first rise [...]. London: A. Millar.

BIRG, Herwig (Hg.) (1986), Ursprünge der Demographie in Deutschland. Leben und Werk Johann Peter Süßmilchs (1707–1767). Frankfurt a. Main, New York: Campus = Forschungsberichte des Instituts für Bevölkerungsforschung und Sozialpolitik (IBS), Universität Bielefeld, Bd. 11.

BLACK, Jeremy (2014), The Power of Knowledge: How Information and Technology Made the Modern World. London: Yale University Press.

BLACKSTONE, Eugene H. (2006), Thinking beyond the risk factors, in: European Journal of Cardio-thoracic Surgery 29/5, S. 645–652.

BLUHM, R[ichard] K. (1960), Henry Oldenburg, F. R. S. (c. 1615–1677), in: Notes and Records of the Royal Society of London 15, S. 183–197.

BOAS HALL, Marie (2002), Henry Oldenburg. Shaping the Royal Society. Oxford u. a.: Oxford University Press.

BONAHUE, Edward T. (1998), Citizen History: Stow's „Survey of London", in: Studies in English Literature, 1500–1900, 38 / 1, S. 61.

BONAR, James (1931), Theories of Population from Raleigh to Arthur Young. London: George Allen & Unwin.

BORG, Alan (2005), The history of the worshipful company of painters, otherwise painter-stainers. Huddersfield: Jeremy Mills Publishing.

BORSAY, Peter (1990), The Emergence of a Leisure Town – or an Urban Renaissance?, in: Past & Present 126, S. 188–196.

BORSAY, Peter (2002), The English urban renaissance: culture and society in the provincial town 1660–1770. Oxford u. a.: Clarendon Press = Oxford studies in social history.

BOSSY, John (1975), The English Catholic Community, 1570–1850. London: Darton, Longman & Todd.

BOULTON, Jeremy (2000), Food prices and the standard of living in London in the ‚century of revolution', 1580–1700, in: Economic History Review 53 / 3, S. 455–492.

BOULTON, Jeremy / BLACK, John (2011), ‚Those, that die by reason of their madness': dying insane in London, 1629–1830, in: History of Psychiatry 23 / 1, S. 27–39.

BOURDELAIS, Patrice (2004), The French population censuses: Purposes and uses during the 17th, 18th and 19th centuries, in: History of the Family 9, S. 97–113.

BOWDEN, Caroline (2004), Hawley, Susan [name in religion Mary of the Conception] (1622–1706), in: Oxford Dictionary of National Biography (online). Oxford: Oxford University Press, URL: https://doi. org/10.1093/ref:odnb/66982 (letzter Zugriff am 31.03.2018).

BOWDEN, Caroline, u. a. (2008–2013), Who Were the Nuns? A Prosopographical study of the English Convents in exile 1600–1800, URL: https://wwtn.history.qmul.ac.uk/(letzter Zugriff am 20.02.2022).

BOWDEN, Caroline (2012a), „A distribution of tyme": Reading and Writing Practices in the English Convents in Exile, in: Tulsa Studies in Women's Literature 31 / 1 / 2: Eighteenth-Century Women And English Catholicism, S. 99–116.

BOWDEN, Caroline (2012b), History Writing. London: Pickering & Chatto = English convents in exile, 1600–1800, Bd. 1.

BOWDEN, Caroline (2015), Building libraries in exile: The English convents and their book collections in the seventeenth century, in: British Catholic History 32 / 3, S. 343–382.

BOWDEN, Caroline, u. a. (2016), Introduction, in: KELLY, James E. / BOWDEN, Caroline (Hg.), English Convents in Exile, 1600–1800: Communities, Culture and Identity. London: Routledge, S. 1–16.

BOWDEN, Caroline (2016), Missing Members: Selection and Governance in the English Convents in Exile, in: KELLY, James E. / BOWDEN, Caroline (Hg.), English Convents in Exile, 1600–1800: Communities, Culture and Identity. London: Routledge, S. 53–68.

BOWLER, Dom Hugh (Hg.) (1934), London Sessions Records, 1605–1685. London = Publications of the Catholic Record Society, Bd. 34.

BOYCE, Niall (2020), Bills of Mortality: tracking disease in early modern London, in: The Lancet 395 / 10231, S. 1186–1187.

BOYS, Jayne E. E. (2011), London's news press and the Thirty Years War. Woodbridge, Suffolk u. a.: Boydell = Studies in early modern cultural, political and social history, Bd. 12.

BRAUER, Fred (2017), Mathematical epidemiology: Past, present, and future, in: Infectious Disease Modelling 2 / 2, S. 113–127.

BRAY, R[obert] S[tow] (1996), Armies of Pestilence: The effects of pandemics on history. Cambridge: Lutterworth.

BRENDECKE, Arndt (2015), Information in tabellarischer Disposition, in: GRUNERT, Frank / SYNDIKUS, Anette (Hg.), Wissensspeicher der Frühen Neuzeit. Formen und Funktionen. Berlin, Boston: Walter De Gruyter, S. 43–59.

BRENNER, Robert (1993), Merchants and revolution: commercial change, political conflict, and London's overseas traders, 1550–1653. Princeton: Princeton University Press.

Briggs, Peter M. (2005), John Graunt, Sir William Petty, and Swift's ,Modest Proposal', in: Eighteenth-Century Life 29 / 2, S. 3–24.

Brooks, Colin (1982), Projecting, Political Arithmetic and the Act of 1695, in: English Historical Review 97 / 382, S. 31–53.

Brown, David / Ó Siochrú, Micheál (2016), The Cromwellian Urban Surveys, 1653–1659 [with index], in: Archivium Hibernicum 69, S. 37–150.

Browning, J. Robert (2004), Spectacle and the Public Sphere in Seventeenth-Century England. PhD thesis, Indiana University.

Buchheim, Christoph (2003), Das Zusammenspiel von Wirtschaft, Bevölkerung und Wohlstand aus historischer Sicht. Mannheim: Universität Mannheim = Mannheim Research Institute for the Economics of Aging, Bd. 40 / 3.

Bucholz, Robert O. / Ward, Joseph P. (2012), London: A social and cultural history, 1550–1750. New York: Cambridge University Press.

Buchwald, Jed Z. (2006), Discrepant Measurements and Experimental Knowledge in the Early Modern Era, in: Archive for History of Exact Sciences 60 / 6, S. 565–649.

Buck, Peter (1977), Seventeenth-Century Political Arithmetic: Civil Strife and Vital Statistics, in: Isis. A Journal of the History of Science Society 68 / 1, S. 67–84.

Budd, Joel (2002), Old Age in London, 1590–1700. PhD thesis, New York: New York University.

Bühler, Benjamin (2016), Politische Arithmetik, in: Bühler, Benjamin / Willer, Stefan (Hg.), Futurologien. Ordnungen des Zukunftswissens. Paderborn: Wilhelm Fink, S. 393–403.

Burl, Aubrey (2010), John Aubrey & Stone Circles: Britain's First Archaeologist, From Avebury to Stonehenge. Stroud: Amberley Publishing.

Byrne, Joseph Patrick (2012), Encyclopedia of the Black Death. Santa Barbara: ABC-CLIO.

Caire, Guy (1965), Un precurseur neglige: William Petty: Ou L'approche systématique du développement économique, in: Revue économique 16 / 5, S. 734–776.

Campbell, Russel B. (2001), John Graunt, John Arbuthnott, and the human sex ratio, in: Human Biology 73 / 4, S. 605–610.

Campe, Rüdiger (2001), Was heißt: eine Statistik lesen? Beobachtungen zu Daniel Defoes A Journal of the Plague Year, in: Modern Language Notes 116 / 3, S. 521–535.

Campe, Rüdiger (2002), Spiel der Wahrscheinlichkeit: Literatur und Berechnung zwischen Pascal und Kleist. Göttingen: Wallstein = Wissenschaftsgeschichte.

Carey, Daniel (2003), The political economy of poison: the kingdom of Makassar and the early Royal Society, in: Renaissance Studies 17 / No. 3, Special Issue: Asian Travel in the Renaissance, S. 517–543.

Carvallo, Sarah (2010), Ageing in the seventeenth and eighteenth centuries, in: Science in Context 23 / 3, S. 267–288.

Cavert, William M. (2016), The Smoke of London: Energy and Environment in the Early Modern City. Cambridge: Cambridge University Press.

Chalk, Alfred F. (1951), Natural Law and the Rise of Economic Individualism in England, in: Journal of Political Economy 59 / 4, S. 332–347.

Challis, C. E. (2004 / 2008), Neale, Thomas (1641–1699), in: Oxford Dictionary of National Biography (online). Oxford: Oxford University Press, URL: https://doi-1org-1007135j40021.erf.sbb.spk-berlin.de/10.1093/ref:odnb/19829 (letzter Zugriff am 16. 07. 2022).

Chalmers, Alexander (1812–1817), The General biographical dictionary: containing an historical and critical account of the lives and writings of the most eminent persons in every nation; particulary the British and Irish; from the earliest accounts to the present time. London: Printed for J. Nichols, Bd. 17.

Charters, Erica / Heitman, Kristin (2021), How epidemics end, in: Centaurus 63 / 1, S. 210–224.

Chartres, Richard / Vermont, David (1997), A Brief History of Gresham College 1597–1997. London: Gresham College.

421

CHATTERJEE, Shoutir Kishore (2003), Statistical Thought: A Perspective and History. Oxford u. a.: Oxford University Press.

CHAUDHURI, Kirti N. (1965), The English East India Company. The study of an early joint-stock company 1600–1640. London: Frank Cass & Co.

CHAUDHURI, Kirti N. (1978), The trading world of Asia and the English East India Company, 1660–1760. Cambridge u. a.: Cambridge University Press.

CHEESMAN, Clive (2008), Heraldry, in: DONSBACH, Wolfgang (Hg.), The International Encyclopedia of Communication. Online: Blackwell Publishing.

CHESTER, Joseph Lemuel (Hg.) (1882), The parish registers of St. Michael, Cornhill, London, containing the marriages, baptisms, and burials from 1546 to 1754. London.

CHOI, Bernard C. K. (2012), The Past, Present, and Future of Public Health Surveillance, in: Scientifica 2012, S. 875253.

CIECKA, James E. (2011), The First Probability Based Calculations of Life Expectancies, Joint Life Expectancies, and Median Additional Years of Life, in: Journal of Legal Economics 17 / 2, S. 47–58.

CIECKA, James E. / SKOOG, Gary R. (2018), Life Expectancies and Annuities: A Modern Look at an Old Fallacy, in: Mathematics Magazine 91 / 3, S. 163–170.

CIECKA, James E. (2020), Life Expectancy Is 350 Years Old, in: Population and Development Review XXX / 1, S. 1–8.

CLANCY, Thomas H. (2000), A Content Analysis of English Catholic Books, 1615–1714, in: The Catholic Historical Review 86 / 2, S. 258–272.

CLARK, Geoffrey (1999), Betting on lives. The culture of life insurance in England, 1695–1775. Manchester, New York: Manchester University Press = Politics, culture and society in early modern Britain.

CLARK, George Norman (1949), Science and Social Welfare in the Age of Newton. Oxford: Clarendon Press.

CLAYDON, Tony (2007), Europe and the making of England, 1660–1760. Cambridge u. a.: Cambridge University Press = Cambridge Studies in Early Modern British History.

CLÉMENT, Alain (2004), The Influence of Medicine on Political Economy in the Seventeenth Century, in: History of Economics Review 38 / 1, S. 1–22.

COCKBURN, J[ames] S. (1994), Punishment and Brutalization in the English Enlightenment, in: Law and History Review 12 / 1, S. 155–179.

CODY, Lisa Forman (2005), Birthing the nation: sex, science, and the conception of eighteenth-century Britons. Oxford, New York u. a.: Oxford University Press.

COGAN, Susan M. (2021), Catholic Social Networks in Early Modern England: Kinship, Gender, and Coexistence. Amsterdam: Amsterdam University Press.

COHEN, I. Bernhard (2005), The Triumph of Numbers. How counting shaped modern life. New York, London: W. W. Norton.

COHEN, Patricia Cline (1982), A calculating people. The spread of numeracy in early America. Chicago, London: University of Chicago Press.

COLEMAN, Donald Cuthbert (1951), London Scriveners and the Estate Market in the Later Seventeenth Century, in: The Economic History Review, New Series 4 / 2, S. 221–230.

COLVIN, Sidney (1905), Early engraving & engravers in England (1545–1695): a critical and historical essay. London: British Museum.

CONNOR, Henry (2022), John Graunt F. R. S. (1620–74): The founding father of human demography, epidemiology and vital statistics, in: Journal of Medical Biography Online First, S. 1–13.

COOPER, Thompson (1890), Graunt, John (1620–1674), in: Oxford Dictionary of National Biography (online). Oxford: Oxford University Press, URL: https://doi.org/10.1093/odnb/9780192683120.013.11306 (letzter Zugriff am 20. 08. 2019).

COSTE, Joël (2018), La „Mort de Vieillesse" dans les statistiques de mortalité (XVIIe siècle – XXIe siècle): une catégorie problématique, in: Micrologus. Nature, Sciences and Medieval Societies 26: Longevity and Immortality. Europe – Islam – Asia, S. 169–182.

COURGEAU, Daniel (2012), Probability and social science: methodological relationships between the two approaches. Dordrecht, Heidelberg, London, New York: Springer = Methodos series, Bd. 10.

COWAN, Brian William (2005), The social life of coffee: the emergence of the British coffeehouse. New Haven, London: Yale University Press.

COWIE, Leonard Wallace (1972), Plague and fire: London 1665–66. London: Wayland = The Wayland documentary history series.

CROMARTIE, Alan (1995), Sir Matthew Hale, 1609–1676. Law, Religion and Natural Philosophy. Cambridge: Cambridge University Press = Cambridge Studies in Early Modern British History.

CROMARTIE, Alan (2004), Hale, Sir Mathew (1609–1676), judge and writer, in: Oxford Dictionary of National Biography (online). Oxford: Oxford University Press, URL: https://doi-1org-10071358u0a95.erf.sbb.spk-berlin.de/10.1093/ref:odnb/11905.

CULLEN, Michael J. (1974), The Making of the Civil Registration Act of 1836, in: The Journal of Ecclesiastical History 25/1, S. 39–59.

CULLEN, Michael J. (1975), The statistical movement in early Victorian Britain: The foundations of empirical social research. Hassocks u. a.: Harvester Press u. a.

CUMMINS, Neil, u. a. (2016), Living standards and plague in London, 1560–1665, in: Economic History Review 69/1, S. 3–34.

DA SILVA FRANCISCO, António Alberto (1996), Graunt's Observations: a model of demography's whole design. A new reading on the first and most influential book ever written in demography. Acton: The Australian National University Demography Program = Working Paper.

DASTON, Lorraine J. (1987), The domestication of risk: mathematical probability and insurance 1650–1830, in: KRÜGER, Lorenz u. a. (Hg.), The Probabilistic Revolution. Cambridge / Mass., London: MIT Press, S. 237–260.

DAVENPORT, Romola, u. a. (2011), The decline of adult smallpox in eighteenth-century London, in: Economic History Review 64/4, S. 1289–1314.

DAVENPORT, Romola, u. a. ([2012]), Neonatal mortality in the workhouse of St. Martin-in-the-Fields, 1725–1824. o. O.

DAVENPORT, Romola J. (2021), Mortality, migration and epidemiological change in English cities, 1600–1870, in: International journal of paleopathology 34, S. 37–49.

DAVIS, Dorothy (1966), A History of Shopping. London, Toronto: Routledge & Kegan Paul; University of Toronto Press = Studies in Social History.

DE BEER, Esmond Samuel (1950), The earliest Fellows of the Royal Society, in: Notes and Records of the Royal Society of London 7/2, S. 172–192.

DE KREY, Gary Stuart (2005), London and the Restoration, 1659–1683. Cambridge, New York: Cambridge University Press = Cambridge studies in early modern British history.

DE KREY, Gary Stuart (2007), Restoration and Revolution in Britain: A Political History of the Era of Charles II and the Glorious Revolution. Basingstoke u. a.: Palgrave Macmillan = British studies series.

DE LA BÉDOYÈRE, Guy (1997), Particular friends: the correspondence of Samuel Pepys and John Evelyn. Woodbridge: Boydell Press.

DE MORGAN, Augustus (1859), On a statement revived in Mr. Hodge's Paper on interest, with reference to the authorship of Graunt's observations, in: Journal of the Institute of Actuaries 8/3, S. 166–167.

DEBOIS, Valentine / DE LA CROI, David (2021), Scholars and Literati at Gresham College (1597–1800), in: Repertorium Eruditorum Totius Europae – RETE 2, S. 51–57.

DEMPSEY, Joe, u. a. (2014), Pudding Lane: Recreating Seventeenth-Century London, in: Journal of Digital Humanities 3/1.

DERINGER, William Peter (2013), Finding the Money: Public Accounting, Political Arithmetic, and Probability in the 1690s, in: Journal of British Studies 52 / 3, S. 638–668.

DESMEDT, Ludovic (2005), Money in the „Body Politick": The Analysis of Trade and Circulation in the Writings of Seventeenth-Century Political Arithmeticians, in: History of Political Economy 37 / 1, S. 79–101.

DESROSIÈRES, Alain (1998), The Politics of Large Numbers. A History of Statistical Reasoning. Cambridge M. A., London: Harvard University Press.

DEVEREAUX, Simon (2009), Recasting the Theatre of Execution: The Abolition of the Tyburn Ritual, in: Past & Present 202, S. 127–174.

DEVLIN, Keith (2008), The Unfinished Game. Pascal, Fermat, and the Seventeenth-Century letter that made the world modern. New York: Basic Books.

DOBRANSKI, Stephen B. (2022), Reading John Milton: How to Persist in Troubled Times. Stanford: Stanford University Press.

DOD, Charles Roger (1843), A manual of dignities, privilege, and precedence: including lists of the great public functionaries, from the revolution to the present time. London: Whittaker.

DODGSON, John (2013), Gregory King and the economic structure of early modern England: an input-output table for 1688, in: Economic History Review 66 / 4, S. 993–1016.

DREITZEL, Horst (1986a), J. P. Süssmilchs Beitrag zur politischen Diskussion der deutschen Aufklärung, in: BIRG, Herwig (Hg.), Die Ursprünge der Demographie in Deutschland. Frankfurt a. Main u. a.: Campus-Verlag, S. 29–141.

DREITZEL, Horst (1986b), Vorbemerkung zur Schrift „Gedancken von den epidemischen Kranckheiten und dem grösseren Sterben des 1757ten Jahres", in: BIRG, Herwig (Hg.), Die Ursprünge der Demographie in Deutschland. Frankfurt a. Main u. a.: Campus-Verlag, S. 259–261.

DUBINSKI, Roman R. (2004), Brome, Alexander (1620-1666), poet and lawyer, in: Oxford Dictionary of National Biography (online). Oxford: Oxford University Press, URL: http://www.oxforddnb.com.460264923. erf.sbb.spk-berlin.de/view/article/3501 (letzter Zugriff am 15. 08. 2017).

DUFFIN, Anne (2004), Robartes, John, first earl of Radnorlocked (1606-1685), in: Oxford Dictionary of National Biography (online). Oxford: Oxford University Press, URL: https://doi.org/10.1093/ref:odnb/23707.

DUFFIN, Christopher J. (2016), Nathaniel Hodges (1629-1688): Plague doctor, in: Journal of Medical Biography 24 / 1, S. 30–35.

DUNCAN, Otis Dudley (1984), Notes on social measurement. Historical and critical. New York: Russell Sage Foundation = 75th anniversary series.

DUPÂQUIER, Jacques (1984a), William Petty et l'invention de la table de mortalité, in: Population (French Edition) 39 / 6, S. 1069–1073.

DUPÂQUIER, Jacques (1984b), Pour la démographie historique. Paris: Presses Universitaires de France = Histoires.

DUPÂQUIER, Jacques (1985), Leibniz et la table de mortalité, in: Annales. Histoire, Sciences Sociales 40 / 1, S. 136–143.

DUPÂQUIER, Jacques (1996), L'invention de la table de mortalité. De Graunt à Wagentin 1662–1766. Paris: Presses Universitaires de France = Collection Sociologies.

DUPÂQUIER, Jacques (1998), Londres ou Paris? Un grand débat dans le petit monde des arithméticiens politiques (1662–1759), in: Population 53 / 1 / 2, S. 311–325.

DYSON, Tim (2011), The role of the demographic transition in the process of urbanization, in: Population and Development Review 37, S. 34–54.

EARLE, Peter (1989), The making of the English middle class: business, society and family life in London, 1660–1730. London: Methuen.

ECHARD, Laurence (1720), The History of England: From the First Entrance of Julius Caesar and the Romans to the Conclusion of the Reign of King James the Second and the Establishment of King William and Queen Mary Upon the Throne, in the Year 1688. With a Compleat Index. London: Jacob Tonson.

EDEL, Andreas (2020), Die Geburt der Demographie – Lehren für die Lebenden. Der Händler John Graunt legte im 17. Jahrhundert mit Fleiß und Scharfsinn die Grundlagen der Demographie, in: Frankfurter Allgemeine Sonntagszeitung: 19. 04. 2020.

EDMOND, Mary (1978–1980), Limners and Picturemakers. New light on the lives of miniaturists and large-scale portrait-painters working in London in the sixteenth and seventeenth centuries, in: The Volume of the Walpole Society 47, S. 60–242.

EGERTON, Frank N. (1962), Some Seventeenth-Century Notes on Fish Populations, in: Copeia 1962 / 4, S. 850–851.

EGERTON, Frank N. (1966), The Longevity of the Patriarchs: A Topic in the History of Demography, in: Journal of the History of Ideas 27 / 4, S. 575–584.

EGERTON, Frank N. (1972), Graunt, John, in: GILLISPIE, Charles Coulston (Hg.), Dictionary of scientific biography. New York: Charles Scribner and Sons, S. 506–508.

EGERTON, Frank N. (2005), A history of the ecological sciences 15: The precocious origins of human and animal demography and statistics in the 1600s, in: Bulletin of the Ecological Society of America 86 / 1, S. 32–38.

ELLIOTT, Andrew C. A. (2021), What are the chances of that? How to think about uncertainty. Oxford: Oxford University Press.

ELLIS, Markman (2006), Eighteenth-century coffee-house culture, Bd. 4: Science and History Writings. London u. a.: Pickering & Chatto.

ELSNER, Eckart (1991), Johann Peter Süßmilch und der Beginn der Gesundheitsstatistik in Deutschland. Quantitative Methoden in der Epidemiologie: Proceedings der 35. Jahrestagung der GMDS, Berlin, September 1990, Berlin u. a.: Springer.

ELSNER, Eckart (1997), Süssmilchs Zeit in Etzin. Berlin: Edition Luisenstadt = Probleme / Projekte / Prozesse.

ENDRES, Anthony M. (1985), The Functions of Numerical Data in the Writings of Graunt, Petty, and Davenant, in: History of Political Economy 17 / 2, S. 245–264.

'ESPINASSE, Margaret (2012), The decline and fall of restoration science, in: WEBSTER, Charles (Hg.), The Intellectual Revolution of the Seventeenth Century. Hoboken: Taylor and Francis, S. 347–368.

EVANS, Richard J. (2001), Rituale der Vergeltung. Die Todesstrafe in der deutschen Geschichte 1532–1987. Berlin: Kindler Verlag und Hamburger Edition.

EVERAERT, John / PARMENTIER, Jan (Hg.) (1996), International Conference on Shipping, Factories and Colonization. Brussels: Académie Royale des Sciences d'Outre-Mer Koninklijke Academie van Belgie.

EVES, Howard W. (2002), A Very Brief History of Statistics, in: The College Mathematics Journal 33 / 4, S. 306–308.

FAHRMEIR, Andreas (2003), Ehrbare Spekulanten: Stadtverfassung, Wirtschaft und Politik in der City of London, 1688–1900. München: De Gruyter Oldenbourg = Veröffentlichungen des Deutschen Historischen Instituts London, Bd. 55.

FEICHTINGER, Gustav, u. a. (2007), On the age dynamics of learned societies – taking the example of the Austrian Academy of Sciences, in: Vienna Yearbook of Population Research, S. 107–131.

FEINGOLD, Mordechai (2005), The origins of the Royal Society revisited, in: PELLING, Margaret / MANDELBROTE, Scott H. (Hg.), The practice of reform in health, medicine, and science, 1500–2000. Essays for Charles Webster. Aldershot u. a.: Ashgate, S. 167–183.

FEINGOLD, Mordechai (2006), Graunt, John (1620–74), in: GRAYLING, Anthony C., u. a. (Hg.), The Continuum Encyclopedia of British Philosophy. New York, London: Continuum International Publishing Group, S. 1269–1270.

FENAROLI, Giuseppina / PENCO, Maria Antonietta (1981), Le prime analisi di problemi di mortalità in termini probablistici, in: Physis 23 / 1, S. 115–134.

FERGUSON, Wallace (2022), Microscopium Statisticum and the etymology of statistics, in: Significance 19 / 1, S. 6–7.

FERRIER, Ronald W. (1973), The Armenians and the East India Company in Persia in the Seventeenth and Early Eighteenth Centuries, in: The Economic History Review 26/1, S. 38–62.

FERRIS, John P./THRUSH, Andrew (2010), Bateman, Robert (1561–1644), of Mincing Lane, London, URL: https://www.historyofparliamentonline.org/volume/1604–1629/member/bateman-robert-1561–1644 (letzter Zugriff am 14.09.2019).

FIELD, Jacob (2018), London, Londoners and the Great Fire of 1666: disaster and recovery. London and New York: Routledge, Taylor & Francis Group = Routledge research in early modern history.

FINLAY, Roger A. P. (1978), The Accuracy of the London Parish Registers, 1580–1653, in: Population Studies 32/1, S. 95–112.

FINLAY, Roger A. P. (1979), Population and Fertility in London, 1580–1650, in: Journal of Family History 4/1, S. 26–38.

FINLAY, Roger A. P. (1981a), Natural Decrease in Early Modern Cities, in: Past & Present 92, S. 169–174.

FINLAY, Roger A. P. (1981b), Population and Metropolis. The Demography of London 1580–1650. Cambridge u. a.: Cambridge University Press = Cambridge Geographical Studies 12.

FITZGIBBONS, Jonathan (2008), Cromwell's Head. Kew, Richmond: National Archives.

FITZMAURICE, Edmond (1895), The life of Sir William Petty 1623–1687, one of the first fellows of the Royal Society, sometime secretary to Henry Cromwell, maker of the ‚Down Survey‘ of Ireland, author of ‚Political Arithmetic‘ etc. London: John Murray.

FOUCAULT, Michel (2009), Security, Territory, Population. Lectures at the College De France, 1977–78. London: Palgrave Macmillan = Michel Foucault.

FOX, Adam (2009), Sir William Petty, Ireland, and the Making of a Political Economist, 1653–87, in: The Economic History Review, New Series 62/2, S. 388–404.

FOX, John (2003), Probability, logic and the cognitive foundations of rational belief, in: Journal of Applied Logic 1, S. 197–224.

FRANK, Joseph (1961), The beginnings of the English newspaper 1620–1660. Cambridge 1961: Harvard University Press.

FRIENDLY, Michael (2008), The Golden Age of Statistical Graphics, in: Statistical Science 23/4, S. 502–535.

FRIENDLY, Michael (2009), Milestones in the history of thematic cartography, statistical graphics, and data visualization, URL: http://www.datavis.ca/milestones/(letzter Zugriff am 25.07.2020).

FRIENDLY, Michael, u. a. (2010), The First (Known) Statistical Graph: Michael Florent van Langren and the „Secret“ of Longitude, in: The American Statistician 64/2, S. 174–184.

FULLER, Thomas (Hg.) (1840), The history of the holy war (1639). London: William Pickering.

FULTON, John F. (1960), The Honourable Robert Boyle, F. R. S. (1627–1692), in: Notes and Records of the Royal Society of London 15, S. 119–135.

FURDELL, Elizabeth Lane (1986), The Medical Personnel at the Court of Queen Anne, in: The Historian 48/3, S. 412–429.

GALLEY, Chris (1995), A Model of Early-Modern Urban Demography, in: Economic History Review 48/3, S. 448–469.

GANI, Joe (2006), Deaths caused by the 16th–17th century London plagues reported by Graunt, in: The Mathematical Scientist 31, S. 134–136.

GANI, Joe (2013), Sentence length in Defoe and Graunt, in: The Mathematical Scientist 38, S. 148–149.

GERIGUIS, Lora E. (2017), Fellows among the Bookshelves. The Royal Society's Book-Gifting Network of the 1660s, in: Pacific Coast Philology 52/2, S. 219–237.

GILLOW, Joseph (1885–1902), A literary and biographical history, or bibliographical dictionary, of the English Catholics, from the breach with Rome, in 1534, to the present time, Bd. 25. New York: B. Franklin = Burt Franklin bibliography and reference series, Bd. 5.

GLASS, David Victor (1950), Graunt's Life Table, in: Journal of the Institute of Actuaries 76/1, S. 60–64.

GLASS, David Victor (1956), Some aspects of the development of demography, in: Journal of the Royal Society of Arts 104 / 4987, S. 854–869.

GLASS, David Victor (1963), John Graunt and his ‚Natural and political observations', in: Proceedings of the Royal Society, Series B (Biological Sciences) 159 / 974, S. 1–37.

GLICKMAN, Gabriel (2009), The English Catholic Community, 1688–1745. Politics, Culture and Ideology. Woodbridge: The Boydell Press = Studies in Early Modern Cultural, Political and Social History, Bd. 7.

GLICKMAN, Gabriel (2013), Christian Reunion, the Anglo-French Alliance and the English Catholic Imagination, 1660–72, in: English Historical Review 128 / 531, S. 263–291.

GLICKMAN, Gabriel (2016), Catholic Interests and the Politics of English Overseas Expansion 1660–1689, in: Journal of British Studies 55, S. 680–708.

GOLDMAN, Steven L. (2018), Compromised Exactness and the Rationality of Engineering, in: GARCÍA-DÍAZ, César / OLAYA, Camilo (Hg.), Social Systems Engineering: The Design of Complexity. Hoboken: John Wiley & Sons, S. 13–30.

GOLDTHORPE, John H. (2021), The Beginnings: Graunt and Halley, in: GOLDTHORPE, John H. (Hg.), Pioneers of Sociological Science: Statistical Foundations and the Theory of Action. Cambridge: Cambridge University Press, S. 8–24.

GOLINSKI, Jan V. (1989), A Noble Spectacle: Phosphorus and the Public Cultures of Science in the Early Royal Society, in: Isis 80 / 1, S. 11–39.

GONZÁLEZ, Juan Manuel García (2011), Observaciones políticas y naturales hechas a partir de los boletines de mortalidad, in: EMPIRIA. Revista de Metodología de Ciencias Sociales 21, S. 173–183.

GOODWIN, Gordon / KELSEY, Sean (2004), Howard, Charles, first earl of Carlisle (1628–1685), in: Oxford Dictionary of National Biography (online). Oxford: Oxford University Press, in: https://doi.org/10.1093/ref:odnb/13886.

GÖRLICH, Willy (Hg.) (1986), William Petty. Schriften zur politischen Ökonomie und Statistik. Berlin: Akademie-Verlag.

GORTON, John (1841), A general biographical dictionary, Bd. 3. London: Whittaker and Co.

GOVIER, Mark (1999), The Royal Society, Slavery and the Island of Jamaica: 1660–1700, in: Notes and Records of the Royal Society of London 53 / 2, S. 203–217.

GRAETZER, J. (1883), Edmund Halley und Caspar Neumann. Ein Beitrag zur Geschichte der Bevölkerungsstatistik. Breslau.

GRANGER, James (1779), A biographical history of England, from Egbert the Great to the Revolution [...] The Third Edition, With large Additions and Improvements [...], Bd. 4. London: Printed for J. Rivington and Sons [etc.].

GRASSBY, Richard (1970), The Personal Wealth of the Business Community in Seventeenth-Century England, in: The Economic History Review 23 / 2, S. 220–234.

GRASSBY, Richard (1978), Social Mobility and Business Enterprise in Seventeenth-century England, in: PENNINGTON, Donald [Henshaw] / THOMAS, Keith (Hg.), Puritans and revolutionaries: Essays in 17th century history, presented to Christopher Hill. Oxford: Clarendon Press, S. 355–381.

GRASSBY, Richard (2008), Child, Sir Josiah, first baronet, in: Oxford Dictionary of National Biography (online). Oxford: Oxford University Press, URL: https://doi.org/10.1093/ref:odnb/5290 (letzter Zugriff am 21. 08. 2019).

GREAVES, Richard L. (2002), Glimpses of Glory: John Bunyan and English Dissent. Stanford: Stanford University Press.

GRECH, Victor (2020), The sex ratio at birth – historical aspects, in: Early Human Development 140, S. 104857.

GREEN, John Richard (1901), A short history of the English people, Bd. 1. London: Macmillan.

GREENBERG, Stephen J. (1997), The „dreadful visitation": Public health and public awareness in seventeenth century London, in: Bulletin of the Medical Library Association 85 / 4, S. 391–401.

GREENBERG, Stephen J. (2004), Plague, the Printing Press, and Public Health in Seventeenth-Century London, in: The Huntington Library Quarterly 67 / 4, S. 508–527.

GREENBERG, Stephen J. (2020), Resilience, relevance, remembering: history in the time of coronavirus, in: Journal of the Medical Library Association 108 / 3, S. 494.

GREENWOOD, Major (1928), Graunt and Petty, in: Journal of the Royal Statistical Society 91 / 1, S. 79–85.

GREENWOOD, Major (1933), Graunt and Petty – A re-statement, in: Journal of the Royal Statistical Society 96 / 1, S. 76–86.

GREENWOOD, Major (1938), The First Life Table, in: Notes and Records of the Royal Society of London 1 / 2, S. 70–72.

GREENWOOD, Major (1941), Medical Statistics from Graunt to Farr, in: Biometrica 32 / 2, S. 101–127.

GREENWOOD, Major (1942), Medical statistics from Graunt to Farr, in: Biometrika 32 / 3 / 4, S. 203–225.

GREENWOOD, Major (1943), Medical Statistics from Graunt to Farr (concluded), in: Biometrika 33 / 1, S. 1–24.

GREGORY, Stephan (2013), The tabulation of England: how the social world was brought in rows and columns, in: Distinktion. Scandinavian Journal of Social Theory 14 / 3, S. 305–325.

GREGORY, Stephan (2021), Class Trouble: Eine Mediengeschichte der Klassengesellschaft. Paderborn: Brill / Fink.

GREIG, Martin (2004 / 2013), Burnet, Gilbert (1643–1715), in: Oxford Dictionary of National Biography (online). Oxford: Oxford University Press, URL: https://doi.org/10.1093/ref:odnb/4061.

GRIFFITHS, Antony / GERARD, Robert A. (1998), The print in Stuart Britain: 1603–1689. London: British Museum Press.

GRIFFITHS, Antony (2004), Faithorne, William [known as William Faithorne the younger] (c. 1670–1703), in: Oxford Dictionary of National Biography (online). Oxford: Oxford University Press, URL: https://doi.org/10.1093/ref:odnb/9103.

GRIFFITHS, Antony (2004 / 2008), Faithorne, William [known as William Faithorne the elder] (c. 1620–1691), in: Oxford Dictionary of National Biography (online). Oxford: Oxford University Press, URL: https://doi.org/10.1093/ref:odnb/9102.

GRIFFITHS, Paul / JENNER, Mark S. R. (Hg.) (2000), Londinopolis. Essays in the cultural and social history of early modern London. Manchester, New York: Manchester University Press = Politics, culture and society in early modern Britain.

GROENEWEGEN, Peter Diderik (1967), Authorship of the Natural and Political Observations Upon the Bills of Mortality, in: Journal of the History of Ideas 28 / 4, S. 601–602.

GROH, Dieter (2010), Göttliche Weltökonomie. Perspektiven der Wissenschaftlichen Revolution vom 15. bis zum 17. Jahrhundert. Berlin: Suhrkamp = Suhrkamp Taschenbuch Wissenschaft, Bd. 1945.

GUASPARI, David (2009), It's probably true. What are the chances of great minds thinking alike?, in: The Weekly Standard, S. 32–34.

GUERRINI, Anita (2008), Mead, Richard (1673–1754), physician and collector of books and art, Oxford University Press.

GUILDAY, Peter (1914), The English catholic Refugees on the Continent, 1558–1795. London: Longmans, Green & Co.

GUILLOT, Claude (1993), Banten in 1678, in: Indonesia 57, S. 89–113.

GUILMOTO, Christophe Z. / TOVEY, James (2015), The Masculinization of Births. Overview and Current Knowledge, in: Population 70 / 2, S. 184–243.

GUY, John (2019), Gresham's Law. The Life and World of Queen Elizabeth I's Banker. London: Profile Books.

HACKENBRACHT, Ryan J. (2011), The Plague of 1625–26, Apocalyptic Anticipation, and Milton's Elegy III, in: Studies in Philology 108 / 3, S. 403–438.

HACKING, Ian (1975), The emergence of probability. A philosophical study of early ideas about probability, induction and statistical inference. Cambridge u. a.: Cambridge University Press.

HACKING, Ian (1990), The Taming of Chance. Cambridge: Cambridge University Press = Ideas in Context, Bd. 17.

HAFFMANN, Gerd / ARNTZ, Gerd (Hg.) (2011), Samuel Pepys: die Tagebücher. Vollständige Ausgabe in neun Bänden nebst einem „Compendium". Berlin: Haffmans & Tolkemitt.

HALD, Anders (1987), On the early history of life insurance mathematics, in: Scandinavian Actuarial Journal 1987 / 1–2, S. 4–18.

HALD, Anders (1990), A History of Probability and Statistics and Their Applications before 1750. New York u. a.: John Wiley & Sons = Wiley Series in Probability and Mathematical Statistics.

HARDING, Vanessa (1990), The Population of London, 1550–1700: a review of the published evidence, in: The London Journal 15 / 2, S. 111–128.

HARDING, Vanessa (2001), City, capital, and metropolis: the changing shape of seventeenth century London, in: MERRITT, Julia F. (Hg.), Imagining early modern London: perceptions and portrayals of the city from Stow to Strype, 1598–1720. Cambridge u. a.: Cambridge University Press, S. 117–143.

HARDING, Vanessa (2004), Recent Perspectives on Early Modern London, in: The Historical Journal 47 / 2, S. 435–450.

HARDING, Vanessa (2017), Reading Plague in Seventeenth-century London, in: Social History of Medicine 32 / 2, S. 267–286.

HARKNESS, Timandra (2020), John Graunt at 400: Fighting disease with numbers, in: Significance 17 / 4, S. 22–25.

HARRIS, Bob (1996), Politics and the rise of the press. Britain and France, 1620–1800. London, New York: Routledge = Historical Connections.

HAUSER, Walter (1997), Die Wurzeln der Wahrscheinlichkeitsrechnung. Die Verbindung von Glücksspieltheorie und statistischer Praxis vor Laplace. Stuttgart: Franz Steiner = Boethius. Texte und Abhandlungen zur Geschichte der Mathematik und der Naturwissenschaften, Bd. 37.

HAYTON, D[avid] W. (2008), Cutler, Sir John (1607 / 8–1693), merchant and financier, in: Oxford Dictionary of National Biography (online). Oxford: Oxford University Press, URL: https://doi:10.1093/ref:odnb/6980.

HECHT, Jacqueline (1986), Johann Peter Süssmilch – ein deutscher Prophet im Ausland, in: BIRG, Herwig (Hg.), Ursprünge der Demographie in Deutschland: Leben und Werk Johann Peter Süßmilchs (1707–1767). Frankfurt a. Main, New York: Campus, S. 153–212.

HECHT, Jacqueline (1987), Johann Peter Sussmilch: A German Prophet in Foreign Countries, in: Population Studies 41 / 1, S. 31–58.

HECHT, Jacqueline (1990), L'avenir etait leur affaire: De quelques essais de prevision demographique au XVIIIème siecle in: European Journal of Population 6 / 3, S. 285–322.

HEDRICK, Elizabeth (2017), A Modest Proposal in Context: Swift, Politeness, and A Proposal for giving Badges to the Beggars, in: Studies in Philology 114 / 4, S. 852–874.

HEINTZ, Bettina (2021), Big Observation – Ein Vergleich moderner Beobachtungsformate am Beispiel von amtlicher Statistik und Recommendersystemen, in: KZfSS Kölner Zeitschrift für Soziologie und Sozialpsychologie 73 / Suppl 1, S. 137–167.

HEISS, Arliss Maxine (1949), Privy council interest in plague control in London from 1625 to 1637. MA thesis, Ann Arbor: University of Montana.

HEITMAN, Kristin (2020), Authority, autonomy and the first London Bills of Mortality, in: Centaurus 62 / 2, S. 275–284.

HELMS, M. W. / WATSON, Paula (1983), Ford, Sir Richard (c.1614–78), of Seething Lane, London and Baldwins, Dartford, Kent, URL: https://www.historyofparliamentonline.org/volume/1660–1690/member/ford-sir-richard-1614–78 (letzter Zugriff am 14. 09. 2019).

HENDRIKS, Frederick (1862), Notes on the Early History of Tontines, in: The Assurance Magazine, and Journal of the Institute of Actuaries 10 / 4, S. 205–219.

HENRY, Aaron James (2014), William Petty, the Down Survey, Population and Territory in the Seventeenth Century, in: Territory Politics Governance 2/2, S. 218–237.

HENRY, Wanda S. (2016), Women Searchers of the Dead in Eighteenth-and Nineteenth-century London, in: Social History of Medicine 29/3, S. 445–466.

HÉRAN, François (2015), The Vocabulary of Demography, from Its Origins to the Present Day: A Digital Exploration, in: Population 70/3, S. 525–566.

HERAS, Antonio J., u. a. (2019), What was fair in actuarial fairness?, in: History of the Human Sciences 10/10, S. 1–14.

HERBERT, William (1834), The history of the twelve great livery companies of London: principally collected from their grants and records: with notes and illustrations, an historical introduction, and copious accounts of each company, and of their estates and charities: with attested copies and translations of all the companies' charters, from their foundation to the present time, Bd. 1. London: Published by the author.

HERESWITHA, Maria (1941), De vrouwenkloosters van het Heilig Graf in het prinsbisdom Luik vanaf hun ontstaan tot aan de Fransche Revolutie 1480–1798. Louvain: Leuven, Universiteitsbibliotheek = Recueil de travaux d'histoire et de philologie, Bd. 3.4.

HEYDE, Christopher Charles (2001), John Graunt, in: HEYDE, Christopher Charles, u. a. (Hg.), Stastiticians of the Centuries. Berlin: Springer, S. 14–16.

HEYL, Christoph (2015), A Miserable Sight. The Great Fire of London (1666), in: BRAKENSIEK, Stefan/CLARIDGE, Claudia (Hg.), Fiasko. Scheitern in der Frühen Neuzeit. Beiträge zur Kulturgeschichte des Misserfolgs. Bielefeld: Transcript, S. 111–133.

HILL, Christopher (1968), The Intellectual Origins of the Royal Society. London or Oxford?, in: Notes and Records of the Royal Society of London 23/2, S. 144–156.

HODGE, William Barwick (1859), Reply to Professor de Morgan's remarks as to the authorship of Graunt's Observations, in: The Assurance Magazine, and Journal of the Institute of Actuaries 8/4, S. 234–237.

HOLLINGSWORTH, T. H. (1977), Mortality in the British peerage families since 1600, in: Population 1, S. 323–352.

HOPPEN, K. Theodore (2013), Willoughby, Charles, in: McGUIRE, James/QUINN, James (Hg.), Dictionary of Irish Biography. Cambridge: Cambridge University Press. URL: https://www.dib.ie/biography/willoughby-charles-a9556 (letzter Zugriff am 08.01.2023).

HOPPIT, Julian (1996), Political arithmetic in eighteenth-century England, in: Economic History Review 49/3, S. 516–540.

HOPPIT, Julian (2006), The Contexts and Contours of British Economic Literature, 1660–1760, in: The Historical Journal 49/1, S. 79–110.

HOPPIT, Julian (2011), King, Gregory (1648–1712), herald and political economist, in: Oxford Dictionary of National Biography (online). Oxford: Oxford University Press, URL: https://doi.org/10.1093/ref:odnb/15563.

HORVATH, Robert (1962), „L'Ordre divin" de Sussmilch: Bicentaire du premier traite specifique de demographie (1741–1761), in: Population 17/2, S. 267–288.

HOWELL, Trevor H. (1987), William Harvey's report on Old Parr's autopsy, in: Age and Ageing 16/4, S. 265–266.

HOXBY, Blair (2002), Mammon's music: literature and economics in the age of Milton. New Haven, London: Yale University Press.

HUGHES, Frances Rothwell (2020), Micrography, Medleys, and marks: the visual discernment of text in the calligraphy collection of Samuel Pepys, in: Word & Image 36/4, S. 397–416.

HULL, Charles Henry (1896a), Graunt or Petty? The Authorship of the Observations Upon the Bills of Mortality, in: Political Science Quaterly 11/1, S. 105–132.

HULL, Charles Henry (1896b), Review: Sir William Petty, a Study in English Economic Literature by Wilson Lloyd Bevan; The Life of Sir William Petty: Chiefly derived from Private Documents Hitherto Unpublished by William Petty: Edmond Fitzmaurice, in: Annals of the American Academy of Political and Social Science 7, S. 126–128.

HULL, Charles Henry (1900), Petty's Place in the History of Economic Theory, in: Quarterly Journal of Economics 14 / 3, S. 307–340.

HUNT, Katherine (2014), Convenient Characters: Numerical Tables in William Godbid's Printed Books, in: Journal of the Northern Renaissance 6, S. 1–20.

HUNTER, Michael Cyril William (1976), The Social Basis and Changing Fortunes of an Early Scientific Institution: An Analysis of the Membership of the Royal Society, 1660–1685, in: Notes and Records of the Royal Society of London 31 / 1, S. 9–114.

HUNTER, Michael Cyril William (1989), Establishing the New Science: The Experience of the Early Royal Society. Woodbridge: The Boydell Press.

HUNTER, Michael Cyril William (1994), The Royal Society and its Fellows 1660–1700. The morphology of an early scientific institution, Oxford: The Alden Press = British Society for the History of Science Monographs, Bd. 4.

HUNTER, Michael Cyril William (2017), The image of restoration science: the frontispiece to Thomas Sprat's History of the Royal Society (1667). London, New York: Routledge.

HURRELMANN, Klaus / ALBRECHT, Erik (2014), Die heimlichen Revolutionäre – wie die Generation Y unsere Welt verändert. Weinheim, Basel: Beltz.

HURRELMANN, Klaus / ALBRECHT, Erik (2020), Generation Greta – was sie denkt, wie sie fühlt und warum das Klima erst der Anfang ist. Weinheim, Basel: Beltz.

IMHOF, Arthur E. (1976), Sterblichkeitsstrukturen im 18. Jahrhundert auf Grund von massenstatistischen Analysen, in: Zeitschrift für Bevölkerungswissenschaft 2, S. 103–117.

INWOOD, Stephen (2002), The man who knew too much: the strange and inventive life of Robert Hooke, 1635–1703. London: Macmillan.

ITO, Seiichiro (2005), Charles Davenant's Politics and Political Arithmetic, in: History of Economic Ideas 13 / 1, S. 9–36.

JACKSON WILLIAMS, Kelsey (2016), The Antiquary: John Aubrey's historical scholarship. Oxford: Oxford University Press = Oxford English Monographs.

JACOB, Margaret C. (2010), The scientific revolution. A brief history with documents. Boston: Bedford / St. Martin's = The Bedford series in history and culture.

JARCHO, Saul (1972), The contributions of Casper Neumann and Edmund Halley to demography, in: Bulletin of the New York Academy of Medicine 48 / 7, S. 978–980.

JEFFARES, Neil (2017), Dictionary of pastellists before 1800, s. v. Faithorne, William, URL: www.pastellists.com (letzter Zugriff am 05. 03. 2018).

JENNER, Mark S. R. (2012), Plague on a Page: Lord Have Mercy Upon Us in Early Modern London, in: The Seventeenth Century 27 / 3, S. 255–286.

JOHNSON, Arthur Henry (1922), The history of the Worshipful Company of the Drapers of London, preceded by an introduction on London and her Gilds up to the close of the XVth century. Oxford: Clarendon Press.

JOHNSON, Francis R. (1940), Gresham College: Precursor of the Royal Society, in: Journal of the History of Ideas 1 / 4, S. 413–438.

JOHNSON, Steven (2021), Extra Life: A Short History of Living Longer. New York: Riverhead Books.

JONES, Harold W[ellington] (1945), John Graunt and His Bills of Mortality, in: Bulletin of the Medical Library Association 33 / 1, S. 3–4.

JORDAN, Thomas E. (2013), Dublin's Seventeenth Century Parishes and the Quality of Life, in: Social Indicators Research 118, S. 819–833.

JORDAN, Thomas E. (2017), Quality of Life and Mortality in Seventeenth Century London and Dublin. Cham, Switzerland: Springer International Publishing = SpringerBriefs in Well-being and Quality of Life Research.

KARGON, Robert (1963), John Graunt, Francis Bacon, and the Royal Society: The Reception of Statistics, in: Journal of the History of Medicine and Allied Sciences 18, S. 337–348.

KARGON, Robert (1965), William Petty's Mechanical Philosophy, in: Isis 56 / 1, S. 63–66.

KÄSTNER, Alexander (2020), Reading Moral Conduct and Physical Characteristics: the Classification of Suicide in Early Modern Europe, in: DE CEGLIA, Francesco Paolo (Hg.), The Body of Evidence. Corpses and Proofs in Early Modern European Medicine. Leiden, Boston: Brill, S. 193–223.

KEATS-ROHAN, Katharine S. B. (2017), English Catholic Nuns In Exile 1600–1800. A Biographical Register. [Oxford]: P&G, Prosopographica et Genealogica.

KEAY, John (1991), The Honourable Company. A History of the English East India Company. London: HarperCollins.

KELLER, Vera (2015), Knowledge and the public interest, 1575–1725. New York: Cambridge University Press.

KELLY, James E. (2016), Essex Girls Abroad: Family Patronage and the Politicization of Convent Recruitment in the Seventeenth Century, in: KELLY, James E. / BOWDEN, Caroline (Hg.), English Convents in Exile, 1600–1800: Communities, Culture and Identity. London: Routledge, S. 33–51.

KELLY, James E. (2020), Liturgical Life: Relics and Martyrdom, in: KELLY, James E. (Hg.), English Convents in Catholic Europe, c. 1600–1800. Cambridge: Cambridge University Press, S. 129–160.

KERLOGUE, Fiona (1997), The Early English Textile Trade in South-East Asia: The East India Company Factory and the Textile Trade in Jambi, Sumatra, 1615–1682, in: Textile History 28 / 2, S. 149–160.

KEVIN, Siena (2020), Corpses, Contagion and Courage: Fear and the Inspection of Bodies in 17th-Century London, in: DE CEGLIA, Francesco Paolo (Hg.), The Body of Evidence. Corpses and Proofs in Early Modern European Medicine. Leiden, Boston: Brill, S. 149–174.

KEYNES, Geoffrey (1971), A Bibliography of Sir William Petty, F. R. S. and of Observations on the Bills of Mortality by John Graunt, F. R. S. Oxford: Clarendon Press, Oxford University Press.

KING, Gregory (1802), Natural and political observations and conclusions upon the state and condition of England, 1696, in: CHALMERS, George (Hg.), An estimate of the comparative strength of Great-Britain and of the losses of her trade from every war since the revolution. London: J. Stockdale, S. 405–449.

KLEIN, Judy L. (1997), Statistical visions in time. A history of time series analysis, 1662–1938. Cambridge / Mass.: Cambridge University Press.

KLEIN, Lawrence E. (1996), Coffeehouse Civility, 1660–1714: An Aspect of Post-Courtly Culture in England, in: Huntington Library Quarterly 59 / 1, S. 30–51.

KLEINSCHMIDT, Harald (2019), Klimatheorie, Statistik, Revolutionsbegriff. Die Transformation der Wahrnehmung der Vergangenheit in Europa zwischen dem 17. und dem 19. Jahrhundert, in: Historische Zeitschrift 308, S. 593–636.

KLINGEN, Heino (1992), Politische Ökonomie der Präklassik: die Beiträge Pettys, Cantillons und Quesnays zur Entstehung der klassischen politischen Ökonomie. Marburg: Metropolis = Hochschulschriften, Bd. 10.

KNIGHTON, Charles S. (2004 / 2015), Pepys, Samuel, in: Oxford Dictionary of National Biography (online). Oxford: Oxford University Press, URL: https://doi.org/10.1093/ref:odnb/21906.

KNÖLL, Stefanie (2016), Seuche und Totentanz: Rezeption und Fortschreibung eines Topos im 19. Jahrhundert, in: VÖGELE, Jörg u. a. (Hg.), Epidemien und Pandemien in historischer Perspektive / Epidemics and Pandemics in Historical Perspective. Wiesbaden: Springer Fachmedien, S. 213–220.

KOCH, Peter (1998), Geschichte der Versicherungswirtschaft in Deutschland, hg. vom DEUTSCHEN VEREIN FÜR VERSICHERUNGSWISSENSCHAFT E. V. aus Anlaß seines 100jährigen Bestehens. Karlsruhe: Verlag Versicherungswirtschaft.

Koenigsberger, Helmut Georg (1986), Politicians and Virtuosi: Essays in Early Modern History. London: Bloomsbury Academic = History series.

Köhnen, Ralph (2018), Selbstoptimierung. Eine kritische Diskursgeschichte des Tagebuchs. Berlin u. a.: Peter Lang = Bochumer Schriften zur deutschen Literatur. Neue Folge.

Korenjak, Martin (2018), Humanist Demography: Giovanni Battista Riccioli on the World Population, in: Journal of Early Modern Studies 7 / 2, S. 73–104.

Kreager, Philip (1988), New light on Graunt, in: Population Studies 42 / 1, S. 129–140.

Kreager, Philip (1991), Early-Modern Population Theory – a Reassessment, in: Population and Development Review 17 / 2, S. 207–226.

Kreager, Philip (1993), Histories of demography: a review article, in: Population Studies 47 / 3, S. 519–539.

Kreager, Philip (2016), Death and Method: The Rhetorical Space of Seventeenth Century Vital Measurement, in: Magnello, Eileen / Hardy, Anne (Hg.), The Road to Medical Statistics. Leiden: Brill, S. 1–35.

Kreager, Philip (2018), The Emergence of Population, in: Kassell, Lauren, u. a. (Hg.), Reproduction: Antiquity to the Present Day. Cambridge: Cambridge University Press, S. 253–266.

Kühn, Sebastian (2007), Wissen, Arbeit, Freundschaft: Ökonomien und soziale Beziehungen an den Akademien in London, Paris und Berlin um 1700. Göttingen: Vandenhoeck & Ruprecht Unipress = Berliner Mittelalter- und Frühneuzeitforschung, Bd. 10.

Kusukawa, Sachiko (2000), The ‚Historia Piscium‘ (1686), in: Notes and Records of the Royal Society of London 54 / 2, S. 179–197.

Laam, Kevin (2020), James Howell, Cavalier nuptial literature, and the Marriage Act of 1653, in: The Seventeenth Century 35 / 2, S. 213–236.

Lahav, Avital (2020), Quantitative reasoning and commercial logic in rebuilding plans after the Great Fire of London, 1666, in: The Historical Journal 63 / 5, S. 1107–1131.

Landa, Louis A. (1975), London Observed. The Progress of a Simile, in: Philological Quarterly 54 / 1, S. 275–288.

Landers, John (1993), Death and the metropolis. Studies in the demographic history of London 1670–1830. Cambridge: Cambridge University Press = Cambridge Studies in Population, Economy and Society in Past Time, Bd. 20.

Landers, John (2003), The Field and the Forge. Population, Production, and Power in the Pre-industrial West. Oxford: Oxford University Press.

Landers, John (2005), The destructiveness of pre-industrial warfare: Political and technological determinants, in: Journal of Peace Research 42 / 4, S. 455–470.

Langelüddecke, Henrik (2003), ‚The chiefest strength and glory of this kingdom‘: Arming and training the ‚perfect militia‘ in the 1630s, in: English Historical Review 118 / 479, S. 1264–1303.

Langner, Günther (2010), Die Zeit – die Null – das Alter – die Lebenserwartung. John Graunt (1662) und Edmund Halley (1693). Göttingen.

Laslett, Peter (1957), Review Article: The „Scientist“ in Seventeenth-Century England, in: Cambridge Historical Journal 13 / 2, S. 183–186.

Laslett, Peter (1999), The Bewildering History of the History of Longevity, in: Jeune, Bernard / Vaupel, James W. (Hg.), Validation of Exceptional Longevity. Odense: Odense University Press, S. 23–40.

Lazarsfeld, Paul F. (1961), Notes on the history of quantification in sociology – trends, sources and problems, in: Woolf, Harry (Hg.), Quantification. A history of the meaning of measurement in the natural and social sciences. Indianapolis, New York: Bobbs-Merrill, S. 147–203.

Le Bras, Hervé (1994), État et démographie, in: Revue des études slaves 66 / 1, S. 111–124.

Le Bras, Hervé (2000), Naissance de la mortalité. L'origine politique de la statistique et de la démographie. Paris: Seuil / Gallimard = collection Hautes Études.

Le Bras, Hervé (2016), Démographie, économie, culture, in: Revue d'économie financière 122, S. 31–39.

LEE, [William] Robert (2000), Historische Demographie in England. Ein Überblick, in: MATHEUS, Michael / RÖDEL, Walter G. (Hg.), Landesgeschichte und historische Demographie. Stuttgart: Steiner, S. 109–133.

LEE, [William] Robert (2006), The development of population history (‚Historical demography‘) in Great Britain from the late nineteenth century to the early 1960s, in: Historical Social Research – Historische Sozialforschung 31 / 4, S. 34–63.

Lee, [William] Robert (2009), Early Death and Long Life in History: Establishing the Scale of Premature Death in Europe and its Cultural, Economic and Social Significance, in: Historical Social Research 34 / 4, S. 23–60.

LEPENIES, Philipp (2013), Die Macht der einen Zahl. Eine politische Geschichte des Bruttoinlandsprodukts. Berlin: Suhrkamp = edition suhrkamp 2673.

LERIDON, Henri / DUTREUILH, Catriona (2015), The Development of Fertility Theories: A Multidisciplinary Endeavour, in: Population 70 / 2, S. 309–348.

LEVINE, Nina (2016), Practicing the city: Early modern London on stage. New York: Fordham University Press.

LEWIN, C[hristopher] G. (2004), Graunt, John (1620–1674), in: Oxford Dictionary of National Biography (online). Oxford: Oxford University Press, URL: https://doi:10.1093/ref:odnb/11306.

LEWIS, Rhodri (2011), William Petty's Anthropology: Religion, Colonialism, and the Problem of Human Diversity, in: Huntington Library Quarterly 74 / 2, S. 261–288.

LILLYWHITE, Bryant (1963), London coffee houses. A reference book of coffee houses of the seventeenth, eighteenth and nineteenth centuries. London: Allen and Unwin.

LIM, Walter S. H. (2009), John Milton, Orientalism, and the Empires of the East in Paradise Lost, in: JOHANYAK, Debra / LIM, Walter S. H. (Hg.), The English Renaissance, Orientalism, and the Idea of Asia. New York: Palgrave Macmillan, S. 203–235.

LINCOLN, Margarette (2015), Samuel Pepys. Plague, Fire, Revolution. Greenwich National Maritime Museum. London. New York: Thames & Hudson.

LINDLEY, K[eith] J. (1983), Riot Prevention and Control in Early Stuart London, in: Transactions of the Royal Historical Society 33, S. 109–126.

LIPSON, Ephraim (1956), The economic history of England, Bde. 2 and 3: The age of Mercantilism. London: Adam and Charles Black.

LISCHKE, Ralph-Jürgen (1998), Caspar Neumann (1648–1715). Ein Beitrag zur Geschichte der Sterbetafeln. Berlin: IFAD Institut für Angewandte Demographie = Edition IFAD, Historische Reihe, Bd. 3.

LOAR, Christopher F. (2019), Plague's Ecologies: Daniel Defoe and the Epidemic Constitution in: Eighteenth-Century Fiction 32 / 1, S. 31–53.

LOBO-GUERRERO, Luis (2010), Insuring security: biopolitics, security and risk. Milton Park, New York: Routledge = Interventions.

LOETHER, Herman J. (2000), The social impacts of infectious disease in England, 1600 to 1900. Lewinston, Queenston, Lampeter: Edwin Mellen Press = Mellen Studies in Sociology, Bd. 24.

LOMAS, Robert (2002), The invisible college. The Royal Society, freemasonry and the birth of modern science. London: Headline Book Publishing.

LOVEMAN, Kate (2012), Samuel Pepys and ‚Discourses touching Religion‘ under James II, in: The English Historical Review 127 / 524, S. 46–82.

LUBBOCK, J[ohn] W[illiam] (1855), On the Calculation of Annuities, and on some Questions in the Theory of Chances, in: The Assurance Magazine, and Journal of the Institute of Actuaries 5 / 3, S. 197–207.

LUY, Marc (2003), Der Astronom Halley und die erste Sterbetafel – oder war alles nur ein Missverständnis?, in: Zeitschrift für Bevölkerungswissenschaft 28 / 1, S. 119–121.

LYNCH, William T. (2001), Solomon's Child. Method in the Early Royal Society of London. Stanford: Stanford University Press.

LYNN, John A. (1994), Recalculating French Army Growth during the Grand-Siecle, 1610–1715, in: French Historical Studies 18 / 4, S. 881–906.

MADDISON, Angus (2006), Prologue: The Pioneers of Macromeasurement, in: MADDISON, Angus (Hg.), The World Economy. Paris: OECD Publishing, S. 393–402.

MADDISON, R[obert] E[dwin] W[itton] (1960), The Accompt of William Balle from 28 November 1660 to 11 September 1663, in: Notes and Records of the Royal Society of London 14 / 2, S. 174–183.

MADDISON, R[obert] E[dwin] W[itton] (1963), Studies in the Life of Robert Boyle, F. R. S.: Part VI. The Stalbridge Period, 1645–1655, and the Invisible College, in: Notes and Records of the Royal Society of London 18 / 2, S. 104–124.

MAIER, Heiner, u. a. (Hg.) (2021), Exceptional Lifespans. Cham: Springer = Demographic Research Monographs.

MAITLAND, William (1775), The history of London from its foundation to the present time […] Including the several parishes in Westminster, Middlesex, Southwark, [etc.], within the bills of mortality, Bd. 1. London: J. Wilkie, T. Lowndes, J. Bew.

MANDELBROTE, Scott H. (2005), William Petty and Anne Greene. Medical and political reform in Commonwealth Oxford, in: PELLING, Margaret / MANDELBROTE, Scott H. (Hg.), The practice of reform in health, medicine, and science, 1500–2000. Essays for Charles Webster. Aldershot u. a.: Ashgate, S. 125–149.

MARKLEY, Robert (2003), Riches, power, trade and religion: the Far East and the English imagination, 1600–1720, in: Renaissance Studies 17 / 3, S. 494–516.

MAROTTI, Arthur F. (2005), Religious Ideology and Cultural Fantasy: Catholic and Anti-Catholic Discourses in Early Modern England. Notre Dame: University of Notre Dame Press.

MARSHALL, Peter / SCOTT, Geoffrey (Hg.) (2009), Catholic Gentry in English Society. The Throckmortons of Coughton from Reformation to Emancipation. Farnham, Burlington: Ashgate Publishing Company.

MÅRTENSSON, Maria (2009), Recounting counting and accounting. From political arithmetic to measuring intangibles and back, in: Critical Perspectives on Accounting 20, S. 835–846.

MASSON, Irvine / YOUNGSON, A[lexander] J. (1960), Sir William Petty, FRS (1623–1687), in: Notes and Records of the Royal Society of London 15, S. 79–90.

MATSUKAWA, Shichiro (1955), Origin and significance of Political Arithmetic, in: The Annals of the Hitotsubashi Academy 6 / 1, S. 53–79.

MATSUKAWA, Shichiro (1962), The 300th anniversary of J. Graunt's ‚Observations‘ (1662). An essay on its present-day significance, in: Hitotsubashi Journal of Economics 3 / 1, S. 49–60.

MATSUKAWA, Shichiro (1977), Sir William Petty: an unpublished manuscript, in: Hitotsubashi Journal of Economics 17 / 2, S. 33–50.

MAURER, Michael (2014), Die Reise nach England. Voraussetzungen, Formen und Wandlungen deutscher Englandfahrten in der Frühen Neuzeit, in: KROLL, Franz-Lothar / MUNKE, Martin (Hg.), Deutsche Englandreisen / German Travels to England 1550–1900. Berlin: Duncker & Humblot, S. 47–59.

MAYHEW, Robert J. (2000a), „Geography is Twinned with Divinity": The Laudian Geography of Peter Heylyn, in: Geographical Review 90 / 1, S. 18–34.

MAYHEW, Robert J. (2000b), Enlightenment geography: the political languages of British geography, 1650–1850. Basingstoke, London, New York: Macmillan, St. Martin = Studies in modern history.

MAZUR, Dennis J. (2016), Analyzing and interpreting ‚imperfect‘ Big Data in the 1600s, in: Big Data & Society 3 / 1, S. 1–6.

MAZZOLA, Elizabeth (2022), Whoso List to Find? Hard Facts, Soft Data, and Women Who Count, in: Critical Survey 34 / 1, S. 1–26.

McCORMICK, Ted (2005), Sir William Petty, Political Arithmetic, and the Transmutation of the Irish, 1652–1687. PhD thesis, New York: Columbia University.

McCORMICK, Ted (2007), Transmutation, inclusion, and exclusion: Political arithmetic from Charles II to William III, in: Journal of Historical Sociology 20 / 3, S. 259–278.

McCormick, Ted (2009), William Petty and the Ambitions of Political Arithmetic. Oxford: Oxford University Press.

McCormick, Ted (2013a), Political Arithmetic and Sacred History: Population Thought in the English Enlightenment, 1660–1750, in: Journal of British Studies 52 / 4, S. 829–857.

McCormick, Ted (2013b), Governing Model Populations: Queries, Quantification, and William Petty's „scale of salubrity", in: History of Science 51 / 2, S. 179–197.

McCormick, Ted (2014a), Population. Modes of seventeenth-century demographic thought, in: Stern, Philip J. / Wennerlind, Carl (Hg.), Mercantilism reimagined: political economy in early modern Britain and its empire. Oxford u. a.: Oxford University Press, S. 25–45.

McCormick, Ted (2014b), Political Arithmetic's 18th Century Histories: Quantification in Politics, Religion, and the Public Sphere, in: History Compass 12 / 3, S. 239–251.

McCormick, Ted (2015), Statistics in the Hands of an Angry God? John Graunt's Observations in Cotton Mather's New England, in: The William and Mary Quaterly 72 / 4, S. 563–586.

McCormick, Ted (2020), Food, Population, and Empire in the Hartlib Circle, 1639–1660, in: Osiris 35, S. 60–83.

McKellar, Elizabeth (1999), The birth of modern London. The development and design of the city 1660–1720. Manchester, New York: Manchester University Press = Studies in Design and Material Culture.

McKellar, Elizabeth (2013), Landscapes of London: The city, the country and the suburbs, 1660–1840. New Haven, London: Yale University Press.

McKenna, Matthew T. / Zohrabian, Armineh (2009), U. S. Burden of Disease – Past, Present and Future, in: Annals of Epidemiology 19 / 3, S. 212–219.

McKenzie, Andrea (2003), Martyrs in Low Life? Dying „Game" in Augustan England, in: Journal of British Studies 42 / 2, S. 167–205.

McKenzie, Andrea (2007), Tyburn's Martyrs. Execution in England, 1675–1775. London: Hambledon Continuum.

McKie, Douglas (1960), The Origins and Foundation of the Royal Society of London, in: Notes and Records of the Royal Society of London 15, S. 1–37.

McLaren, Dorothy (1974), The Marriage Act of 1653: Its Influence on the Parish Registers, in: Population Studies 28 / 2, S. 319–327.

McNeill, William H. (1977), Plagues and Peoples. Garden City: Doubleday.

Meitzen, August / Falkner, Roland P. (1891), History, theory, and technique of statistics. 1. Teil: History of Statistics, in: Annals of the American Academy of Political and Social Sciences 1 / 2, S. 1–100.

Melton, Frank (2004 / 2007), Clayton, Sir Robert (1629–1707), in: Oxford Dictionary of National Biography (online). Oxford: Oxford University Press, URL: https://doi.org/10.1093/ref:odnb/5579 (letzter Zugriff am 21. 09. 2019).

Menegazzo, Emilio (2001), Colonna, Folengo, Ruzante e Cornaro; ricerche, testi e documenti. Rome, Padova: Antenore = Medioevo e umanesimo.

Merton, Robert K. (1938), Science, Technology and Society in Seventeenth Century England, in: Osiris 4, S. 360–632.

Merton, Robert K. (1939), Science and the Economy of Seventeenth Century England, in: Science & Society 3 / 1, S. 3–27.

Michel, Harald (Hg.) (2007), Biographisches Lexikon zur Geschichte der Demographie: Personen des bevölkerungswissenschaftlichen Denkens im deutschsprachigen Raum vom 16. bis zum 20. Jahrhundert. Berlin: Duncker & Humblot.

Miles, Roger B. (1992), Science, Religion and Belief. The Clerical Virtuosi of the Royal Society of London, 1663–1687. New York u. a.: Peter Lang = American University Studies VII, Theology and Religion, Bd. 106.

MILLER, John (2014), After the Civil Wars: English Politics and Government in the Reign of Charles II. Milton Park, New York: Routledge; Taylor & Francis.

MILLER, John (2015), The long-term consequences of the English Revolution: economic and social development, in: BRADDICK, Michael J. (Hg.), The Oxford Handbook of the English Revolution. Oxford: Oxford University Press, S. 501–517.

MILLER, Kathleen (2010), Writing the Plague: William Austin's Epiloimia Epe, or, the Anatomy of the Pestilence (1666) and the Crisis of Early Modern Representation, in: Library & Information History 26 / 1, S. 3–17.

MILNE, Sarah Ann (2016), Merchants of the City: Situating the London Estate of the Drapers' Company, c. 1540–1640. PhD thesis, London: University of Westminster.

MILTON, Anthony (2007), Laudian and royalist polemic in seventeenth-century England: the career and writings of Peter Heylyn. Manchester, New York: Manchester University Press = Politics, culture and society in early modern Britain.

MILTON, Anthony (2015), Heylyn, Peter (1599–1662), Church of England clergyman and historian, in: Oxford Dictionary of National Biography (online). Oxford: Oxford University Press, URL: https://doi.org/10.1093/ref:odnb/13171.

MITCHELL, David (1995), Innovation and the transfer of skill in the goldsmiths' trade in Restoration London, in: MITCHELL, David (Hg.), Goldsmiths, silversmiths and bankers: Innovation and the transfer of skill, 1550 to 1750. A collection of working papers given at a study day held jointly by the Centre for Metropolitan History and the Victoria and Albert Museum, 24 November 1993. Stroud: Sutton, S. 5–22.

MITCHELL, Robert (2018), Enlightenment Biopolitics: Population and the Growth of Genius, in: Eighteenth Century: Theory and Interpretation 59 / 4, S. 405–427.

MITCHELL, Robert (2021), Infectious Liberty. Biopolitics between Romanticism and Liberalism. New York: Fordham University Press.

MOMBERT, Paul (1931), Die Anschauungen des 17. und 18. Jahrhunderts über die Abnahme der Bevölkerung, in: Jahrbücher für Nationalökonomie und Statistik 135, S. 481–503.

MONTEYNE, Joseph Robert (1993), Anatomizing the social body: representing the plague in London, 1665. MA thesis, Vancouver: University of British Columbia.

MONTEYNE, Joseph Robert (2000), The space of print and printed spaces in Restoration London, 1660–1685. PhD thesis, Vancouver: The University of British Columbia.

MONTEYNE, Joseph Robert (2007), The printed image in early modern London. Urban space, visual representation, and social exchange. Aldershot, Burlington: Ashgate.

MORABIA, Alfredo (2013a), Epidemiology's 350th Anniversary: 1662–2012, in: Epidemiology 24 / 2, S. 179–183.

MORABIA, Alfredo (2013b), Observations Made Upon the Bills of Mortality, in: British Medical Journal 346 / e8640.

MORABIA, Alfredo (2020), Pandemics and methodological developments in epidemiology history, in: Journal of Clinical Epidemiology 125, S. 164–169.

MOSELEY, Virginia C. D. / HEALY, Simon (2010), Rudyard (Rudyerd), Sir Benjamin (1572–1658), of Whitehall; later of West Woodhay, Berks, URL: https://www.historyofparliamentonline.org/volume/1604-1629/member/rudyard-sir-benjamin-1572-1658 (letzter Zugriff am 26.06.2022).

MOSLI-LYNCH, Conor / O'SHAUGHNESSY, Nicholas (2022), Pepys's plague: How the reaction of the individual, society and the medical profession to the Great Plague of 1665 is similar to our experience of Covid-19, in: Journal of Medical Biography 30 / 2, S. 95–101.

MOXHAM, Noah (2019), Natural Knowledge, Inc.: the Royal Society as a metropolitan corporation, in: British Journal for the History of Science 52 / 2, S. 249–271.

MULDOON, Andrew R. (2000), Recusants, Church-Papists, and „Comfortable" Missionaries: Assessing the Post-Reformation English Catholic Community, in: The Catholic Historical Review 86 / 2, S. 242–257.

MÜLLER, Walter (1932), Sir William Petty als politischer Arithmetiker. Eine soziologisch-statistische Studie. Gelnhausen: F. W. Kalbfleisch.

MULLET, Charles F. (1938), Sir William Petty on the plague, in: ISIS 28/1, S. 18–25.

MULLIGAN, Lotte (1973), Civil War Politics, Religion and the Royal Society, in: Past & Present 59, S. 92–116.

MUNKHOFF, Richelle (1999), Searchers of the Dead: Authority, Marginality, and the Interpretation of Plague in England, 1574–1665, in: Gender & History 11/1, S. 1–29.

MUNKHOFF, Richelle (2010), Reckoning Death: Women Searchers and the Bills of Mortality in Early Modern London, in: VAUGHT, Jennifer C. (Hg.), Rhetorics of Bodily Disease and Health in Medieval and Early Modern England. Barnham, Burlington: Ashgate, S. 119–134.

MURDOCH, John (2004), Cooper, Samuel (1607/8–1672), in: Oxford Dictionary of National Biography (online). Oxford: Oxford University Press, URL: https://doi:10.1093/ref:odnb/6226.

MUREL, Jacob (2021), Print, authority, and the bills of mortality in seventeenth-century London, in: The Seventeenth Century 36/6, S. 935–959.

MURRAY, Eleanor J., u.a. (2019), Is this a Portrait of John Graunt? An Art History Mystery, in: American Journal of Epidemiology, S. 1204–1207.

NAGEL, Lawson Chase (1982), The militia of London, 1641–1649. PhD thesis, London: King's College, University of London.

NEURATH, Paul (1991), Die Frühgeschichte der Demographie vor Malthus / The Early History of Demography Before Malthus, in: Jahrbücher für Nationalökonomie und Statistik 208/5, S. 505–524.

NEWMAN, P[eter] R. (1987), The 1663 list of indigent royalist officers considered as a primary source for the study of the royalist army, in: Historical Journal 30/4, S. 885–904.

NICOLSON, Marjorie Hope (1973/1974), Virtuoso, in: WIENER, Philip P. (Hg.), Dictionary of the History of Ideas: Studies of Selected Pivotal Ideas. New York: Charles Scribner's Sons, S. 487–490.

NIPPERDEY, Justus (2011a), Johann Peter Süssmilch: From Divine Law to Human Intervention, in: Population 66/3–4, S. 611–636.

NIPPERDEY, Justus (2011b), Bevölkerungstheorie und Idee der Armenfürsorge im 17. und 18. Jahrhundert. Gesellschaftsanalyse, soziale Steuerung und soziale Sicherung, in: SOKOLL, Thomas (Hg.), Soziale Sicherungssysteme und demographische Wechsellagen: historisch-vergleichende Perspektiven (1500–2000). Berlin, Münster: Lit-Verlag, S. 169–197.

NIPPERDEY, Justus (2012), Die Erfindung der Bevölkerungspolitik: Staat, politische Theorie und Population in der Frühen Neuzeit. Göttingen: Vandenhoeck & Ruprecht = Veröffentlichungen des Instituts für Europäische Geschichte Mainz, Abteilung für Universalgeschichte, Bd. 229.

NIPPERDEY, Justus (2015), Ehre durch Zahlen. Publizistische Rangstreitigkeiten und die Evidenz der Zahl im späten 18. Jahrhundert, in: BERG, Gunhild, u.a. (Hg.), Berechnen/Beschreiben: Praktiken statistischen (Nicht-)Wissens 1750–1850. Berlin: Duncker & Humblot, S. 43–59.

NORTH, John D. (2002), The Ambassadors' Secret. Holbein and the World of the Renaissance. London, New York: Hambledon and London.

O'CALLAGHAN, Michelle (2004), Tavern Societies, the Inns of Court, and the Culture of Conviviality in Early Seventeenth-Century London, in: SMYTH, Adam (Hg.), A pleasing sinne. Drink and Conviviality in seventeenth-century England. Cambridge: D. S. Brewer, S. 37–51.

O'DONNELL, Terence (1936), History of life insurance in its formative years, compiled from approved sources. Chicago: American Conservation Company.

O'KEEFFE, Eleanor (2004), Revision of Goodwin, Gordon: Jenkins, Henry [called the Modern Methuselah] (d. 1670), in: Oxford Dictionary of National Biography (online). Oxford: Oxford University Press, URL: https://doi.org/10.1093/ref:odnb/14727.

O'NEIL, Therese (2020), 15 Historic Diseases that Competed with Bubonic Plague, URL: https://www.mentalfloss.com/article/67247/15-historic-diseases-competed-bubonic-plague (letzter Zugriff am 15.04.2020).

o. V. (1757), Graunt, John, in: OLDYS, William (Hg.), Biographia britannica; or, The lives of the most eminent persons who have flourished in Great Britain and Ireland, from the earliest ages, down to the present times: collected from the best authorities, both printed and manuscript, and digested in the manner of Mr. Bayle's Historical and critical dictionary. London: Printed for W. Innys [etc.], S. 2262–2267.

o. V. (1867–1869), Cassell's biographical dictionary; containing original memoirs of the most eminent men and women of all ages and countries. London: Cassell.

o. V. (1893), Catalogue of an exhibition of portraits engraved by William Faithorne. New York: Grolier Club.

o. V. (1899), History of the New Hall community by Canonesses regular of the Holy Sepulchre. London: Manresa Press.

o. V. (1915), Records of the English canonesses of the Holy Sepulchre of Liege, now at New Hall, 1652–1793, in: TRAPPES-LOMAX, Richard (Hg.), Miscellanea X. London: Catholic Record Society, S. 1–247.

o. V. (1944), Happy John Graunt, in: The Lancet 1, S. 377–377.

o. V. (1962a), John Graunt and the Bookkeeping of Life and Death, in: American Journal of Public Health and the Nations Health 52/7, S. 1187 f.

o. V. (1962b), The Birth of a Science, in: British Medical Journal, S. 1380 f.

o. V. (2001), Gresham College, in: BURNS, William E. (Hg.), The Scientific Revolution: An Encyclopedia. Santa Barbara: ABC-Clio Inc., S. 124 f.

o. V. (2007), List of Fellows of the Royal Society 1660–2007. London: The Royal Society.

o. V. (2009a), John Graunt on Causes of Death in the City of London, in: Population and Development Review 35/2, S. 417–422.

o. V. (2009b), Four very detailed maps: medieval to twentieth century London (1520, 1666, 1843, 1902). Moretonhampstead: Old House Books.

o. V. (2010), Sir Matthew Hale on the Gradual Increase of Mankind, in: Population and Development Review 36/4, S. 831–839.

o. V. (2019), The History of Parliament, URL: www.historyofparliamentonline.org (letzter Zugriff am 14.09.2019).

o. V. (2022), Edward Backwell, URL: https://www.natwestgroup.com/heritage/people/edward-backwell.html (letzter Zugriff am 11.07.2022).

OCHS, Kathleen H. (1985), The Royal Society of London's History of Trades Programme: An Early Episode in Applied Science, in: Notes and Records of the Royal Society of London 39/2, S. 129–158.

ORDORICA-MELLADO, M. (2021), Demografía y SARS-COV-2, in: Papeles de Poblacion 27/107, S. 17–37.

ORTNER, Helmut (2017), Wenn der Staat tötet. Eine Geschichte der Todesstrafe. Darmstadt: Wissenschaftliche Buchgesellschaft.

OURLANIS, Boris Ts. (1962), Le tricentenaire de la démographie, in: Population (French Edition) 17/4, S. 725–738.

OUTRAM, Quentin (2001), The socio-economic relations of warfare and the military mortality crises of the Thirty Years' War, in: Medical History 45/2, S. 151–184.

PALGRAVE, Robert Harry Inglis (1894–1899), Dictionary of political economy. London, New York: Macmillan.

PAPWORTH, John Woody/MORANT, Alfred William Whitehead (Hg.) (1874), An alphabetical dictionary of coats of arms belonging to families in Great Britain and Ireland; forming an extensive ordinary of British armorials […]. London: T. Richards.

PARKER, Geoffrey (2008), Crisis and Catastrophe: The Global Crisis of the Seventeenth Century Reconsidered, in: The American Historical Review 113/4, S. 1053–1079.

PEACEY, J[ohn] T. (2004), Kelsey, Thomas (d. in or after 1676), in: Oxford Dictionary of National Biography (online). Oxford: Oxford University Press. URL: https://doi:10.1093/ref:odnb/15306.

PEARL, Valerie (1979), Change and Stability in Seventeenth-century London, in: The London Journal 5/1, S. 3–34.

PEARSON, Karl (1897), The chances of death, and other studies in evolution, Bd. 1. London, New York: Edward Arnold.

PECHEY, John (1708), A plain and short treatise of an apoplexy, convulsions, colick, twisting of the guts, poisons, bleeding at nose, vomiting of blood, stone in the kidneys, quinsey, mother-fits, miscarriage, hard labour, acute diseases of women in childbed, and several other dangerous and violent diseases [...]. London: Pechey, J.

PECK, Linda Levy (2005), Consuming Splendor. Society and Culture in Seventeenth-Century England. Cambridge: Cambridge University Press.

PELLING, Margaret (2000), Skirting the city? Disease, social change and divided households in the seventeenth century, in: GRIFFITHS, Paul / JENNER, Mark S. R. (Hg.), Londinopolis. Essays in the cultural and social history of early modern London. Manchester, New York: Manchester University Press, S. 154–175.

PELLING, Margaret (2016a), Far too many women? John Graunt, the sex ratio, and the cultural determination of number in seventeenth-century England, in: Historical Journal 59 / 3, S. 1–25.

PELLING, Margaret (2016b), John Graunt, the Hartlib circle and child mortality in mid-seventeenth-century London, in: Continuity and Change 31 / 3, S. 335–359.

PELLING, Margaret (2020), „Bosom vipers": Endemic versus epidemic disease, in: Centaurus 62 / 2, S. 294–301.

PETERSEN, Lise-Lotte B. / JEUNE, Bernard (1999), Age Validation of Centenarians in the Luxdorph Gallery, in: JEUNE, Bernard / VAUPEL, James W. (Hg.), Validation of Exceptional Longevity. Odense: Odense University Press, S. 41–64.

PETERSEN, Lise-Lotte B. / JEUNE, Bernard (2010), Icons of longevity: Luxdorph's eighteenth century gallery of long-livers. Odense: University Press of Syddansk University = University of Southern Denmark studies in history and social sciences.

PICARD, Liza (2004), Restoration London. Everyday Life in London 1660–1670. London: Weidenfeld & Nicolson.

PIMBLEY, Arthur Francis (1908), Pimbley's dictionary of heraldry. Baltimore: Eigenverlag.

PINCUS, Steve (1995), ‚Coffee politicians does create': Coffeehouses and restoration political culture, in: Journal of Modern History 67 / 4, S. 807–834.

PITZ, Ernst (1976), Entstehung und Umfang statistischer Quellen in der vorindustriellen Zeit, in: Historische Zeitschrift 223, S. 1–39.

PLOMER, Henry Robert (1907), A Dictionary of the Booksellers and Printers who were at work in England, Scotland and Ireland from 1641 to 1667. London: Blades, East & Blades.

POITRAS, Geoffrey (2000), The early history of financial economics, 1478–1776: from commercial arithmetic to life annuities and joint stocks. Cheltenham: Edward Elgar.

POMATA, Gianna (2013), Fälle mitteilen. Die Observationes in der Medizin der frühen Neuzeit, in: WÜBBEN, Yvonne / ZELLE, Carsten (Hg.), Krankheit schreiben: Aufzeichnungsverfahren in Medizin und Literatur Göttingen: Wallstein, S. 20–63.

POOVEY, Mary (1998), A history of the modern fact. Problems of knowledge in the sciences of wealth and society. Chicago, London: University of Chigago Press.

PORTER, Roy (1994), London. A Social History. London u. a.: Hamish Hamilton.

PORTER, Stephen (2012), Pepys's London. Everyday Life in London 1650–1703. The Hill, Stroud: Amberley.

PRESSAT, Roland (2001), Christian Huygens et la table de mortalité de Graunt, in: Mathématiques et sciences humaines 153, S. 29–36.

PRICE, Frederick George Hilton (1890 / 1891), A handbook of London bankers, with some account of their predecessors the early goldsmiths: together with lists of bankers from 1670, including the earliest printed in 1677, to that of the London post office directory of 1890. London: Simpkin, Marshall, Hamilton & Kent.

PRINCE, Russell (2019), The geography of statistics: Social statistics from moral science to big data, in: Progress in Human Geography 44/6, S. 1047–1065.

PTAK, Roderich (1989), Der Handel zwischen Macau und Makassar, 1640–1667, in: Zeitschrift der Deutschen Morgenländischen Gesellschaft 139/1, S. 208–226.

PURRINGTON, Robert D. (2009), The first professional scientist: Robert Hooke and the Royal Society of London. Basel, Boston, Berlin: Birkhäuser = Science networks: historical studies, Bd. 39.

QUESTIER, Michael C. (2000), What Happened to English Catholicism after the English Reformation?, in: History 85/277, S. 28–47.

QUESTIER, Michael C. (2006a), Catholicism and Community in Early Modern England: Politics, Aristocratic Patronage, and Religion, c. 1550–1640. Cambridge u. a.: Cambridge University Press = Cambridge Studies in Early Modern British History.

QUESTIER, Michael C. (2006b), Arminianism, Catholicism, and Puritanism in England during the 1630s, in: The Historical Journal 49/1, S. 53–78.

QUINN, Stephen (1995), Balances and goldsmith-bankers: the co-ordination and control of inter-banker debt clearing in seventeenth-century London, in: MITCHELL, David (Hg.), Goldsmiths, silversmiths and bankers: Innovation and the transfer of skill, 1550 to 1750. A collection of working papers given at a study day held jointly by the Centre for Metropolitan History and the Victoria and Albert Museum, 24 November 1993. Sutton: Stroud, S. 53–76.

RAITHBY, John, u. a. (Hg.) (1819), Statutes of the Realm. [London]: [The Record Commission].

RAWLINSON, Richard (1862), Catalogus Codicum Manuscriptorum Bibliothecae Bodleianae, Bd. 5/1. Oxford.

RAZZARI, Daniel Ben (2016), „The Gulfe of Persia devours all“: English Merchants in Safavīd Persia, 1616–1650. PhD thesis, UC Riverside.

REDINGTON, Joseph (1868), Calendar of treasury books and papers. 1556/7–1745. London: Longmans, Green, Reader and Dyer.

REES, Graham (2000), Baconianism, in: APPLEBAUM, Wilbur (Hg.), Encyclopedia of the scientific revolution: from Copernicus to Newton. New York u. a.: Garland, S. 69–71.

REES, Graham (2002), Reflections on the Reputation of Francis Bacon's Philosophy, in: The Huntington Library Quarterly 65/3/4, S. 379–394.

REILLY, Patrick (2015), Bills of Mortality. Disease and Destiny in Plague Literature from Early Modern to Postmodern Times. New York u. a.: Peter Lang = Currents in Comparative Romance Languages and Literatures.

RENN, D[erek] F[rank] (1962), John Graunt, Citizen of London, in: Journal of the Institute of Actuaries 88/3, S. 367–369.

RICHARDS, Richard David (1929), The early history of banking in England. London: P. S. King & Son.

RIDEAL, Rebecca (2016), 1666: Plague, war and hellfire. London: John Murray.

RIVA, M[ichele] A., u. a. (2011), The Disease of the Moon: The Linguistic and Pathological Evolution of the English Term „Lunatic“, in: Journal of the History of the Neurosciences 20/1, S. 65–73.

RIVA, M[ichele] A., u. a. (2018), Parish mortality registers in paleo-oncology, in: The Lancet Oncology 19/10, S. 1288–1288.

RIVADULLA RODRÍGUEZ, Andrés (1991), Apriorismo y base empírica en los orígenes de la estadística matemática, in: Llull: Revista de la Sociedad Española de Historia de las Ciencias y de las Técnicas 14/26, S. 187–219.

ROBERTSON, Alexander (1922), The life of Sir Robert Moray, soldier, statesman and man of science (1608–1673). London u. a.: Longmans, Green and Co.

ROBERTSON, James C. (1996), Reckoning with London: interpreting the Bills of Mortality before John Graunt, in: Urban History 23/3, S. 325–350.

ROBINE, Jean-Marie, u. a. (2019), The Real Facts Supporting Jeanne Calment as the Oldest Ever Human, in: The Journals of Gerontology: Series A 74/S1, S. 13–20.

Robinson, Edward Forbes (1893), The early history of coffee houses in England; with some account of the first use of coffee and a bibliography of the subject. London: Kegan Paul, Trench, Trübner & Co.

Rohrbasser, Jean-Marc (1999), William Petty (1623–1687) et la calcul du doublement de la population, in: Population 54 / 4 / 5, S. 693–705.

Rohrbasser, Jean-Marc (2009), John Graunt et les bulletins de Londres: une statistique de la mortalité au XVIIe siècle, in: Dix-septième siècle 243, S. 345–368.

Rose, Hugh James, u. a. (1853), A new general biographical dictionary, Bd. 12. London: B. Fellowes.

Rostenberg, Leona (1952), John Martyn, „Printer to the Royal Society", in: The Papers of the Bibliographical Society of America 46 / 1, S. 1–32.

Rostenberg, Leona (1956), The Will of John Martyn, „Printer to the Royal Society", in: The Papers of the Bibliographical Society of America 50, S. 279–284.

Rostenberg, Leona (1954), Robert Scott, Restoration Stationer and Importer, in: The Papers of the Bibliographical Society of America 48 / 1, S. 49–76.

Rothman, Kenneth J. (1981), Sounding boards. The rise and fall of epidemiology, 1950–2000 A. D., in: The New England Journal of Medicine, S. 600–602.

Rothman, Kenneth J. (1996), Lessons from John Graunt, in: The Lancet 347 / 8993, S. 37–39.

Rusnock, Andrea Alice (1990), The quantification of things human: Medicine and political arithmetic in Englightenment England and France. PhD thesis, Princeton University.

Rusnock, Andrea Alice (2002), Vital accounts. Quantifying health and population in eighteenth-century England and France. Cambridge: Cambridge University Press = Cambridge Studies in the History of Medicine.

Rusnock, Andrea Alice (2018), Biopolitics and the Invention of Population, in: Kassell, Lauren, u. a. (Hg.), Reproduction: Antiquity to the Present Day. Cambridge: Cambridge University Press, S. 333–346.

Russell, Constance (1901), Swallowfield and its owners. London, New York, Bombay: Longmans, Green.

Saville, Ann (1831), The only genuine and authentic account of the life and memoirs of that surprising and wonderful man Henry Jenkins, commonly called Old Jenkins, of Ellerton upon Swale, in Yorkshire, who lived to the amazing age of one hundred and sixty nine years and upwards, which is seventeen years longer than Old Parr, and the oldest man to be met with in the Annals of England. London: Gilbert and Rivington.

Schleiner, Winfried (2009), Early Modern Green Sickness and Pre-Freudian Hysteria, in: Early Science and Medicine 14, S. 661–676.

Schlenkrich, Elke (2013), Gevatter Tod. Pestzeiten im 17. und 18. Jahrhundert im sächsisch-schlesisch-böhmischen Vergleich. Stuttgart: Franz Steiner = Quellen und Forschungen zur sächsischen Geschichte, Bd. 36.

Schneider, Dora / Lilienfeld, David E. (Hg.) (2008), Public Health. The Development of a Discipline. New Brunswick, London: Rutger University Press.

Schneider, Ivo (1968), Der Mathematiker Abraham de Moivre (1667–1754), in: Archive for History of Exact Sciences 5 / 3 / 4, S. 177–317.

Schröder, Martin (2018), Der Generationenmythos, in: Kölner Zeitschrift für Soziologie und Sozialpsychologie 70 / 3, S. 469–494.

Schubert, B. (1903), Kaspar Neumann 1648–1715. Ein Zeit- und Lebensbild. Elbersfeld.

Schultheiss-Heinz, Sonja (2004), Politik in der europäischen Publizistik. Eine historische Inhaltsanalyse von Zeitungen des 17. Jahrhunderts. Stuttgart: Franz Steiner = Beiträge zur Kommunikationsgeschichte, Bd. 16.

Schwarzberg, Raphaelle (2016), The openness of the London Goldsmiths' Company in the second half of the seventeenth century: an empirical study, in: Financial History Review 23 / 2, S. 245–271.

Scott, Christopher L. (2016), The Maligned Militia: The West Country Militia of the Monmouth Rebellion, 1685.

SCOTT, Susan / DUNCAN, Christopher J. (2001), Biology of Plagues: Evidence from Historical Populations. Cambridge: Cambridge University Press.

SCURR, Ruth (2015), John Aubrey: my own life. New York: New York Review Books.

SEAL, Hilary L. (1980), Early uses of Graunt's Life Table, in: Journal of the Institute of Actuaries 107 / 4, S. 507–511.

SEAWARD, Paul (2008), Hyde, Edward, first earl of Clarendon, in: Oxford Dictionary of National Biography (online). Oxford: Oxford University Press, URL: https://doi.org/10.1093/ref:odnb/14328.

SELLING, Andreas (1990), Deutsche Gelehrten-Reisen nach England 1660–1714. Frankfurt a. Main, Bern, New York, Paris: Peter Lang = Münsteraner Monographien zur englischen Literatur / Münster Monographs on English Literature, Bd. 3.

SELLING, Andreas (2016), „Die Engeländer haben eine dicke Luft und trüben Himmel / aber subtilen und heiteren Verstand" – Weigel-Schüler reisen nach England, in: HABERMANN, Katharina / HERBST, Klaus-Dieter (Hg.), Erhard Weigel (1625–1699) und seine Schüler. Beiträge des 7. Erhard-Weigel-Kolloquiums 2014. Göttingen: Universitätsverlag Göttingen, S. 208–229.

SEN, Arindom R. (1993), Some Early Developments in Ratio Estimation, in: Biometrical Journal 35 / 1, S. 3–13.

SENCICLE, Lorraine (2014), Thomas Kelsey – Governor of Kent and Sussex and the Battle of Dover, URL: https://doverhistorian.com/2014/04/02/thomas-kelsey-governor-of-kent-and-sussex-and-the-battle-of-dover/(letzter Zugriff am 12.08.2017).

SEPÚLVEDA, Jaime, u. a. (1994), Aspectos básicos de la vigilancia en salud pública para los anos noventa, in: Salud Pública de México 36 / 1, S. 70–82.

SHAGAN, Ethan H. (2005), Introduction: English Catholic history in context, in: SHAGAN, Ethan H. (Hg.), Catholics and the ‚Protestant' nation: Religious politics and identity in early modern England. Manchester u. a.: Manchester University Press, S. 1–21.

SHAPIN, Steven (1994), A social history of truth: civility and science in seventeenth-century England. Chicago, London: University of Chicago Press = Science and its conceptual foundations.

SHAPIN, Steven (2018), The scientific revolution. Chicago, London: The University of Chicago Press = Science – culture.

SHAPIRO, Barbara J. (1971), The Universities and Science in Seventeenth Century England, in: Journal of British Studies 10 / 2, S. 47–82.

SHAPIRO, Barbara J. (2012), Political Communication and Political Culture in England, 1558–1688. Palo Alto: Stanford University Press.

SHARLIN, Allan (1978), Natural Decrease in Early Modern Cities: A Reconsideration, in: Past & Present 79, S. 126–138.

SHARPE, J[ames] A[nthony] (1985), „Last Dying Speeches": Religion, Ideology and Public Execution in Seventeenth-Century England, in: Past & Present 107, S. 144–167.

SHELDON, R[ichard] D. (2004 / 2008), Barbon, Nicholas, in: Oxford Dictionary of National Biography (online). Oxford: Oxford University Press, URL: https://doi.org/10.1093/ref:odnb/1334.

SHELDON, Ryan Kaveh (2019), Policing by Numbers: Plague, Political Arithmetic, and Numerical Argument, in: The Workshop 6, S. 102–103.

SHELDON, Ryan Kaveh (2020), How to Read by Numbers: Plague, Political Arithmetic, and the Production of History, in: The Eighteenth Century 61 / 3, S. 391–410.

SHELL, Alison (2007), Oral culture and catholicism in early modern England. Cambridge u. a.: Cambridge University Press.

SHELLEY, Henry Charles (1909), Inns and taverns of old London, setting forth the historical and literary associations of those ancient hostelries, together with an account of the most notable coffee-houses, clubs, and pleasure gardens of the British metropolis. Boston: L. C. Page.

SHEYNIN, Oscar (2003), Social Statistics: Its History and Some Modern Issues, in: Jahrbücher für Nationalökonomie und Statistik 223 / 1, S. 91–112.

SHEYNIN, Oscar (2014), A cluster of anniversaries, in: The Mathematical Scientist 39, S. 11–16.

SHNGREIYO, A. S. (2009), The English East India Company and trade in Coromandel, 1640–1740. PhD thesis, New Delhi: Jawaharlal Nehru University.

SIBBETT, Trevor (1999), Early insurance in and around the Royal Exchange, in: AMES-LEWIS, Francis (Hg.), Sir Thomas Gresham and Gresham College. Studies in the intellectual history of London in the sixteenth and seventeenth centuries. Aldershot, Brookfield: Ashgate, S. 62–76.

SIGNOLI, Michel, u. a. (2002), Paleodemography and Historical Demography in the Context of an Epidemic: Plague in Provence in the Eighteenth Century, in: Population 57 / 6, S. 829–854.

SIVADO, Akos (2019), The ontology of Sir William Petty's political arithmetic, in: The European Journal of the History of Economic Thought 26 / 5, S. 1003–1026.

SKINNER, Quentin (1966), Thomas Hobbes and His Disciples in France and England, in: Comparative Studies in Society and History 8 / 2, S. 153–167.

SKINNER, Quentin (1969), Thomas Hobbes and the Nature of the Early Royal Society, in: The Historical Journal 12 / 2, S. 217–239.

SKÖLD, Peter (1996), The Two Faces of Smallpox. A Disease and its Prevention in Eighteenth- and Nineteenth-Century Sweden. Umeå: Umeå University = The Demographic Data Base, Bd. 12.

SLACK, Paul (1980), Books of Orders: The Making of English Social Policy, 1577–1631, in: Transactions of the Royal Historical Society 30, S. 1–22.

SLACK, Paul (1985), The Impact of Plague in Tudor and Stuart England. London, Boston, Melbourne, Henley on Thames: Routledge & Kegan.

SLACK, Paul (1989), The response to plague in early modern England: public policies and their consequences, in: WALTER, John / SCHOFIELD, Roger S. (Hg.), Famine, disease and the social order in early modern society. Cambridge u. a.: Cambridge University Press, S. 167–187.

SLACK, Paul (2004a), Government and information in seventeenth-century England, in: Past & Present 184 / 1, S. 33–68.

SLACK, Paul (2004b), Measuring the National Wealth in Seventeenth-Century England, in: The Economic History Review 57 / 4, S. 607–635.

SLACK, Paul (2007), The politics of consumption and England's happiness in the later seventeenth century, in: English Historical Review 122 / 497, S. 609–631.

SLACK, Paul (2009), Material Progress and the Challenge of Affluence in Seventeenth-Century England, in: The Economic History Review 62 / 3, S. 576–603.

SLACK, Paul (2014), The Invention of Improvement: Information and Material Progress in Seventeenth-Century England. Oxford: Oxford University Press.

SLACK, Paul (2018), William Petty, the Multiplication of Mankind, and Demographic Discourse in Seventeenth-Century England, in: Historical Journal 61 / 2, S. 301–325.

SLACK, Paul (2022), Perceptions of plague in eighteenth-century Europe, in: The Economic History Review 75 / 1, S. 138–156.

SLAUTER, Will (2011), Write up your dead. The bills of mortality and the London plague of 1665, in: Media History 17 / 1, S. 1–15.

SLEIGH-JOHNSON, Nigel (2007), The Merchant Taylors' Company of London under Elizabeth I: Tailors' Guild or Company of Merchants?, in: Costume 41 / 1, S. 45–52.

SMITH, Brian (2020), John Locke, Territory, and Transmigration. London: Routledge India.

SMITH, David L. (2009), Rudyerd, Sir Benjamin (1572–1658), politician and poet, in: Oxford Dictionary of National Biography (online). Oxford: Oxford University Press, URL: https://www.oxforddnb.com/view/10.1093/ref:odnb/9780198614128.001.0001/odnb-9780198614128-e-24256 (letzter Zugriff am 21. 05. 2009).

SMITH, David P. / KEYFITZ, Nathan (1977), Mathematical Demography. Selected Papers. Berlin, Heidelberg, New York: Springer = Biomathematics, Bd. 6.

Smith, Helen (2014), Metaphor, Cure, and Conversion in Early Modern England, in: Renaissance Quarterly 67 / 2, S. 473–502.

Smith, Richard (2012), John Graunt, the law of natural decline and the origins of urban historical demography. London, Gresham College, S. 1–6.

Sokoll, Thomas (2011), Soziale Sicherung, Einkommensverteilung und demographische Wechsellagen: England seit dem 16. Jahrhundert, in: Sokoll, Thomas (Hg.), Soziale Sicherungssysteme und demographische Wechsellagen. Historisch-vergleichende Perspektiven (1500–2000). Berlin, Münster: Lit-Verlag, S. 27–60.

Solar, Peter M. / de Zwart, Pim (2017), Why were Dutch East Indiamen so slow?, in: International Journal of Maritime History 29 / 4, S. 738–751.

Sommerville, C. John (2000), Interpreting Seventeenth-Century English Religion as Movements, in: Church History 69 / 4, S. 749–769.

Speake, Jennifer (2012), Backhouse, William, in: Oxford Dictionary of National Biography (online). Oxford: Oxford University Press, URL: https://doi.org/10.1093/ref:odnb/985.

Speck, W[illiam] A[rthur] (2004 / 2012), Hyde, Henry, second earl of Clarendon, in: Oxford Dictionary of National Biography (online). Oxford: Oxford University Press. URL: https://doi.org/10.1093/ref:odnb/14329.

Spence, Craig (1996), Accidentally killed by a cart: Workplace, hazard, and risk in late seventeenth century London, in: European Review of History 3 / 1, S. 9–26.

Spence, Craig (2016), Accidents and Violent Death in Early Modern London: 1650–1750. Woodbridge, Rochester: Boydell & Brewer.

Sperry, Eileen (2018), Lord Have Mercy on Us: Broadsides and London Plague Life, in: Sixteenth Century Journal 49 / 1, S. 95–113.

Spiegel, Henry William (1983), The growth of economic thought. Durham: Duke University Press.

Stelter, Robert, u. a. (2021), Leaders and Laggards in Life Expectancy Among European Scholars From the Sixteenth to the Early Twentieth Century, in: Demography 58 / 1, S. 111–135.

Stenhouse, George C. (1891), The Mortality among Assured Lives viewed in relation to the Sums at Risk, in: Transactions of the Actuarial Society of Edinburgh 2, S. 227–261.

Stigler, Stephen M. (1986), The history of statistics. The measurement of uncertainty before 1900. Cambridge / Mass., London: Harvard University Press.

Stigler, Stephen M. (1999), Statistics on the table: the history of statistical concepts and methods. Cambridge / Mass., London: Harvard University Press.

Stimson, Dorothy (1947), The critical years of the Royal Society, 1672–1703, in: Journal of the History of Medicine and Allied Sciences 2 / 3, S. 283–298.

Stone, Richard (1997), Some British empiricists in the social sciences 1650–1900. Cambridge: Cambridge University Press = Raffaele Mattioli Lectures.

Sullivan, Erin (2011), Physical and Spiritual Illness. Narrative Appropriations of the Bills of Mortality, in: Totaro, Rebecca Carol Noel / Gilman, Ernest B. (Hg.), Representing the plague in early modern England. New York u. a.: Routledge, S. 76–94.

Sullivan, Erin (2013), A disease unto death. Sadness in the time of Shakespeare, in: Carrera, Elena (Hg.), Emotions and Health, 1200–1700. Leiden: Brill, S. 159–183.

Sutherland, Ian (1963), John Graunt: A Tercentenary Tribute, in: Journal of the Royal Statistical Society, Series a-General 126 / 4, S. 537–566.

Sutherland, Ian (2005), Graunt, John, in: Armitage, Peter / Colton, Theodore (Hg.), Encyclopedia of biostatistics. Chichester: John Wiley & Sons, S. 2247–2249.

Sutherland, James (1986), The Restoration Newspaper and its Development. London u. a.: Cambridge University Press.

SWEDLUND, Alan C. (1978), Historical Demography as Population Ecology, in: Annual Review of Anthropology 7, S. 137–173.

SYFRET, R[osemary] H. (1948), The Origins of the Royal Society, in: Notes and Records of the Royal Society of London 5 / 2, S. 75–137.

SYFRET, R[osemary] H. (1950a), Some Early Critics of the Royal Society, in: Notes and Records of the Royal Society of London 8 / 1, S. 20–64.

SYFRET, R[osemary] H. (1950b), Some Early Reactions to the Royal Society, in: Notes and Records of the Royal Society of London 7 / 2, S. 207–258.

SZRETER, Simon (2015), Demography, Early History of, in: WRIGHT, James D. (Hg.), International Encyclopedia of the Social and Behavioral Sciences. Amsterdam u. a.: Elsevier, S. 170–175.

TABAK, John (2011), Probability and statistics: the science of uncertainty. New York: Facts on File = The history of mathematics.

TALLETT, Frank (1992), War and Society in Early Modern Europe, 1495–1715. London, New York: Routledge = War in Context.

TANNER, Joseph Robson (1929), Samuel Pepys and the Trinity House, in: The English Historical Review 44 / 176, S. 573–587.

TAYLOR, Timothy J. (2000a), Statistics, in: APPLEBAUM, Wilbur (Hg.), Encyclopedia of the scientific revolution: from Copernicus to Newton. New York u. a.: Garland, S. 617.

TAYLOR, Timothy J. (2000b), Petty, William (1623–1687), in: APPLEBAUM, Wilbur (Hg.), Encyclopedia of the scientific revolution: from Copernicus to Newton. New York: Garland, S. 491.

TAYLOR, Vanessa / TRENTMANN, Frank (2011), Liquid politics: Water and the politics of everyday life in the modern city, in: Past & Present 211 S. 199–241.

TEBEAUX, Elizabeth (2014), The Flowering of a Tradition: Technical Writing in England, 1641–1700. Amityville, New York: Baywood Publishing Company = Baywood's Technical Communications Series.

TEUGELS, Jozef L. (2004), Graunt, John (1620–1674), in: TEUGELS, Jozef L. / SUNDT, Bjorn (Hg.), Encyclopedia of actuarial science. Chichester: Wiley, S. 790 f.

THOMAS, Bryn (1966), Daniel Defoe and the Great Plague of London, in: Proceedings of the Royal Society of Medicine 59 / 2, S. 105–110.

THOMAS, Keith (2004 / 2017), Parr, Thomas [called Old Parr] (d. 1635), in: Oxford Dictionary of National Biography (online). Oxford: Oxford University Press, URL: https://doi.org/10.1093/ref:odnb/21403.

THOMPSON, [Stephen John] (2013), The first income tax, political arithmetic, and the measurement of economic growth, in: Economic History Review 66 / 3, S. 873–894.

TITTLER, Robert (2009), Regional portraiture and the heraldic connection in Tudor and early Stuart England, in: The British Art Journal X / 1, S. 3–10.

TOMORY, Leslie (2015), London's water supply before 1800 and the roots of the networked city, in: Technology and Culture 56 / 3, S. 704–737.

TOMORY, Leslie (2017), The history of the London water industry, 1580–1820. Baltimore: Johns Hopkins University Press.

TREASE, Geoffrey (1972), Samuel Pepys and his world. New York: Charles Scribner's Sons.

TURNBULL, Craig (2017), A History of British Actuarial Thought. Cham: Springer.

TURNER, Raymond (1921), English Coal Industry in the Seventeenth and Eighteenth Centuries, in: The American Historical Review 27 / 1, S. 1–23.

UNWIN, George (1908), The gilds and companies of London. London: Methuen = The antiquary's books.

VAN DE WALLE, Etienne (1967), A Süssmilch Bicentenary, in: Population Index 33 / 2, S. 168–170.

VAN DER ZANDE, Johan (2010), Statistik and History in the German Enlightenment, in: Journal of the History of Ideas 71 / 3, S. 411–432.

VAN DÜLMEN, Richard (1988), Theater des Schreckens. Gerichtspraxis und Strafrituale in der frühen Neuzeit. München: C. H. Beck = Beck'sche Reihe, Bd. 349.

VAN TRIJP, Didi (2021), Fresh Fish: Observation up Close in Late Seventeenth-Century England, in: Notes and Records: the Royal Society Journal of the History of Science 75 / 3, S. 311–332.

VILLIERS, John (1990), One of the Especiallest Flowers in our Garden: The English Factory at Makassar, 1613–1667, in: Archipel 39, S. 159–178.

VILQUIN, Éric (1978), Une édition critique en français de l'œuvre de John Graunt (1620–1674). Présentation d'un ouvrage hors collection, in: Population 33 / 2, S. 413–423.

VITTU, Jean-Pierre (2005), Du Journal des savants aux Mémoires pour l'histoire des sciences et des beaux-arts: l'esquisse d'un système européen des périodiques savants, in: Dix-septième siècle 228 / 3, S. 527–545.

WACHTER, Kenneth W. (2014), Essential demographic methods. Cambridge / Mass., London: Harvard University Press.

WAGNER, Gert G. (2008), Leibniz und die (Amtliche) Statistik. Berlin: Rat für Sozial- und Wirtschaftsdaten = Working Paper, Bd. 39.

WAGNER, Gert G. (2015), Anfänge der amtlichen Statistik und der Sozialberichterstattung: die „politische Arithmetik". Berlin: Rat für Sozial- und Wirtschaftsdaten = Working Paper, Bd. 244.

WALFORD, Cornelius (1878), Early Bills of Mortality, in: Transactions of the Royal Historical Society 7, S. 212–248.

WALKER, R. B. (1973), Advertising in London Newspapers, 1650–1750, in: Business History 15 / 2, S. 112–130.

WALKER, Robert G. (2019), Boswell and the Graunt-Petty authorship controversy, in: Notes and Queries 66 / 4, S. 581–584.

WALL, Richard (2004), English population statistics before 1800, in: History of the Family 9, S. 81–95.

WALLER, John Francis / EADIE, John (1857–1863), The Imperial dictionary of universal biography: a series of original memoirs of distinguished men, of all ages and all nations, Bd. 16. London: W. Mackenzie u. a.

WALLIS, Patrick (2018), Guilds and Mutual Protection in England. London: London School of Economics and Political Science = Economic History Working Papers, Bd. 287.

WATKINS, John (1821), The universal biographical dictionary, or, an historical account of the […] most eminent persons in every age and nation; particularly the natives of Great Britain and Ireland, Bd. 1. London: Longman, Hurst, Rees, Orme, and Brown.

WATT, Robert (1824), Bibliotheca Britannica; or, a general index to British and foreign literature, Bd. 4. Edinburgh: A. Constable.

WEATHERILL, Lorna (1986), A Possession of One's Own: Women and Consumer Behavior in England, 1660–1740, in: Journal of British Studies 25 / 2, S. 131–156.

WEBER, Editha (2014), Deutschsprachige Londonreisende im 18. und 19. Jahrhundert, in: KROLL, Franz-Lothar / MUNKE, Martin (Hg.), Deutsche Englandreisen / German Travels to England 1550–1900. Berlin: Duncker & Humblot, S. 63–79.

WEBSTER, Anthony J., u. a. (2021), Characterisation, identification, clustering, and classification of disease, in: Scientific Reports 11 / 5405.

WEBSTER, Charles (2002), The great instauration. Science, medicine and reform 1626–1660. Oxford u. a.: Peter Lang = Studies in the History of Medicine, Bd. 3.

WEIGL, Andreas (2012), Kliometrie in der Erweiterung. Warum anthropometrische Wirtschafts- und Sozialgeschichte nicht nur für die Geschichtswissenschaften von Bedeutung ist, in: Wirtschaft und Gesellschaft 38 / 2, S. 423–434.

WEINBROT, Howard D. (2015), Johnson's Irene and Rasselas, Richardson's Pamela exalted: contexts, polygamy and the seraglio, in: The Age of Johnson 23, S. 89–140.

WEISBERG, Herbert I. (2014), Willful ignorance. The mismeasure of uncertainty. Hoboken: Wiley.

WEISS, Wolfgang (1996), „An Attempt, which all Ages had despair'd of". Das Selbstverständnis der Royal Society im 17. Jahrhundert, in: GARBER, Klaus, u. a. (Hg.), Europäische Sozietätsbewegung und demokratische Tradition. Die europäischen Akademien der Frühen Neuzeit zwischen Frührenaissance und Spätaufklärung. Tübingen: Niemeyer, S. 669–688.

WENDEBORN, Gebhard Friedrich August (1791), A view of England towards the close of the eighteenth century, Bd. 1. Dublin: William Sleater.

WENDT, Holger (2014), William Petty und der Fortschritt der Wissenschaften. Eine Untersuchung geistesgeschichtlicher Quellen Pettys ökonomischer Theorie. Duisburg.

WERNIMONT, Jacqueline (2018), Numbered Lives. Life and Death in Quantum Media. Cambridge / Mass., London: MIT Press = Media Origins.

WEST, Norman (1994), Graunt, John (1620–74), in: RUTHERFORD, Donald (Hg.), The biographical dictionary of British economists. Bristol: Thoemmes Continuum, S. 443–444.

WESTERGAARD, Harald (1932), Contributions to the history of statistics. London: P. S. King & Son.

WHEATLEY, Henry Benjamin (1891), London past and present. Its history, associations, and traditions. London: Murray.

WHITE, Colin / HARDY, Robert J. (1970), Huygens' Graph of Graunt's Data, in: Isis 61 / 1, S. 107–108.

WIGELSWORTH, Jeffrey R. (2010), Selling science in the age of Newton: advertising and the commoditization of knowledge. Farnham, Burlington: Ashgate = Science, technology and culture, 1700–1945.

WILDE, W. R. / WILLOUGHBY, Charles (1853), On a MS. of Dr. Willoughby's, Written in 1690, „On the Climate and Disases of Ireland", in: Proceedings of the Royal Irish Academy (1836–1869) 6, S. 399–415.

WILKE, Jürgen (2004), From parish register to the ‚historical table': The Prussian population statistics in the 17th and 18th centuries, in: History of the Family 9, S. 63–79.

WILLCOX, Walter F. (1938), The Founder of Statistics, in: Revue de l'Institut International de Statistique / Review of the International Statistical Institute 5 / 4, S. 321–328.

WILLER, Stefan (2009), Biographie – Genealogie – Generation, in: KLEIN, Christian (Hg.), Handbuch Biographie: Methoden, Traditionen, Theorien. Stuttgart: J. B. Metzler, S. 87–94.

WILLES, Margaret (2017), The curious world of Samuel Pepys and John Evelyn. New Haven, London: Yale University Press.

WINFIELD, Rif (2009), British Warships in the Age of Sail 1603–1714. Design, Construction, Careers and Fates. Barnsley: Seaforth Publishing.

WINTER, Mabel (2022), Banking, projecting and politicking in early modern England: the rise and fall of Thompson and Company 1671–1678. Cham: Palgrave Macmillan = Palgrave studies in economic history.

WINTERBOTTOM, Anna (2019), An experimental community: the East India Company in London, 1600–1800, in: The British Journal for the History of Science 52 / 2, S. 323–343.

WINTERBOTTOM, Philip (2004 / 2006), Child, Sir Francis, the elder (1641 / 2–1713), in: Oxford Dictionary of National Biography (online). Oxford: Oxford University Press, URL: https://doi.org/10.1093/ref:odnb/5286.

WITTE JR., John (2015), The Western Case for Monogamy over Polygamy. Cambridge: Cambridge University Press = Law and Christianity.

WOLFE, A[lbert] B[enedict] (1932), Population censuses before 1790, in: Journal of the American Statistical Association 27 / 180, S. 357–370.

WOOD, Herbert (1934), Sir William Petty and His Kerry Estate, in: The Journal of the Royal Society of Antiquaries of Ireland 4 / 1, S. 22–40.

WOOTTON, Philip (2013), Plague, Print and Providence in Early Seventeenth Century London. MA thesis, Ann Arbor: University of Wales Trinity Saint David.

WRIGHT, Denis (1998), Burials and Memorials of the British in Persia, in: Iran 36, S. 165–173.

WRIGLEY, Edward A. (1967), A simple model of London's importance in changing English society and economy 1650–1750, in: Past & Present 37 / 1, S. 44–70.

WRIGLEY, Edward A., u. a. (Hg.) (1997), English Population History from Family Reconstitution 1580–1837. Cambridge: Cambridge University Press.

WYNDER, Ernst L. (1975), A corner of history: John Graunt, 1620–1674, the father of demography, in: Preventive Medicine 4 / 1, S. 85–88.

YCART, Bernard (2016), Jakob Bielfeld (1717–1770) and the diffusion of statistical concepts in eighteenth century Europe, in: Historia Mathematica 43, S. 26–48.

YULE, George Udny (1939), On Sentence-Length as a Statistical Characteristic of Style in Prose: With Application to Two Cases of Disputed Authorship, in: Biometrika 30 / 3 / 4, S. 363–390.

ZAHEDIEH, Nuala (2010), The capital and the colonies: London and the Atlantic economy 1660–1700. Cambridge u. a.: Cambridge University Press.

ZAKIM, Michael (2018), The Political Geometry of Statistical Tables, in: Journal of the Early Republic 38 / 3, S. 445–474.

ZIMMERMANN, Hildegard (1969), Caspar Neumann und die Entstehung der Frühaufklärung. Ein Beitrag zur schlesischen Theologie- und Geistesgeschichte im Zeitalter des Pietismus. Witten.

9.6 Personenregister

Achenwall, Gottfried, 16

Allestry, James, 44, 51, 304 f., 410, 415

Anne, Königin von England, 77 f., 426

Arbuthnot, John, 187, 280, 297, 421

Arminius (Arminianismus), s. Hermann, Jacob

Arnauld, Antoine, 294

Arundel, Earls von, 122, 224, 243, 349

Ashmole, Elias, 83, 126, 408

Attwood, William, 128

Aubrey, John, 17–19, 37, 40, 42, 48 f., 54, 64, 73 f., 95 f., 106, 139 f., 147 f., 152, 231, 234–236, 245, 253, 261–263, 269, 406, 408, 421, 431, 443

Backhouse, Flower, 127, 254 f.

Backhouse, William, 126 f., 445

Backwell, Edward, 127–130, 246, 407, 417, 439

Backwell, Familie, 59

Bacon, Francis (Baconianismus), 16, 18, 20, 33, 35, 89, 91 f., 97, 100, 149, 157, 159–161, 163, 197, 216, 224, 227, 245, 270, 283, 285, 307, 408, 432, 441

Barbon, Nicholas, 118, 121, 276, 443

Barbon, Richard, 118

Barlow, Thomas, 126

Barnardiston, Samuel, 114

Bateman, Robert, 114, 426

Bayle, Pierre, 35

Beale, John, 91

Becher, Johann Joachim, 27, 31

Bell, John, 147, 216, 265, 273, 408

Bentley, Thomas, 105

Bernoulli, Daniel, 20, 286

Bernoulli, Jakob, 27

Bertillon, Jacques, 291

Betts, John, 227

Bielfeld, Jakob, 278, 449

Blaney, Robert, 46

Bludworth ,Thomas, 114

Bodin, Jean, 156

Botero, Giovanni, 156

Boulainvilliers, Henri de, 280

Bowrey, Thomas, 109

Boyle, Robert, 100, 113, 147, 241, 426, 435

Brome, Alexander, 64, 424

Brooke, John, 256, 260

Brouncker, William, 91, 145, 305

Browne, Solomon, 105

Browne, Thomas, 157, 408

Burnet, Gilbert, 126 f., 148, 204, 255, 408, 428

Butler, James, Duke of Ormond, 125

Calment, Jeanne Louise, 226 f., 441

Carteret, George, 120

Casaubon, Florence Estienne Méric, 90

Cecley, Familie, 74

Chamberlayne, Edward, 170, 409

Child, Francis, d. Ä., 125, 448

Child, Josiah, 27, 31, 100, 109, 113 f., 124, 427,

Clayton, Robert, 124 f., 436

Clerke, Henry, 101

Clifford, Thomas, 241

Colbert, Jean-Baptiste, 267

Coles, James, 105

Colvill, Familie, 59

Comenius, Johann Amos, 193

Conoway, Robert, 140

Conring, Hermann, 31, 35

Cooper, Samuel, 64, 438

Copplestone, John, 101

Cornaro, Alvise (gen. Luigi), 223–225, 228, 409, 419, 436

Coronelli, Vincenzo Maria, 269

Cotton, Edward, 227

Cranach, Lucas, d. Ä., 223

Cromwell, Henry, 20, 426

Cromwell, Oliver, 26, 29 f., 40, 130, 149, 154, 156, 168, 171, 220, 239, 296, 421, 426

Cromwell, Thomas, 120

Croon, William, 97 f.

Cutler, John, 46, 62 f., 101 f., 108 f., 120, 124, 429

Davenant, Charles, 164 f., 280, 425, 431

Defoe, Daniel, 28 f., 164, 214, 409, 421, 426, 434, 446

Dekker, Thomas, 217, 405, 409

Deparcieux, Antoine, 280

Derham, William, 234

Descartes, René, 30, 35, 160, 197, 292

Dicas, Thomas, 44, 304, 410

Dobson, Edmund, 39

Dunstall, John, 174, 272, 406

Echard, Laurence, 255, 424

Elisabeth I., Königin von England, 208, 217, 258

Ent, George, 85

Eugenius Theodidactus, s. Heydon, John

Evelyn, John, 56, 82, 91 f., 98, 113, 147, 177, 195, 243 f., 249, 406, 408 f., 423, 448

Faithorne, Henry, 45

Faithorne, Judith, 45

Faithorne, William, d. Ä., 44 f., 51, 64, 76, 81, 83, 168, 249, 259, 409, 428, 431, 439

Faithorne, William, d. J., 45, 81, 428

Farr, William, 20, 291, 428

Farriner, Thomas, 245

Ferdinand Maria, Kurfürst von Bayern, 244

Fermat, Pierre de, 160 f., 424

Filleau des Billettes, Gilles, 268

FitzMaurice (auch Petty-FitzMaurice), Edmond, 20, 40, 69, 149, 252 f., 426, 431

Flamsteed, John, 227

Foe, Henry, 29

Ford, Henry, 252

Ford, Richard, 114

Foucault, Michel, 16 f., 426

Fritsch, Thomas, 145, 410

Fuller, Isaac, 81

Fuller, Thomas, 227, 426

Gadbury John, 272, 409

Galen, Christoph Bernhard von, Bischof von Münster, 244

Garfield, John, 205 f., 413

George, Alice, 227

Gerard, Charles, 226

Giston, Hugh, 39

Goddard, Jonathan, 85, 176

Goodyeare, Mary, 239

Grant, John (1570–1606), 78, 256

Grant, John (1810–1879), 79 f., 405

Grant, John, 50

Grant, Mary, 50

Grant, Roger, 77 f., 81, 419

Graunt, Anne Elizabeth, 48 f., 52, 237 f.

Graunt, Elisabeth, 45

Graunt, Frances, 48

Graunt, Henry (Vater John Graunts), 37–40, 42, 46, 48, 50, 52, 54–57, 72, 105 f., 108, 177, 231, 256

Graunt, Henry, d. J. (Bruder John Graunts), 44, 46

Graunt, John (Seefahrer), 132 f.

Graunt, John of Bucklersbury, 235 f., 410 f.

Graunt, John, d. J. (Sohn John Graunts), 49 f., 98, 116, 130, 133–141, 258, 298

Graunt, Judith, 44 f., 51, 168, 259

Graunt, Mary (geb. Collins, Mutter John Graunts), 37, 42, 46, 52 f.

Graunt, Mary (geb. Scott, Ehefrau John Graunts), 46–51, 106, 139, 141, 231, 237, 257, 261, 301

Graunt, Mary (Töchter John Graunts), 48

Graunt, Philipp, 37, 256

Graunt, Robert, 37, 39

Graunt, Sara, 44, 47

Graunt, Susan, 48

Graunt, William, 48

Graunt, Zachary, 45 f., 177

Gregor XIII., Papst, 143

Gresham, Thomas, 41, 416 f., 444

Guericke, Otto von, 90

Guillard, Achille, 20

Hale, Matthew, 96, 233 f., 411, 423, 439

Halley, Edmond, 16, 27, 31, 33, 113, 118, 148, 270 f., 290, 297, 411, 418 f., 427, 431, 433 f.

Harding, Thomas, 105

Harrington, James, 156

Harrington, Thomas, 133

Harrison, John, 135

Harrison, William, 167

Hartlib, Samuel, 21, 28, 39, 41, 157 f., 436, 440

Harvey, James, 276, 411

Harvey, William, 195, 224, 226, 276, 430

Hawley, Susan, 48, 238 f., 420

Hayls, John, 61, 81

Heinrich VIII., König von England, 90, 120, 203

Hermann, Jacob (Arminius; Arminianismus), 234

Heydon, John (Eugenius Theodidactus), 206, 412

Heylyn, Peter, 168 f., 237, 412, 435, 437

Hill, Abraham, 64

Hill, Thomas, 64, 82

Hobbes, Thomas, 28, 30, 35, 90, 156, 223, 293 f., 412, 444

Hodge, Nathaniel, 176, 277, 412, 424

Holbein, Hans, d. J., 216, 218 f., 223, 406, 438

Holden, Henry, 239, 412

Hollar, Wenzeslaus, 38, 45, 81, 91 f., 117, 218 f., 247–249, 405 f., 412 f.

Hooke, Robert, 46, 61, 63, 86 f., 101, 177, 249, 261, 415, 431, 441

Horaz (Quintus Horatius Flaccus), 144

Houghton, John, 118

Howard, Charles, Earl of Carlisle, 129 f., 427

Howard, Henry, Earl of Arundel, 122

Howard, Thomas, Earl of Arundel, 224

Howell, James, 155, 166 f., 170, 412, 433
Howlett, Bartholohmew, 60, 405
Hubert, Robert, 253
Hudde, Johan, 118
Hughes, Humphrey, 39
Huygens, Christiaan, 27, 33, 85, 118, 160 f., 268, 270, 278, 290, 412, 414, 440, 448
Huygens, Lodewijk, 33, 268, 270, 278, 290, 412, 414
Hyde, Edward, Earl of Clarendon, 127, 255, 443,
Hyde, Frances, 127
Hyde, Henry, Earl of Clarendon, 127, 445
Jakob I., König von England, 133, 217, 287
Jakob II., König von England, Herzog von York, 66, 204, 240, 255, 258
Jenkins, Henry, 224, 226 f., 415, 438, 442
Johnson, Samuel, 19, 413
Jonson, Ben(jamin), 144
Justel, Henri, 33
Karl I., König von England, 28, 106, 108, 220, 224, 266, 277, 287
Karl II., König von England, 26, 29, 42, 63, 66, 73, 87, 89, 91, 119, 128, 131, 134, 145, 175, 182, 204, 226, 240 f., 258 f., 265 f., 287
Katharina von Braganza, Königin von England, 204, 240
Kelsey, John, 44 f., 81, 113
Kelsey, Thomas, d. Ä., 39 f., 42, 44, 46, 113, 439, 443
Kelsey, Thomas, d. J., 44, 113
Kerseboom, Johann, 81
Kersseboom, Willem, 280
Keynes, John Maynard, 15
Killigrew, Thomas, 145
King, Andrew, 101
King, Gregory, 22, 27, 275, 297, 414, 424, 430, 432
Klingenberg, Paul, 197
Kneller, Godfrey, 81
L'Estrange, Roger, 273
Laud, William (Laudian), 168, 237, 435, 437
Law, John, 31
Lawrence, Richard, 39
Leibniz, Gottfried Wilhelm, 27, 31, 33–35, 268, 270 f., 278, 424, 447
Lely, Peter, 81
Leys, Lenaert, 223 f.
Lloyd, William, 126 f., 254
Locke, John, 121, 165, 227, 270, 444
Loggan, David, 81
Love, William, 114

Lowther, John, 276
Ludwig XIV., König von Frankreich, 23, 241
Luxdorph, Bolle Willum, 224, 228, 440
Machiavelli, Niccolò, 156
Maitland, John, 204
Maitland, William, 78, 127, 254, 280, 435
Malpighi, Marcello, 195, 270
Malthus, Thomas Robert, 15, 20
Maria von Modena, Königin von England, 258
Marquis von Lansdowne, Familie, 20, 82, 147 f., 253, 414
Martyn, Familie, 113
Martyn, Henry, 44
Martyn, John, 44–47, 51, 64, 113, 122, 143, 163, 231, 247, 304 f., 409 f., 415, 442
Martyn, Martin, 44
Martyn, Thomas, 113
Marx, Karl, 153
Massie, Joseph, 165
Mather, Cotton, 234, 436
Maximilian Heinrich, Erzbischof von Köln, 244
Mazarin, Jules, Kardinal, 31
Mead, Richard, 277, 428
Meynell, Familie, 59
Milne, Joshua, 285
Milton, John, 53, 116, 131, 143, 203, 424, 428, 430, 434
Moivre, Abraham de, 196, 442
Montagu, Edward, Earl of Sandwich, 110, 270
Moore, John, 114
Moray, Robert, 29, 32 f., 85, 89, 93, 101, 146, 159, 162, 204, 232, 265, 270, 307, 441
Morris, John, 124
Mosley, Humphrey, 160, 408
Mun, Thomas, 100
Muschamp, William, 129
Napier, John, 285
Neale, Thomas, 119, 421
Needham, Caspar, 85
Needler, Familie, 129
Needler, John, 129
Neumann, Caspar, 11, 27, 31, 33, 213, 234, 270 f., 427, 431, 434, 442, 449
Newcourt, Richard, 84, 210, 249, 352
Newton, Isaac, 51, 151, 265, 270, 422, 441, 446, 448
Nicole, Pierre, 294
Ochino, Bernardino, 203, 414
Oldenburg, Henry, 33 f., 51, 87, 92 f., 147, 227, 242, 419
Oldys, William, 19, 233, 439

Osborne, Francis, 203, 206, 414
Oughtred, William, 285
Paget, Edward, 141
Pardoe, Mark, 148, 414
Parr, Thomas, 224–227, 406, 430, 442, 446
Pascal, Blaise, 160 f., 284, 421, 424
Peacham, Henry, 76, 414
Pecke, Thomas, 203
Pepys, Samuel, 18, 25, 34 f., 54, 59, 61–64, 68 f., 79–84,
    88, 91, 93, 98, 108, 110, 113, 118 f., 120, 122, 125 f.,
    143, 145, 171 f., 176–178, 182, 186 f., 205, 221 f.,
    244–246, 253, 260 f., 301, 414, 423, 429 f., 432,
    434, 437, 440, 446, 448
Pétau, Denis, 157, 414
Pett, Peter, 245
Petty FitzMaurice, Henry William Edmund, 122,
    149, 253
Petty, William, 14–18, 20, 25, 27 f., 30 f., 34, 37, 39–41,
    54, 62–64, 79 f., 82, 84–86, 88, 91, 94 f., 99–103,
    122 f., 125 f., 129, 145–157, 160, 164, 166, 177, 180,
    196, 197, 212 f., 216, 233, 236, 239, 241 f., 244,
    250–253, 256 f., 260 f., 265–271, 275, 277, 279,
    285, 293–298, 301, 303 f., 406, 408 f., 412, 414,
    417–419, 421, 424–428, 430 f., 432, 434–436, 438,
    442, 444, 446–448
Playfairs, William, 216
Portman, William, 101
Powell, Robert, 232, 415
Powle, George, 225, 406
Prynne, William, 171
Quetelet, Adolphe, 20
Raleigh, Walter, 125, 156, 420
Ray, John, 96
Recorde, Robert, 285
Reed, Richard, 227
Riccioli, Giovanni Battista, 160, 415, 433
Richelieu, Armand-Jean du Plessis, Kardinal, 29, 32
Robartes, John, 58, 146, 152, 154, 166, 169, 214, 252,
    265–267, 270, 277, 285, 424
Robinson, Tancred, 226 f., 415
Rousseau, Jean-Jacques, 194
Row, Thomas, 128
Roycroft, Thomas, 143, 304, 410
Rubens, Peter Paul, 224 f., 406
Rudyerd, Benjamin, 83, 437, 444
Ruyter, Michiel de, 25
Sallo, Denis de, 34
Sandys, Edwin, 81

Saville, Anne, 224, 226 f., 442
Schultz, Gottfried, 271
Scott, Robert, 47
Sellers, John, 272
Shadwell, Thomas, 90
Shakespeare, William, 57, 158, 284, 415
Shelburne, Familie, 148
Sherborne, Joseph, 39
Smith, Adam, 153
Smith, Thomas, 167, 415
Smyth, Richard, 186, 260, 415
Southwell, Robert, 147, 261, 414
Spinoza, Baruch (de), 35
Sprat, Thomas, 56, 87, 91, 101, 244, 406, 415, 431
Stafford, Richard, 227
Stow, John, 166, 170
Struyck, Nicolaas, 280
Stubbe, Henry, 90
Süßmilch, Johann Peter, 20, 162, 234, 280 f., 415,
    424 f., 429, 438, 446
Swift, Jonathan, 279, 415 f., 421, 429
Sydenham, Thomas, 197
Taylor, John, 225, 416
Taylor, Thomas, 39
Thomasius, Christian, 35
Throckmorton, Familie, 72, 243, 435
Throckmorton, William, 72
Thurloe, John, 168
Tillyard, Arthur, 64
Tirtayasa, Ageng, Sultan von Banten, 137
Toms, William Henry, 262, 406
Tonti, Lorenzo (Tontinen), 31, 118, 197, 268, 429
Torp, John, 105
Towneley, Richard, 227
Trenchfield, Hannah, 78
Tyler, Richard, 39
Ussher, James, 208 f., 416
Van Dael, Jacob, 268
Van Dalen, Cornelis, d. Ä., 224
Vaupel, James W., 5, 14, 433, 440
Vertue, George, 40, 81, 405
Villiers, George II., Herzog von Buckingham, 270
Vincent, Thomas, 217, 416
Viner (Vyner), Familie, 59
Viner, Robert 246
von Rotterdam, Erasmus, 120, 241
Waller, Elizabeth (Ehefrau William Pettys), 257
Walpole, Horace, 45, 265, 416

Walters (Rechtsanwalt), 125
Wargentin, Pehr Wilhelm, 280
Warren, John, 45
Warren, Nicholas, 45, 72
Wealstead (Welstead), Robert, 128
Wells, William, 47
Wendeborn, Gebhard Friedrich August, 222, 448
Whistler, Daniel, 85
White, Henry, 39
Whittle, Thomas, 72

Wildmore, Anne, 46
Wilkins, John, 85, 93, 177
Willoughby, Charles, 275, 430, 448
Willughby, Francis, 96, 163, 416
Withers, William, 39
Witt, Jan (Johan) de, 118, 268
Wood, Anthony, 18 f., 54, 147, 236, 253, 416
Wren, Christopher, 249, 270
Wycherley, William, 115

Zeitfracht Medien GmbH
Ferdinand-Jühlke-Straße 7
99095 Erfurt, Deutschland
produktsicherheit@kolibri360.de